传感器原理与工程应用

（第2版）

戴　蓉　刘波峰　主　编

赵　燕　谭保华　副主编

陈国良　陈　霞　参　编
李玉峰　杨唐胜

電子工業出版社
Publishing House of Electronics Industry
北京 · BEIJING

内 容 简 介

本书系统地阐述了传感器的工作原理、基本结构、特性参数、转换电路、设计和选用原则以及传感器在工程量检测中的应用技术。全书共9章，除第8、9章外，其余7章都分为A、B两部分，这两部分内容循序渐进，从基础到应用逐步展开，启发学生对知识的探究热情和开拓创新思路，方便不同层次读者阅读。

本书主要内容如下：第1章介绍了传感器的基本概念和传感器的基本特性；第2～7章详细介绍了电阻应变式传感器、电容式传感器、电感式传感器、压电式传感器、光电式传感器、温度传感器，以及这些传感器在力、力矩、压力、线位移/尺寸、加速度、转速、温度等常规工程量检测中的应用技术；第8章介绍了智能传感器、微传感器、网络传感器、模糊传感器等新型传感器基本知识及应用技术；第9章介绍了传感器的静态特性及动态特性标定知识。

本书取材新颖、内容丰富，兼顾广度和深度，每章都提供了较多的应用实例，并且附有课后习题和能力拓展项目，以帮助读者巩固所学知识、培养其工程应用与创新设计能力。

本书可作为高等院校测控技术与仪器、自动化、电子信息工程、机电一体化等专业的教材，也可作为相关专业高年级本科生和硕士研究生的学习参考书，还可作为从事仪器仪表及测控技术行业的工程技术人员的参考书。

图书在版编目（CIP）数据

传感器原理与工程应用 / 戴蓉，刘波峰主编. —2版. —北京：电子工业出版社，2021.5
ISBN 978-7-121-38453-0

Ⅰ.①传… Ⅱ.①戴… ②刘… Ⅲ.①传感器－高等学校－教材 Ⅳ.①TP212

中国版本图书馆CIP数据核字（2020）第024479号

责任编辑：郭穗娟
印　　刷：三河市鑫金马印装有限公司
装　　订：三河市鑫金马印装有限公司
出版发行：电子工业出版社
　　　　　北京市海淀区万寿路173信箱　　邮编　100036
开　　本：787×1 092　1/16　印张：20.75　字数：531千字
版　　次：2013年1月第1版
　　　　　2021年5月第2版
印　　次：2021年5月第1次印刷
定　　价：69.80元

凡所购买电子工业出版社图书有缺损问题，请向购买书店调换。若书店售缺，请与本社发行部联系，联系及邮购电话：（010）88254888，88258888。

质量投诉请发邮件至 zlts@phei.com.cn，盗版侵权举报请发邮件至 dbqq@phei.com.cn。

本书咨询联系方式：（010）88254502，guosj@phei.com.cn。

前　言

传感器作为信息获取的工具在当今信息时代的重要性越来越显著。随着科学技术的发展、现代工业生产自动化程度的提高，以及人类对智能、舒适生活的追求，传感器的应用领域越来越广。因此，掌握传感器原理及其应用技术是相关工程技术人员必须具备的基本技能与素养。

本书第1版自2013年出版以来，已先后被国内几十所高校选用。为了适应传感器技术迅猛发展的需要，在保持第1版内容框架与特点的基础上，第2版对各章内容均进行了改编和部分增删，重新编写了第8章，新增微传感器、网络传感器、模糊传感器三节内容。第2版仍然保持第1版结构新颖、内容循序渐进、重点突出、理论联系实际等特点，并注意吸收传感器技术发展的最新成果；每章后除“思考与练习”外，新增“能力拓展项目”栏目，强调了知识应用与创新设计能力培养的教学目标。

本书编写分工如下：第1、7章由武汉理工大学赵燕、戴蓉编写，第2、9章由武汉理工大学戴蓉编写，第3章由武汉理工大学陈霞编写，第4章由湖南大学刘波峰编写，第5章由武汉理工大学陈国良编写，第6章由湖北工业大学谭保华编写，第8章由湖南大学刘波峰、杨唐胜和武汉理工大学李玉峰编写。全书由戴蓉、刘波峰统稿。

本书承蒙武汉理工大学博士生导师谭跃刚教授主审，谭教授提出了很多宝贵意见和建议，在此表示诚挚的谢意！本书在编写过程中参考并引用了同行和传感器生产企业的一些文献资料，在此对文献资料作者表示衷心感谢！

传感器种类多，技术发展快，应用领域广，但编者的学识水平有限，书中难免有疏漏和欠妥之处，恳请读者给予批评指正。

编　者

2021年1月6日

目 录

第1章　初识传感器

教学要求

通过本章的学习，掌握传感器的定义、分类、基本组成；理解用来描述传感器静态、动态特性的数学模型、主要技术指标及其物理含义，并把这些知识应用于具体传感器的静态、动态特性分析计算中；了解依据传感器技术指标、选用传感器的一般原则、改善传感器性能的主要技术途径；了解传感器的发展趋势及传感器的应用领域，举例说明传感器的具体应用。

引例

什么是传感器？最原始最天然的传感器之一就是生物体的感官。以人体为例，人的眼、耳、鼻、舌和皮肤分别具有视觉、听觉、嗅觉、味觉和触觉的“感知”功能。但人类要想探索未知的客观世界（包括大到茫茫宇宙天体、小到微观粒子世界），要想实现工农业生产过程高度自动化，要想过上更便捷舒适的智能化生活……这些仅靠人的感知能力是远远不够的，于是，各种类型的传感器就应运而生了。

以智能手机为例，一部智能手机里包含距离传感器、光线传感器、重力传感器、加速度传感器、磁场传感器、指纹传感器、温度传感器、气压传感器、陀螺仪、图像传感器等，这些传感器的应用使手机不再是一个简单的通信工具，而是具有综合功能的便携式电子设备，成为人们现代化生活中不可缺少的设备之一。

例图1.1～例图1.5展示了一些典型的传感器。例图1.1所示是用于数码相机的图像传感器，例图1.2是用于电冰箱的温度传感器，例图1.3是用于电子称的称重传感器，例图1.4是电感式位移传感器，例图1.5是电容式湿度传感器。

例图1.1　图像传感器

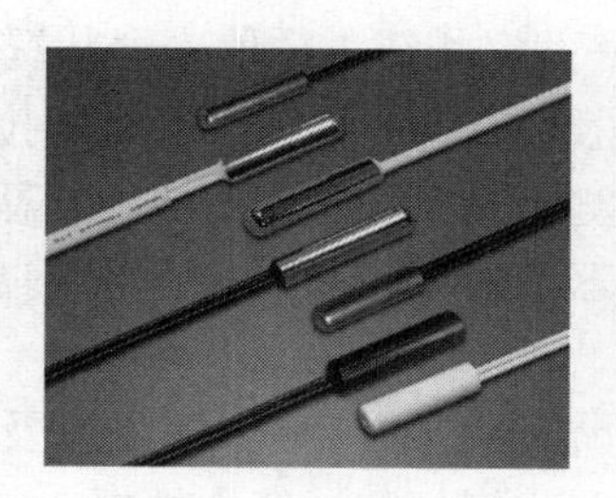

例图1.2　温度传感器

例图1.3　称重传感器

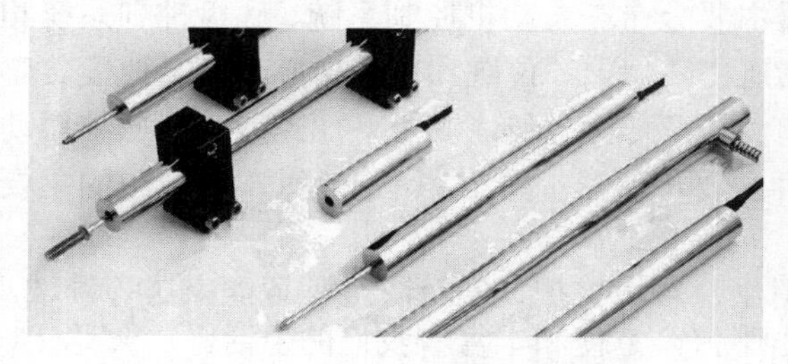

例图1.4　电感式位移传感器

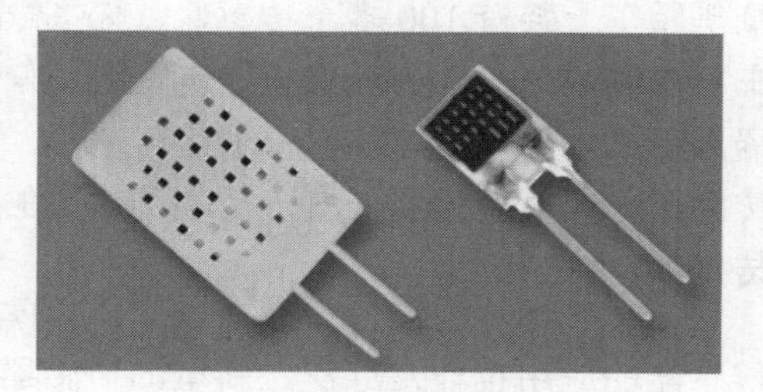

例图1.5　电容式湿度传感器

A 部分　传感器的基本概念

对被测对象所包含的信息进行定性的了解和定量的掌握，需要采取一定的检测方法和实验装置来完成，其相关的理论称为检测原理，其技术的物理实现就是检测装置或检测系统。一个完整的检测系统或检测装置通常由传感器、测量电路和显示记录装置组成，具有信息获取、转换、显示和处理等功能。其中，传感器是自动检测系统的第一级，是系统获取信息的装置，也是影响检测系统性能的核心部件之一。

1.1　传感器在自动测量中的作用

如果把人的行为动作的控制与计算机自动控制过程进行比较，那么计算机相当于人的大脑，而传感器则相当于人的感觉器官，人体系统与自动化测控系统的对应关系如图 1.1 所示。因此，传感器是实现自动检测和自动控制的首要环节和关键器件。

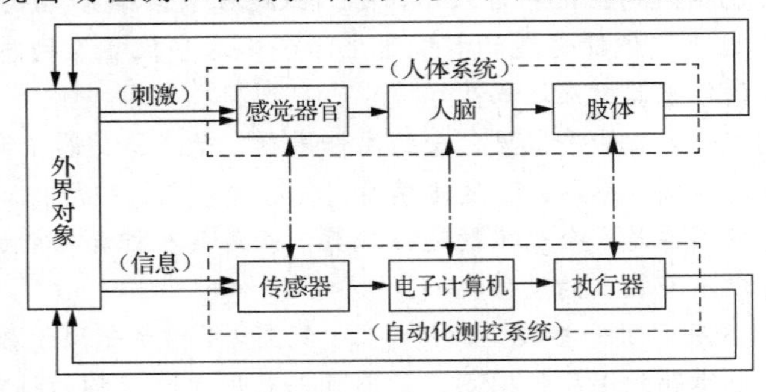

图 1.1　人体系统与自动化测控系统的对应关系

图 1.2 展示的是大型桥梁——武汉长江大桥的安全状况实时监测系统。桥身安装了光纤光栅传感器，通过光纤光栅传感器可以将温度、称重、斜拉索的索力、应变、线型、位移等多种反映桥梁安全状态的信号检测出来，通过数据层、信息层处理分析，可得到具有巨大商业价值的应用层信息。没有传感器，就无法获取数据和信息层，也就无法掌握桥梁的安全状态。

传感器除了广泛应用于航空航天、国防、海洋开发以及工业自动化等尖端科学与工程领域，也与人们的生活领域密切相关。例如，一辆中档轿车上装有 50 多个传感器，一辆高档豪华轿车上装有 100 多个传感器，这些传感器主要分布在发动机控制系统、底盘控制系统和车身控制系统、音响系统和导航系统中，包括压力传感器、位置和转速传感器、加速度传感器、距离传感器、陀螺仪和车速传感器、方向盘转角传感器等。其中，加速度传感器、振动传感器、速度传感器是汽车运动测量中的 3 种主要传感器。图 1.3 所示是汽车中应用的主要传感器。

此外，在家用电器、在生物工程、医疗卫生、环境保护、安全防范、智能家居等领域，传感器的应用也非常广泛，新型的传感器层出不穷，方便和丰富着我们的生活。

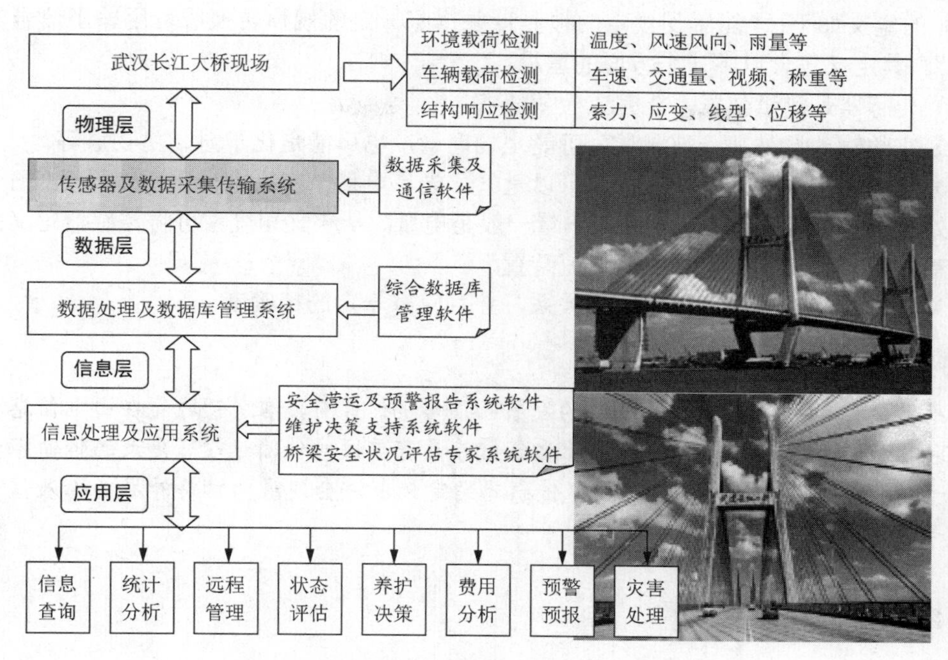

图 1.2　武汉长江大桥的安全状况实时监测系统

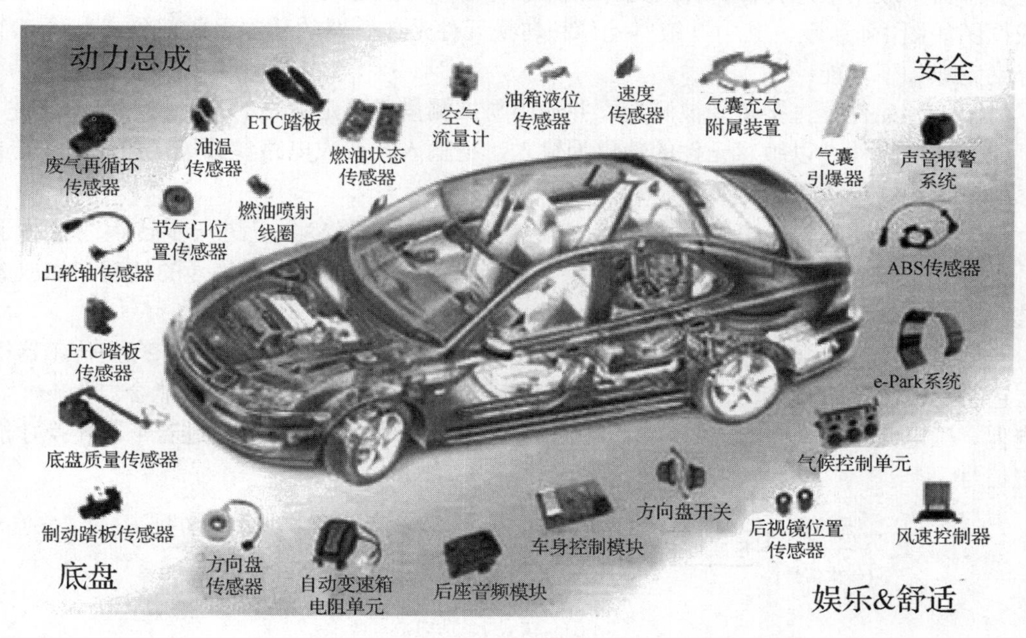

图 1.3　汽车中应用的主要传感器

1.2　传感器的定义与组成

1.2.1　传感器的定义

根据中华人民共和国国家标准 GB/T 7665—2005《传感器通用术语》，传感器（Transducer/

Sensor）的定义如下："能感受规定的被测量并按照一定的规律转换成可用输出信号的器件或装置"。其定义包含以下4个方面的意思：

（1）传感器是测量装置，能完成检测任务。

（2）它的输入量是某一被测量，可能是物理量，也可能是化学量、生物量等。

（3）它的输出量是某种物理量，可以是气、光、电量。实际上，由于电量更便于传输、转换、处理、显示，因此传感器的输出量一般是电量。从狭义角度，可将传感器定义为"将外界的输入信号转换为电信号的器件或装置"。

（4）传感器的输入和输出有对应关系，并且应有一定的精确度。

特别提示

传感器的定义和内涵是随着科技的发展而演绎的。目前，信息领域处在由电信息时代向光信息时代迈进的进程中，由于光信号比电信号具有更快的传输速度、更大的传输容量及更好的抗干扰性，因此，在光信息时代，传感器的定义也许会发展为"将外界的输入信号转换为光信号的一类元件"。

1.2.2 传感器的组成

传感器一般由敏感元件、转换元件、信号调理与转换电路3个部分组成，传感器的基本组成框图如图1.4所示。其中，敏感元件和转换元件是传感器的基本组成部分。上述3个部分分别完成如下功能：

（1）敏感元件。直接感受被测量，并输出与被测量成确定关系的某一物理量的元件。

（2）转换元件。以敏感元件的输出为输入，把输入转换成电路参数量（如电阻、电感、电容）或电流、电压等电量。

（3）信号调理与转换电路。一是将来自转换元件的电路参数量进一步转换为更易于传输、处理、记录和显示的电量（如电压、电流、频率等），二是进行信号的处理，如放大、滤波、调制或解调、运算等。

实际上，传感器根据敏感与转换的需要，不一定都包含上述3个部分。有些传感器很简单，它感受被测量时直接输出了电量，即把敏感元件和转换元件两者的功能合二为一了，如热电偶、压电元件、光电池等；有些传感器的转换元件不止一个，要经过若干次转换才能输出电信号。

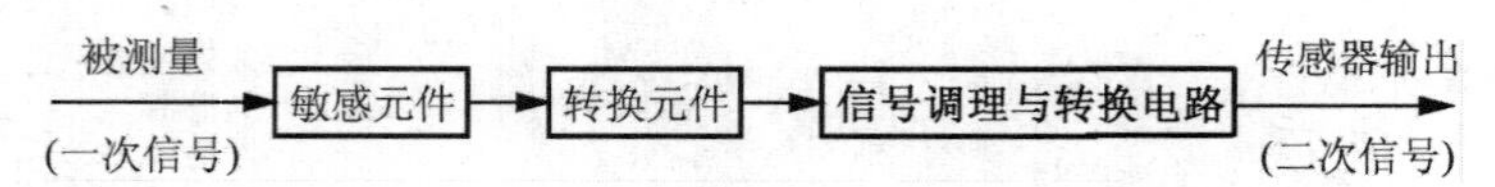

图1.4 传感器的基本组成框图

1.3 传感器的分类

传感器一般是根据物理学、化学、生物学等特性、规律和效应设计而成的。基于某一原理设计的传感器可以同时测量多种非电量，而一种非电量往往又可用几种不同的传感器测量，因此传感器的分类方法有很多种，一般按如下5种方法分类。

1. 按输入物理量分类

按输入物理量的分类方法是以被测量命名的，如速度传感器、温度传感器、位移传感器等，表 1-1 列出了常见物理量的类别。这种分类方法的优点是比较明确地表达了传感器的用途，便于使用者选用。

表 1-1 常见物理量的分类

被测量类别	被 测 量
热工量	温度、热量、比热；压力、压差、真空度；流量、流速、风速
机械量	位移（线位移、角位移），尺寸、形状；力、力矩、应力；质量；转速、线速度；振动幅度、频率、加速度、噪声
物性和成分量	气体化学成分、液体化学成分；酸碱度（pH 值）、盐度、浓度、黏度；密度、比重
状态量	颜色、透明度、磨损量、材料内部裂缝或缺陷、气体泄漏、表面质量

2. 按工作原理分类

这种分类方法是将物理学、生物学和化学等学科的原理、规律和效应作为分类依据，如压电式传感器、热电式传感器、电阻式传感器、光电式传感器、电感式传感器等，见表 1-2。

这种分类方法的优点是对于传感器的工作原理比较清楚，类别少，利于对传感器进行深入分析和研究。

表 1-2 按传感器的工作原理分类

序号	工作原理及其名称	序号	工作原理及其名称	序号	工作原理及其名称
1	电阻式传感器	5	磁电式传感器	9	红外式传感器
2	电感式传感器	6	热电式传感器	10	超声式传感器
3	电容式传感器	7	光电式传感器	11	微波式传感器
4	压电式传感器	8	光导纤维式传感器	12	谐振式传感器

3. 按物理现象分类

在这种分类方法中，按照传感器工作时它是依靠敏感元件材料自身的物理特性变化还是依靠转换元件结构参数变化以实现信号转换，将传感器分为物性型传感器和结构型传感器两类。

物性型传感器是指利用某些功能材料自身所具有的物理特性及效应感应（敏感）被测量，并把被测量转换成可用电信号的传感器，如利用具有压电特性的石英晶体、由压电陶瓷材料制成的压电式传感器、利用半导体材料热敏/光敏特性制成的热敏电阻/光敏电阻等。物性型传感器是伴随着半导体材料、陶瓷材料、高分子聚合材料等新材料的发展迅速发展起来的，它具有结构简单、体积小、质量小、反应灵敏、易于集成化、微型化等优点。

结构型传感器是基于物理学中场的定律构成的，包括运动场的运动定律、电磁场的电磁定律等。测量时被测量引起传感器结构参数变化，从而使场产生变化，以实现信号的转换。例如，电容式压力传感器就是利用被测压力引起电容极板间距变化，从而使电容值变化来实现压力测量的。早期的传感器都是结构型传感器，一般具有较大的体积、复杂的结构，必须依靠精密设计制作的结构以保证其工作性能。随着新材料、新工艺的发展，结构型传感器在精度、稳定性方面有了很大提高，目前仍在许多传感器应用领域占有很大比例。

4. 按能量的关系分类

根据能量的关系分类，可将传感器分为能量转换型传感器和能量控制型传感器。能量转换型传感器输出量直接由被测量的能量转换而得到，无须外电源供电，如压电式传感器、热电偶式传感器、磁电感应式传感器。能量控制型传感器输出量的能量由外源供给但受被测输入量控制或调节，因此它们必须有辅助电源，这类传感器有电阻式传感器、电容式传感器、电感式传感器等。

5. 按输出量的性质分类

按传感器的输出量为模拟量或数字量，分为模拟式传感器和数字式传感器。数字式传感器便于与计算机连接，并且抗干扰力强，是目前传感器发展的趋势之一。

1.4 传感器的发展趋势

传感器未来的发展趋势突出表现在以下 3 个方面：

（1）开发新原理、新材料、新工艺的新型传感器。

（2）实现传感器的微型化、多功能化和智能化。

（3）多传感器的集成融合，以及传感器与其他学科的交叉融合，实现传感器的无线网络化。

1.4.1 新原理、新材料、新工艺的开发利用

传感器的工作原理是基于各种物理学、化学或生物学效应和定律，由此启发人们进一步探索具有新效应的敏感功能材料，并以此研制出具有新原理的新型传感器，这是发展高性能、多功能、低成本和小型化传感器的重要途径。

新型传感器的发展离不开新工艺的采用。目前种类繁多、应用广泛的集成传感器就是利用集成电路工艺，将半导体敏感元件、测量处理电路集成在一个芯片上制成的性价比高、使用方便的小型化传感器。而利用集成电路技术工艺和微机械加工方法将基于各种物理效应的机电敏感元器件和处理电路集成在一个芯片上制成的微机电系统（Micro-Electro-Mechanical Systems，MEMS）传感器，其敏感结构的尺寸可达到微米、亚微米级，并且可以批量生产，具有体积小、质量小、响应快、灵敏度高、成本低等优势。国外已形成 MEMS 产业，如 MEMS 加速度计、压力传感器已广泛应用于汽车工业。

1.4.2 微型化、智能化、多功能传感器

1. 微型化

微型（Micro）传感器的特征之一就是体积小。集成电路技术、微机械加工技术等新技术新工艺的发展为传感器的微型化提供了可能。采用微机械加工技术制作的敏感元件的尺寸一般为微米级，利用各向异性腐蚀、表面牺牲层技术和 LIGA 工艺（一种基于 X 射线光刻技

术的微机械加工技术），可以制造出层与层之间有很大差别的三维微结构，包括可活动的膜片、悬臂梁、桥，以及凹槽、孔隙、锥体等。采用敏感结构和检测电路的单芯片集成技术，能够避免多芯片组装时管脚引线引入的寄生效应，改善了器件的性能，提高了抗干扰能力。利用微电子和微机械加工技术制造出来的微型传感器由于采用了系统级封装方式，与传统传感器相比，具有体积小、质量小、成本低、功耗小、可靠性高、适于批量化生产、易于集成和实现智能化的特点。例如，典型的加速度传感器包括质量块、弹性元件、转换元件、测量电路等部分。图 1.5 所示的传统压电式加速度传感器体积较大、功耗高、稳定性较差，而采用微机械加工技术制造出来的微型加速度传感器尺寸仅为 3mm×3mm×1mm，如图 1.6 所示。在如此微小的芯片上不仅有传感器本身，而且包括了信号处理电路。这样的单轴、双轴、三轴加速度计被广泛应用于电子消费产品，如智能手机、游戏机，以及汽车安全气囊、ABS 制动系统和车轮动态稳定控制系统。

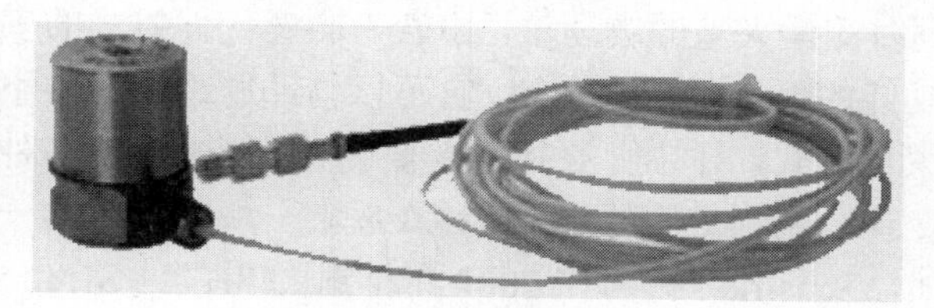

图 1.5　压电式加速度传感器

图 1.6　微型加速度传感器

2. 智能化

智能传感器（Smart Sensor）是 20 世纪 80 年代末出现的另外一种涉及多种学科的新型传感器系统，是传感器与微处理器、模糊理论与知识集成等技术相结合的产物。智能传感器不但具有信息获取、处理和存储功能，而且还能够进行逻辑判断、自诊断、自校正等。

智能传感器的主要组成部分包括主传感器、辅助传感器、微处理器、信号处理电路、存储器、接口电路等。例如，ST-3000 型智能压力传感器的主传感器为压力传感器，用来探测压力参数，其辅助传感器为温度传感器和环境压力传感器，分别用来测定温度和环境压力，以实现对测量结果的校正；其硬件系统除了能够对传感器的弱输出信号进行放大、处理和存储，还能够执行与计算机之间的通信联络。

与传统的传感器相比，智能传感器具有以下优点：

（1）智能传感器不但能够对信息进行处理、分析和调节，能够对所测的数值及其误差进行补偿，而且还能够进行逻辑思考和结论判断，能够借助一览表对非线性信号进行线性化处理，借助软件滤波器滤波数字信号，对环境误差进行补偿，以改进测量精度。

（2）智能传感器具有自诊断和自校准功能，可以用来检测工作环境。当工作环境临近其极限条件时，它将发出告警信号，并根据其分析器的输入信号给出相关的诊断信息。当智能传感器由于某些内部故障而不能正常工作时，它能够借助其内部检测链路找出异常现象或出故障的部件。

（3）智能传感器能够完成多传感器多参数混合测量，进一步拓宽了其探测与应用领域，而微处理器的介入使得智能传感器能够更加方便地对多种信号进行实时处理。此外，其灵活的配置功能既能够使相同类型的传感器实现最佳的工作性能，也能够使它们适用于各不相同的工作环境。

（4）智能传感器既能够很方便地实时处理其所探测到的大量数据，也可以根据需要将数据存储起来。存储大量数据的目的主要是以备事后查询，这一类数据包括设备的历史信息以及有关探测分析结果的索引等。

（5）智能传感器备有一个数字式通信接口，通过此接口可以直接与其所属计算机进行通信联络和交换信息。此外，智能传感器的信息管理程序也非常简单方便。例如，可以对探测系统进行远距离控制或在锁定方式下工作，也可以将所测的数据发送给远程用户等。

目前，智能传感器技术正处于蓬勃发展时期。可以预见，随着各类智能传感器的开发应用，新兴的智能传感器将在各个领域发挥越来越大的作用。

3. 多功能

通常情况下，一种传感器只能用来探测一种物理量，但在许多应用领域，为了能够完美而准确地反映客观事物和环境，往往需要同时测量大量的物理量。由若干敏感元件组成的多功能传感器则是一种体积小巧而兼备多种功能的新一代探测系统，它可以借助敏感元件中不同的物理结构或化学物质及其各不相同的表征方式，用单独一个传感器系统来同时实现多种传感器的功能。目前，已经生产出将若干敏感元件集成在同一种材料或单独一块芯片上的一体化多功能（Multi-function）传感器。例如，Sensirion 公司在 2002 年推出的 SHT11/SHT15 单片集成温湿度传感器就是将温/湿度传感器元件、信号放大器、模/数（A/D）转换器、校准数据存储器、I^2C 总线等外围调理电路全部集成在一个面积只有几平方毫米的芯片上的一体化多功能传感器。

概括来讲，多功能传感器系统主要的执行规则和结构模式如下。

（1）多功能传感器系统由若干各不相同的敏感元件组成，可以用来同时测量多种参数。例如，可以将一个温度探测器和一个湿度探测器配置在一起（将热敏元件和湿敏元件分别配置在同一个传感器承载体上）制造成一种新的传感器，这种新的传感器就能够同时测量温度和湿度。

（2）将若干不同的敏感元件精巧地制作在单独的一块芯片上，构成一种高度综合化和小型化的多功能传感器。由于这些敏感元件工作环境相同，因此很容易对系统误差进行补偿和校正。

（3）借助同一个传感器的不同效应可以获得不同的信息。例如，涡流式传感器线圈的阻抗随被测导体的材质、缺陷、与导体的距离等的变化而发生变化，因此涡流式传感器适用于振动、位移、探伤、材料分选等多种工程应用。

（4）在不同的激励条件下，同一个敏感元件将表现出不同的特征。而在电压、电流或温度等激励条件均不相同的情况下，由若干敏感元件组成的一个多功能传感器的特征将千差万别。

1.4.3 网络化

传感器网络是当前国际备受关注的、由多学科高度交叉的新兴前沿研究热点领域。传感器网络综合了传感器技术、嵌入式计算技术、现代网络及无线通信技术、分布式信息处理技术等，能够通过各类集成化的微型传感器实时监测、感知和采集各种环境或监测对象的信息，通过嵌入式系统对信息进行处理，并通过随机自组织无线通信网络以多跳中继方式将所感知信息传送到用户终端，从而实现全面感知、可靠传输、智能处理，构建人与物、物与物互联的智能信息服务系统。

传感器的网络化在军事侦测、环境监测、智能家居、医疗健康、科学研究等众多领域具有广泛的应用前景。

B 部分　传感器的基本特性

传感器的基本特性是指其输出量与输入量的关系。由于传感器的输出量与输入量通常是可供观测的量，因此传感器的基本特性即传感器的外部特性。

根据传感器的输入量随时间变化的情况，将传感器的基本特性分为静态特性和动态特性。静态特性是指传感器的输入量不随时间变化或变化缓慢时其输出量与输入量的关系。动态特性则是指在输入量随时间变化的情况下传感器的输出量与输入量的关系。由于不同传感器有不同的内部结构参数，因此它们的静态特性和动态特性也表现出不同的特点，对测量结果的影响也各不相同。一个高精度传感器必须具有良好的静态特性和动态特性，这样，它才能完成信号的无失真转换。

1.5　传感器的静态特性

传感器的静态特性是指对恒定或缓变的被测量传感器的输出量与输入量之间所具有的关系。因为这时输入量和输出量都和时间无关，所以它们之间的关系，即传感器的静态特性可用一个不含时间变量的代数方程来描述，或以输入量作为横坐标，把与其对应的输出量作为纵坐标而画出的特性曲线来描述。表征传感器静态特性的主要参数有线性度、灵敏度、分辨力和迟滞等。

1.5.1　传感器的静态模型

传感器的静态模型即对传感器静态特性的数学描述方程式。一般情况下，在不考虑传感器特性中的迟滞、蠕变等因素时，传感器的静态特性可用以下多项式代数方程来表示：

$$y = a_0 + a_1 x + a_2 x^2 + a_3 x^3 + \cdots + a_n x^n \tag{1-1}$$

式中，y 为传感器输出量；x 为传感器输入量；a_0 为零位输出；a_1 为传感器的线性灵敏度，常用 K 或 S 表示；a_2，a_3，…，a_n 为非线性项的待定常数。

对于实际应用的大多数传感器，其静态特性方程的次数一般不超过五次。比较常见的方程形式有以下 3 种：

（1）理想线性特性。当 $a_0 = a_2 = a_3 = \cdots = a_n = 0$ 时，得到

$$y = a_1 x \tag{1-2}$$

此时，传感器的输出量与输入量为线性关系，如图 1.7（a）所示。

（2）只有一次项和偶次方非线性项。如图 1.7（b）所示。其特性曲线方程为

$$y = a_1 x + a_2 x^2 + a_4 x^4 + \cdots \tag{1-3}$$

这种特性曲线没有对称性，在零点附近较小的输入量范围内接近线性，一般传感器设计中不采用这种特性。

（3）只有一次项和奇次方非线性项，如图1.7（c）所示。其曲线方程为

$$y = a_1x + a_3x^3 + a_5x^5 \cdots \tag{1-4}$$

特性曲线以原点为对称点，在零点附近较宽的输入量范围内接近理想线性。不少差动式传感器具有这种特性。

从不失真测量和减小误差的角度考虑，传感器理想的输出与输入关系最好是式（1-2）描述的线性关系，因为线性关系具有如下优点：

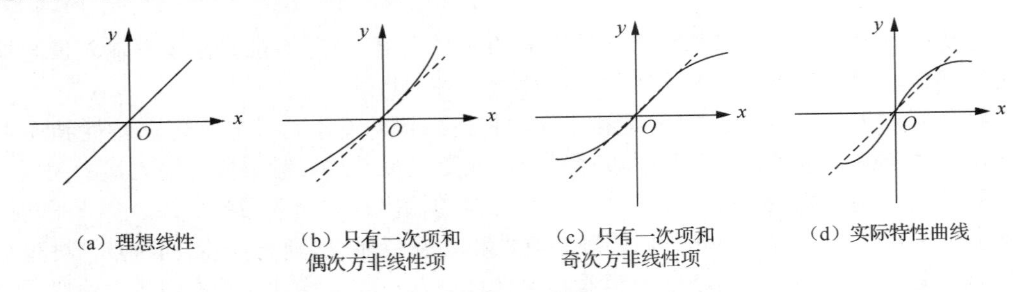

图1.7　传感器的静态特性曲线

（1）没有非线性误差，无须在信号转换和处理中采用非线性补偿模块。

（2）极大地简化传感器的设计分析工作。

（3）极大地方便了测量数据处理和传感器标定。因为，只要知道输出-输入特性曲线上的两个点（一般为零点和满量程点），就可确定其余各点。

（4）仪表刻度盘可均匀刻度，制作、安装、调试方便，精度高。

实际上，传感器的输出量与输入量关系往往是如图1.7（b）、（c）、（d）所示的非线性关系，必须在传感器或其后续电路中进行非线性补偿，在配有计算机的传感器应用系统中，也可采用软件方式进行非线性补偿。

1.5.2　传感器的静态特性指标

描述传感器静态特性的重要指标有线性度、迟滞、重复性、灵敏度、分辨力和漂移。

1. 线性度（Linearity）

实际应用的传感器的输出量与输入量关系多表现为非线性曲线。但是为了应用上的方便，希望得到线性关系的特性曲线。这时，在总体误差允许的条件下，可以用直线来近似地代表实际曲线。这种方法称为传感器非线性特性的“线性化”，所采用的直线称为拟合直线。在采用拟合直线时，实际输出量与输入量的特性曲线与拟合直线之间的最大偏差称为线性度或非线性误差，其值通常用相对误差来表示，即

$$e_{\mathrm{L}} = \pm \frac{\Delta_{\max}}{y_{\mathrm{FS}}} \times 100\% \tag{1-5}$$

式中，e_{L}为线性度（非线性误差），$\Delta_{\max}$为输出平均值与拟合直线之间的最大偏差；y_{FS}为理论满量程输出值。

非线性误差的大小与拟合直线有很大关系，拟合直线不同，非线性误差也不同。因此，选择拟合直线的主要出发点应是获得最小的非线性误差，即要找到与传感器实际特性曲线最

贴近的拟合直线。当然，还应考虑直线拟合计算是否便捷。

常用的拟合方法有理论直线拟合、端点连线拟合、端点连线平移拟合、最小二乘法拟合等，如图 1.8 所示。其中最小二乘拟合法的拟合精度最高、计算量最大。

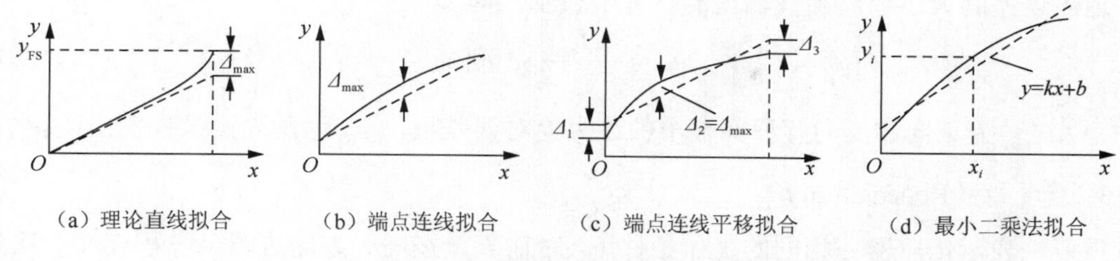

（a）理论直线拟合　（b）端点连线拟合　（c）端点连线平移拟合　（d）最小二乘法拟合

图 1.8　特性曲线的几种常用拟合方法

最小二乘拟合法按最小二乘原理求取拟合直线，该直线能保证与传感器校准数据的残差平方和最小。设用最小二乘法所拟合的直线方程为

$$y = kx + b \tag{1-6}$$

式中，系数 b 和 k 分别为拟合直线的截距和斜率，这两个系数可根据传感器的实际校准数据计算求得。

若实际校准测试点有 n 个，则第 i 个校准数据与拟合直线上相应值之间的残差为

$$\Delta_i = y_i - (kx_i + b) \tag{1-7}$$

最小二乘法的原理就是应使残差平方和最小，即 $\sum_{i=1}^{n}\Delta_i^2$ 最小。

$$\sum_{i=1}^{n}\Delta_i^2 = \sum_{i=1}^{n}\left[y_i - \left(kx_i + b\right)\right]^2 = \min \tag{1-8}$$

对式（1-8）求 k 和 b 的一阶偏导数并令其等于零，即可求得 k 和 b。

$$\frac{\partial}{\partial k}\sum_{i=1}^{n}\Delta_i^2 = 2\sum_{i=1}^{n}\left(y_i - kx_i - b\right)\left(-x_i\right) = 0 \tag{1-9}$$

$$\frac{\partial}{\partial b}\sum_{i=1}^{n}\Delta_i^2 = 2\sum_{i=1}^{n}\left(y_i - kx_i - b\right)\left(-1\right) = 0 \tag{1-10}$$

$$k = \frac{n\sum_{i=1}^{n}x_i y_i - \sum_{i=1}^{n}x_i\sum_{i=1}^{n}y_i}{n\sum_{i=1}^{n}{x_i}^2 - \left(\sum_{i=1}^{n}x_i\right)^2} \tag{1-11}$$

$$b = \frac{\sum_{i=1}^{n}x_i^2\sum_{i=1}^{n}y_i - \sum_{i=1}^{n}x_i\sum_{i=1}^{n}x_i y_i}{n\sum_{i=1}^{n}x_i^2 - \left(\sum_{i=1}^{n}x_i\right)^2} \tag{1-12}$$

把 k 和 b 的值代入式（1-6）即可得到拟合直线，然后按式（1-7）求出残差的最大值 Δ_{max} 即可算出非线性误差。

2. 迟滞（Hysteresis）

传感器在正向（输入量增大）和反向（输出量减小）行程中输出-输入特性曲线不重合

的程度称为迟滞，如图 1.9 所示。迟滞现象说明对应于同一大小的输入信号，传感器的输出信号大小不相等，没有唯一性。造成迟滞现象的原因是传感器的机械部分和结构材料方面不可避免的弱点，如轴承摩擦、间隙、紧固件的松动等。

迟滞误差的大小以满量程输出的百分数表示，即

$$e_H = \frac{\Delta H_{\max}}{y_{FS}} \times 100\% \tag{1-13}$$

式中，$\Delta H_{\max}$ 为正向和反向行程间输出的最大绝对误差值，y_{FS} 为理论满量程输出值。

3. 重复性（Repeatability）

重复性表示传感器在相同的工作条件下，对输入量按同一方向进行全量程连续多次测试时输出与输入特性曲线的不一致程度，如图 1.10 所示。重复性好的传感器，误差也小。重复性误差的产生与迟滞现象有相同的原因。

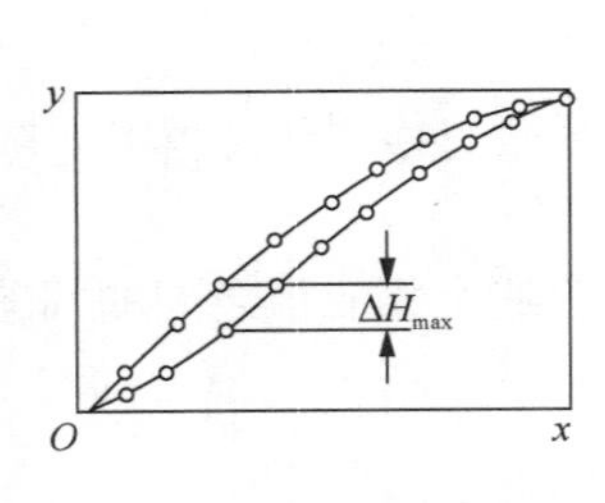

图 1.9　迟滞特性

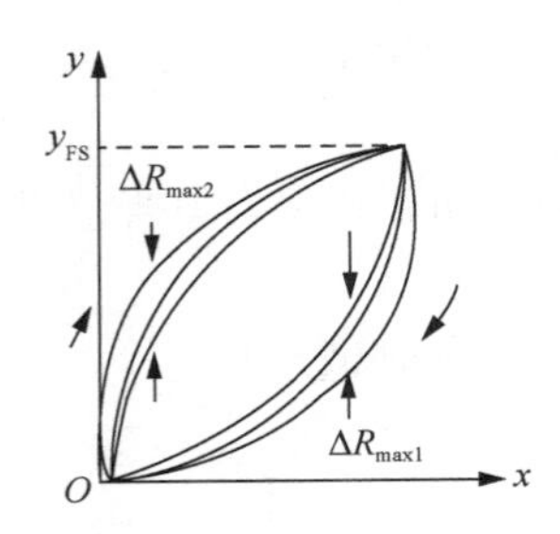

图 1.10　重复性误差

重复性指标在数值上用各测量点上正、反行程校准数据平均标准差 $\bar{\sigma}$ 的 3 倍对满量程输出 y_{FS} 的百分数表示，即

$$e_R = \pm\frac{3\bar{\sigma}}{y_{FS}} \times 100\% \tag{1-14}$$

平均标准差 $\bar{\sigma}$ 的计算方法有两种：极差法和标准法。一般在测量次数较少（R=4～9）时采用极差法。所谓极差，是指某一测量点校准数据的最大值与最小值之差，计算时，先求出各校准点正向、反向行程校准数据的极差，再按式（1-15）计算出总的平均极差，即

$$\overline{W} = \frac{\sum_{i=1}^{K} W_{ci} + \sum_{i=1}^{K} W_{fi}}{2K} \tag{1-15}$$

式中，W_{ci} 为第 i 个测量点正向行程测量数据的极差；W_{fi} 为第 i 个测量点反向行程测量数据的极差。

按下式计算出传感器重复性的平均标准差 $\bar{\sigma}$：

$$\bar{\sigma} = \frac{\overline{W}}{d_R} \tag{1-16}$$

式中，d_R 为与测量循环次数 R 有关的极差系数，见表 1-3。

表 1-3　极差系数

测量循环次数 R	2	3	4	5	6	7	8	9
极差系数	1.128	1.639	2.059	2.326	2.534	2.704	2.847	2.970

4. 灵敏度（Sensitivity）

传感器输出量的变化量 Δy 与引起该变化量的输入量的变化量 Δx 之比即灵敏度（静态）。灵敏度表达式为

$$K=\frac{\Delta y}{\Delta x} \tag{1-17}$$

对于线性传感器，灵敏度为常数，该常数值等于传感器特性曲线的斜率。对于非线性传感器，灵敏度是变量，其表达式为 $K=\mathrm{d}y/\mathrm{d}x$ 。

一般要求传感器的灵敏度要高并在满量程内是常数，这就要求传感器的输入−输出特性呈线性关系。

5. 分辨力/分辨率（Resolution）和阈值（Threshold）

分辨力/分辨率是指传感器能检测到的最小输入增量。当用最小输入量增量绝对值表示时，称为分辨力；当用最小输入增量与满量程的百分数表示时，称为分辨率。

阈值是指当传感器的输入量从零开始逐渐增加，在达到了某一最小值后，才能测得输出量的变化，这个最小值就称为传感器的阈值。事实上，阈值是传感器在零点附近的分辨力。

6. 漂移（Drift）

漂移是指在一定的时间间隔内，传感器输出量存在着与被测输入量无关的、不需要的变化。漂移包括零点漂移与灵敏度漂移。

零点漂移或灵敏度漂移又可分为时间漂移（简称时漂）和温度漂移（简称温漂）。时漂是指在规定条件下，零点或灵敏度随时间的缓慢变化；温漂为周围温度变化引起的零点或灵敏度漂移。

1.6 传感器的动态特性

传感器在测量随时间变化的输入量时，其输出与输入关系称为动态特性。当输入量随时间变化时，如果传感器能立即不失真地产生响应，即当传感器的输出量随时间变化的规律与输入量随时间变化的规律一致时具有与输入相同的时间函数，这种传感器就是具有理想动态特性的传感器。但实际应用的传感器一般都不具备这种特性，因为在传感器中往往都存在弹性元件（如弹簧、有弹性的材料）、惯性元件（如质量块）或阻尼元件（如电磁阻尼、油阻尼），由此造成传感器的输出量 $y(t)$ 不仅与输入量 $x(t)$ 有关，还与输入量的变化速度 $\mathrm{d}x/\mathrm{d}t$ ，加速度 $\mathrm{d}^2x/\mathrm{d}t^2$ 等有关。这就是造成传感器动态特性与静态特性不同的根本原因。

下面以图 1.11 所示的柱式水银温度计为例，说明动态测试时温度计实际的输入量与输出量的关系。将温度计置于 0℃的恒温水槽中一定时间，那么温度计显示的温度应为 0℃（不考虑其他因素造成的误差）。现在将温度计快速地置于 30℃的恒温水槽中，通过观测水银柱的变化可知，水银柱不是立即达到输入信号的量值，而是经过 t_0 时间逐步达到输入信号的量值，如图 1.12 所示。

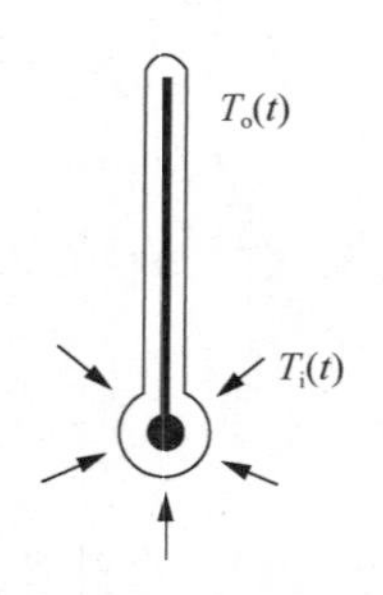

图 1.11　柱式水银温度计

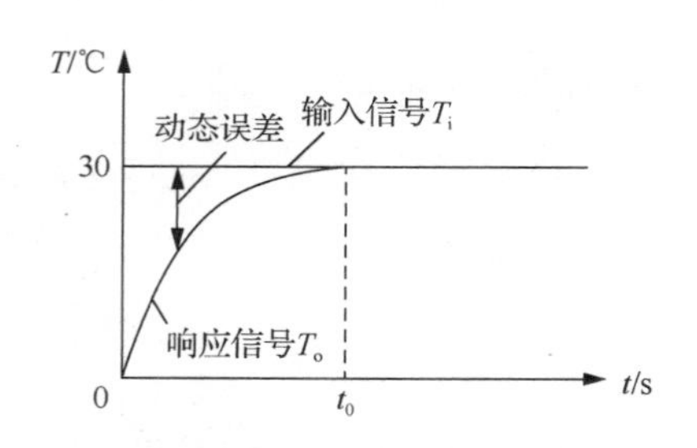

图 1.12　柱式水银温度计的测温过程曲线

从柱式水银温度计的测温过程曲线看，在 0～t_0 的时间段，温度计的输出量 $T_o(t)$与被测值 30℃存在的测量误差，称为动态误差。产生动态误差的原因是液体介质有一定的热容量，产生热惯性。当水的热量传到温度计的液体介质中时，液体介质与水温的平衡有一个过程，这个过程称为动态响应过程，所用的时间就是 t_0。热容量是温度计固有的，用水银温度计测量快速变化的温度时，必定产生动态误差。因此，在使用水银温度计时，不能立即读取温度计的显示值，必须经过一定的时间段，才能读取显示值。

从水银温度计的例子可以看到，温度计的材料、结构等内因是造成动态误差的根本原因。任何传感器都会存在这种固有内因，只不过它们的表现形式和作用程度不同而已。

特别提示

由于传感器输入量随时间变化的规律各不相同，因此在考查和研究传感器的动态响应特性时，为了便于比较不同传感器的动态特性，通常选用有“代表性”的标准信号作为输入信号。常用的标准输入信号有两种：正弦周期输入信号和阶跃输入信号。选用的原因如下：

（1）由于复杂周期输入信号可以分解为多阶谐波，因此常用正弦周期输入信号来代替复杂周期信号作为研究传感器的动态响应特性的输入信号。输入正弦周期信号时，传感器的动态响应称为频率响应（或称稳态响应）。

（2）其他瞬变输入信号不如阶跃输入信号严峻，可用阶跃输入信号代表瞬变输入信号。输入阶跃输入信号时，传感器的动态响应称为阶跃响应（或称瞬态响应）。

因此，研究传感器动态特性的方法有时间域的瞬态响应法和频率域的频率响应法。两种方法存在内在的联系。可根据实际问题的不同，选用不同的方法。

1.6.1　传感器的动态数学模型

1. 微分方程

精确地建立传感器的数学模型在实践中是很困难的。目前仅能对线性系统做比较完善的数学处理，而且在动态测试中非线性的校正还很困难。在实际应用中，传感器可以在一定的精度条件下和工作范围内保持线性特性，因而可以把它作为线性系统来处理。线性系统的数学模型为常系数线性微分方程，即

$$\begin{aligned} & a_n \frac{\mathrm{d}^n y(t)}{\mathrm{d}t^n} + a_{n-1} \frac{\mathrm{d}^{n-1} y(t)}{\mathrm{d}t^{n-1}} + \cdots + a_1 \frac{\mathrm{d}y(t)}{\mathrm{d}t} + a_0 y(t) \\ & = b_m \frac{\mathrm{d}^m x(t)}{\mathrm{d}t^m} + b_{m-1} \frac{\mathrm{d}^{m-1} x(t)}{\mathrm{d}t^{m-1}} + \cdots + b_1 \frac{\mathrm{d}x(t)}{\mathrm{d}t} + b_0 x(t) \end{aligned} \tag{1-18}$$

式中，常系数 $a_n, a_{n-1}, \cdots, a_1, a_0$ 和 $b_m, b_{m-1}, \cdots, b_1, b_0$ 均为传感器参数。对传感器而言，除了 $b_0 \neq 0$，一般情况下，$b_1 = b_2 = \cdots = b_m = 0$。

特别提示

线性系统具有如下重要特性：

（1）叠加特性。当线性系统的输入量分别为 $x_1(t)$、$x_2(t)$时，对应的输出量分别为 $y_1(t)$、$y_2(t)$；当线性系统的输入量为$[x_1(t) \pm x_2(t)]$时，对应的输出量为$[y_1(t) \pm y_2(t)]$

叠加特性表明，同时作用于系统的几个输入量所引起的响应等于各个输入量单独作用时引起的输出量之和，这也表明线性系统的各个输入量所产生的响应过程互不影响。因此，为求线性系统在复杂输入量情况下的输出量，可以把复杂输入量分解成许多简单的输入分量，然后，分别求出各个简单的输入分量所对应的输出分量，最后求这些输出分量之和。

（2）频率不变性。频率不变性又称频率保持性，它表明传感器的输入量为某一频率的信号时，则传感器的稳态输出量也为同一频率的信号。

求式（1-18），可以得到通解（瞬态响应）与特解（稳态响应）。其通解仅与传感器的特性及初始条件有关，特解则与传感器的特性及输入量有关。

2. 传递函数

由于求解高阶微分方程很困难，因此，常采用拉普拉斯变换的方法，将时域的数学模型（微分方程）转换为复数域的数学模型（传递函数），将微分方程转变为代数方程。

当线性系统的初始条件为零时，即在考察时刻以前，其输入量、输出量及其各阶导数均为零，并且测试系统的输入量 $x(t)$和输出量 $y(t)$在 $t>0$ 时均满足狄里赫利条件，则定义输出量 $y(t)$的拉普拉斯变换 $Y(s)$与输入量 $x(t)$的拉普拉斯变换 $X(s)$之比为测试系统的传递函数，并记为 $H(s)$，即

$$H(s) = \frac{Y(s)}{X(s)} = \frac{\int_0^\infty y(t)\mathrm{e}^{-st}\mathrm{d}t}{\int_0^\infty x(t)\mathrm{e}^{-st}\mathrm{d}t} \tag{1-19}$$

式中，s 称为拉普拉斯算子，它是复变数，$s = a + \mathrm{j}b$ 且 $a \geqslant 0$。可以通过拉普拉斯变换微分的性质推导出线性系统的传递函数表达式。

根据拉普拉斯变换的微分性质则有

$$\begin{cases} L[y(t)] = Y(s) \\ L[y'(t)] = s \cdot Y(s) \\ \vdots \\ L[y^n(t)] = s^n \cdot Y(s) \end{cases} \tag{1-20}$$

在初始值为零的条件下对式（1-18）进行拉普拉斯变换，得

$$(a_n \cdot s^n + a_{n-1} \cdot s^{n-1} + \cdots + a_1 \cdot s + a_0)Y(s) = (b_m \cdot s^m + b_{m-1} \cdot s^{m-1} + \cdots + b_1 \cdot s + b_0)X(s) \tag{1-21}$$

结合式（1-19）可得

$$H(s) = \frac{Y(s)}{X(s)} = \frac{b_m \cdot s^m + b_{m-1} \cdot s^{m-1} + \cdots + b_1 \cdot s + b_0}{a_n \cdot s^n + a_{n-1} \cdot s^{n-1} + \cdots + a_1 \cdot s + a_0} \tag{1-22}$$

式中，$a_n, a_{n-1}, \cdots, a_1, a_0$ 和 $b_m, b_{m-1}, \cdots, b_1, b_0$ 是由测试系统的物理参数决定的常系数。从式（1-22）

可知，传递函数以代数式的形式表征了测试系统对输入信号的传输和转换特性。它包含了瞬态响应和稳态响应的全部信息。而式（1-18）则是以微分方程的形式表征传感器线性系统对输入信号的传输和转换特性。因此，传递函数与微分方程两者表达的信息是一致的，只是表达的数学形式不同、研究问题的角度不同。在运算上，传递函数比微分方程简便。

当描述传感器特性的微分方程的阶数 n=0 时，该传感器称为零阶传感器；同理，n=1 时，称为一阶传感器；n=2 时，称为二阶传感器；n 为更大值时，称为高阶传感器。

式（1-22）还表明，引入传递函数的概念后，在 $X(s)$、$Y(s)$ 和 $H(s)$ 三者之中，知道任意两个，就可以方便地求第三个。

3. 频率响应函数

研究动态特性的频率响应法是通过采用谐波输入信号来分析传感器的频率响应特性的，即从频域角度研究传感器的动态特性。

将幅值为 X_0、频率为 ω 的谐波信号 $x(t)=X_0\cdot \mathrm{e}^{\mathrm{j}\omega t}$ 输入式（1-18）所描述的传感器线性系统。在稳定状态下，根据线性系统的频率保持特性，该传感器的输出响应仍然是一个频率为 ω 的谐波信号，只是其幅值和相位与输入信号有所不同，故其输出量可写成：

$$y(t)=Y_0\cdot \mathrm{e}^{\mathrm{j}(\omega t+\varphi)}$$

式中，Y_0 和 φ 分别为传感器输出信号的幅值与初相位。

将输入量和输出量及其各阶导数分列如下：

$$\begin{array}{l|l}
x(t)=X_0\cdot \mathrm{e}^{\mathrm{j}\omega t} & y(t)=Y_0\cdot \mathrm{e}^{\mathrm{j}(\omega t+\varphi)} \\
\dfrac{\mathrm{d}x(t)}{\mathrm{d}t}=(\mathrm{j}\omega)\cdot X_0\cdot \mathrm{e}^{\mathrm{j}\omega t} & \dfrac{\mathrm{d}y(t)}{\mathrm{d}t}=(\mathrm{j}\omega)\cdot Y_0\cdot \mathrm{e}^{\mathrm{j}(\omega t+\varphi)} \\
\dfrac{\mathrm{d}^2x(t)}{\mathrm{d}t^2}=(\mathrm{j}\omega)^2\cdot X_0\cdot \mathrm{e}^{\mathrm{j}\omega t} & \dfrac{\mathrm{d}^2y(t)}{\mathrm{d}t^2}=(\mathrm{j}\omega)^2\cdot Y_0\cdot \mathrm{e}^{\mathrm{j}(\omega t+\varphi)} \\
\vdots & \vdots \\
\dfrac{\mathrm{d}^nx(t)}{\mathrm{d}t^n}=(\mathrm{j}\omega)^n\cdot X_0\cdot \mathrm{e}^{\mathrm{j}\omega t} & \dfrac{\mathrm{d}^ny(t)}{\mathrm{d}t^n}=(\mathrm{j}\omega)^n\cdot Y_0\cdot \mathrm{e}^{\mathrm{j}(\omega t+\varphi)}
\end{array}$$

将以上各阶导数的表达式代入式（1-18），得

$$\begin{aligned}
&[a_n\cdot(\mathrm{j}\omega)^n+a_{n-1}\cdot(\mathrm{j}\omega)^{n-1}+\cdots+a_1\cdot(\mathrm{j}\omega)+a_0]\cdot Y_0\cdot \mathrm{e}^{\mathrm{j}(\omega t+\varphi)}\\
&=[b_m\cdot(\mathrm{j}\omega)^m+b_{m-1}\cdot(\mathrm{j}\omega)^{m-1}+\cdots+b_1\cdot(\mathrm{j}\omega)+b_0]\cdot X_0\cdot \mathrm{e}^{\mathrm{j}\omega t}
\end{aligned}$$

整理后得到：

$$\frac{b_m\cdot(\mathrm{j}\omega)^m+b_{m-1}\cdot(\mathrm{j}\omega)^{m-1}+\cdots+b_1\cdot(\mathrm{j}\omega)+b_0}{a_n\cdot(\mathrm{j}\omega)^n+a_{n-1}\cdot(\mathrm{j}\omega)^{n-1}+\cdots+a_1\cdot(\mathrm{j}\omega)+a_0}=\frac{Y_0\cdot \mathrm{e}^{\mathrm{j}(\omega t+\varphi)}}{X_0\cdot \mathrm{e}^{\mathrm{j}\omega t}}=\frac{y(t)}{x(t)} \tag{1-23}$$

令

$$H(\mathrm{j}\omega)=\frac{Y_0\cdot \mathrm{e}^{\mathrm{j}(\omega t+\varphi)}}{X_0\cdot \mathrm{e}^{\mathrm{j}\omega t}}=\frac{Y_0}{X_0}\mathrm{e}^{\mathrm{j}\varphi} \tag{1-24}$$

式（1-24）表明传感器的动态响应从时域变换到频域，体现了输出信号与输入信号之间的关系随频率而变化的特性，故称之为传感器的频率响应特性，简称频率特性或频响特性。

特别提示

根据式（1-24），频率响应函数的物理意义是指当频率为 ω 的正弦信号作为某一传感器

线性系统的激励信号（输入信号）时该传感器在稳定状态下的输出和输入之比。因此，频率响应函数可以视为传感器对谐波信号传输特性的描述。这也是用实验的方法获取传感器特性函数（频率响应函数）的理论证明。

对于稳定的常系数线性系统，其频率响应函数就是当式（1-22）中的拉普拉斯算子 s 的实部为零时的情况，即 $s=\mathrm{j}\omega$。此时，传递函数变换为频率响应函数，即

$$H(\mathrm{j}\omega)=\frac{Y(\mathrm{j}\omega)}{X(\mathrm{j}\omega)}=\frac{b_m\cdot(\mathrm{j}\omega)^m+b_{m-1}\cdot(\mathrm{j}\omega)^{m-1}+\cdots+b_1\cdot(\mathrm{j}\omega)+b_0}{a_n\cdot(\mathrm{j}\omega)^n+a_{n-1}\cdot(\mathrm{j}\omega)^{n-1}+\cdots+a_1\cdot(\mathrm{j}\omega)+a_0} \tag{1-25}$$

式（1-23）第一个等号的左边与式（1-25）第二个等号的右边是完全一样的，说明通过两种方法均可以获得传感器频率响应函数表达式，结果是一致的。

在式（1-25）中，$H(\mathrm{j}\omega)$ 是复函数，它可用复指数形式来表达，也可以写成实部和虚部之和，即

$$H(\mathrm{j}\omega)=A(\omega)\mathrm{e}^{\mathrm{j}\varphi(\omega)}=\mathrm{Re}(\omega)+\mathrm{jIm}(\omega) \tag{1-26}$$

式中，$\mathrm{Re}(\omega)$ 为 $H(\mathrm{j}\omega)$ 的实部，$\mathrm{Im}(\omega)$ 为 $H(\mathrm{j}\omega)$ 的虚部，两者都是频率 ω 的实函数；$A(\omega)$ 为频率响应函数 $H(\mathrm{j}\omega)$ 的模，即

$$A(\omega)=\left|H(\mathrm{j}\omega)\right|=\sqrt{[\mathrm{Re}(\omega)]^2+[\mathrm{Im}(\omega)]^2}=\frac{Y_0(\omega)}{X_0(\omega)}=\frac{Y_0}{X_0} \tag{1-27}$$

频率响应函数 $H(\mathrm{j}\omega)$ 的模 $A(\omega)$ 表明了传感器的输出信号与输入信号的幅值之比随频率变化的关系，称为幅频特性，$A(\omega)-\omega$ 曲线则称为幅频特性曲线。

$\varphi(\omega)$ 是频率响应 $H(\mathrm{j}\omega)$ 的幅角，即

$$\varphi(\omega)=\angle H\left(\mathrm{j}\omega\right)=\arctan\frac{\mathrm{Im}(\omega)}{\mathrm{Re}(\omega)} \tag{1-28}$$

式（1-28）表达了传感器的输出信号对输入信号的相位差随频率变化的关系，称为相频特性，$\varphi(\omega)-\omega$ 曲线则称为相频特性曲线。

式（1-25）表明，常系数线性系统的频率响应函数 $H(\mathrm{j}\omega)$ 仅是频率的函数，与时间、输入量无关。若系统为非线性系统，则 $H(\mathrm{j}\omega)$ 与输入量有关；若系统为非常系数的，则 $H(\mathrm{j}\omega)$ 还与时间有关。

1.6.2 传感器系统实现动态不失真测试的频率响应特性

测试的目的就是要求在测试过程中采取各种技术手段，使测试系统的输出信号能够真实、准确地反映出被测对象的信息，这种测试称为不失真测试。

一个传感器系统在什么条件下才能保证测量的准确性？传感器系统不失真测试的条件如图 1.13 所示，图中的输入量 $x(t)$、传感器的输出量 $y(t)$ 可能出现以下 3 种情况：

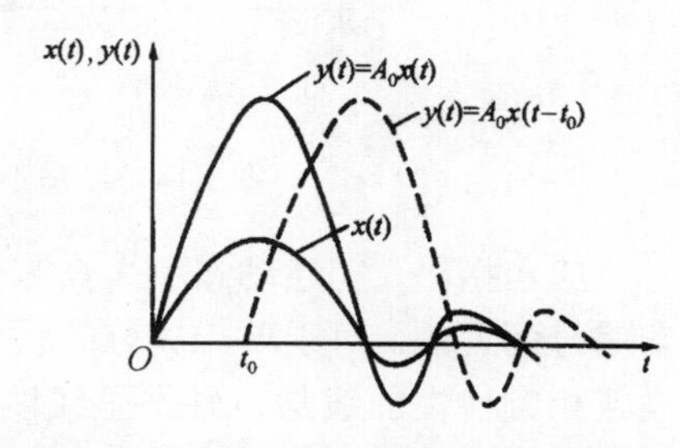

图 1.13　传感器系统不失真测试的条件

（1）理想的情况。输出信号的波形与输入信号的波形变化完全一致，仅有幅值按比例常数 A_0 进行放大，即输出量与输入量之间满足下列关系式：

$$y(t)=A_0x(t) \tag{1-29}$$

此为不失真测试。

（2）输出信号的波形按比例常数 A_0 对输入信号的波形进行放大，但相对于输入波形滞后时间为 t_0，即满足下列关系式：

$$y(t)=A_0x(t-t_0) \tag{1-30}$$

这种情况下的输出信号的波形与理想情况下的输出信号的波形相同，只是时间滞后了 t_0，仍为不失真测试。

（3）失真情况。输出信号的波形与输入信号的波形完全不一样，产生了波形畸变。

分别对式（1-29）和式（1-30）进行傅里叶变换，可得到两种情况下传感器系统所具有的频率响应特性：

$$Y(\mathrm{j}\omega)=A_0X(\mathrm{j}\omega)$$

$$Y(\mathrm{j}\omega)=A_0\mathrm{e}^{-\mathrm{j}t_0\omega}X(\mathrm{j}\omega)$$

若要满足第一种不失真测试情况，则传感器系统的频率响应函数应为

$$H(\mathrm{j}\omega)=\frac{Y(\mathrm{j}\omega)}{X(\mathrm{j}\omega)}=A_0=A_0\mathrm{e}^{\mathrm{j}\cdot 0} \tag{1-31}$$

若要满足第二种不失真测试情况，则传感器系统的频率响应函数应为

$$H(\mathrm{j}\omega)=\frac{Y(\mathrm{j}\omega)}{X(\mathrm{j}\omega)}=A_0\mathrm{e}^{\mathrm{j}\cdot(-t_0\omega)} \tag{1-32}$$

即传感器系统要实现动态不失真测试时的幅频特性和相频特性应满足下列要求：

$$A(\omega)=A_0 \quad （A_0\text{为常数}） \tag{1-33}$$

$$\varphi(\omega)=0 \quad （\text{理想条件}） \tag{1-34}$$

或

$$\varphi(\omega)=-t_0\omega \quad （t_0\text{为常数}） \tag{1-35}$$

式（1-33）表明，传感器系统实现动态不失真测试的幅频特性曲线应是一条平行于 ω 轴的直线，如图 1.14（a）所示。式（1-34）和式（1-35）则分别表明，传感器系统实现动态不失真测试的相频特性曲线应是与水平坐标轴重合的直线（理想条件）或是一条通过坐标原点的斜直线，如图 1.14（b）和图 1.14（c）所示。

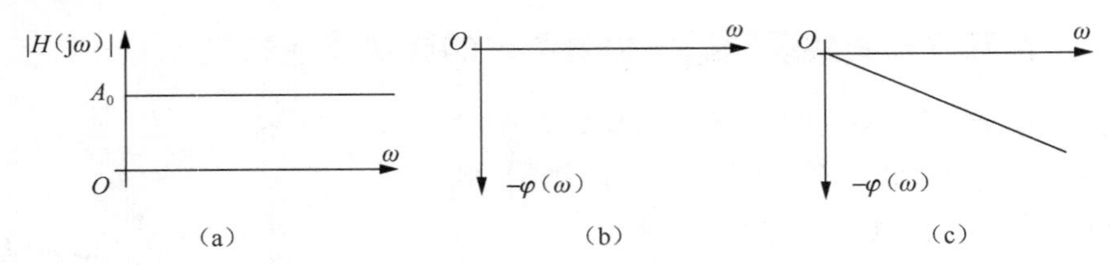

图 1.14　动态不失真测试的幅频特性曲线和相频特性曲线

应当指出，上述动态不失真测试的条件，是针对系统的输入信号为多频率成分构成的复杂信号而言的。对于单一成分的正弦信号的测量，尽管系统由于其幅频特性曲线不是水平直线或相频特性曲线与 ω 轴不呈线性关系，导致不同频率的正弦信号作为输入信号时，其输出信号的幅值误差和相位差会有所不同。但只要知道了系统的幅频特性和相频特性，就可以求得输入某个具体频率的正弦信号时系统输出信号与输入信号的幅值比和相位差，因而仍可以

精确地获得输入信号的波形。对于简单周期信号的测量，从理论上讲，对上述动态不失真测试的条件可以不做严格要求。但应当注意的是，尽管系统的输入信号在理论上也许只有简单周期信号，实际上仍然可能有不可预见的随机干扰信号存在，这些干扰信号仍然会引起响应失真。一般来说，为了实现动态不失真测试，都要求系统满足 $A(\omega)=A_0$ 和 $\varphi(\omega)=0$ 或 $\varphi(\omega)=-t_0\omega$ 的条件。

1.6.3 典型传感器系统的动态特性分析

常见的传感器系统都是典型的线性零阶系统、一阶系统或二阶系统。

1. 零阶传感器系统的动态特性分析

令传感器系统的一般微分方程式（1-18）中的各阶微分项为零，得到零阶传感器系统的数学模型：

$$y=\frac{b_0}{a_0}x=Kx \tag{1-36}$$

其传递函数为

$$H(s)=\frac{Y(s)}{x(s)}=\frac{b_0}{a_0}=K \tag{1-37}$$

式中，K 为传感器的静态灵敏度。

式（1-36）表明，零阶传感器系统的输入量 $x(t)$无论随时间如何变化，输出量的幅值总是与输入量成确定的比例关系，也不产生时间上的滞后。因此，理论上零阶传感器系统不产生动态误差。

2. 一阶系统的动态特性分析

液体温度传感器、某些气体传感器等都是典型的一阶传感器系统。令式（1-18）中的一阶微分项以上的各阶微分项为零，就可得到一阶传感器系统的微分方程：

$$a_1\frac{\mathrm{d}y}{\mathrm{d}t}+a_0y=b_0x \tag{1-38}$$

或

$$\frac{a_1}{a_0}\frac{\mathrm{d}y}{\mathrm{d}t}+y=\frac{b_0}{a_0}x \tag{1-39}$$

式中，$\tau=a_1/a_0$为时间常数；$K=b_0/a_0$为传感器的静态灵敏度。在线性系统中，K 为常数，由于 K 值的大小仅表示输出量与输入量之间（输入量为静态量时）放大的比例关系，并不影响对系统动态特性的研究。因此，为讨论问题方便起见，可以令 K=1。这种处理称为灵敏度归一化处理。灵敏度归一化处理后，式（1-39）变为

$$(\tau s+1)y=x \tag{1-40}$$

其传递函数为

$$H(s)=\frac{Y(s)}{X(s)}=\frac{1}{(\tau s+1)} \tag{1-41}$$

得到了一阶传感器系统的微分方程和传递函数，就可以研究其频率响应特性和阶跃响应特性。

1）一阶传感器系统的单位阶跃响应

当给静止的传感器输入一个单位阶跃信号（信号幅值为1）时，传感器的输出信号就是单位阶跃响应。对传感器的突然加载或卸载就属于阶跃输入。这种输入方法既易于获取，又能充分揭示传感器的动态特性，故在传感器的动态特性研究中常采用该方法。

设单位阶跃信号为

$$u(t)=\begin{cases}0, & t<0\\ 1, & t>0\end{cases} \tag{1-42}$$

单位阶跃信号$u(t)$的拉普拉斯变换为

$$X(s)=L\left[u(t)\right]=\frac{1}{s} \tag{1-43}$$

把式（1-43）代入式（1-41），得

$$Y(s)=H(s)X(s)=\frac{1}{s(\tau s+1)} \tag{1-44}$$

求拉普拉斯逆变换，可得$Y(s)$的时间函数$y(t)$，$y(t)$称为单位阶跃响应函数。

$$y(t)=1-\mathrm{e}^{-\frac{t}{\tau}} \tag{1-45}$$

特别提示

时间函数的拉普拉斯变换的求取方法有两种：

（1）利用公式直接求取。将$x(t)$直接代入拉普拉斯变换公式$L\left[x(t)\right]=\int_0^{\infty}x(t)\mathrm{e}^{-st}\mathrm{d}t$中求取。

（2）查拉普拉斯变换表求取。

一般采用第二种方法。对于频域函数的拉普拉斯反变换，也可采用同样的方法。

根据式（1-45），一阶传感器系统的单位阶跃响应曲线如图1.15所示。

（1）响应曲线随时间呈指数规律变化，逐渐趋于稳定。理论上，$t\to\infty$时输出量才能达到稳定值。

（2）根据式（1-45）可算出，当$t=\tau$时，输出量达到稳定值的63.2%。可见，τ越小，一阶传感器系统达到稳定值所需时间越少。因此，时间常数τ是评判一阶传感器系统动态特性的重要指标。

（3）一阶传感器系统单位阶跃响应所产生的动态误差为

$$\gamma=\left|\frac{y(\infty)-y(t)}{y(\infty)}\right|=\left|\frac{1-(1-\mathrm{e}^{-\frac{t}{\tau}})}{1}\right|=\mathrm{e}^{-\frac{t}{\tau}} \tag{1-46}$$

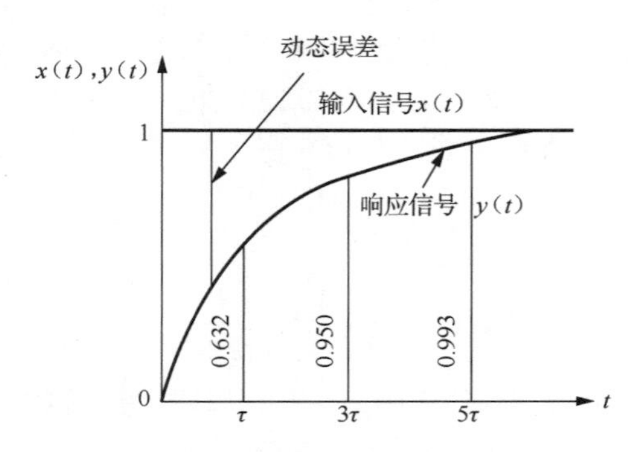

图1.15　一阶传感器系统的单位阶跃响应曲线

根据式（1-46）可算出，当 $t=3\tau$ 时，$\gamma=0.05$；$t=5\tau$ 时，$\gamma=0.007$。可见，一阶传感器系统输入单位阶跃信号后，在 $t>5\tau$ 之后采样，可认为输出量已接近稳态值，其动态误差可以忽略。

2）一阶传感器系统的频率响应特性分析

令 $s=\mathrm{j}\omega$，代入（1-41）式，得到一阶传感器系统的频率响应函数，即

$$H(\mathrm{j}\omega)=\frac{Y(\mathrm{j}\omega)}{X(\mathrm{j}\omega)}=\frac{1}{(\tau\mathrm{j}\omega+1)} \tag{1-47}$$

其幅频特性和相频特性分别为

$$A(\omega)=\frac{1}{\sqrt{(\tau\omega)^2+1}} \tag{1-48}$$

$$\varphi(\omega)=\arctan(-\omega\tau) \tag{1-49}$$

式中，ω为传感器的输入信号频率。

一阶传感器系统的幅频特性曲线和相频特性曲线如图 1.16 所示。

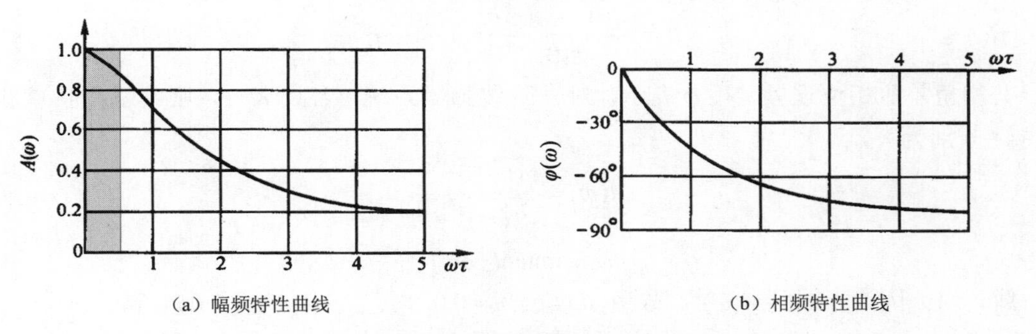

（a）幅频特性曲线　（b）相频特性曲线

图 1.16　一阶传感器系统的幅频特性曲线和相频特性曲线

关于一阶传感器系统的频率响应特性，有以下结论：

（1）当 $\omega\tau=1$时，根据式（1-48）和式（1-49）计算得到 $A(\omega)=0.707$，$\varphi(\omega)=-45^\circ$，称 $\omega=1/\tau$ 为一阶传感器系统的转折频率。此时，传感器灵敏度幅值衰减至静态灵敏度的 0.707（-3dB）。

（2）当 $\omega\tau=1/3$时，根据式（1-48）计算得到 $A(\omega)\approx0.95$，说明频率 ω 在（$0\sim\dfrac{1}{3\tau}$）范围内，其幅值误差不超过 5%，可近似认为一阶传感器系统在此频率范围内满足动态不失真测试条件。

（3）当 $\omega\tau$ 大小一定时（幅值误差一定），时间常数 τ 越小，一阶传感器系统能够测量的频率就越高。

（4）当被测信号的最高频率 ω 一定时，时间常数 τ 越小，一阶传感器系统输出信号的幅值误差就越小。

综合上述分析，可以得出结论：反映一阶传感器系统动态特性的指标参数是时间常数 τ，原则上是 τ 越小越好。

【例 1-1】求出图 1.11 所示柱式水银温度计（液体温度计）的数学模型。

解：以 $T_\mathrm{i}(t)$表示温度计的输入信号，即被测温度；$T_\mathrm{o}(t)$表示温度计的输出信号，即示值

温度。根据热力学原理和能量守恒定律，可得到热平衡方程：

$$\frac{T_i(t)-T_o(t)}{R}=C\frac{T_o(t)}{dt}$$

即

$$RC\frac{dT_o}{dt}+T_o=T_i \tag{1-50}$$

式中，R 为传导介质的热阻，C 为温度计的热容量。

式（1-50）表明，液体温度计是一阶传感器系统，与感温材料、温度计结构等有关的参数 R、C 决定了它的动态响应性能。

【例 1-2】 用一个时间常数 $\tau=5\times10^{-4}s$ 的一阶传感器系统测量正弦信号。问：

（1）若要求限制幅值误差在 5%以内，则被测正弦信号的频率为多少？此时的幅值误差和相角差各是多少？

（2）若用具有该时间常数的同一系统对 50Hz 信号进行测试，此时的幅值误差和相角差各是多少？

分析：传感器对某一信号测量后的幅值误差应为

$$\delta=\left|\frac{A(0)-A(\omega)}{A(0)}\right|=\left|1-A(\omega)\right|$$

其相角差即相位误差，用 φ 表示，对一阶传感器系统，若设 K=1，则其幅频特性和相频特性分别为

$$A(\omega)=\frac{1}{\sqrt{(\omega\tau)^2+1}}$$

$$\varphi=\arctan(-\omega\tau)$$

解：（1）因为 $\delta=\left|1-A(\omega)\right|$，故当 $|\delta|\leqslant 5\%=0.05$ 时，$1-A(\omega)\leqslant 0.05$，即

$$1-\frac{1}{\sqrt{(\omega\tau)^2+1}}\leqslant 0.05$$

化简得

$$(\omega\tau)^2\leqslant\frac{1}{0.95^2}-1=0.108$$

$$f\leqslant\sqrt{0.108}\times\frac{1}{2\pi\tau}=\sqrt{0.108}\times\frac{1}{2\pi\times5\times10^{-4}}=104(\text{Hz})$$

即被测正弦信号的频率不能大于 104Hz。此时，产生的幅值误差和相位误差分别如下：

$$\delta=1-\frac{1}{\sqrt{(\omega\tau)^2+1}}=1-\frac{1}{\sqrt{(2\pi f\tau)^2+1}}=1-\frac{1}{\sqrt{(2\pi\times104\times5\times10^{-4})^2+1}}=1-0.9506=4.94\%$$

$$\varphi=\arctan(-\omega\tau)=\arctan(-2\pi f\tau)=\arctan(-2\pi\times104\times5\times10^{-4})=-18.9^\circ$$

（2）当进行 50Hz 信号测试时，有

$$\delta=1-\frac{1}{\sqrt{(\omega\tau)^2+1}}=1-\frac{1}{\sqrt{(2\pi f\tau)^2+1}}=1-\frac{1}{\sqrt{(2\pi\times50\times5\times10^{-4})^2+1}}=1-0.9878=1.21\%$$

$$\varphi=\arctan(-\omega\tau)=\arctan(-2\pi f\tau)=\arctan(-2\pi\times50\times5\times10^{-4})=-8.92^\circ$$

从以上一阶传感器系统的正弦响应的计算结果可以看出，要使测量误差小，则应使 $\omega\tau\ll$ 尽可能小。若要满足不失真测试要求，则必须使 $\omega\tau<<1$。此结论与前述的一阶传感器

系统的频率响应特性的分析结果是一致的。

3. 二阶传感器系统的动态特性分析

振动传感器、压电感器等都是典型的二阶传感器系统。令式（1-18）中的二阶微分项以上的各阶微分项为零，得到二阶传感器系统的微分方程，即

$$a_2\frac{\mathrm{d}^2y}{\mathrm{d}t^2}+a_1\frac{\mathrm{d}y}{\mathrm{d}t}+a_0y=b_0x \tag{1-51}$$

灵敏度归一化处理后，式（1-51）可写成

$$\frac{a_2}{a_0}\frac{\mathrm{d}^2y(t)}{\mathrm{d}t^2}+\frac{a_1}{a_0}\frac{\mathrm{d}y(t)}{\mathrm{d}t}+y(t)=x(t) \tag{1-52}$$

令系统固有频率 $\omega_\mathrm{n}=\sqrt{\dfrac{a_0}{a_2}}$，系统的阻尼比 $\xi=\dfrac{a_1}{2\sqrt{a_0\cdot a_2}}$，则

$$\frac{a_2}{a_0}=\frac{1}{\omega_\mathrm{n}^2},\quad \frac{a_1}{a_0}=\frac{2\xi}{\omega_\mathrm{n}}$$

则式（1-52）可改写为

$$\frac{1}{\omega_\mathrm{n}^2}\frac{\mathrm{d}^2y(t)}{\mathrm{d}t^2}+\frac{2\xi}{\omega_\mathrm{n}}\frac{\mathrm{d}y(t)}{\mathrm{d}t}+y(t)=x(t)$$

进行拉普拉斯变换，得

$$\frac{1}{\omega_\mathrm{n}^2}\cdot s^2Y(s)+\frac{2\xi}{\omega_\mathrm{n}}\cdot s\cdot Y(s)+Y(s)=X(s)$$

可得二阶传感器系统的传递函数

$$H(s)=\frac{1}{\dfrac{1}{\omega_\mathrm{n}^2}s^2+\dfrac{2\xi}{\omega_\mathrm{n}}s+1}=\frac{\omega_\mathrm{n}^2}{s^2+2\xi\omega_\mathrm{n}s+\omega_\mathrm{n}^2} \tag{1-53}$$

1）二阶传感器系统的单位阶跃响应

根据二阶传感器系统的传递函数式（1-53）及单位阶跃信号 $u(t)$的拉普拉斯变换式（1-43）可得

$$Y(s)=H(s)X(s)=\frac{\omega_\mathrm{n}^2}{s(s^2+2\xi\omega_\mathrm{n}s+\omega_\mathrm{n}^2)} \tag{1-54}$$

求拉普拉斯逆变换可得二阶传感器系统对单位阶跃输入的响应函数。

根据阻尼比 ξ 的大小不同，分为下列 4 种情况。

（1）欠阻尼（$0<\xi<1$）。在欠阻尼情况下，二阶传感器系统的单位阶跃响应函数为

$$y(t)=1-\frac{\mathrm{e}^{-\xi\omega_\mathrm{n}t}}{\sqrt{1-\xi^2}}\sin\left(\omega_\mathrm{n}\sqrt{1-\xi^2}\,t+\arctan\frac{\sqrt{1-\xi^2}}{\xi}\right) \tag{1-55}$$

此情况下，二阶传感器系统的单位阶跃响应曲线如图 1.17 所示。可见，在欠阻尼情况下二阶传感器系统的单位阶跃响应是一个衰减振荡过程，阶跃响应函数 $y(t)$经过若干次振荡逐渐趋向稳定值 $y(\infty)$。ξ 越小，振荡频率越高，衰减越慢。

图 1.17 中各参量的定义如下：

峰值时间 t_m 为二阶传感器系统输出响应曲线达到第一个峰值所需的时间；

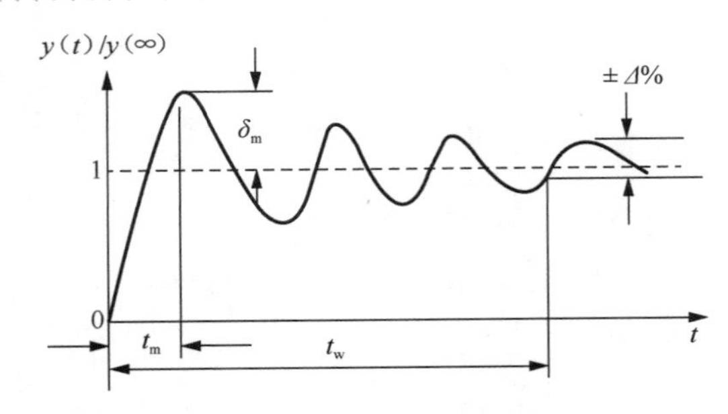

图 1.17　在欠阻尼情况下二阶传感器系统的单位阶跃响应曲线

稳定时间 t_w 为二阶传感器系统输出值达到允许误差范围±Δ%所经历的时间；

超调量 δ_m 为二阶传感器系统响应曲线第一次超过稳态值而出现的最大偏差。

（2）零阻尼（ξ=0）。当阻尼比 ξ=0 时，二阶传感器系统的单位阶跃响应函数为

$$y(t)=1-\sin\left(\omega_n t+\varphi_0\right) \tag{1-56}$$

输出信号为一个等幅振荡波形，振荡频率为二阶传感器系统的固有频率 ω_n，φ_0 由初始条件确定。

（3）临界阻尼（ξ=1）。当阻尼比 ξ=1 时，二阶传感器系统的单位阶跃响应函数为

$$y(t)=1-\exp(-t\omega_n)-t\omega_n\exp(-t\omega_n) \tag{1-57}$$

（4）过阻尼（ξ>1）。当阻尼比 ξ>1 时，二阶传感器系统的单位阶跃响应函数为

$$y(t)=1+\frac{\xi-\sqrt{\xi^2-1}}{2\sqrt{\xi^2-1}}\exp\left((-\xi+\sqrt{\xi^2-1})\omega_n t\right)-\frac{\xi+\sqrt{\xi^2-1}}{2\sqrt{\xi^2-1}}\exp\left(-(\xi+\sqrt{\xi^2-1})\omega_n t\right) \tag{1-58}$$

式（1-57）和式（1-58）表明，当 $\xi\geqslant1$ 时，二阶传感器系统对单位阶跃信号的输出响应不再是振荡的，而是由两个一阶阻尼环节组成的，只是前者具有相同的衰减指数，后者不具有相同的衰减指数。

图 1.18 所示为上述 4 种阻尼情况下二阶传感器系统的单位阶跃响应曲线。对实际传感器，应适当选取 ξ 值，要兼顾超调量 δ_m 不要太大、稳定时间 t_w 不要过长的要求。计算结果表明，ξ 在 0.6～0.8 范围内，可获得较合适的综合特性。

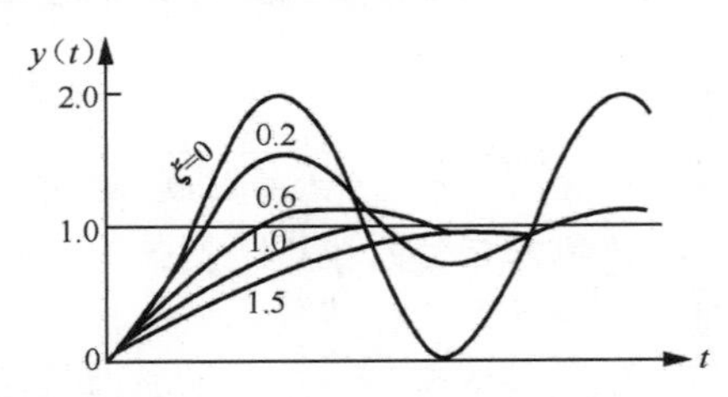

图 1.18　4 种情况下二阶传感器系统的单位阶跃响应曲线

2）二阶传感器系统的频率响应函数及特性分析

令 $s=\mathrm{j}\omega$，并将其代入式（1-53），整理得到的二阶传感器系统的频率响应函数为

$$H(\mathrm{j}\omega)=\frac{1}{1-\left(\dfrac{\omega}{\omega_n}\right)^2+\mathrm{j}2\xi\left(\dfrac{\omega}{\omega_n}\right)} \tag{1-59}$$

幅频特性函数和相频特性函数如下：

$$
\begin{cases}
A(\omega)=\dfrac{1}{\sqrt{\left[1-\left(\dfrac{\omega}{\omega_{\mathrm{n}}}\right)^{2}\right]^{2}+\left[2\xi\left(\dfrac{\omega}{\omega_{\mathrm{n}}}\right)\right]^{2}}} \\
\varphi(\omega)=-\arctan\dfrac{2\xi\left(\dfrac{\omega}{\omega_{\mathrm{n}}}\right)}{1-\left(\dfrac{\omega}{\omega_{\mathrm{n}}}\right)^{2}}
\end{cases}
\tag{1-60}
$$

二阶传感器系统的幅频特性曲线和相频特性曲线如图 1.19 所示。

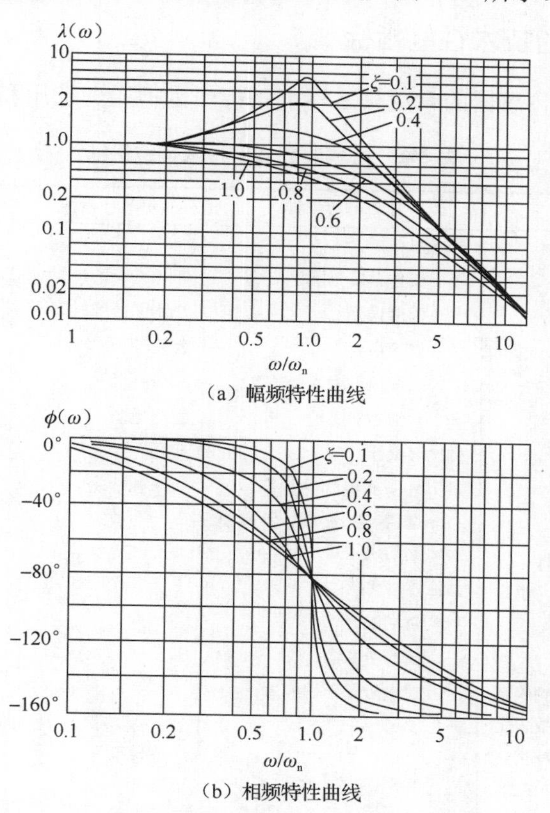

图 1.19　二阶传感器系统的幅频特性曲线和相频特性曲线

特别提示

图 1.19 是灵敏度归一化后所作的曲线，实际上测试系统的静态灵敏度 K 值往往不是 1，因而幅频特性表达式 $A(\omega)$ 的分子应除以 K。

从式（1-60）和图 1.19 可知，影响二阶传感器系统动态特性的主要参数是固有频率 ω_{n} 和阻尼比 ξ。

（1）当 $\xi<1$ 且 $\omega/\omega_{\mathrm{n}}<<1$（或 $\omega_{\mathrm{n}}>>\omega$）时，$A(\omega)\approx 1$，$\varphi(\omega)\approx 0$，可认为近似满足动态不失真测试条件。

（2）当ξ<1 且ω/ω_n=1（或$\omega=\omega_n$）时，系统产生共振，同时相频特性也变差。ξ越小，共振现象越显著。实际测量时应该避免发生此情况。

（3）计算结果表明，当ξ=0.7 时，在ω/ω_n=0～0.58 的范围内，$A(\omega)$ 的变化不超过 5%，同时$\varphi(\omega)$ 也接近于过坐标原点的斜直线。

综合二阶传感器系统的阶跃响应特性和频率响应特性分析可得出结论：为了使二阶传感器系统具有好的动态响应特性，设计传感器时必须使其阻尼比ξ<1，固有频率ω_n至少大于被测信号频率ω的 3～5 倍，即$\omega_n \geqslant$（3～5）ω。

1.7 传感器的技术性能指标及选用原则

1.7.1 传感器的技术性能指标

表 1-4 分类列出了传感器的常用技术性能指标作为检验、选用和评价传感器的依据。

表 1-4 传感器的常用技术性能指标

基本参数指标	环境参数指标	可靠性指标	其他指标
量程指标： 量程范围 过载能力等 灵敏度指标： 灵敏度 满量程输出 分辨力 输入/输出阻抗 精度方面的指标： 精度（误差）、重复性线性、回差、灵敏度误差、阈值、稳定性、漂移、静态误差 动态性能指标： 固有频率、阻尼系数、频响范围、频率特性、时间常数、上升时间、响应时间、过冲量、衰减率、稳态误差、临界速度、临界频率等	温度指标： 工作温度范围 温度误差 温度漂移 灵敏度温度系数 热滞后等 抗冲振指标： 各向冲振容许频率、振幅值、加速度、冲振引起的误差等 其他环境参数： 抗潮湿、 抗介质腐蚀、 抗电磁场干扰能力	工作寿命 平均无故障时间 保险期 疲劳性能 绝缘电阻 耐压 抗飞弧性能	使用方面： 供电方式（直流电、交流电、频率、波形等） 电压幅度与稳定度 功耗 各项分布参数等 结构方面： 外形尺寸、质量、外壳、材质、结构 安装连接方面： 安装方式、馈线、电缆等

由于各种传感器的原理、结构、使用环境、条件、目的不同，其具体技术性能指标也不可能相同，但是有些使用要求却是共同的：

（1）足够的容量。即传感器的工作范围或量程足够大，并且具有一定的过载能力。

（2）灵敏度高，精度适当，抗干扰能力强。即要求其输出信号与被测信号成确定的关系（通常为线性），并且比值要大；传感器的静态响应与动态响应的准确度能满足要求。

（3）响应速率高、可重复、抗老化、抗环境影响（热、振动、酸、碱、空气、水、尘埃）的能力。

（4）使用性和适应性强。即体积小、质量小、动作能量小，对被测对象的状态影响小；

内部噪声小而又不易受外界干扰的影响；其输出信号力求采用通用或标准形式，以便与系统对接。

（5）经济适用。即寿命长、安全（传感器应是无污染的）、具有互换性、成本低，并且便于使用、维修和校准。

必须指出，对于一种具体的传感器，并不要求它是“万能”的，也不需要使其全部技术性能指标都达到优良，这不仅设计制造困难，实际上也没有必要。应该根据实际应用目的、使用环境、被测对象状况、精度要求等具体条件进行全面综合考虑，保证主要的参数达标、满足使用即可。

1.7.2 传感器的选用原则

现代传感器在原理与结构上千差万别，如何根据具体的测量目的、测量对象以及测量环境合理地选用传感器，是进行某个量的测量时首先要解决的问题。选定传感器之后，与之相配套的测量方法和测量设备也就可以确定了。测量结果的成败，在很大程度上取决于传感器的选用是否合理。传感器的选用应考虑以下几个方面因素。

1. 与测量条件有关的因素

要进行一项具体的测量工作，首先要考虑采用何种原理的传感器，这需要分析多方面的因素之后才能确定。因为，即使是测量同一个物理量，也有多种原理的传感器可供选用，哪一种原理的传感器更为合适，则需要根据被测量的特点和传感器的使用条件，综合考虑以下一些具体问题：量程的大小、被测位置对传感器体积的要求、测量方式为接触式还是非接触式、信号的引出方法、有线测量还是无线测量等。在考虑上述问题之后，才能确定选用何种类型的传感器，然后再考虑传感器的具体性能指标。

2. 与传感器的技术性能指标有关的因素

1）灵敏度的选择

通常，在传感器的线性范围内，希望传感器的灵敏度越高越好。因为只有灵敏度高时，与被测量变化对应的输出信号的值才比较大，有利于信号处理。但要注意的是，传感器的灵敏度高，与被测量无关的外界噪声也容易混入，也会被放大系统放大，影响测量精度。因此，要求传感器自身应具有较高的信噪比，尽量减少从外界引入干扰信号。有的传感器的灵敏度是有方向性的。若被测量是单向量时，而且对其方向性要求较高，则应选择其他方向灵敏度小的传感器；若被测量是多维向量，则要求传感器的交叉灵敏度越小越好。

2）频率响应特性

传感器的频率响应特性决定了被测量的频率范围，必须在允许的频率范围内保持不失真的测量条件。实际上，传感器的响应总有一定延迟，希望延迟时间越短越好。传感器的频率响应高，可测的信号频率范围就宽。由于受到结构特性的影响，机械系统的惯性较大，因而频率低的传感器可测信号的频率较低。在动态测量中，应根据信号的特点（稳态、瞬态、随机等）及响应特性，以免产生过大的动态误差。

3）线性范围

传感器的线性范围是指输出量与输入量成正比的范围。从理论上讲，在此范围内，传感器的灵敏度值是一定的。传感器的线性范围越宽，则其量程越大，并且能保证一定的测量精度。在选用传感器时，确定类型以后，首先要看其量程是否满足要求。实际上，任何传感器都不能保证绝对的线性，其线性度也是相对的。当所要求的测量精度比较低时，在一定的范围内，可将非线性误差较小的传感器近似看作线性的，这会给测量带来极大的方便。

4）稳定性

传感器使用一段时间后，其性能保持不变化的能力称为稳定性。影响传感器长期稳定性的因素除传感器自身结构外，还有传感器的使用环境。因此，要具有良好的稳定性，传感器必须有较强的环境适应能力。在选用传感器之前，应对其使用环境进行调查，并根据具体的使用环境选择合适的传感器，或采取适当的措施，减小环境的影响。传感器的稳定性有定量指标，在超过使用期后，在使用前应重新进行标定，以确定传感器的性能是否发生变化。在某些要求传感器能长期使用而又不能轻易更换或标定的场合，所选用的传感器稳定性要求更严格，要求其能够经受住长时间的考验。

5）精度

精度是传感器的一个重要性能指标，它也决定了整个测量系统精度的高低。传感器的精度越高，其价格越昂贵。因此，传感器的精度只要满足整个测量系统的精度要求就可以，不必选得过高。这样，就可以在满足同一测量目的的诸多传感器中选择比较便宜和简单的传感器。如果测量目的是定性分析的，那么选用重复精度高的传感器即可，不宜选用绝对量值精度高的；如果是为了定量分析，那么必须获得精确的测量值，就需要选用精度等级能满足要求的传感器。对某些特殊使用场合，无法选到合适的传感器，则需自行设计制造传感器以满足使用要求。

3. 与传感器的经济指标有关的因素

从经济的角度来考虑，首先是以能达到测试要求为准则，不应盲目地采用超过测量目的所要求的高精度传感器。因为传感器的精度若提高一个等级，则传感器的成本费用将会急剧上升。另外，当需要用多台传感器与其他后接仪器共同组成检测系统时，所有的传感器和其他仪器都应该选用同等精度。误差理论分析表明，由若干台仪器组成的系统测量结果的精度取决于精度最低的那台仪器。

4. 与传感器的使用环境条件有关的因素

在选用传感器时，还必须考虑其使用环境。主要从温度、振动和介质 3 个方面考虑对传感器的影响。例如，温度的变化会产生热胀冷缩效应，也会使传感器的机械机构受到热应力或改变元件的特性，往往导致其输出信号发生变化；过低或过高的温度还有可能使传感器或其内部元件变质、失效乃至破坏。又如，过大的加速度将使传感器受到不应有的惯性力作用，导致其输出信号的变化或传感器的损坏；在腐蚀性的介质中或原子辐射的环境中工作的传感器也容易受到损坏。因此，必须针对不同的工作环境选用合适的传感器，同时也必须充分考虑采取必要的措施对其加以保护。

1.8 提高与改善传感器性能的技术途径

目前，提高与改善传感器性能的技术途径有以下6种。

1）结构、材料与参数的合理选择

根据实际的需要和可能，设计传感器时合理选择材料、结构，确保其主要性能指标，放弃对次要性能指标的要求，以求得到高的性价比。同时满足使用要求，即使对主要的参数也不能盲目追求高指标。

2）差动技术的应用

差动技术是一种非常有效的方法，它的应用可显著地减小温度变化、电源波动、外界干扰等因素对传感器精度的影响，对共模干扰、非线性等因素引起的误差也有显著的抑制作用。例如，电阻应变式传感器、电感式传感器、电容式传感器中都应用了差动技术，不仅减小了误差，而且灵敏度得到了提高。

3）平均技术的应用

常用的平均技术有误差平均效应和数据平均处理，如多点测量方案与多次采样平均。其原理是利用若干传感单元同时感受被测量或对单个传感器多次采样，取多次输出值的平均值。若将每次输出可能带来的误差δ均看作随机误差且服从正态分布，则根据误差理论，总的误差δ_Σ将减小为

$$\delta_\Sigma = \pm\frac{\delta}{\sqrt{n}} \tag{1-61}$$

式中，n为传感单元数量或采样次数。

可见，在传感器中利用平均技术不仅可使传感器误差减小，而且可增大信号量，即增大传感器灵敏度。光栅、磁栅、容栅、感应同步器等传感器由于自身的工作原理决定了有多个传感单元参与工作，故可取得明显的误差平均效应，这也是该类传感器固有的优点。另外，误差平均效应对某些工艺性缺陷造成的误差同样起到弥补作用。因此，设计时在结构允许的情况下，适当增加传感单元数量，可达到更好的效果。

4）稳定性处理

造成传感器性能不稳定的原因如下：随着应用时间的延长或使用环境条件的变化，构成传感器的各种材料与元器件性能将发生变化。为了提高传感器的稳定性，应该对材料、元器件或传感器整体进行必要的稳定性处理。使用传感器时，如果测量要求较高，那么应对附加的调整元件、后接电路的关键元器件进行老化处理。

5）屏蔽、隔离与干扰抑制

屏蔽、隔离与干扰抑制可以有效地削弱或消除外界因素对传感器的影响，如电磁噪声或机械振动噪声，这些都是传感器中经常出现的干扰信号，它可由传感器内部产生，也可从外部随信号的传递而混入。一般而言，噪声呈不规则的变化，单频交流噪声这样的周期性波动在广义上也是噪声。

传感器内部产生的噪声包括敏感元件、转换元件和转换电路元件等产生的噪声以及电源产生的噪声。例如，光电真空管放射不规则电子、半导体载流子扩散等产生的噪声。降低元件的温度可减小热噪声，对电源变压器采用静电屏蔽可减小交流脉动噪声等。

从外部混入传感器的噪声，按其产生原因可分为机械噪声（如振动，冲击）、音响噪声、热噪声（如因热辐射使元件相对位移或性能变化）、电磁噪声和化学噪声等。对振动等机械噪声可采用防振台或将传感器固定在质量很大的基础台上加以抑制；消除音响噪声的有效办法是把传感器用隔音器材围住或放在真空容器里；消除电磁噪声的有效办法是屏蔽和接地，或者使传感器远离电源线，或者使输出线屏蔽、输出线绞拧在一起等。

6）补偿与校正技术的应用

补偿与校正技术的运用主要针对下列两种情况：一种是针对传感器自身特性的，另一种是针对传感器的工作条件或外界环境的。

针对传感器自身特性，可以找出误差的变化规律，或者测出其大小和方向，采用适当的方法加以补偿或修正。

针对传感器工作条件或外界环境进行误差补偿，也是提高传感器精度的有力技术措施。不少传感器对温度敏感，而且由温度变化引起的误差十分可观。为了解决这个问题，必要时可以控制温度，采用恒温装置，但往往导致费用太高，或使用现场条件不允许。而在传感器内引入温度误差补偿是可行的方法。这时应找出温度对测量值影响的规律，然后引入温度补偿措施。例如，对电阻应变式传感器，采用应变片的单丝、双丝温度自补偿法、桥路补偿法等。

还可以利用传感器的后接电路（硬件）来解决误差补偿与修正，也可以通过计算机软件测量数据的系统来实现误差补偿与修正。

寻找生活中的传感器

现代生活离不开传感器，传感器渗透到人类生活的各个领域，为我们提供了无穷的便利，手机、汽车、家电、数码产品、智能家居、智能交通……同学们，睁大眼睛，开动脑筋，找到它们，看看它们是如何在各自的“工作岗位”上，默默地、忠实地履行着职责。看谁找得多、懂得多！

思考与练习

一、简答题

1-1　什么是传感器？传感器是如何分类的？

1-2　传感器一般由哪几部分构成？各部分的功能是什么？

1-3　衡量传感器静态特性的主要指标有哪些？说明它们的含义。

1-4　什么是传感器的静态特性和动态特性？两者有什么区别？

1-5　传感器要做到动态不失真测试应满足什么条件？

1-6　传感器输入与输出特性的线性化有什么意义？

1-7　一阶传感器系统、二阶传感器系统的主要动态特性指标是什么？说明它们的含义。

1-8　一阶传感器系统、二阶传感器系统近似满足动态不失真测试的条件是什么？

二、计算题

1-9　某压力传感器的校准数据见表1-5。根据这些数据求最小二乘法线性化的拟合直线方程，并求其线性度。

表1-5　某压力传感器的校准数据

<table>
<tr><th></th><th>次数</th><th>行程</th><th>0</th><th>0.5</th><th>2.0</th><th>2.5</th></tr>
<tr><td rowspan="6">校准数据</td><td rowspan="2">1</td><td>正向行程</td><td>0.0020</td><td>0.2015</td><td>0.7995</td><td rowspan="2">1.0000</td></tr>
<tr><td>反向行程</td><td>0.0030</td><td>0.2020</td><td>0.8005</td></tr>
<tr><td rowspan="2">2</td><td>正向行程</td><td>0.0025</td><td>0.2020</td><td>0.7995</td><td rowspan="2">0.9995</td></tr>
<tr><td>反向行程</td><td>0.0035</td><td>0.2030</td><td>0.8005</td></tr>
<tr><td rowspan="2">3</td><td>正向行程</td><td>0.0035</td><td>0.2020</td><td>0.7995</td><td rowspan="2">0.9990</td></tr>
<tr><td>反向行程</td><td>0.0040</td><td>0.2030</td><td>0.8005</td></tr>
</table>

1-10　液体温度传感器是一阶传感器系统，现已知某柱式水银温度计特性的微分方程为$4\mathrm{d}y/\mathrm{d}t+2y=2\times10^{-3}x$。式中，$y$为水银柱高（m），$x$为被测温度（℃），求：

（1）柱式水银温度计的传递函数。

（2）柱式水银温度计的时间常数及静态灵敏度。

（3）若被测物体的温度是频率为0.5Hz的正弦信号，求此时传感器的输出信号振幅误差和相角误差。

1-11　某温度传感器为时间常数$\tau=3\mathrm{s}$的一阶系统，把该传感器从室温25℃的环境迅速放置于100℃恒温箱中，试求传感器指示温度与稳定温度相对误差小于5%时所需要的时间。

1-12　现有两个加速度传感器，均可作为二阶系统来处理，其中一个传感器的固有频率为25kHz，另一个传感器的固有频率为35kHz，阻尼比均为0.3。现欲测量频率为10kHz的正弦振动加速度，应选用其中哪一个？试计算测量时将带来多大的振幅误差和相角误差。

第2章　电阻应变式传感器·力及力矩测量

教学要求

通过本章的学习，掌握电阻应变片的工作原理、分类及结构、特性参数、误差补偿、转换电路以及电阻应变式传感器测量系统及其应用等相关知识；掌握应变式力传感器、力矩传感器的设计方法与基本计算，了解其他形式的力传感器、力矩传感器测量原理及其特点，为正确选用和设计力传感器、力矩传感器打下基础。

引例

你知道例图 2.1 所示的超市中使用的电子秤是如何实现称重的吗？电子秤一般由机械传递系统、称重传感器、测量显示仪表电路组成。机械传递系统将被称量的物体重力传递给例图 2.2 所示的电阻应变式称重传感器，该称重传感器将物体的重力转换为电量输出，经测量电路处理后提供给仪表显示或打印输出。本章重点介绍的电阻应变片是实现应变-电阻转换的传感元件，若将其粘贴于各种形式的弹性元件上，则可制成不同量程的电阻应变式称重传感器，因此这类传感器在电子衡器领域应用广泛。在工业自动化检测和控制中，由电阻应变片和弹性元件制作成的电阻应变式传感器也广泛应用于压力、扭矩、位移、加速度等物理量的测量中。

例图 2.1　电子秤

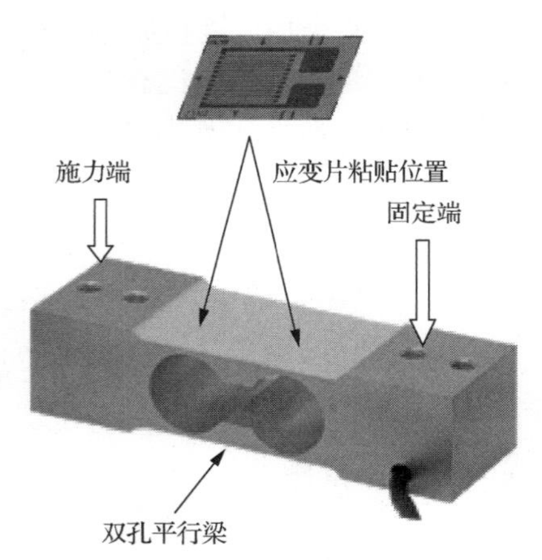

例图 2.2　电阻应变式称重传感器

A 部分　电阻应变式传感器

在电阻应变式传感器中，实现非电物理量到电量转换的元件是电阻应变片。电阻应变片在应用中分两种情况：一是作为敏感元件直接粘贴在构件上，用于测量构件受力情况，例如，应变片在大坝、桥梁、建筑结构、航天飞机、船舶结构、发电设备等工程结构的应力测量和健康监测中的应用；二是作为转换元件粘贴在弹性元件上，将其他物理量通过弹性元件转换成应变，从而构成称重、压力、位移、扭矩、加速度等各类传感器。

电阻应变片及其组成的传感器具有以下独特优点：

（1）测量灵敏度和精度高，量程大。最小可测1～2με（微应变），最大可测2×10^5με，一般精度达0.5%～0.01%，最高可达0.005%。

（2）结构简单、尺寸小、质量小、使用方便，适合静态、动态测量。目前电阻应变片最小栅长仅为0.2mm，可测500kHz动应变。

（3）性能稳定可靠，适应性强，可在高温、超低温（-269℃～1000℃）、高液压（数百兆帕）水下、高速旋转（数万转/分）、强磁场（十几万高斯）、核辐射等恶劣环境下使用。

（4）易于实现测试过程自动化和多点同步测量、远距离测量和遥测。应变测试仪器已发展成多通道（1200通道）、多功能的智能仪器，不但可对爆破、导弹发射等瞬态过程进行测量，还可对大坝、桥梁等构件受力状况进行长期监测，形成传感网络，具有数据的无线传输、存储、自动报警等功能。

2.1 电阻应变片的工作原理

应变片是基于金属的电阻应变效应而实现工作的，即金属丝的电阻随它所受到的机械变形（拉伸或压缩）而发生相应变化的现象。设金属丝在自由状态下的电阻为

$$R=\rho\frac{l}{S} \tag{2-1}$$

式中，R为电阻（Ω）；ρ为电阻率（Ω·m）；l为金属丝长度（m）；S为金属丝截面积（m²）。

当金属丝因受拉力而伸长时，其电阻发生变化（增大），对式（2-1）求全微分：

$$\mathrm{d}R=\frac{\rho}{S}\mathrm{d}l-\frac{\rho l}{S^2}\mathrm{d}S+\frac{l}{S}\mathrm{d}\rho \tag{2-2}$$

电阻的相对变化为

$$\frac{\mathrm{d}R}{R}=\frac{\mathrm{d}l}{l}-\frac{\mathrm{d}S}{S}+\frac{\mathrm{d}\rho}{\rho} \tag{2-3}$$

式中，$\mathrm{d}l/l$为金属丝长度的相对变化，根据材料力学，它等于金属丝轴向应变$\varepsilon=\mathrm{d}l/l$；$\mathrm{d}S/S$为截面积的相对变化，因为$S=\pi r^2$，故$\mathrm{d}S/S=2\mathrm{d}r/r$，$\varepsilon_r=\mathrm{d}r/r$称为金属丝径向应变，$\varepsilon_r=-\mu\varepsilon$（$\mu$为材料的泊松比）；$\mathrm{d}\rho/\rho$为电阻率的相对变化。

据以上参数定义，式（2-3）变为

$$\frac{\mathrm{d}R}{R}=(1+2\mu)\varepsilon+\frac{\mathrm{d}\rho}{\rho} \tag{2-4}$$

令

$$K_{\mathrm{s}}=\frac{\mathrm{d}R/R}{\varepsilon}=\left(1+2\mu\right)+\frac{\mathrm{d}\rho/\rho}{\varepsilon} \tag{2-5}$$

式中，K_{s}为金属丝的应变灵敏系数，其物理意义为单位应变引起的电阻相对变化。

从式（2-5）可以看出，K_{s}的大小受两个因素的影响：第一个因素即式中的（$1+2\mu$）是由于金属丝被拉伸后材料几何尺寸变化引起的；第二个因素即式中$\frac{\mathrm{d}\rho/\rho}{\varepsilon}$是由于材料发生

变形时，其自由电子的活动能力和数量均发生变化所致。目前还不能用解析式来表达，因此，K_s只能通过实验求得。

实验证明，在金属丝的弹性变形范围内，dR/R 与轴向应变 ε 成正比，因而 K_s 为常数，即

$$\frac{\mathrm{d}R}{R}=K_s\varepsilon \tag{2-6}$$

式（2-6）表明，金属丝的轴向应变与其电阻的相对变化成正比，金属丝受拉产生正应变，电阻值呈线性增大；受压产生负应变，电阻值呈线性减小。

阅读资料

1857 年，英国物理学家开尔文勋爵（Load Kelvin）在指导敷设大西洋海底电缆时，利用金属电阻值随水压而变化来测知海水深度，证实了金属丝在机械应变作用下会产生电阻变化。1878—1883 年，汤姆理逊（Tomlinson）证实了开尔文勋爵的试验结果，并指出金属丝的电阻变化是由于金属材料截面尺寸变化而引起的。1936—1938 年，美国加利福尼亚理工学院教授西蒙斯（E.E.Simmons）和麻省理工学院教授鲁奇（A.C.Ruge）分别研制出了电阻丝式纸基应变片。美国鲍尔温公司（Baldwin-southwork，即现今的 BLH 公司）取得了西蒙斯的专利而成为世界上第一家应变片的专业生产厂。初期的电阻应变片都是以康铜或镍铬电阻丝为敏感元件，以纸为基底制成的。因此，1938 年被公认为粘贴式电阻应变片的诞生年。

2.2 电阻应变片的基本结构、种类和材料

2.2.1 电阻应变片的基本结构

金属电阻应变片分为丝式电阻应变片和箔式电阻应变片等，其基本结构大体相同，如图 2.1 所示。其中丝式电阻应变片基本结构如图 2.1（a）所示，它由电阻丝（敏感栅）、基底、绝缘层、引出线组成。敏感栅通常用直径为 0.025mm 左右的高电阻率金属细丝制成，通过胶黏剂固定在基底上。基底很薄，一般厚度为 0.03～0.06mm，它能保证将构件上的应变准确地传递到敏感栅上。此外，它还有良好的绝缘、抗潮和耐热性能。敏感栅上粘贴有保护用的绝缘层。敏感栅两端焊接引出线，和外接电路连接。图 2.1（b）所示为电阻应变片几何尺寸参数定义，其中 l 为应变片的基长，b 为基宽，$l\times b$ 为应变片的使用面积。电阻应变片的规格以使用面积和电阻值表示，例如，（3×10）mm^2，120Ω 。

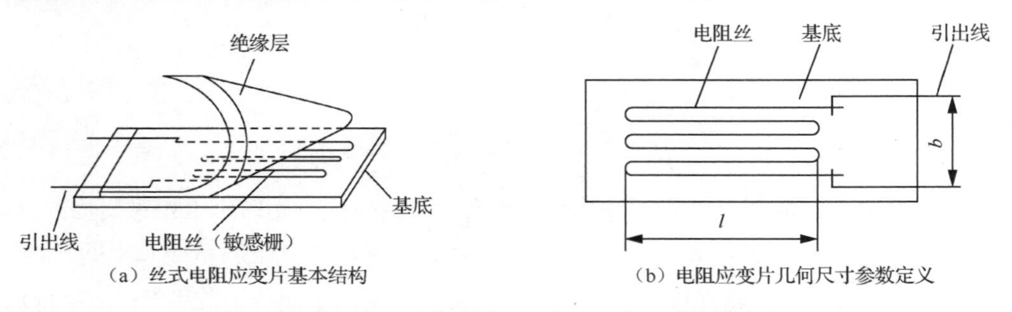

（a）丝式电阻应变片基本结构　　（b）电阻应变片几何尺寸参数定义

图 2.1　电阻应变片基本结构示意及几何尺寸参数定义

2.2.2 电阻应变片的种类

电阻应变片的种类（规格）很多，现将几种常见的电阻应变片及其特点介绍如下。

1. 金属丝式电阻应变片

金属丝式电阻应变片的敏感栅是用直径为 0.012～0.05mm 的合金丝在专用的制栅机上制成的，常见的有绕丝式和短接式，如图 2.2 所示。各种温度下工作的应变片都可制成丝式，尤其是高温应变片。受绕丝设备限制，丝式应变片敏感栅长度不能小于 2mm。

绕丝式电阻应变片因弯曲部位在轴向应力作用下的变形使其横向效应较大，而短接式电阻应变片由于两端用直径比敏感栅丝直径粗 5～10 倍的镀银丝短接而成，故其横向效应系数较小，但由于焊点多，易在焊点处出现疲劳损坏，不适用于动态应变测量。

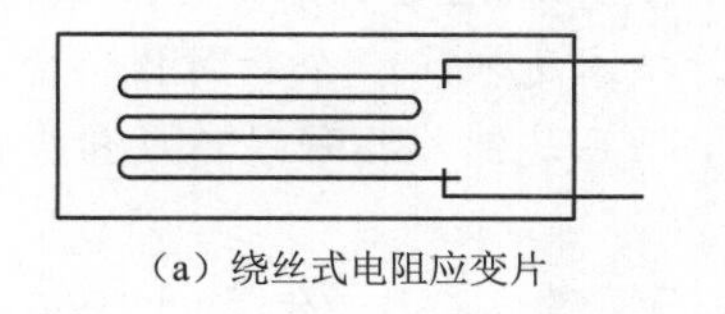

（a）绕丝式电阻应变片

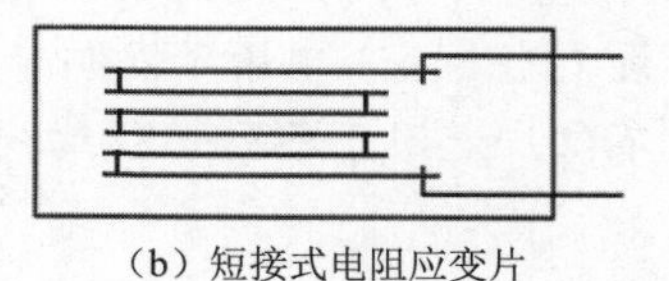

（b）短接式电阻应变片

图 2.2 金属丝式电阻应变片

2. 金属箔式电阻应变片

金属箔式电阻应变片是使用最广泛的电阻应变片，其敏感栅用 0.001～0.01mm 厚的合金箔通过照相制版或光刻腐蚀的方法制成，敏感栅长度最小可达 0.2mm，图 2.3 所示为 4 种常见的金属箔式电阻应变片外形。

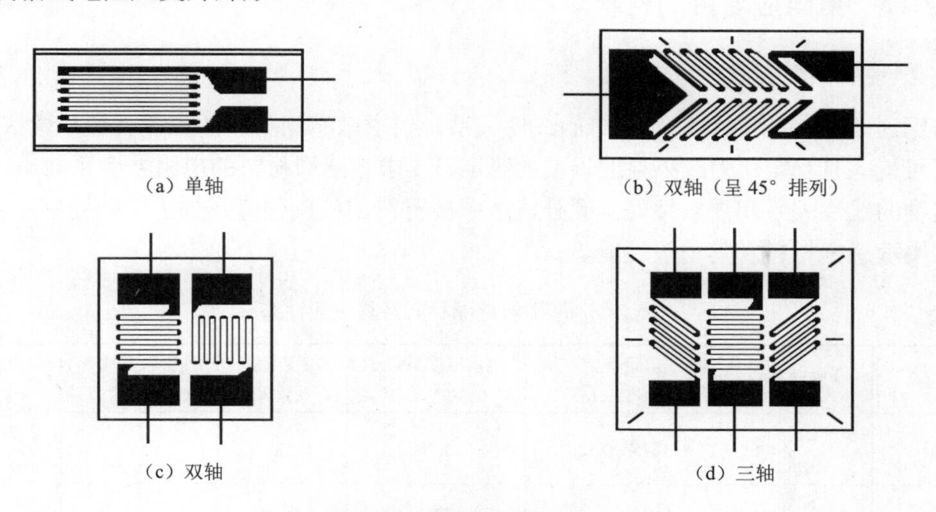

（a）单轴

（b）双轴（呈 45° 排列）

（c）双轴

（d）三轴

图 2.3 4 种常见的金属箔式电阻应变片外形

金属箔式电阻应变片有以下优点：

（1）相关制造技术能保证敏感栅尺寸准确、线条均匀，并且能制成任意形状以适应不同的测量要求。

（2）敏感栅薄而宽，黏结性能好，传递试件应变性能好。

（3）散热性能好，允许通过较大的工作电流，提高了输出灵敏度。

（4）敏感栅弯头宽，横向效应可以忽略。

（5）蠕变和机械滞后较小，疲劳寿命长。

3. 金属薄膜电阻应变片

金属薄膜电阻应变片是薄膜技术发展的产物。这种应变片是采用真空蒸发或真空沉积等方法在基底上形成一层厚度在 0.1 μm 以下的金属电阻材料薄膜敏感栅。其优点是应变灵敏系数高，敏感栅与试件之间形成无机结合层，结合强度高，无蠕变和机械滞后，稳定性好，易实现工业化批量生产，可以在-197～317℃温度下工作，是一种很有前途的新型应变片。

阅读资料

1952 年，英国学者杰克逊（P.Jackson）发表了以环氧为基底的金属箔式电阻应变片。1953 年，埃斯莱（P.Eisler）申请了发明专利，从而使应变计技术进入了一个新时代。金属箔式电阻应变片不仅广泛用于各种工程结构试验的应力测量，而且是制作各种高精度传感器最常用的应变片。

早在 1951 年，罗姆伯夫就应用阴极溅射方法制成了薄膜应变片，但直到 1966 年这种薄膜应变片才逐步被实用化。由于应变片敏感栅之间及其与试件（或弹性体）之间没有有机物的黏结层，因而薄膜应变片的蠕变和机械滞后小到可以忽略不计的程度，而且这类应变片具有良好的温度稳定性，可用于高温条件下的应力测量和制作各种传感器。但由于薄膜应变片工艺设备价格昂贵，工艺复杂，弹性体形状及尺寸受设备限制等原因，其应用受到限制。

2.2.3 电阻应变片的材料

1. 敏感栅材料

为保证 $\Delta R/R \sim \varepsilon$ 有良好而宽广的线性关系，要求敏感栅材料的应变灵敏系数 K_s 和电阻率 ρ 尽可能大且稳定；为减小温度误差的影响，要求敏感栅材料的电阻温度系数小，并且电阻与温度的线性关系和重复性好。此外，敏感栅材料的机械强度、加工性能要好。表 2-1 列出了常用敏感栅材料及其一般性能。

表 2-1　常用敏感栅材料及其一般性能

材料名称	化学成分/%	电阻率 ρ/（$\times10^{-6}\Omega\cdot$m）	电阻温度系数 α/（$\times10^{-6}$/℃）	应变灵敏系数 K_s	线膨胀系数 β/（$\times10^{-6}$/℃）	最高使用温度/℃
康铜	Cu55 Ni45	0.45～0.52	±20	2.0	15	250（静态） 400（动态）
镍铬合金	Ni80 Cr20	1.0～1.1	110～130	2.1～2.3	14	450（静态） 800（动态）
卡玛合金 6J22	Ni74，Cr20 Al3，Fe3	1.24～1.42	±20	2.4～2.6	13.3	450（静态） 800（动态）
伊文合金 6J23	Ni75，Cr20 Al3，Cu2	1.24～1.42	±20	2.4～2.6	13.3	450（静态） 800（动态）

续表

材料名称	化学成分/%	电阻率 ρ/（$\times10^{-6}\Omega\cdot m$）	电阻温度系数 α/（$\times10^{-6}$/℃）	应变灵敏系数 K_s	线膨胀系数 β/（$\times10^{-6}$/℃）	最高使用温度/℃
铁铬铝合金	Fe 余量 Cr26, Al5.4	1.3～1.5	±（30～40）	2.6	14	550（静态） 1000（动态）
铂钨合金	Pt90.5～91.5 W8.5～9.5	0.74～0.76	139～192	3.0～3.2	9	800（静态） 1000（动态）
铂	Pt	0.09～0.11	3900	4.6	9	800（静态） 1000（动态）
铂铱合金	Pt80,Ir20	0.35	90	1.0	13	800（静态） 1000（动态）

阅读资料

1954 年，美国学者史密斯（C.S.Smith）发现了硅、锗半导体材料的压阻效应（半导体材料受力后电阻率产生变化的效应）。1957 年，贝尔电话实验室的麦逊（Mason）等人成功研制了压阻半导体应变片，1960 年该应变片作为商品销售。由于半导体应变片的应变灵敏度系数是金属应变片的 25～100 倍，因此它被用于测量微小应变和制作高灵敏度传感器。

随着半导体集成电路工艺的发展，直接在硅半导体基底上扩散出 4 个 P 型电阻，构成测量电桥，实现了弹性元件、变换元件、信号调理电路集成一体化，这类半导体应变式传感器称作压阻式传感器。目前，最成熟且应用最广的传感器是压阻式压力传感器，最小的压阻式压力传感器直径仅为 0.8mm，用于测量血管内压、颅内压。

2. 基底材料

基底材料分纸基和胶基（有机聚合物）两大类，纸基已逐渐被性能更好的胶基取代。胶基是由环氧树脂、酚醛树脂和聚酰亚胺等制成胶膜，厚度为 0.03～0.05mm。

应变片基底是电阻应变片制造和应用中的一个重要组成部分，承担着固定保持敏感栅形状、传递被测应变的任务。因此，对基底材料要求机械强度及挠性好、粘贴性能好、电绝缘、抗湿性好，无机械滞后和蠕变。

3. 胶黏剂材料

胶黏剂是连接应变片和构件表面的重要物质，胶黏剂和应变片的粘贴技术对于测量结果有直接影响，要求胶黏剂材料有一定的黏结强度，能准确传递应变；对弹性元件和应变片不产生化学腐蚀作用；蠕变和机械滞后误差小；并且有较宽的使用温度范围和良好的耐疲劳、耐老化性能。表 2-2 列出了一些常用胶黏剂及其性能。

表 2-2 常用胶黏剂及其性能

类型	主要成分	牌号	适于黏结的基底材料	最低固化条件	固化压力/$\times10^4$Pa	使用温度/℃
硝化纤维素胶黏剂	硝化纤维素溶剂	万能胶	纸	室温下 10h 或 60℃下 2h	0.5～1	−50～+80

续表

类型	主要成分	牌号	适于黏结的基底材料	最低固化条件	固化压力/ ×10^4Pa	使用温度/℃
氰基丙烯酸胶黏剂	氰基丙烯酸酯	501、502	纸、胶膜、玻璃纤维布	室温下 1 h	黏结时指压	-100～80
环氧树脂类胶黏剂	环氧树脂、聚硫酚铜胺、固化剂	914	胶膜、玻璃纤维布	室温下 2.5 h	黏结时指压	-60～80
	酚醛环氧、无机填料、固化剂	509	胶膜、玻璃纤维布	200℃下 2 h	黏结时指压	-100～250
	环氧树脂、酚醛、甲苯二酚、石棉粉等	J06-2	胶膜、玻璃纤维布	150℃下 3h	2	-196～250
酚醛树脂类胶黏剂	酚醛树脂、聚乙烯醇缩丁醛	JSF-2	胶膜、玻璃纤维布	150℃下 1 h	1～2	-60～150
	酚醛树脂、有机硅	J-12	胶膜、玻璃纤维布	200℃下 3 h	—	-60～350
聚酰亚胺胶黏剂	聚酰亚胺	30-14	胶膜、玻璃纤维布	280℃下 2 h	1～3	-150～250

4. 引出线材料

康铜丝敏感栅应变片的引出线常采用直径为 0.15～0.18mm 的银铜丝，其他类型敏感栅多采用铬镍、铁铬铝金属丝引出线。引出线与敏感栅通过点焊相连接。

2.3 电阻应变片的基本参数及性能指标

要正确选用电阻应变片，必须了解影响其工作的性能指标及其含义。

2.3.1 应变片的基本参数

1. 应变片的电阻值 R_0

R_0是指应变片在未安装和不受外力的情况下且在室温条件下测定的电阻值，也称为原始阻值。相关国家标准中应变片的电阻值有 60Ω、120Ω、350Ω、500Ω、1000Ω 等几种规格。电阻值越大的应变片，其允许的工作电压就越大，传感器的输出电压也相应增大，灵敏度高。相应地，应变片的尺寸也要增大，在条件许可的情况下，应尽量选用高阻值应变片。

2. 应变片的灵敏系数 K

应变片的灵敏系数 K 指应变片粘贴于试件表面在单向轴向应力作用下，应变片阻值的相对变化与应变片所受轴向应变的比值，即

$$K = \frac{\mathrm{d}R/R}{\varepsilon} \tag{2-7}$$

应变片的灵敏系数是通过实验测定的，并且应变片的灵敏系数 K 比金属丝的灵敏系数 K_s 小。测定时必须按规定的实验条件，对一批产品抽样检测 5%，取其平均值及允许公差值作为该批产品的灵敏系数，这种情况下测定的灵敏系数又称“标称灵敏系数”。

3. 应变片尺寸规格

应变片尺寸参数有基长 l（敏感栅长度）和基宽 b，使用面积 $l \times b$（mm^2），还有基底长和基底宽。目前，应变片最小敏感栅长度仅为0.2mm。

4. 应变片允许工作电流

应变片允许工作电流指应变片不因电流产生热量而影响测量精度的情况下所允许通过的最大电流，它与应变片自身材料、试件、胶黏剂和环境等有关，要根据应变片的阻值和尺寸来计算。为保证测量精度，在静态测量时，允许工作电流一般为25mA；动态测量时，允许工作电流可以达75～100 mA，金属箔式电阻应变片的允许工作电流较大些。

5. 应变极限

应变极限是指在温度一定的条件下，应变片的应变指示值和真实应变值的相对误差不超过规定值（一般为10%）时的最大真实应变值。一般应变片的测量范围为几千微应变，目前最大已可达 $2 \times 10^5 \mu\varepsilon$。

2.3.2 应变片的精度指标

1. 机械滞后

机械滞后是指对粘贴后的应变片，在温度一定的条件下使其受到增（加载）、减（卸载）循环机械应变时，同一应变量下应变指示值的最大差值。机械滞后的主要原因是敏感栅基底和胶黏剂在承受机械应变后留下的残余变形。经历几次加/卸载循环后，机械滞后便明显减少。因此，在应变片粘贴后正式测量前可预先加/卸载若干次，以减少机械滞后对测量数据的影响。

2. 零漂和蠕变

零点漂移（简称零漂）是指已粘贴好的应变片在温度一定和不承受机械应变时，应变应变值随时间变化的特性。如果应变片在温度一定和承受恒定的机械应变时，应变值随时间变化，那么这种现象称为应变片的蠕变。

可见，零漂和蠕变这两项指标都是用来衡量应变片的时间稳定性的。实际上，无论是标定或用于测量，蠕变中已包含了零漂，因为零漂是不加载情况下就有的，蠕变是加载情况下的特例。

3. 横向效应

金属直线丝受单向力拉伸时，在任一微段上所感受的应变都是相同的，而且每段都是伸长的，因而每段电阻都将增加，金属直线丝总电阻的增加值为各微段电阻增加值的总和。但是将同样长度的金属直线丝弯曲做成应变片后，情况就不同了。若将应变片粘贴在单向力拉伸试件上，则此时各直线段上的金属丝将感受沿其轴向的拉伸主应变 ε_x，故各微段电阻值都将增加。但在圆弧段上，沿各微段轴向（微段圆弧的切向）的应变却并非是 ε_x，所产生的电阻变化与直线段上同长微段的电阻变化就不一样。极端情况发生在 $\theta=90°$ 处，该微段轴向受到的应变为ε_y（其值为$-\mu\varepsilon_x$），是压应变，因此该微段上的电阻不仅不增加，反而是减少的。在圆弧的其他各微段上，其在轴向感受的应变是由$+\varepsilon_x$变化到$-\varepsilon_y$的。因此，圆弧段部分的电阻变化显然小于其同样长度沿轴向安放的金属丝的电阻变化。由此可见，将金属直线丝绕成敏感栅后，虽然长度相同，但是应变状态不同，应变片敏感栅的电阻变化较金属直线丝小，灵敏系数也有所减小，这种现象称为应变片的横向效应，如图 2.4 所示。

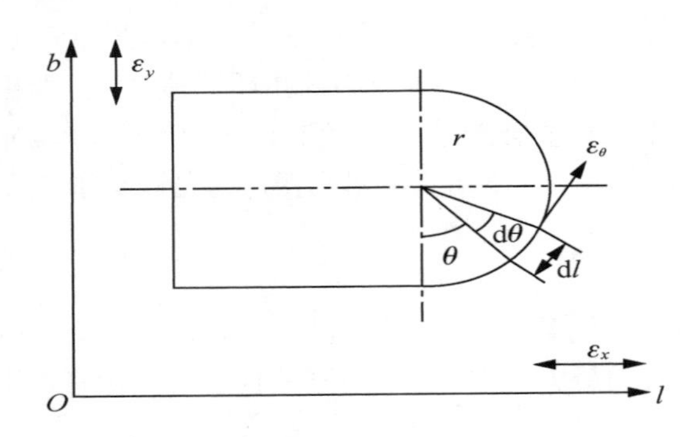

图 2.4　金属丝式电阻应变片的横向效应示意

采用金属箔式电阻应变片可以减小横向效应的影响。由于制作时金属箔式电阻应变片圆弧部分的尺寸比敏感栅粗得多，电阻值较小，因而电阻变化也就小得多，横向效应的影响可以忽略不计。

特别提示

应变片的横向效应提示我们：

（1）使用应变片时，为获得高的测量灵敏度，应使应变片的轴向与被测主应变方向一致。

（2）当使用应变片的实际条件与标定应变片灵敏度系数K时的条件不同时，灵敏度将变化，故应该对灵敏度重新标定，否则，会产生测量误差。

4. 动态特性

电阻应变片的动态特性指当输入的机械应变是一个随时间而变化的量时应变片对这种输入量的响应特性，通常输入正弦周期信号和阶跃信号来研究应变片输出量的响应状态。

实验表明，在动态测量时，机械应变以相同于声波速度的应变波形式在材料中传播。应变波由试件材料表面经胶黏剂、基底到敏感栅需要一定时间。由于前两者的厚度都很薄，可以忽略不计，但当应变波沿敏感栅长度方向传播时，就会有时间上的滞后，对动态（高频）应变测量就会产生误差，下面对应变片可测频率（截止频率）进行估算。

1）正弦应变波

应变片对正弦应变波的响应特性如图 2.5（a）所示，该图反映的是应变片正处于应变波达到峰值时的瞬时情况。由于应变片反映的是敏感栅长度内所感受的应变量的平均值，该值小于实际应变峰值，这就造成一定的误差。显然这种误差将随应变片敏感栅长度的增大而增大。设应变波的波长为λ，应变片的敏感栅长度为 l，两端点的坐标为$x_1=\lambda/4-l/2$，$x_2=\lambda/4+l/2$。

此时应变片在其敏感栅长度内测得的平均应变ε_{P}最大值为

$$\varepsilon_P=\frac{\int_{x_1}^{x_2}\varepsilon_0\sin\frac{2\pi}{\lambda}x\mathrm{d}x}{x_2-x_1}=\frac{\lambda\varepsilon_0}{2\pi l}\left(\cos\frac{2\pi}{\lambda}x_2-\cos\frac{2\pi}{\lambda}x_1\right)=\frac{\lambda\varepsilon_0}{\pi l}\sin\frac{\pi l}{\lambda} \tag{2-8}$$

应变波测量相对误差为

$$\delta=\left|\frac{\varepsilon_P-\varepsilon_0}{\varepsilon_0}\right|=\left|\frac{\lambda}{\pi l}\sin\frac{\pi l}{\lambda}-1\right| \tag{2-9}$$

由式（2-9）可知，测量误差与应变波长对敏感栅长度的相对比值$n=\lambda/l$有关，如图2.5（b）所示。λ/l值越大，误差就越小，一般取$\lambda/l=(10\sim20)$，其误差为1.6%～0.4%。

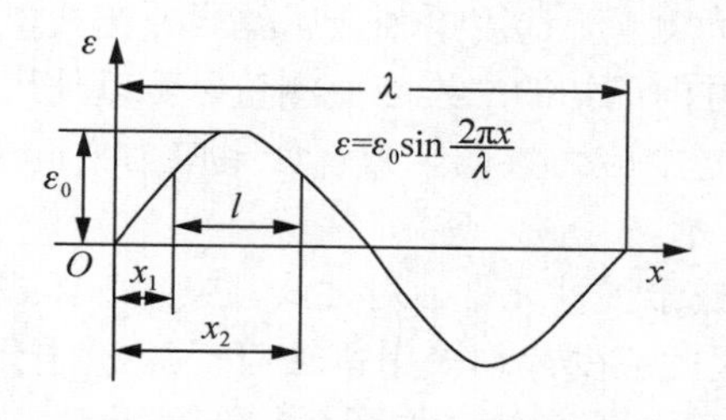

（a）应变片对正弦应变波的响应特性

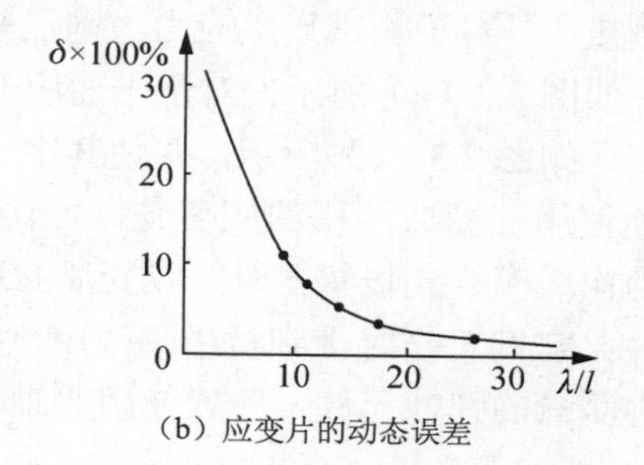

（b）应变片的动态误差

图2.5 应变片对正弦应变波的响应特性和应变片的动态误差

因为$\lambda=v/f$，又$\lambda=nl$，所以$f=v/(nl)$，由此可根据应变波的传播速度v、应变波长与敏感栅长度的相对比值n算出不同敏感栅长度的应变片可测的最高频率。

表2-3给出了钢材在v=5000m/s和n=20时不同应变片敏感栅长度的最高工作频率。

表2-3 不同应变片敏感栅长度的最高工作频率

应变片敏感栅长度 l/mm	1	2	3	5	10	15	20
最高工作频率 f/kHz	250	125	83.3	50	25	16.5	12.5

2）阶跃应变波

应变片对阶跃应变波的响应特性如图2.6所示。图2.6（a）为阶跃输入信号，图2.6（b）为理论输出信号，图2.6（c）为应变片的实际输出信号波形。由于应变片所反映的波形有一定的时间延迟才能达到最大值，因此以应变片输出值从10%上升到最大值的90%这段时间作为上升时间t_k，则$t_k=0.8l/v$，应变片可测频率$f=0.35/t_k$，则$f=0.35/t_k=0.44v/l$。

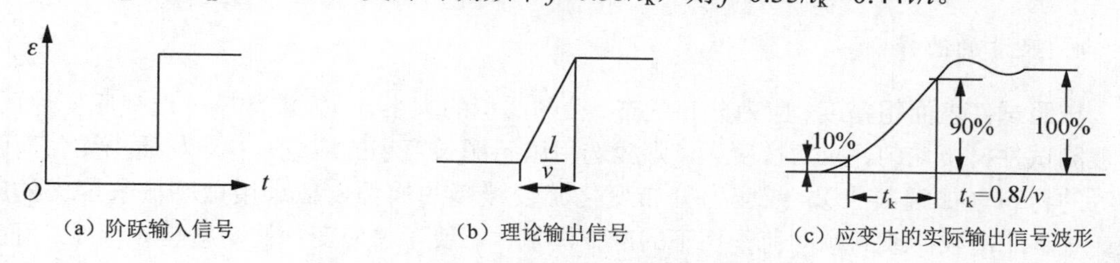

（a）阶跃输入信号 （b）理论输出信号 （c）应变片的实际输出信号波形

图2.6 应变片对阶跃应变波的响应特性

特别提示

测量应变梯度大或频率高的应变时，应选择尺寸小的应变片。但应注意，应变片尺寸越小，制造越困难，工作时受发热的影响，允许的工作电流越小。

2.4 电阻应变片的选择和使用

2.4.1 电阻应变片的选择

1. 应变片类型的选择

根据测量目的、被测试件的材料和应力状态、测量精度选择应变片的类型。在承力构件受力测量中，对于测试点主应力方向已知的一维应力测量，选用单轴金属丝式或箔式电阻应变片，如图 2.3（a）所示；对于平面应变场主应力方向已知的二维应变测量，可以使用直角应变花，如图 2.3（c）所示，并使其中一条应变栅与主应力方向一致；如果应力方向未知，就必须使用三栅或四栅的应变花，如图 2.3（d）所示。

当构成应变式传感器时，应变片的形式主要取决于弹性元件。对柱式、梁式、环式等弹性元件，它们工作时受到拉/压应力或弯曲应力，因此应变片均采用单轴应变片；对于利用剪应力测量的弹性元件，一般使用双轴（呈 45° 排列）应变片，如图 2.3（b）所示。

2. 材料的选择

根据使用温度、时间、最大应变量、精度等要求，参照表 2-1 和表 2-2，选用符合要求的敏感栅和基底材料的应变片。

相关国家标准中规定的常温应变片使用温度为-30～60℃，常温应变片一般采用康铜制造。由于基底材料和胶黏剂的限制，目前 200～250℃的中温金属箔式电阻应变片一般都使用卡玛合金制作。工作温度大于 350℃的高温应变片需定制，常用金属作为基底，使用时用点焊将应变片焊接在试件上。

3. 阻值的选择

依据测量电路或仪器选定应变片的标称阻值。例如，对配用电阻应变仪，常选用 120Ω 阻值；对应变式传感器，一般选用 350Ω 阻值的应变片。测量时为提高灵敏度，常用较高的供桥电压，由于大阻值应变片具有通过电流小、自热引起的温升低、持续工作时间长、动态测量信噪比高等优点，应用越来越广。

4. 尺寸的选择

按照试件表面粗糙度、应力分布状态、粘贴面积的大小、应变波频率等选择应变片尺寸。若被测试件材质均匀、应力梯度大，则应选用敏感栅长度小的应变片；对材质不均匀而强度不等的材料（如混凝土），或应力分布变化比较缓慢的构件，应选用敏感栅长度大的应变片；对于冲击载荷或高频动荷作用下的应变测量，还要考虑应变片的动态响应特性，可参考表 2-3 进行选择。一般来说，应变片敏感栅长度越小，测量频率越高，越能正确地反映被测点的真实应变。

几种常温下用的电阻应变片的典型规格见表 2-4。

表 2-4　几种常温下用的电阻应变片的典型规格

型号与名称	特点和用途	栅长×栅宽/(mm×mm)	标称阻值/Ω	基底尺寸/(mm×mm)
SZ-5、10 纸基应变片 SZ-100 纸基应变片	用于金属、混凝土上的应力分析	5×3 100×5	120	10×6
BH120-02AA 箔式应变片 BH120-05AA 箔式应变片 BH120-1AA 箔式应变片 BH120-3AA 箔式应变片 BH120-5AA 箔式应变片	环氧基底，用于应力分析	0.2×1.6 0.5×0.8 1.0×1.0 3.0×5.6 5.0×5.8	120	2.4×3.0 2.4×2.4 3.2×2.6 6.8×3.6 9.0×4.0
BH350-1AA 箔式应变片 BH350-2AA 箔式应变片 BH350-3AA 箔式应变片	环氧基底，用于传感器	1.0×4.8 2.0×2.4 3.0×3.0	350	4.0×6.4 6.0×3.6 7.6×4.4
BH350-1HA 箔式应变花 BH350-2HA 箔式应变花 BH350-3HA 箔式应变花	环氧基底，用于传感器，±45°	2.0×2.8 3.0×3.1 5.0×2.3	350	7.6×5.8 8.8×6.8 9.4×10.2
BH350-2BH 箔式应变花 BH350-3BH 箔式应变花	环氧基底，用于传感器，0°/90°	2.0×2.7 3.0×3.8	350	7.6×6.1 9.2×7.2
BX120-02AA 箔式应变片 BX120-05AA 箔式应变片 BX120-1AA 箔式应变片	酚醛-缩醛基底，用于应力分析	0.2×1.0 0.5×0.8 1.0×1.0	120	2.4×2.4 2.4×2.4 3.2×2.6

2.4.2　电阻应变片的使用

电阻应变片的性能不仅取决于应变片自身的质量，还取决于应变片的正确使用。对常用的粘贴式应变片，粘贴是关键环节。

1. 胶黏剂的选择

一般情况下，粘贴应变片的胶黏剂与制作应变片的胶黏剂是可以通用的，但通常对在室温下工作的应变片多采用常温、指压固化条件的胶黏剂，参考表 2-2。

2. 应变片的粘贴

（1）应变片的外观检查和阻值检查。

（2）试件表面处理。为使应变片牢固地粘贴在试件表面上，必须对粘贴部位的表面进行打磨，并清洗干净打磨面。

（3）定位画线。为了保证应变片粘贴位置的准确，可在试件表面画出定位线，粘贴时应使应变片的中心线与定位线对准。

（4）涂胶、贴片。在处理好的粘贴部位和应变片基底上，各涂抹一层薄薄的胶黏剂，然后将应变片粘贴到预定位置上。用手指滚压挤出多余的胶黏剂。

（5）胶黏剂固化处理。

（6）应变片粘贴质量的检查。应变片的粘贴位置应准确；应变片阻值在粘贴前后不应有较大的变化；引出线与试件之间的绝缘电阻一般应大于 200 MΩ。

（7）引出线的焊接处固定。把粘贴好的应变片的引出线与测量用导线焊接在一起，为了防止应变片电阻丝和引出线被拉断，应用胶布将导线固定于试件表面。

（8）防护与屏蔽处理。在安装好的应变片和引出线上涂以中性凡士林油、石蜡（短期防潮）；或石蜡-松香-黄油的混合剂（长期防潮）；或环氧树脂、氯丁橡胶、清漆等（防机械划伤）作防护用，以保证应变片工作性能稳定可靠。

2.5 转换电路

利用应变片可把应变转换为电阻的变化，为显示或记录应变的大小，还要把电阻的变化转换为电压或电流的变化，通常采用直流或交流电桥电路来实现转换。

2.5.1 直流电桥

各种直流电桥如图 2.7 所示。

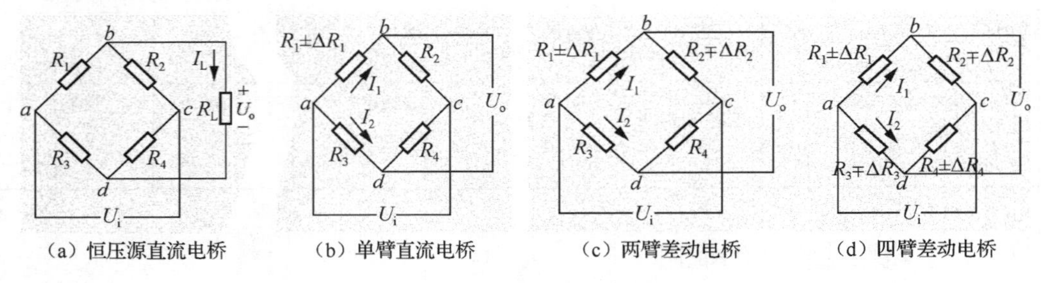

（a）恒压源直流电桥　（b）单臂直流电桥　（c）两臂差动电桥　（d）四臂差动电桥

图 2.7 直流电桥

1. 直流电桥的平衡条件

恒压源直流电桥如图 2.7（a）所示。设负载电阻 $R_L \to \infty$（通常电桥输出端需要接运算放大器，由于运算放大器的输入阻抗都很高，故可把电桥输出端看成开路），则电桥输出电压为

$$U_o = U_i\left(\frac{R_1}{R_1+R_2}-\frac{R_3}{R_3+R_4}\right)=U_i\frac{R_1R_4-R_2R_3}{(R_1+R_2)(R_3+R_4)} \tag{2-10}$$

电桥平衡时（电桥无输出电压），$U_o = 0$，则有

$$R_1R_4 = R_2R_3 \tag{2-11}$$

式（2-11）就是直流电桥的平衡条件。

2. 不平衡直流电桥的电压灵敏度

如图 2.7（b）所示为单臂直流电桥，其中 R_1 为应变片阻值，设电桥处于初始平衡状态，$U_o = 0$。工作时，若应变片电阻增加 ΔR_1，其他桥臂阻值不变，则电桥失去平衡，输出电压为

$$U_o = U_i\left(\frac{R_1+\Delta R_1}{R_1+\Delta R_1+R_2}-\frac{R_3}{R_3+R_4}\right)=U_i\frac{\Delta R_1 R_4}{(R_1+\Delta R_1+R_2)(R_3+R_4)}$$

$$=U_i\frac{\frac{R_4}{R_3}\cdot\frac{\Delta R_1}{R_1}}{\left(1+\frac{\Delta R_1}{R_1}+\frac{R_2}{R_1}\right)\left(1+\frac{R_4}{R_3}\right)} \tag{2-12}$$

设桥臂比 $n=R_2/R_1=R_4/R_3$，由于 $\Delta R_1<<R_1$，略去分母中的微小量 $\Delta R_1/R_1$，式（2-12）变为

$$U_o' \approx \frac{n}{(1+n)^2}\cdot\frac{\Delta R_1}{R_1}U_i \tag{2-13}$$

可得单臂工作应变电桥的电压灵敏度，即

$$K_U=\frac{U_o'}{\Delta R_1/R_1}\approx\frac{n}{(1+n)^2}U_i \tag{2-14}$$

由式（2-14）可以看出，电桥的电压灵敏度与供桥电压和桥臂比 n 二者有关。供桥电压越高，电压灵敏度越高。可证明当 $n=1$ 时，即 $R_1=R_2$、$R_3=R_4$ 时的对称电桥灵敏度最大。

将 $n=1$ 代入式（2-13），得单臂电桥输出电压，即

$$U_o=\frac{U_i}{4}\cdot\frac{\Delta R_1}{R_1}=\frac{U_i}{4}K\varepsilon \tag{2-15}$$

电桥的电压灵敏度为

$$K_U=\frac{U_i}{4} \tag{2-16}$$

特别提示

式（2-16）表明，电桥供电电压与灵敏度成正比。在应变片允许工作最大电流范围内，在不影响测量精度的前提下，应尽量提高电桥供电电压。由于在相同的电桥供电电压下，流过大阻值应变片的电流小，因此由自热引起的温升低，持续工作时间长，稳定性好，对提高测量精度是很有益的。

3. 电桥的非线性误差

式（2-12）表明，U_o 与 $\Delta R_1/R_1$ 为非线性关系，仅当 $\Delta R_1/R_1<<1$ 时，两者近似线性关系，如式（2-13）所示。因此，单臂电桥转换时的非线性误差为

$$\gamma_L=\frac{U_o-U_o'}{U_o}=\frac{\Delta R_1/R_1}{1+n+\Delta R_1/R_1} \tag{2-17}$$

对于对称电桥，$n=1$ 时有

$$\gamma_L=\frac{\Delta R_1/2R_1}{1+\Delta R_1/2R_1}=\frac{\Delta R_1}{2R_1}\left[1-\frac{\Delta R_1}{2R_1}+\left(\frac{\Delta R_1}{2R_1}\right)^2-\left(\frac{\Delta R_1}{2R_1}\right)^3+\cdots\right]\approx\frac{\Delta R_1}{2R_1} \tag{2-18}$$

可见非线性误差与 $\Delta R_1/R_1$ 成正比。采用差动电桥可以减小或消除电桥的非线性误差。

4. 差动电桥

在试件上安装两个工作应变片，当试件受力时，两个工作应变片的应变大小相同，极性

相反。将它们接入电桥相邻臂就构成了两臂差动电桥，如图 2.7（c）所示。此时，电桥输出电压为

$$U_{\mathrm{o}}=U_{\mathrm{i}}\left[\frac{R_1+\Delta R_1}{R_1+\Delta R_1+R_2+\Delta R_2}-\frac{R_3}{R_3+R_4}\right] \quad (2-19)$$

设初始时 $R_1=R_2=R_3=R_4=R$，式（2-19）简化为

$$U_{\mathrm{o}}=\frac{U_{\mathrm{i}}}{2}\cdot\frac{\Delta R_1-\Delta R_2}{2R+\Delta R_1+\Delta R_2} \quad (2-20)$$

工作时一片应变片受拉，另一片应变片受压，且满足 $\Delta R_1=-\Delta R_2=\Delta R$ 时，电桥输出电压为

$$U_{\mathrm{o}}=\frac{U_{\mathrm{i}}}{2}\cdot\frac{\Delta R}{R}=\frac{U_{\mathrm{i}}}{2}K\varepsilon \quad (2-21)$$

可见，U_{o} 与 $\Delta R/R$ 呈严格的线性关系，并且电桥灵敏度比单臂电桥提高一倍。

对图 2.7（d）所示的四臂差动电桥，设初始时 $R_1=R_2=R_3=R_4=R$，工作时各个桥臂应变片电阻的变化为 ΔR_1、ΔR_2、ΔR_3、ΔR_4，则根据式（2-10）可得电桥输出为

$$U_{\mathrm{o}}=U_{\mathrm{i}}\left(\frac{R_1+\Delta R_1}{(R_1+\Delta R_1)+(R_2+\Delta R_2)}-\frac{R_3+\Delta R_3}{(R_3+\Delta R_3)+(R_4+\Delta R_4)}\right) \quad (2-22)$$

忽略分母中的高阶微小分量，式（2-22）简化为

$$U_{\mathrm{o}}=\frac{U_{\mathrm{i}}}{4}\frac{\frac{\Delta R_1}{R}-\frac{\Delta R_2}{R}-\frac{\Delta R_3}{R}+\frac{\Delta R_4}{R}}{\left[1+\frac{1}{2}\left(\frac{\Delta R_1}{R}+\frac{\Delta R_2}{R}+\frac{\Delta R_3}{R}+\frac{\Delta R_4}{R}\right)\right]} \quad (2-23)$$

由于 ΔR_{i}<<R，式（2-23）进一步简化为

$$U_{\mathrm{o}}=\frac{U_{\mathrm{i}}}{4}\left(\frac{\Delta R_1}{R}-\frac{\Delta R_2}{R}-\frac{\Delta R_3}{R}+\frac{\Delta R_4}{R}\right)=\frac{U_{\mathrm{i}}K}{4}\left(\varepsilon_1-\varepsilon_2-\varepsilon_3+\varepsilon_4\right) \quad (2-24)$$

若工作时满足 $\Delta R_1=\Delta R_4=-\Delta R_2=-\Delta R_3=\Delta R$，根据式（2-22）得

$$U_{\mathrm{o}}=U_{\mathrm{i}}\left(\frac{R+\Delta R}{(R+\Delta R)+(R-\Delta R)}-\frac{R-\Delta R}{(R-\Delta R)+(R+\Delta R)}\right)=\frac{\Delta R}{R}U_{\mathrm{i}}=K\varepsilon U_{\mathrm{i}} \quad (2-25)$$

在此条件下，四臂差动电桥不仅完全消除了非线性误差，而且电桥灵敏度是单臂电桥的 4 倍。

特别提示

差动电桥不但灵敏度比单臂电桥高，可以消除或减小电桥的非线性误差，而且应变片受温度影响产生的测量误差也可以被消除或减小，因此实际应用中多采用差动电桥。

【例 2-1】为测量图 2.8（a）所示实心圆柱体的应变，沿其轴线方向粘贴一片电阻值为 120Ω、灵敏系数 K=2 的电阻应变片，并把它接入图 2.8（b）所示的直流电桥中，已知电桥供电电压为 6V，试求：

（1）当应变片电阻 R 变化值为 0.48Ω 时，圆柱体的应变是多少？电桥输出电压是多少？

（2）现沿着圆柱体圆周方向再贴一片相同的应变片构成差动电桥，已知试件材料的泊松比 $\mu=0.3$，此时电桥输出电压是多少？

（3）试证明该差动电桥可以消除温度变化对电桥输出电压的影响。

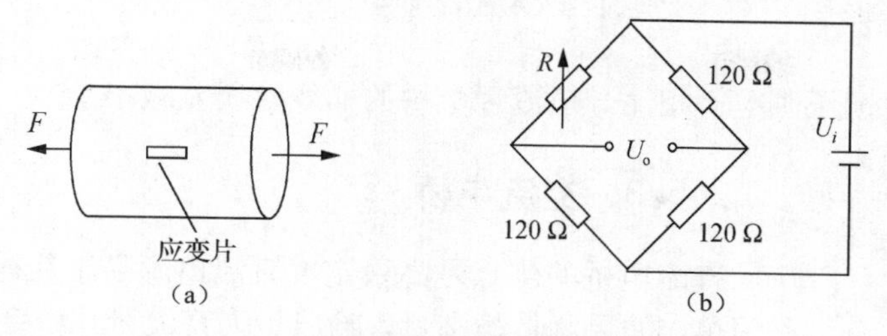

图 2.8 测量实心圆柱体的应变

解：（1）根据应变片转换基本公式$\frac{\Delta R}{R}=K\varepsilon$，得圆柱体的应变：

$$\varepsilon=\frac{\Delta R/R}{K}=\frac{0.48/120}{2}=0.002$$

根据单臂电桥输出公式（2-15）得

$$U_{\text{o}}=\frac{U_{\text{i}}}{4}K\varepsilon=\frac{6}{4}\times 2\times 0.002(\text{V})=0.006(\text{V})=6(\text{mV})$$

（2）根据横向应变与轴向应变的关系，横向粘贴的应变片电阻变化为$-\mu\Delta R$，根据式（2-20），得两臂差动电桥输出电压：

$$U_{\text{o}}=\frac{U_{\text{i}}}{2}\cdot\frac{\Delta R-(-\mu\Delta R)}{2R+\Delta R+(-\mu\Delta R)}\approx\frac{U_{\text{i}}}{4}\cdot\frac{(1+\mu)\Delta R}{R}$$

$$=\frac{6}{4}\times\frac{(1+0.3)\times 0.48}{120}(\text{V})=0.0078(\text{V})=7.8(\text{mV})$$

（3）由于两片应变片相同，则温度引起的电阻变化均为ΔR_t，根据式（2-20）得

$$U_{\text{o}}=\frac{U_{\text{i}}}{2}\cdot\frac{(\Delta R_t)-(\Delta R_t)}{2R+(\Delta R_t)+(\Delta R_t)}=0$$

可见，温度虽然引起了应变片电阻变化，但差动电桥输出电压为零，消除了温度的影响。

2.5.2 恒流源电桥

电桥产生非线性的原因之一是其在工作过程中，由于产生电阻变化，即ΔR变化，故使通过桥臂的电流不恒定。若改用恒流源电桥供电，如图 2.9 所示，当$\Delta R_1=0$且负载电阻很大时，则通过各臂的电流为

$$I_1=\frac{R_3+R_4}{R_1+R_2+R_3+R_4}I \qquad (2-26)$$

$$I_2=\frac{R_1+R_2}{R_1+R_2+R_3+R_4}I \qquad (2-27)$$

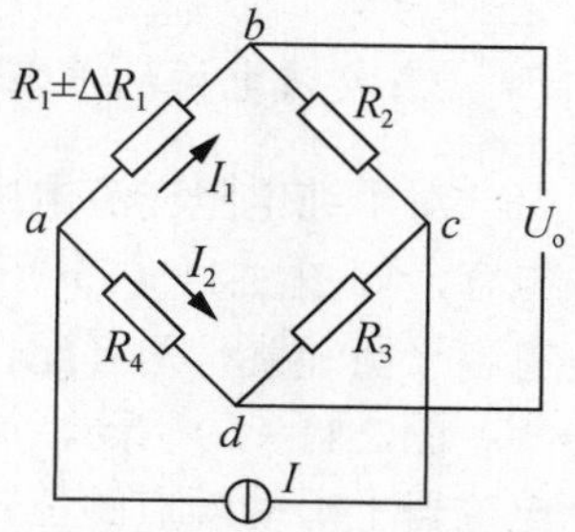

图 2.9 恒流源电桥

电桥输出电压为

$$U_{\text{o}}=I_1R_1-I_2R_3=\frac{R_1R_4-R_2R_3}{R_1+R_2+R_3+R_4}I \qquad (2-28)$$

若电桥初始处于平衡状态，并且$R_1=R_2=R_3=R_4=R$；当R_1变为$R+\Delta R$时，电桥输出电压为

$$U_o = \frac{R\Delta R}{4R + \Delta R} I = \frac{1}{4} I \frac{\Delta R}{1 + \frac{\Delta R}{4R}} \tag{2-29}$$

可见，与单臂恒压源电桥相比，恒流源电桥的非线性误差减小 1/2。

2.5.3 交流电桥

直流电桥的优点是高稳定度直流电源易于获得，电桥调节平衡电路简单，如果测量静态量，输出量为直流量，精度较高，那么对传感器及测量电路分布参数影响小。直流电桥的缺点是容易受工频干扰，产生零点漂移，所以在动态测量时往往采用交流电桥。

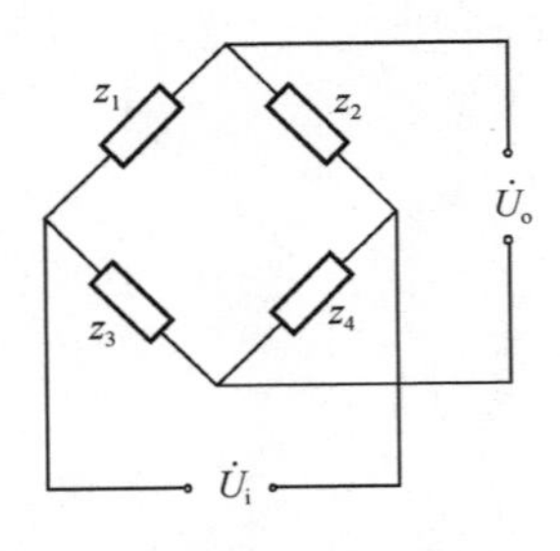

图 2.10 交流电桥

1. 交流电桥的平衡条件

交流电桥如图 2.10 所示。其输出电压为

$$\dot{U}_o = \frac{z_1 z_4 - z_2 z_3}{(z_1 + z_2)(z_3 + z_4)} \dot{U}_i \tag{2-30}$$

该电桥平衡条件为

$$z_1 z_4 = z_2 z_3 \tag{2-31}$$

设各臂阻抗为

$$\begin{cases} z_1 = r_1 + \mathrm{j}x_1 = Z_1 \mathrm{e}^{\mathrm{j}\varphi_1} \\ z_2 = r_2 + \mathrm{j}x_2 = Z_2 \mathrm{e}^{\mathrm{j}\varphi_2} \\ z_3 = r_3 + \mathrm{j}x_3 = Z_3 \mathrm{e}^{\mathrm{j}\varphi_3} \\ z_4 = r_4 + \mathrm{j}x_4 = Z_4 \mathrm{e}^{\mathrm{j}\varphi_4} \end{cases} \tag{2-32}$$

式中，r_i、x_i 分别为相应各桥臂的电阻和电抗，Z_i 和 φ_i 分别为复阻抗的模和幅角 $(i = 1,2,3,4)$。故交流电桥的平衡条件为

$$\begin{cases} Z_1 Z_4 = Z_2 Z_3 \\ \varphi_1 + \varphi_4 = \varphi_2 + \varphi_3 \end{cases} \tag{2-33}$$

式（2-33）表明，交流电桥平衡要满足两个条件，即相对两臂复阻抗的模之积相等，并且其幅角之和相等。因此，交流电桥的平衡条件比直流电桥的平衡条件复杂得多。

2. 交流电桥的平衡调节

对于纯电阻交流电桥，由于存在应变片导线的分布电容，相当于在应变片上并联了一个电容，如图 2.11（a）所示。因此，在调节电桥平衡时，除了使用电阻平衡装置，还要使用电容平衡装置，两者配合使之满足式（2-31）的条件。

图 2.11（b）所示为常用的电容调零电路之一，由电位器 R_P 和固定电容器 C 组成。改变电位器上滑动触点的位置，以改变并联到桥臂上的电阻、电容串联而形成的阻抗相角，可达到平衡条件。

图 2.11（c）所示为电容调零电路之二，它直接将一个精密的差动电容 C_2 并联到桥臂上，改变其值以达到电容调零的目的。

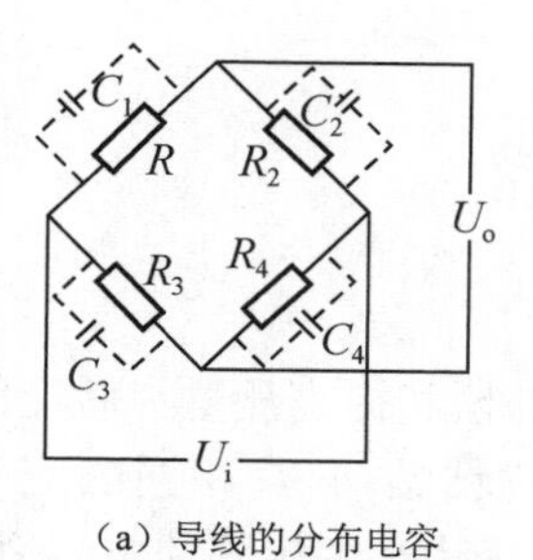

（a）导线的分布电容

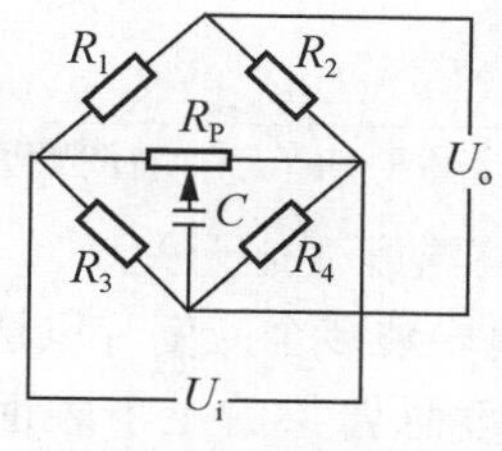

（b）电容调零电路之一

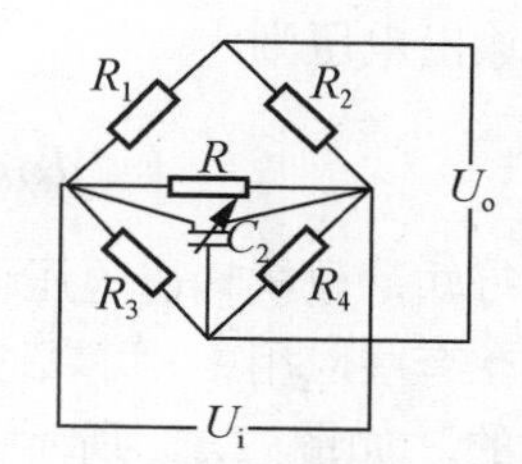

（c）电容调零电路之二

图 2.11 交流电桥的平衡调节

2.6 电阻应变片的温度误差及其补偿

用应变片测量试件时，由于环境温度变化所引起的电阻变化与试件应变所造成的电阻变化几乎有相同的数量级，从而产生很大的测量误差，必须采取措施以保证测量精度。

1. 温度误差及其产生原因

造成应变片温度误差的原因主要有两个：

（1）敏感栅电阻随温度的变化引起的误差。设敏感栅材料电阻温度系数为α，当环境温度变化Δt时引起的电阻相对变化为

$$\left(\frac{\Delta R}{R}\right)_{t1}=\alpha\Delta t \tag{2-34}$$

（2）试件材料与应变片敏感栅材料的线膨胀系数不同，使应变片敏感栅产生附加拉长（或压缩）而引起电阻变化。温度变化Δt时引起的该项电阻相对变化为

$$\left(\frac{\Delta R}{R}\right)_{t2}=K\left(\beta_{\mathrm{g}}-\beta_{\mathrm{s}}\right)\Delta t \tag{2-35}$$

式中，K为应变片灵敏系数；β_{g}为试件线膨胀系数；β_{s}为应变片敏感栅材料线膨胀系数。

因此，由于温度变化引起的总电阻相对变化为

$$\left(\frac{\Delta R}{R}\right)_{t}=\left(\frac{\Delta R}{R}\right)_{t1}+\left(\frac{\Delta R}{R}\right)_{t2}=\alpha\Delta t+K\left(\beta_{\mathrm{g}}-\beta_{\mathrm{s}}\right)\Delta t \tag{2-36}$$

折合成应变量：

$$\varepsilon_{t}=\left(\frac{\Delta R}{R}\right)_{t}\Big/K=\frac{\alpha\Delta t}{K}+\left(\beta_{\mathrm{g}}-\beta_{\mathrm{s}}\right)\Delta t \tag{2-37}$$

该应变称为虚假应变，它是由温度变化引起的，应该给予消除。

2. 温度误差补偿方法

最常用、最有效的电阻应变片温度误差的补偿方法是桥路补偿法。图 2.12 所示为温度补偿片桥路补偿法。其中，工作应变片R_1安装在被测试件上，另选一个特性与R_1相同的应变片 R_{B}，安装在材料与试件相同的补偿片上，补偿片置于与试件相同的环境中，但不承受应变。把R_1与R_{B}接入电桥相邻臂中，调整电桥参数使$R_1=R_{\mathrm{B}}=R_3=R_4$，电桥处于平衡状态。

当温度变化时，引起R_1和R_{B}电阻变化量相同，设电阻变化量为ΔR_t，根据式（2-10），

电桥输出电压为

$$U_o = U_i \frac{(R_1 + \Delta R_t)R_4 - (R_B + \Delta R_t)R_3}{[(R_1 + \Delta R_t) + (R_B + \Delta R_t)](R_3 + R_4)} = 0$$

可知，电桥输出电压仍为零，与温度变化无关。

在有些应用中，可以通过巧妙地安装多个应变片以达到温度补偿和提高测量灵敏度的双重目的。如图 2.13 所示，在等强度悬臂梁的上下表面对应位置粘贴 4 片相同的应变片（$R_1=R_2=R_3=R_4=R$）并接成差动电桥。当温度变化时，引起 4 片应变片产生相同的电阻变化，变化量设为 ΔR_t。工作时，若悬臂梁受到压力 F，R_1 和 R_4 应变片受拉应变，电阻增加，而 R_2 和 R_3 应变片受压应变，电阻减小，且$\Delta R_1=\Delta R_4=-\Delta R_2=-\Delta R_3=\Delta R$，由式（2-25）可知，电桥输出电压为

$$\begin{aligned} U_o &= U_i \left(\frac{R + \Delta R + \Delta R_t}{(R + \Delta R + \Delta R_t) + (R - \Delta R + \Delta R_t)} - \frac{R - \Delta R + \Delta R_t}{(R - \Delta R + \Delta R_t) + (R + \Delta R + \Delta R_t)} \right) \\ &= \frac{\Delta R}{R + \Delta R_t} U_i \approx \frac{\Delta R}{R} U_i \end{aligned}$$

可见，温度误差得到了补偿，并且灵敏度为单臂电桥的 4 倍。

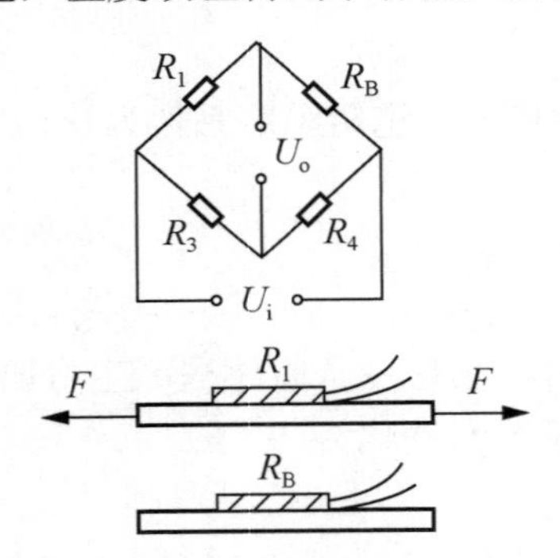

图 2.12　温度补偿片桥路补偿法

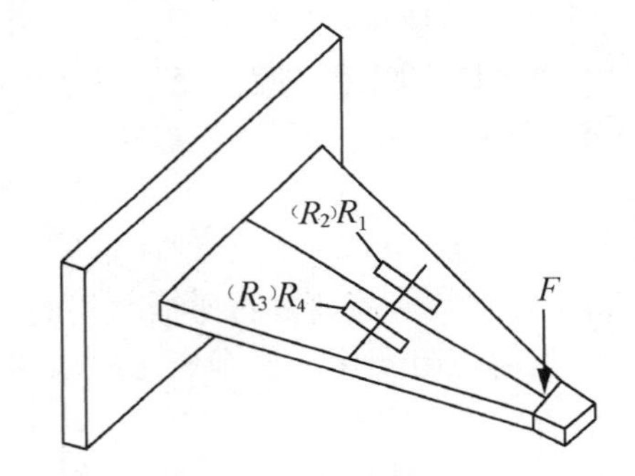

图 2.13　差动电桥温度误差补偿法

2.7　电阻应变仪

电阻应变仪是用应变片、放大、处理、显示等电路组成的、可直接用于测量应变的一种仪器，如果配用相应的电阻应变式传感器，也可以测压力、力矩、位移、振动、加速度等物理量。

电阻应变仪主要由电桥、振荡器、交流放大器、相敏检波器、低通滤波器、示波器、电源等组成。其组成及原理框图如图 2.14 所示。下面介绍其中的 5 个组成部分。

1）电桥

电桥多采用惠斯通电桥，由振荡器供给的等幅正弦波作为桥路电源，正弦波频率一般为 5～10 倍于测量信号的最高频率。电桥输出信号为一个调幅波，其幅值按所测应变大小变化，其相位按应变正（拉）、负（压）相差 180°。

2）交流放大器

交流放大器的作用是将微弱的调幅波进行不失真的放大，提供给后续的处理电路或显示电路。

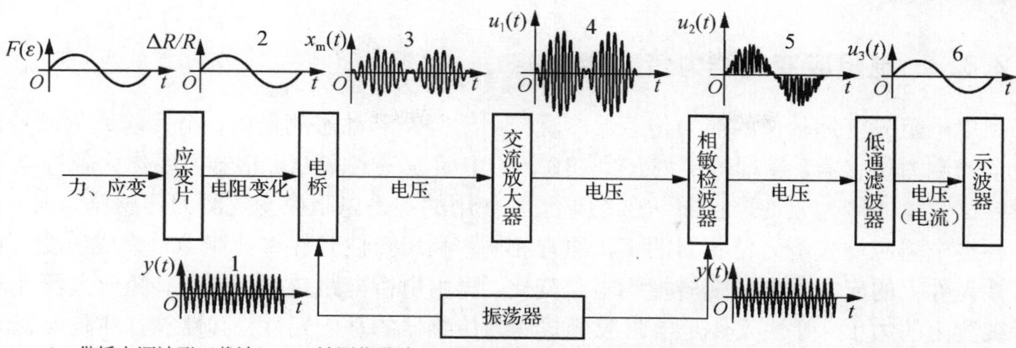

1—供桥电源波形（载波）；2—被测信号波形（调制波）；3—电桥输出波形（已调波）；4—放大后的波形；5—相敏检波器解调后的波形；6—经滤波器后的波形

图 2.14 电阻应变仪组成及原理框图

3）相敏检波器

经放大以后的波形仍为调幅波，必须用检波器将它还原（解调）为被检测应变信号的波形。为了区别应变的极性（拉、压），应变仪中采用了相敏检波器。

4）低通滤波器

由相敏检波器输出的被检测应变波形中仍残留有载波信号，必须把该信号过滤掉，才能得到被检测应变信号的正确波形。可采用各种形式的低通滤波器。滤波器的截止频率只要做到 0.3～0.4 倍于载波频率，即可满足频率特性的要求，顺利地滤掉载波成分，而让应变信号顺利通过。

5）振荡器

振荡器的作用是产生一个频率、振幅稳定且波形良好的正弦交流电压，作为电桥供电电压和相敏检波器的参考电压。振荡器的频率（载波频率）一般要求不低于被测信号频率的 5～10 倍，以保证调幅波的包络线接近应变波的波形。

B 部分　力及力矩测量传感器

2.8　测力基本知识及测力传感器

2.8.1　力的测量方法

力是最重要的物理量之一。当力被施加到某一物体上后，将产生两种效应，一是使物体的机械运动状态或所具有的动量改变而产生加速度，这是力的“动力效应”，二是使物体变形，在材料中产生应力，这是力的“静力效应”。在工程应用中，大部分测力方法都是基于力的“静力效应”的。

由胡克定律可知，弹性物体在力的作用下会产生变形，若在弹性范围内，物体所产生的变形量与所受力的大小成正比。如果通过一定手段测出物体的弹性变形量，就可间接确定物体所受力的大小，电阻应变式测力传感器就属于此类。另外，也可利用与内部应力相对应参量的物理效应来确定力的大小，如利用压电效应、压磁效应原理的测力传感器。本节将介绍基于力的“静力效应”的常用测力传感器。

2.8.2 电阻应变式测力传感器

利用电阻应变片制作的测力传感器广泛应用于静态和动态测量中，是目前数量最多、种类最全的测力传感器，量程范围为$10^{-2}\sim10^{7}$ N。电阻应变式测力传感器主要作为各种电子秤和材料试验机的测力元件，目前 90%的电子秤使用的都是电阻应变式测力传感器。

各类电阻应变式测力传感器的工作原理相同：利用弹性元件将被测力转换成应变，粘贴在弹性元件上的应变片将应变转换为电阻变化，再由电桥电路转换为电压，经放大器处理后显示被测力的大小。弹性元件是电阻应变式测力传感器的基础元件，其性能好坏是保证测力传感器使用质量的关键。根据所利用的应力场的类型，测力传感器弹性元件的结构可分为 3 类：

（1）正应力式，如柱式弹性元件。

（2）弯曲应力式，如梁式弹性元件。

（3）剪切应力式。

为保证测量精度，必须合理选择弹性元件的结构尺寸、形式、材料、加工工艺。判定测力传感器优劣的常规指标有灵敏度、精度、稳定性，此外，还包括抗过载能力、抗侧向干扰能力高低等特殊要求。设计高精度测力传感器的指导思想如下：追求良好的自然线性；提高传感器的输出灵敏度；使传感器的抗侧向干扰能力高，结构简单并易于密封、加工容易等。

以下介绍几种典型的应变式力传感器，更多形式的力传感器可参考有关书籍。

1. 柱式力传感器

这类电阻应变式测力传感器采用实心或空心圆形或方形柱体作为弹性元件，其特点是结构简单、紧凑、易于加工，可设计成压式或拉式，或拉、压两用型。柱式力传感器可承受的最大载荷为10^{7} N，适用于大、中量程的称重传感器（1～500t）。在测量大小为 $10^{3}\sim10^{5}$ N的载荷时，为提高信号转换灵敏度和抗横向干扰能力，一般采用空心圆柱结构。

柱式力传感器的缺点是灵敏度和精度都较低；受力点位置变化对输出灵敏度有较大影响；抗侧向力干扰能力和抗过载能力差。因此，柱式力传感器需要在桥路和结构中采取补偿措施。

以图 2.15（a）所示实心柱体为例，当其受拉力 F 作用时，根据材料力学，沿柱的轴线方向的应变为

$$\varepsilon=\frac{F}{ES} \tag{2-38}$$

式中，S 为圆柱的横截面积；E 为材料弹性模量。

可见，应变的大小取决于 S、E、F 的值，与轴长度无关。

设计柱式力传感器时，圆柱直径 d 应根据所选用材料的允许应力$[\sigma_{\rm b}]$计算。根据$\sigma=\dfrac{F}{S}$和$S=\dfrac{\pi d^2}{4}$得圆柱直径大小：

$$d\geqslant\sqrt{\frac{4}{\pi}\cdot\frac{F}{[\sigma_{\rm b}]}} \tag{2-39}$$

从式（2-38）可知，要想提高灵敏度，就必须减小圆柱的横截面积 S，但其抗弯能力会减弱，并且对横向干扰力敏感。为此，对较小集中力的测量，多采用空心柱。

对空心柱，式（2-38）仍适用。空心柱在同样的横截面下，其心轴直径可以更大，抗弯能力大大提高。但是，当空心柱的壁比较簿时，受力后将产生桶形变形而影响精度。

由空心柱面积 $S=\dfrac{\pi(D^2-d^2)}{4}$，可得空心柱外径 D 大小：

$$D \geqslant \sqrt{\frac{4}{\pi}\cdot\frac{F}{[\sigma_b]}+d^2} \tag{2-40}$$

式中，D 为空心柱外径；d 为空心柱内径。

弹性元件的高度对传感器的精度和动态特性都有影响。由材料力学可知，高度对沿其横截面的变形有影响。当高度与直径的比值 $H/D>>1$ 时，沿其中间断面上的应力状态和变形状态与其端面上作用的载荷性质和接触条件无关。根据试验结果，建议采用式（2-41）计算：

$$H \geqslant 2D+l \tag{2-41}$$

式中，l 为应变片的基长。

对空心柱，建议采用式（2-42）计算：

$$H \geqslant D-d+l \tag{2-42}$$

当柱体在轴向受拉或受压时，其横断面上的应变实际上是不均匀的。这是因为作用力不可能正好通过柱体的中心轴线，这样柱体除受拉（压）外，还受到横向力和弯矩作用。通过恰当的布片和桥路连接可以减小这种影响，如图 2.15 所示。

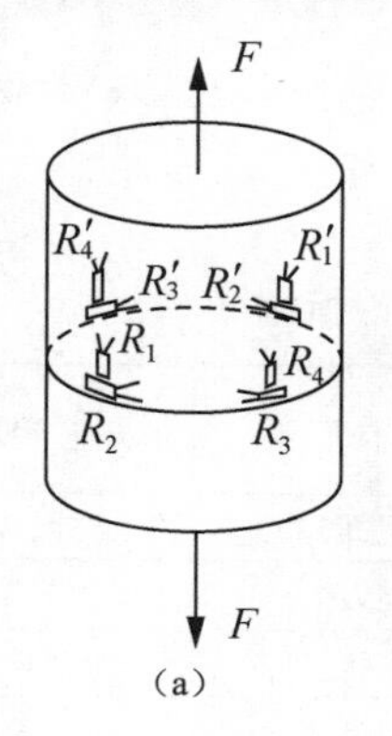

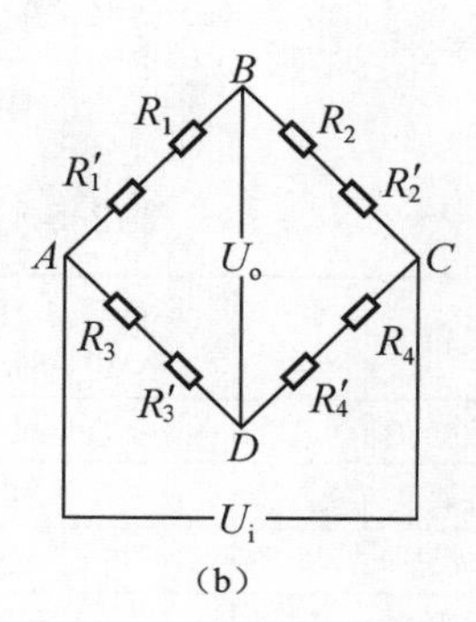

图 2.15 柱式力传感器的布片和桥路连接方式

图中应变片均相同，设初始电阻值均为 R。在拉力 F 的作用下，各片应变片的应变分别为

$$\begin{cases}\varepsilon_1=\varepsilon_1'=\varepsilon_4=\varepsilon_4'=\varepsilon+\varepsilon_t\\ \varepsilon_2=\varepsilon_2'=\varepsilon_3=\varepsilon_3'=-\mu\varepsilon+\varepsilon_t\end{cases} \tag{2-43}$$

式中，ε_t 为由温度引起的虚假应变。

根据差动电桥的输出电压公式，即式（2-22），图 2.15（b）所示电桥输出电压为

$$\begin{aligned}U_o&=U_i\left(\frac{2R+\Delta R_1+\Delta R'}{(2R+\Delta R_1+\Delta R_1')+(2R+\Delta R_2+\Delta R_2')}-\frac{2R+\Delta R_3+\Delta R_3'}{(2R+\Delta R_3+\Delta R_3')+(2R+\Delta R_4+\Delta R_4')}\right)\\&=U_i\left(\frac{1+K(\varepsilon+\varepsilon_t)}{2+K(1-\mu)\varepsilon+2K\varepsilon_t}-\frac{1+K(-\mu\varepsilon+\varepsilon_t)}{2+K(1-\mu)\varepsilon+2K\varepsilon_t}\right)\\&=\frac{U_i}{2}\frac{(1+\mu)K\varepsilon}{1+K\left[\varepsilon_t+(1-\mu)\varepsilon/2\right]}\end{aligned}$$

由于式中$K\left[\varepsilon_t+(1-\mu)\varepsilon/2\right]\ll 1$，上式可化简为

$$U_o\approx\frac{U_i}{2}(1+\mu)K\varepsilon \tag{2-44}$$

图2.16所示为国产BLR-1型拉力传感器。该传感器的弹性元件为空心圆筒，材料为40Cr钢。沿轴向和径向各粘贴有4片应变片，共8片应变片组成电桥。这种传感器的可测载荷范围为0.2～100t，弹性元件尺寸依据测量载荷的上下限设计。BLR-1型拉力传感器的主要性能指标见表2-5。

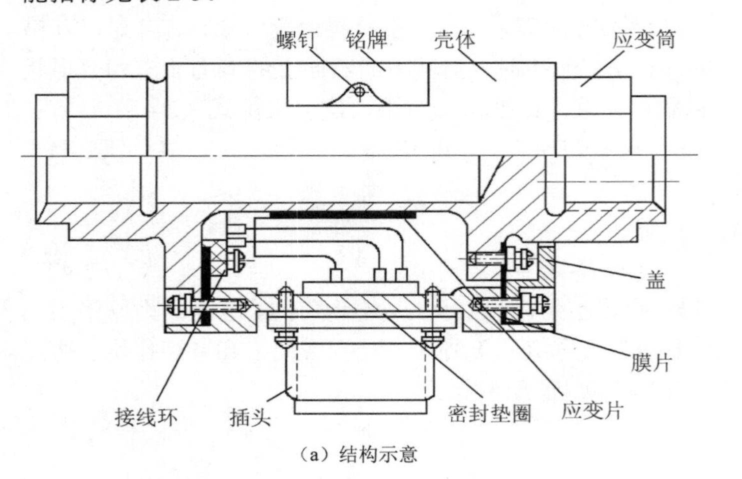

（a）结构示意

（b）实物图

图2.16　BLR-1型拉力传感器

表2-5　BLR-1型拉力传感器的主要性能指标

测力范围/t	0.2～1，1.5～7，10～20，30～50，70～100	输出阻抗及桥压	700Ω /10V DC
灵敏度	1～1.5mV/V	绝缘电阻	≥2000MΩ
非线性误差	≤±0.5%F.S	允许过载能力	120%F.S
迟滞误差	<0.5%F.S	温度零点变化	0.04%F.S/℃
重复性误差	<0.5%F.S	工作环境温度	-10℃～55℃

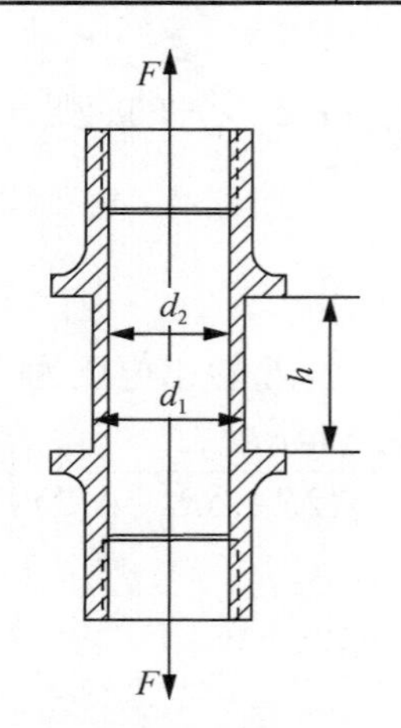

图2.17　拉力传感器的弹性元件形状

【设计示例1】以图2.16所示国产BLR-1型拉力传感器为例，设计一个满量程为9.8 kN的拉力传感器。该型号拉力传感器的弹性元件形状如图2.17所示，材料选用40CrNiMo，材料的强度极限σ_b=1100 MPa，比例极限σ_p=800 MPa，材料弹性模量E=210 GPa，泊松比μ=0.29。

1）设计思路

参考表2-5，柱式应变力传感器的测量灵敏度一般应达到1～1.5 mV/V，设计时以此为依据先计算弹性元件的相关参数，再对弹性元件进行强度校核，直至同时满足测量灵敏度和使用强度要求。

采用恒压源电桥电路，布片及电桥如图2.15所示，已推导出电桥的输出电压计算公式为$U_o=(1+\mu)K\varepsilon U_i/2$，

则

$$\frac{U_o}{U_i}=(1+\mu)K\varepsilon/2=(1\sim1.5)\ \mathrm{mV/V}$$

取应变片灵敏系数 K=2，$U_o/U_i=1\ \mathrm{mV/V}$，并把它们代入上式计算得最大应变值：

$$\varepsilon=\frac{2\times10^{-3}}{(1+0.29)\times2}=7.75\times10^{-4}$$

取 $[\varepsilon]_{\max}=8\times10^{-4}$。

2）弹性元件内、外径的计算

根据拉伸时轴向应变 ε、力 F、面积 S 之间的关系：$S=\dfrac{F}{E\varepsilon}$，代入已知参数，计算出弹性元件截面积：

$$S=\frac{F}{E[\varepsilon]_{\max}}=\frac{9.8\times10^{3}}{210\times10^{9}\times8\times10^{-4}}(\mathrm{m}^2)=0.583\times10^{-4}\ (\mathrm{m}^2)$$

弹性元件的外径 d_1 不能选择得太小，否则，会由于力的偏心造成很大的误差。这里，选用外径为 d_1=1.5 cm 的空心管，其面积为 $S=\pi\left(d_1^{\ 2}-d_2^{\ 2}\right)/4$，则内径 d_2 为

$d_2=\sqrt{d_1^2-\dfrac{4}{\pi}S}=1.23\ \mathrm{cm}$，保留一位小数，取 d_2=1.3 cm。可知空心管壁厚 t=0.1 cm。

3）柱高 h 及其他尺寸的确定

为了防止弹性元件受压时出现失稳现象，柱高 h 应当选得小些，但又必须使应变片能够反映截面应变的平均值，这里选用弹性元件工作段的长度：$h=2d_1$=3cm。

由于空心管壁很薄，还必须检验是否会出现局部失稳。薄壁管的失稳临界应力计算如下：

$$\begin{aligned}\sigma_{\mathrm{bm}}&=\frac{Et}{\frac{1}{2}(d_1+d_2)\sqrt{3\left(1-\mu^2\right)}}\\&=\frac{210\times10^{9}\times0.1\times10^{-2}}{\frac{1}{2}(1.5+1.3)\times10^{-2}\sqrt{3\left(1-0.29^2\right)}}(\mathrm{Pa})=9049(\mathrm{MPa})\end{aligned}$$

校核在超过满量程 150%情况下，弹性元件截面中的应力大小如下：

$$\sigma=\frac{1.5F}{S}=\frac{1.5\times9.8\times10^{3}}{\frac{\pi}{4}\left(1.5^2-1.3^2\right)\times10^{-4}}(\mathrm{Pa})=334(\mathrm{MPa})$$

计算表明，受力超过满量程 150%时的应力还远远小于材料的比例极限和临界应力，这表明该弹性元件不会出现弹性失稳。另外，弹性元件两端有螺纹孔，以便连接拉力螺栓，螺孔设计为 M14，查阅相关手册可知，它的许用载荷远远大于 9.8 kN。

4）输出量的计算

根据弹性元件的设计尺寸计算满量程下的轴向应变：

$$\varepsilon=\frac{F}{SE}=\frac{9.8\times10^{3}}{\frac{\pi}{4}\left(1.5^2-1.3^2\right)\times10^{-4}\times210\times10^{9}}=1061\times10^{-6}$$

对应电桥单位激励电压下的输出为

$$\frac{U_o}{U_i}=\frac{(1+\mu)K\varepsilon}{2}=\frac{1.29\times2\times1061\times10^{-6}\text{V/V}}{2}=1.37\text{ mV/V}$$

故知设计满足灵敏度和强度要求。

2. 梁式力传感器

为了获得较大的灵敏度，可采用梁式结构的弹性元件。弹性梁的基本形式如图 2.18 所示。图 2.18（a）所示的等强度梁受力弯曲后，梁表面的应变为

$$\varepsilon=\frac{6l}{Eb_0h^2}F \tag{2-45}$$

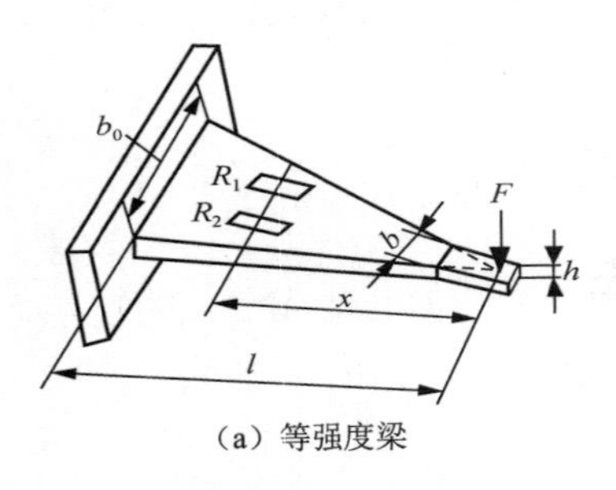

（a）等强度梁

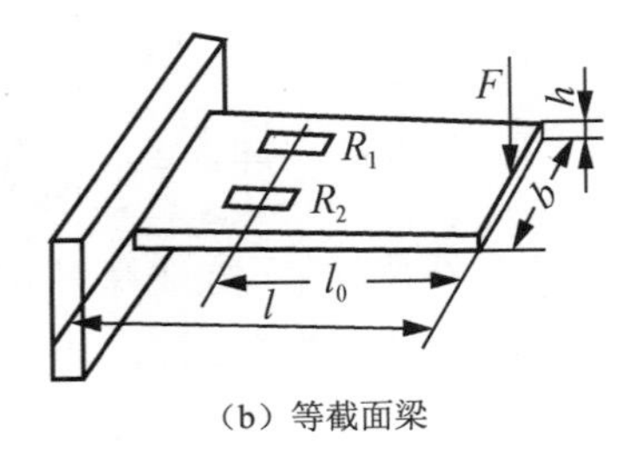

（b）等截面梁

图 2.18　梁式力传感器

特别提示

由式（2-45）可知，等强度梁对应变片粘贴位置的准确性没有严格要求，但应变大小随着力点的位置而改变，可能引起测量误差。

设计等强度梁时，可先设定梁的厚度 h、长度 l，根据在最大载荷下梁的应力不应超过材料允许应力$[\sigma_b]$，即可求得梁的宽度 b_0 以及沿梁长度方向宽度的变化值，即

$$b_0\geqslant\frac{6Fl}{h^2[\sigma_b]} \tag{2-46}$$

需注意的是，等强度梁端部截面积不能为零，所需的最小宽度应按材料的允许剪应力$[\tau]$来确定：

$$b_{min}=\frac{3F}{2h[\tau]} \tag{2-47}$$

对图 2.18（b）所示的等截面梁，当力作用于自由端时，在应变片粘贴位置的应变为

$$\varepsilon=\frac{6l_0}{Ebh^2}F \tag{2-48}$$

特别提示

等截面梁结构简单，易加工，灵敏度高，但梁各个位置的应变不同，因此对应变片粘贴位置的准确性有严格要求；否则，会引起测量误差。此外，无论是等强度梁还是等截面梁，施力点位置的前后偏移也会引起测量误差。

【引例分析】本章引例中的电阻应变式称重传感器是一种广泛应用于工业电子秤和商业电子秤的测力/称重传感器，适用于几百克到几百千克载荷的测量。这种传感器的弹性元件

是一种改进形式的梁——双孔平行梁，试证明该传感器的灵敏度不受荷重位置的影响。

分析：无论荷重安放在秤盘的哪个位置，都可以将其简化为作用于双孔平行梁端部的力 F 和力矩 M，如图 2.19 所示。

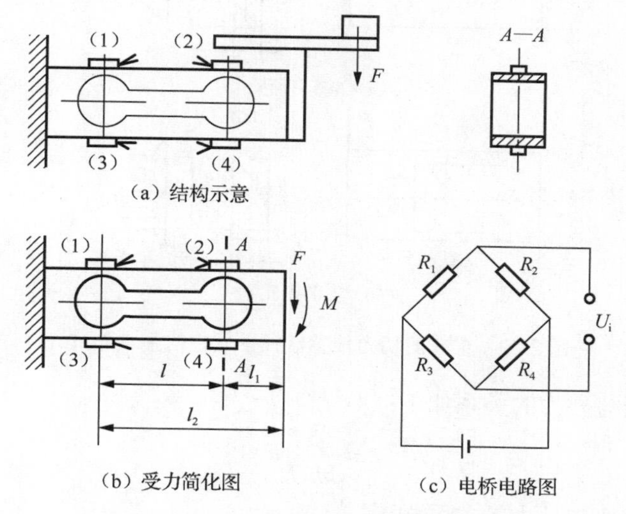

(a) 结构示意

(b) 受力简化图　　(c) 电桥电路图

图 2.19　双孔平行梁式力传感器

根据式（2-48），梁上各片应变片粘贴处的应变为

$$\varepsilon_1 = -\varepsilon_3 = \frac{6(l_2F + M)}{2Ebh^2}$$

$$\varepsilon_2 = -\varepsilon_4 = \frac{6(l_1F + M)}{2Ebh^2}$$

根据式（2-24），电桥输出电压为

$$U_o = \frac{U_iK}{4}(\varepsilon_1 - \varepsilon_2 - \varepsilon_3 + \varepsilon_4) = \frac{U_iK}{2} \cdot \frac{6(l_2 - l_1)}{2Ebh^2}F = \frac{3U_iKl}{2Ebh^2}F$$

灵敏度为

$$K = \frac{U_o}{U_iF} = \frac{3Kl}{2Ebh^2} \tag{2-49}$$

可见，这种传感器的最大特点是荷重安放位置不会影响传感器输出信号的大小。

3. 剪切式力传感器

剪切式力传感器是将电阻应变片安装在弹性元件剪应变最大位置的主应变方向实现测力的。通过理论分析和实践发现，剪切式力传感器的输出灵敏度和精度比柱式力传感器高，并且输出灵敏度不受着力点位置变化的影响，适用于设计中等量程（0.5～50t）、高精度称重传感器。

图 2.20 所示为矩形截面梁和工字截面梁两种梁式剪切力传感器弹性元件的基本形式。梁的中间截面弯矩为零，中性层处是最大剪应变所在处。为此，将电阻应变片安装在该截面的中性层上，敏感栅丝与中性层成 45° 方向，即最大正应变方向。

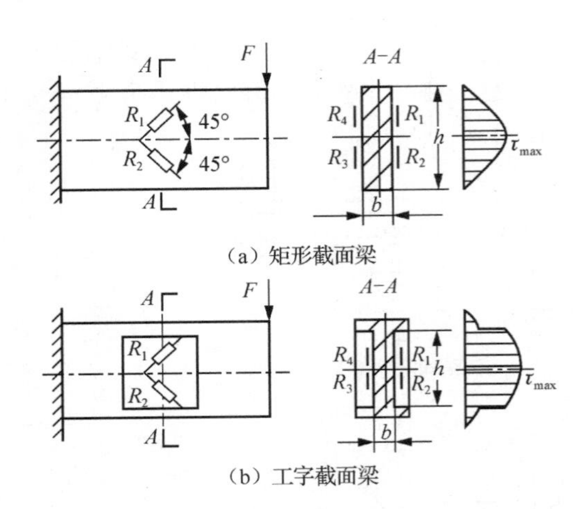

（a）矩形截面梁

（b）工字截面梁

图 2.20　梁式剪切力传感器弹性元件的基本形式

矩形截面梁应变与外力的关系如下：

$$\varepsilon = \frac{3}{bhG}F \tag{2-50}$$

工字形截面梁应变与外力的关系如下：

$$\varepsilon = \frac{2}{bhG}F \tag{2-51}$$

式中，G 为剪切弹性模量，$G=E/2$（$1+\mu$）。

矩形截面梁的剪应力分布呈高抛物线状，剪应力变化梯度大。当应变片的粘贴位置有偏差时，对传感器的灵敏度和性能影响较大。为此，通常将梁的截面设计成工字形。工字形截面梁的剪应力分布比较均匀($\tau_{max}/\tau_{min}=1.25$)，易于保证中性层处的相当应力和应变是弹性元件中的最大值，应变片粘贴位置偏差对传感器灵敏度和性能的影响小，而且从式（2-50）与式（2-51）比较可以看出，还可以提高灵敏度。

【设计示例 2】 试设计一个轮辐式剪切力传感器。

轮辐式剪切力传感器的弹性元件好像一个车轮，由轮毂、轮箍和轮辐三部分组成，通常是用整块金属加工出来的，如图 2.21 所示。轮辐式剪切力传感器结构紧凑、外形小、抗偏心载荷和侧向力强，可承受较大载荷并有超载保护能力，适用于 0.5～500t 的高精度载荷测量。

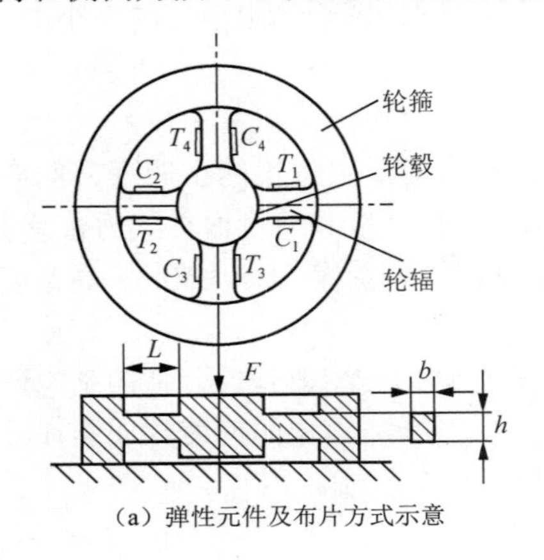

（a）弹性元件及布片方式示意

（b）实物图

图 2.21　轮辐式剪切力传感器

1）轮辐截面尺寸设计

轮辐截面尺寸设计思路：以满足传感器灵敏度为前提，先确定 b 和 h 的大小，再进行强度校核。

在保证轮毂和轮箍的刚度足够大的情况下，轮辐可以看作两端固支的矩形截面梁，在轮辐中间截面（$L/2$ 处）的弯矩为零。在该截面中性层处安装电阻应变片，可以得到轮辐截面中性层处沿 45° 方向的正应变为

$$\varepsilon = \frac{3}{16bhG}F \tag{2-52}$$

在每个轮辐的两侧面各粘贴一片应变片，与中性层成±45°角，一片受拉，另一片受压。4 个轮辐度粘贴 8 片应变片，8 片应变片的电桥连接方式如图 2.22 所示，则应变电桥的输出电压为

$$U_o = U_i K\varepsilon = \frac{3}{16bhG}U_i KF = \frac{3(1+\mu)KU_i}{8bhE}F \tag{2-53}$$

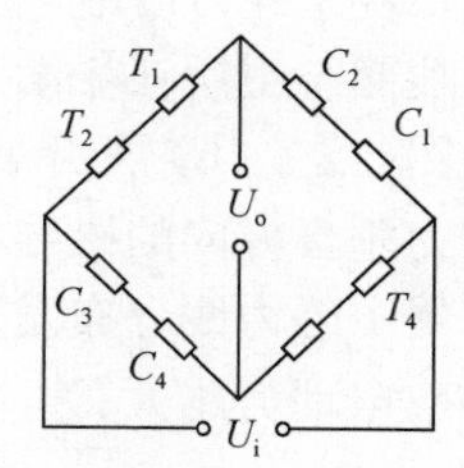

图 2.22 电桥连接方式

式中，各符号含义见图 2.21 以及前文所述。

一般轮辐式剪切力传感器灵敏度 $U_o/U_i = 2\text{mV/V}$，则由式（2-53）可求出 b 和 h 的大小。

2）轮辐强度校核

所选定的轮辐截面上的切应力应满足：

$$\tau = \frac{3}{8}\frac{F}{bh} \leqslant [\tau] \tag{2-54}$$

式中，$[\tau]$ 为材料许用剪切力。

弯曲强度校核：

$$\sigma_{\max} = \frac{3}{2}\frac{FL}{bh^2} \leqslant [\sigma_b] \tag{2-55}$$

式中，$[\sigma_b]$ 为材料许用应力。

校核中若不能满足要求，应重新选取 h 和 b 的比值，再进行验算，直到满足为止。

3）轮辐长度计算

在允许的情况下，为保证轮辐承受纯剪切力作用，应变片长度 L 应尽量小，一般取 $\frac{L}{h} < 1$。

4）过载保护间隙 δ 计算

在轮毂底面与轮箍底面之间留有一定间隙 δ，其作用如下：当载荷施加在轮毂上时，轮辐产生挠曲变形，使 δ 减小；当超过额定值时，将使 $\delta=0$，轮辐不再产生变形，从而起到保护作用。设过载最大载荷为额定载荷 F 的 m 倍，则间隙 δ 为

$$\delta = \frac{mFL^3}{4Ebh^3} \tag{2-56}$$

特别提示

为准确地测出轮辐上的剪切应力，最好通过光弹实验找出主应力方向，再沿与主应力方向成 45° 角粘贴应变片。

2.8.3 压磁式力传感器

压磁式力传感器的工作原理是基于铁磁材料的压磁效应，压磁效应是指某些铁磁材料在机械力作用下磁导率发生变化的现象，也称磁弹性效应。图 2.23 所示为压磁元件结构及工作原理。由工业纯铁、硅钢等铁磁材料制成的铁心上分别绕着互相垂直的励磁线圈和测量线圈，若无外力作用，励磁线圈所产生的磁力线在测量线圈两侧对称分布，合成磁场强度与测量线圈绕组所在平面平行，磁力线不与测量线圈交链，因此测量线圈不会产生感应电动势，如图 2.23（b）所示。当外力作用在铁心上时，若为压力，则沿应力方向的磁导率下降，与应力垂直方向的磁导率增加；若为拉力，则磁导率变化相反。如图 2.23（c）所示，在外力作用下磁力线分布发生变化，部分磁力线与测量线圈交链从而产生感应电动势。作用力越大，感应电动势越大。

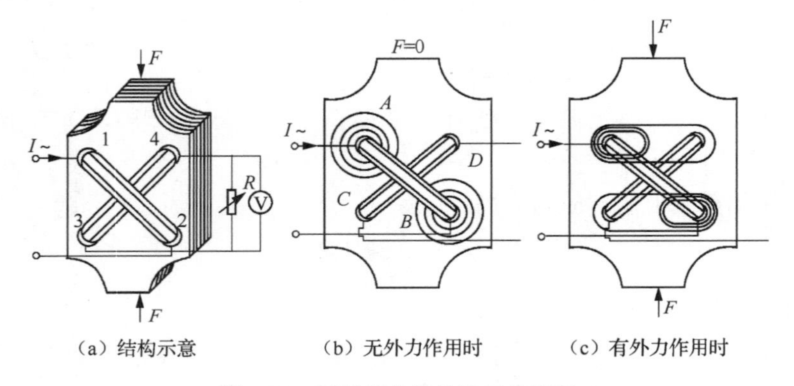

（a）结构示意　　（b）无外力作用时　　（c）有外力作用时

图 2.23　压磁元件结构及工作原理

图 2.24 所示为一种典型的压磁式力传感器结构。压磁元件安装在弹性体结构的框架内，弹性梁的作用是对压磁元件施加预压力和减少横向力及弯矩的干扰，钢球用来保证力 F 沿垂直方向作用。

压磁式力传感器的输出信号大，测量电路中一般不需要放大器，而只需要稳定的励磁电源和良好的检波、滤波电路。压磁式力传感器的可测载荷大（达 1MN 以上），过载能力强（达 300%），测量精度较高（1%），主要应用在冶金、矿山、造纸、运输等行业。

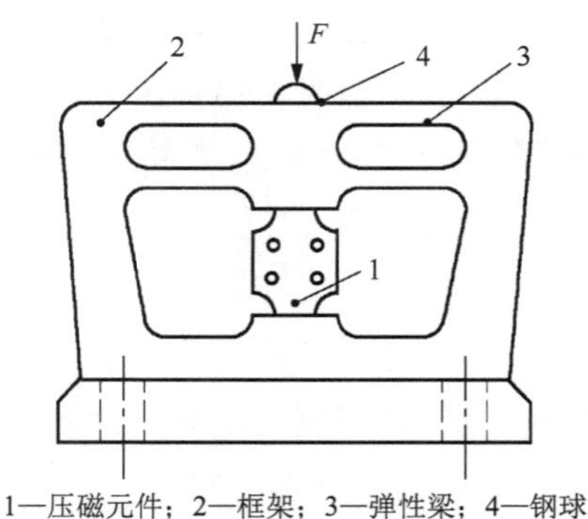

1—压磁元件；2—框架；3—弹性梁；4—钢球

图 2.24　典型的压磁式力传感器结构

2.8.4 压电式力传感器

压电式力传感器利用石英晶体、压电陶瓷等材料的压电效应，将施加于压电元件上的力转换成与其成正比的电量输出（详见本书第 5 章）。

压电式力传感器主要用于动态力的测量，具有很好的动态特性，工作频带宽，灵敏度高，线性度好，量程从几十毫牛到几十兆牛。

图 2.25 所示为 YDS-78 型压电式力传感器结构，它是单向压电式测力传感器，可用于车床动态切削力的测量。石英晶片为零度 x 切晶片，尺寸为$\phi 8\times 1$ mm；上盖为传力元件，其变形壁的厚度为 0.1～0.5 mm，由测力范围决定，最大力为 F_{max}=5000N。绝缘套用来电气绝缘和定位。基座内外底面对其中心线的垂直度、上盖以及石英晶片、电极的上下底面的平行度与表面粗糙度都有极严格的要求，否则，会使横向灵敏度增加或使石英晶片因应力集中而过早破碎。为提高绝缘阻抗，传感器装配前要经过多次净化（包括超声清洗），然后在超净工作环境下进行装配，加盖之后用电子束封焊。YDS-78 型压电式力传感器的性能指标见表 2-6。

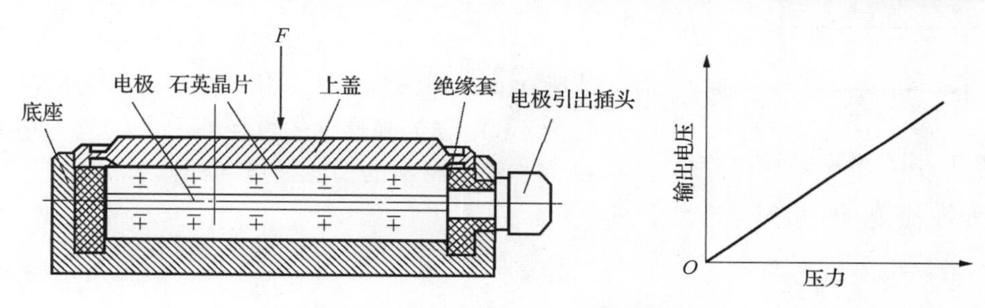

图 2.25 YDS-78 型压电式力传感器结构

表 2-6 YDS-78 型压电式力传感器的性能指标

测力范围	0～5000N	最小分辨力	0.1 g
绝缘阻抗	$2\times 10^{14}\,\Omega$	固有频率	50～60 kHz
非线性误差	<±1%	重复性误差	<1%
电荷灵敏度	38～44 pC/kg	质量	10 g

【应用示例】YDS-78 型压电式力传感器在车床切削力测试中的应用

如图 2.26 所示，压电式力传感器安装在车削刀具的下端。当工件 4 旋转、车刀 3 开始切削工件时，垂直方向的车削力 F_z 作用于刀具上，并通过刀具传递到压电式力传感器 1 上，由此完成对车削力 F_z 的测量。

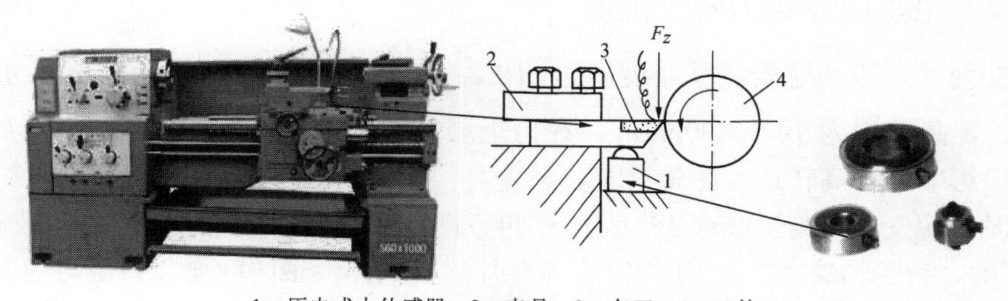

1—压电式力传感器；2—夹具；3—车刀；4—工件

图 2.26 压电式动态力传感器在车床中用于动态切削力的测量

2.9 力矩测量基本知识及力矩传感器

2.9.1 力矩的测量方法

力矩是力和力臂的乘积。在力矩作用下机械零部件会发生转动或一定程度的扭曲变形，因此力矩也称为转矩或扭转矩。力矩的法定计量单位为“牛顿米”（N·m）。

在测量力矩的诸多方法中，最常用的是通过弹性轴在传递力矩时产生的变形、应变、应力来测量力矩。常用的弹性轴如图 2.27 所示。

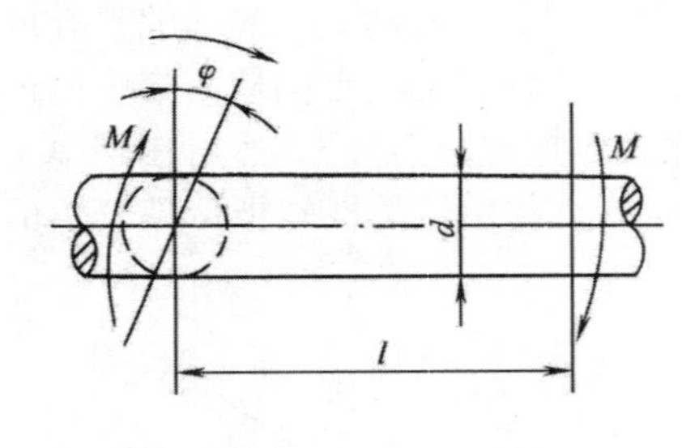

图 2.27 用于测量力矩的弹性轴

把弹性轴连接在驱动源和负载之间，弹性轴就会产生扭转。在材料的弹性极限内，弹性轴的扭转角与力矩呈线性关系，即

$$\varphi = \frac{32l}{\pi G d^4} M \tag{2-57}$$

式中，φ 为弹性轴的扭转角（rad）；l 为弹性轴的测量长度（m）；d 为弹性轴的直径（m）；M 为力矩（N·m）；G 为弹性轴材料的切变模量（Pa）。

对弹性轴变形测量时

$$M = \frac{\pi G d^4}{32l} \varphi \tag{2-58}$$

对弹性轴应力测量时

$$M = \frac{\pi d^3}{16} \sigma \tag{2-59}$$

式中，σ 为转轴外表面的剪切应力。

对弹性轴应变测量时

$$M = \frac{\pi G d^3}{8} \varepsilon_{45^\circ} = \frac{\pi G d^3}{8} \varepsilon_{135^\circ} \tag{2-60}$$

式中，ε_{45°、ε_{135° 为转轴外表面上与轴线成 45° 角或 135° 角的主应变。

可见，只要测得扭转角或应力、应变，就可知道力矩大小。按力矩信号产生的方式可以设计为光电式、光学式、磁电式、电容式、电阻应变式、压磁式、振弦式等各种力矩仪器。

2.9.2 电阻应变式力矩传感器

电阻应变式力矩传感器测量精度高达 $\pm(0.2 \sim 0.5)\%$，线性度可达 0.05%，重复性误差达 0.03%，测量范围为 $5 \sim 50000\,\text{N}\cdot\text{m}$，在力矩测量中应用较广泛。但它的安装要求高，并且易受温度影响，在高转速时测量误差较大。

测量时将应变片沿与轴线成 45° 或 135° 角方向粘贴在弹性轴或直接粘贴在被测轴上，如图 2.28 所示。当转轴受力矩 M 作用时，应变片感受到弹性轴的应变，力矩与应变的关系如式（2-60）。

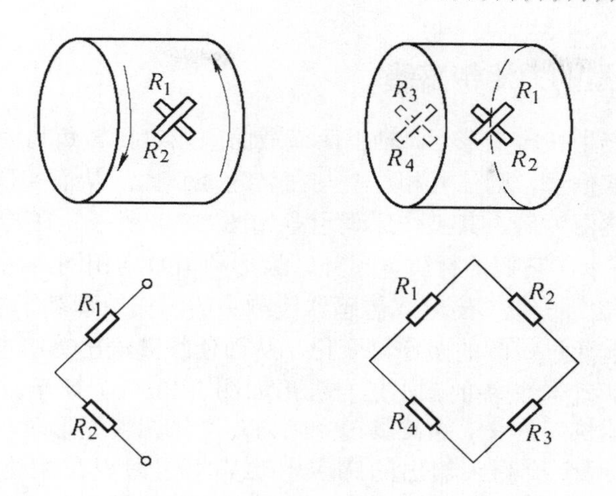

图 2.28 弹性轴上应变片的粘贴方式及电桥连接

当测量小力矩时，考虑到抗弯曲强度、临界转速、应变片尺寸及粘贴工艺等因素，多采用空心圆柱弹性轴。对于空心圆柱弹性轴，应变片产生的应变量与力矩的关系为

$$\varepsilon_{45^\circ} = -\varepsilon_{135^\circ} = \frac{8M}{\pi D^3 G} \frac{1}{1-\left(\frac{d}{D}\right)^4} \tag{2-61}$$

式中，d 和 D 分别为空心圆柱弹性轴的内径和外径。

当测量大量程力矩时，一般采用实心正方形截面弹性轴，其应变量与力矩的关系为

$$\varepsilon_{45^\circ} = -\varepsilon_{135^\circ} = 2.4\frac{M}{a^3 G} \tag{2-62}$$

式中，a 为正方形截面弹性轴边长。

为保证转轴在正反力矩作用下的输出灵敏度相同，应变片的中心线必须准确地粘贴在弹性轴表面的 45° 及 135° 螺旋线上，一般粘贴角度的允许误差范围为 $\pm 0.5^\circ$。采用应变花可以简化粘贴工艺并易于获得准确的粘贴位置。

电阻应变式力矩传感器的工作原理如图 2.29 所示。力矩传感器由弹性轴和粘贴在弹性轴上的应变片组成，它作为力矩传递系统的一个环节，和弹性轴一起旋转。为了给旋转着的应变片供电，并提取电桥输出信号，采用由滑环和电刷组成的集流环来完成传递。通过滑环（固定在转轴上）和电刷（固定在机架上）的接触，将应变电桥所需的激励电压输入，并把获得的电桥输出信号传输到静止的仪器上。

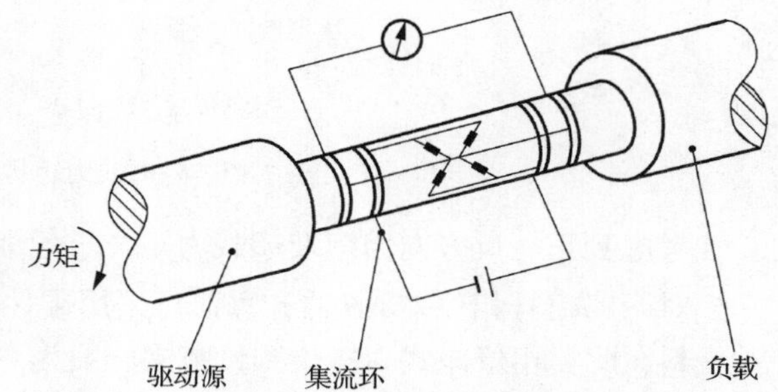

图 2.29 应变式力矩传感器的工作原理

由于轴转动时滑环和电刷的相对滑动会产生电噪声，从而影响检测信号的质量，因此现在多采用电磁场耦合方式的电感或电容集流环，无接触地实现输入/输出端信号的耦合。

2.9.3 其他类型的力矩传感器

转轴受力矩作用产生扭转变形后，轴上两横截面的相对扭转角与力矩成正比，若用磁电式或光电式传感器提取信号，则信号相位差与扭转角成正比，从而实现力矩测量。

以磁电式力矩传感器为例，其工作原理示意如图 2.30 所示。在转轴上固定一对测量齿轮，如图 2.30（a）所示，它们的材质、尺寸、齿形和齿数均相同，两个相同的磁电式传感器检测头 A 和 B 对着齿顶安装。磁电式传感器检测头的工作原理基于法拉第电磁感应定律：当测量齿轮转动时引起通过线圈的磁通量变化，从而使线圈输出感应电动势 $e=-N\mathrm{d}\Phi/\mathrm{d}t$，式中 N 为线圈匝数。两个检测头的输出信号波形如图 2.30（c）所示。设转轴空载旋转时两个检测头的输出信号相位差为 θ_0，当被测轴受到力矩产生扭转变形时，引起两个测量齿轮相对转动角度 φ，因此两个检测头输出的感应电动势将因力矩在相位上改变相位角 $\Delta\theta$，$\Delta\theta=z\varphi$，结合式（2-58）可知，力矩与两路信号相位变化的关系为

$$M=\frac{\pi G d^4}{32l}\cdot\frac{\Delta\theta}{z} \tag{2-63}$$

式中，z 为测量齿轮的齿数。

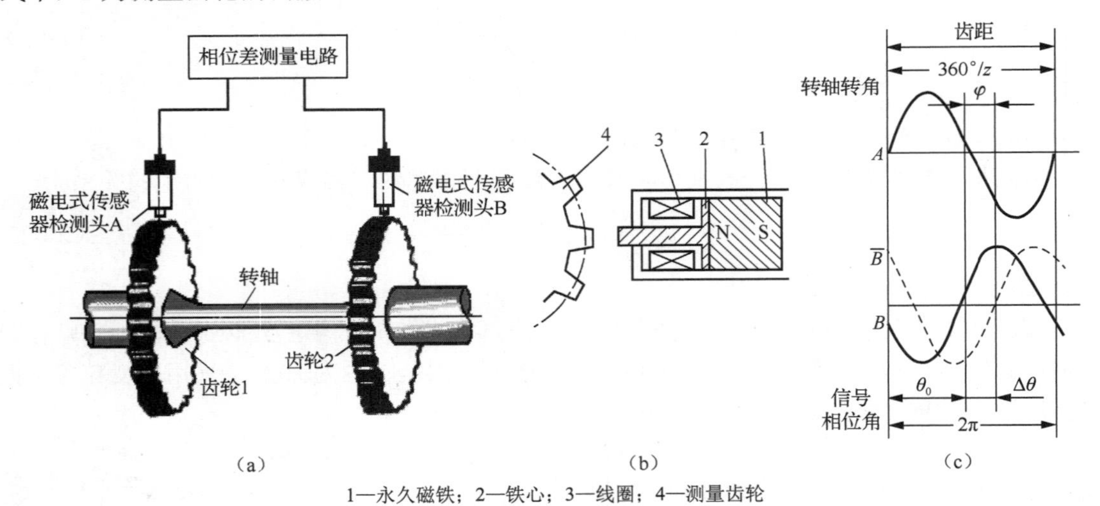

1—永久磁铁；2—铁心；3—线圈；4—测量齿轮

图 2.30　磁电式力矩传感器工作原理示意

考虑到正、反方向力矩及超载力矩，一般取 $\pi/2<\Delta\theta<\pi$，则对应齿数 z 为 10～100。

对两路信号相位差 $\Delta\theta$ 的计算，可采用硬件电路或软件编程的方法，具体内容可参阅相关资料。此类相位差式力矩仪测量范围一般为 0.2～100000N·m，转速为 0～6000 r/min，测量精度为±（0.2～0.1）%。

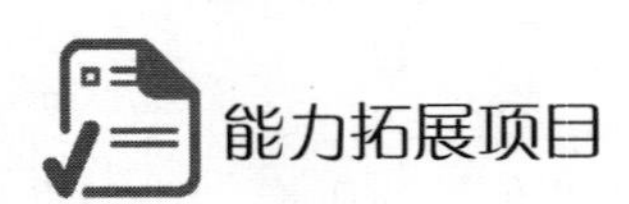

称重传感技术的研究

称重传感技术与仪器装置的发展经历了机械秤、机电结合秤、电子称、电子与微机相结

合的自动秤4个阶段，称重范围从纳克到10万余吨。秤的名称按用途分为如下几种：商用计价秤，称量汽车、飞机、油罐的平台秤；称量列车的轨道衡，货场使用的电子皮带秤等。按称重的工作条件，分为静态称重和动态称重。

能力拓展任务1：通过查阅资料，总结目前电子称重装置中的常用传感器，简述其工作原理、应用特点。

能力拓展任务2：对工业生产过程中煤炭、矿石等大宗散装物料称重方法进行研究，了解其称重原理、称重装置及传感器、称重误差及其补偿等相关内容。

能力拓展任务3：试设计一款用于量程为0～50千克电子秤的电阻应变式称重传感器。要求传感器灵敏度不低于1mV/V，请完成弹性元件设计计算，以及电子秤测量电路设计。

思考与练习

一、填空题

2-1 金属电阻应变片的工作原理是基于金属丝受力后产生机械变形的__________。

2-2 已知试件受拉后的轴向应变为1000 με，则该试件的轴向相对伸长量为________%。

2-3 一个圆柱形弹性元件受拉后的轴向应变为0.0018，将其表示成微应变，则为________。

2-4 已知某应变片在输入应变为5000 με时电阻变化为1%，则其灵敏系数等于________。

2-5 当桥臂比n=________时，直流电桥的电压灵敏度最高。

2-6 应变直流电桥测量电路中，全桥灵敏度是单臂电桥灵敏度的________倍。

2-7 应变直流全桥电路中，相邻桥臂的应变片的应变极性应________（选一致或相反）。

2-8 将电阻应变片贴在________上可以构成测量力、位移、加速度等参数的传感器。

2-9 若电阻应变片的输入信号为正弦波，则以该应变片为工作臂的交流电桥的输出电压是________。

二、简答题

2-10 什么是横向效应？为什么金属箔式电阻应变片的横向效应比丝式电阻应变片小？

2-11 用应变片测量时，为什么必须采取温度补偿措施？

2-12 简述电阻应变片产生温度误差的原因及其补偿方法。

2-13 电阻应变片的选择主要应考虑哪些因素？

2-14 试述单臂应变电桥产生非线性的原因及减小非线性误差的措施。

2-15 如何用电阻应变片构成应变式加速度传感器？

2-16 电阻应变仪的主要组成部分及其功能是什么？

2-17 如何用电阻应变片组成压力测量传感器？

2-18 简述压磁式力传感器的工作原理。

2-19 力矩测量一般可分为哪几种方法？简述其测量原理。

三、计算题

2-20　某一试件受力后的应变为1000 με，应变片的灵敏系数为 2，电阻值为 120 Ω，敏感栅温度系数为-50×10^{-6}/℃，线膨胀系数为 14×10^{-6}/℃；该试件的线膨胀系数为 12×10^{-6}/℃。求温度升高 20℃时，应变片输出的相对误差是多少？

2-21　用应变片构成测力传感器，针对图 2.31（a）、图 2.31（b）两种情况，试问：

（1）在两种情况下，应分别将应变片接在电桥哪两个臂上？

（2）在两种情况下，应分别采用什么措施来抵消温度变化引起的电阻值变化？

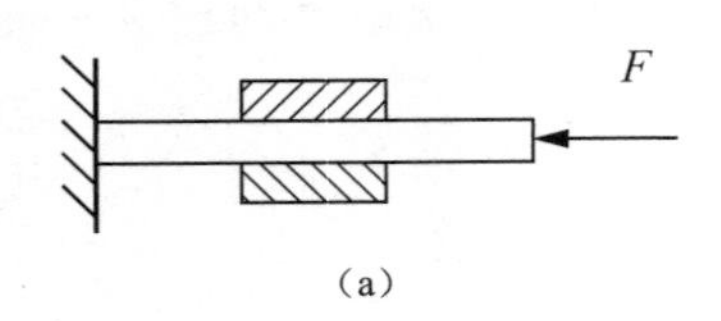

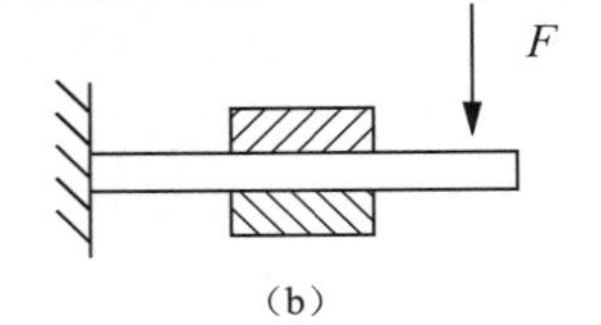

图 2.31　习题 2-21

2-22　为了测量图 2.32 所示的等截面悬臂梁的应变，把一个电阻 R=120 Ω、灵敏系数 K=2.05 的应变片粘贴在梁上，并接入图示直流电桥中，电桥电源电压为 6V，试求：

（1）如果输入应变为 1000 μm/m，计算电桥输出电压是多少？

（2）如果要求利用电桥电路来进行温度误差的补偿，试提出你的温度补偿方案，画出电阻应变片的粘贴示意图和电路图，并写出电桥输出电压表达式。

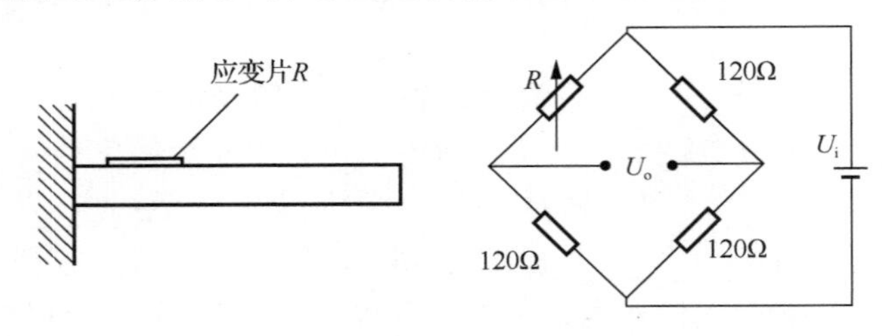

图 2.32　习题 2-22

2-23　现有一台用等强度梁做弹性元件的电子秤，已知等强度梁的有效长 l=150mm，固支处宽度 b_0=18mm，厚度 h=5mm，弹性模量 $E=2\times10^5$N/mm^2，贴上 4 片等阻值、K=2 的电阻应变片，并接入四臂差动直流电桥构成称重传感器。试问：

（1）悬臂量上如何布片？又如何接桥？为什么？

（2）若电桥供电电压为 3V，称重 1kg 时输出电压为多少？

2-24　一个圆筒形力传感器的钢质性筒截面面积为 19.6cm^2，弹性模量 $E=2\times10^{11}$N/m^2，μ=0.3；在圆筒表面粘贴 4 片阻值为 120 Ω、K=2 的电阻应变片。

（1）正确标出 4 片电阻应变片在圆柱形弹性元件上的位置，绘出相应的直流电桥测量电路，标明电阻应变片的序号，并说明方案的理由；

（2）若电桥供电电压为 3V，加载后测得输出电压为 U_o=2.6mV，求载荷大小。

（3）此时，弹性元件上粘贴应变片位置的纵向应变和横向应变各为多少？

第 3 章　电容式传感器·压力测量

教学要求

通过本章的学习，掌握电容式传感器的工作原理及类型、基本特性和测量电路等相关知识，了解电容式传感器的特点及典型应用；掌握压力测量的基本知识、工程中测量压力的主要方法及其工作原理、应用特点，为正确选用和设计压力传感器打下基础。

引例

例图 3.1 所示的电容式差压变送器可将 p_1、p_2 的压力差转换成 4～20 mA 的标准电流信号，并通过信号电缆线传输到二次仪表，其完成从压力差到电容量的转换核心就是例图 3.2 所示的差动变极距型电容式传感器。该传感器的两个球冠形固定极板由凹形玻璃（或绝缘陶瓷）圆片上的镀金薄膜形成，与中间的圆形检测膜片（动极板）的间距仅约 0.5mm。当动极板两侧的压力不相等时，动极板将凸向压力小的一侧，由此改变了电容器极板间距从而引起电容量变化，从而实现从压力差到电容量的转换，再进一步通过测量电路，将电容量转换为标准电压或电流信号，供二次仪表显示或应用。

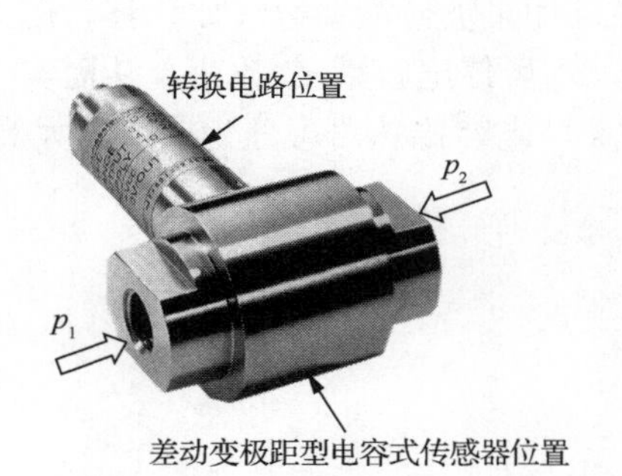

例图 3.1　电容式差压变送器

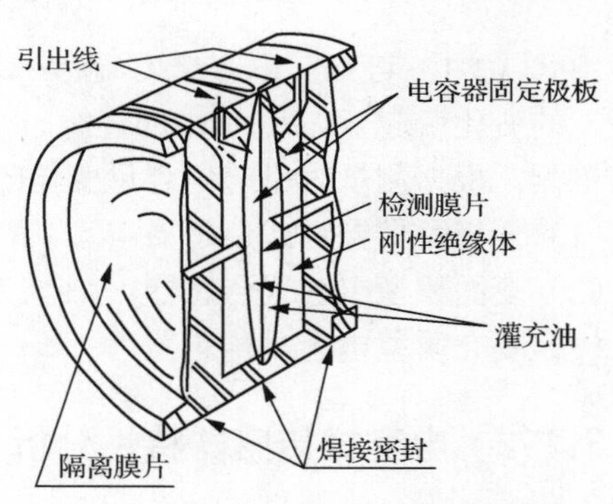

例图 3.2　差动变极距型电容式传感器

A 部分　电容式传感器

电容式传感器是以各种类型的电容器为传感元件，通过将被测量转换成电容量的变化来实现测量的。

电容式传感器具有动态特性好、精度高、结构简单、可以进行非接触测量等特点，广泛应用于直线位移、角位移、振动、加速度等机械量的精密测量，此外，电容式传感器在压力、差压力、液位、料位、湿度、成分含量等参数的测量中也有广泛应用。

3.1 电容式传感器的工作原理和特性

3.1.1 工作原理及类型

电容式传感器由集敏感元件和转换元件为一体的电容量可变的电容器和测量电路组成，其变量之间的转换关系示意如图 3.1 所示。

由物理学可知，对于图 3.2 所示平行极板电容器，若忽略极板边缘效应，其电容量为

$$C=\frac{\varepsilon S}{d}=\frac{\varepsilon_0\varepsilon_r S}{d} \tag{3-1}$$

式中，S 为两个极板相互覆盖的有效面积；d 为两个极板间距，简称极距；ε 为两个极板间介质的介电常数；ε_r 为两个极板间介质的相对介电常数，当介质为空气时，$\varepsilon_r\approx1$；ε_0 为真空的介电常数，$\varepsilon_0=8.85\times10^{-12}$ F/m。

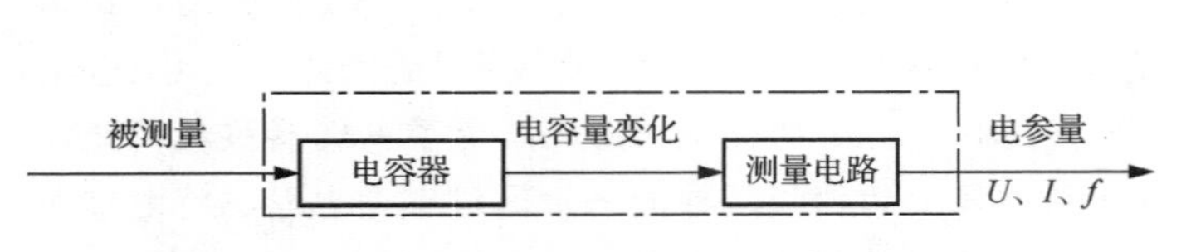

图 3.1 电容式传感器变量之间的转换关系示意

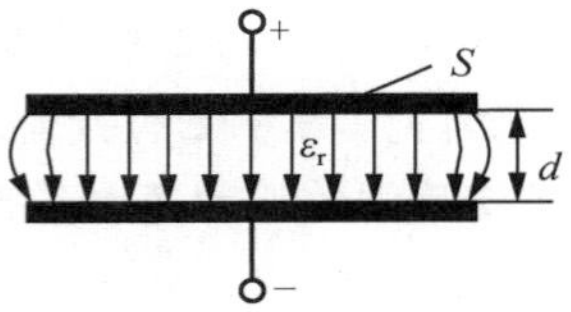

图 3.2 平行极板电容器

由式（3-1）可知，电容量 C 是 S、d、ε 的函数，如果被检测参数（如位移、压力、液位等）的变化引起 S、d、ε 中的任意一个发生变化，均可使电容量 C 改变，从而实现被测量的检测。根据测量时引起电容量变化的是 d、S 或 ε，电容传感器可分为以下三大类：

（1）变极距型电容式传感器。

（2）变面积型电容式传感器。

（3）变介质型电容式传感器。

3.1.2 电容式传感器特性分析

1. 变极距型电容式传感器

变极距型电容式传感器结构示意如图 3.3（a）所示。当动极板受被测量影响产生位移时，使极板间距 d 发生变化，从而引起电容量的变化。根据式（3-1），C 与 d 为反比关系，如图 3.3（b）所示。

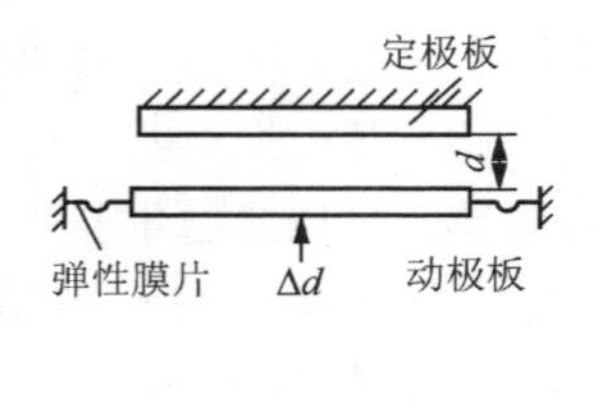

（a）结构示意

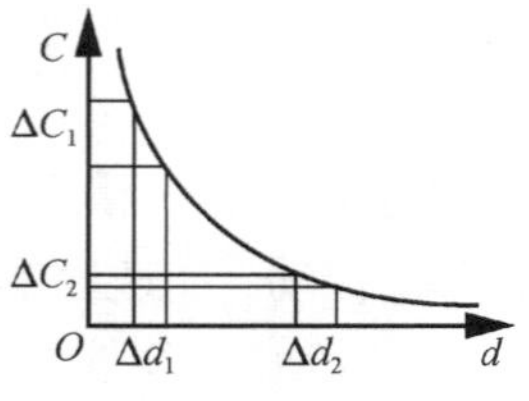

（b）电容量与极板间距的关系

图 3.3 变极距型电容式传感器

设极板面积为S，极板间的介质为空气，初始极板间距为d_0，则初始电容量C_0为

$$C_0=\frac{\varepsilon_0\varepsilon_r S}{d_0}\approx\frac{\varepsilon_0 S}{d_0} \tag{3-2}$$

若极板间距由初始值d_0减小Δd，则电容量增大ΔC_1，容量增大ΔC_1，有

$$\Delta C_1=C-C_0=\frac{\varepsilon_0\varepsilon_r S}{d_0-\Delta d}-\frac{\varepsilon_0\varepsilon_r S}{d_0}=\frac{\varepsilon_0\varepsilon_r S}{d_0}\cdot\frac{\Delta d}{d_0-\Delta d}=C_0\frac{\Delta d}{d_0-\Delta d} \tag{3-3}$$

电容的相对变化量为

$$\frac{\Delta C_1}{C_0}=\frac{\Delta d}{d_0}\cdot\frac{1}{1-\Delta d/d_0} \tag{3-4}$$

当$\Delta d/d_0\ll 1$时，式（3-4）按泰勒级数展开，得

$$\frac{\Delta C_1}{C_0}=\frac{\Delta d}{d_0}\left[1+\left(\frac{\Delta d}{d_0}\right)+\left(\frac{\Delta d}{d_0}\right)^2+\left(\frac{\Delta d}{d_0}\right)^3+\cdots\right] \tag{3-5}$$

当极板间距由初始值d_0增大Δd时，电容量减小ΔC_2，同样可得电容的相对变化量为

$$\frac{\Delta C_2}{C_0}=-\frac{\Delta d}{d_0}\cdot\frac{1}{1+\Delta d/d_0} \tag{3-6}$$

当$\Delta d/d_0\ll 1$时，按级数展开，得

$$\frac{\Delta C_2}{C_0}=-\frac{\Delta d}{d_0}\left[1-\left(\frac{\Delta d}{d_0}\right)+\left(\frac{\Delta d}{d_0}\right)^2-\left(\frac{\Delta d}{d_0}\right)^3+\cdots\right] \tag{3-7}$$

由式（3-5）和式（3-7）可知，电容量C的相对变化与位移Δd之间呈现的是一种非线性关系。在误差允许范围内，通过略去两式中的高次项得到其近似的线性关系，即

$$\left|\frac{\Delta C}{C_0}\right|\approx\left|\frac{\Delta d}{d_0}\right| \tag{3-8}$$

电容式传感器的静态灵敏度为

$$K=\left|\frac{\frac{\Delta C}{\Delta d}}{C_0}\right|=\frac{1}{d_0} \tag{3-9}$$

特别提示

为方便不同电容量的电容式传感器灵敏度的比较，对其进行归一化处理，即除以其初始电容值C_0，这样，灵敏度的大小仅取决于传感器对输入量的响应大小。

如果只考虑式（3-5）和式（3-7）中的二次非线性项，忽略其他高次项微小量，得变极距型电容传感器的非线性误差e_L为

$$e_L=\pm\left|\frac{\Delta d}{d_0}\right|\times 100\% \tag{3-10}$$

由以上分析可知：

（1）变极距型电容式传感器只有在$|\Delta d/d_0|<<1$时，才有近似的线性输出。

（2）要提高灵敏度，应减小初始极板间距d_0；但d_0的减小受到电容器击穿电压的限制，同时对极板加工精度的要求也提高了。

（3）非线性误差随着$|\Delta d|$的增加而增加，减小 d_0，相应地增大了非线性。为限制非线性误差，变极距型电容式传感器通常在较小的极距变化范围内工作。一般变极距型电容式传感器的初始电容量为 20～100 pF，初始极板间距为 25～200 μm，工作时要求$\Delta d/d_0 \leqslant 0.1$。因此，变极距型电容式传感器主要用于 0.01 微米至零点几毫米的微小线位移测量，测量精度和分辨力可达纳米量级。

（4）极距的增量方向与电容的增量方向相反，并且同样大小的电容极距变化$|\Delta d|$，因极距减小而引起的电容变化量 ΔC_1 大于因极距增大而引起的电容变化量 ΔC_2。可见，极距越小，灵敏度越高。

（5）为了防止因 d_0 过小而引起电容器击穿或短路，极板之间可采用高介电常数的固定材料（如云母片），如图 3.4 所示，此时电容量 C 的表达式为

$$C = \frac{\varepsilon_0 S}{\dfrac{d_g}{\varepsilon_g} + d_a} \tag{3-11}$$

式中，ε_g为固体介质的相对介电常数；d_a为气隙厚度；d_g为固体介质厚度。

以云母片为例，其相对介电常数$\varepsilon_g = 7$，是空气的 7 倍，击穿电压不小于 1000 kV/mm，而空气的击穿电压仅为 3 kV/mm。因此，有了云母片，初始极板间距可大大减小。同时，式（3-11）中的d_g/ε_g项是恒定值，它能使传感器的输出特性的线性度得到改善。

在实际应用中常采用差动变极距型电容式传感器，如图 3.5 所示。

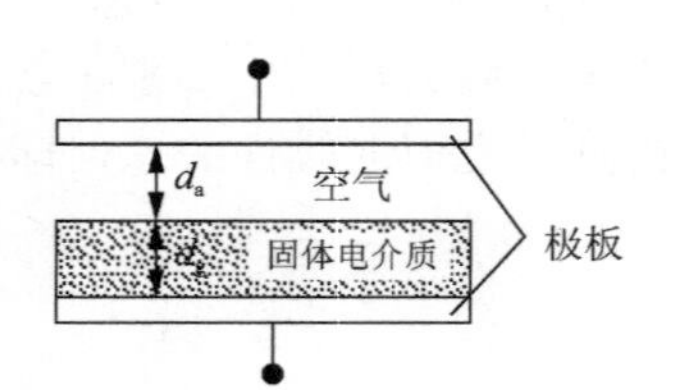

图 3.4　具有固体介质的变极距型电容式传感器

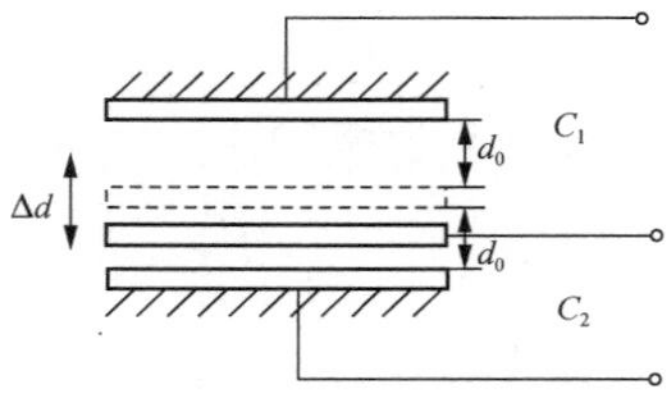

图 3.5　差动变极距型电容式传感器

初始状态时电容式传感器的动极板与上、下定极板的距离均为 d_0，两边电容量相等，电容量为 C_0。当被测量使动极板向下移动 Δd 时，则动极板与上面的定极板的距离增大，与下面定极板的距离减小，差动电容器的总电容变化量为

$$\Delta C = C_1 - C_2 = \frac{\varepsilon_0 S}{d_0 + \Delta d} - \frac{\varepsilon_0 S}{d_0 - \Delta d} = -2C_0 \frac{\Delta d}{d_0} \cdot \frac{1}{1-(\Delta d/d_0)^2} \tag{3-12}$$

当满足$\Delta d/d_0 \ll 1$时，将式（3-12）按泰勒级数展开，得到电容的相对变化量，即为

$$\frac{\Delta C}{C_0} = -2\frac{\Delta d}{d_0}\left[1 + \left(\frac{\Delta d}{d_0}\right)^2 + \left(\frac{\Delta d}{d_0}\right)^4 + \cdots\right] \tag{3-13}$$

略去式中的非线性高次项，得

$$\frac{\Delta C}{C_0} = -2\frac{\Delta d}{d_0} \tag{3-14}$$

可见，电容的相对变化量近似线性关系。

差动变极距型电容式传感器的灵敏度 K' 为

$$K' = \left| \frac{\frac{\Delta C}{\Delta d}}{C_0} \right| = \frac{2}{d_0} \tag{3-15}$$

根据式（3-13）得差动变极距型电容式传感器的非线性误差e_L'，其近似为

$$e_L' = \pm \left(\frac{\Delta d}{d_0} \right)^2 \times 100\% \tag{3-16}$$

由此可见，电容式传感器做成差动结构后，非线性误差大大降低了，而灵敏度比单极距电容式传感器提高了一倍。与此同时，差动变极距型电容式传感器还能减小静电引力给测量带来的影响，并有效地改善某些外界条件（如电源电压、环境温度变化）的影响所造成的误差。

【例 3-1】有一台变极距型非接触电容测微仪，其传感器圆形定极板半径 r=4 mm，假设其与被测工件（动极板）的初始间距 d_0=0.3 mm，极板间的介质为空气。试求：

（1）如果传感器与被测工件的间距减少 Δd=10 μm，那么电容变化量为多少？

（2）如果测量电路的灵敏度 K_u=100 mV/pF，那么在 $\Delta d = \pm 1$ μm 时的输出电压为多少？

解：根据题意求解如下。

（1）初始电容量为

$$C_0 = \frac{\varepsilon_0 S}{d_0} = \frac{\varepsilon_0 \pi r^2}{d_0} = \frac{8.85 \times 10^{-12} \times \pi \times \left(4 \times 10^{-3}\right)^2}{0.3 \times 10^{-3}} = 1.48 \times 10^{-12}(\text{F}) = 1.48(\text{pF})$$

当间距减少 Δd=10 μm 时，电容量将增加 ΔC，由于 $\Delta d / d_0 << 1$，故

$$\Delta C = C_0 \frac{\Delta d}{d_0} = 1.48 \times \frac{10 \times 10^{-3}}{0.3} = 0.049(\text{ pF})$$

（2）当 $\Delta d = \pm 1 \mu\text{m}$ 时，有

$$\Delta C = C_0 \frac{\Delta d}{d_0} = 1.48 \text{ pF} \times \frac{\pm 1 \mu\text{m}}{(0.3 \times 10^3)\mu\text{m}} = \pm 0.0049 \text{ (pF)}$$

由 $K_u = U_o / \Delta C$ =100 mV/pF，可得

$$U_o = K_u \Delta C = 100 \text{ mV/pF} \times (\pm 0.0049 \text{ pF}) = \pm 0.49 \text{ mV}$$

【应用示例 1】超精密振动/位移测量仪在旋转轴回转精度和振摆测量中的应用

用电容式传感器测量机械振动和机械位移，具有非接触、高灵敏度、频响宽等优点。早在 20 世纪 60 年代初，就有不少国家开始在实验室，用这种方法来测量和研究机床主轴回转精度。DWS 型超精密振动/位移测量仪是我国 1989 年推出的一种基于电容式传感器、差频调频技术的非接触式测量仪器，其分辨力达 2nm，频响宽度为 0～9kHz，非线性误差<0.25%，测量范围为±300μm。

DWS 型超精密振动/位移测量仪的传感器是一片金属板，作为定极板，以被测构件为动极板组成电容器，图 3.6 所示是机床主轴回转精度和振摆测量系统原理示意。

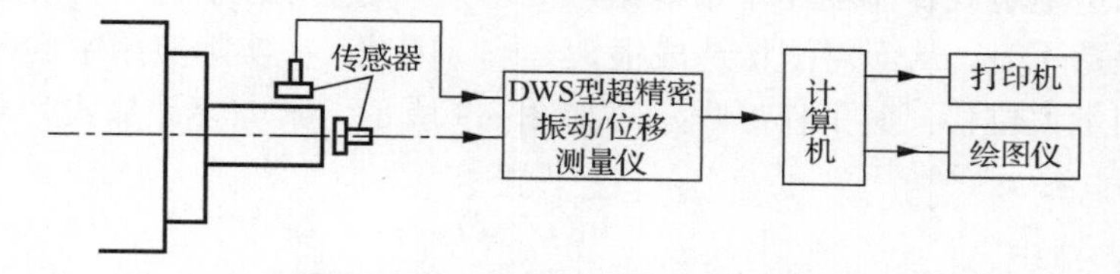

图 3.6　机床主轴回转精度和振摆测量系统原理示意

测量时首先调整好传感器与被测对象间的初始间距 d_0，当轴旋转时因轴承间隙等原因使机床主轴产生径向位移和振动，其变化量为$\pm\Delta d$，相应地产生电容变化量 ΔC，经外接 LC 振荡电路转换为频率信号，该信号经差频调频电路后转换为电压信号，再经滤波器放大后输出显示或记录。

作为一种通用性精密测试仪器，DWS 型超精密振动/位移测量仪还广泛用于机械构件的相对振动和相对变形、工件尺寸和平直度、机构的运动特性和定位等测量领域。

2. 变面积型电容式传感器

图 3.7 所示为常见的变面积型电容式传感器结构示意。图 3.7（a）和图 3.7（b）所示为平板变面积型电容式传感器，图 3.7（c）和图 3.7（d）所示为圆柱变面积型电容式传感器。与变极距型电容式传感器相比，变面积型电容式传感器的测量范围较大，主要用于较大的线位移或角位移测量。其中，圆柱变面积型电容式传感器还广泛用于液位检测领域。

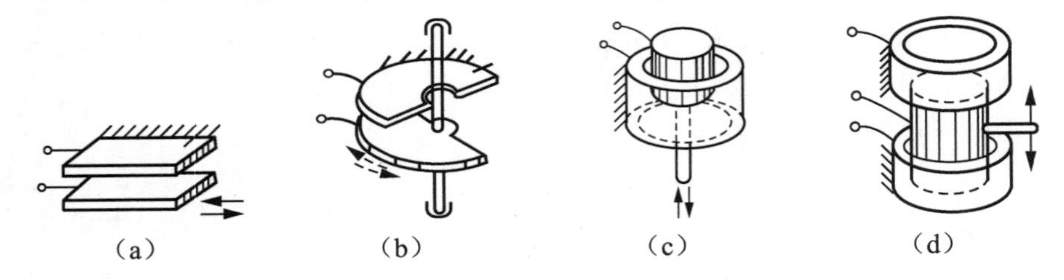

图 3.7　变面积型电容式传感器结构示意

1）变面积型电容式传感器用于线位移测量

图 3.8 所示为用于线位移测量的平板变面积型电容式传感器的工作原理示意。若忽略边缘效应，当动极板相对于定极板沿着长度方向平移 Δx 时，其电容量为

$$C=\frac{\varepsilon_0(a-\Delta x)b}{d}=\frac{\varepsilon_0 ab}{d}-\frac{\varepsilon_0 b}{d}\Delta x=C_0-\frac{\varepsilon_0 b}{d}\Delta x \tag{3-17}$$

电容变化量为

$$\Delta C=C-C_0=-\frac{\varepsilon_0 b}{d}\Delta x \tag{3-18}$$

灵敏度 K 为

$$K=\frac{\Delta C}{\Delta x}=\frac{\varepsilon_0 b}{d} \tag{3-19}$$

由式（3-18）和式（3-19）可知，在忽略边缘效应的条件下，变面积型电容式传感器的输出特性是线性的，灵敏度 K 为常数。增大极板长度 b 或减小极板间距 d 都可以提高灵敏度。但极板宽度 a 不宜过小，否则，会因边缘效应而影响其测量范围和线性特性。

平板变面积型电容式传感器由于边缘效应的影响，测量范围有限，特别是在极板移动中极板间距很难保持不变，从而对测量造成很大影响。因此，在实际应用中常用圆柱变面积型电容式传感器测量大位移，其工作原理示意如图 3.9 所示，其电容计算式为

$$C=\frac{2\pi\varepsilon x}{\ln(D/d)} \tag{3-20}$$

式中，x 为内电极与外电极重叠部分的长度；D、d 分别为外电极内径与内电极外径。

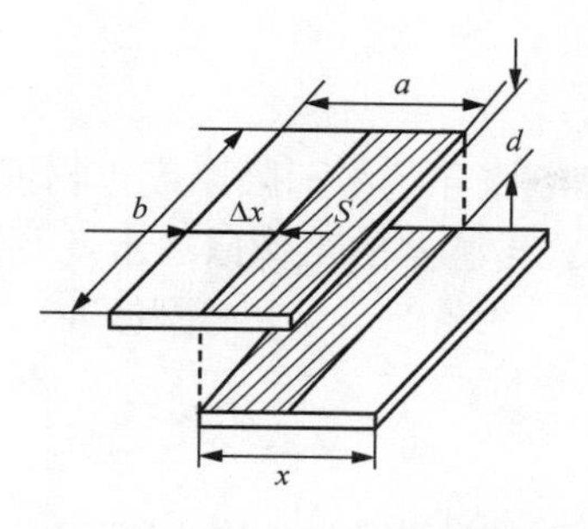

图 3.8 平板变面积型电容式传感器的工作原理示意

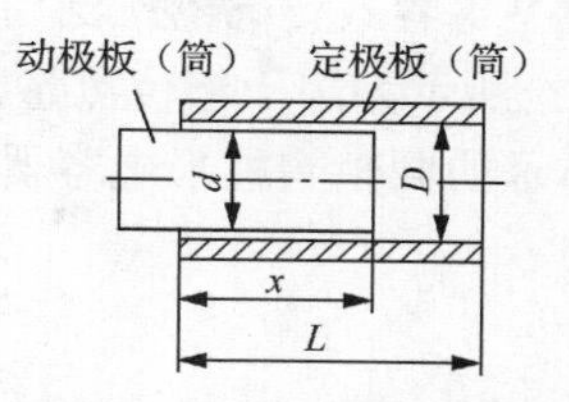

图 3.9 圆柱变面积型电容式传感器的工作原理示意

当重叠长度 x 变化时，电容变化量为

$$\Delta C = C_0 - C = \frac{2\pi\varepsilon L}{\ln\left(\dfrac{D}{d}\right)} - \frac{2\pi\varepsilon x}{\ln\left(\dfrac{D}{d}\right)}$$

$$= \frac{2\pi\varepsilon(L-x)}{\ln\left(\dfrac{D}{d}\right)} = \frac{2\pi\varepsilon\Delta x}{\ln\left(\dfrac{D}{d}\right)} \tag{3-21}$$

灵敏度为

$$K = \frac{\Delta C}{\Delta x} = \frac{2\pi\varepsilon}{\ln\left(\dfrac{D}{d}\right)} \tag{3-22}$$

式（3-22）表明，圆柱变面积型电容式传感器的灵敏度是常数，与平板变面积型电容式传感器相比，此类型传感器的灵敏度较低，但其测量范围更大。

2）变面积型电容式传感器用于角位移测量

图 3.10 所示为一种用于测量角位移的平板变面积型电容式传感器结构示意。当动极板绕中心轴旋转产生角位移 θ 时，两个极板间的覆盖面积发生了变化，从而改变了电容量。设 $\theta=0$ 时的初始电容量为

$$C_0 = \frac{\varepsilon S_0}{d} \tag{3-23}$$

式中，ε 为电容器极板间介质的介电常数；S_0 为极板间初始覆盖面积；d 为极板间距。

当转动 θ 角时，电容量为

$$C = \frac{\varepsilon(S_0 - \dfrac{S_0}{\pi}\theta)}{d} = C_0\left(1 - \frac{\theta}{\pi}\right)$$

电容变化量为

$$\Delta C = C - C_0 = -C_0\frac{\theta}{\pi} \tag{3-24}$$

灵敏度 K 为

$$K = -\frac{\Delta C}{\theta} = \frac{C_0}{\pi} \tag{3-25}$$

可见，该传感器的输出特性是线性的，灵敏度 K 为常数。

3. 变介质型电容式传感器

变介质型电容式传感器广泛用于测量液位、湿度、纸张和绝缘薄膜厚度等物理量。

图 3.11 所示为用于液位测量的圆柱变介质型电容式传感器的工作原理示意及其等效电路。该图所示的同轴圆柱形电容器的初始电容量为

$$C_0=\frac{2\pi\varepsilon_0 h}{\ln\left(\frac{r_2}{r_1}\right)} \tag{3-26}$$

式中，h 为电容器高度；r_1 为内电极的外半径；r_2 为外电极的内半径。

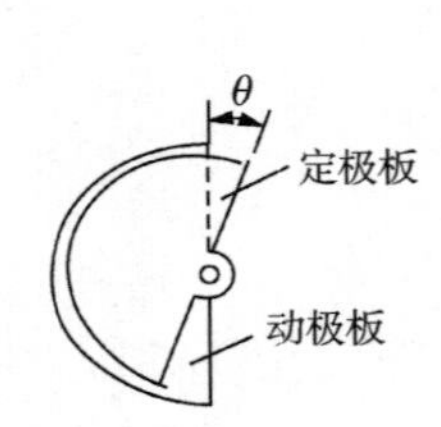

图 3.10 用于测量角位移的平板变面积型电容式传感器结构示意

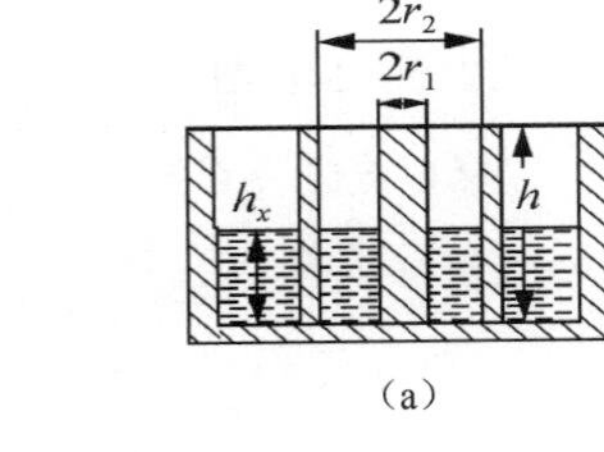

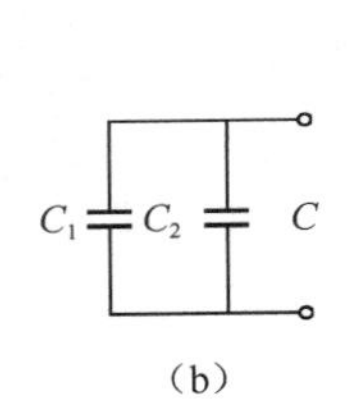

图 3.11 用于测量液位的变介质型电容式传感器的工作原理示意及其等效电路

测量时，电容器的介质一部分是被测液位的液体，另一部分是空气。设 C_1 为液体有效高度 h_x 所形成的电容量，C_2 为空气高度（$h-h_x$）所形成的电容量，其大小分别为

$$C_1=\frac{2\pi\varepsilon h_x}{\ln\left(\frac{r_2}{r_1}\right)} \tag{3-27}$$

$$C_2=\frac{2\pi\varepsilon_0 (h-h_x)}{\ln\left(\frac{r_2}{r_1}\right)} \tag{3-28}$$

由于 C_1 和 C_2 并联，因此总电容为

$$C=\frac{2\pi\varepsilon h_x}{\ln\left(\frac{r_2}{r_1}\right)}+\frac{2\pi\varepsilon_0 (h-h_x)}{\ln\left(\frac{r_2}{r_1}\right)}=\frac{2\pi\varepsilon_0 h}{\ln\left(\frac{r_2}{r_1}\right)}+\frac{2\pi(\varepsilon-\varepsilon_0)h_x}{\ln\left(\frac{r_2}{r_1}\right)}$$

$$=C_0+C_0\frac{(\varepsilon-\varepsilon_0)}{\varepsilon_0 h}h_x \tag{3-29}$$

式中，ε 为被测液位的液体的介电常数。

由式（3-29）可见，电容量 C 理论上与液体有效高度 h_x 呈线性关系，只要测出电容量 C 的大小，就可得到液位高度。

【应用示例 2】电容式油量表的应用

图 3.12 所示为电容式油量表的工作原理示意。当油箱中无油时（h=0），其电容量 C_x=C_{x0}=C_0，可变电阻 R_P 的滑动臂位于 o 点时电阻值为 0。此时电桥平衡，则有

$$\frac{C_{x0}}{C_0}=\frac{R_4}{R_3}$$

电桥输出电压 $U_o=0$，电容式油量表的指针偏转角 $\theta=0°$。

向油箱注入油，液位上升至 h 处，此时，$C_x=C_{x0}+\Delta C_x$，而 ΔC_x 与 h 成正比，即 $\Delta C_x=K_1h$，K_1 为电容式传感器的灵敏度。此时，电桥失去平衡，电桥的输出电压 U_o 经放大后驱动伺服电机，再由减速箱减速后带动电容式油量表指针沿顺时针偏转，同时带动 R_P 的滑动臂移动，使 R_P 的阻值增大。当 R_P 的阻值达到一定值时，电桥又达到新的平衡状态，即 $U_o=0$，于是伺服电机停转，电容式油量表指针停留处的转角为 θ_h，此时电桥的平衡条件为

$$\frac{C_{x0}+\Delta C_x}{C_0}=\frac{R_4+R_P}{R_3}$$

联立以上两式，得

$$R_P=\frac{R_3}{C_0}\Delta C_x=\frac{R_3}{C_0}K_1h$$

由于电容式油量表指针及可变电阻的滑动臂同时为伺服电机所带动，它们之间的关系可表示为

$$\theta_h=K_2R_P$$

因此

$$\theta_h=\frac{R_3}{C_0}K_1K_2h$$

式中，K_2 为比例系数。

可见，油表指针偏转角与液位高度成正比。

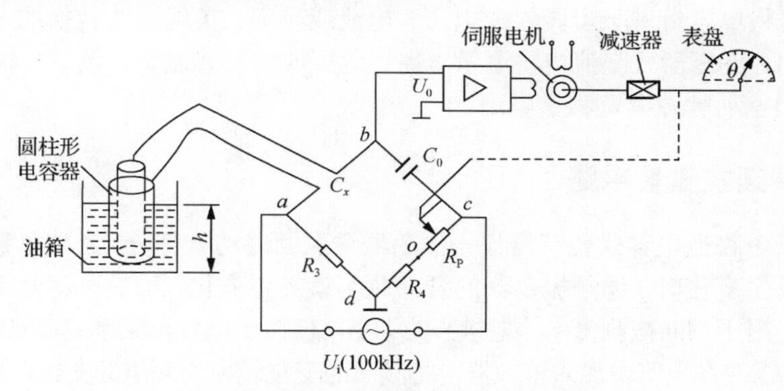

图 3.12 电容式油量表的工作原理示意

3.2 电容式传感器的等效电路

实际应用中的电容式传感器并不是一个纯电容器，其完整的等效电路如图 3.12（a）所示。该图中的电感 L 包括连接传感器与仪器电路的引出线电缆电感和传感器自身的电感；电阻 r 包括引出线电阻、极板电阻和金属支架电阻；电阻 R_g 是极板间等效漏电阻，包含极板间的漏电损耗和介质损耗、极板与外界之间的漏电损耗和介质损耗等效电阻；C_0 为传感器自身的电容；C_p 为总寄生电容，它包括引出线所用电缆的分布电容、测量电路杂散电容、极板与外界所形成的寄生电容等。

电容式传感器的电容量一般很小，在低频工作时，容抗非常大，因此 L 和 r 的影响可以

忽略，其等效电路可简化为图 3.12（b），该图中的等效电容 $C_e=C_0+C_p$，等效电阻 $R_e \approx R_g$。

在高频工作时，传感器的容抗变小，因此 L 和 r 的影响不可忽略，而漏电阻的影响可以忽略，其等效电路可简化为图 3.12（c），该图中的等效电容 $C_e=C_0+C_p$，而 $r_e \approx r$。引出线电缆的电感很小，只有工作频率在 10MHz 以上时，才考虑其影响。实际使用时保证接线条件与标定时的接线条件相同，引出线电缆电感的影响就可以消除。

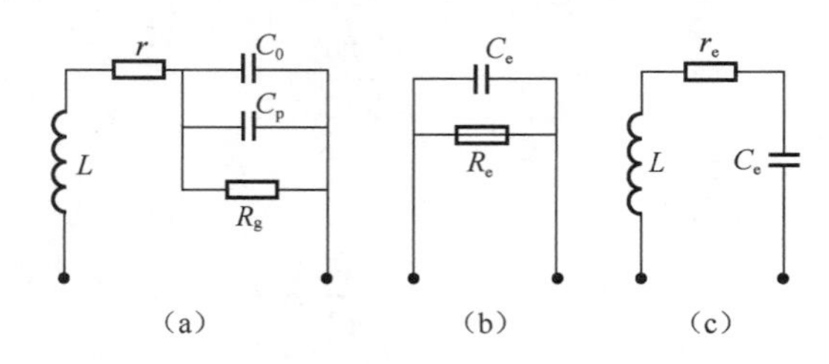

图 3.12　电容式传感器的完整等效电路和简化电路

电容式传感器的等效电路存在一个谐振频率，其值通常为几十兆赫。供电电源的频率必须低于该谐振频率，一般要求取其值的 1/3～1/2，传感器才能正常工作。

3.3　电容式传感器的测量电路

电容式传感器把被测量（如位移、压力、振动等）转换成电容量的变化后，为了方便传输和应用，还需将电容量进一步转换成电压、电流或频率。实现这些转换的常用电路形式有调频式测量电路、变压器式交流电桥测量电路、运算放大器式测量电路、二极管双 T 形交流电桥测量电路和差动脉冲调宽测量电路。

3.3.1　调频式测量电路

调频式测量电路把电容式传感器作为振荡器谐振回路的一部分。当被测量的变化引起传感器的电容量发生变化时，调频振荡器的振荡频率就发生变化。虽然可将频率直接作为测量系统的输出量，用于判断被测量（非电量）的大小，但由于电容与频率成非线性关系，会产生测量误差，因此需要在电路中加入鉴频器，将频率的变化转换为幅值的变化，再经过限幅放大器后放大就可以用仪器显示或记录仪记录下来。调频式测量电路原理示意如图 3.13 所示。

图 3.13 中的调频振荡器的振荡频率为

$$f=\frac{1}{2\pi\sqrt{LC}} \tag{3-30}$$

式中，L 为振荡回路的电感；C 为振荡回路的总电容量，$C=C_1+C_i+C_0\pm\Delta C$，其中，C_1 为振荡回路固有电容量，C_i 为传感器引出线电容量，$C_0\pm\Delta C$ 为传感器的电容量。设初始测量状态的输入信号为零，则 $\Delta C=0$，调频振荡器的固有振荡频率 f_0 为

$$f_0=\frac{1}{2\pi\sqrt{L(C_1+C_i+C_0)}} \tag{3-31}$$

当被测量的变化引起传感器的电容量发生变化时，频率变为

$$f=\frac{1}{2\pi\sqrt{L(C_1+C_i+C_0\pm\Delta C)}}=f_0\pm\Delta f \tag{3-32}$$

调频式测量电路具有较高的灵敏度，可测量小到 0.01 μm 级的位移变化量，并且易于用数字仪器测量，与计算机进行通信，抗干扰能力强。

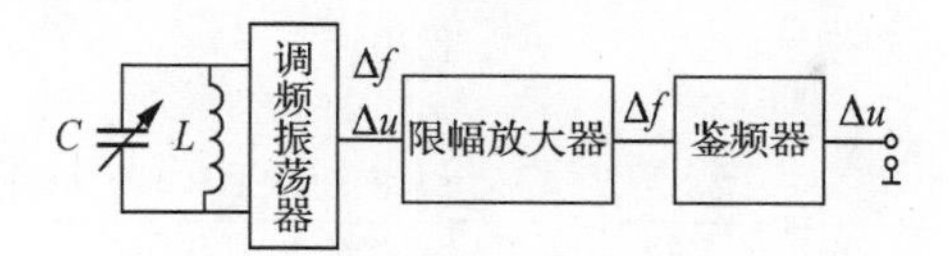

图 3.13　调频式测量电路原理示意

3.3.2　变压器式交流电桥测量电路

电容式传感器一般采用变压器式交流电桥将电容变化转换为电压变化，其电路原理示意如图 3.14 所示。变压器式交流电桥的两个平衡臂是变压器的次级绕组，其余两个平衡臂为差动电容式传感器的电容。电桥输出电压为

$$\dot{U}_o=\dot{E}\cdot\frac{C_{x1}}{C_{x1}+C_{x2}}-\frac{\dot{E}}{2}=\frac{\dot{E}}{2}\left(\frac{2C_{x1}}{C_{x1}+C_{x2}}-1\right)=\frac{\dot{E}}{2}\cdot\frac{C_{x1}-C_{x2}}{C_{x1}+C_{x2}} \tag{3-33}$$

电桥输出电压 $\dot{U}_o$ 为毫伏级调幅波，因此还要经放大电路进行信号放大。为了判断电容变化方向，还需要经过相敏检波器和滤波器后，才能输出直流电压 U_{SC}，其大小与传感器电容变化量呈线性关系，正负极性反映电容变化的方向。

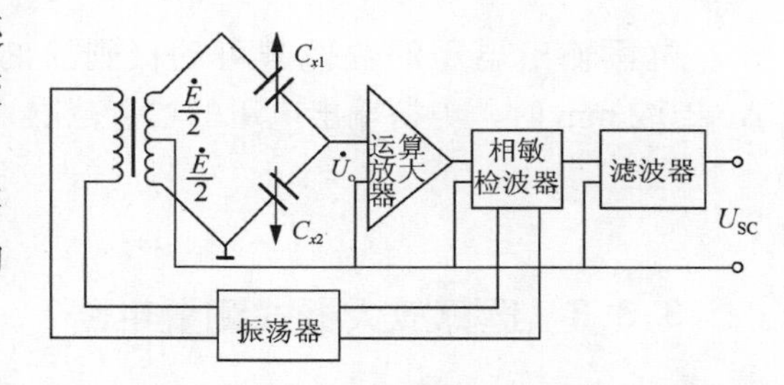

图 3.14　变压器式交流电桥电路原理示意

由于电桥输出电压 $\dot{U}_o$ 与电源电压 $\dot{E}$ 有关，因此要求电源电压波动极小，需采用稳幅、稳频措施。

【例 3-2】 图 3.15 所示为差动同轴圆柱形电容器，其可动电极圆筒外径 d=9.8 mm，固定电极圆筒内径 D=10 mm，初始状态下，上、下电容器电极覆盖长度 $L_1=L_2=L_0$=2 mm，电极间介质为空气。试求：

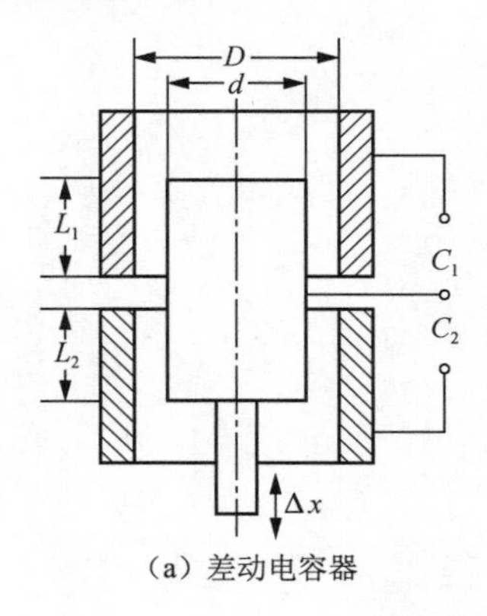

（a）差动电容器

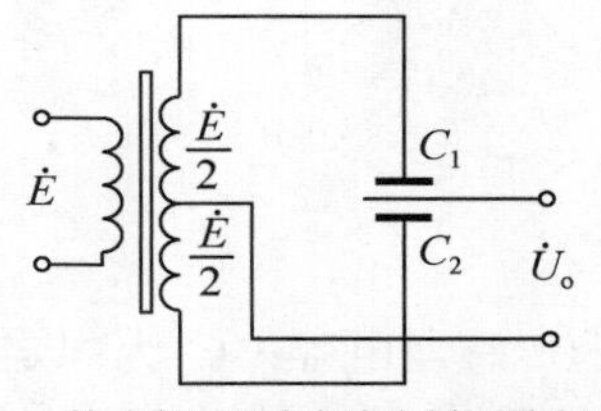

（b）差动变压器式交流电桥测量电路

图 3.15　差动圆柱形电容器及其电桥电路

（1）初始状态下电容器 C_1、C_2 的值；

（2）当将其接入图 3.15（b）所示差动变压器式交流电桥测量电路，供桥电压 E=10 V（交流电），若传感器工作时可动电极圆筒的最大位移 Δx=±0.2 mm，则电桥输出电压的最大变化范围为多少？

解：

（1）初始状态下有

$$C_1 = C_2 = C_0 = \frac{2\pi\varepsilon_0 L_0}{\ln\dfrac{D}{d}} = \frac{2\times\pi\times 8.85\times10^{-12}\times 2\times10^{-3}}{\ln\dfrac{10}{9.8}}\text{(F)}$$

$$= 5.51\times10^{-12}\ \text{(F)} = 5.51\ \text{(pF)}$$

（2）当可动电极圆筒位移量为$\pm\Delta x$时，差动电容器两个电容的大小分别为

$$C_{x1} = \frac{2\pi\varepsilon_0(L_0\pm\Delta x)}{\ln\dfrac{D}{d}};\quad C_{x2} = \frac{2\pi\varepsilon_0(L_0\mp\Delta x)}{\ln\dfrac{D}{d}}$$

将二者代入式（3-33），得

$$\dot{U}_\text{o} = \frac{\dot{E}}{2}\cdot\frac{C_{x1}-C_{x2}}{C_{x1}+C_{x2}} = \frac{\dot{E}}{2}\cdot\frac{\pm\Delta x}{L_0}$$

电桥输出电压的幅值与可动极圆筒的位移量成正比。当可动电极圆筒的最大位移 Δx=±0.2 mm 时，电桥输出电压的幅值范围为

$$U_\text{o} = \frac{10}{2}\cdot\frac{\pm0.2}{2} = \pm0.5\ \text{V}$$

3.3.3 运算放大器式测量电路

变极距型电容式传感器的极距变化与电容变化量成非线性关系，这一缺点使其应用受到限制。若采用图 3.16 所示的运算放大器式测量电路，则可以使输出电压与极距呈线性关系。

设运算放大器的放大倍数 A 非常大（$A\to\infty$），而且输入阻抗 Z_i 很高（$Z_\text{i}\to\infty$），图 3.16 中的 a 点为“虚地”，没有电流流入运算放大器的输入端，则

$$\begin{cases} u_\text{i} = -\text{j}\dfrac{1}{\omega C_0}I_0 \\ u_\text{o} = -\text{j}\dfrac{1}{\omega C_x}I_x \\ I_0 = -I_x \end{cases} \tag{3-34}$$

解得

$$u_\text{o} = -\frac{C_0}{C_x}u \tag{3-35}$$

式中，C_x 为传感器电容；C_0 为固定电容。

对于平板电容器，将其电容计算式代入式（3-35），得

$$u_\text{o} = -\frac{uC_0}{\varepsilon S}d \tag{3-36}$$

可见，运算放大器的输出电压 u_o 与动极板的距离 d 成正比，从而解决了单个变极距型电容式传感器的非线性问题。

式（3-36）是在运算放大器的放大倍数和输入阻抗无限大的条件下得出的，因此实际应用中仍然存在一定的非线性误差。但只要满足 A 和 Z_i 足够大的条件，非线性误差就很小，可以忽略。

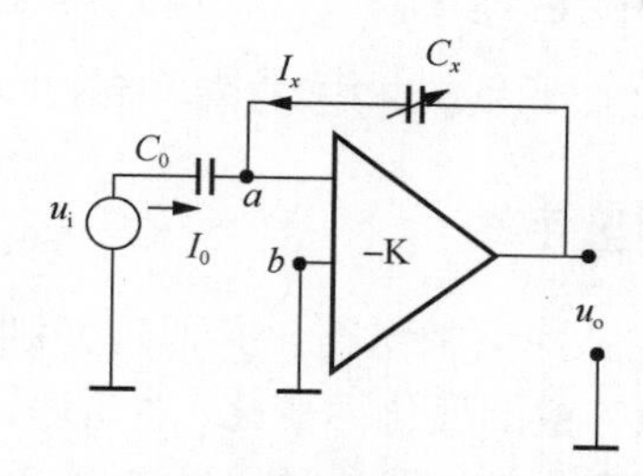

图 3.16 运算放大器式测量电路

3.3.4 二极管双 T 形交流电桥测量电路

二极管双 T 形交流电桥测量电路原理示意如图 3.17 所示。该电路使用高频电源，提供幅值为 U_E 的对称方波，VD_1、VD_2 为特性完全相同的两个二极管，$R_1 = R_2 = R$，C_1、C_2 为传感器的两个差动电容。

当传感器没有输入信号时，C_1=C_2。若 U_E 为正半周的幅值时，二极管 VD_1 导通、VD_2 截止，等效电路如图 3.18（a）所示，于是电容 C_1 充电；在随后的负半周时，电容 C_1 上的电荷通过电阻 R_1、负载电阻 R_L 放电，流过 R_L 的电流为 I_1。U_E 为负半周的幅值时，VD_2 导通、VD_1 截止，等效电路如图 3.18（b）所示，则电容 C_2 充电，在随后正半周时，C_2 通过电阻 R_2、负载电阻 R_L 放电，流过 R_L 的电流为 I_2。由于 R_1= R_2，C_1=C_2，则电流 I_1 =I_2 且方向相反，在一个周期内流过 R_L 的平均电流为零。

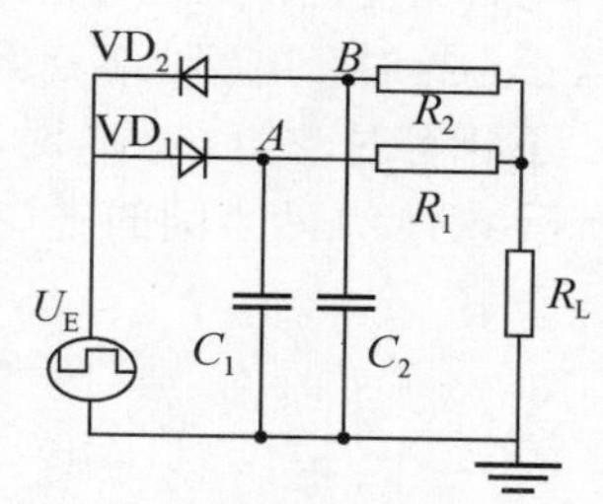

图 3.17 二极管双 T 形交流电桥测量电路原理示意

当传感器有输入信号时，$C_1 \neq C_2$，$I_1 \neq I_2$，负载 R_L 上必定有信号输出。设电桥供电电压信号是幅值为±U_E、周期为 T、占空比为 50%的方波，负载 R_L 上的输出信号在一个周期内的平均值为

$$U_o = I_L R_L = R_L \cdot \frac{1}{T}\int_0^T \left[I_1(t) - I_2(t)\right]\mathrm{d}t \approx \frac{RR_L(R+2R_L)}{(R+R_L)^2}\frac{U_E}{T}(C_1 - C_2) \tag{3-37}$$

当 R_L 已知时，$\dfrac{RR_L(R+2R_L)}{(R+R_L)^2}$ 为常数，其值设为 K，则

$$U_o \approx KfU_E(C_1 - C_2) \tag{3-38}$$

式中，f 为电源电压的频率。

式（3-38）表明，传感器的输出电压不仅与电源电压的频率和幅值有关，而且与 T 形网络中的电容 C_1 和 C_2 的差值有关。当电源参数确定后，输出电压只是电容 C_1 和 C_2 的函数。

二极管双 T 形交流电桥测量电路具有线路简单、分布电容产生的影响小、输出电压较高的优点。但是其灵敏度与电源频率有关，电源周期、幅值直接影响灵敏度，要求必须具备高度稳定的电源。输出信号的上升时间取决于负载电阻，对于阻值为 1kΩ 的负载电阻，上升时间为 20μs 左右，适用于动态测量。

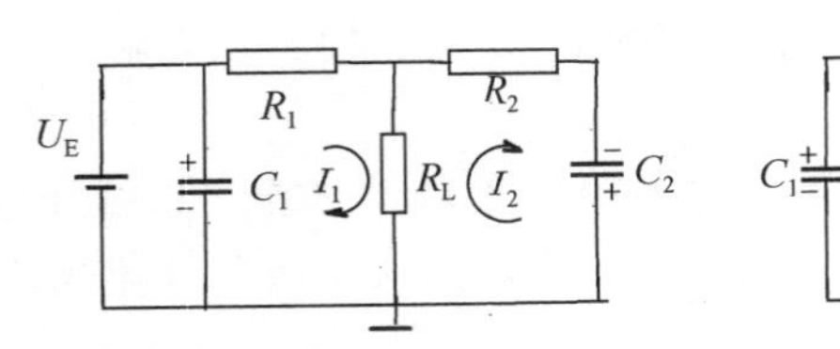

（a）U_E为正半周幅值时的等效电路

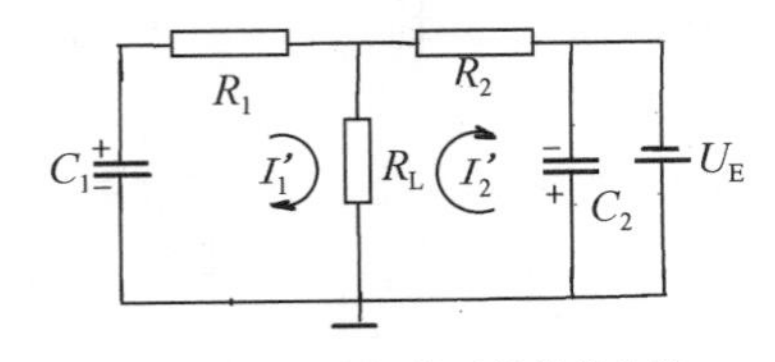

（b）U_E为负半周幅值时的等效电路

图 3.18　二极管双 T 形交流电桥等效电路

3.3.5　差动脉冲调宽测量电路

差动脉冲调宽测量电路又称脉冲调制电路，其原理是利用对传感器电容的充/放电，使电路输出的脉冲宽度随传感器电容量的变化而变化，然后通过低通滤波器就能得到对应被测量变化的直流信号。差动脉冲调宽测量电路原理示意如图 3.19 所示。图中，C_1、C_2为差动电容式传感器的两个电容。当电源接通时，设双稳态触发器的 A 点为高电位，B 点为低电位，因此 A 点通过 R_1 向 C_1 充电。当 F 点的电位等于参考电压 U_r 时，比较器 A_1 产生一个脉冲，触发双稳态触发器翻转，A 点为低电位，B 点为高电位。此时，F 点电位经二极管 VD_1 迅速放电至零，同时 B 点的高电位通过 R_2 向 C_2 充电。当 G 点的电位达到 U_r 时，比较器 A_2 产生一个脉冲，使双稳态触发器又翻转一次，使 A 点呈高电位，B 点呈低电位，又重复上述过程。如此周而复始，在双稳态触发器的两个输出端各自产生一个宽度受 C_1、C_2 调制的方波脉冲。当 $C_1=C_2$ 时，电路上各点电压波形如图 3.20（a）所示，A、B 两点间的平均电压为零。但当 C_1、C_2 不相等时，如 $C_1>C_2$ 时，则 C_1、C_2 充/放电时间常数就发生改变，电压波形如图 3.20（b）所示，A、B 两点间的平均电压不再是零。

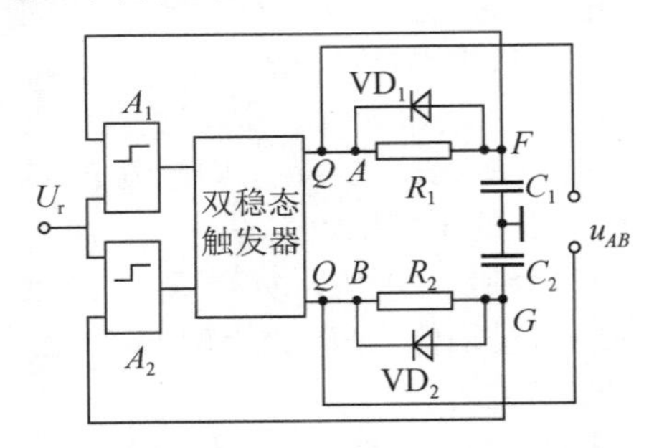

图 3.19　差动脉冲调宽测量电路原理示意

输出电压 U_{AB} 经低通滤波后，可得到一个直流电压 U_o，即

$$U_o = U_A - U_B = \frac{T_1}{T_1+T_2}U_1 - \frac{T_2}{T_1+T_2}U_1 = \frac{T_1-T_2}{T_1+T_2}U_1 \tag{3-39}$$

式中，U_A、U_B 分别为 A 点和 B 点的方波脉冲的直流分量；T_1、T_2 分别为 C_1 和 C_2 的充电时间；U_1 为双稳态触发器输出的高电位。

C_1、C_2 的充电时间分别为

$$T_1 = R_1C_1\ln\frac{U_1}{U_1-U_r} \qquad T_2 = R_2C_2\ln\frac{U_1}{U_1-U_r}$$

式中，U_r 为双稳态触发器的参考电压。

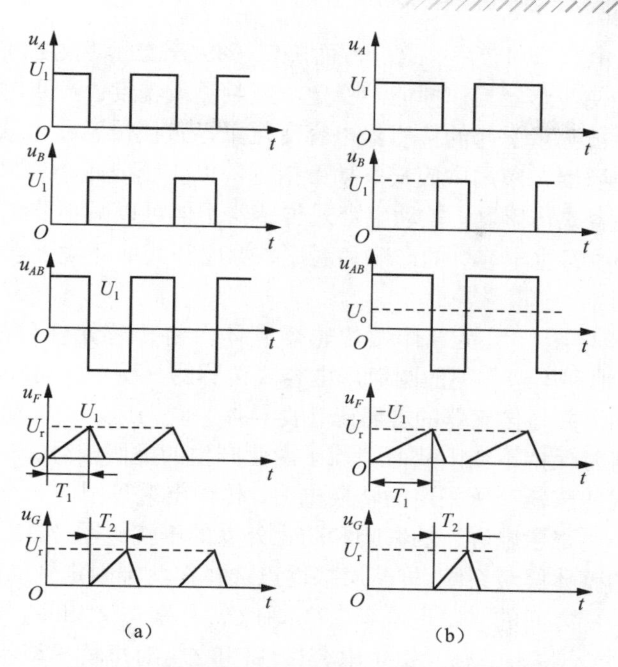

图 3.20　差动脉冲调宽测量电路各点电压波形

设 $R_1=R_2=R$，则得

$$U_o = \frac{C_2 - C_1}{C_2 + C_1} U_1 \tag{3-40}$$

可见，差动脉冲调宽测量电路输出的直流电压与两个电容量的差值成正比。

差动脉冲调宽测量电路能适用于任何差动电容式传感器，并具有理论上的线性特性。该电路的优点还包括电压稳定度高、不存在稳频、波形纯度的要求；不需要相敏检波与解调，对元件无线性要求、对输出矩形波要求不高。

3.4　电容式传感器的防干扰措施

电容式传感器具有结构简单、体积小、灵敏度高、动态特性好、温度稳定性好、可以实现非接触测量等优点，但同时也存在如下不足：

1. 输出阻抗高，负载能力差

电容式传感器受其电极几何尺寸的限制，电容量很小，一般为几十皮法到几百皮法，因此使传感器具有很高的输出阻抗（容抗 $Z_C=1/\mathrm{j}\omega C$），尤其采用音频范围内的交流电源时，输出阻抗高达 10^6～$10^8\,\Omega$，因此电容式传感器负载能力差，易受外界干扰影响而产生不稳定现象，严重时甚至无法工作，必须采取抗干扰措施。

2. “寄生电容”影响大

电容式传感器的电容量很小，而连接传感器与测量仪器的引出线所用电缆的分布电容（1～2 m 的电缆分布电容可达 800 pF）、测量电路的杂散电容、传感器动极板与其周围导体构成的电容等“寄生电容”却较大。这一方面降低了传感器的灵敏度，另一方面这些电容量常常是随机变化的，使传感器工作性能不稳定，影响测量精度。严重时，这些“寄生电容”的变化量甚至超过由被测量引起的传感器电容变化量，致使传感器无法工作。

为此，电容式传感器在应用中应采取如下措施，以防止或减小外界干扰：

（1）采用差动电容式传感器。差动电容式传感器不但可以减小非线性误差，提高传感器灵敏度，而且对减小“寄生电容”的影响和温度、湿度等其他环境因素导致的测量误差效果很好，应尽可能采用。

（2）注意接地和屏蔽。用良导体做传感器壳体，将传感元件包围起来并可靠接地。图 3.21 所示为起接地和屏蔽作用的圆筒形电容式传感器。图中，可动极圆筒与连杆固定在一起随着被测量移动，并与传感器的屏蔽壳（良导体）同为地。当可动极圆筒移动时，它与屏蔽壳之间的电容值将保持不变，从而消除了由此产生的虚假信号。

还可以将电容式传感器和所采用的转换电路、传输电缆等用同一个屏蔽壳屏蔽起来，即“整体屏蔽”，以减小“寄生电容”的影响和防止外界的干扰。图 3.22 所示为差动电容式传感器及其交流电桥的整体屏蔽系统。屏蔽层接地点选择在两个固定辅助阻抗臂 Z_3 和 Z_4 中间，使电缆芯线与其屏蔽层之间的“寄生电容” C_{P1} 和 C_{P2} 分别与 Z_3 和 Z_4 相并联。若 Z_3 和 Z_4 分别比 C_{P1} 和 C_{P2} 的容抗小得多，则“寄生电容” C_{P1} 和 C_{P2} 对电桥平衡状态的影响就很小。

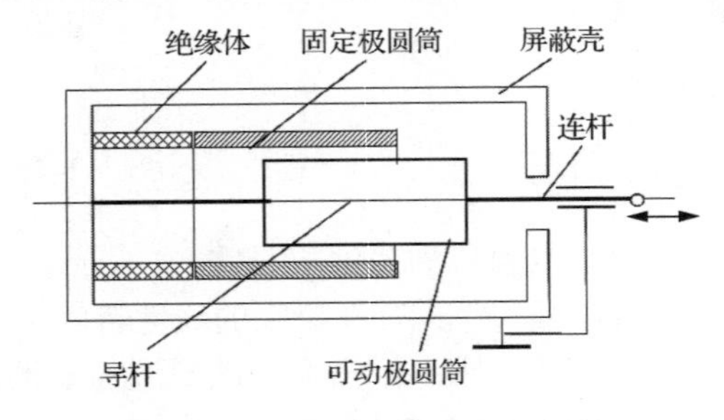

图 3.21 起接地和屏蔽作用的圆筒形电容式传感器

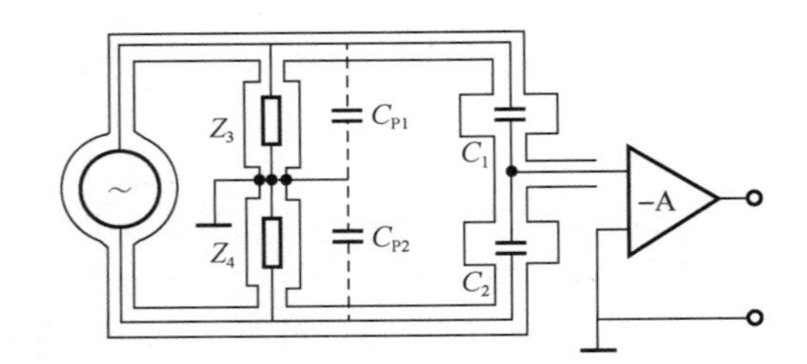

图 3.22 差动电容式传感器及其交流电桥的整体屏蔽系统

为减小电缆分布电容的影响，所采取的其他措施还包括以下几项：尽可能使用短而粗的电缆，缩短传感器至电路前置级的距离；布线时导线和导线要离得远，导线要尽可能短，最好成直角排列；在必须平行排列时，采用同轴屏蔽电缆等。

3. 集成化

将传感器与测量电路自身或电路前置级装在一个壳体内，省去传感器的引出线电缆。这样，“寄生电容”大为减小，而且变化也会减小，使传感器工作性能稳定。但受电子元器件工作温度限制，这种传感器不能在高、低温或环境差的场合工作。

4. 利用运算放大器

利用运算放大器的虚地减小引出线所用电缆的分布电容 C_P。利用运算放大器抗干扰的电路原理示意如图 3.23 所示，图中，电容 C_x 的一个电极经电缆芯线连接运算放大器的虚地点 Σ，电缆的屏蔽层连接传感器地线。这时与传感器电容相并联的为等效电缆分布电容 $C_P/(1+A)$，大大减小了电缆分布电容带来的影响。外界干扰因屏蔽层连接传感器地线，对电缆芯线不起作用。传感器的另一个电极经传感器外壳连接到大地，用来防止外电场的干扰。若采用双屏蔽层电缆，其外屏蔽层连接大地，则外电场的干扰影响就更小。开环放大倍数 A 越大，精度越高。选择足够大的 A 值可保证所需的测量精度。

5. 采用“驱动电缆”技术

电容式传感器的电容值很小，当因为某些原因（如环境温度较高）测量电路只能与传感器分开时，可采用“驱动电缆”（双层屏蔽等位传输）技术，其原理示意如图 3.24 所示。传感器与测量电路前置级间的引出线为双屏蔽层电缆，其内屏蔽层与信号传输线（电缆芯线）通过增益为 1 的放大器成为等电位，从而消除了芯线与内屏蔽层之间的电容。外屏蔽层连接大地或连接仪器地线，用来防止外界电场的干扰。内外屏蔽层之间的电容是 1:1 放大器的负载。1:1 放大器是一个输入阻抗要求很高、具有容性负载、放大倍数为 1（准确度要求达 1/10000）的同相（要求相移为零）放大器。因此“驱动电缆”技术对 1:1 放大器要求很高，电路复杂，但能保证电容式传感器的电容值小于 1pF 时也能正常工作。

采用这种技术可使电缆长达 10 m 也不影响传感器的性能。

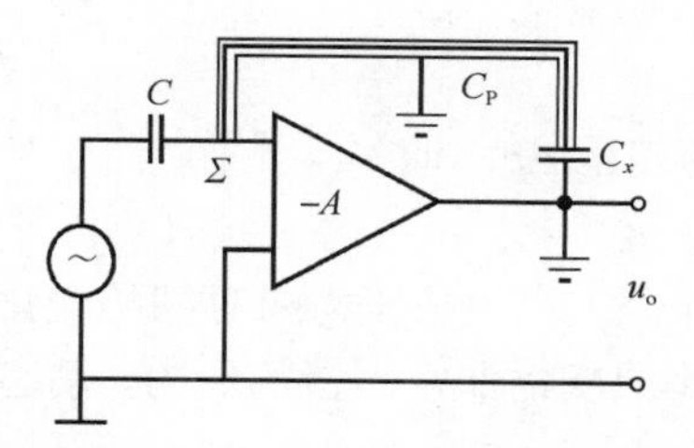

图 3.23 利用运算放大器抗干扰的电路原理示意

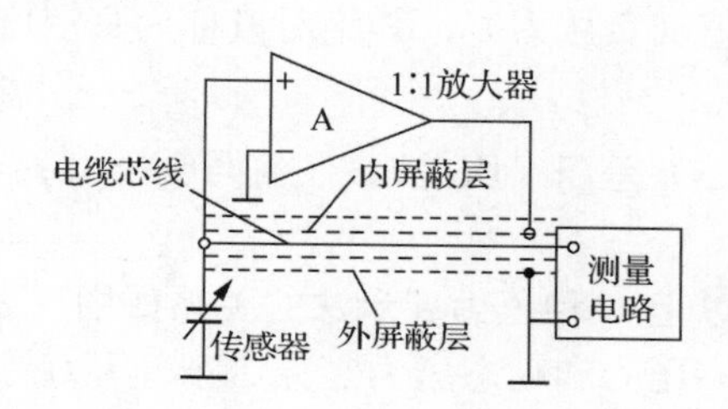

图 3.24 “驱动电缆”技术原理示意

B 部分 压力测量

压力是工业生产过程及自动化过程主要的状态参数，它的准确测量和控制直接影响到生产的经济效益和能源利用率。在化工行业，压力则是决定化学反应过程的重要参数，影响着产品质量和安全生产；在国防工业，以飞机模型及实体的风洞试验为例，试验中飞机表面的压力分布、机翼的型面阻力测量控制、发动机燃油和润滑系统、液压和气压辅助动力系统、喷气速度的控制等都需要压力表来指示和控制。随着生产的发展和科技进步，对压力的测量要求也日益提高，尤其对超高压和微压的测量。目前，世界上可计量的超高压可达数万兆帕，最低绝对压力达 10^{-12}Pa。

3.5 压力的定义、计量单位及压力测量仪表的分类

3.5.1 压力的定义

压力（p）是指垂直作用在单位面积（S）上的力（F），即物理学中常称的压强。压力可

表示为

$$p = \frac{F}{S} \tag{3-41}$$

由于参照点不同，在工程上压力有如下 4 种表示方法。

（1）大气压力。由地球表面空气质量所形成的压力称为大气压力。1 个标准大气压是这样规定的：把温度为 0℃、纬度 45° 海平面上的气压称为 1 个大气压，其在水银气压表上的数值为 760 毫米水银柱高。大气压力随地理纬度、海拔高度及气象条件的变化而变化，用符号 p_0 表示。

（2）绝对压力。绝对压力指作用于物体表面上的全部压力，又称为总压力或全压力，绝对压力用符号 p_a 表示。

（3）表压力。表压力指测压仪器仪表所显示的压力，即超过大气压力以上的压力数值，用符号 p_g 表示。通常压力测量仪表总是处于大气之中，其测得的压力值均是表压力。

$$p_g = p_a - p_0 \tag{3-42}$$

（4）真空度（负压）。理想的真空是绝对零压力。当绝对压力小于大气压力时，表压力为负值（负压力），其绝对值称为真空度，用符号 p_y 表示。

$$p_y = p_0 - p_a \tag{3-43}$$

（5）差压（压差）。任何两个压力 p_1、p_2 之差称为差压 Δp，即

$$\Delta p = p_1 - p_2 \tag{3-44}$$

以上 4 种压力表示法的关系如图 3.25 所示。此外，工程上按压力随时间的变化关系还有静态压力和动态压力之分。静态压力是不随时间变化或变化非常缓慢的压力，动态压力是随时间变化的压力（如脉动压力、爆炸冲击波压力等）。

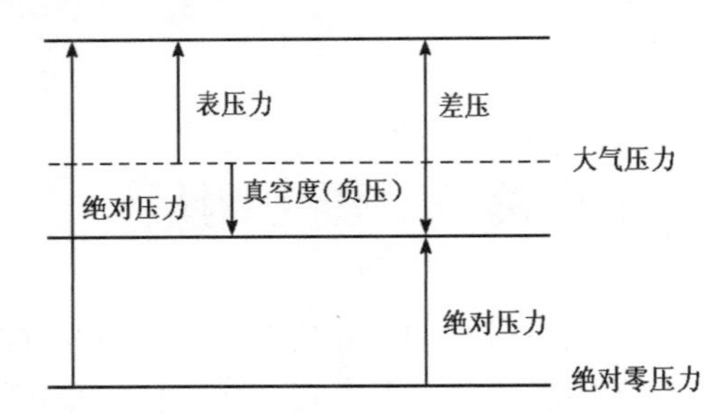

图 3.25　4 种压力表示法的关系

3.5.2　压力的计量单位

压力的国际单位是帕斯卡，简称帕（Pa），1Pa 表示 1N 力垂直且均匀地作用在 1m^2 面积上所产生的压力，即 1Pa=1N/m^2。因帕这个计量单位值太小，工程上常用 kPa（10^{3}Pa）和 MPa（10^{6}Pa）表示。我国已规定帕斯卡为压力的法定单位。在 CGS 制中，压力的单位是达因/厘米^2（dyn/cm^2），简称为巴（bar），1bar=0.1MPa。此外，还有其他的压力计量单位，如标准大气压（atm）、千克力/米^2（kgf/m^2）、托（Torr）、工程大气压（at）等。各种压力计量单位的换算关系见表 3-1。

表 3-1 压力单位换算表

单位	帕斯卡（Pa）（N/m^2）	巴（bar）（dyn/cm^2）	工程大气压（at）（kgf/cm^2）	标准大气压（atm）	托（Torr）mmHg	磅/英寸^2 Psi
1 帕斯卡（Pa）	1	1×10^{-5}	1.01972×10^{-5}	9.86923×10^{-6}	7.50062×10^{-3}	1.45038×10^{-4}
1 巴（bar）	1×10^{5}	1	1.01972	0.986923	750.062	14.5038
1 工程大气压（at）	9.80665×10^{4}	0.980665	1	0.96923	735.559	14.2233
1 标准大气压（atm）	1.01325×10^{5}	1.01325	1.03323	1	760	14.6959
1 托（Torr）	133.322	1.33322×10^{-3}	1.35951×10^{-3}	1.31579×10^{-3}	1	1.93368×10^{-2}
1 磅/英寸^2	6.89476×10^{3}	6.89476×10^{-2}	7.0307×10^{-2}	6.80462×10^{-2}	51.7149	1

注：mmHg（毫米汞柱）是指 0℃状态下的水银液柱高度。

3.5.3 压力测量仪表的分类

压力测量仪表的种类很多，根据敏感元件和转换原理的不同，一般分为以下 4 种。

（1）液柱式压力计。它是根据流体静力学平衡原理制作的。被测压力被液柱高度产生的压力所平衡，只须测出液柱高度变化即可得到压力的大小。常用的液柱式压力计有单管压力计、U 形管压力计及自动液柱式压力计等。

（2）弹性式压力表。它是根据弹性元件受力变形的原理，将被测压力转换成位移进行测量的仪表。常用的弹性元件有弹簧管、膜片和波纹管等。基于该工作原理的仪表有弹簧管式压力表、膜片式（或膜盒式）压力表、波纹管式压力表等。此类仪表多用于现场指示压力。

（3）负荷式压力计。它是基于流体静力学平衡原理和帕斯卡定律进行压力测量的，是一种把被测压力转换成活塞面积上所加平衡砝码的质量进行压力测量的仪表。基于该工作原理的仪表有活塞式压力计和浮球式压力计，这类压力计的测量精度较高，允许误差可以小到 0.05% ～0.02%，通常被当作标准仪器对压力测量仪表进行标定。

（4）电气式压力计。它是利用敏感元件将被测压力转换成各种电量，如电阻、电感、电容、电位差等。基于该工作原理的仪表有应变片式压力计、霍尔片式压力计、电容式压力计、电感式压力计等。此类仪表多用于把压力信号远传至控制室进行压力集中指示，具有较好的动态特性、量程范围大、线性度好、便于进行压力的应用和自动控制等特点。本章主要介绍电测式压力计。

4 种压力测量仪表的分类比较见表 3-2。

表 3-2 4 种压力测量仪表的分类比较

类别	压力表名称	测压范围/kPa	精度等级	性能特点和用途
液柱式压力计	U 形管压力计	−10～10	0.2，0.5	结构简单，价格低廉；玻璃管易碎，不适合工厂使用；适用于低微压测量，高精度者可用作压力基准器。常用于静态压力测量
	单管压力计	−2.5～2.5	0.02，0.1	
	自动液柱式压力计	-10^2～10^2	0.005，0.01	
弹性式压力表	弹簧管式压力表	-10^2～10^6	0.1～4.0	结构简单，使用方便，价格较便宜；测量范围宽、精度差别大、品种多，是最常见的工业用压力仪表
	膜片式压力表	-10^2～10^3	1.5，2.5	
	膜盒式压力表	-10^2～10^2	1.0，2.5	
	波纹管式压力表	0～10^2	1.5，2.5	

续表

类别	压力表名称	测压范围/kPa	精度等级	性能特点和用途
负荷式压力计	活塞式压力计	$0\sim10^6$	0.01～0.1	结构比较复杂，用于静压测量，是校验压力表基准仪器，可实现精密测量
	浮球式压力计	$0\sim10^4$	0.02，0.05	
电气式压力计	电阻应变式压力计	$-10^2\sim10^4$	0.1～0.5	动态特性好，量程范围大，线性度好，可将压力转换成电信号并进行远距离传送，可用于控制室集中显示、监测、控制
	压阻式压力计	$0\sim10^5$	0.02～0.2	
	压电式压力计	$0\sim10^4$	0.1～1.0	
	电感式压力计	$0\sim10^5$	0.2～1.5	
	电容式压力计	$0\sim10^4$	0.05～0.5	
	电位器式压力计	$-10^2\sim10^4$	1.0，1.5	
	霍尔片式压力计	$0\sim10^4$	0.5～1.5	
	振频式压力计	$0\sim10^4$	0.05～0.5	

3.6 电气式压力计

随着电子技术和计算机技术的发展，使压力测量仪表逐渐由机械式、模拟式向数字式及智能化仪表转化。带有微处理器和微机的数字式压力计不但具有压力单位选择、高低压力限值设定、最大/最小压力值跟踪等丰富的功能，而且可以进行温度自动补偿和误差修正，提高了压力测量的精度。电气式压力计一般由压力传感器和电子测量电路或压力变送器构成，其中，压力传感器是压力测量仪表的重要组成部分，其结构形式多种多样，常见的有应变式压力计、压阻式压力计、电容式压力计、压电式压力计、霍尔片式压力计、振频式压力计等。目前，工业生产使用的电变送后的压力信号都是标准化的电流或电压信号，其变送器都是定型的产品，以便满足自动化系统集中检测与控制的要求。

3.6.1 电容式压力传感器

电容式压力传感器实质上是一种位移传感器，它利用弹性元件（通常是膜片）感受压力的变化，弹性元件受压后产生变形，引起传感器电容的变化，通过测量电容达到测量压力的目的。

图 3.26 是膜片变极距型电容式压力传感器的工作原理示意。膜片在压力作用下产生变形，当膜片的挠度很小时，膜片任意半径 r 处的挠度 y 与压力近似线性关系，即

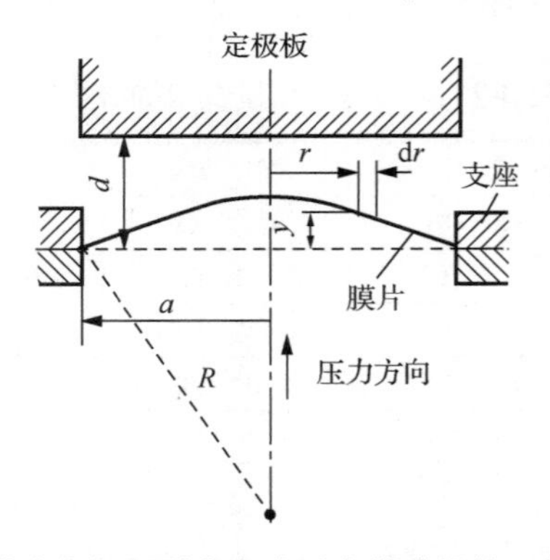

图 3.26 膜片变极距型电容式压力传感器的工作原理示意

$$y=\frac{p}{4\sigma}\left(a^2-r^2\right) \tag{3-45}$$

式中，σ 为膜片的张力；a 为膜片半径；p 为被测压力。

在膜片上取宽度为 $\mathrm{d}r$，长度为 $2\pi r$ 的环形窄带，它与定极板构成的电容为

$$\Delta C=\frac{\varepsilon_0 2\pi r\mathrm{d}r}{d-y} \tag{3-46}$$

式中，d 为膜片与定极板的初始间距。

在 $y/d \ll 1$ 的情况下，受压变形后的膜片球面与定极板之间的电容为

$$\begin{aligned} C=C_0+\Delta C&=\frac{2\pi\varepsilon_0}{d}\int_0^a\left[1+\frac{p}{4d\sigma}\left(a^2-r^2\right)\right]r\mathrm{d}r \\ &=\frac{2\pi\varepsilon_0}{d}\left[\frac{a^2}{2}+\frac{p}{4d\sigma}\int_0^a\left(a^2-r^2\right)r\mathrm{d}r\right] \end{aligned} \tag{3-47}$$

式中，第一项为初始电容，第二项为电容变化量，即

$$\Delta C=\frac{2\pi\varepsilon_0 p}{4d^2\sigma}\int_0^a\left(a^2-r^2\right)r\mathrm{d}r=\frac{\pi\varepsilon_0 a^4}{8d^2\sigma}p \tag{3-48}$$

电容的相对变化量为

$$\frac{\Delta C}{C}=\frac{a^2}{8\sigma d}p \tag{3-49}$$

应注意，由于忽略了膜片背面的空气阻尼等复杂影响，严格地说，上述结论仅适用于静态压力的情况。

由于膜片受压变形后形状为球面，因此高性能的电容式压力传感器的定极板均做成球面形状，提高了线性度和精度。

【引例分析】电容式差压变送器工作原理分析

本章开头引例中的电容式差压变送器是集差动电容式传感器和测量电路于一体的压力测量装置，它将 p_1 和 p_2 的压力差通过传感器和测量电路转换成 4～20 mA 的标准电流信号，并通过信号传输电缆传输到二次仪表中显示或应用。电容式差压变送器除了可以直接测量压力、差压，也经常用来测量液位高度。例如，国产 1151 系列电容式差压变送器为本质安全型防爆仪表，其主要性能指标如下：

（1）准确度等级：0.2 级。

（2）线性误差：在校准量程的±0.1%以内。

（3）迟滞：不超过校准量程的±0.05%。

（4）稳定性：6 个月内不超过测量范围上限值的±0.2%。

（5）工作温度：测量元件的工作温度为-40～104℃；放大电路的工作温度为-29℃～93℃。

图 3.27 所示是电容式差压变送器结构示意。

该差压变送器由检测部分和转换部分组成。检测部分的核心是一个差动变极距型电容式传感器，该传感器以热胀冷缩系数很小的两个凹形玻璃（或绝缘陶瓷）圆片上的镀金薄膜片作为定极板，两个镀金凹形薄膜与夹在它们中间的弹性膜片组成差动电容 C_1 和 C_2，电容大小为 30～150pF。被测压力 p_1 和 p_2 由两侧的内螺纹压力接头进入各自的空腔，该压力通过柔性不锈钢波纹隔离膜片以及热稳定性很好的灌充液（导压硅油）传导到 δ 腔。弹性膜片由

于受到来自两侧的压力之差而凸向压力小的一侧。在δ腔中，弹性膜片与两侧的镀金凹形电极（定极板）之间的距离很小（约0.5 mm），因此微小的位移（不大于0.1 mm）就可以使电容量变化100 pF以上。测量电路将此电容变化量转换成4～20 mA的标准电流信号，通过信号传输电缆输出到二次仪表。差压的测量范围与膜片的厚度有关。根据不同的测压范围，膜片尺寸变化范围如下：直径为7.5～75mm，厚度为0.05～0.25mm。测量较高压力时，使用厚膜片；测量较低压力时，使用薄膜片。对额定量程较小的电容式差压变送器来说，当某一侧突然失压时，巨大的差压有可能将很薄的膜片压破。因此，设置了悬浮波纹膜片和限位波纹盘，起过压保护作用。

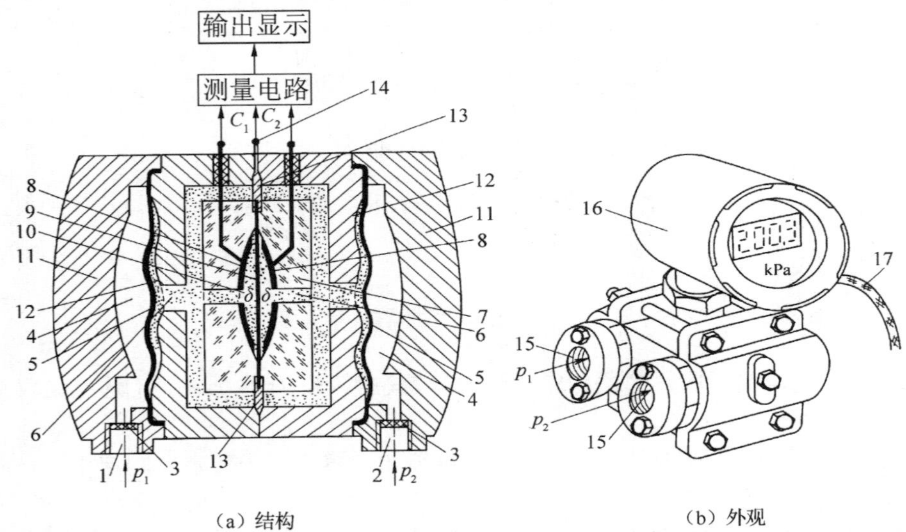

（a）结构　　（b）外观

1—高压侧进气口；2—低压侧进气口；3—过滤片；4—空腔；5—柔性不锈钢波纹隔离膜片；6—导压硅油；7—凹形玻璃圆片；8—镀金凹形电极（定极板）；9—弹性膜片；10—δ腔；11—铝合金外壳；12—限位波纹盘；13—悬浮波纹膜片；14—公共参考端（地电位）；15—内螺纹压力接头；16—测量电路及显示器铝合金盒；17—信号传输电缆

图3.27　电容式差压变送器结构示意

图3.28所示为上述传感器工作时的电容结构变化及等效电路。当高、低压侧的压力相等时，即$p_{\rm H}=p_{\rm L}$，中心膜片处于平直状态，其两侧的电容均为C_0；当$p_{\rm H}>p_{\rm L}$时，中心膜片向上凸起，上部（低压侧）电容为$C_{\rm L}$，下部（高压侧）电容为$C_{\rm H}$。$C_{\rm H}$相当于当前状态下膜片位置与平直状态下膜片位置之间的电容$C_{\rm A}$和C_0的串联；而C_0又可看成膜片上部电容$C_{\rm L}$与$C_{\rm A}$的串联，即

$$
\begin{aligned}
&C_0=\frac{C_{\rm A}C_{\rm L}}{C_{\rm A}+C_{\rm L}}\Rightarrow C_{\rm L}=\frac{C_{\rm A}C_0}{C_{\rm A}-C_0}\\
&C_{\rm H}=\frac{C_{\rm A}C_0}{C_{\rm A}+C_0}
\end{aligned}
\tag{3-50}
$$

由式（3-50）可知，$C_{\rm H}$、$C_{\rm L}$与C_0和$C_{\rm A}$有关，下面推导电容C_0和$C_{\rm A}$的表达式。

上述电容式差压变送器采用球冠形定极板，其基本结构参数如图3.29所示。设中心膜片半径为a，球冠形定极板的半径为R，定极板的实际拱底半径为b，拱底距膜片的距离为$d_{\rm b}$，拱顶距膜片的距离为d_0，由图3.29可得

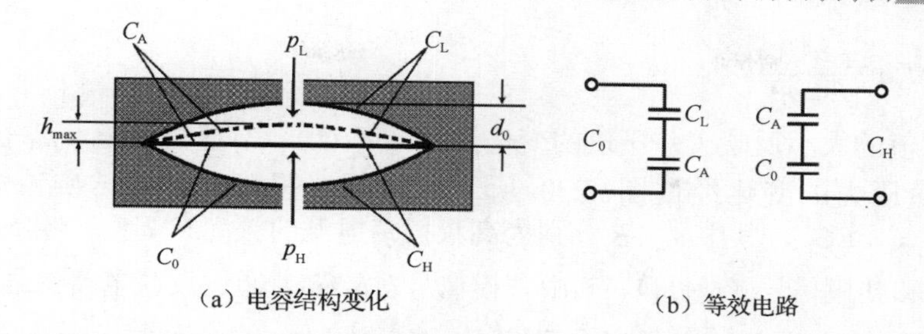

(a) 电容结构变化　　(b) 等效电路

图 3.28　差动变极距型电容式传感器工作时的电容结构变化及等效电路

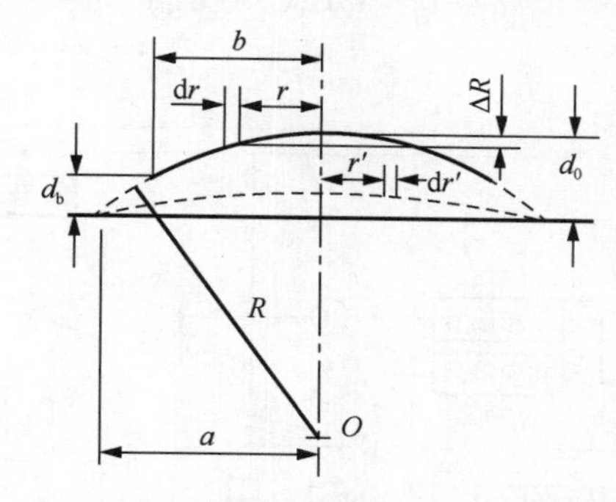

图 3.29　球冠形定极板基本结构参数

$$r^2 = R^2 - \left(R - \Delta R\right)^2 = \Delta R\left(2R - \Delta R\right)$$

当 $R \gg \Delta R$ 时，有

$$\Delta R \approx \frac{r^2}{2R} \tag{3-51}$$

在球冠面上取宽度为 $\mathrm{d}r$、长度为 $2\pi r$ 的环形窄带，它与膜片动极板形成的初始电容为

$$\mathrm{d}C_0 = \frac{\varepsilon 2\pi r \mathrm{d}r}{d_0 - \Delta R} \tag{3-52}$$

将式（3-51）代入式（3-52）中，积分得

$$C_0 = \varepsilon \int_0^b \frac{2\pi r \mathrm{d}r}{d_0 - \dfrac{r^2}{2R}} = 2\pi\varepsilon \ln\left(d_0 - \frac{r^2}{2R}\right)\Bigg|_0^b = 2\pi\varepsilon \ln\frac{d_0}{d_b} \tag{3-53}$$

在 p_H 和 p_L 作用下膜片上凸的挠度 h 近似为

$$h = \frac{p_H - p_L}{4T}\left(a^2 - r'^2\right) \tag{3-54}$$

式中，T 为中心膜片周边张力；r' 为计算点半径。

取膜片上凸形成的球面上宽度为 $\mathrm{d}r'$、长度为 $2\pi r'$ 的环形窄带，它与膜片形成的电容大小为

$$\mathrm{d}C_A = \frac{\varepsilon 2\pi r' \mathrm{d}r'}{h} \tag{3-55}$$

将式（3-54）代入式（3-55）中，积分得

$$C_A = \int_0^b \frac{\varepsilon 2\pi r' \mathrm{d}r'}{\dfrac{p_H - p_L}{4T}\left(a^2 - r'^2\right)} = \frac{4\pi\varepsilon T}{p_H - p_L}\ln\frac{a^2}{a^2 - b^2} = k\frac{1}{p_H - p_L} \tag{3-56}$$

式中，$k = 4\pi\varepsilon T\ln\dfrac{a^2}{a^2 - b^2}$。

可见，C_A值的大小反映了差压值的变化情况，即C_L、C_H值与差压（p_H-p_L）有关。

C_H、C_L随压力的变化经过图 3.30 所示的高频振荡器电路被转换为电流变化，即$i_H = \omega EC_H$，$i_L = \omega EC_L$，其中ω、E分别为高频振荡电源的频率和幅值。经解调后输出差动信号（i_L-i_H）和共模信号（i_L+i_H）。其中共模信号（i_L+i_H）通过反馈电路使之保持恒定，即

$$i_L + i_H = \omega E(C_L + C_H) = I_0 \tag{3-57}$$

$$i_L - i_H = \omega E(C_L - C_H) \tag{3-58}$$

式中，I_0为常数。

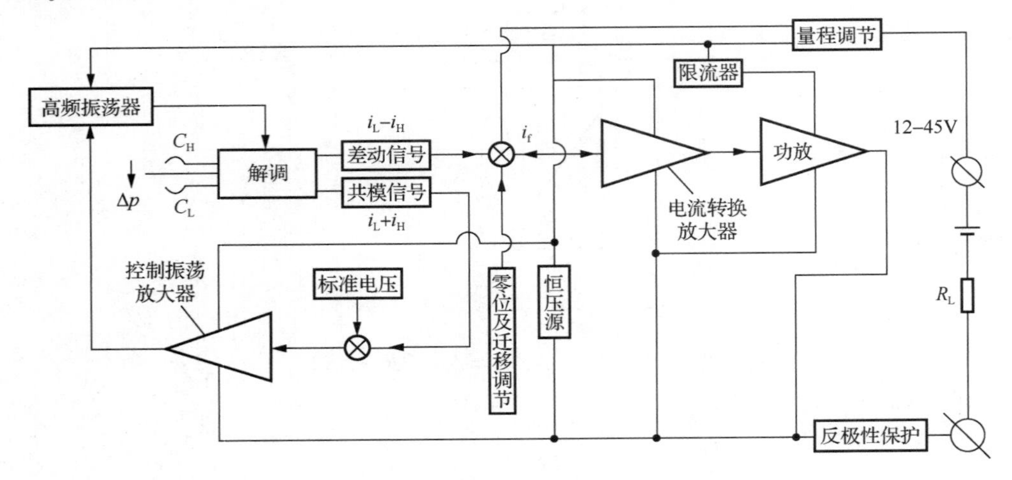

图 3.30　高频振荡器电路原理框图

联立式（3-57）和式（3-58）得

$$i_L - i_H = \frac{C_L - C_H}{C_L + C_H} I_0 \tag{3-59}$$

由式（3-50）得

$$\frac{C_L - C_H}{C_L + C_H} = \frac{C_0}{C_A} \tag{3-60}$$

将式（3-60）代入（3-59）得

$$i_L - i_H = \frac{C_0}{C_A} I_0 \tag{3-61}$$

将式（3-56）式代入（3-61）得

$$i_L - i_H = \frac{C_0 I_0}{k}(p_H - p_L) \tag{3-62}$$

由于k、I_0、C_0均为常数，则压力差$(p_H - p_L)$与电流$(i_L - i_H)$成正比。$(i_L - i_H)$经电流转换放大器和功率放大器后成为标准 4～20mA 电流信号输出，供二次仪表显示或应用。

上述差压变送器采用的差动电容式传感器以及电流反馈电路消除了硅油介质常数、高频电压频率、幅值变化带来的影响，提高了差压变送器的精度和稳定性。

电容式差压变送器无机械活动部件，损耗小、静态精度和动态特性好，抗振又耐用，适应性强。其输出为标准信号，采用二线制传输至控制室进行显示和控制。它不但可以直接进

行压差、绝对压力、表压力的检测，还可以测量液体的液位；配备节流装置后，还可以检测液体、气体的流量，在工业生产中应用广泛。

阅读资料

20 世纪 90 年代，随着 MEMS 技术的成熟、微电子技术特别是数字技术的发展，工业自动化仪表迫切要求配备新型的、高精度的、稳定性好的传感器件。以硅基材料为主、采用 MEMS 工艺制作的新型压力传感器越来越受到业界的重视和青睐。其产品主要有硅谐振式压力传感器、硅压阻式压力传感器、硅电容式压力传感器三种。国外这 3 种压力传感器及其相应的变送器生产技术已经十分成熟。硅电容式压力传感器与其他原理的压力传感器相比，有其明显的特点和优势。

（1）稳定性好。硅电容式压力传感器是一种结构型传感器，就检测原理而言，其稳定性优于物性型传感器，从结构设计角度保证了该类传感器的稳定性；结构工艺采用全硬封固态工艺，硅-玻璃-金属导压管采用静电封接，减少了用胶封引起的应力、滞迟和变差；硅电容对温度不灵敏，温度附加误差小，无须像硅压阻式压力传感器那样进行复杂的温度补偿。稳定性好是硅电容式传感器深受用户青睐的主要原因之一。

（2）指标先进。硅电容式压力传感器具有功率小、阻抗高、静电引力小、可动质量小、发热影响小的特点，并可进行非接触测量。硅电容式压力传感器的综合性能指标如非线性、过载、静压、可靠性等优于硅压阻式压力传感器、陶瓷电容式压力传感器、金属膜片电容式压力传感器，与硅谐振式压力传感器相当。

（3）适合批量生产，成本低。硅电容式压力传感器利用 MEMS 工艺制作，芯片尺寸为 9mm×9mm，1 个 4 英寸大的硅片可制作近百个元件。产品的工艺性好，性能一致，适合批量生产，低成本运行。其制备工艺与 IC 工艺兼容，工艺装备不像硅谐振式压力传感器那样昂贵和复杂，也无须像金属膜片电容式压力传感器那样单件制作，保证了硅电容式压力传感器的高性价比。

（4）配套性好。硅电容式压力传感器是专为各类变送器配套而设计的，结构小巧、坚固、抗振，配备标准接口，由芯片、芯体、受压部以 OEM 形式与各类变送器配套，变送器生产厂家可根据自身的实际情况选择芯片、芯体、受压部与之配套，与变送器易实现数字化，提升变送器的智能化水平。

硅电容式压力传感器的缺点是制备工艺要求高、工序多、对小电容信号检测困难。

3.6.2 电阻应变式压力传感器

电阻应变式压力传感器在压力检测中的应用十分广泛，它的工作原理是把电阻应变片粘贴在测量压力的弹性元件上，当被测压力发生变化时，弹性元件内部应力的变化使得应变片的阻值随之改变，通过测量电阻测得压力。电阻应变式压力传感器主要由弹性元件、应变片以及相应的测量电路组成。对所用弹性元件可根据被测介质和测量范围的不同而采用不同的类型，常见的类型有膜片式压力传感器和筒式压力传感器。

1. 膜片式压力传感器

该传感器的弹性元件是一个周边固定的圆形金属膜片，其结构简图如图 3.31（a）所示。

当它的一面承受压力时会使它产生弯曲变形，任意半径 r 处的径向应力和切向应力分别为

$$\sigma_r = \frac{3p}{8h^2}\left[(1+\mu)r_0^2 - (3+\mu)r^2\right] \tag{3-63}$$

$$\sigma_t = \frac{3p}{8h^2}\left[(1+\mu)r_0^2 - (1+3\mu)r^2\right] \tag{3-64}$$

式中，p 为压力；h 为膜片厚度；r_0 为膜片半径；μ 为膜片材料的泊松比。

膜片式压力传感器的贴片位置及应变分布曲线如图 3.31（b）所示，在膜片中心（r=0），径向应变 ε_r 和切向应变 ε_t 达到正最大值；当 r=0.635 r_0 时，ε_r=0；当 r>0.635 r_0 时，ε_r 为负值；当 r= r_0 时，ε_t=0，ε_r 达到负的最大值。一般用小栅长应变片在膜片中心沿切向粘贴两片，在边缘处沿径向粘贴两片，并接成电桥线路，以提高灵敏度和进行温度补偿。

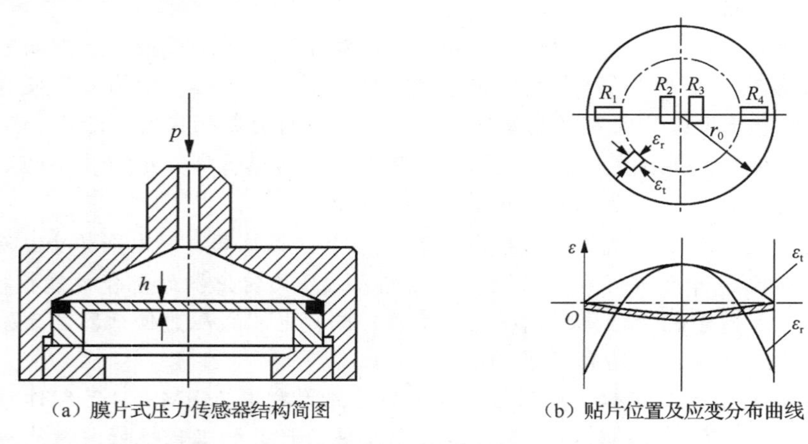

（a）膜片式压力传感器结构简图　　（b）贴片位置及应变分布曲线

图 3.31　膜片式压力传感器结构简图、贴片位置及应变分布曲线

特别提示

膜片式弹性元件在载荷过大时非线性误差较大。为了限制非线性误差，设计膜片时要求膜片半径 r_0 与膜片厚度 h 满足：

$$\frac{r_0}{h} \leqslant \sqrt[4]{\frac{3.5E}{p}}$$

此时，非线性误差小于 3%。式中，E 为材料的弹性模量。

2. 筒式压力传感器

当被测压力较大时，多采用筒式压力传感器，其弹性元件如图 3.32（a）所示。当内腔与被测压力场相通时，筒的部分外表面上的切向应变（沿着圆周线）为

$$\varepsilon_t = \frac{p(2-\mu)}{E(n^2-1)} \tag{3-65}$$

式中，n 为筒的外径与内径之比，即 $n = \dfrac{D_0}{D}$。

若筒壁较薄，则可用下式计算应变：

$$\varepsilon=\frac{pD}{\beta E}(1-0.5\mu) \tag{3-66}$$

式中，β 为筒的外径与内径之差，即 $\beta=D_0-D$；其余参数含义同前。

为进行温度补偿，可在筒端部钢性部分粘贴应变片，如图 3.32（b）所示。对没有端部的圆筒，则可沿圆周和筒长方向各粘贴一片应变片，以补偿温度误差，如图 3.32（c）所示。

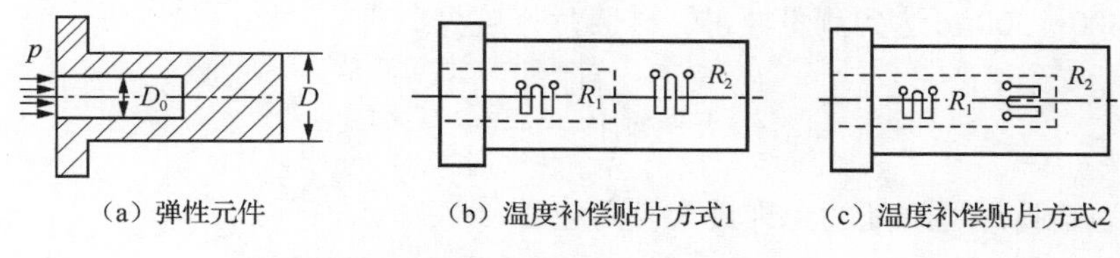

（a）弹性元件　（b）温度补偿贴片方式1　（c）温度补偿贴片方式2

图 3.32　筒式压力传感器

由式（3-66）可知，筒所受应变与壁厚成反比。对一个直径为 12 mm 的圆筒，最小壁厚约为 0.2 mm，若它是用钢制成的，则 $E=20\times10^6$ N/cm², μ=0.3，设工作应变为1000 με，可计算出被测压力约为 780 N/cm²。

筒式压力传感器可用来测量机床液压系统的压力（10^6～10^7 Pa），也可用来测量枪炮的膛内压力（10^8 Pa），其动态特性和灵敏度主要由材料和尺寸决定。

3.6.3　压阻式压力传感器

半导体材料受到力的作用后，其电阻率（或电阻）发生明显变化，这种现象称为压阻效应。压阻式压力传感器是利用半导体的压阻效应制成的一种测量装置，它有两种类型：一种是利用半导体材料的体电阻做成的粘贴式应变片；另一类是在半导体材料的基片上用集成电路工艺制成扩散电阻，称为扩散型压阻式压力传感器。压阻式压力传感器的灵敏系数大，分辨力高，频率响应高，体积小。其缺点是温度误差较大，必须有温度补偿措施。

图 3.33 所示为扩散型压阻式压力传感器结构示意、硅膜片尺寸和应变电阻条排列方式。其核心部分是一块沿某晶向切割的圆形 N 型硅膜片，在硅膜片上利用集成电路工艺扩散 4 个阻值相等的 P 型电阻条。硅膜片四周用圆硅环固定，硅膜片下部是与被测系统相连的高压腔，上部一般可与大气相通。硅膜片上各点的应力分布由式（3-63）和式（3-64）给出，在 $r=0.635r_0$ 处径向应力 σ_r 为零。

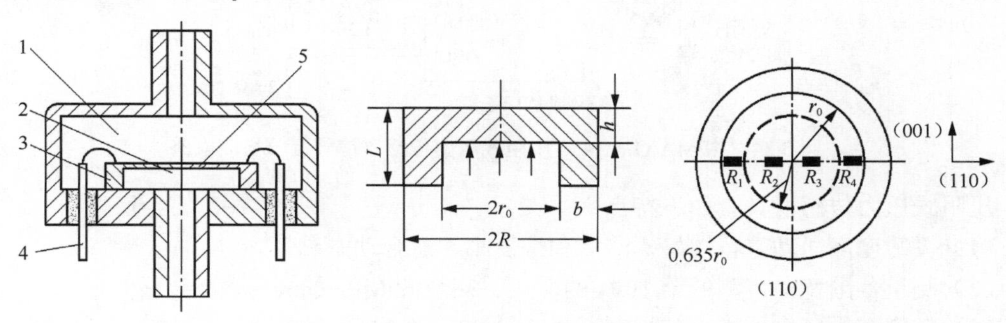

（a）扩散型压阻式压力传感器结构示意　（b）硅膜片尺寸　（c）电阻条排列方式

1—低压腔；2—高压腔；3—圆硅环；4—引出线；5—硅膜片

图 3.33　扩散型压阻式压力传感器结构示意、硅膜片尺寸和应变电阻条排列方式

4 个电阻条沿[110]晶向分别在 $r=0.635r_0$ 处按内外方向排列，在 $0.635r_0$ 之内，径向应力 σ_r 为正；在 $0.635r_0$ 之外，径向应力 σ_r 为负。设计时，通过选择电阻条的径向位置，使内外电阻条承受的应力大小相等，方向相反。4 个电阻条接入差动电桥，电桥输出电压反映压力大小。

为保证较好的测量线性度，电阻条上所受的应变不应过大，通过控制硅膜片边缘处径向应变不超过 400～500με 达到测量要求。硅膜片厚度为

$$h \geqslant r_0\sqrt{\frac{3P\left(1-\mu^2\right)}{4E\varepsilon_{r,\max}}} \tag{3-67}$$

式中，$\varepsilon_{r,\max}$ 为硅膜片边缘处的允许最大径向应变。

单晶硅压阻式电桥的主要误差有零点失调、零点失调温漂、温漂、灵敏度温漂、满量程偏差、满量程偏差温度系数、非线性误差等。为此，出现了很多压阻式压力传感器专用信号调节集成电路。例如，MAXIM 公司为单晶硅压阻式电桥的接口设计了 MAXIM 1450、MAXIM 1458 等多种专用信号调节集成电路。这些集成电路除了配有基本的高精度测量放大器，还有为电桥供电的电流源电路和包括零点失调、温漂、满量程偏差等多项误差修正补偿电路，使传感器测量精度大大提高，传感器的设计也变得更简便了。

图 3.34 所示为由 MAXIM 1450 构成的压阻式压力传感器信号调节集成电路。由 BDRIVE 端给压阻式压力传感器 BP 提供 0.5 mA（额定值）的激励电流，传感器输出信号送至 INP 端和 INM 端。调节 R_2 的值可使激励电流达到额定值。通过开关 S_1、S_2、S_3 的闭合（高电平 1）或断开（低电平 0），设置 A0、A1、A2 状态，使之组成不同数码以改变 MAXIM 1450 内部可编程放大器增益。

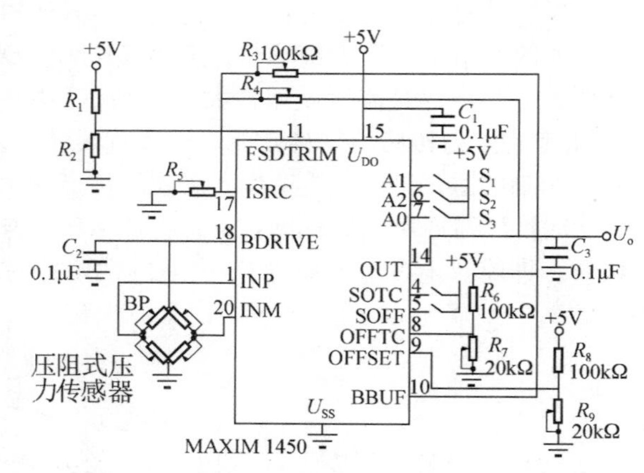

图 3.34　由 MAXIM 1450 压阻式压力传感器信号调节集成电路

压阻式压力传感器具有如下特点：

（1）灵敏度高，动态特性好，滞后和蠕变小、适合动态测量。

（2）测量范围宽，可测低至 10Pa 的微压、高至 60MPa 的高压。

（3）精度高，可靠性高，其精度可达（±0.2%～0.02%）。

（4）体积小，结构比较简单，易于微小型化。

（5）测量准确度受到非线性和温度的影响。智能压阻式压力传感器利用微处理器对非线性和温度进行补偿，提高了传感器的静态特性和稳定性。

阅读资料

近几年出现的单片集成硅压力传感器是集压力传感单元、信号调节、温度补偿和压力修正电路为一体的高性价比压力传感器，具有精度高、响应速度快、体积小、微功耗、外围电路简单等特点。这类传感器的典型代表是美国 Motorola 公司生产的 MPX 系列单片集成硅压力传感器。MPX 系列压力传感器的输出电压与被测绝对压力成正比，适配带 A/D 转换器的微控制器构成压力检测系统。图3.35 所示是 MPX 系列单片集成硅压力传感器的两种封装形式。图3.36 所示是 MPX 4100A 的典型应用电路，图中 C_1、C_2 为电源退耦电容，C_3 为输出端消噪电容。

图 3.35　MPX 系列单片集成硅压力传感器的两种封装形式

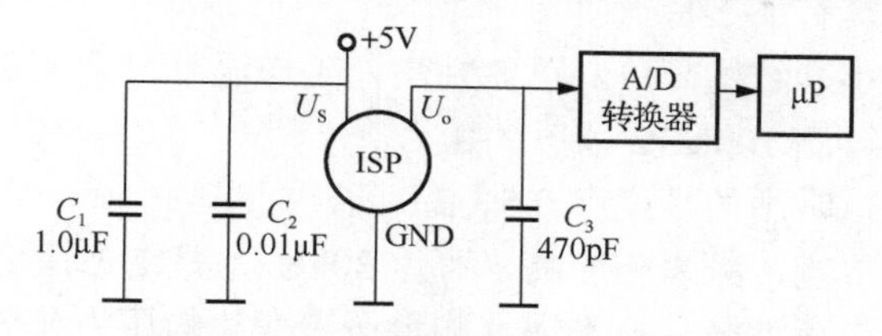

图 3.36　MPX 4100A 的典型应用电路

3.6.4　压电式压力传感器

某些电介质在某一个方向受力而发生机械变形（压缩或伸长）时，其内部将发生极化现象，而在其某些表面上会产生电荷。当外力撤掉后，它又会重新恢复到不带电的状态，此现象称为压电效应，如图 3.37 所示。产生压电效应时，电荷量 Q 与作用力 F 成正比。

具有压电效应的物质很多，如石英晶体、压电陶瓷、高分子压电材料等。压电式压力传感器就是利用压电材料的压电效应将被测压力转换为电信号进行测量的，它的敏感元件由压电材料制成。压电材料受力后表面产生的电荷量与作用力呈线性关系，经测量电路放大和阻抗变换后得到正比于压力的电量输出信号。

常用的压电式压力传感器是膜片型结构。膜片型压电式压力传感器结构紧凑、轻便、全密封，动态质量小，具有较高的谐振频率。这种结构的压力传感器具有较高的灵敏度和分辨力，有利于小型化；缺点是压电晶片的预压紧力是通过外壳与芯体之间的螺纹拧紧芯体而施加的，将使膜片产生弯曲，造成线性度与动态特性变差，还会直接影响各组件之间的接触刚度，改变传感器固有频率。温度变化时，膜片变形量发生变化，预压紧力也发生变化。

为消除预加载时引起的膜片变形，采用了预紧筒加载结构。预紧筒是一个薄壁厚底的金属圆筒，通过拉紧预紧筒对石英晶片组施加预压紧力，并在加载状态下用电子束将预紧筒与芯体焊接成一体。膜片是后焊接到壳体上去的。

为了提高压电式压力传感器的灵敏度，应选用压电常数大的压电材料制作压电元件。此外，也可以加大压电元件的受力面积，以增加电荷量的办法来提高传感器灵敏度。但是，增大受力面积不利于传感器的小型化。因此，一般采用多片压电元件叠加在一起，按电气上的串联或并联方式提高传感器的灵敏度。

图 3.38 为一种压电式压力传感器的结构示意。图中，被测压力均匀作用在膜片上，使压电元件受力而产生电荷。电荷量一般用电荷放大器或电压放大器放大，使之转换为标准的电压或电流输出信号，电荷量与被测压力成正比。

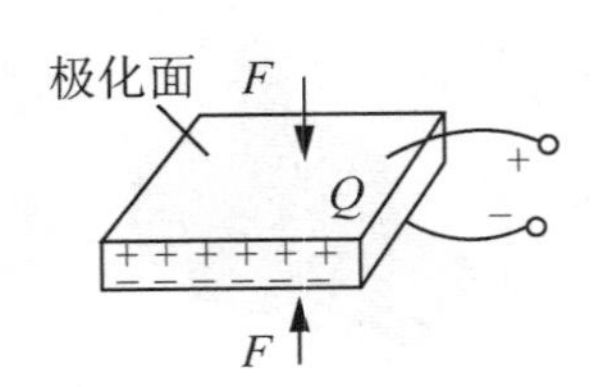

图 3.37 压电效应示意

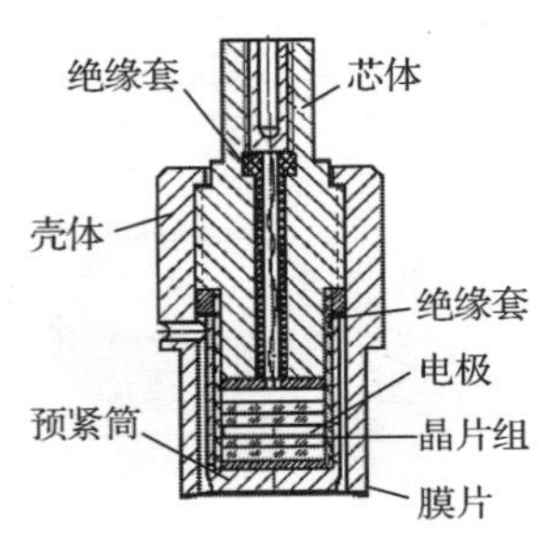

图 3.38 压电式压力传感器的结构示意

压电式压力传感器具有如下特点：

（1）体积小，质量小，结构简单，可靠性高，工作温度可高于 250℃。

（2）测量范围宽，可测 100MPa 以下的压力。

（3）测量精度较高，常用的精度有 0.5、1.0 级。

（4）动态测量范围很宽，频率响应高，可达 30kHz，是动态压力检测中常用的传感器，但由于其压电元件存在电荷泄漏，故不适宜测量缓慢变化的压力和静态压力。

压电式压力传感器广泛应用于内燃机的汽缸、油管、进/排气管的压力测量。在航空领域更有它特殊的作用。例如，在高超音速脉冲风洞中，用它来测量风洞的冲激波压力；在飞机上，用它来测量发动机燃烧室的压力。压电式压力传感器在国防工业上的应用范围也很广。例如，用它来测量枪（炮）弹在膛中击发瞬间的膛压变化，以及炮口的冲击波压力等。

3.6.5 霍尔片式压力传感器

霍尔片式压力传感器是利用霍尔元件来实现压力测量的。霍尔元件是一种磁敏传感器，其工作原理基于霍尔效应。霍尔效应是指当电流垂直于外磁场通过半导体薄片时，在半导体的垂直于磁场和电流方向的两个端面之间会出现电势差的现象，这个电势差称为霍尔电势，霍尔效应示意如图 3.39 所示。霍尔电势计算式为

$$U_{\mathrm{H}} = k_{\mathrm{H}} IB \tag{3-68}$$

式中，k_{H} 为灵敏度系数，它与材料的物理特性有关，其值与霍尔元件的厚度 d 成反比。

式（3-68）表明，在激励电流 I 不变的情况下，霍尔电势 U_{H} 与磁感应强度 B 成正比。

霍尔片式压力传感器一般由弹性元件、磁系统和霍尔元件等部分组成。其中，霍尔元件固定于弹性敏感元件上，在压力的作用下霍尔元件随弹性敏感元件的变形而在磁场中产生位移。通过设计磁路系统使磁场成为一个强度均匀梯度变化的磁场，在保持霍尔元件的激励电流不变的情况下，霍尔电势与其在磁场中的位移量成正比，通过压力→位移→霍尔电势的转

换过程，实现压力的测量。

在霍尔元件位移量一定的情况下，其输出的霍尔电势变化量取决于磁场的变化梯度。磁场梯度越大，灵敏度就越高；梯度变化越均匀，霍尔电势与位移的关系就越接近线性。

图 3.40 所示为 HWY-1 型霍尔片式微压传感器原理示意。它以波纹膜盒作为敏感元件。在被测压力作用下，波纹膜盒的中央部分发生位移，从而带动连杆转动，使固定在连杆端部的霍尔元件随之在磁场中移动。由于该磁场为一个强度呈线性变化的磁场，霍尔电势的大小与其在磁场中的位移量有关，所以霍尔电势最终反映了被测压力 p 的大小。HWY-1 型霍尔片式微压传感器测量范围为 0～40kPa，精度可达 1.5 级。

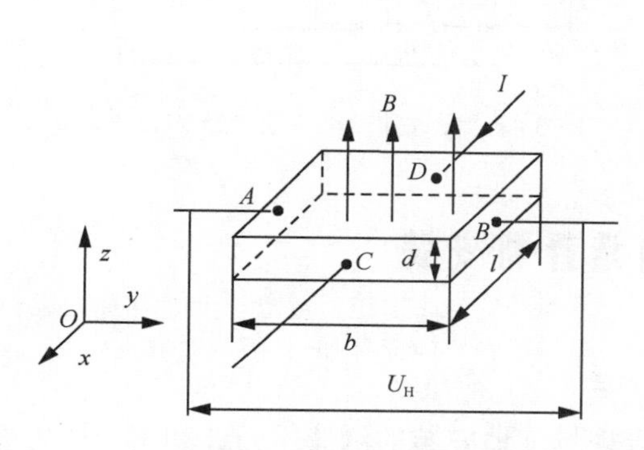

图 3.39 霍尔效应示意

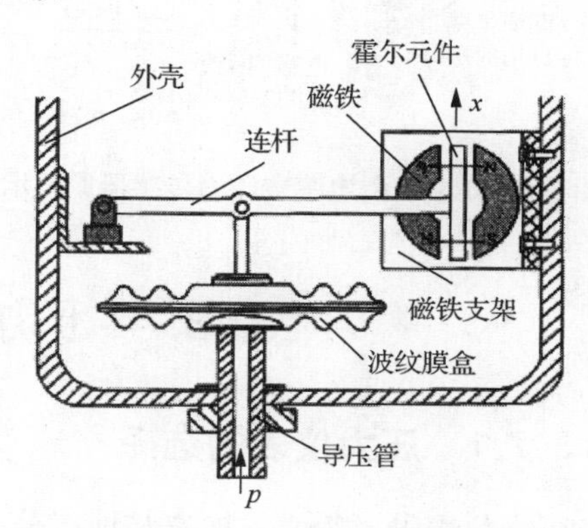

图 3.40 HWY-1 型霍尔片式微压传感器原理示意

霍尔片式压力传感器的结构比较简单；霍尔元件对磁场很敏感，而且形小体轻、响应快、使用寿命长，因此霍尔片式压力传感器具有较高的灵敏度。它的主要缺点是温度影响较大，不适合在温度变化较大的环境下工作。

3.6.6 电感式压力传感器

电感式压力传感器是利用线圈的自感 L 或互感 M 随被测压力的变化实现测量的一种装置。这类传感器一般是将被测压力作用于弹性元件，引起弹性元件变形，产生位移，从而带动固定在弹性元件上的衔铁在磁路中移动，从而改变电感线圈的自感 L 或互感 M，再由测量电路将自感 L 或互感 M 转换为电压或电流的变化。

电感式压力传感器有多种形式，图 3.41 是 BYM 型电感式压力传感器原理示意。其核心部分为一种变气隙差动电感式压力传感器，如图 3.42。变气隙差动电感式压力传感器由两个电气参数和几何尺寸完全相同的电感线圈 1、2 和磁路组成。初始时调整衔铁位置，使磁路中的气隙 $\delta_1=\delta_2$，则电感线圈的自感 $L_1=L_2$，电感电桥输出电压为零。测量时，被测压力的作用使 C 形弹簧管的自由端产生位移，从而带动衔铁产生相应的位移，使两个气隙一个增大、一个减小。气隙的变化使磁路的磁阻产生改变，从而使通过两个电感线圈的磁通量变化：一个电感线圈的自感增加，另一个电感线圈的自感减小，形成差动结构。两个电感线圈自感的变化经电桥电路转换成电压输出。

采用差动结构的电感式压力传感器除了可以改善线性度、提高灵敏度，还可以对温度变化、电源频率变化等的影响进行补偿，减少外界影响造成的误差，进而减小测量误差。

电感式压力传感器灵敏度较高，输出功率较大，可用于微小压力测量；其输出特性的线性度好，可靠性高、使用寿命长。但由于此类传感器自身频率响应低，不适用于快速动态压力测量。

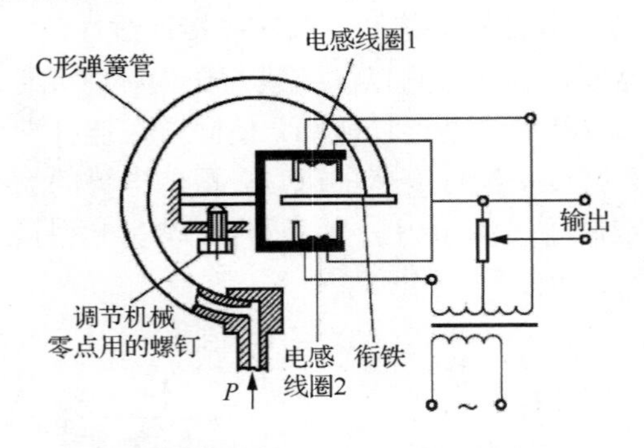

图 3.41　BYM 型电感式压力传感器原理示意

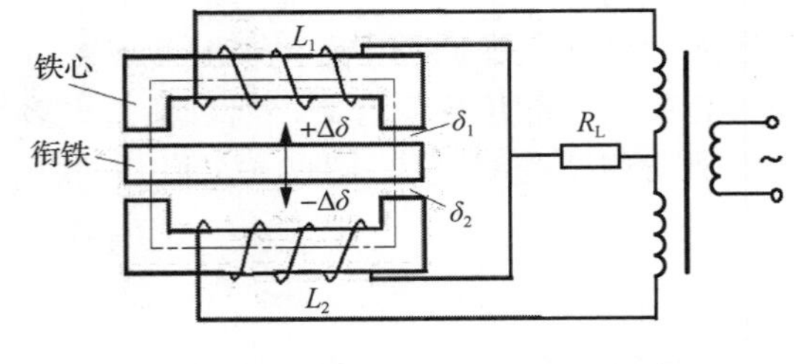

图 3.42　变气隙差动电感式压力传感器

3.7　压力仪表的选择和安装

3.7.1　压力仪表的选择

压力仪表种类繁多，按安装地点分类，有用于现场就地安装的测读压力计和用于压力信号远程传输的压力计；按被测介质分类，有测量气体、液体、载荷用的压力计；按量程分类，有负压表、微压表、高压表。此外，还有带微处理芯片、具有计算机数据处理和通信功能的智能压力仪表。选择时，应根据实际要求，本着经济合理的原则，结合各类压力仪表的特点对测量范围、测量精度及类型进行分析。具体考虑以下 3 个方面。

1. 压力仪表量程范围

根据被测压力的大小及在测量过程中被测压力变化的情况来确定仪表量程。为了保证压力仪表中的弹性元件能在弹性变形的安全范围内可靠地工作，选择仪表时要充分地留有余地。压力仪表测量上限值应该高于工艺生产中可能出现的最大工作压力值。一般在测量稳定压力时，最大工作压力值不应超过测量上限值的 2/3；在测量脉动压力时，最大工作压力值不应超过测量上限值的 1/2；测量高压时，最大工作压力值不应超过测量上限值的 3/5。为了保证测量精度，被测压力的最小值不应低于压力仪表测量上限值的 1/3。当被测压力变化范围大、最大和最小工作压力值可能不能同时满足上述要求时，所选择的仪表量程应首先要满足最大工作压力条件。计算所得的仪表测量上下限位一般不能作为仪表的量程，而应根据计算的上下限位查阅相关国家标准系列产品手册后确定量程。

2. 压力仪表精度等级

根据工艺生产中允许的最大绝对误差和选定的仪表量程，计算压力仪表允许的最大引用误差 q_{max}，在相关国家标准规定的精度等级中选定仪表的精度。目前，我国规定的精度等级有 0.01、0.02、0.05、0.1、0.16、0.2、0.25、0.4、0.5、1.0、1.5、2.5 级。对于一般测量用压力仪表精度等级，可选用 1.0、1.5、2.5 级。精密测量用压力仪表的精度等级可选用 0.16、0.25、0.4 级。

在满足测量要求的情况下，还需要考虑经济性，尽可能地选择精度较低、价廉耐用的压力仪表。

3. 压力仪表类型

根据被测介质的性质（如温度高低、黏度大小、腐蚀性、脏污程度、是否易爆易燃等）、是否有特殊要求、是否需要信号远传/记录或报警以及现场环境条件（湿度、温度、磁场、强度、振动）等，对仪表类型进行选择。例如：

（1）在大气腐蚀性较强、粉尘较多和易喷淋液体等环境恶劣的场合，应选择合适的外壳材料及防护等级。

（2）对稀硝酸、醋酸及其他一般腐蚀性介质，应选用耐酸压力仪表或不锈钢膜片压力仪表。

（3）对稀盐酸、盐酸气、重油类及其类似的具有强腐蚀性、含固体颗粒、黏稠液等介质，应选用膜片压力仪表或隔膜压力仪表。其膜片及隔膜的材质必须根据测量介质的特性选择。

（4）对结晶及高黏度的介质，应选用法兰式隔膜压力仪表。

（5）在机械振动较强的场合，应选用耐振压力仪表或船用压力仪表。

（6）在易燃、易爆的场合，若需要电接点信号时，应选用防爆压力控制器或防爆电接点压力仪表。

（7）对特殊介质，要选用专用压力仪表。例如，对炔类、烯类、氨以及含氨介质的测量，应选用氨用压力仪表；对氧气的测量，应选用氧用压力仪表等。

（8）就地压力指示，可选用如弹簧管压力仪表那样的直接指示型仪表；若需要把压力信号远传到控制室或其他电动仪表，则可选用压力传感器或变送器；若控制系统要求进行数字量通信，则可选用智能压力仪表。

3.7.2 压力仪表的安装

压力仪表安装正确与否，直接影响到测量结果的准确性和压力仪表的使用寿命。

1. 测压点的选择

为了能真实地反映被测压力的变化，应尽量使被测压力直接作用于压力仪表上。测压点要选在被测流动介质直线流动的管段部分，不要选在管路拐弯、分叉、死角或其他易形成漩涡的地方。测量流动介质的压力时，应使测压点与流动方向垂直；测量液体压力时，测压点应在管道下部，使导压管内不积存气体；测量气体时，测压点应在管道上方，使导压管内不积存液体。

2. 导压管的安装

导压管是连接测压口与压力仪表的连通管道，为保证压力传递的精确性和快速响应，导压管的安装要注意以下4个方面。

（1）导压管口最好与设备连接处的内壁保持平齐，若一定要插入对象内部时，则管口平面应严格与流体流动方向平行。此外，导压管口端部要保持光滑，不应有凸出物或毛刺。

（2）导压管内径一般为6～10 ㎜，长度≤50m，对于水平安装的导压管，应保证其有

1:10～1:20 的倾斜度，以防导压管中积液（测量气体压力时）或积气（测量液体压力时）。

（3）测压点与压力仪表之间靠近测压口处应安装切断阀，以备检修压力仪表时使用。导压管中的介质为气体时，在导压管最低处要安装排水阀；介质为液体时，在导压管最高处要安装排气阀。

（4）如果被测介质易冷凝或冻结，必须增加保温伴热措施。

压力仪表的安装应考虑易观察、易维修，避免振动和高温等环境影响。要注意避免某些被测介质对仪表的损坏。例如，测量蒸汽压力或压差时，应安装冷凝管或冷凝器，以防止高温蒸汽直接与测压元件接触；对于有腐蚀性介质的压力测量，应加装有中性介质的隔离罐等。压力仪表的连接处须根据压力高低和介质性质加装密封垫片，以防泄漏。另外，要考虑介质性质的影响，例如，测量氧气时，不能使用浸油或有机化合物垫片；测量乙炔、氨介质时，不能使用铜垫片。

当压力仪表位置与测压点不在同一水平高度时，对由高度差引起的测量误差应进行修正。

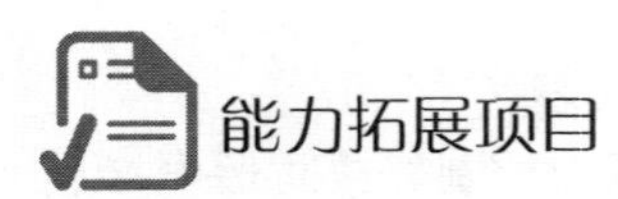

物位测量方法及其传感器研究

物位是指储存容器或工业生产设备里的液体、粉粒状固体、气体之间的分界面位置。物位不仅是物料耗量或产量计量的参数，也是保证连续生产和设备安全的重要参数。物位测量分为液位、料位、界位三类。

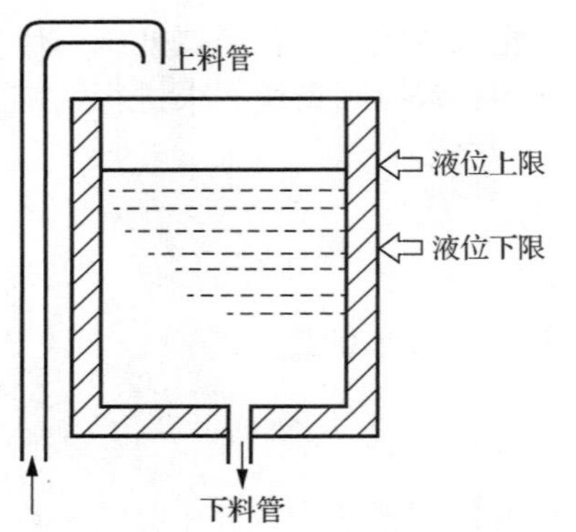

图 3.43　圆柱形储液罐示意

任务一：以液位测量为研究对象，了解工业生产中常用液位测量的方法及其传感器的相关知识，理解并总结这些液位测量的原理、系统构成、应用特点等内容。

任务二：图 3.43 所示为高 6m、直径为 5m 的圆柱形储液罐，其内装非腐蚀性导电液体。生产过程中需要保持储液罐中的液位在上限值和下限值之间，当液位下降至下限值时，需启动上料；当液位上升至上限值时，则停止上料。试设计一个基于电容式传感器的液位自动测控方案，给出系统主要模块框图和测量电路系统框图，并分析系统工作原理。

思考与练习

一、填空题

3-1　变极距型电容式传感器的灵敏度 K=________。

3-2　电容式传感器可分为变极距、变面积和变介质 3 种类型的传感器，其中________型传感器是非线性传感器（理论上），其非线性可以通过采用________型转换电路得以解决。

3-3　电容式传感器采用________作为传感元件，将不同的________变化转换为

________的变化。

3-4 根据工作原理的不同，电容式传感器可分为________、________和________3种。

3-5 电容式传感器常用的转换电路有________、________、________和________等。

3-6 表压力是______________________。

3-7 电气式压力计主要有________、________、_________、_________等。

二、选择题

3-8 当变极距型电容式传感器的两个极板间的初始距离 d 增加时，将引起传感器的（　　）。

A．灵敏度增加　　B．灵敏度减小

C．非线性误差增加　　D．非线性误差减小

3-9 用电容式传感器测量固体或液体物位时，应该选用（　　）。

A．变极距型　　B．变介电常数型

C．变面积型　　D．空气介质变极距型

3-10 变极距型电容式传感器的非线性误差与极板间初始距离 d 之间是（　　）。

A．正比关系　　B．反比关系　　C．无关系

3-11 在电容式传感器中，若采用调频法测量转换电路，则电路中（　　）。

A．电容和电感均为变量　　B．电容是变量，电感保持不变

C．电容保持常数，电感为变量　　D．电容和电感均保持不变

3-12 电容式传感器做成差动式之后，灵敏度（①），而且非线性误差（②）。（　　）

A．①提高，②增大　　B．①提高，②减小

C．①降低，②增大　　D．①降低，②减小

三、简答题

3-13 根据传感器工作时转换参数的不同，电容式传感器分为哪几类？各用来测量什么物理量？

3-14 试分析图3.11电容式传感器的灵敏度，为提高传感器的灵敏度，可采取什么措施？

3-15 变极距型电容式传感器有什么特点？采取什么措施可改善其非线性？

3-16 为什么电容式传感器易受干扰？如何减小干扰？

3-17 为什么高频时的电容式传感器的连接电缆长度不能任意变化？

3-18 什么是压力？压力的法定计量单位是什么？

3-19 压阻式压力传感器的测压原理是什么？

3-20 什么是霍尔效应？如何用霍尔元件实现压力检测？

3-21 圆膜片应变式压力传感器对应变片的粘贴位置有什么要求？为什么？

3-22 简述图3.41所示电感式压力传感器的工作原理。

四、计算题

3-23 试推导图3.44所示各个电容式传感元件的总电容表达式。

3-24 图3.45所示为一种变面积型差动电容式传感器，选用二极管双T形电路。差动电容式传感器参数如下：a=40 mm，b=20 mm，$d_1=d_2=d_0$=1 mm；起始时动极板处于中间位置，

$C_1=C_2=C_0$，介质为空气，$\varepsilon=\varepsilon_0=8.85\times10^{-12}$F/m。测量电路参数如下：$D_1$、$D_2$为理想二极管，$R_1=R_2=R=10\,\text{k}\Omega$，$R_f=1\,\text{M}\Omega$，激励电压 U_i=36V，变化频率 f=1MHz。试求当动极板向右位移Δx=10 mm 时，电桥输出端电压 U_{sc}为多少？

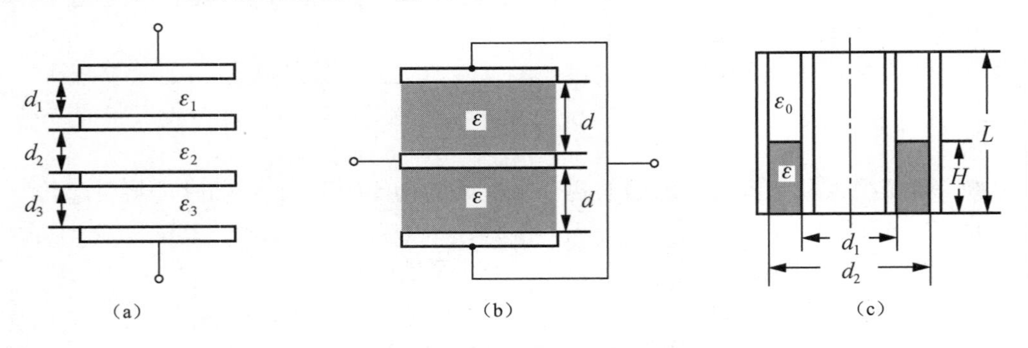

图 3.44　习题 3-23

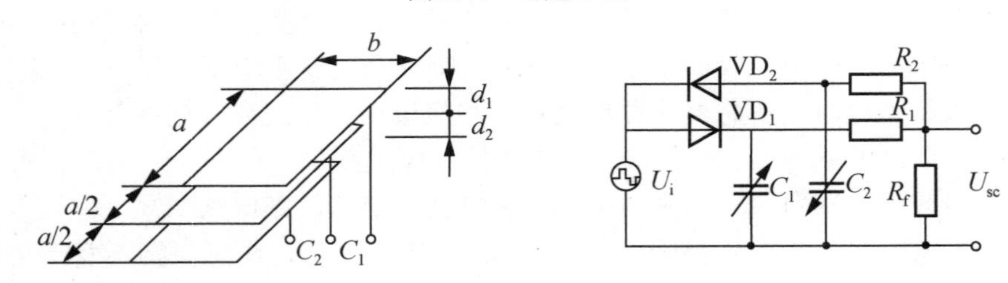

图 3.45　习题 3-24

3-25　图 3.46（a）所示为电容式差压传感器结构示意。金属膜片与两个金属镀层构成差动电容 C_1、C_2，两边压力分别为 p_1、p_2。图 3.46（b）所示为二极管双 T 形电路，电路中的电容是差动电容，电源 U_E是占空比为 50%的方波。试分析：

（1）当两边压力 $p_1=p_2$时，负载电阻 R_L上的电压 U_0值；

（2）当 $p_1>p_2$时，负载电阻 R_L上电压 U_0的大小和方向（正负）。

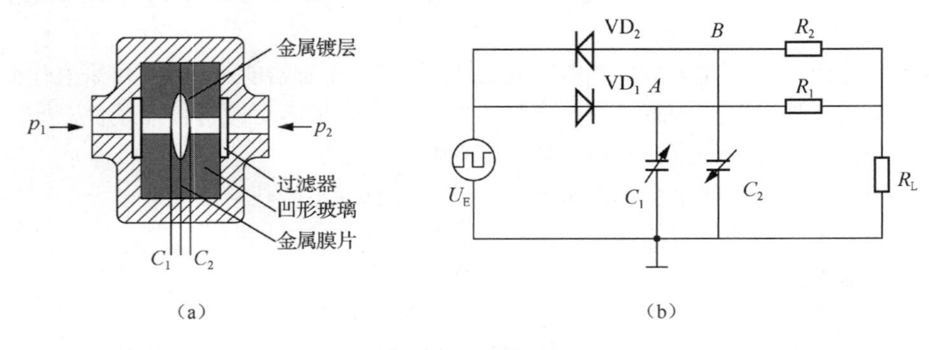

图 3.46　习题 3-25

3-26　已知平板电容式传感器参数如图 3.47 所示，平板电容式传感器的极板之间介质为空气，极板面积 $S=a\times a=(2\times2)\text{cm}^2$，间隙 $d_0=0.1\,\text{mm}$。试求该传感器初始电容值。若由于装配关系，两个极板之间不平行，一侧间隙为 d_0，另一侧间隙为 d_0+b，$b=0.01\,\text{mm}$，试求此时传感器的电容值。

3-27 现有一只电容式位移传感器，其结构如图 3.48（a）所示。已知 L=25 mm，R=6 mm，

r=4.5 mm。其中圆柱 C 为内电极，圆筒 A、B 为两个外电极，D 为屏蔽套筒，C_{BC} 构成一个固定电容 C_F，C_{AC} 是随活动屏蔽套筒伸入位移量 x 而变的可变电容 C_x，并采用理想运算放大器的检测电路，如图 3.48（b）所示，其信号源电压有效值 U_{in}=6V。请完成：

（1）在要求运算放大器的输出电压 U_{out} 与输入位移 x 成正比时，标出 C_F 和 C_x 在图 3.48（b）中应连接的位置；

（2）求该电容传感器的输出电容-位移灵敏度 K_C 是多少？

（3）求该电容传感器的输出电压-位移灵敏度 K_V 是多少？

（4）固定电容 C_F 的作用是什么？

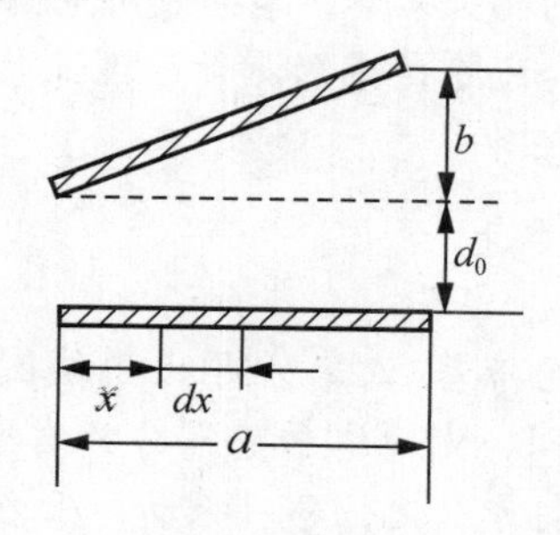

图 3.47 习题 3-26

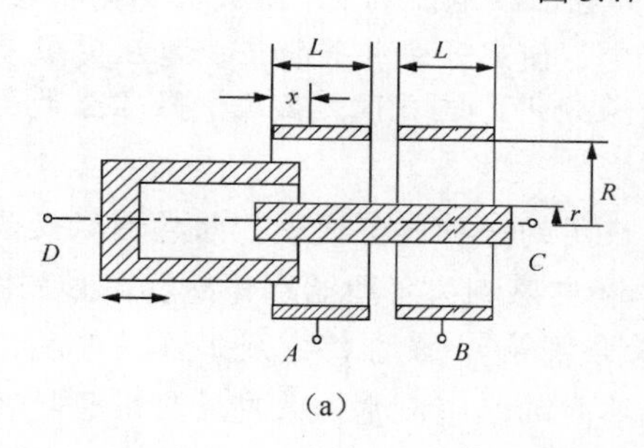

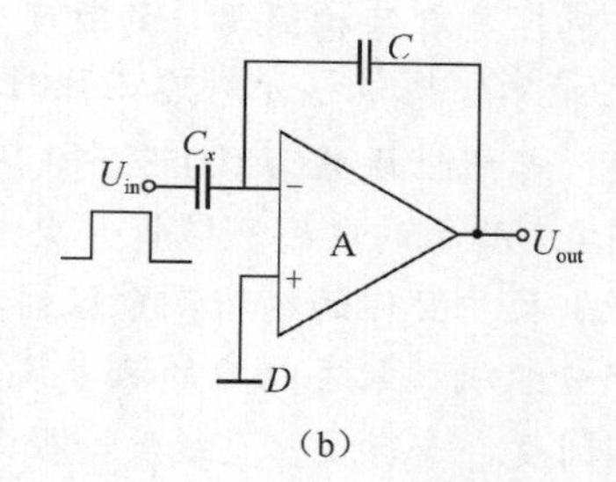

图 3.48 习题 3-27

第 4 章　电感式传感器·线位移及尺寸测量

教学要求

通过本章的学习，掌握各类电感式传感器的工作原理与基本结构、特性参数计算、主要误差来源与补偿方法、测量电路的相关知识；掌握利用电感式传感器测量线位移和尺寸的工作原理，了解其他形式的线位移和尺寸传感器测量原理及其特点，以便将来能够胜任设计和选用线位移和尺寸测量传感器的任务。

引例

电感式传感器是建立在电磁感应基础上、利用电感线圈的自感或互感的改变实现非电量电测的装置。根据工作原理的不同，电感式传感器分为自感式传感器（变磁阻式）、变压器式传感器、涡流式传感器等。它们可以把位移、振动、压力、流量等物理量转换为电感线圈的自感或互感的变化，并由测量电路将它们转换为电压或电流的变化，从而实现非电量测量。电感式传感器具有结构简单、灵敏度高、性能稳定、使用寿命长等特点。电压灵敏度一般达数百毫伏/毫米；线位移分辨力达 0.01 μm，角位移分辨力达 0.1″；在几十微米至数毫米的测量范围内，非线性误差为 0.05%～0.1%。

例图 4.1 所示的电感测微仪是电感式传感器应用的一种典型代表。电感测微仪是一种能够测量微小尺寸变化的精密测量仪器，它由主体和电感测头（即电感传感器，如例图 4.2 所示）两部分组成，配备相应的测量装置（如测量台架等），就能够完成工件的厚度、内径、外径、椭圆度、平行度、直线度、径向圆跳动等参数的精密测量，被广泛应用于精密机械制造业、晶体管和集成电路制造业以及国防、科研、计量部门。

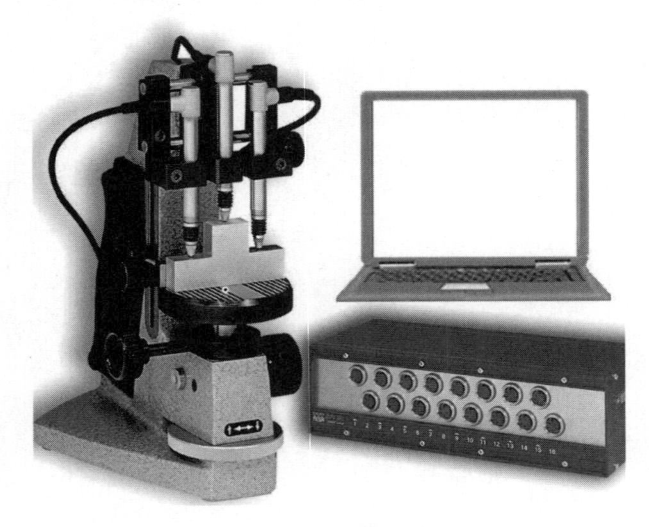

例图 4.1　电感测微仪

例图 4.2　电感测头

A部分 电感式传感器

电感式传感器是利用电感线圈的自感或互感的变化来实现测量的一种装置，可以测量位移、振动、压力、流量、比重等参数。

电感式传感器通常指自感式传感器（也称变磁阻式传感器），此类传感器因基于变压器原理往往被做成差动结构，故又称作差动变压器。此外，利用涡流原理制成的涡流式传感器、利用材料压磁效应制成的压磁式传感器、利用平面绕组互感原理制成的感应同步器亦属电感式传感器。

电感式传感器具有以下优点：

（1）结构简单、可靠性高、使用寿命长。

（2）灵敏度高，分辨力高；线位移分辨力达 0.01μm，角位移分辨力达 0.1″，电压灵敏度一般可达数百 mV/mm。

（3）精度高，线性度好。在几十微米到数百毫米的位移范围内，其输出特性的线性度较好，非线性误差一般为 0.05%～0.1%。

（4）性能稳定，重复性好。

电感式传感器的不足之处是存在交流零位信号，并且不适合用于高频动态量的测量。

4.1 自感式传感器

4.1.1 工作原理

图 4.1 所示为自感式传感器的结构，它由电感线圈、铁心和衔铁三部分组成，在铁心与衔铁之间有一个厚度为 δ 的气隙。当被测物体带动衔铁上下移动时，气隙厚度产生变化，使铁心和衔铁形成的磁路磁阻发生变化，从而使电感线圈的自感 L 也会发生变化。电感线圈的自感 L 的计算式为

$$L=\frac{N^2}{R_{\mathrm{M}}} \tag{4-1}$$

式中，N 为电感线圈的匝数；R_{M} 为磁路的总磁阻。

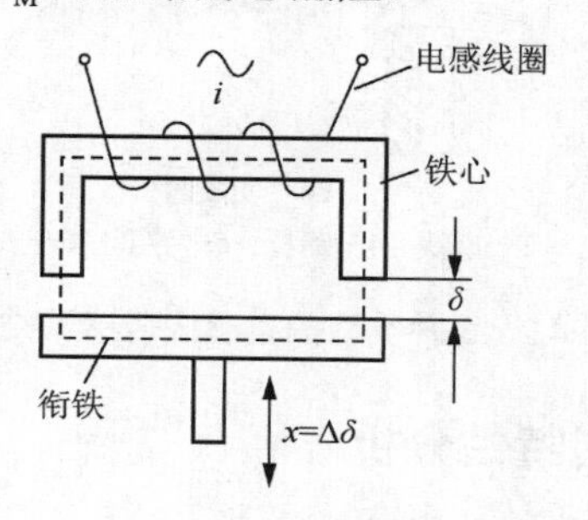

图 4.1 自感式传感器的结构

若气隙厚度δ较小，而且不考虑磁路的铁损，则总磁阻为磁路中铁心、气隙和衔铁的磁阻之和，即

$$R_{\mathrm{M}}=\sum_{i=1}^{n}\frac{l_i}{\mu_i S_i}+2\frac{\delta}{\mu_0 S} \tag{4-2}$$

式中，l_i为各段导磁体的长度（包括铁心、衔铁）；μ_i为各段导磁体（包括铁心、衔铁）的相对磁导率；S_i为各段导磁体的截面积（包括铁心、衔铁）；S为气隙磁通截面积；μ_0为气隙的磁导率（$\mu_0=4\pi\times10^{-7}\mathrm{H/m}$）。

将式（4-2）代入式（4-1），得

$$L=\frac{N^2}{\sum_{i=1}^{n}\frac{l_i}{\mu_i S_i}+2\frac{\delta}{\mu_0 S}} \tag{4-3}$$

由于铁心与衔铁为铁磁材料，其磁阻与气隙的磁阻相比小得多，故可忽略，则式（4-3）可简化为

$$L=\frac{\mu_0 S N^2}{2\delta} \tag{4-4}$$

式（4-4）表明，电感线圈的自感L与δ、S和N 3个参数有关。当线圈匝数N一定时，若S保持不变，而δ发生变化，则L为δ的单值函数，可构成变气隙型自感式传感器，如图4.2（a）所示。这种传感器灵敏度很高，是最常用的电感式传感器。

若δ保持不变，S发生变化，则L为S的单值函数，可构成变截面型自感式传感器，如图4.2（b）所示。这种传感器灵敏度为常数，线性度好，常用于角位移测量。

若在螺线管线圈中放入圆柱形衔铁，则构成螺线管型自感式传感器，其结构如图4.2（c）所示。当铁心上、下移动时，电感线圈的自感将发生相应变化。这种传感器灵敏度较低，但量程大，结构简单，便于制作。

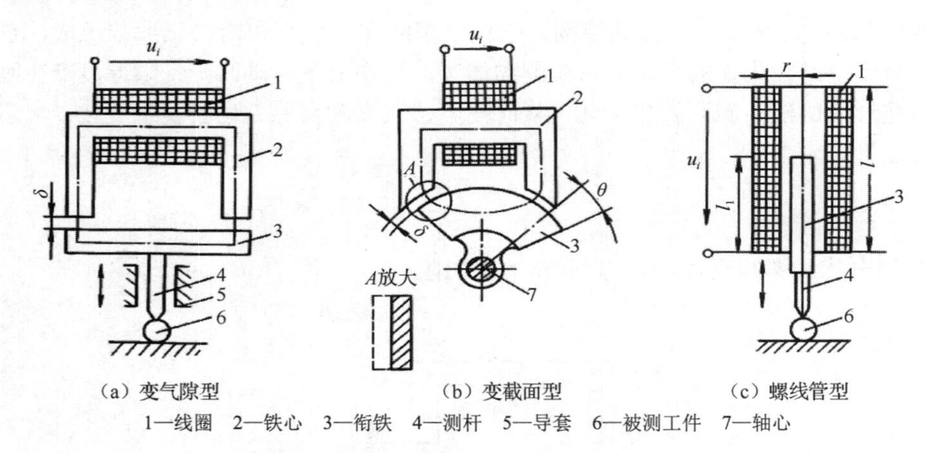

（a）变气隙型　（b）变截面型　（c）螺线管型

1—线圈　2—铁心　3—衔铁　4—测杆　5—导套　6—被测工件　7—轴心

图4.2　3种类型的自感式传感器结构

4.1.2　电感计算与输出特性分析

由式（4-4）可知，变气隙型自感式传感器的L与δ为非线性关系，而变截面型自感式传感器的L与S呈线性关系，下面对变气隙型自感式传感器和螺线管型自感式传感器的特性进行分析。

1. 变气隙型自感式传感器

图 4.3 所示为变气隙型自感式传感器的 L 与 δ 关系曲线。设该传感器的初始气隙为 δ_0，根据式（4-4）可知，其初始电感量为

$$L_0 = \frac{\mu_0 S N^2}{2\delta_0} \tag{4-5}$$

若衔铁位移引起气隙增加 $\Delta\delta$，则自感量减小，其变化量 ΔL 为

$$\Delta L = L - L_0 = \frac{\mu_0 S N^2}{2(\delta_0 + \Delta\delta)} - \frac{\mu_0 S N^2}{2\delta_0} = L_0 \frac{-\Delta\delta}{\delta_0 + \Delta\delta} \tag{4-6}$$

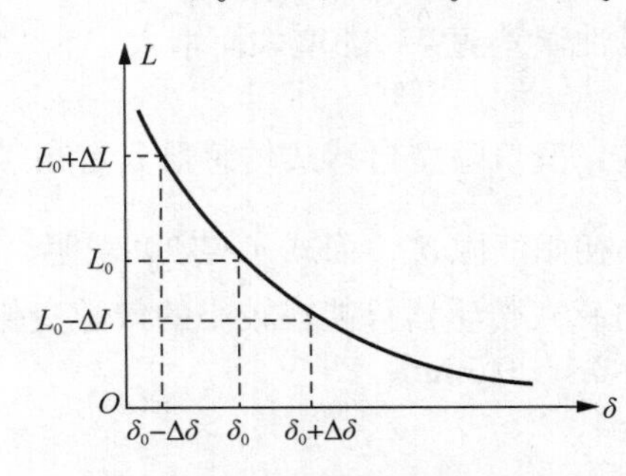

图 4.3 变气隙型自感式传感器的 L 与 δ 关系曲线

则自感的相对变化量为

$$\frac{\Delta L}{L_0} = \frac{-\Delta\delta}{\delta_0 + \Delta\delta} = -\frac{\Delta\delta}{\delta_0} \cdot \frac{1}{1 + \Delta\delta/\delta_0} \tag{4-7}$$

传感器工作时一般满足条件 $\left|\frac{\Delta\delta}{\delta_0}\right| << 1$，则式（4-7）可展开成泰勒级数形式：

$$\frac{\Delta L}{L_0} = -\frac{\Delta\delta}{\delta_0}\left[1 - \frac{\Delta\delta}{\delta_0} + \left(\frac{\Delta\delta}{\delta_0}\right)^2 - \left(\frac{\Delta\delta}{\delta_0}\right)^3 + \cdots\right] \tag{4-8}$$

式（4-8）中既包含 $\frac{\Delta\delta}{\delta_0}$ 的线性项，也包含 $\frac{\Delta\delta}{\delta_0}$ 的高次项，这些高次项是造成传感器非线性的主要原因。将上式进行线性化处理，忽略其中的高次项，可得自感变化量与气隙相对变化量近似线性关系，即

$$\frac{\Delta L}{L_0} \approx -\frac{\Delta\delta}{\delta_0} \tag{4-9}$$

同样可以得到，当衔铁位移引起气隙减小 $\Delta\delta$ 时，自感量将增加 ΔL，对上式进行线性化处理后，自感相对变化量与气隙相对变化量的关系为

$$\frac{\Delta L}{L_0} \approx \frac{\Delta\delta}{\delta_0} \tag{4-10}$$

变气隙型自感式传感器的灵敏度为

$$K = \left|\frac{\frac{\Delta L}{L_0}}{\Delta\delta}\right| \approx \frac{1}{\delta_0} \tag{4-11}$$

可见，灵敏度K随初始气隙δ_0的增大而减小。

非线性误差与$\frac{\Delta\delta}{\delta_0}$的大小有关，由于$\frac{\Delta\delta}{\delta_0}$很小，$\frac{\Delta\delta}{\delta_0}$的高次项的值迅速衰减，故只考虑二次项，则非线性误差为

$$e_L=\frac{\left|\frac{\Delta\delta}{\delta_0}\right|^2}{\left|\frac{\Delta\delta}{\delta_0}\right|}=\left|\frac{\Delta\delta}{\delta_0}\right|\times 100\% \quad (4\text{-}12)$$

由式（4-12）可见，非线性误差随$\frac{\Delta\delta}{\delta_0}$的增大而增大。

由上述分析可得如下结论：变气隙型自感式传感器只有在$\frac{\Delta\delta}{\delta_0}$很小时才有近似线性的输出。为提高其灵敏度，应减小初始气隙δ_0；而式（4-12）表明，减小δ_0，则相应地增大了非线性误差。因此，变气隙型自感式传感器只能在较小的气隙变化范围内工作，一般情况下，$\Delta\delta=(0.1\sim0.2)\delta_0$，而$\delta_0=0.1\sim0.5\text{mm}$。

特别提示

式（4-9）和式（4-10）是在$\Delta\delta \ll \delta_0$条件下对输入量与输出量关系进行线性化处理后的结果，实际的变气隙型自感式传感器的输入量与输出量呈非线性关系，其灵敏度随气隙的增大而减小。因此，当气隙增大$\Delta\delta$时引起的自感变化量小于气隙减小$\Delta\delta$时引起的自感变化量。

采用图4.4所示差动变隙型自感式传感器，可以减小非线性误差，提高灵敏度。

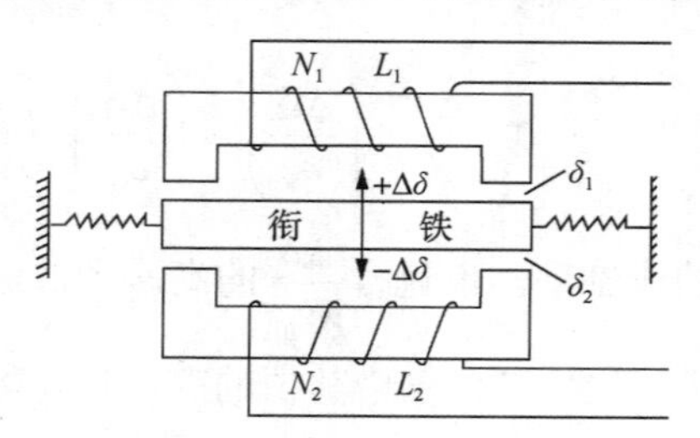

图4.4　差动变隙型自感式传感器

从图4.4可知，若衔铁向下移动，气隙δ_1增加$\Delta\delta$，电感L_1减小；气隙δ_2减小$\Delta\delta$，电感L_2增大，则差动变隙型自感式传感器的电感变化量为

$$\Delta L=L_1-L_2=\frac{\mu_0 SN^2}{2(\delta_0+\Delta\delta)}-\frac{\mu_0 SN^2}{2(\delta_0-\Delta\delta)}=-2L_0\frac{\Delta\delta}{\delta_0}\cdot\frac{1}{1-(\Delta\delta/\delta_0)^2} \quad (4\text{-}13)$$

由式（4-13）可知，差动变隙型自感式传感器的电感相对变化量：

$$\frac{\Delta L}{L_0}=-2\frac{\Delta\delta}{\delta_0}\frac{1}{1-(\Delta\delta/\delta_0)^2} \quad (4\text{-}14)$$

当$\left|\frac{\Delta\delta}{\delta_0}\right|\ll 1$，可将式（4-14）展开为泰勒级数形式：

$$\frac{\Delta L}{L_0}=-2\frac{\Delta\delta}{\delta_0}\left[1+\left(\frac{\Delta\delta}{\delta_0}\right)^2+\left(\frac{\Delta\delta}{\delta_0}\right)^4+\dots\right] \tag{4-15}$$

对式（4-15）进行线性化处理，忽略其高次项，可得

$$\frac{\Delta L}{L_0}\approx-2\frac{\Delta\delta}{\delta_0} \tag{4-16}$$

同理，当衔铁向上移动时，差动变隙型自感式传感器的输出与输入关系在作线性化处理后变为

$$\frac{\Delta L}{L_0}\approx 2\frac{\Delta\delta}{\delta_0} \tag{4-17}$$

差动变隙型自感式传感器的灵敏度为

$$K=\left|\frac{\Delta L/L_0}{\Delta\delta}\right|\approx\frac{2}{\delta_0} \tag{4-18}$$

非线性误差为

$$e_{\mathrm{L}}=\frac{\left|\dfrac{\Delta\delta}{\delta_0}\right|^3}{\left|\dfrac{\Delta\delta}{\delta_0}\right|}=\left|\frac{\Delta\delta}{\delta_0}\right|^2\times100\% \tag{4-19}$$

可见，差动变隙型自感式传感器的灵敏度较非差动变隙型自感式传感器提高了一倍，非线性误差减小了一个数量级。另外，采用差动变隙型自感式传感器，还能抵消温度变化、电源波动、外界干扰、电磁吸力等因素对传感器的影响。

2. 螺线管型自感式传感器

螺线管型自感式传感器的工作原理是电感线圈泄漏路径中的磁阻变化，线圈的电感与铁心插入线圈的深度有关。由于沿着有限长线圈的轴向磁场强度分布不均匀，因此这种传感器的精确理论分析比上述闭合磁路中具有小气隙的电感线圈的理论分析复杂得多。

图 4.5 所示为单线圈螺线管型自感式传感器结构示意，其主要元件为一个螺线管和一根圆柱形铁心。该传感器工作时，因铁心在线圈中的伸入长度发生变化，引起螺线管电感量的变化。当用恒流源激励时，则电感线圈的输出电压与铁心的位移量有关。

对于图 4.6 所示的 N 匝空心螺线管，当流过强度为 I 的激励电流时，电感线圈内部轴向磁场强度可由下式计算：

$$H_l=\frac{IN}{2l}\left(\frac{l-x}{\sqrt{(l-x)^2+r^2}}+\frac{x}{\sqrt{x^2+r^2}}\right) \tag{4-20}$$

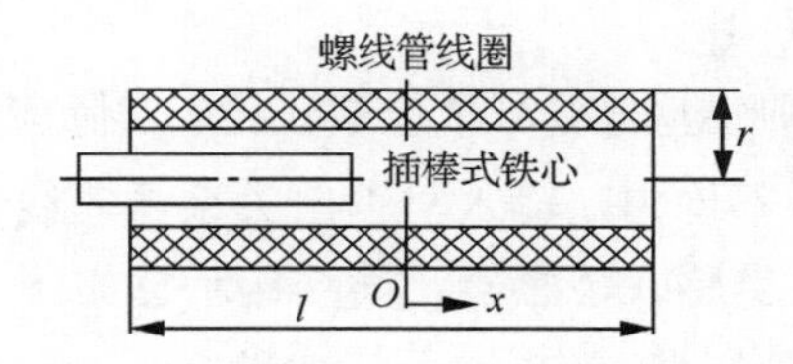

图 4.5 单线圈螺线管型自感式传感器结构示意

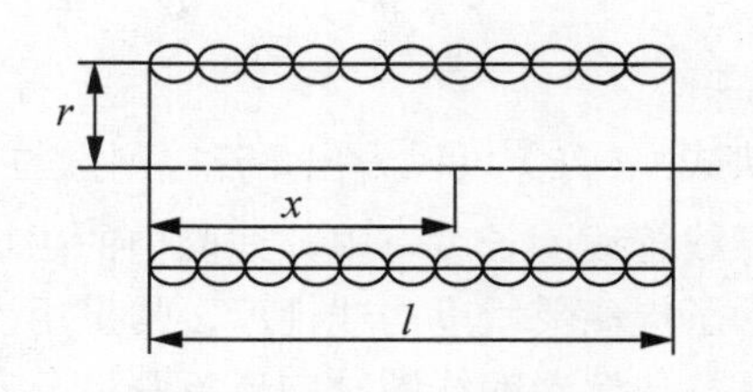

图 4.6 N 匝空心螺线管轴向磁场强度分布计算

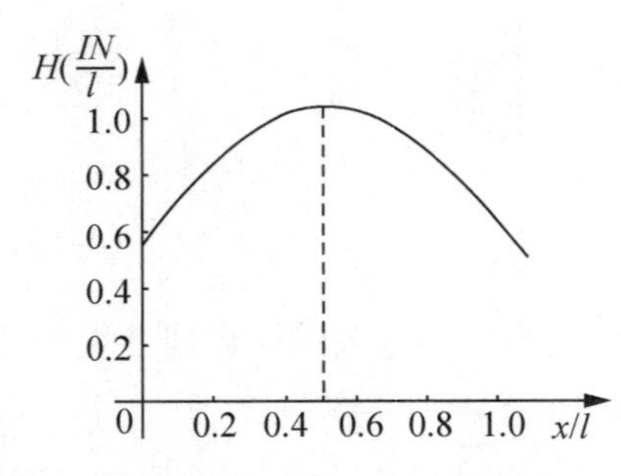

图 4.7　螺线管轴向磁场强度分布曲线

式（4-18）表示成曲线后如图 4.7 所示。由该曲线可知，铁心在开始插入（$x=0$）或几乎离开线圈（$x=l$）时的灵敏度比铁心插入线圈约1/2长度时的灵敏度小得多。这说明，只有在线圈中段才有可能获得较高灵敏度，并且有较好的线性特性。

为简化分析，设螺线管的长径比$l/r>>1$，则可认为螺线管内磁场强度分布均匀，线圈中心处的磁场强度为

$$H=\frac{IN}{l} \tag{4-21}$$

则空心螺线管的电感为

$$L_0=\frac{N\Phi}{I}=\frac{NBS}{I}=\frac{\mu_0 N^2\pi r^2}{l} \tag{4-22}$$

当螺线管线圈中插入铁心时，由于铁心是铁磁性材料，使插入部分的磁阻下降，故磁感强度 B 增大，电感值增加。

设铁心长度与螺线管线圈长度相同，铁心半径为r_{e}，螺线管线圈所包围横截面上的磁通量由两部分组成：铁心所占截面的磁通量和气隙的磁通量。总磁通量为

$$\Phi_{\mathrm{a}}=\mu_0\mu_{\mathrm{r}}H\pi r_{\mathrm{e}}^2+\mu_0 H\pi(r^2-r_{\mathrm{e}}^2)=\mu_0 H\pi[r^2+(\mu_{\mathrm{r}}-1)r_{\mathrm{e}}^2] \tag{4-23}$$

螺线管线圈电感增大为

$$L=\frac{N\Phi_{\mathrm{a}}}{I}=\frac{\mu_0\pi N^2[r^2+(\mu_{\mathrm{r}}-1)r_{\mathrm{e}}{}^2]}{l} \tag{4-24}$$

式中，μ_{r}为铁心的相对磁导率。

如果铁心长度l_{e}小于螺线管线圈长度l，则螺线管线圈电感为

$$L=\frac{\mu_0\pi N^2[lr^2+(\mu_{\mathrm{r}}-1)l_{\mathrm{e}}r_{\mathrm{e}}{}^2]}{l^2} \tag{4-25}$$

当l_{e}增加Δl_{e}时，螺线管线圈电感增大 ΔL，则有

$$L+\Delta L=\frac{\mu_0\pi N^2[lr^2+(\mu_{\mathrm{r}}-1)(l_{\mathrm{e}}+\Delta l_{\mathrm{e}})r_{\mathrm{e}}{}^2]}{l^2} \tag{4-26}$$

电感变化量为

$$\Delta L=\frac{\mu_0\pi N^2 r_{\mathrm{e}}{}^2(\mu_{\mathrm{r}}-1)\Delta l_{\mathrm{e}}}{l^2} \tag{4-27}$$

电感的相对变化量为

$$\frac{\Delta L}{L}=\frac{\Delta l_{\mathrm{e}}}{l_{\mathrm{e}}}\cdot\frac{1}{1+\left(\dfrac{1}{\mu_{\mathrm{r}}-1}\right)\cdot\dfrac{l}{l_{\mathrm{e}}}\cdot\left(\dfrac{r}{r_{\mathrm{e}}}\right)^2} \tag{4-28}$$

从式（4-28）可以看出，若被测量与Δl_e成正比，则 ΔL 与被测量也成正比。实际应用中，由于螺线管线圈长度有限，线圈中的磁场强度分布并不均匀，输入与输出关系是非线性的。

为了提高灵敏度与线性度，常采用差动螺线管型自感式传感器，其结构示意如图 4.8 所示。这种传感器的线圈轴向磁场强度分布可由下式给出：

$$H=\frac{IN}{2l}\left[\frac{l-x}{\sqrt{(l-x)^2+r^2}}-\frac{l-x}{\sqrt{(l+x)^2+r^2}}+\frac{2x}{\sqrt{x^2+r^2}}\right] \tag{4-29}$$

图 4.9 中给出了式(4-29)的曲线，该曲线表明：为了得到较好的线性度，铁心长度为 $0.61l$ 时，铁心工作在曲线的拐弯处，此时 H 变化小。

设铁心长度为 $2l_e$，小于螺线管线圈长度 $2l$。当铁心向螺线管线圈移动 Δl_e 时，线圈II的电感增加 ΔL_2，而由此引起的线圈I的电感变化量 ΔL_1 与线圈II的电感变化量 ΔL_2 大小相同，符号相反。因此，差动输出为

$$\frac{\Delta L}{L}=\frac{\Delta L_1+\Delta L_2}{L}=2\frac{\Delta l_e}{l_e}\cdot\frac{1}{1+\left(1+\dfrac{1}{\mu_r-1}\right)\cdot\dfrac{l}{l_e}\cdot\left(\dfrac{r}{r_e}\right)^2} \tag{4-30}$$

式（4-30）说明，$\frac{\Delta L}{L}$ 与铁心长度相对变化量 $\frac{\Delta l_e}{l_e}$ 成正比，比单线圈螺线管型自感式传感器的灵敏度高一倍。为了增大灵敏度，应使线圈与铁心的尺寸比值 $\frac{l}{l_e}$ 和 $\frac{r}{r_e}$ 趋于1，并且选用铁心磁导率 μ_r 大的材料。这种差动螺线管型自感式传感器的测量范围为 5～50 mm，非线性误差为±0.5%。

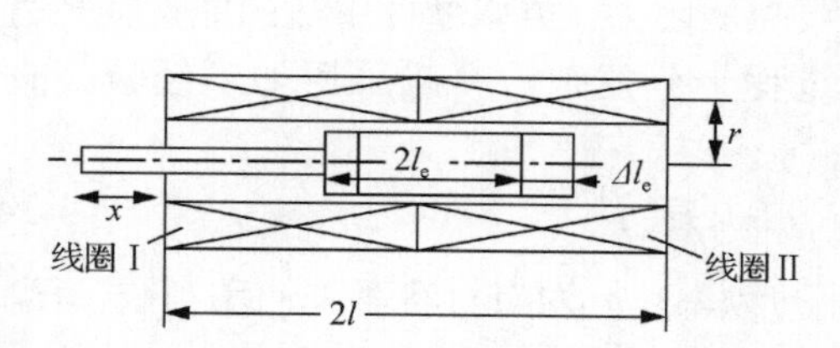

图 4.8　差动螺线管型自感式传感器结构示意

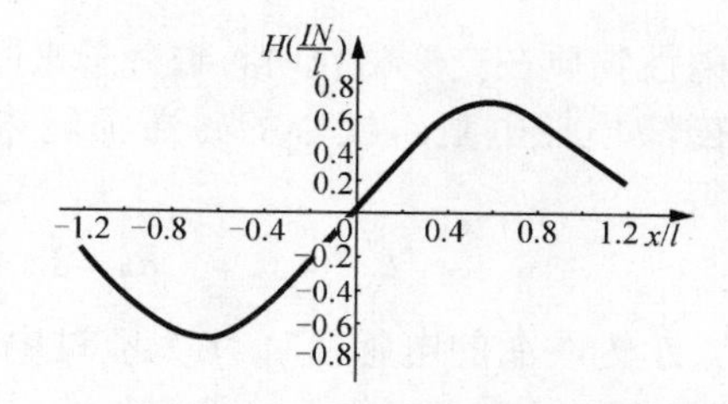

图 4.9　差动螺线管型自感式传感器磁场分布曲线

4.1.3　电感式传感器的等效电路

实际的电感式传感器线圈不可能是理想的纯电感线圈，其等效电路如图 4.10 所示，除了电感 L，还包括铜损电阻 R_c、铁心涡流损耗电阻 R_e、磁滞损耗电阻 R_h、并联寄生电容 C。

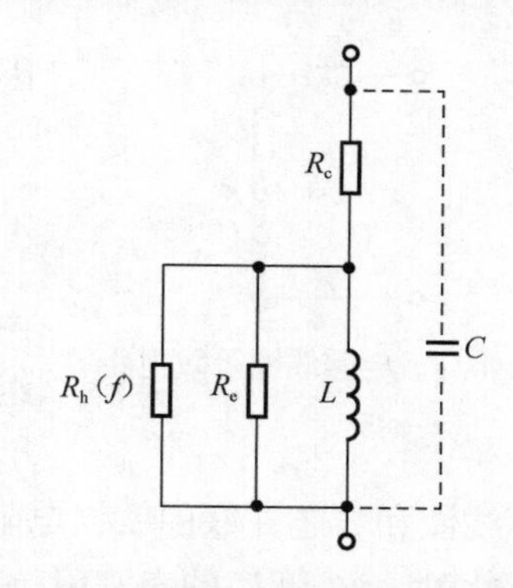

图 4.10　电感式传感器线圈的等效电路

1. 铜损电阻 R_c

R_c 取决于导线材料及线圈的几何尺寸。设线圈由直径为 d、电阻率为 ρ_c 的导线绕成，共 N 匝，则有

$$R_c=\frac{4\rho_c lN}{\pi d^2} \tag{4-31}$$

式中，l 为平均匝长。

2. 铁心涡流损耗电阻 R_e

由频率为 f 的交变电流激励源产生的交变磁场，会在线圈铁心及衔铁中产生涡流损耗。

在导磁体均匀磁化且磁导率为常数的情况下，根据涡流损耗的经典计算公式，涡流损耗的平均功率为

$$P_e=\frac{\pi^2h^2B_m^2f^2V}{k\rho_i} \tag{4-32}$$

式中，h 为叠片式铁心的单片厚度；B_m 为磁感应强度的幅值；V 为铁心的体积；ρ_i 为铁心材料的电阻率；k 为与铁心形状有关的参数，叠片式铁心的 k=6，圆柱片铁心的 k=16。

由于在等效电路中，R_e 与 L 并联，因此有

$$P_e=\frac{U_L^2}{R_e}=\frac{(2\pi fLI_L)^2}{R_e}=\frac{\pi^2h^2B_m^2f^2V}{k\rho_i}$$

由此得

$$R_e=\frac{U_L^2}{P_e}=\frac{4L^2I_L^2k\rho_i}{h^2B_m^2V} \tag{4-33}$$

由式（4-33）可知：随着交变电流激励源频率 f 及铁心材料厚度的增加，铁心中的涡流及磁滞损耗将增大；而铁心材料电阻率增加时，涡流及磁滞损耗将减小。因此，传感器的铁心都是由叠片粘贴而成的，并且要求叠片厚度 h 应尽量小，这样有利于涡流损耗的下降。

3. 磁滞损耗电阻 R_h

磁性物质在交变磁化时，磁分子来回翻转而要克服阻力，类似摩擦生热的能量损耗就等效为磁滞损耗电阻。铁心的磁滞损耗电阻计算过程十分复杂，一般采用如下经验公式近似求得。

$$R_h=3\pi^2L^2I_L^2f/(\alpha\mu_0Sl/H_m^3) \tag{4-34}$$

式中，L 为线圈的电感；I_L、f 为流过电感的电流与频率；α 为与材料有关的瑞利数；H_m 为磁场强度。

从式（4-34）可以看出，R_h 不是常数，但它与频率成正比，因此可以表示为 $R_h(f)$。

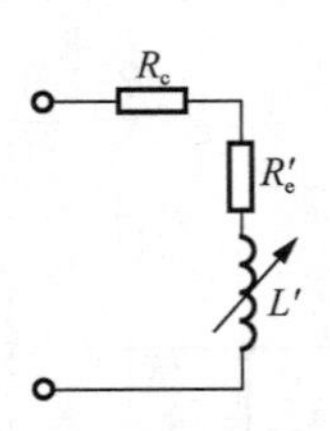

图 4.11 电感线圈等效电路

4. 并联寄生电容

电感式传感器存在着与线圈并联的寄生电容，该电容主要由线圈绕组的固有电容以及连接测量线路的电缆分布电容所组成。

为便于分析，先不考虑并联寄生电容 C，并将图 4.10 中的电感线圈和与之并联的铁损电阻等效为铁损电阻 R'_e 与电感 L' 串联的等效电路，如图 4.11 所示。此时，R'_e 和 L' 的串联阻抗与 R_e 和 L 的并联阻抗相等，即

$$R'_e+j\omega L'=\frac{j\omega LR_e}{R_e+j\omega L} \tag{4-35}$$

$$R'_e=\frac{R_e}{1+(R_e/\omega L)^2} \tag{4-36}$$

$$L'=\frac{L}{1+\dfrac{1}{(R_e/\omega L)^2}} \tag{4-37}$$

式（4-36）表明，铁损的串联等效电阻 R_e'与电感量 L 有关。因此，当被测量的变化引起线圈的电感量 L 变化时，其电阻值也发生了不希望有的变化。要减少这种附加电阻变化的影响，$R_e/\omega L$ 的比值应尽量小，以使 $R_e'<<\omega L'$，从而减小附加电阻变化的影响。因此，在设计传感器时应尽可能减少铁损。

在实际应用中，假设并联寄生电容为 C，阻抗 Z_s 为

$$\begin{aligned}Z_s&=\frac{(R'+\mathrm{j}\omega L')/j\omega C}{(R'+\mathrm{j}\omega L'+1)/\mathrm{j}\omega C}\\&=\frac{R'}{(1-\omega^2L'C)^2+(\omega^2L'/Q^2)}+\mathrm{j}\frac{\omega L'\left[\left(1-\omega^2L'C\right)-\omega^2L'/Q^2\right]}{(1-\omega^2L'C)^2+\omega^2L'C/Q^2}\end{aligned} \tag{4-38}$$

式中，总的损耗电阻 $R'=R_c+R_e'$；品质因数 $Q=\omega L'/R'$。当 $Q\gg1$ 时，$1/Q^2$ 可以忽略，式(4-38)可简化为

$$Z_s=\frac{R'}{(1-\omega^2L'C)^2}+\mathrm{j}\frac{\omega L'}{(1-\omega^2L'C)}=R_s+\mathrm{j}\omega L_s \tag{4-39}$$

电感的相对变化量为

$$\frac{\mathrm{d}L_s}{L_s}=\frac{1}{1-\omega^2L'C}\cdot\frac{\mathrm{d}L'}{L'} \tag{4-40}$$

由上述分析可知，并联寄生电容 C 的存在，使有效串联损耗电阻与有效电感均增加，并引起电感的相对变化量增加，即灵敏度提高。因此，从原理而言，已按规定电缆校正好的仪器若要更换电缆，则应重新校正或采用并联电容加以调整。实际应用中因大多数变磁阻式传感器工作在较低的激励频率下（$f\leqslant$10kHz），上述影响常可忽略，但对于工作在较高激励频率下的传感器（如反射型涡流式传感器），上述影响必须引起充分重视。

4.1.4 自感式传感器的测量电路

自感式传感器实现了把被测量的变化转变为自感的变化，为了测出自感的变化，就要用测量电路把自感转换为电压或电流的变化。一般可将自感变化转换为电压或电流的幅值、频率、相位的变化，它们分别称为调幅电路、调频电路、调相电路。在自感式传感器中一般采用调幅电路，调幅电路的主要形式有变压器电桥和带相敏检波的交流电桥，而调频电路和调相电路用得较少。

1. 变压器电桥

图 4.12 所示为差动自感式传感器的变压器电桥电路。电桥的两臂 Z_1 和 Z_2 为传感器线圈的等效阻抗，初始时 $Z_1=Z_2=R_s+\mathrm{j}\omega L$，等效电阻 R_s 主要包含线圈绕线电阻、铁心涡流损耗电阻和磁滞损耗电阻。其余两臂为交流变压器的次级线圈，电桥电源由带中心抽头的变压器次级线圈供给，电桥对角线上 A、

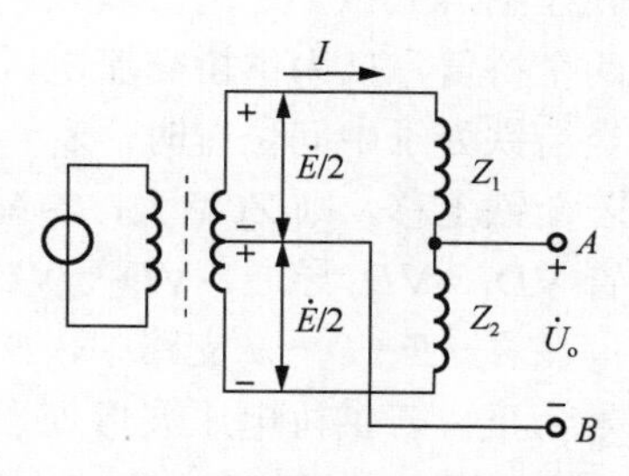

图 4.12 差动自感式传感器变压器电桥电路

B 两点的电位差为输出电压 $\dot{U}_o$，其大小为

$$\dot{U}_o = \dot{U}_A - \dot{U}_B = \left(\frac{Z_1}{Z_1 + Z_2} - \frac{1}{2}\right)\dot{E} \tag{4-41}$$

当传感器的铁心处于中间位置时，$Z_1 = Z_2 = Z$，这时 $U_o = 0$，电桥处于平衡状态。

当铁心向下移动时，上面线圈的阻抗增加，$Z_1 = Z + \Delta Z$；而下面线圈的阻抗减小，$Z_2 = Z - \Delta Z$。于是，可以得到电桥输出电压：

$$\dot{U}_o = \left(\frac{Z + \Delta Z}{2Z} - \frac{1}{2}\right)\dot{E} = \frac{\Delta Z}{2Z}\dot{E} = \frac{\dot{E}}{2}\cdot\frac{\Delta R_s + j\omega\Delta L}{R_s + j\omega L} \tag{4-42}$$

电压幅值为

$$U_o = \frac{\sqrt{\omega^2 \Delta L^2 + \Delta R_s^2}}{2\sqrt{R_s^2 + (\omega L)^2}} E \tag{4-43}$$

若线圈的品质因数 Q（$Q = \omega L / R_s$）足够大，则 $\omega L \gg R_s$；$\omega \Delta L \gg \Delta R_s$，式（4-43）化简为

$$U_o = \frac{E}{2}\cdot\frac{\Delta L}{L} \tag{4-44}$$

可见，电桥输出电压的大小与自感变化量成正比。

同样，可以得到铁心向上移动相同的距离时，电桥输出电压为

$$\dot{U}_o = \left(\frac{Z + \Delta Z}{2Z} - \frac{1}{2}\right)\dot{E} = -\frac{\Delta Z}{2Z}\dot{E} = -\frac{\dot{E}}{2}\cdot\frac{\Delta R_s + j\omega\Delta L}{R_s + j\omega L} \tag{4-45}$$

对高 Q 值线圈，电桥输出电压的幅值近似为

$$U_o = -\frac{E}{2}\cdot\frac{\Delta L}{L} \tag{4-46}$$

比较式（4-44）和式（4-46）可知，两种情况下的电桥输出电压大小相等，符号相反，即相位相差 180°，它反映了传感器铁心运动的方向。由于 U_o 是交流信号，为判断铁心位移方向，一般还需将 U_o 进行相敏检波、滤波处理，才能正确显示出铁心位移大小和方向。

变压器电桥的优点是电路使用元件少、输出阻抗小、桥路开路时电路呈线性；缺点是变压器副边绕组不接地，容易引起来自原边绕组的静电感应电压，使高增益放大器不能工作。

2. 带相敏检波的交流电桥

图 4.13 所示为带相敏检波（二极管式环形）的交流电桥基本电路和实际采用的电路。它不仅可以检测出自感式传感器中衔铁的运动幅值，还可检测出其运动方向，因而得到广泛使用。在图 4.13（a）中，Z_1、Z_2 为差动电感式传感器的两个线圈的阻抗，$Z_3 = Z_4$ 构成电桥的另两个桥臂，U 为供桥交流电压，U_o 为电桥输出电压。

当衔铁处于中间位置时，$Z_1 = Z_2 = Z$，电桥处于平衡状态，$U_o = 0$。

若衔铁上移，则 Z_1 增大，Z_2 减小。若供桥电压波形处于正半周，则 A 点电位高于 B 点，二极管 VD_1、VD_4 导通，VD_2、VD_3 截止。在 A—E—C—B 支路中，C 点电位由于 Z_1 增大而降低；在 A—F—D—B 支路中，D 点电位由于 Z_2 减小而增高，因此 D 点电位高于 C 点，输出信号为正。若供桥电压波形处于负半周，则 B 点电位高于 A 点，二极管 VD_2、VD_3 导通，VD_1、VD_4 截止。在 B—C—F—A 支路中，C 点电位由于 Z_2 减小而比平衡时降低；在 B—D—E—A 支路中，D 点电位则因 Z_1 增大而比平衡时增高，因此 D 点电位仍高于 C 点，

输出信号仍为正。同理可以证明，衔铁下移时输出信号总为负。于是，输出信号的正负代表了衔铁位移的方向，输出信号的大小反映了位移大小，实际采用的电路如图 4.13（b）所示。L_1、L_2 为传感器的两个线圈，C_1、C_2 为另外两个桥臂。供桥电压由变压器 B 的次级线圈提供。R_1、R_2、R_3、R_4 为 4 个线绕电阻，用于减小温度误差。C_3 为滤波电容，R_{w1} 为调零电位器，R_{w2} 为调倍率电位器。该电桥电路输出特性如图 4.14 所示。

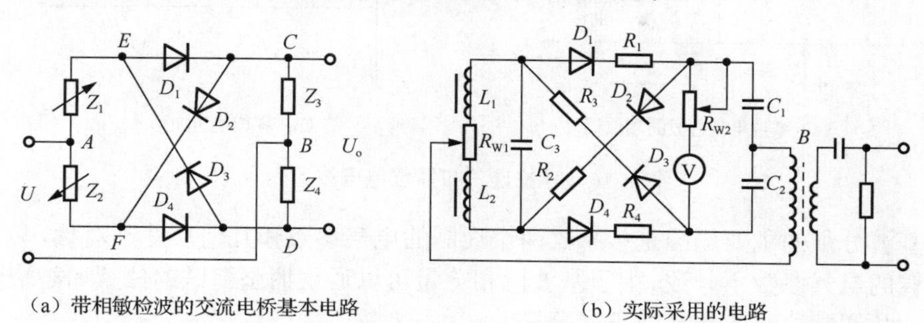

图 4.13 带相敏检波的交流电桥基本电路和实际采用的电路

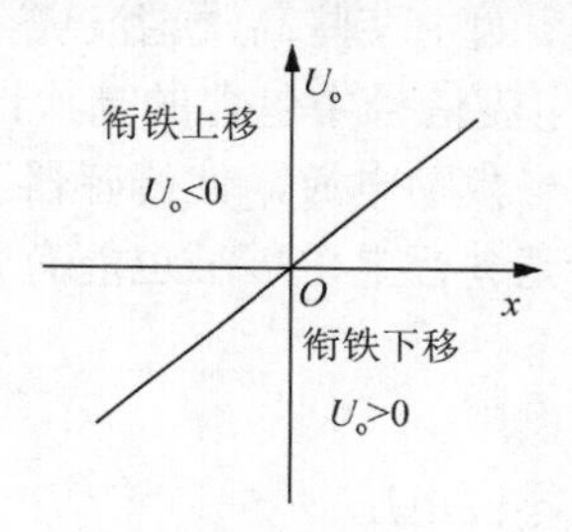

图 4.14 电路输出特性

4.1.5 影响自感式传感器精度的因素分析

1. 输出特性的非线性

自感式传感器在理论上或实际应用中都存在非线性误差。为了减小非线性误差，常用的方法是采用差动结构和限制测量范围。

对于螺线管型自感式传感器，增加线圈的长度有利于扩大线性范围或提高线性度。在工艺上应注意磁导体和线圈骨架的加工精度、磁导体材料与线圈绕制的均匀性，对于差动结构则应保证其对称性，合理选择衔铁长度和线圈匝数。还有种有效的方法是采用阶梯形线圈，如图 4.15 所示。

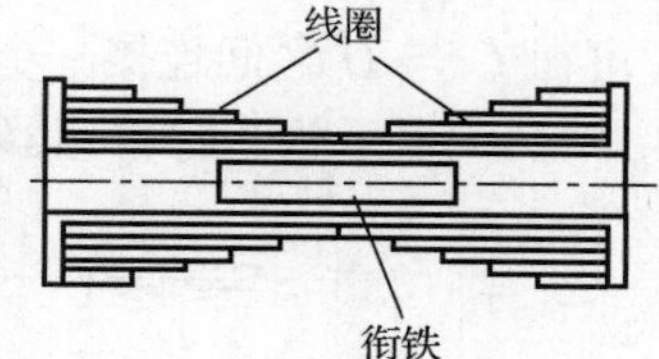

图 4.15 阶梯形线圈

2. 零位误差

差动自感式传感器的衔铁位于中间位置时，电桥输出电压在理论上应为零，但实际上总存在零位不平衡电压输出（零位电压），造成零位误差，如图 4.16（a）所示。过大的零位电压会使放大器提前饱和，若传感器的输出信号作为伺服系统的控制信号，零位电压还会使伺服电机发热，甚至产生零位误动作。零位电压的组成十分复杂，如图 4.16（b）所示，包含有基波分量和高次谐波分量。

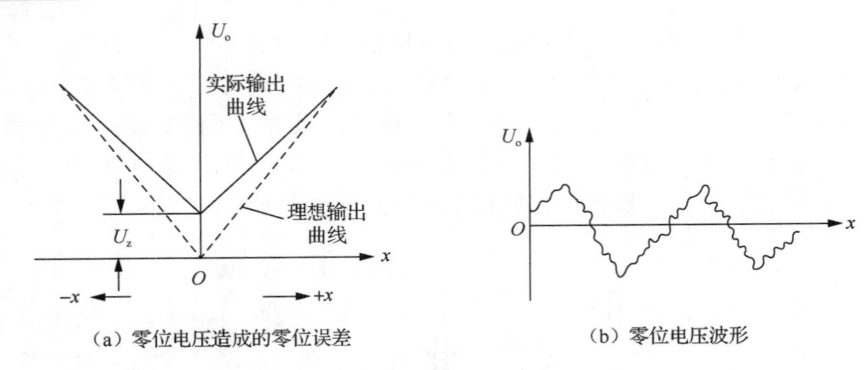

（a）零位电压造成的零位误差　　（b）零位电压波形

图 4.16　零位误差和零位电压波形

产生基波分量的主要原因是传感器两个线圈的电气参数和几何尺寸不对称，以及构成电桥另外两臂的电气参数不一致。由于基波同相分量可以通过调整衔铁的位置（偏离机械零位）而被消除，故通常注重的是基波正交分量。

造成高次谐波分量的主要原因是磁性材料磁化曲线的非线性，同时由于磁滞损耗和传感器两个线圈磁路不对称，造成两个线圈中某些高次谐波成分不一样，不能抵消，于是产生了零位电压的高次谐波。此外，激励电流信号中包含的高次谐波及外界电磁场的干扰，也会产生高次谐波。应合理选择磁性材料与激励电流，使传感器工作在磁化曲线的线性区。此外，减少激励电流的谐波成分与利用外壳进行电磁屏蔽也能有效地减小高次谐波分量。一种常用的方法是采用补偿电路，其原理如下：

（1）串联电阻以消除基波零位电压。

（2）并联电阻以消除高次谐波零位电压。

（3）增加并联电容以消除基波正交分量或高次谐波分量。

零位电压补偿电路如图 4.17 所示。其中，图 4.17（a）为上述原理的典型接法，图中 R_a 用来减小基波正交分量，其作用是使线圈的有效电阻值趋于相等，大小约为 0.1～0.5Ω，线圈可用康铜丝绕制。R_b 用来减小二次、三次谐波分量，其作用是对某一线圈（连接在 A、B 之间或 B、C 之间）进行分流，以改变磁化曲线的工作点，阻值通常为几百～几十千欧。电容 C 用来补偿变压器次级线圈的不对称，其值通常为 100～500pF。有时为了制造与调节方便，可在 C 与 D 之间连接一个电位器 R_P，利用 R_P 与 R_a 的差值对基波正交分量进行补偿。图 4.17（b）所示为一种传感器的实际采用的补偿电路。

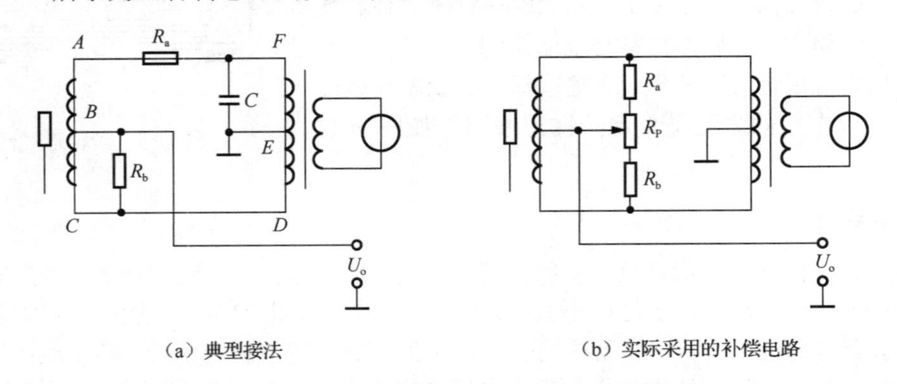

（a）典型接法　　（b）实际采用的补偿电路

图 4.17　零位电压补偿电路典型接法和实际采用的补偿电路

3. 温度误差

环境温度的变化会引起自感式传感器的零点温度漂移、灵敏度温度漂移以及线性度和相位的变化，造成温度误差。

环境温度对自感式传感器的影响主要通过以下方式：

（1）材料的线膨胀系数引起零件尺寸的变化。

（2）材料的电阻率温度系数引起线圈铜阻的变化。

（3）磁性材料的磁导率温度系数、绕组绝缘材料的介质温度系数和线圈几何尺寸的变化引起线圈电感量及寄生电容的改变等。

上述因素对单线圈电感式传感器影响较大，特别对小气隙型、螺线管型自感式传感器影响更大。对于高精度传感器，特别是小量程传感器，如果结构设计不合理，即使采用差动结构，温度影响也不容忽视。因此，在设计高精度传感器及其测量装置时，其材料除满足磁性能要求外，还应注意线膨胀系数的大小与匹配。为此，对某些传感器采用陶瓷、夹布胶木、弱磁不锈钢等材料作线圈骨架，或采用脱胎线圈。

4. 激励电源的影响

自感式传感器多采用交流电桥作测量电路，电源电压与频率的波动将直接导致输出信号的波动。因此，应按传感器的精度要求选择电源电压的稳定度，电压的幅值大小应保证不因线圈发热而导致性能不稳定。此外，电源电压波动会引起铁心磁感应强度和磁导率的改变，从而使铁心磁阻发生变化而造成误差。因此，磁感应强度的工作点要选在磁化曲线的线性段，以免磁导率发生较大变化。

4.2 差动变压器式传感器

将被测的非电量转换为线圈互感变化的传感器称为互感式传感器。这种互感式传感器是根据变压器的基本原理制成的，并且次级线圈都采用差动形式连接，故称差动变压器式传感器。差动变压器式传感器结构形式较多，有变隙型、变面积型和螺线管型等，但其工作原理基本一样。实际应用最多的是螺线管型差动变压器式传感器，它可以测量1～100 mm范围的机械位移，并且具有测量精度高、灵敏度高、结构简单、性能可靠等优点。

4.2.1 螺线管型差动变压器式传感器

螺线管型差动变压器式传感器主要由绝缘绕组骨架、3个绕组（一个原边绕组P、两个反向串联的副边绕组S1、S2）和插入绕组中央的圆柱形铁心b组成。图4.18所示为两种常用的螺线管型差动变压器式传感器结构示意，其中，图4.18（a）为三段螺线管型差动变压器式传感器，图4.18（b）为两段螺绕管型差动变压器式传感器。

在忽略涡流损耗、铁损和耦合电容的理想情况下，螺线管型差动变压器式传感器的等效电路如图4.19所示。图中，R_P和L_P分别为原边绕组P的损耗电阻和自感，R_{S1}和R_{S2}分别为两个副边绕组的电阻，L_{S1}和L_{S2}分别为两个副边绕组的自感，M_1和M_2分别为原边绕组P与副边绕组S1、S2间的互感系数，E_P为原边绕组P上的激励电压，E_{S1}和E_{S2}分别为两个副边绕组上产生的感应电动势，E_S为E_{S1}和E_{S2}所形成的差动输出电压。

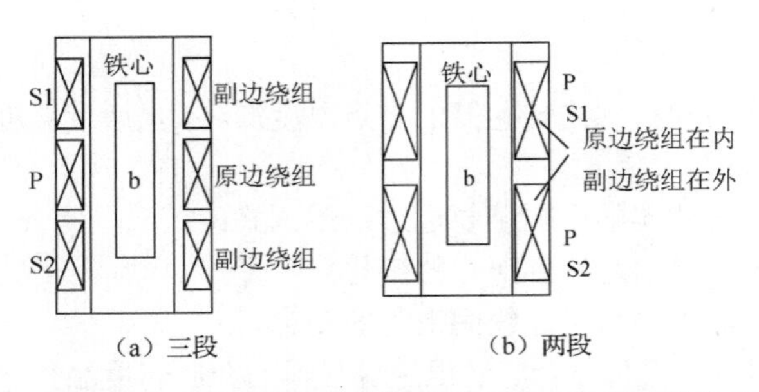

图 4.18　两种常用的螺线管型差动变压器式传感器结构示意

根据变压器的工作原理，在原边绕组中施加适当频率的激励电压时，在两个副边绕组上就会产生感应电动势。若变压器的结构完全对称，当铁心处于初始平衡位置时，$M_1 = M_2 = M$，$E_{S1} = E_{S2}$，这时，螺线管型差动变压器式传感器的输出电压 $E_S = 0$。当铁心偏离初始平衡位置时，两个副边绕组的互感系数发生极性相反的变化，使得 $E_S = E_{S1} - E_{S2} \neq 0$。显然，$E_S$ 随着铁心偏离中心位置将逐渐加大，其输出电压与铁心位置的变化关系——输出特性曲线如图 4.20 所示。由图可知，螺线管型差动变压器式传感器输出电压幅值与铁心位移量成正比，相位随铁心偏离中心平衡位置的方向而不同，相位差为 180°。

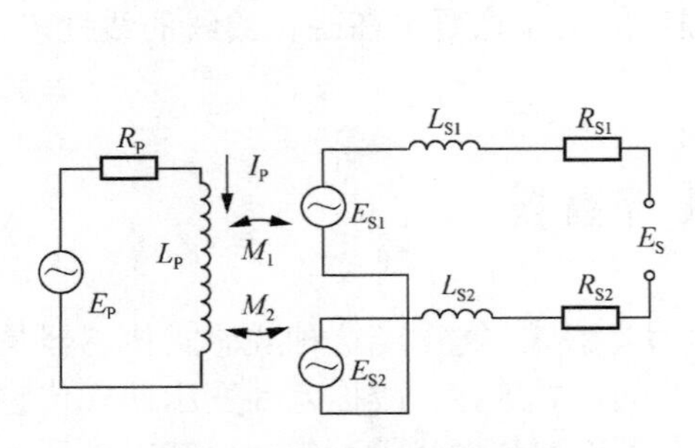

图 4.19　螺线管型差动变压器式传感器的等效电路

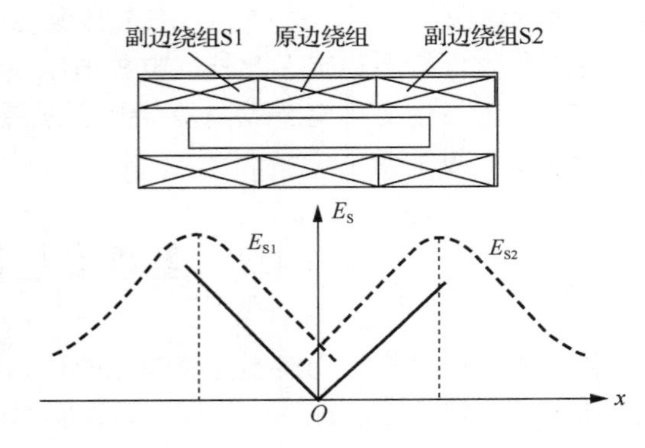

图 4.20　螺线管型差动变压器式传感器的输出特性曲线

根据图 4.19 所示的等效电路，可得

$$\dot{I}_P = \frac{\dot{E}_P}{R_P + j\omega L_P} \tag{4-47}$$

输出电压为

$$\dot{E}_S = \dot{E}_{S1} - \dot{E}_{S2} = M_1 \frac{d\dot{I}_P}{dt} - M_2 \frac{d\dot{I}_P}{dt} \tag{4-48}$$

将电流 $\dot{I}_P$ 写成复指数形式，即 $\dot{I}_P = I_{PM} e^{-j\omega t}$，则有 $\frac{d\dot{I}_P}{dt} = -j\omega I_{PM} e^{-j\omega t} = -j\omega \dot{I}_P$，把它代入式（4-48）并联合式（4-47），得

$$\dot{E}_S = -j\omega(M_1 - M_2)\dot{I}_P = \frac{-j\omega(M_1 - M_2)\dot{E}_P}{R_P + j\omega L_P} \tag{4-49}$$

式中，ω为激励电压的频率。

通过分析式（4-49），可得出以下结论：

（1）当铁心处于中间平衡位置时，互感$M_1 = M_2 = M$，输出电压$E_S = 0$。

（2）当铁心向上移动时，$M_1=M+\Delta M$，$M_2=M-\Delta M$，输出电压$E_S = 2\omega\Delta M E_P \Big/ \sqrt{R_P{}^2 + (\omega L_P)^2}$，并与$E_{S1}$同相。

（3） 当铁心向下移动时，$M_1 = M - \Delta M$，$M_2 = M + \Delta M$，输出电压幅值为$E_S = -2\omega\Delta M E_P / \sqrt{R_P{}^2 + (\omega L_P)^2}$，并与$E_{S2}$同相。

上述输出电压还可以改写成

$$E_S = \frac{2\omega M E_P}{\sqrt{R_P{}^2 + (\omega L_P)^2}} \cdot \frac{\Delta M}{M} = 2E_{S0}\frac{\Delta M}{M} \tag{4-50}$$

式中，E_{S0}为铁心处于中间平衡位置时单个副边绕组的感应电压。显然，螺线管型差动变压器式传感器可以用来测量铁心位移的大小和方向。

4.2.2 差动变压器式传感器特性分析

1. 灵敏度

差动变压器式传感器的灵敏度是指在单位电压激励下，铁心移动单位距离时的输出电压，其单位为V/（mm/V）。一般差动变压器式传感器的灵敏度大于50 mV/（mm/V）。可以通过以下3个途径提高差动变压器式传感器的灵敏度。

（1）提高电感的品质因数Q值，一般情况下，绕组长度为其直径的1.5～2.0倍较合适。

（2）增大铁心直径，使其值接近绕组骨架内径，但不触及绕组骨架；适当增加铁心长度，例如，两段螺线管型差动变压器式传感器的铁心长度为全长的60%～80%；铁心采用磁导率高、铁损小、涡流损耗小的材料。

（3）选择较高的激励频率，同时在不使初原边绕组过热的条件下尽量提高激励电压。

2. 频率特性

由式（4-49）可知，当激励频率过低时，$\omega L_P \ll R_P$，则差动变压器式传感器输出电压变为

$$\dot{E}_S = -j\omega\frac{\dot{E}_P}{R_P}(M_1 - M_2) = -j\omega\frac{2\dot{E}_P}{R_P}\Delta M \tag{4-51}$$

这时，差动变压器式传感器的灵敏度随频率ω的提高而提高。当ω增加到使$\omega L_P \gg R_P$时，式（4-49）变为

$$\dot{E}_S = -\frac{(M_1 - M_2)\dot{E}_P}{L_P} = -\frac{2\dot{E}_P}{L_P}\Delta M \tag{4-52}$$

此时，灵敏度与频率无关，为一个常数。当ω继续增加到超过某一数值时（该值视铁心材料而异），因导线趋肤效应和铁损等影响而使灵敏度下降，激励频率与灵敏度的关系如图4.21所示。通常根据所用铁心材料，选取较高激励频率，以保持灵敏度不变。这样，既可放宽对激励源频率的稳定度要求，又可在一定激励电压条件下减少磁通量或匝数，从而减小尺寸。具体应用时，一般在400Hz～50kHz的范围内选择激励频率。

3. 线性范围

理想的差动变压器式传感器次级输出电压应与铁心位移呈线性关系。由于铁心的直径、长度、材质和绕组骨架的形状、大小等因素均对线性关系有直接的影响，因此，实际上一般差动变压器式传感器的线性范围约为绕组骨架长度的 1/10～1/4。

如果把差动变压器式传感器的交流输出电压用差动整流电路进行整流，就能使输出电压的线性度得到改善。此外，也可以依靠测量电路改善差动变压器式传感器的线性度和扩展线性范围。

4. 温度特性

由于机械结构的膨胀、收缩，以及测量电路的温度特性等的影响，会造成差动变压器式传感器的测量精度下降。机械部分的热胀冷缩会影响差动变压器式传感器测量精度，造成的误差可达几微米到几十微米。

在造成温度误差的各项原因中，影响最大的是原边绕组的电阻温度系数。当温度变化时，原边绕组的电阻变化引起初级电流增减，从而造成副边绕组电压随温度而变化。为此，可采取稳定激励电流的方法，温度补偿电路如图 4.22 所示。在原边绕组串联一个高阻值降压电阻 R，或者同时串联热敏电阻 R_T 进行温度补偿。适当选择 R_T 值，可在温度变化时使原边总电阻近似不变，从而使激励电流保持恒定。

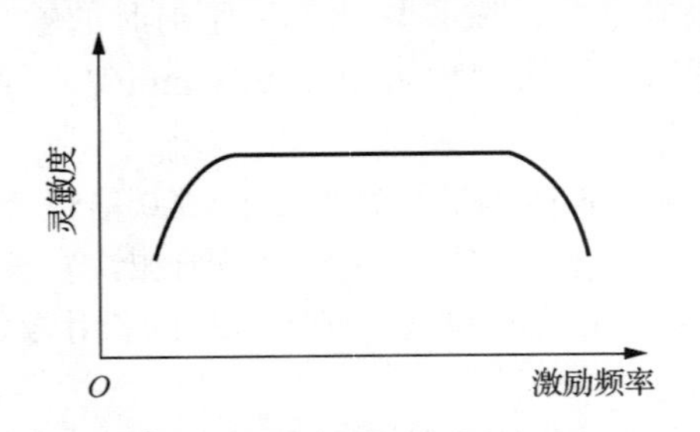

图 4.21　激励频率与灵敏度的关系

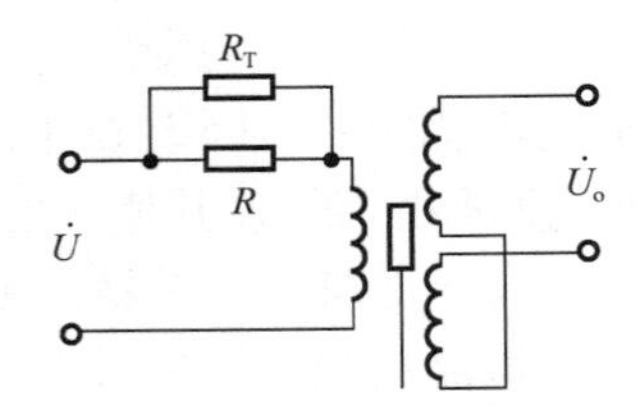

图 4.22　温度补偿电路

温度变化也将引起副边绕组电阻的变化，从而引起 E_S 的变化。此外，铁心的磁特性、磁导率、铁损、涡流损耗等也将随温度一起变化，但这些影响均较小，可以忽略不计。

当小型的差动变压器式传感器在低频场合下使用时，在其原边绕组阻抗中，线圈电阻所占的比例较大。此时，差动变压器式传感器的温度系数约为-0.3%/℃。当大型差动变压器式传感器在较高频率下使用时，其温度系数较小，一般约为（-0.05%～0.1%）/℃。

特别提示

差动变压器式传感器的工作温度通常为 80℃，特别制造的高温型差动变压器式传感器的工作温度可达到 150℃。

5. 零点残余电压及其补偿

在理想情况下，当铁心位于中间平衡位置时，差动变压器式传感器输出电压应为零，但实际上其存在有零点残余电压（见图 4.23）。产生零点残余电压的原因有很多，主要是由传感器的两个副边绕组的电气参数与几何尺寸不对称、磁性材料的非线性等引起的。另外，铁心长度、激励频率的高低等都对零点残余电压有影响。一般情况下，零点残余电压大小为几十毫伏，它的存在使传感器的实际输出特性和理论特性不完全一致，造成传感器在零点附近的灵敏度下降。零点残余电压过大，还将使传感器的线性度变坏，甚至会使放大器饱和，阻塞有用信号的通过，导致仪器不能正常工作。消除零点残余电压的方法主要有以下4种。

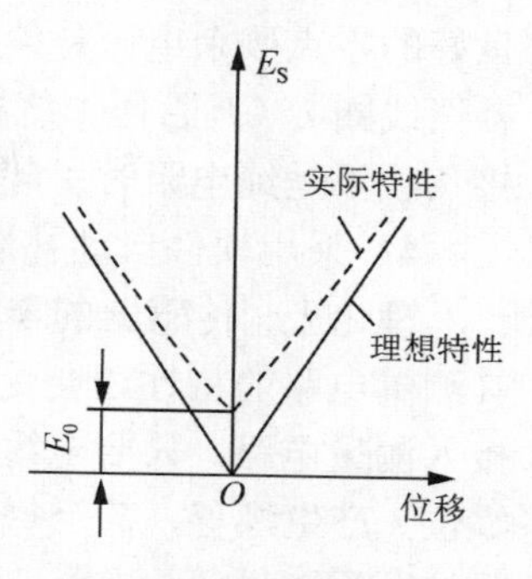

图4.23 零点残余电压

1）在设计和工艺上保证结构的对称性

产生零点残余电压的主要原因是次级线圈不对称，因此，有必要在线圈的材料和直径尺寸、匝数、匝数比、绝缘材料的选择以及绕制方法等方面进行对称设计。同时，铁心材料要均匀，并经过热处理，以改善磁导性能，提高磁导性能的均匀性和稳定性。在实际应用中，可采用拆圈的方法使两个副边绕组的等效参数相等，以减小零点残余电压。

2）选用合适的测量线路

采用相敏检波电路不仅可以鉴别衔铁的移动方向，而且可以把衔铁在中间平衡位置时因高次谐波引起的零点残余电压消除。

3）采用补偿电路

在电路上进行补偿，补偿方法主要有加入串联电阻、加入并联电容、加入反馈电阻或反馈电容等。图4.24所示为4种零点残余电压的补偿电路。

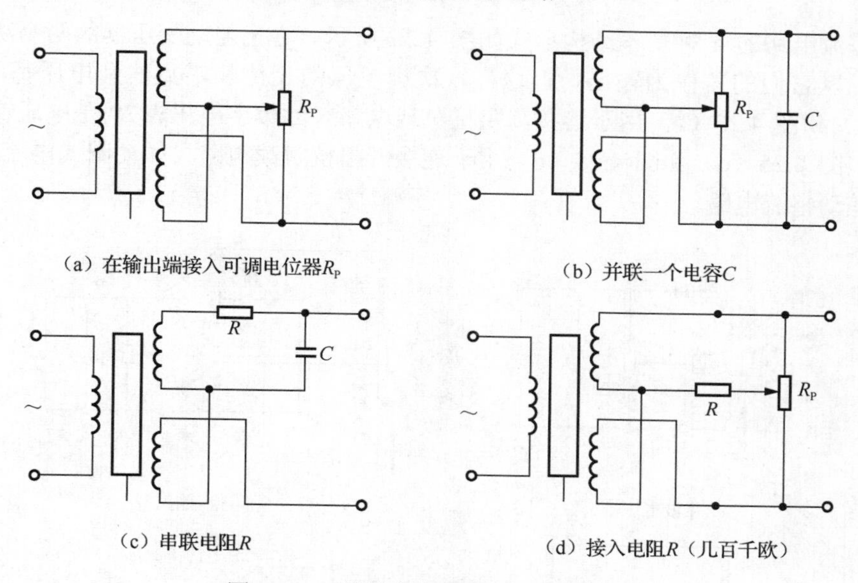

（a）在输出端接入可调电位器R_P　（b）并联一个电容C

（c）串联电阻R　（d）接入电阻R（几百千欧）

图4.24 4种零点残余电压的补偿电路

在图4.24（a）中，在输出端接入可调电位器 R_P（一般取10 kΩ左右），通过调节电位器电阻值，可使两个副边绕组输出电压的大小和相位发生变化，从而使零点残余电压为最小值。这种方法对基波正交分量有明显的补偿效果，但无法补偿高次谐波分量。如果并联一个电容 C（常取0.1 μF以下），就可以有效地补偿高次谐波分量，防止调节电位器时的零点移动，如图4.24（b）所示。在图4.24（c）中，串联电阻 R 可用来调整副边绕组的电阻值不平衡情况，两个副边绕组的感应电动势相位不同，并联电容 C 可改变某一输出电动势的相位，起到良好的零点残余电压补偿作用。在图 4.24（d）中，在电路中接入电阻 R（几百千欧）或把补偿线圈 L（几百匝）绕在差动变压器的副边绕组上，以减小副边绕组的负载电压，避免外接负载不是纯电阻时引起较大的零点残余电压。

4）采用软件自动补偿技术

理论上，传感器的零位误差可以通过电路设计和调试可以完全消除，但实际上传感器及其测量电路的特性还会受时间和环境等因素的影响。例如，传感器输出的信号通常通过电缆接入测量电路，只要电缆被拨动一下，电桥参数就会相应地发生变化，电桥零点位置（简称零位）产生漂移，甚至每次开机测量都会导致电桥零位的漂移。此时，必须重新对电路进行阻抗匹配调试等，测量过程极为不便。为此，可以通过软件自动补偿技术校正零点漂移误差。每次测量之前，由计算机将数据处理中的零点输出量进行存储，然后再将实时的采样数据减去相应的零点输出量，从而消除零点漂移对测量精度的影响。

4.2.3 差动变压器式传感器的测量电路

差动变压器输出的是交流电压，当用交流电压表测量时，只能反映铁心位移的大小，不能反映位移方向，而且还存在零点残余电压。为了达到能辨别位移方向和消除零点残余电压的目的，常采用差动整流电路和相敏检波电路。

1. *差动整流电路*

差动整流电路的 4 种基本结构形式如图 4.25 所示。它把差动变压器的两个次级电压分别整流后，以它们的差作为输出量。这样，次级电压的相位和零点残余电压都不必考虑。图 4.25（a）和图 4.25（b）用于连接高阻抗负载电路（如数字电压表），是电压输出型差动整流电路；图 4.25（c）和图 4.25（d）用于连接低阻抗负载电路（如动圈式电流表），是电流输出型差动整流电路。

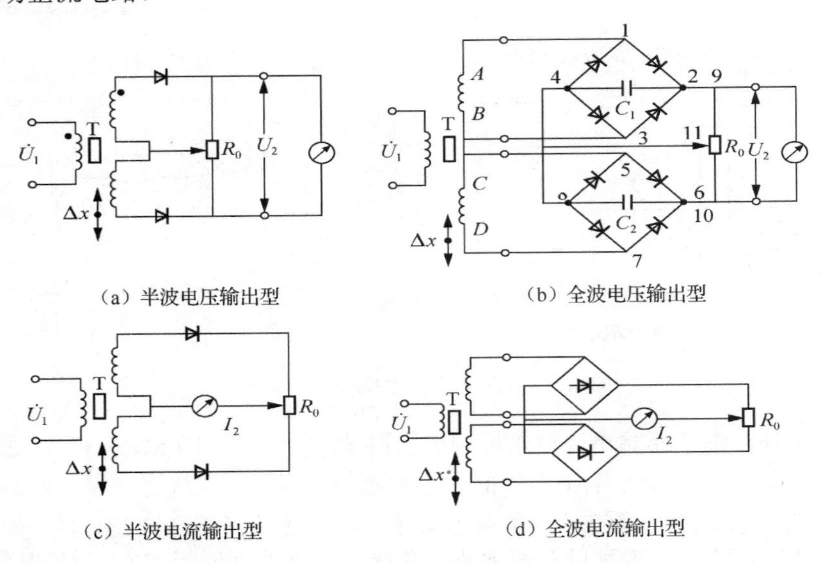

（a）半波电压输出型　（b）全波电压输出型

（c）半波电流输出型　（d）全波电流输出型

图 4.25　差动整流电路的 4 种基本结构形式

2. 相敏检波电路

相敏检波电路如图4.26所示。图中，参考电压E_K与差动变压器式传感器输出电压E_S具有相同的频率。通过相敏检波电路调理后，其直流输出电压信号的极性反映铁心位移方向。

这种电路的缺点是E_K和E_S的相位必须一致，在差动变压器式传感器用低频激励电流的场合，次级电压对初级电压的导前角大，因此，还必须有移相电路，使E_K和E_S的相位一致；在用高频激励电流的场合，差动变压器式传感器的原边/副边绕组电压相位变化小。但振荡器同时供差动变压器式传感器与整流器使用，负载较大。另外，比较电压E_K必须比E_S最大值还大，若两者大小在同等程度上，则输出线性度变差。

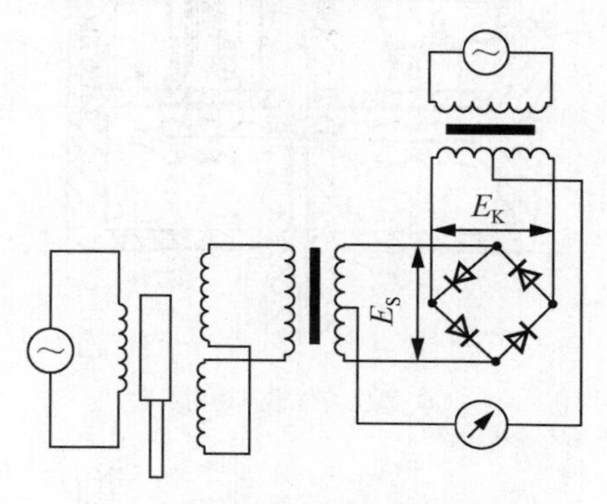

图4.26　相敏检波电路

相敏检波电路可以利用半导体二极管或晶体管等分离器件来实现。随着电子技术的发展，出现了集成化的全波相敏解调器。例如，单片集成电路LZX 1是含有开关元件的全波相敏解调器，能完成把输入的交流信号经全波整流后变为直流信号，以及具有鉴别输入信号的相位等功能。

差动变压器式传感器和LZX 1的连接电路如图4.27所示。图中，E_S作为LZX 1的信号输入电压，E_K作为LZX 1的参考输入电压，R为调零电位器，C为消振电容。调整移相器可使参考电压和差动变压器式传感器副边绕组输出电压相位相同或相反。

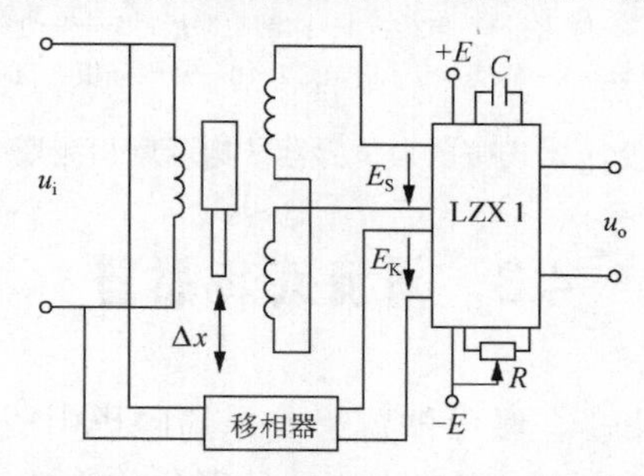

图4.27　差动变压器式传感器和LZX 1的连接电路

【应用示例1】由差动变压器构成的微压力传感器。

将差动变压器和弹性敏感元件（膜片、膜盒和弹簧管等）相结合，可以组成各种形式的压力传感器。图4.28所示为微压力传感器结构示意和测量电路原理示意。它用膜盒作为敏感元件，当被测压力$p_1 \neq p_2$（参考压力）时，膜盒自由端产生位移，从而带动与膜盒自由端相连的差动变压器衔铁，通过差动变压器将位移即被测压力变化转换成相应大小的电压输出。差动变压器输出的电压通过检波、滤波和 U/I 转换器后，输出 4～20mA 标准电流信号供远传并在仪表上显示。

这种微压力传感器经分挡可测量（-5×10^4～6×10^4）N/m^2 压力，精度分为 1 级和 1.5 级。

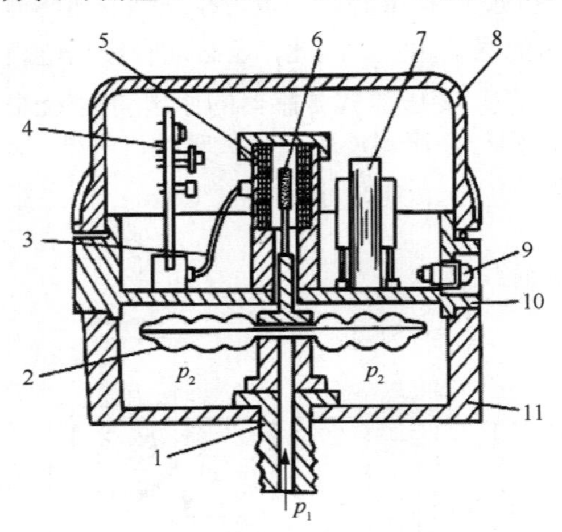

（a）微压力传感器结构示意

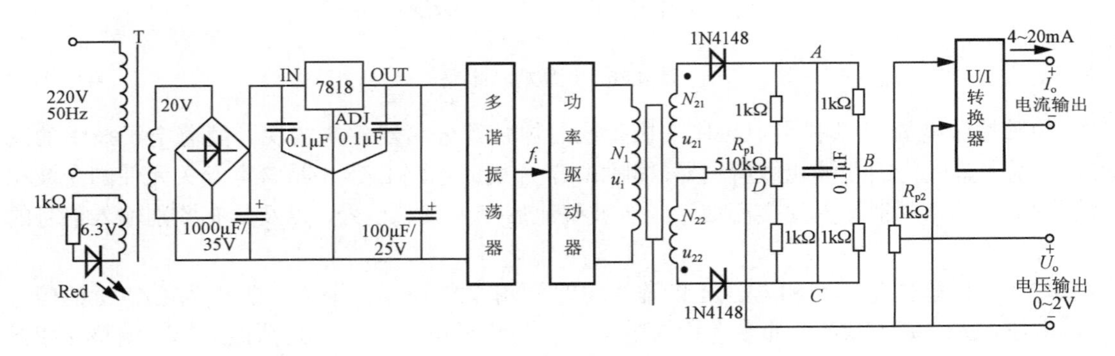

（b）测量电路原理示意

1—压力输入接头；2—膜盒；3—电缆；4—印制电路板；5—差动变压器；6—衔铁；
7—电源变压器；8—罩壳；9—指示灯；10—密封隔板；11—安装底座

图 4.28 差动变压器式微压力传感器结构示意和测量电路原理示意

4.3 涡流式传感器

根据法拉第电磁感应定律，金属导体置于变化的磁场中或在磁场中作切割磁力线运动时，导体内将产生呈漩涡状流动的感应电流，这种现象称为涡流效应。

涡流的大小与金属导体的电阻率 ρ、磁导率 μ、几何尺寸、产生磁场的线圈与金属的距离 x、线圈的激励电流及其频率等参数有关。如果固定其中的若干参数，就能按涡流的大小测量出其余参数。

涡流式传感器是一种根据涡流效应原理制作的传感器，它具有结构简单、频率响应宽、灵敏度高、测量线性范围大、抗干扰能力强以及体积较小等一系列优点，可以实现振动、位移、尺寸、转速、温度、硬度等参数的非接触测量，并且还可以进行无损探伤。

涡流具有集肤效应，该效应是指涡流总是趋于导体表面流动，其密度随着进入磁场的导体深度的增加而迅速衰减的现象。涡流衰减的程度用渗透深度表示，其值与传感器线圈激励电流的频率有关。渗透深度随激励电流频率的增加而减小。因此，根据涡流在导体中的渗透情况，通常把涡流式传感器按激励电流频率的高低分为高频反射型涡流式传感器和低频透射型涡流式传感器两大类。

4.3.1 高频反射型涡流式传感器

1. 传感器结构及工作原理

图 4.29 所示为经典高频反射型（CZF1 型）涡流式传感器的结构示意。它主要由一个固定在框架上的扁平线圈组成。线圈可以粘贴于框架上，也可以在框架上开一条槽，把导线绕制在槽内而形成一个线圈。用于绕制线圈的导线一般为高强度漆包铜线，若对传感器的要求高一些，可选用银线或银合金线，在较高的温度条件下，必须用耐高温漆包线。

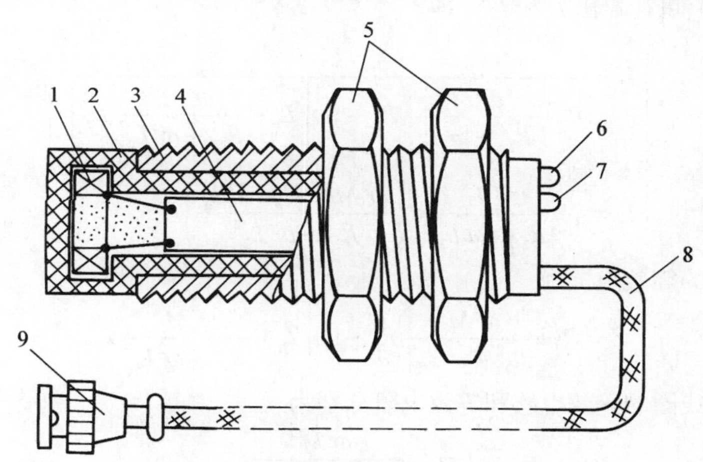

1—线圈；2—探头壳体；3—位置调节螺纹；4—印制电路板；
5—夹持螺母；6—电源指示灯；7—阈值指示灯；8—屏蔽式电缆线；9—电缆插头

图 4.29 经典高频反射型（CZF1 型）涡流式传感器的结构示意

此类传感器的工作原理如图 4.30（a）所示。其中，线圈由高频信号激励，使线圈产生一个高频交变磁场 H_1，当被测金属导体靠近线圈且处于磁场作用范围内时，在金属导体表层感应出涡流；此涡流又产生一个交变磁场 H_2 阻碍外磁场的变化，因此线圈的实际有效磁场产生了变化，从而使线圈的有效阻抗发生变化。下面用等效电路进一步说明涡流效应的实质。

可把金属导体看作一个等效线圈，它与传感器线圈存在磁耦合。于是，可以得到如图 4.30（b）所示的等效电路。图中，R_1 和 L_1 分别为传感器线圈的电阻和电感，R_2 和 L_2 分别为金属导体等效线圈的电阻和电感，M 为金属导体与传感器线圈的互感，$\dot{U}_1$ 为激励电压。根据基尔霍夫定律及所设电流方向，可得

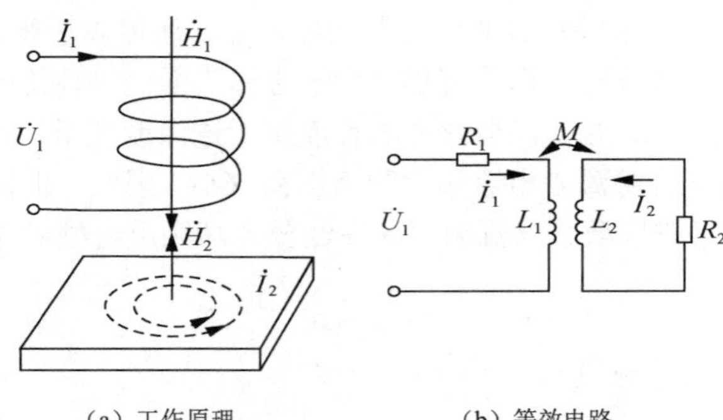

（a）工作原理　　（b）等效电路

图 4.30　高频反射型涡流式传感器工作原理及等效电路

$$\begin{cases} R_1\dot{I}_1 + \mathrm{j}\omega L_1\dot{I}_1 - \mathrm{j}\omega M\dot{I}_2 = \dot{U}_1 \\ R_2\dot{I}_2 - \mathrm{j}\omega M\dot{I}_1 + \mathrm{j}\omega L_2\dot{I}_2 = 0 \end{cases} \tag{4-53}$$

由式（4-53）可计算出 $\dot{I}_1$ 和 $\dot{I}_2$，即

$$\begin{cases} \dot{I}_1 = \dfrac{\dot{U}_1}{R_1 + \dfrac{\omega^2 M^2}{R_2^2+\omega^2 L_2^2}R_2 + \mathrm{j}\omega\left[L_1 - \dfrac{\omega^2 M^2}{R_2^2+\omega^2 L_2^2}L_2\right]} \\ \dot{I}_2 = \mathrm{j}\omega\dfrac{M\dot{I}_1}{R_2+\mathrm{j}\omega L_2} = \left(\dfrac{\omega^2 M L_2 + \mathrm{j}\omega M R_2}{R_2^2+\omega^2 L_2^2}\right)\dot{I}_1 \end{cases} \tag{4-54}$$

于是，线圈的等效阻抗为

$$Z = R_1 + \frac{\omega^2 M^2}{R_2^2+\omega^2 L_2^2}R_2 + \mathrm{j}\omega\left[L_1 - \frac{\omega^2 M^2}{R_2^2+\omega^2 L_2^2}L_2\right] \tag{4-55}$$

从而可得到线圈的等效电感和等效电阻分别为

$$L = L_1 - \frac{\omega^2 M^2}{R_2^2+\omega^2 L_2^2}L_2 \tag{4-56}$$

$$R = R_1 + \frac{\omega^2 M^2}{R_2^2+\omega^2 L_2^2}R_2 \tag{4-57}$$

由式（4-56）和式（4-57）可知，有金属导体影响后，线圈的电感由原来的 L_1 减小为 L，电阻由 R_1 增大为 R 。

由于涡流的影响，线圈阻抗的实数部分增大，虚数部分减小，因此线圈的品质因数 Q 下降，此时，线圈的品质因数 Q 为

$$Q = Q_0\left[1 - \frac{L_2}{L_1}\cdot\frac{\omega^2 M^2}{|Z_2|^2}\right]\Bigg/\left[1 + \frac{R_2}{R_1}\cdot\frac{\omega^2 M^2}{|Z_2|^2}\right] \tag{4-58}$$

式中，Q_0 为无涡流影响时线圈的品质因数，$Q_0 = \omega L_1/R_1$；Z_2 为金属导体等效线圈的阻抗，$|Z_2| = \sqrt{R_2^2+\omega^2 L_2^2}$ 。

由上式可知，被测参数的变化既能引起线圈阻抗 Z 变化，也能引起线圈电感 L 和线圈的品质因数 Q 变化。因此，传感器所用的测量电路可以选用 Z、L、Q 中的任一参数，并将其转换成电量，即可达到测量的目的。这样，金属导体的电阻率 ρ、磁导率 μ、线圈激励电流

的角频率 ω 以及线圈与被测金属导体的距离 x 等参数，都将通过涡流效应和磁效应与线圈阻抗发生联系。或者说，线圈阻抗 Z 是这些参数的函数，可写成

$$Z = f(\rho, \mu, x, \omega) \tag{4-59}$$

若能控制式（4-59）中其他参数不变，只改变其中一个参数，则阻抗就成为这个参数的单值函数，从而实现该参数的测量。

特别提示

由于线圈阻抗与被测金属体的电磁参数、线圈与工件的距离、激励频率、工件形状及表面粗糙度、有无缺陷等诸多因素有关，因此在涡流检测中，为保证测量结果的可靠性，必须在传感器结构及电路设计上考虑干扰因素的抑制问题。

2. 测量电路

1）调幅测量电路

图 4.31 所示为定频调幅测量电路的原理示意。图中，线圈等效电感 L_x 与电容 C_0 并联组成 LC 谐振回路。石英晶体振荡器起恒流源的作用，给谐振回路提供一个稳定的高频激励频率 f_0（100kHz～1MHz）。R 为耦合电阻，用来降低传感器对振荡器工作的影响，其数值大小将影响测量电路的灵敏度，耦合电阻的选择应考虑振荡器的输出阻抗和传感器线圈的品质因数。

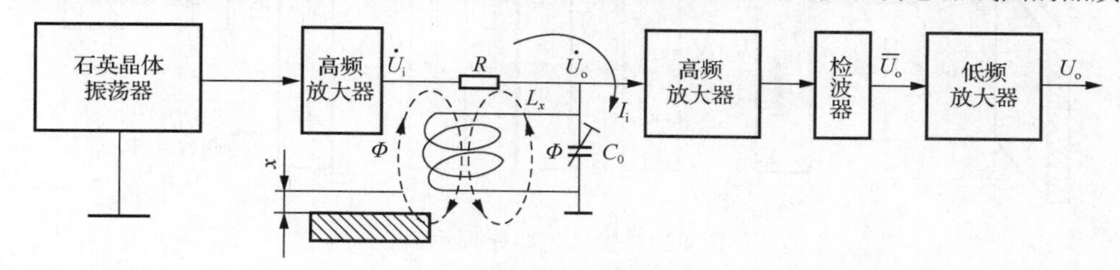

图 4.31 定频调幅测量电路原理示意

当激励电流为 I_i 时，LC 谐振回路输出电压为

$$\dot{U}_o = I_i Z \tag{4-60}$$

式中，Z 为 LC 谐振回路的阻抗。

设线圈空载时的电感为 L_0，LC 谐振回路谐振频率 $f = 1/(2\pi L_0 C_0)$，即等于石英晶体振荡频率 f_0。谐振回路呈现的阻抗最大，其输出电压也最大；当线圈靠近被测金属导体时，线圈的等效电感 L_x 随线圈与被测金属导体之间的距离 x 的变化而变化，导致回路失谐，谐振峰将向左或右移动（若是非铁磁性材料，则谐振峰向右移动；若是铁磁性材料，则谐振峰向左移动），同时输出电压减小，输出特性如图 4.32（a）所示。测出不同距离 x 时的输出电压值后，得到图 4.32（b）所示的电压与距离关系曲线，就可以由输出电压的变化来表示传感器与被测金属导体距离 x 的变化，从而实现对位移量的测量。

2）调频测量电路

调频测量电路原理示意如图 4.33 所示。传感器线圈接入 LC 振荡回路，当传感器线圈与被测金属导体距离 x 改变时，在涡流影响下，传感器的电感变化将导致振荡频率的变化。该变化的频率是距离的函数，可由数字频率计直接测量，或者通过 $F\text{-}V$ 变换，用数字电压表测量对应的电压。

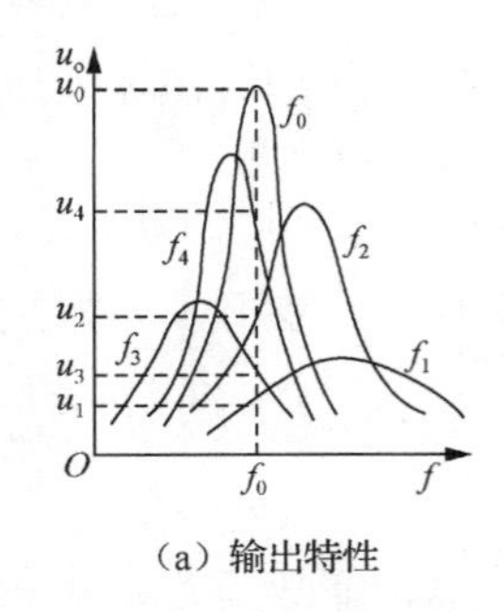

（a）输出特性

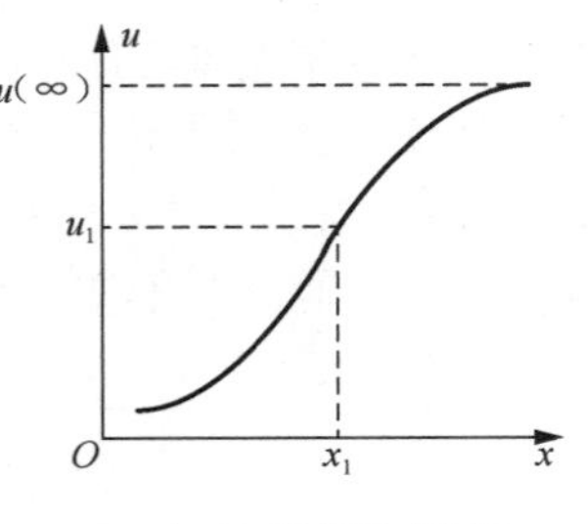

（b）电压与距离关系曲线

图 4.32 定频调幅测量电路输出特性及其电压与距离关系曲线

这种调频测量电路稳定性较差，因为LC振荡器的频率稳定性最高只有10^{-5}数量级。虽然可以通过扩大调频范围来提高稳定性，但是调频的范围不能无限制扩大。另外，采用这种测量电路时，不能忽略连接传感器与LC振荡器的电缆分布电容，微小的电容变化将引起频率很大的变化，严重影响测量结果。为此，可设法把LC振荡器的电容元件和传感器线圈组装成一体。

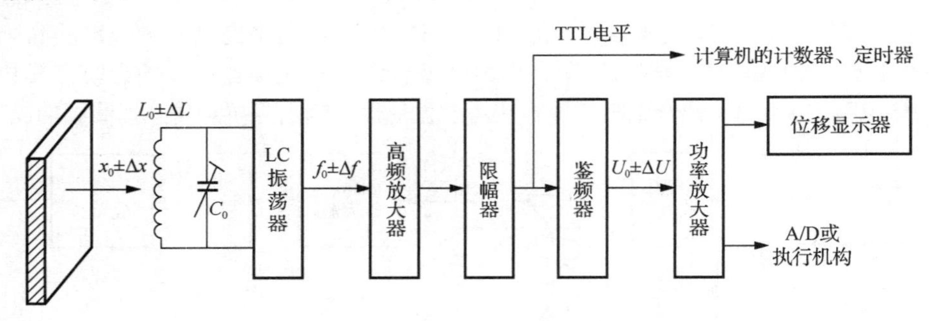

图 4.33 调频电路原理示意

4.3.2 低频透射型涡流式传感器

低频透射型涡流式传感器工作原理示意如图4.34所示。发射线圈L_1和接收线圈L_2分别位于被测金属板M的上方和下方。由振荡器产生的音频电压u加载到L_1的两端后，线圈中流过一个同频的交变电流，并在其周围产生一个交变磁场。如果该两个线圈之间不存在被测金属板M，线圈L_1的磁场就能直接贯穿线圈L_2。于是，线圈L_2两端就会感生出一个交变电动势，即感应电动势E。

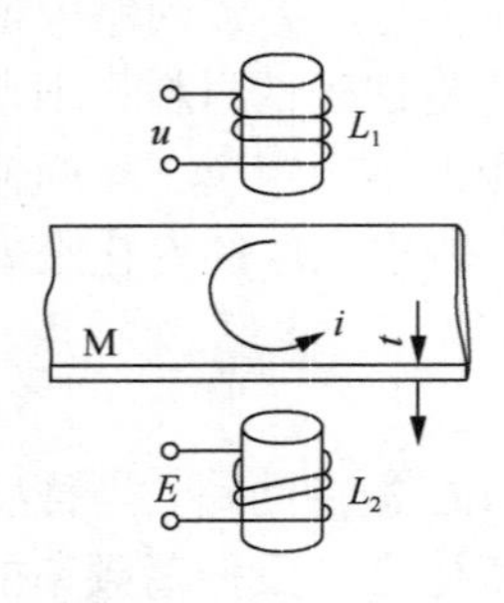

图 4.34 低频透射型涡流式传感器工作原理示意

在线圈L_1与线圈L_2之间放置一块金属板M后，线圈L_1产生的磁力线必然切割金属板M（M可以看作一匝短路线圈），并在金属板M中产生涡流i。这个涡流损耗了部分磁场能量，使到达L_2的磁力线减少，从而引起E值的下降。金属板M的厚度t越大，涡流损耗也越大，E就越小。由此可知，E的大小间接反映了金属板M的厚度t。

金属板M中的涡流i的大小不仅取决于厚度

t，而且与金属板 M 的电阻率 ρ 有关。而 ρ 又与金属材料的化学成分和物理状态有关，特别是与温度有关，这些因素会引起相应的测试误差，并限制了这种传感器的应用范围。补救的办法是对不同化学成分的被测金属材料分别进行校正，并要求被测金属材料温度恒定。

进一步的理论分析和实验结果证明，E 与 $e^{-t/Q_{渗}}$ 成正比，其中，t 为被测金属材料的厚度，$Q_{渗}$ 为涡流渗透深度。而 $Q_{渗}$ 又与 $\sqrt{\rho/f}$ 成正比，其中，ρ 为被测金属材料的电阻率，f 为交变电磁场的频率。因此，接收线圈的感应电动势 E 随被测金属材料厚度 t 的增大而按负指数幂的规律减小，如图 4.35 所示。

对于确定的被测金属材料，其电阻率为定值，但当选用不同的交变电磁场频率 f 时，涡流渗透深度 $Q_{渗}$ 值也是不同的，从而使 $E=f(t)$ 函数曲线的形状发生变化，如图 4.36 所示。

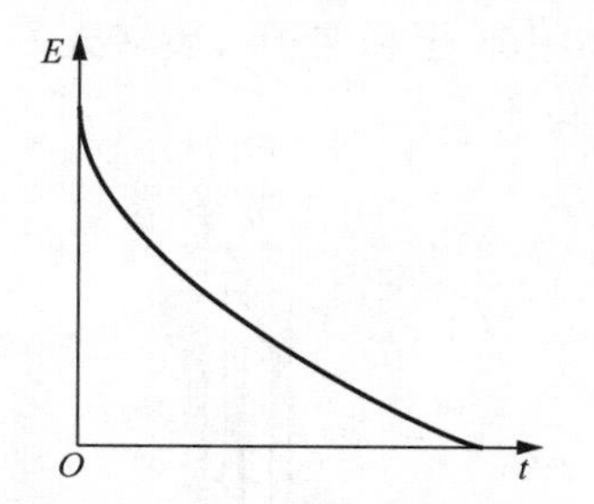

图 4.35　线圈感应电动势与金属材料厚度关系曲线

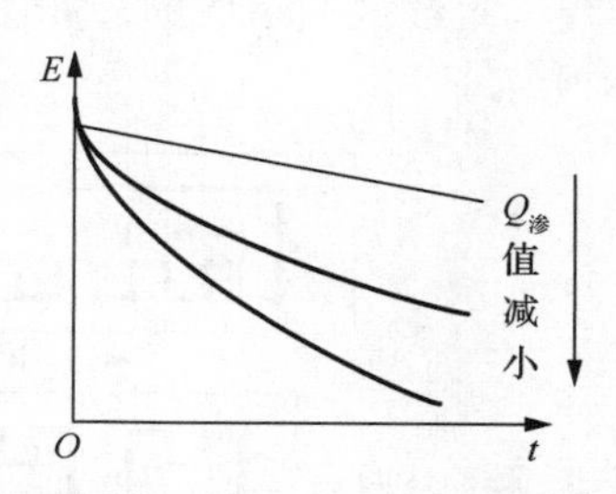

图 4.36　涡流渗透深度对 $E=f(t)$ 函数曲线的影响

从图 4.36 中可以看到，在 t 值较小的情况下，涡流渗透深度 $Q_{渗}$ 值小的曲线斜率大于 $Q_{渗}$ 值大的曲线的斜率；在 t 值较大的情况下，$Q_{渗}$ 值大的曲线斜率大于 $Q_{渗}$ 值小的曲线斜率。因此，测量薄的金属板时应选较高的频率，而测量厚度较大的金属板时，应选较低的频率。

对于一定的交变电磁场频率 f，当被测金属材料的电阻率 ρ 不同时，涡流渗透深度 $Q_{渗}$ 值也不相同，于是又引起 $E=f(t)$ 函数曲线形状的变化。为使测量不同电阻率 ρ 的金属材料时所得到的曲线形状相近，就需在电阻率 ρ 值变化时保持 $Q_{渗}$ 值不变。这时应该相应地改变 f，即测量电阻率 ρ 值较小的金属材料（如紫铜）时，选用较低的频率（500Hz）；而测量电阻率 ρ 值较大的金属材料（如黄铜、铝）时，选用较高的频率（2kHz），从而保证传感器在测量不同金属材料时的线性度与灵敏度。

4.4　感应同步器

感应同步器是利用两个平面绕组的互感随其相对位置的不同而发生变化的原理制成的，用来测量直线位移或转角位移。测量直线位移的感应同步器称为直线感应同步器，测量转角位移的感应同步器称为圆感应同步器。感应同步器具有如下优点。

（1）具有较高的测量精度和分辨力。目前直线感应同步器的精度可达±1.5μm，分辨力达 0.05μm；直径为 300mm 的圆感应同步器精度达±1″，分辨力达 0.05″。

（2）感应同步器基于电磁感应原理，其感应电动势大小仅取决于磁通量的变化率，几乎不受环境因素如温度、油污、尘埃等的影响。

（3）工作时无接触式摩擦或磨损，使用寿命长，工作可靠，抗干扰能力强，适用于恶劣的工作环境，而且便于维护。

（4）直线感应同步器的测量长度大，可以根据需要，把若干定尺接长使用，其长度可达20m。

（5）工艺性好，成本较低，便于复制和批量生产。

目前，直线感应同步器被广泛用于大位移与动态测量中，如三坐标测量机、程控数控机床及高精度重型机床；圆感应同步器则被广泛用于机床和仪器的转台以及各种回转伺服控制系统中。

4.4.1 感应同步器的结构和工作原理

感应同步器有直线式和旋转式（圆盘式）两种基本结构形式，前者是由可以相对移动的滑尺和定尺（直线式）组成的，如图 4.37 所示；后者是由转子和定子（旋转式）组成的，如图 4.38 所示。

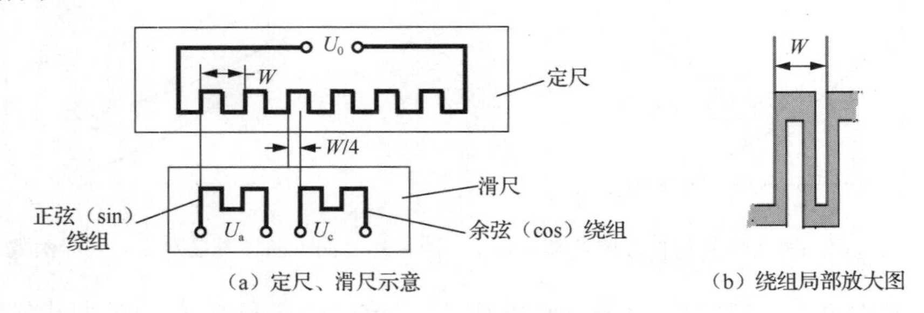

（a）定尺、滑尺示意　　（b）绕组局部放大图

图 4.37　直线感应同步器结构示意

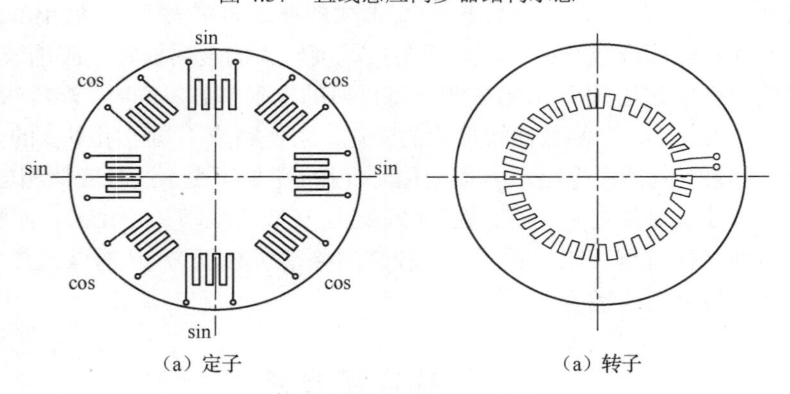

（a）定子　　（a）转子

图 4.38　圆感应同步器结构示意

这两类感应同步器是采用同样的工艺制造的。一般情况下，首先用绝缘胶黏剂把导电铜箔（厚度为 0.04～0.05mm）黏牢在低碳钢或玻璃等非导磁材料的基板上，然后按设计要求，利用光刻或化学腐蚀工艺，将铜箔腐刻成不同曲折形状的平面绕组，这种绕组一般称为印制电路绕组。直线感应同步器的定尺和滑尺、圆感应同步器的转子和定子上的绕组分布方式是不相同的。在定尺和转子上的绕组是连续绕组，典型周期（节距）为 W=2mm，在滑尺和定子上的则是分段绕组。分段绕组分为两组，布置成在空间相差 W/4 节距，则产生的信号相位相差 $\pi/2$，故又称为正弦/余弦绕组。感应同步器的连续绕组和分段绕组相当于变压器的原边绕组（初级绕组）和副边绕组（次级绕组），利用交变电磁场和互感原理工作。

安装时，定尺和滑尺或转子和定子上的平面绕组面对面地放置。由于绕组之间气隙的变化会影响到电磁耦合度（互感）的变化，因此气隙一般必须保持在（0.25±0.05）mm 的范围内。同步感应器工作时，如果在其中一种绕组上通以交流激励电压，由于电磁耦合，在另一种绕组上就产生感应电动势，该电动势随定尺与滑尺（或转子与定子）的相对位置不同而呈正弦函数和余弦函数变化。通过对电动势信号的检测处理，便可测量出直线或转角的位移量。图 4.39 是直线感应同步器测量系统示意。

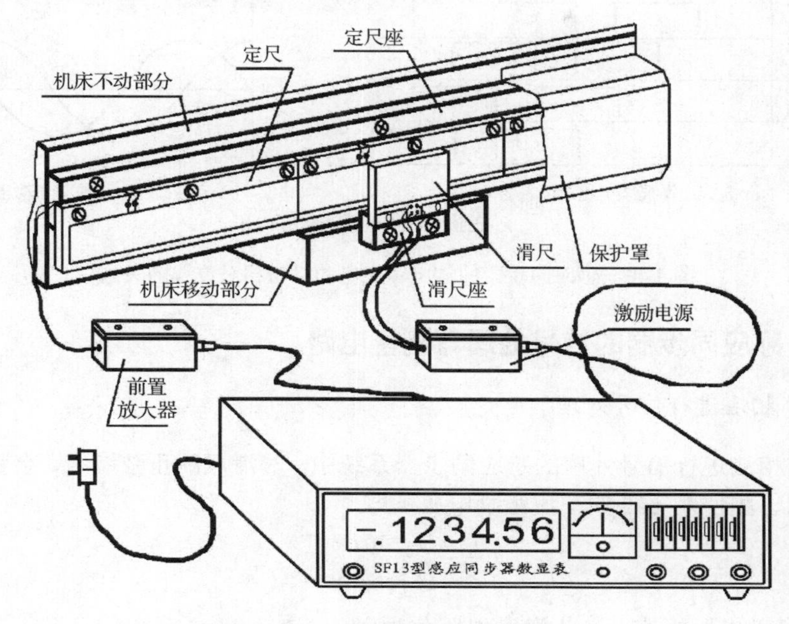

图 4.39 直线感应同步器系统示意

下面用一个简化的直线感应同步器的绕组结构说明它的输出感应电动势与定尺和滑尺绕组相对位置的关系。图中，若在定尺绕组上施加交流激励电压，当滑尺位于 A 点位置时，正弦绕组与定尺绕组重合，其上产生的感应电动势最大；当滑尺相对于定尺平行移动后，感应电动势逐渐减少，在错开 $W/4$ 节距的 B 点，感应电动势为零；继续移至 $W/2$ 节距的 C 点时，得到的电压值与 A 点相同，但极性相反；当移动到 $3W/4$ 节距的 D 点，感应电动势又变为零；继续移动滑尺到 E 点，完成了一个节距 W 的位移，此时感应电动势幅值与 A 点相同。由图 4.40（b）可知，滑尺在移动一个节距 W 的过程中，正弦绕组上的感应电动势 e_s 形成了一个余弦波形的变化周期。同理，可以得到滑尺移动过程中余弦绕组上的感应电动势 e_c 随位置变化的输出波形，只是由于正弦绕组、余弦绕组的初始位置相差 $W/4$ 节距，因此，两个感应电动势相位相差 $\pi/2$。

根据图 4.40（b）绘出的电压波形与定尺、滑尺相对位位置之间的关系，可得正弦绕组、余弦绕组上的感应电动势分别为

$$\left.\begin{aligned} e_s &= E_m \cos\frac{2\pi x}{W} \\ e_c &= E_m \sin\frac{2\pi x}{W} \end{aligned}\right\} \tag{4-61}$$

由以上分析可知，在励磁绕组中加上一定的交变励磁电压，感应绕组中就会感应出相同频率的感应电动势，其幅值大小随着滑尺的移动作正弦、余弦周期性变化。滑尺移动一个节

距 W，感应电动势变化一个周期，感应同步器就是利用感应电动势的变化进行位置检测的。

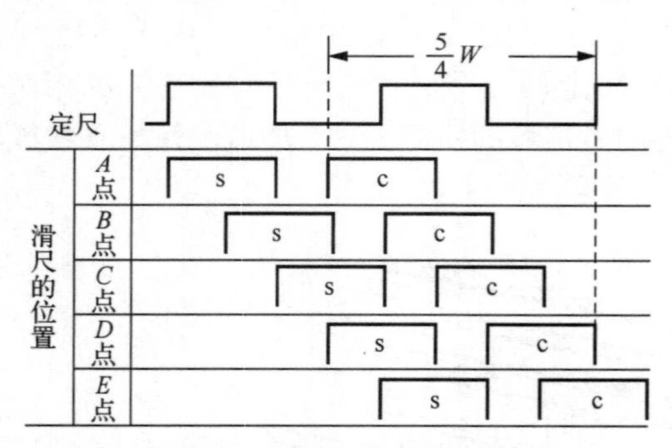

(a) 定尺、滑尺绕组相对位置变化示意

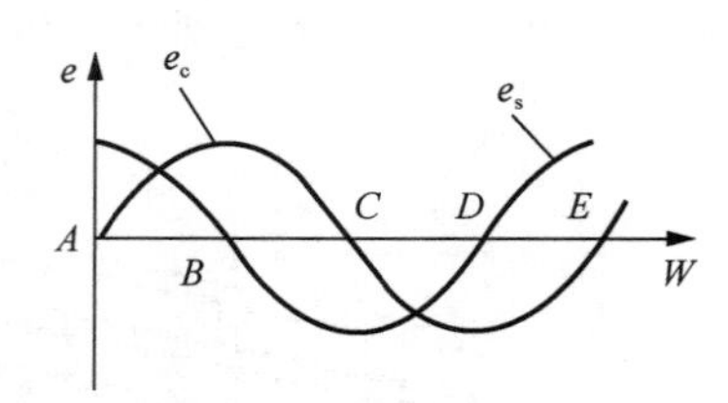

(b) 正弦绕组、余弦绕组输出电压

s—正弦绕组；c—余弦绕组

图 4.40 感应同步器的输出感应电动势与相对位置的关系

4.4.2 感应同步器的信号处理与测量电路

1. 采用鉴相法进行信号处理

在采用鉴相法进行信号处理的感应同步器系统中，对滑尺的正弦绕组、余弦绕组上分别供给频率相同、相位差 $\pi/2$ 的交流激励电压，即

$$\left.\begin{aligned} u_s &= U_m \sin\omega t \\ u_c &= U_m \cos\omega t \end{aligned}\right\} \tag{4-62}$$

式中，U_m 为激励电压幅值，ω 为激励电压角频率。

由于平面绕组的电感 L 非常小，在此忽略电感 L 而只考虑绕组的电阻 R。于是，两个激励电压在各自的绕组中产生的电流如下：

$$\left.\begin{aligned} i_s &= \frac{u_s}{R} = \frac{U_m}{R}\sin\omega t = I_m \sin\omega t \\ i_c &= \frac{u_c}{R} = \frac{U_m}{R}\cos\omega t = I_m \cos\omega t \end{aligned}\right\} \tag{4-63}$$

根据电磁感应定律，定尺绕组中的感应电动势分别为

$$\left.\begin{aligned} e_s &= -k_s \frac{di_s}{dt} = -k_s I_m \cos\omega t \sin\theta \\ e_c &= -k_c \frac{di_c}{dt} = k_c I_m \sin\omega t \cos\theta \end{aligned}\right\} \tag{4-64}$$

式中，k_s 和 k_c 分别为正弦绕组、余弦绕组与定尺绕组之间的耦合系数，$\theta = 2\pi x / W$。

定尺绕组中的感应电动势是滑尺的正弦绕组、余弦绕组共同产生的，其计算式为

$$e_o = e_s + e_c = k_c I_m \sin\omega t \cos\theta - k_s I_m \cos\omega t \sin\theta \tag{4-65}$$

当 $k_s=k_c=k$ 时，式(4-65）可以写成

$$e_o = kI_m \sin(\omega t - \theta) = E_m \sin(\omega t - \frac{2\pi x}{W}) \tag{4-66}$$

式(4-66）表明，定尺绕组中的感应电动势 e_o 的相位是感应同步器相对位移 x 的函数，位移 x 每经过一个节距 W，感应电动势 e_o 就变化一个周期（2π）。通过检测 e_o 的相位，就可以

确定感应同步器的相对位移。

2. 采用鉴幅法进行信号处理

在采用鉴幅法进行信号处理的感应同步器系统中，施加在滑尺正弦绕组、余弦绕组的激励电压分别为

$$\left.\begin{aligned} u_s &= U_m \cos\varphi \cos\omega t \\ u &= U_m \sin\varphi \cos\omega t \end{aligned}\right\} \tag{4-67}$$

式中，φ 为激励电压的电相角；U_m 为激励电压的幅值；ω 为激励电压的角频率。

据此可推算出在定子绕组中产生的感应电动势的总和，即

$$\begin{aligned} e_o &= e_c + e_s = kI_m \sin\omega t \sin\varphi \cos\theta - kI_m \sin\omega t \cos\varphi \sin\theta \\ &= kI_m \sin(\varphi-\theta)\sin\omega t = E_m \sin(\varphi-\theta)\sin\omega t \end{aligned} \tag{4-68}$$

式中，$\theta = 2\pi x / W$。

式（4-68）表明，激励电压的电相角 φ 与感应同步器的相对位置角 θ 有对应关系。调整激励电压的电相角 φ 值，使感应电动势 e_o 的幅值为零，则激励电压的电相角 φ 值就反映出感应同步器的相对位置角 θ。把这种通过检测感应电动势的幅值测量位置状态或位移的方法称为鉴幅法。

实际应用中进行信号处理时，一般利用鉴幅测量电路检查输出感应电动势 e_o 的幅值是否等于零。若其值不为零，则判断（$\varphi-\theta$）>0 或（$\varphi-\theta$）<0。然后通过对 φ 的自动调整，达到（$\varphi-\theta$）=0，即 $\varphi=\theta=2\pi x/W$，所以

$$x = \frac{W}{2\pi}\varphi \tag{4-69}$$

这就是鉴幅法测量位移 x 的原理。

实际应用中鉴幅法测量电路对 φ 的调整是当量化的。每当位移超过一定值（如 0.01mm），使输出电压 Δe_o 的幅值超过某一预先设定的门槛电平，则电路发出一个脉冲，并利用这个脉冲去调整 φ 的一个当量 $\Delta\varphi$，然后再判断此时输出电压 Δe_o 的幅值是否仍超过预先设定的门槛电平。如果是，那么电路再次发出一个脉冲去调整一个当量 $\Delta\varphi$，直到 φ 达到新的 θ 值为止，使 Δe_o 的幅值低于设定的门槛电平。通过上述过程，把位移量的测量离散化为对当量 $\Delta\varphi$ 的调整数字量，由于 $\Delta\varphi$ 与 Δx 存在对应关系，故可实现对位移的数字测量。

3. 测量电路

图 4.41 是感应同步器的鉴相测量电路原理示意。该电路采用美国 AD 公司生产的鉴相式感应同步器信号处理专用集成芯片 AD2S90，具有成本低、功耗小、功能多、所需外部元器件少等优点。AD2S90 的引脚及功能原理如图 4.42 所示。AD2S90 采用一种 II 型闭环跟踪原理。由一个相位检测器、积分器和压控振荡器组成了一个闭环系统，其作用就是力图使（$\theta-\varphi$）趋向于零。当这一目标实现时，数字化输出的 φ 值就在容许的误差范围内等于被测的转角 θ。

AD2S90 无须外部元器件就可以实现 12 位分辨力的转换功能。它可以提供两种格式的数据输出：一种是对增量式光电编码器 A、B 两路正交信号的模拟，另一种是通过三线接口输出的 12 位的二进制绝对角度位置串行数据。此外，AD2S90 还可以提供一个转速信号。

在图 4.41 中，AD2S90 采用定尺激励工作方式，把由正弦波发生器和功率放大器产生一个大约 10kHz 的正弦波信号作为感应同步器定尺的激励信号。随着滑尺的运动，滑尺上的两

个独立绕组感应输出的正弦波、余弦波信号将被滑尺位置对应的机械角度θ所调相。这两个信号和正弦波发生器的参考正弦信号一起被送入AD2S90的SIN、COS和REF端口，然后由AD2S90以鉴相的方式将代表滑尺位置的角度θ转换成数字信号，此信号由串行数字端口DATA输出或增量编码器端口（A、B、NM）输出。此外AD2S90还可提供滑尺位移的速度和方向信号。

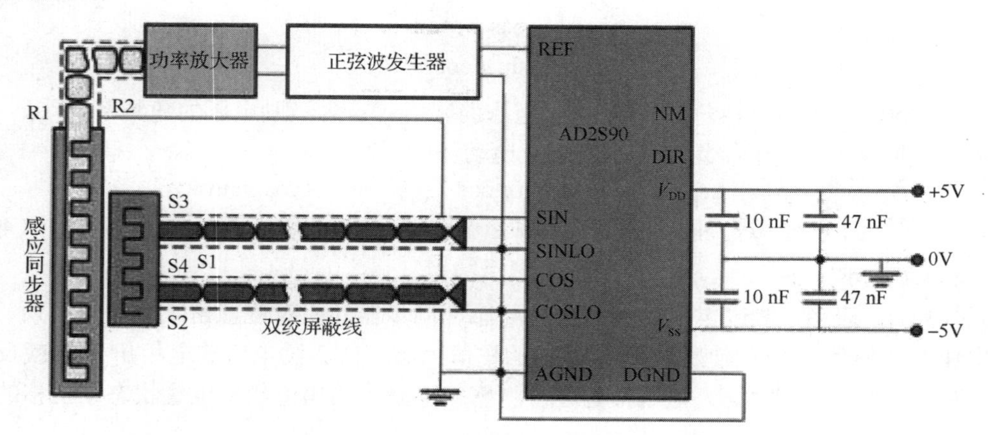

图4.41 感应同步器的鉴相测量电路原理示意

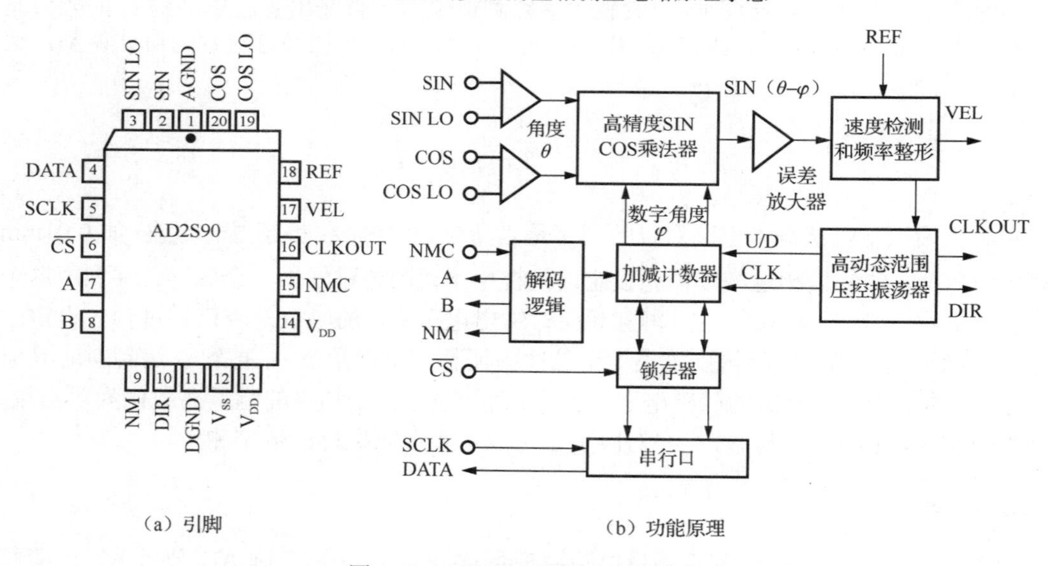

（a）引脚　　（b）功能原理

图4.42 AD2S90引脚及功能原理

B部分 线位移/尺寸测量传感器

4.5 线位移/尺寸测量基本知识

在机械加工等生产领域，线位移/尺寸是最常见的被测量。线位移测量从物理学定义就是质点在直线方向位置的变化量，就测量值而言，线位移测量与尺寸测量实质是一样的，即用于尺寸测量的方法和传感器等仪器大多能用于线位移的测量。尺寸测量大多定义为两点、两线或两面之间的距离如轴径、孔径、工件的长、宽、高等的测量。根据尺寸的测量范围又可划分为常规尺寸测量（1mm～1m）、大尺寸测量（大于 1m）和微小尺寸测量（小于 1mm）。随着相关技术的快速发展以及数控机床的需要，被加工尺寸的在线监测技术也日趋成熟。加工中测量仪安装在进给式工序的加工机床上，如外圆磨床、内圆磨床、珩磨机等，每道工序刀具的进给量均由测得的被加工尺寸的实际大小确定。

在工业生产中，常常不需要对位移进行全程精密测量，而只需要对机器的往复运动行程、机械手的运动范围、工件加工位置等进行限位或定位。此时，可采用输出量为“通”“断”信号的电感式、电容式、光电式等开关式传感器（称之为接近开关或无触点行程开关）。

表 4-1 列出了一些常用的线位移/尺寸传感器及其基本性能，测量时应注意根据具体测量要求选择合适的传感器。

表 4-1　常用的线位移/尺寸传感器及其基本性能

类　型			测量范围	精确度	性　能
模拟式	滑线电阻器		1～300mm	±0.1%	结构简单，使用方便；输出信号大，不宜用于频率较高的动态测量
	电阻应变片		±250μm	±2%	结构牢固，性能稳定，动态特性好
	电感式	变气隙型	±0.2mm		结构简单，工作可靠，仅用于小位移测量
		差动变压器式	0.08～300mm	±3%	分辨力较高，输出信号大，动态特性稍差
		涡流式	0～5000μm	±3%	非接触测量，灵敏度高，动态特性好
	电容式	变面积型	10^{-3}～100mm	±0.005%	结构非常简单，动态特性好
		变极距型	0.01～200μm	±0.1%	分辨力很高，线性范围小，结构简单，动态特性好
	霍尔片式		±1.5mm	±0.5%	结构简单，动态特性好，受温度影响大
数字式	感应同步器		10^{-3}～10m	±1.5μm/1m	结构简单，体积较大，适合大位移静/动态测量，用于自动检测和数控机床
	计量光栅		10^{-3}～几米	（0.5～3）μm/3m	测量精度高，分辨力高，适合大位移静/动态测量，对环境要求较高，价格较贵，用于自动检测和数控机床
	磁栅		10^{-3}～几米	±1μm/1m	分辨力比光栅和感应同步器低，对环境要求比感应同步器低，制作工艺简单，容易小型化
	容栅		10^{-3}～几米	±5μm/1m	结构简单，动态特性好，功耗小，价格便宜，环境适应能力强，容易小型化，广泛用于数显量具

4.6　电感式位移传感器

根据本章 A 部分介绍的电感式传感器的工作原理可知，电感式传感器可以直接用于测量线位移和尺寸，也可用于测量可转换为位移变化的其他参数，如压力、压差、振动、应变、力矩、流量、比重等。

【引例分析】差动电感式传感器在电感测微仪中的应用。

本章引例中的电感测微仪是一种用于测量微小尺寸变化的精密仪器。测量时用量块调整系统，使之对被测工件的设计尺寸指示值为零。实测时被测工件若有尺寸偏差，将引起差动电感式传感器中的衔铁移动，从而使线圈自感发生差动变化，这个变化信号通过测量电路转换成电压后经放大、处理后输出显示。图 4.43 所示为电感测微仪中的差动电感式传感器电路原理示意，图 4.44 是轴向式电感测微仪中的差动电感式传感器内部结构示意。在图 4.43 中，L_1 和 L_2 为差动电感式传感器的两个线圈电感，构成电桥相邻的两个桥臂，另外两个桥臂是 C_1、C_2。电桥对角线输出端用 4 只二极管 VD_1～VD_4 和 4 只附加电阻 R_1～R_4（减小温度误差）组成相敏整流器，电流大小由电流表 M 指示。R_5 是调零电位器，R_6 用来调节电流表满刻度值。电桥电源由变压器 T 供电。变压器 T 采用磁饱和交流稳压器，R_7 和 C_3、C_4 起滤波作用。

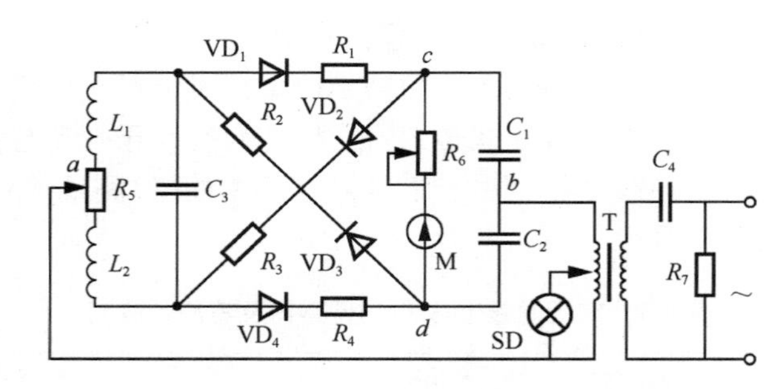

图 4.43　差动电感式传感器电路原理示意

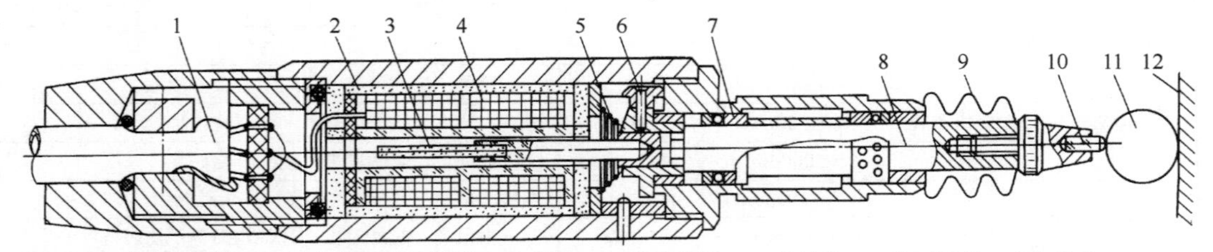

1—引出线电缆；2—固定磁筒；3—衔铁；4—线圈；5—测力弹簧；6—防转销；7—钢球导轨（直线轴承）；
8—测杆；9—密封套；10—测端；11—被测工件；12—基准面

图 4.44　轴向式电感测微仪中的差动电感式传感器内部结构示意

当差动电感式传感器中的衔铁处于中间位置时，$L_1 = L_2$，电桥平衡，电流表 M 中无电流流过。当被测工件的尺寸发生变化时，$L_1 \neq L_2$，电流表 M 中有电流流过。

根据电流表的指针偏转方向和刻度，就可以判定衔铁的位移方向，也就知道被测工件的尺寸发生了多大的变化。

这种电感测微仪的动态测量范围为±1mm，分辨力达 1μm，精度可达 3%左右。

【应用示例 2】电感式接近开关在机械手定位中的应用

图 4.45（a）所示为电感式接近开关在机械手定位中的应用场景，图 4.45（b）所示为电感式接近开关实物图。通过 A、B 两个电感式接近开关，实现对机械手的两个运动位置的限定，从而触发控制器使机械手在相应工位完成规定的操作。

电感式接近开关是一种输出量为开关量的涡流式位移传感器，其工作原理如图 4.45（c）所示。线圈作为 LC 高频振荡电路的电感元件接入电路，产生高频交变磁场。当金属导体接近该交变磁场时，金属导体内部因感应而产生涡流。这个涡流反作用于线圈，使振荡衰减。距离越近，涡流作用越强，则信号衰减越大。当达到设定距离时，该信号的变化量经后续电路处理转换成开关信号输出，进而触发控制器，实现行程检测与控制目的。

电感式接近开关响应频率高、抗环境干扰性能好、价格较低，在工业生产中应用广泛。

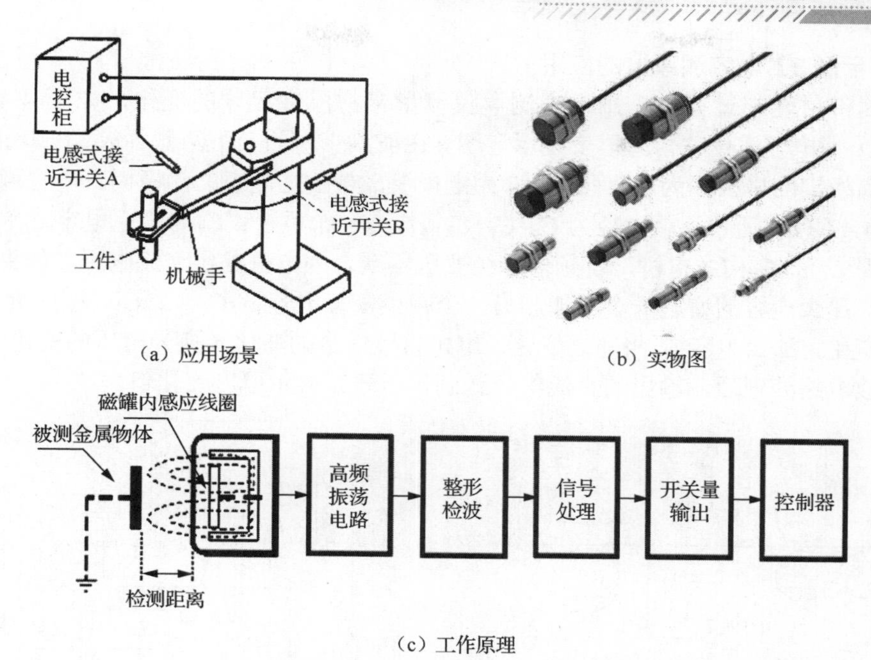

（a）应用场景

（b）实物图

（c）工作原理

图 4.45　电感式接近开关在机械手定位中的应用及工作原理

4.7　其他线位移/尺寸测量传感器

4.7.1　电容式位移传感器

根据第 3 章介绍的电容式传感器原理，变极距型电容式传感器和变面积型电容式传感器均可用于直线位移测量。图 4.46 为变面积型电容式位移传感器的结构示意。它采用筒形电容器，差动结构形式。测杆随被测位移而运动，它带动活动电极筒移动，从而改变活动电极筒与两个固定电极筒之间的相互覆盖面积，使电容发生变化。由于是变面积型电容式传感器，故这类传感器的输入-输出特性为线性。

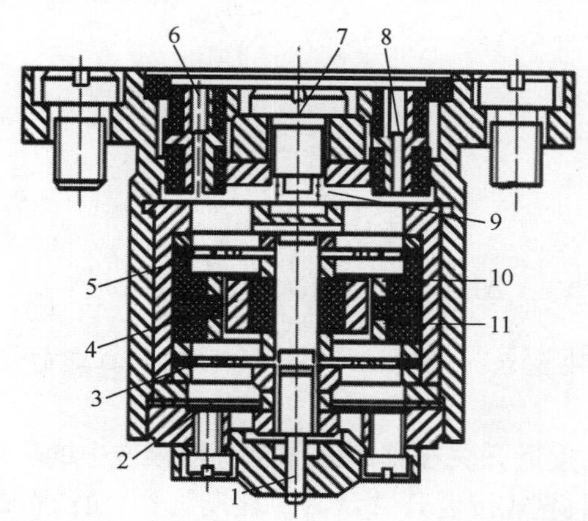

1—测杆；2—膜片；3,5—开槽簧片；4—活动电极筒；6—接线座；7—调节螺钉；8—引线；9—弹簧；10,11—固定电极筒

图 4.46　变面积型电容式位移传感器的结构示意

【应用示例 3】电容测厚仪的应用

在金属带材轧制过程中，用电容测厚仪测量带材厚度尺寸的变化，如图 4.47 所示。图 4.47（a）为电容式位移传感器安装示意图。在被测带材的上下两侧各放置一块面积相等、与带材距离相等的极板作为电容 C_1，C_2 为定极板，带材是电容的动极板。电容测厚仪电路原理如图 4.47（b）所示，总电容为 $C_x=C_1+C_2$，作为一个桥臂；C_x 与固定电容 C_0、变压器 T 的次级线圈 L_1 和 L_2 构成电桥，音频信号经变压器耦合为电桥提供交流电源。如果带材只是上下波动，那么电容的增量一个增加，另一个减少，总电容量 $C_x=C_1+C_2$ 不变；如果带材的厚度发生变化，那么电容 C_x 将随之变化，电桥将该信号的变化转换为电压的变化，经放大、整流、差放电路处理后，输出的直流信号送到显示器，显示厚度变化值。

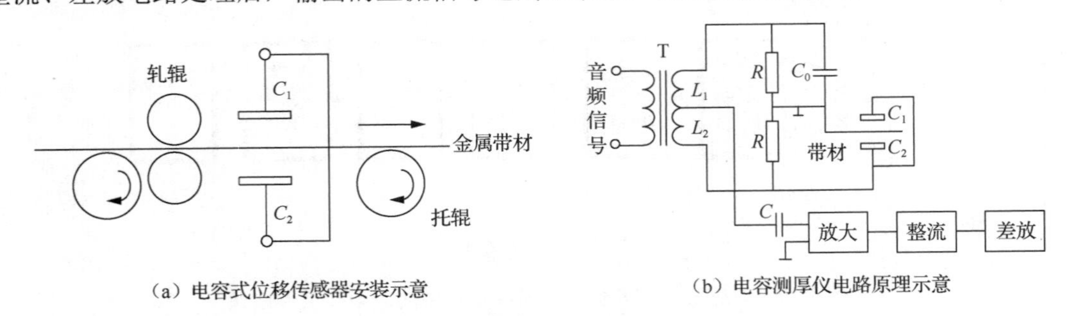

（a）电容式位移传感器安装示意　　（b）电容测厚仪电路原理示意

图 4.47　电容测厚仪的应用

设带材初始厚度为 h，则电路输出电压为

$$U_o=-\frac{U_S C_0}{\varepsilon S}h \tag{4-70}$$

式中，U_s 为激励电源幅值；C_0 为带材厚度为标准值 h 时的固定电容；ε 和 S 分别为等效电容的介电常数和等效耦合极板面积。

假设带材厚度变化量为 Δh，测量时带材振幅为 ΔX，Δh_a 为带材厚度变化引起电容 C_1 的变化部分，Δh_b 为引起电容 C_2 的变化部分，则极距上波动为 $\Delta a=\Delta h_a+\Delta X$，极距下波动为 $\Delta b=\Delta h_b-\Delta X$，并且 $\Delta h=\Delta h_a+\Delta h_b$。因此，$C_1$ 引起的电压变化量为

$$\Delta U_1=-\frac{U_S C_0}{\varepsilon S}\Delta a$$

C_2 引起的电压变化量为

$$\Delta U_2=-\frac{U_S C_0}{\varepsilon S}\Delta b$$

总的电压变化量为

$$\Delta U=\Delta U_1+\Delta U_2=-\frac{U_S C_0}{\varepsilon S}\Delta h \tag{4-71}$$

可见，输出电压的变化量只与厚度 Δh 有关，与振幅 ΔX 无关。因此，可以准确地测量带材厚度。

【应用示例 4】电容式接近开关在移动工作台行程限位中的应用

图 4.48（a）所示为电容式接近开关及其在移动工作台行程限位中的应用。在对工件进行加工时，工件被夹具固定在移动工作台上，工作台由一个主电动机拖动，作往复运动，刀具作旋转运动。现用 A、B 两个电容式接近开关来决定工作台何时换向。当 A 中的传感器有

输出信号时，使主电动机停止反转，同时，接通其正转电路，从而使工作台向右运动；当B中的传感器有输出信号时，使主电动机停止正转，同时，接通其反转电路，从而使工作台向左运动。这样，就实现了工作台往复行程的限位。

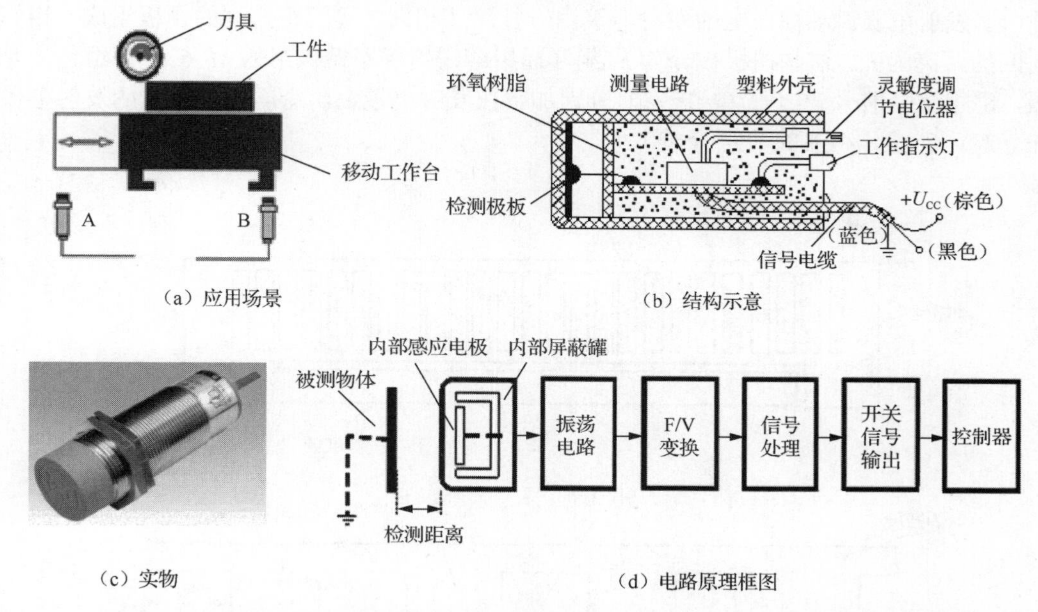

图 4.48 电容式接近开关结构及其在移动工作台行程限位中的应用和电路原理框图

图 4.48（b）和图 4.48（c）所示分别为电容式接近开关的结构示意及实物。图中，检测极板设置在电容式接近开关的前端，利用被测物体和检测极板之间形成的电容变化量实现测量。测量电路安装在电容式接近开关壳体内，一般用介质损耗很小的环氧树脂填充、灌封壳体。图 4.48（d）为电容式接近开关的电路原理框图。电容式接近开关前端的检测极板与大地形成电容器，串联在 RC 振荡电路中。当被测物体接近开关检测面时，其电容量发生变化，振荡器的输出信号改变，经后续电路放大、转换成开关信号输出。

电容式接近开关的检测物并不只限于金属导体，也可以是绝缘的液体、固体或者粉末状物体。只是不同的检测物的介电常数不同，因此检测的距离也各不相同。在检测具有较低介电常数的检测物时，可以调节位于电容式传感器后部的多圈电位器，以增加电容式接近开关的检测感应灵敏度。

4.7.2 大量程位移测量传感器

在工业现代化生产中应用广泛的大量程、高精度位移传感器有光栅传感器、磁栅传感器、感应同步器以及容栅传感器，它们的分辨力普遍可以达到 10^{-5}～10^{-6}m，在测量技术上有许多共同之处。本章 4.4 节对感应同步器已作详细介绍，本小节主要介绍容栅传感器和磁栅传感器，光栅传感器的内容见本书第 6 章 6.4 节。

1. 容栅传感器

容栅传感器是继光栅传感器、磁栅传感器、感应同步器之后，在 20 世纪 80 年代出现的一种新型传感器，它分为直线型容栅传感器和圆容栅传感器两类，用于线位移测量和角位移测量。本节以直线型容栅传感器为例，介绍其工作原理。

图 4.49 所示为直线型容栅传感器结构示意，它由动栅尺和静栅尺两部分组成，两个栅尺上的电极名称及作用如下。

（1）发射电极。动栅尺上的发射电极由一行尺寸相同、等间距排列的栅极组成，相邻栅极之间的距离为 l_0。这些栅极被分为 M 组（通用容栅传感器栅极组为 M=6），每组包含 8 个栅极，8 相激励信号 V_i（t）（i=1～8）分别加载在发射电极上，空间相位一致的发射电极并联在一起，容栅传感器的节距 W= $8l_0$。

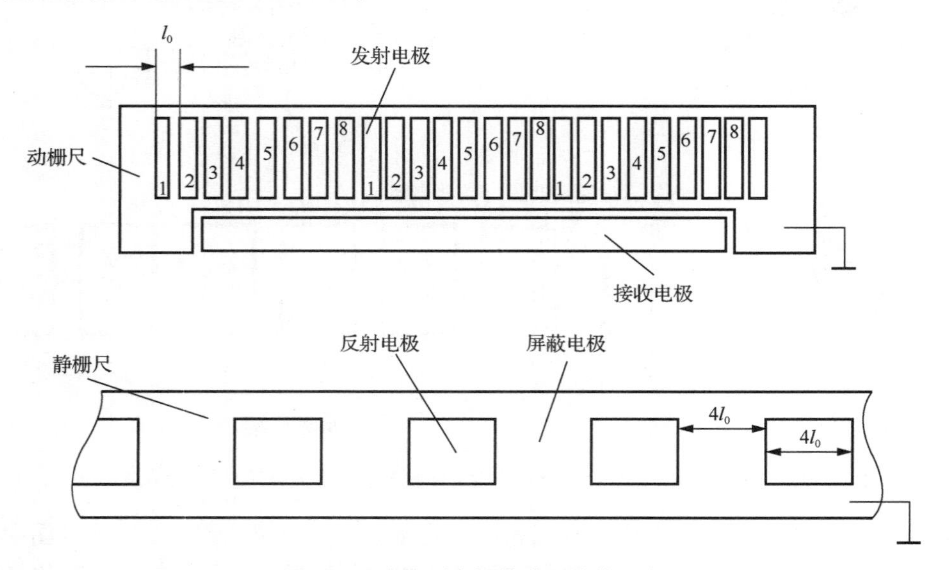

图 4.49　直线型容栅传感器结构示意

（2）接收电极。动栅尺上的接收电极输出传感器的调制信号。由于采用多路输入、单路输出结构，故又称为群聚电极。接收电极和发射电极之间有接地屏蔽隔离。

（3）屏蔽电极。在动栅尺和静栅尺上都设置了屏蔽电极。动栅板上的屏蔽电极位于发射电极和接收电极之间，静栅尺上的屏蔽电极则位于各个反射电极之间。屏蔽电极用于信号接地，从而起到屏蔽隔离和消除寄生电容的作用。

（4）反射电极。容栅传感器工作时是通过反射电极把与它相对的动栅尺上发射电极的激励电压耦合到接收电极上去的。定栅尺上的反射电极和屏蔽电极交替排列，宽度相等，均等于 $W/2$。

工作时动栅尺正对定栅尺安装，间隙约为 0.12mm。这样，动栅尺上的发射电极和接收电极便分别与定栅尺的反射电极构成了两组平板电容。

根据信号处理原理的不同，容栅传感器测量系统分为鉴幅型和鉴相型两种。下面以应用更广泛的鉴相型容栅传感器测量系统为例，说明容栅传感器信号转换和检测原理。

如图 4.50 所示，在动栅尺发射电极上依次重复加载幅值和频率固定、相邻栅极间相位差为 45° 的 8 路方波激励电压，根据信号分析理论，该方波由基波和奇次谐波之和组成，因此可用正弦波近似表达，即

$$U_i = U_{\mathrm{m}} \sin\left(\omega t - i\frac{\pi}{4}\right) \tag{4-72}$$

式中，$i=0\sim7$；U_{m}为发射电极激励信号基波电压的幅值；ω为发射电极激励信号基波电压的频率。

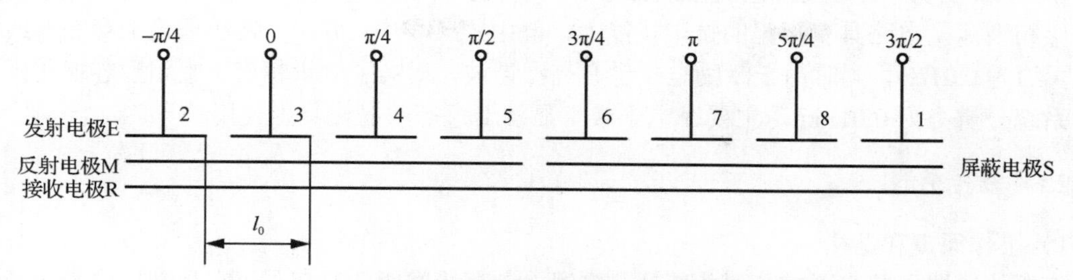

（a）动栅尺相对静栅尺的初始位置及激励电压相位示意

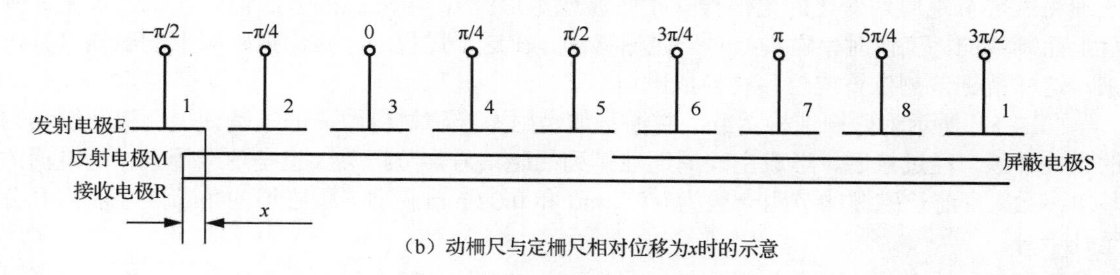

（b）动栅尺与定栅尺相对位移为x时的示意

图 4.50　鉴相型测量电路原理

当动栅尺相对静栅尺的初始位置及各个发射电极所加载的激励电压相位为如图 4.50（a）所示的初始位置和相位时，每个反射电极片（用 M 表示）恰好覆盖 4 个发射极片（用 E 表示），所形成的电容均为C_0；当动栅尺与定栅尺的相对位移为x且$x\leqslant l_0$（发射电极片宽度）时，如图 4.50（b）所示，在反射电极片 M 上的感应电荷量为

$$\begin{aligned}Q_{\mathrm{M}}&=C_0\frac{x}{l_0}U_{\mathrm{m}}\sin\left(\omega t-\frac{\pi}{2}\right)+C_0U_{\mathrm{m}}\sin\left(\omega t-\frac{\pi}{4}\right)+\\&\quad C_0U_{\mathrm{m}}\sin(\omega t)+C_0U_{\mathrm{m}}\sin\left(\omega t+\frac{\pi}{4}\right)+C_0\frac{l_0-x}{l_0}U_{\mathrm{m}}\sin\left(\omega t+\frac{\pi}{2}\right)\\&=C_0U_{\mathrm{m}}\left[\left(1-\frac{2x}{l_0}\right)\cos\omega t+\left(2\cos\frac{\pi}{4}+1\right)\sin\omega t\right]\end{aligned}\tag{4-73}$$

设$1-\dfrac{2x}{l_0}=a$，$2\cos\dfrac{\pi}{4}+1=b$，则式（4-73）可写成

$$Q_{\mathrm{M}}=C_0U_{\mathrm{m}}\sqrt{a^2+b^2}\left(\frac{a}{\sqrt{a^2+b^2}}\cos\omega t+\frac{b}{\sqrt{a^2+b^2}}\sin\omega t\right)$$

设$\dfrac{a}{\sqrt{a^2+b^2}}=\sin\theta$，$\dfrac{b}{\sqrt{a^2+b^2}}=\cos\theta$，因此可得

$$Q_{\mathrm{M}}=C_0U_{\mathrm{m}}\sqrt{a^2+b^2}\sin(\omega t+\theta)\tag{4-74}$$

$$\theta=\arctan\frac{a}{b}=\arctan\frac{1-\dfrac{2x}{l_0}}{2\cos\dfrac{\pi}{4}+1}\tag{4-75}$$

由于静电感应，接收电极与反射电极耦合产生感应电荷，接收电极输出电压与接收电极

上的电荷量成正比，即与 Q_M 成正比，因此，θ 反映了传感器输出电压相位的变化规律，而 θ 又与位移 x 有关，故通过测量输出电压的相位，就可间接地测出位移的大小。

鉴相型测量电路具有较强的抗干扰能力，但由式（4-75）可知，它在理论上存在非线性误差（约为 $0.01l_0$），同时由于激励电压含有高次谐波，影响了测量精度。鉴相型容栅传感器测量系统分辨力为0.01mm，主要在电子数字显示卡尺等数显量具上使用。

2. 磁栅传感器

1）工作原理和结构

磁栅传感器主要由磁栅和磁头组成。磁栅上录有等间距的磁信号，它是利用磁带录音的原理将做等节距周期变化的电信号（正弦波或矩形波），用录磁的方法记录在磁性尺子或圆盘上而制成的。工作时，磁头相对于磁栅移动，在这个过程中，磁头把磁栅上的磁信号读出来，这样就把被测位置或位移转换成电信号。

图 4.51 所示为磁栅结构示意。磁栅基体是用不导磁材料做成的，基体上面镀一层均匀的磁性薄膜，经过录磁，形成空间周期性排列的磁信号，节距 W（也是信号周期）是磁栅的基本参数。目前长磁栅的节距一般为 0.05 mm 和 0.02 mm 两种，圆磁栅的角节距一般为几分至几十分。

磁栅基体也常用钢制作，然后镀一层厚度为 0.15～0.20 mm 的铜用于隔磁。磁性薄膜材料常用镍钴磷合金，薄膜厚度为 0.10～0.20 mm。

磁栅有长磁栅和圆磁栅两大类，分别用于测量直线位移和角位移。长磁栅又分为尺型、带型和同轴型，如图 4.52 所示。其中，尺型磁栅主要用于精度要求较高的场合。带型磁栅用于量程较大或安装面不好安排的情况，其带状磁尺是在一条宽约 20 mm、厚约 0.2 mm 的铜带上镀一层磁性薄膜录制而成的。同轴型磁栅适用于结构紧凑的场合或小型测量装置中，它是在直径为2mm的青铜棒上电镀一层磁性薄膜录制而成的。磁头套在磁棒上，由于磁棒的工作区被磁头围住，对周围的磁场起了很好的屏蔽作用，增强了它的抗干扰能力。

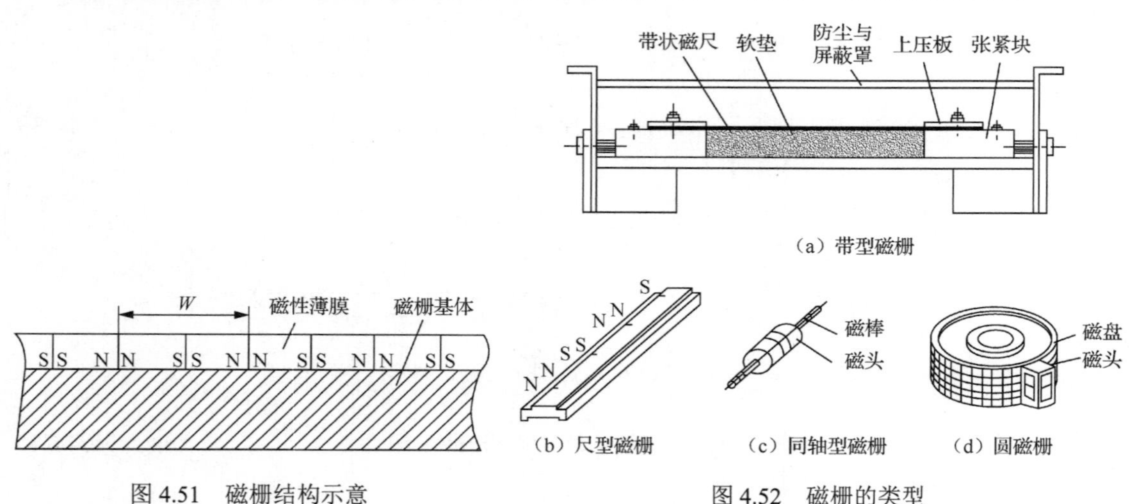

(b) 尺型磁栅　(c) 同轴型磁栅　(d) 圆磁栅

图 4.51　磁栅结构示意

图 4.52　磁栅的类型

磁栅上记录的信号是通过磁头读取的。按读取方式的不同，磁头分为动态磁头和静态磁头两种。由于动态磁头只在磁头与磁栅有相对运动时才会有输出信号，并且输出信号大小与其相对运动速度有关，因此，实际应用中都采用静态磁头。

静态磁头是一种调制式磁头，它由铁心和两组绕组组成，其结构及输出信号原理如图 4.53 所示。

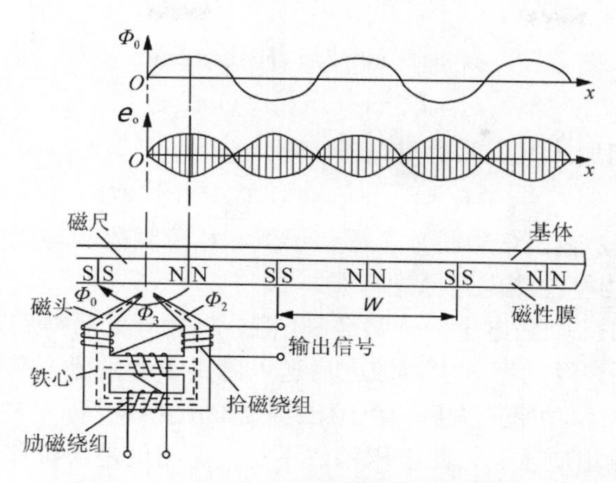

图 4.53 静态磁头结构及输出信号原理

静态磁头磁栅漏磁通 Φ_0 的一部分 Φ_2 通过磁头铁心，另一部分 Φ_3 通过气隙，则有

$$\Phi_2 = \Phi_0 R_\sigma /(R_\sigma + R_T) \tag{4-76}$$

式中，R_σ 为气隙磁阻；R_T 为铁心磁阻。

一般情况下，可以认为 R_σ 不变，R_T 则与励磁绕组所产生的励磁磁通 Φ_1 有关。在励磁电压 u 的一个变化周期内，铁心被励磁磁通 Φ_1 饱和两次，R_T 变化两个周期。由于铁心饱和时，其磁阻 R_T 很大，Φ_2 不能通过，因此在励磁电压 u 的一个周期内，Φ_2 也变化两个周期，可近似认为

$$\Phi_2 = \Phi_0(\alpha_0 + \alpha_2 \sin 2\omega t) \tag{4-77}$$

式中，α_0、α_2 分别为与磁头结构参数有关的常数；ω 为励磁电源的角频率。在磁栅不动的情况下，Φ_0 为常量，拾磁绕组中产生的感应电动势 e_o 为

$$e_o = N_2(\mathrm{d}\Phi_2 / \mathrm{d}t) = 2N_2\Phi_0 a_2 \omega \cos 2\omega t = k\Phi_0 \cos 2\omega t \tag{4-78}$$

式中，N_2 为拾磁绕组匝数；$k = 2N_2\alpha_2\omega$。

漏磁通 Φ_0 是磁栅与磁头之间相对位移的周期函数。当磁栅与磁头相对移动一个节距 W 时，Φ_0 就变化一个周期。因此，Φ_0 可近似为

$$\Phi_0 = \Phi_m \sin(2\pi x / W) \tag{4-79}$$

于是可得

$$e_o = k\Phi_m \sin(2\pi x / W)\cos 2\omega t \tag{4-80}$$

式中，x 为磁栅与磁头之间的相对位移；Φ_m 为漏磁通的峰值。

由此可见，静态磁头的磁栅是利用它的漏磁通变化来产生感应电动势的。静态磁头输出信号的频率为励磁电源频率的两倍，其幅值则与磁栅与磁头之间的相对位移成正弦（或余弦）关系。

2）磁栅传感器的信号处理方法

静态磁头在实际应用中总是成对使用的，即用两个间距为 $(n+\frac{1}{4})W$ 的磁头，其中 n 为正整数。因此，两个磁头输出信号的相位差 90°。磁栅传感器的信号处理方法分为鉴幅型和鉴

相型两种，其中鉴相型信号处理方法应用广泛，下面对此进行分析。

将一组磁头的励磁信号移相 45°（或把它的输出信号移相 90°），则两个磁头的输出电压分别为

$$e_1 = U_m \sin(2\pi x / W) \cos 2\omega t \tag{4-81}$$

$$e_2 = U_m \cos(2\pi x / W) \sin 2\omega t \tag{4-82}$$

再将此两个电压相加，得到总输出电压，即

$$e_o = e_1 + e_2 = U_m \sin(2\pi x / W + 2\omega t) \tag{4-83}$$

由式（4-83）可知，输出信号是一个幅值不变、相位随磁头与磁栅相对位移而变化的信号。图 4.54 所示为鉴相型检测电路原理框图。

振荡器产生 400 kHz 励磁电压，一路经 80 倍分频器分频后得到频率为 5 kHz 的励磁电压，经过滤波器滤波后，经功率放大器放大后送入磁头 1 的励磁，产生绕组输出电压 e_1。另一路经 45° 移相器移相和功率放大后，供给磁头 2 的励磁绕组，产生输出电压 e_2。e_1 和 e_2 同时送入求和电路并输出电压 e_o，此电压幅值不变，而相位是随位移 x 变化的等幅波，将此电压送入选频放大器保留 10 kHz（励磁电压两次谐波）频率信号，再经整形微分电路后得到与位移 x 有关的脉冲信号，将其送入由 400 kHz 控制的鉴相和细分电路。鉴相电路的作用是判别位移方向，并根据判别结果控制可逆计数器进行输入脉冲的加、减运算；细分电路的作用是使信号倍频，以提高系统对位移的分辨力。位移变化通过可逆计数器计的数值显示出来。

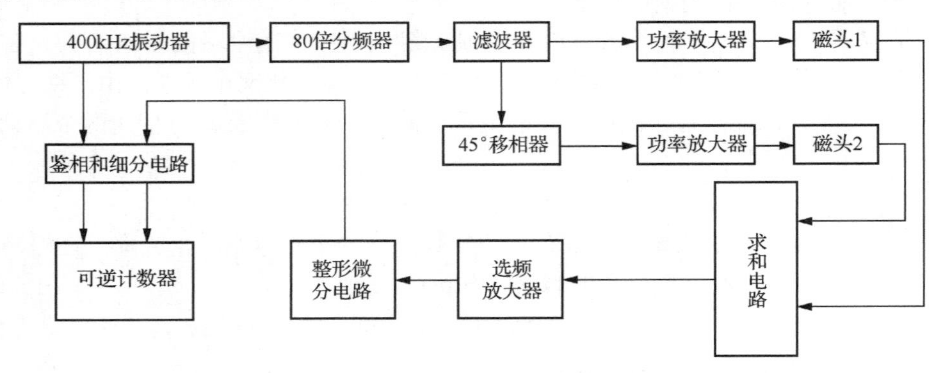

图 4.54　鉴相型检测电路原理框图

磁栅传感器有如下特点：

（1）加工工艺简单。磁栅传感器的加工工艺与光栅传感器、感应同步器相比简单一些，在需要时，可以将磁栅原来的磁信号抹去，重新录制。此外，由于可以采用激光定位录磁，而不需要采用感光、腐蚀等工艺，因而可以得到较高的精度。目前，磁栅传感器测量系统精度可达到±0.001 mm/m，分辨力可达 1～5μm。

（2）安装、调试方便。必要时，可以先将磁栅传感器安装在机床上后，再录制磁信号。这对消除安装误差、机床自身的几何误差、提高测量精度十分有利。

（3）磁尺上录制的磁信号的空间周期一般为 0.1mm 或 0.2mm，该值介于感应同步器周期和光栅栅距之间。在同样的分辨力要求下，磁栅传感器测量系统要求中等的细分数。

（4）磁栅传感器的磁头与磁尺在移动时会发生摩擦，因而影响了它的使用寿命。在使用环境要求方面，磁栅传感器比感应同步器要求高，但比光栅传感器的要求低得多。

（5）磁栅传感器容易做成大尺寸的磁尺，也容易实现小型化，因此，在三坐标测量机、程控数控机床以及小型数显计量工具等方面均得到应用。

能力拓展项目

滚珠直径自动分选计数系统设计

某轴承厂希望对本厂生产的某一类轴承滚珠直径进行自动测量和分选。已知滚珠的标称直径为10.000mm，允许公差范围为±3μm。测量及分选要求如下。

（1）超出允许公差范围的滚珠为不合格产品，应予以剔除。

（2）对在±3μm允许公差范围内的滚珠，按与标称直径每1μm的偏差分为7挡，进行分选并计数。

试选用合适的传感器，设计一个可以实现上述功能的滚珠自动分选计数系统，要求画出系统主要功能模块框图，说明系统工作原理。

思考与练习

一、填空题

4-1　电感式传感器是利用线圈的__________随被测物理量的变化来实现测量的一类传感器。

4-2　为减小变气隙型自感式传感器的非线性误差，可以采用__________结构或减小气隙变化范围。

4-3　提高变气隙型自感式传感器灵敏度的方法是__________或采用__________结构。

4-4　差动变压器式传感器在铁心位于零位时，仍存在微小输出电压，称此电压为_______。

4-5　差动变压器与电源变压器的不同在于__________。

4-6　为分辨差动变压器式传感器铁心的位移方向，一般采用___________电路。

4-7　高频反射型涡流式传感器的主要用途有______________。

4-8　低频透射型涡流式传感器的输出感应电动势主要受__________影响。

4-9　感应同步器的信号处理方法分为__________和__________。

4-10　感应同步器主要用于__________。

4-11　在容栅传感器的动栅尺上有栅状的__________和接收电极。

4-12　磁栅的结构类型有__________和__________。

4-13　大量程、高精度位移传感器包括__________和__________等。

二、简答题

4-14　根据工作原理的不同，电感式传感器可以分为哪些种类？

4-15　试述变气隙型电感式传感器的工作原理和输出特性。

4-16　差动变气隙型传感器有哪些优点？

4-17　差动变压器式传感器的零点残余电压是怎样产生的？如何消除？

4-18　差动变压器式传感器测量的基本量是什么？如何用它实现加速度测量？

4-19　如何用变气隙型自感式传感器实现压力测量？简述其测量原理。

4-20　什么叫涡流效应？涡流式传感器可以用于哪些物理量的检测？

4-21　简述涡流式传感器调频式测量电路的工作原理。

4-22　如何利用高频反射型涡流式传感器测量振动？简述其测量原理。

4-23　感应同步器有何优点？主要应用于哪些领域？

4-24　容栅传感器与感应同步器相比有何优点？

4-25　磁栅传感器由哪几个主要部分组成？它与感应同步器比较，有何特点？

三、计算题

4-26　有一只螺线管型差动电感式传感器，已知电源电压 U=4V，f=400Hz，传感器线圈铜电阻和电感量分别为 $R=40\Omega$ 和 L=30mH，用两只匹配电阻 R_1 和 R_2 设计 4 臂等阻抗电桥，如图 4.55 所示，试求：

（1）匹配电阻 R_1 和 R_2 的值为多大才能使电压灵敏度达到最大？

（2）当 ΔZ=10Ω 时，分别接成单臂电桥和差动电桥后的输出电压值。

4-27　试推导图 4.56 所示差动电感式传感器电桥的输出特性 $U_o=f(\Delta L)$，已知电源角频率为 ω，Z_1、Z_2 为传感器两个线圈的阻抗，零位时，$Z_1=Z_2=r+j\omega L$，若以变气隙型电感式传感器接入该电桥，请推导出灵敏度表达式 $k=U_o/\Delta\delta$（本题用有效值表示）。

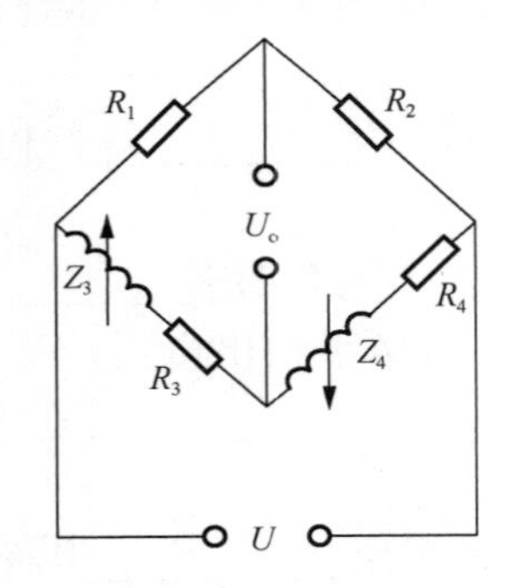

图 4.55　习题 4-26 图

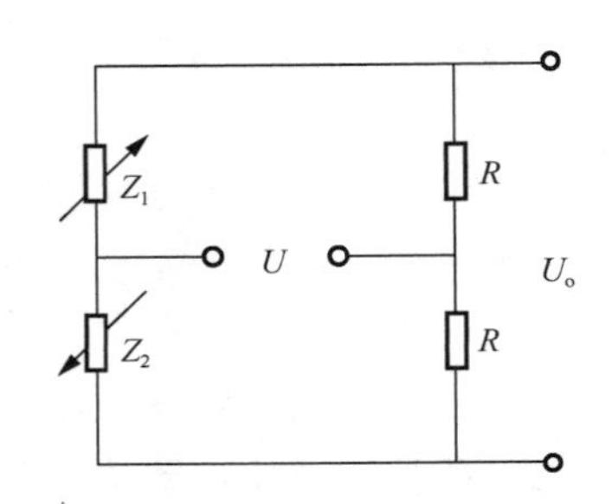

图 4.56　习题 4-27 图

4-28　图 4.57 所示为变气隙型电感式传感器，衔铁截面积 $S=(4\times4)\text{mm}^2$，气隙总长度 δ=0.8mm，衔铁最大位移 $\Delta\delta=\pm0.08$mm，激励线圈匝数 $W=2500$ 匝。导线直径 d=0.06mm，电阻率 $\rho=1.75\times10^{-6}\Omega\cdot\text{cm}$，当激励电源频率 $f=4000$Hz 时，忽略漏磁通及铁损。试求：

（1）线圈的电感值。

（2）电感的最大变化量。

（3）线圈的直流电阻值。

（4）线圈的品质因数。

（5）当线圈存在 200pF 分布电容与之并联后其等效电感值。

4-29　图 4.58 所示为一个螺线管型差动电感式传感器，通过实验测得 L_1=L_2=100mH，其线圈导线电阻很小，可以忽略。已知：电源电压 U=6V，频率 f=400Hz。求：

（1）从电压灵敏度最大考虑设计四臂交流电桥匹配，桥臂电阻 R_1 值和 R_2 值应该是多少？

（2）当输入参数发生变化并使线圈阻抗变化 ΔZ=20Ω时，电桥差动输出电压是多少？

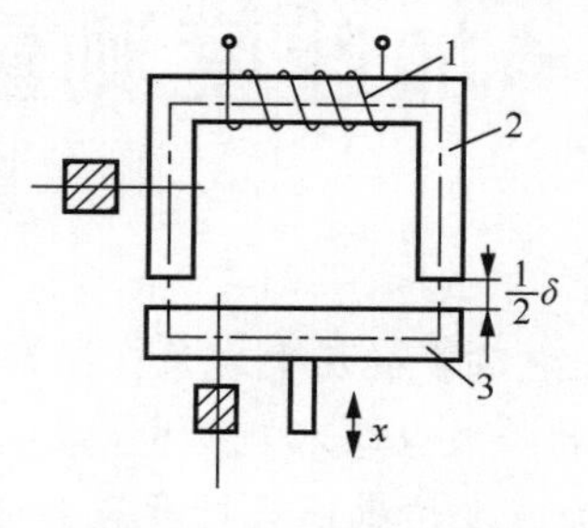

图 4.57 习题 4-28 图

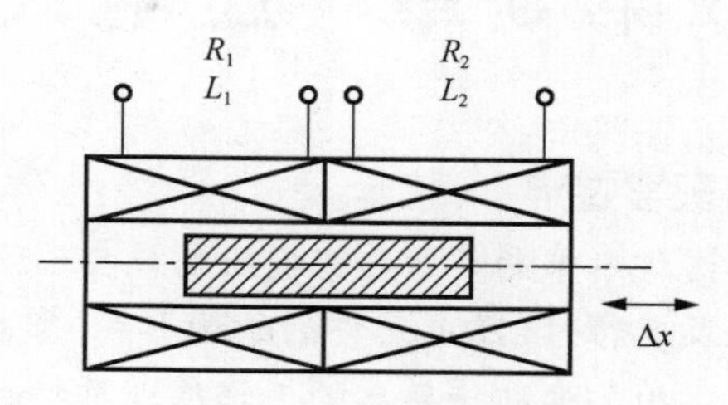

图 4.58 习题 4-29 图

4-30 利用涡流法测量板材厚度，已知激励电源频率 f=1MHz，被测材料相对磁导率 μ_r=1=1，电阻率 $\rho=2.9\times10^{-7}\Omega\cdot\text{mm}$，被测板厚为（1+0.2）mm。要求：

（1）计算采用高频反射法测量板材厚度时，涡流穿透深度 h 为多少？

（2）能否用低频透射法测量板材厚度？若可以，则需要采取什么措施？请画出检测示意图。

第5章　压电式传感器·加速度测量

教学要求

通过本章的学习，掌握压电效应，理解石英晶体、压电陶瓷的压电现象；了解常用压电材料及其特性、压电元件的结构形式；掌握压电式传感器的等效电路和测量电路的分析计算。了解常用加速度传感器的工作原理及特点，掌握压电式加速度传感器设计要点和分析计算，为正确选用和设计加速度测量传感器打下基础。

引例

是否曾想过：

为什么你的智能手机倒向一边时，屏幕会自动从垂直的显示方式调整为横向的显示方式？

为什么手提电脑在抖动、振动、坠落等情况下能自动关闭硬盘以避免由于硬盘的损害而造成数据损失？

为什么在汽车撞击的瞬间，安全气囊会及时打开以保证乘员的安全？……

答案就是，在这些设备中都安装了加速度传感器！

例图5.1所示的安装在智能手机里的微加速度传感器[尺寸仅为（3×3×1）mm^3]通过检测机身的倾斜或振动，使人机界面变得更简单、更直观：当你改变智能手机的方向时，图像、视频和网页会自动旋转以适应屏幕的调整；当你上、下、左、右倾斜手机，就可以查看手机菜单；只要把手机向某一方向倾斜，就能在小屏幕上详细查看地图，显示放大的图像……我们甚至可以设想，未来的手机在进行输入时，不再需要借助于按键，甚至连触摸技术需要的手指和显示屏的亲密接触也不需要，用户只要在空中书写数字和字母，借助于运动传感器就能识别这些动作，再通过手机软件将这些动作还原成数字和字母。

除了上述广泛用于便携式电子产品、汽车、家电等领域的微加速度传感器，还有本章重点介绍的压电式加速度传感器（见例图5.2），因其优良的性能，故广泛应用于航空航天、机械设备、车辆工程、兵器工业等领域系统装备的加速度、振动、冲击测试，以及动态实验、模态分析、振动校准、故障诊断等。

例图5.1　微加速度传感器

例图5.2　压电式加速度传感器

A部分 压电式传感器

压电式传感器是利用某些物质的压电效应将被测量转换为电量的一种传感器，它是一种自发电式和机电能量转换式传感器。这类传感器的敏感元件由压电材料制成，压电材料受力后表面产生电荷，这些表面电荷经测量电路放大和阻抗变换后成为正比于所受外力的电量输出信号。压电材料的这种效应可用于测量力，或者最终可以把被测量转换为力的非电物理量，从而构成压力传感器、加速度传感器等各类传感器。

压电式传感器具有频带宽、灵敏度高、信噪比高、结构简单、工作可靠和质量小等优点，另外，压电式传感器自身能产生电信号，不用外部供电，这也是显著区别于其他类型传感器的特点。

压电式传感器的主要缺点是不能测量静态物理量，并且低频响应特性较差，需要采用高输入阻抗电压放大器或电荷放大器来克服这一缺陷。

5.1 压电效应与压电方程组

5.1.1 压电效应

当沿一定方向对某些电介质（如石英、酒石酸钾钠、钛酸钡等）施加压力或拉力时，其会产生变形，内部发生极化而使其上下两个表面出现正、负电荷集聚的现象；当外力去除后，又恢复到不带电的状态，这种机械能转变为电能的物理现象称为正压电效应（Positive Piezoelectric Effect），又称顺压电效应，如图 5.1（a）所示。正压电效应形成的表面电荷量与外力大小成正比，其极性取决于外力的压缩作用或拉伸作用。压电式传感器大多是利用正压电效应制成的。

在某些电介质的极化方向上施加电场，在一定方向上将产生应力和机械变形，去掉外电场后，应力和变形随之消失，这种电能转变为机械能的物理现象称为逆压电效应（Reverse Piezoelectric Effect），又称电致伸缩效应，其应变的大小与电场强度的大小成正比，方向随电场方向变化而变化。用逆压电效应制造的变送器可用于电声和超声工程。

可见，压电效应具有“双向性”的特点，利用压电元件可以实现机械能与电能之间的双向转换，如图 5.1（b）所示。

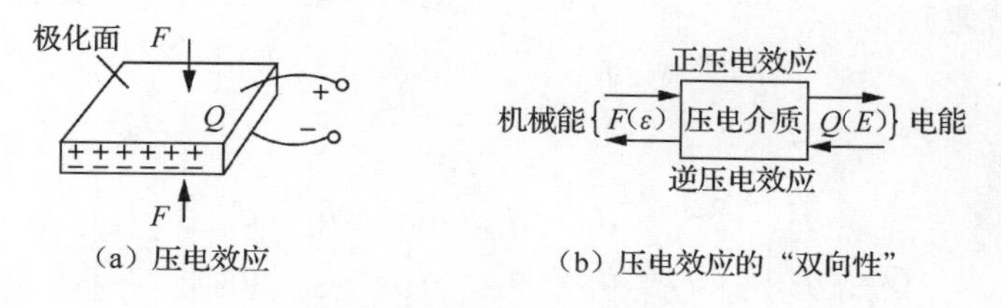

（a）压电效应　　（b）压电效应的“双向性”

图 5.1　压电效应及其“双向性”

将具有压电效应的材料称为压电材料，由压电材料制备的器件称为压电元件。压电材料的电学物理量与力学物理量的关系可以用压电方程描述，因极化作用，在压电材料表面存储的电荷量与外力的比例关系通常用压电常数描述。

阅读资料

1880—1881年，杰克斯·居里（Jacques Curie）和皮尔·居里（Piere Curie）兄弟发现了压电效应现象。最初，皮尔致力于焦电现象与晶体对称性关系的研究，后来兄弟俩却发现，对某类晶体施加压力会有电性产生。他们又系统地研究了压力方向与电场强度之间的关系，预测某类晶体具有压电效应。经他们实验后发现，具有压电性的材料有闪锌矿、钠氯酸盐、电气石、石英、酒石酸、蔗糖、方硼石、异极矿、黄晶及若歇尔盐。这些晶体都具有各向异性结构，而各向同性材料是不会产生压电性的。

根据压电效应，当外力作用在压电元件上时，压电元件将产生表面电荷，其电荷量密度计算公式为

$$q = d\sigma \tag{5-1}$$

式中，q为表面电荷量密度（$\mathrm{C/cm^2}$）；σ为单位面积上的作用力（$\mathrm{N/cm^2}$）；d为压电常数（C/N）。

式（5-1）称为压电材料的压电方程。由压电方程可知，在压电晶体弹性变形的范围之内，电荷密度与作用力之间的关系是线性的。

逆压电效应中，在外电场作用下，压电材料应变与电场强度成正比，其计算公式为

$$s = d'E \tag{5-2}$$

式中，s为应变（ε）；E为外加电场强度（V/m），d'为逆压电常数（C/N）。

5.1.2 压电方程组

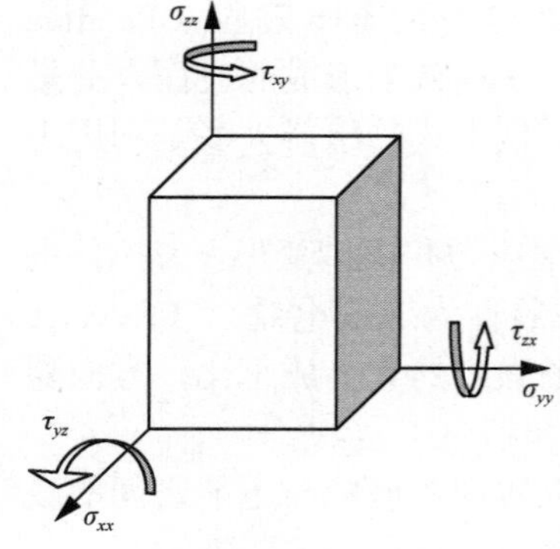

图 5.2 压电材料中方向坐标含义

实际应用中，压电材料可能受到不同方向和不同性质的作用力，在笛卡儿坐标系中，这些作用力可用六个独立分量表示：沿x, y, z三个轴向的单向应力$\sigma_{xx}, \sigma_{yy}, \sigma_{zz}$和$xy, yz, zx$三个表面的剪切力$\tau_{yz}, \tau_{zx}, \tau_{xy}$，如图5.2所示。这些力的方向规定如下：单向应力中的拉应力为正，压应力为负；剪切力从旋转的正向看去，使其第一、二象限的对角线伸长为正，缩短为负。

设压电材料xy, yz, zx三个表面的电荷量密度分别为q_x, q_y, q_z，发生压电效应时，它们与所受的单向应力和剪应力的关系为

$$Q = \begin{bmatrix} q_x \\ q_y \\ q_z \end{bmatrix} = \begin{bmatrix} d_{11} & d_{12} & d_{13} & d_{14} & d_{15} & d_{16} \\ d_{21} & d_{22} & d_{23} & d_{24} & d_{25} & d_{26} \\ d_{31} & d_{32} & d_{33} & d_{34} & d_{35} & d_{36} \end{bmatrix} \begin{bmatrix} \sigma_{xx} \\ \sigma_{yy} \\ \sigma_{zz} \\ \tau_{yz} \\ \tau_{zx} \\ \tau_{xy} \end{bmatrix} \tag{5-3}$$

式（5-3）称为压电材料的压电方程组。该方程组表明压电材料是各向异性的，不同方向的压电常数不同。常用6×3的矩阵向量$\boldsymbol{D}$表示，即

$$\boldsymbol{D}=\begin{bmatrix} d_{11} & d_{12} & d_{13} & d_{14} & d_{15} & d_{16} \\ d_{21} & d_{22} & d_{23} & d_{24} & d_{25} & d_{26} \\ d_{31} & d_{32} & d_{33} & d_{34} & d_{35} & d_{36} \end{bmatrix} \tag{5-4}$$

在该矩阵向量 $\boldsymbol{D}$ 中，元素 d_{ij} 表示压电材料在 j 方向受力时，在垂直于 i 方向的两个表面产生电荷时的压电常数，下标 i 表示压电材料晶体的极化方向，i 记为 1、2、3，分别代表 x 轴、y 轴、z 轴；下标 j 中，记为 1、2、3 项分别表示沿 x 轴、y 轴、z 轴方向作用的单向应力，记为 4、5、6 的项分别表示在垂直于 x 轴、y 轴、z 轴平面内作用的剪切力。

相应地，可以写出用向量形式描述的逆压电效应方程，即

$$\boldsymbol{S}=\begin{bmatrix} s_1 \\ s_2 \\ s_3 \\ s_4 \\ s_5 \\ s_6 \end{bmatrix}=\begin{bmatrix} d_{11} & d_{21} & d_{31} \\ d_{12} & d_{22} & d_{32} \\ d_{13} & d_{23} & d_{33} \\ d_{14} & d_{24} & d_{34} \\ d_{15} & d_{25} & d_{35} \\ d_{16} & d_{26} & d_{36} \end{bmatrix}\begin{bmatrix} E_1 \\ E_2 \\ E_3 \end{bmatrix}=\boldsymbol{D}^{\mathrm{T}}\boldsymbol{E} \tag{5-5}$$

式（5-5）中，应变矩阵向量为 $\boldsymbol{S}$，1×6 维；电场强度矩阵向量为 $\boldsymbol{E}$，1×3 维。

压电方程组表明，压电材料存在着极化方向（电位差方向）与外力方向不平行的情况。正压电效应中，如果所生成的电位差方向与压力或拉力方向一致，称为纵向压电效应；如果所生成的电位差方向与压力或拉力方向垂直时，称为横向压电效应；如果在一定的方向上施加的是切应力，而在某方向上会生成电位差，则称为切向压电效应。逆压电效应也有类似情况。

特别提示

用向量形式描述压电材料的压电效应使之具有笛卡儿空间上的统一表达，因而具有更一般的意义。实际中，大多数压电材料的压电常数矩阵为对称矩阵或其中元素多数为零，人们可以在材料压电效应最大的方向上进行压电传感器设计。

5.2 压电材料及其主要性能指标

压电材料可分为三大类：压电晶体（单晶）、压电陶瓷（多晶半导瓷）和新型压电材料（包括压电半导体和高分子压电材料）。目前在传感器技术中，国内外普遍应用的是压电单晶中的石英晶体和压电多晶中的钛酸钡与钛酸铅系列的压电陶瓷。因此，本节主要介绍石英晶体及压电陶瓷两类压电材料。

5.2.1 石英晶体

1. 石英晶体压电效应的产生机理

石英晶体是常用的压电材料。理想的石英晶体外形如图 5.3（a）所示，天然的石英晶体呈六角形晶柱，其理想外形共有 30 个晶面。其中，6 个 m 面或称柱面，6 个 R 面或称大棱面，6 个 r 面或称小棱面，还有 6 个 S 面及 6 个 x 面。

为便于讨论石英晶体的压电特性，可建立石英晶体的直角坐标系，如图 5.3（b）所示。

统一规定：x 轴平行于正六面体的棱线，在垂直于此轴的面上压电效应最强，故称之为电轴；y 轴垂直于正六面体棱面（m 面），在电场的作用下，沿该轴方向的机械变形最明显，故称之为机械轴；z 轴称为石英晶体的光轴或中性轴，该轴方向没有压电效应。

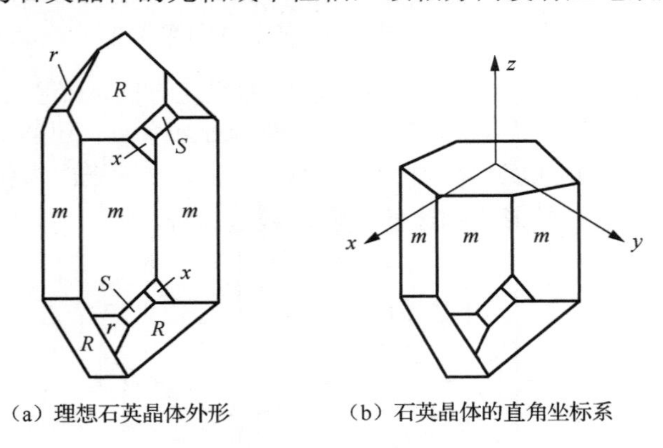

（a）理想石英晶体外形　　（b）石英晶体的直角坐标系

图 5.3　石英晶体

阅读资料

石英晶体俗称水晶，有天然和人工之分。天然石英晶体的稳定性很好，但资源少，并且大多存在一些缺陷，故一般只用于校准的标准传感器或精度很高的传感器中。由于天然生长的石英晶体资源有限，一般采用人工培养方法获取石英晶体制作传感器。在高温高压（400℃，1000bar）的环境下，1kg 石英的生长约需一星期左右。近些年来，出现了比石英晶体性能还优异的人工培养的压电晶体，如瑞士 kistler 公司研制的 KI85。这种在 1000℃高温环境下生长的新型晶体（单晶体），除了具有与石英晶体相同的高强度和稳定性，还具有比石英晶体高 3 倍多的压电常数和高达 700℃的工作温度范围。这种优异的晶体被用来制作一些微型高精度压电传感器。

为直观地了解石英晶体的压电效应机理（见图 5.4），把构成一个石英晶体单元的硅离子（Si^{4+}）和氧离子（O^{2-}）在垂直于 z 轴的 xy 平面上投影，投影结果等效为图 5.4（a）中的正六边形排列。图中“⊕”代表 Si^{4+}，“−”代表 $2O^{2-}$。正、负离子之间的相互作用称为电偶极矩 P，其大小计算式为 $P=ql$，其中，q 为电荷量，l 为正、负电荷之间的距离；电偶极矩方向为从负电荷指向正电荷。

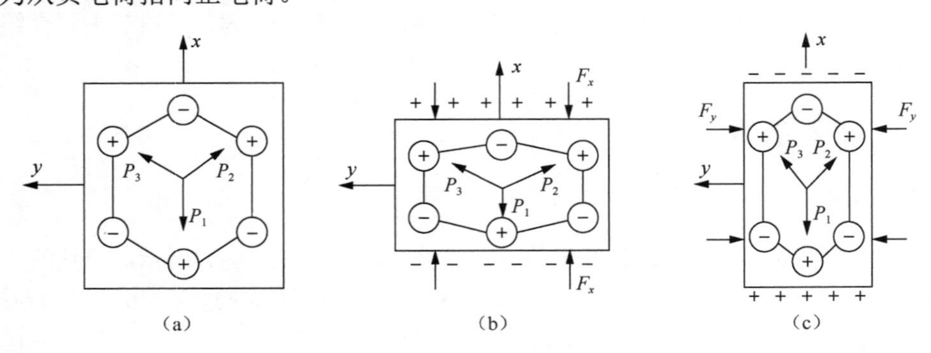

（a）　　（b）　　（c）

图 5.4　石英晶体的压电效应机理

当石英晶体未受外力时，正、负离子正好分布在正六边形的顶角上，正、负电荷中心重合，形成三个大小相等、互成120°夹角的电偶极矩 $\boldsymbol{P}_1$、$\boldsymbol{P}_2$ 和 $\boldsymbol{P}_3$，如图5.4（a）所示。此时，电偶极矩的矢量和等于零，即 $\boldsymbol{P}_1+\boldsymbol{P}_2+\boldsymbol{P}_3=0$。这时石英晶体表面不产生电荷，呈电中性。

沿 x 轴方向的晶体表面施加压力 F_x，石英晶体将产生压缩变形，正、负离子的相对位置随之变动，正、负电荷中心不再重合，如图5.4（b）所示。电偶极矩在 x 轴方向的分量 $(\boldsymbol{P}_1+\boldsymbol{P}_2+\boldsymbol{P}_3)_x>0$，在 x 轴正方向的晶体表面上出现正电荷。电偶极矩在 y 轴和 z 轴方向的分量均为零，即 $(\boldsymbol{P}_1+\boldsymbol{P}_2+\boldsymbol{P}_3)_y=0$，$(\boldsymbol{P}_1+\boldsymbol{P}_2+\boldsymbol{P}_3)_z=0$，因此，在垂直于 y 轴和 z 轴的晶体表面上不出现电荷。这种沿 x 轴施加作用力并在垂直于 x 轴的晶体表面上产生电荷的现象，称为“纵向压电效应”。

当石英晶体受到沿 y 轴方向的压力 F_y 作用时，晶体变形如图5.4（c）所示。电偶极矩在 x 轴方向上的分量 $(\boldsymbol{P}_1+\boldsymbol{P}_2+\boldsymbol{P}_3)_x<0$，在 x 轴正方向的晶体表面上出现负电荷。同样，在垂直于 y 轴和 z 轴的晶体表面上不出现电荷。这种沿 y 轴施加作用力却在垂直于 x 轴的晶体表面上产生电荷的现象，称为“横向压电效应”。

显然，当晶体受到沿 z 轴方向的力（无论是压力或拉力）作用时，因为晶体在 x 轴和 y 轴方向的变形相同，正、负电荷中心始终保持重合，电偶极矩在 x 轴和 y 轴方向的分量等于零，所以沿 z 轴（光轴）方向施加作用力，石英晶体不会产生压电效应。

特别提示

石英晶体的主要性能特点如下：

（1）压电常数小，但其时间和温度稳定性极好，在20～200℃内，其温度变化率仅为-0.016%/℃。

（2）机械强度和品质因素高，许用应力高达（6.8～9.8）×10⁷Pa，并且刚度大，固有频率高，动态特性好。

（3）居里点为573℃，无热释电性，并且绝缘性、重复性均好。

因此，石英晶体常用于精度和稳定性要求高的场合和制作标准传感器。

2. 石英晶体的压电效应分析计算

从石英晶体上沿 y 轴方向切下一块晶体薄片，称之为压电晶片，如图5.5所示。沿压电晶片的 x 轴（电轴）方向施加作用力 F_x，则压电晶片受到的应力为 σ_x。这时压电晶片将产生厚度变形，即发生纵向压电效应，并且发生极化现象。在晶体线性弹性范围内，极化强度 P_x 与应力 σ_x 成正比：

$$P_x = d_{11}.\sigma_x = d_{11}\frac{F_x}{ac} \tag{5-6}$$

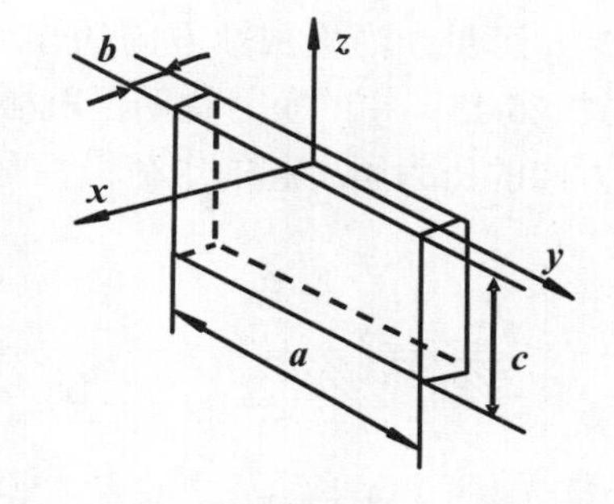

图5.5 石英晶体切片（压电晶片）

极化强度 P_x 在数值上等于晶体表面上的电荷量密度 q_x，即

$$P_x = q_x = \frac{Q_x}{ac} \tag{5-7}$$

式中，Q_x 为垂直于 x 轴的晶体表面上的总电荷量。

将式（5-6）和式（5-7）整理后可得

$$Q_x = d_{11} F_x \tag{5-8}$$

可见，该情况下压电晶片上产生的电荷量与其几何尺寸无关，Q_x 的极性方向则视压电晶片受压还是受拉而定，如图 5.6（a）和图 5.6（b）所示。

若在压电晶片垂直于电轴方向的两个表面用真空镀膜或沉银法形成电极面，可以构成一种带介质的平行极板电容器。发生压电效应时，该电容器收集正压电效应产生的电荷，其极间电压为

$$U_x = \frac{Q_x}{C_x} = d_{11} \frac{F_x}{C_x} \tag{5-9}$$

式中，$C_x = \dfrac{\varepsilon_0 \varepsilon_r ac}{b}$，其中 ε_r 为压电材料的相对介电常数，ε_0 为真空介电常数。

根据逆压电效应，如果在压电晶片电轴方向上施加强度为 E_x 的电场，那么压电晶体在电轴方向将产生伸缩变形，伸缩变形量为

$$\Delta b = d_{11} U_x \tag{5-10}$$

用应变表示为

$$\frac{\Delta b}{b} = d_{11} \frac{U_x}{b} = d_{11} E_x \tag{5-11}$$

若沿着 y 轴（机械轴）方向施加作用力 F_y，则压电晶体将产生横向压电效应，其电荷仍在与 x 轴垂直的晶体表面上出现。此时，电荷量为

$$Q_x = d_{12} \frac{ac}{bc} F_y = d_{12} \frac{a}{b} F_y \tag{5-12}$$

根据石英晶体轴对称条件：$d_{11} = -d_{12}$，则式（5-12）可变换为

$$Q_x = -d_{11} \frac{a}{b} F_y \tag{5-13}$$

其极间电压为

$$U_x = -d_{11} \frac{a}{b} \cdot \frac{F_y}{C_x} \tag{5-14}$$

可见，沿机械轴方向的作用力在晶体上产生的电荷量与晶体切片的几何尺寸有关。式（5-13）中的负号说明沿机械轴方向（y 轴）的压力所引起的电荷极性与沿电轴（x 轴）方向的压力所引起的电荷极性是相反的，其极性如图 5.6（c）和图 5.6（d）所示。

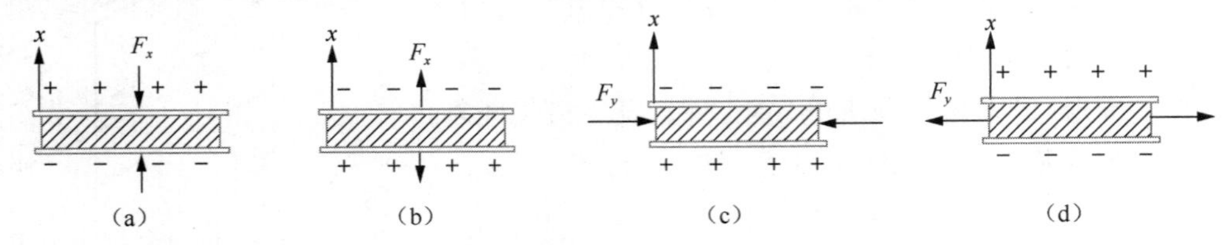

图 5.6　压电晶片上电荷极性与受力方向的关系

根据逆压电效应，沿压电晶体机械轴施加强度为 E_y 的电场，压电晶片将在该方向产生伸缩变形，伸缩变形量为

$$\Delta a = -d_{11} \frac{a}{b} U_y \tag{5-15}$$

用应变表示为

$$\frac{\Delta a}{a}=-d_{11}E_y \tag{5-16}$$

由以上分析可知，无论是正压电效应还是逆压电效应，其作用力（或应变）与电荷（或电场强度）呈线性关系。

3. *石英晶体的压电常数矩阵*

石英晶体受各向应力作用时产生的压电效应及其压电常数情况如下：

（1）当石英晶体受到沿 x 轴（电轴）方向的应力 σ_1 作用时，在 x 轴方向产生伸缩应变（纵向压电效应）。因此，电荷出现在 x 轴方向上，对应的压电常数如下：

$$d_{11}\neq 0,\ d_{21}=d_{31}=0$$

（2）当石英晶体受到沿 y 轴（机械轴）方向的应力 σ_2 作用时，在 y 轴方向产生伸缩应变（横向压电效应），电荷仍出现在 x 轴方向上，对应的压电常数如下：

$$d_{12}=-d_{11}\neq 0,\ d_{22}=d_{32}=0$$

（3）当石英晶体受到沿 z 轴（光轴）方向的应力 σ_3 作用时，晶体不会产生压电效应，其相应的压电常数如下：

$$d_{13}=d_{23}=d_{33}=0$$

（4）当石英晶体受到切应力 σ_4（或 τ_{yz}）作用时产生切应变，同时在 x 轴方向上产生伸缩变形。因此，在 x 轴方向上出现电荷而产生压电效应，对应的压电常数如下：

$$d_{14}\neq 0,\ d_{15}=d_{16}=0$$

（5）当石英晶体受到切应力 σ_5 和 σ_6（或 τ_{zx} 和 τ_{xy}）作用时都将产生切应变，这种应变使石英晶体在 y 轴方向上的电偶极矩矢量和不为零。因此，y 轴方向上有电荷出现，产生压电效应，相应的压电常数分别为

$$d_{15}=0,\ d_{25}\neq 0,\ d_{35}=0$$

$$d_{16}=0,\ d_{26}\neq 0,\ d_{36}=0$$

而且

$$d_{25}=-d_{14},\ d_{26}=-2d_{11}$$

综上所述，对于石英晶体，其压电常数矩阵为

$$\boldsymbol{D}=\begin{bmatrix} d_{11} & -d_{11} & 0 & d_{14} & 0 & 0 \\ 0 & 0 & 0 & 0 & -d_{14} & -2d_{14} \\ 0 & 0 & 0 & 0 & 0 & 0 \end{bmatrix} \tag{5-17}$$

由式（5-17）可知，石英晶体独立的压电常数只有 d_{11} 和 d_{14} 两项，其中，$d_{12}=-d_{11}$，为横向压电常数；$d_{25}=-d_{14}$，为面剪切压电常数；$d_{26}=-2d_{14}$，为厚度剪切压电常数。

阅读资料

在压电单晶中，除天然和人工石英晶体外，钾盐类压电和铁电单晶，如铌酸锂（$LiNbO_3$）、钽酸锂（$LiTaO_3$）、锗酸锂（$LiGeO_3$）、镓酸锂（$LiGaO_3$）和锗酸铋（$Bi_{12}GeO_{20}$）等材料近年来已在传感器技术中日益得到广泛应用，其中以铌酸锂为典型代表。铌酸锂是一种无色或浅黄色透明铁电晶体。从结构看，它是一种多畴单晶，它必须通过极化处理后才能成为单畴

单晶，从而呈现出类似单晶的特点，即力学性能各向异性；它的时间稳定性好，居里点高达1200℃，在高温、强辐射条件下，仍具有良好的压电性，并且机电耦合系数、介电常数、频率常数等均保持不变。此外，它还具有良好的光电效应、声光效应。因此，在光电、微声和激光等器件方面都有重要应用。不足之处是质地脆、抗机械冲击和热冲击性差。

5.2.2 压电陶瓷

1. 压电陶瓷的极化现象

压电陶瓷是一种具有压电效应的多晶体，由于它的生产工艺与陶瓷的生产工艺相似（原料粉碎、成型、高温热处理）因而得名。压电陶瓷的压电效应比石英晶体强数十倍。压电陶瓷主要有钛酸钡压电陶瓷（$BaTiO_3$）、锆钛酸铅压电陶瓷（PZT）、铌酸盐系压电陶瓷，如铌酸铅（PbN_b2O_3）和铌镁酸铅压电陶瓷（PMN）等。

阅读资料

1942 年，压电陶瓷材料——钛酸钡先后在美国、苏联和日本制成。1947 年，钛酸钡拾音器的出现标志着第一个压电陶瓷器件的诞生。20 世纪 50 年代初，性能大大优于钛酸钡的锆钛酸铅研制成功。从此，压电陶瓷的发展进入新的阶段。20 世纪 60 年代到 70 年代，压电陶瓷不断改进，日趋完美。例如，用多种元素改进的锆钛酸铅二元系压电陶瓷、以锆钛酸铅为基础的三元系/四元系压电陶瓷也都应运而生。这些材料性能优异，制造简单，成本低廉，应用广泛。

压电陶瓷的极化如图 5.7 所示。压电陶瓷属于铁电晶体，是人工制造的多晶压电材料，它具有类似铁磁材料磁畴结构的电畴结构。在压电陶瓷的晶粒内有许多自发极化的电畴。各个晶粒的电畴方向是任意的，因而自发极化作用相互抵消，陶瓷内极化强度为零。因此，未极化的压电陶瓷表现为各向同性，不具有压电性，如图 5.7（a）所示。

在压电陶瓷片上施加强电场时，电畴自发极化方向转到与外加电场方向一致，如图 5.7（b）所示。由于出现极化，此时压电陶瓷具有一定极化强度。当电场撤消后，各电畴的自发极化在一定程度上按原外加电场方向取向，陶瓷内极化强度不再为零，如图 5.7（c）所示。这种极化强度称为剩余极化强度，此时，压电陶瓷呈现出压电性。

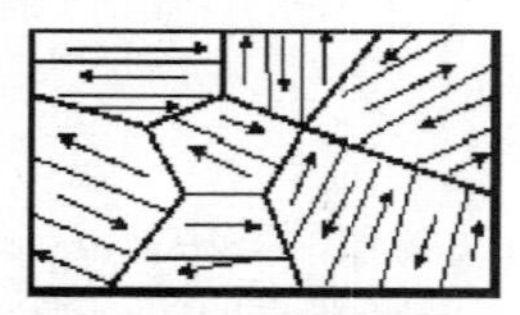
（a）未极化的压电陶瓷

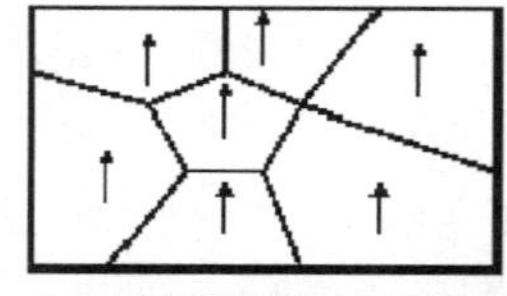
（b）正在极化的压电陶瓷

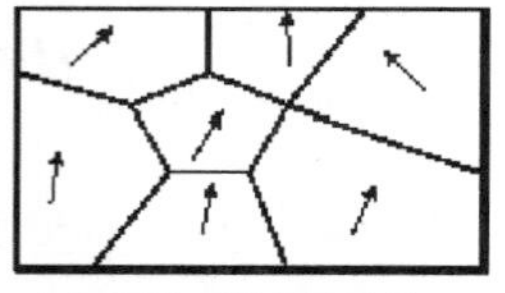
（c）极化后的压电陶瓷

图 5.7 压电陶瓷的极化

特别提示

刚刚极化后的压电陶瓷的特性是不稳定的，需经过两三个月以后，其压电常数才近似保持为一定常数。经过两年以后，压电常数又会下降。此外，压电陶瓷具有热释电性，这会给压电陶瓷的压电效应造成热干扰，影响其稳定性。因此，对要求使用高稳定性的传感器场合，压电陶瓷的应用受到限制。

2. 压电陶瓷的压电效应

压电陶瓷的压电效应示意如图 5.8 所示。具有剩余极化强度的压电陶瓷片极化的两端将出现束缚电荷，一端为正电荷，另一端为负电荷，如图 5.8（a）所示。由于束缚电荷的作用，在压电陶瓷片的电极表面上很快吸附了一层来自外界的自由电荷。这些自由电荷与压电陶瓷片内的束缚电荷极性相反而数值相等，起屏蔽和抵消压电陶瓷片内极化强度对外的作用，因此压电陶瓷片内不带电。

若在压电陶瓷片上施加一个与极化方向平行的外力，压电陶瓷片将产生压缩变形，片内的正、负束缚电荷之间的距离变小，电畴发生偏转，极化强度也变小。因此，原来吸附在极板上的自由电荷有一部分被释放而出现放电现象。当压力撤消后，压电陶瓷片恢复原状，片内的正、负束缚电荷之间的距离变大，极化强度也变大，极板上又吸附一部分自由电荷而出现充电现象，如图 5.8（b）和图 5.8（c）所示。这种由于机械效应转变为电效应的现象称为压电陶瓷的正压电效应。

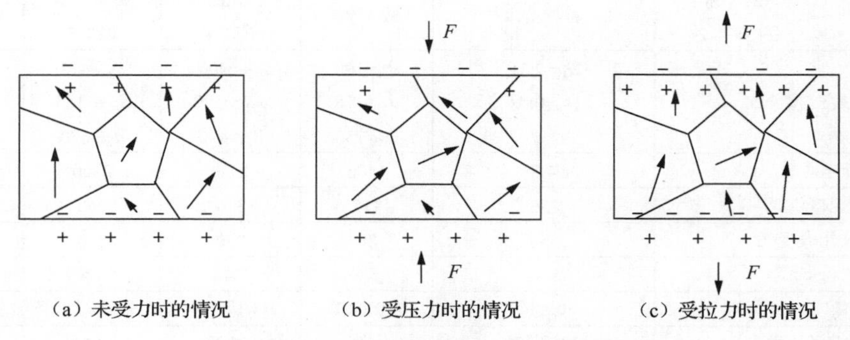

（a）未受力时的情况　（b）受压力时的情况　（c）受拉力时的情况

图 5.8　压电陶瓷的压电效应示意

依据压电陶瓷片的极化方向，可以建立右手直角坐标系以描述压电陶瓷片的压电效应，如图 5.9 所示。图中，z 轴作为压电陶瓷片的极化方向。

当在压电陶瓷片的极化方向上施加作用力 F_z，极化表面上将出现正、负电荷，表现出纵向压电效应，如图 5.10 所示。产生的电荷量与作用力大小成比例关系，即

$$Q_z = d_{33}F_z \tag{5-18}$$

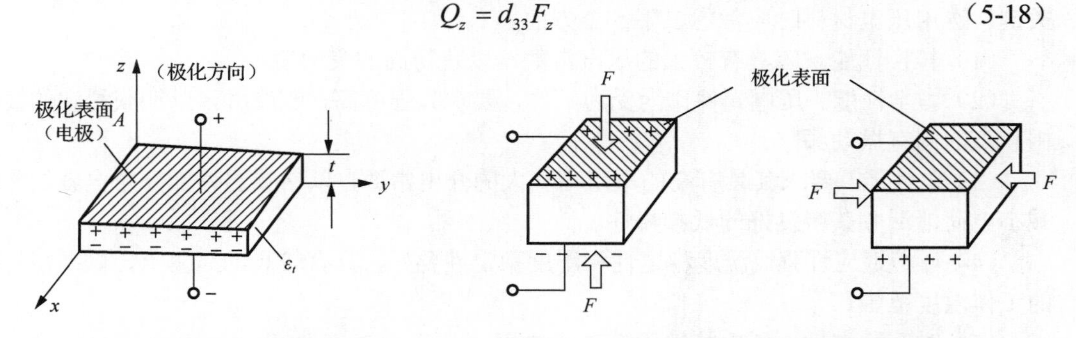

图 5.9　压电陶瓷片的坐标系　　图 5.10　压电陶瓷片的极化

当施加垂直于极化方向的作用力 F_x 和 F_y 时，极化表面上也出现正、负电荷，压电陶瓷片表现为横向压电效应。相对于 z 轴而言，x 轴和 y 轴是可以互易的，压电常数 $d_{32}=d_{31}$，因此，沿 F_x 和 F_y 方向所引起的横向压电效应是相同的，这时产生的电荷量为

$$Q_z=-d_{32}\frac{A_1}{A_2}F=-d_{31}\frac{A_1}{A_2}F \tag{5-19}$$

式中，A_1为极化表面的面积；A_2为受力表面的面积。

压电陶瓷的压电常数矩阵为

$$\boldsymbol{D}=\begin{bmatrix}0&0&0&0&d_{15}&0\\0&0&0&-d_{15}&0&0\\d_{31}&d_{32}&d_{33}&0&0&0\end{bmatrix} \tag{5-20}$$

5.2.3 压电材料的主要性能指标

常用压电晶体和陶瓷材料的主要性能指标列于表 5-1。

表 5-1 常用压电晶体和陶瓷材料的主要性能指标

参数 \ 名称	石英晶体	钛酸钡	锆钛酸铅 PZT-4	锆钛酸铅 PZT-5	锆钛酸铅 PZT-8
压电常数/（pC/N）	d_{11}=2.31 d_{14}=0.73	d_{33}=190 d_{31}=−78 d_{15}=250	d_{33}=200 d_{31}=−100 d_{15}=410	d_{33}=415 d_{31}=−185 d_{15}=670	d_{33}=200 d_{31}=−90 d_{15}=410
相对介电常数，ε_r	4.5	1200	1050	2100	1000
居里温度点/℃	573	115	310	260	300
最高使用温度/℃	550	80	250	250	250
密度/（g·cm^{-3}）	5.65	5.5	7.45	7.5	7.45
弹性模量/（N·m^{-2}）	80×10^9	110×10^9	83.3×10^9	117×10^9	123×10^9
机械品质因数	10^5～10^6	—	≥500	80	≥800
最大安全应力/（N·m^{-2}）	（95～100）$\times10^6$	81×10^6	76×10^6	76×10^6	83×10^6
体积电阻率/（Ω·m）	$>10^{12}$	10^{10}*	$>10^{10}$	10^{11}	—
最高允许相对湿度/%	100	100	100	100	—

* 在 25℃以下

压电材料的压电效应属于物性型效应，因此选用合适的压电材料是设计高性能传感器的关键。选用压电材料时应考虑以下 5 个方面。

（1）转换性能。应具有较大的压电常数，以获得高的灵敏度。

（2）力学性能。压电元件作为受力元件，要求其强度高，刚度大，以期获得宽的线性范围和高的固有振动频率。

（3）电性能。要求其具有高的电阻率和大的介电常数，以期减弱外部分布电容的影响和减小电荷泄漏并获得良好的低频特性。

（4）环境适应性强。温度稳定性和湿度稳定性要好，具有较高的居里点，以期得到较宽的工作温度范围。

（5）时间稳定性。压电特性不随时间蜕变。

基于以上的性能需求，可以列出压电材料的主要特性参数：

（1）压电常数。表示每单位机械应变在晶体内部产生的电势梯度，它是关系到压电材料力能性能的参数，直接关系到压电输出灵敏度。

（2）弹性模量。压电材料的弹性模量（刚度）决定着压电元件的固有频率和动态特性。

刚度越大，固有频率越高，高频响应特性越好，频响范围越大。

（3）相对介电常数。对于一定形状、尺寸的压电元件，其相对介电常数越大，则固有电容越高，由其制作而成的压电式传感器的频率下限也越低，频响范围越宽。

（4）机电耦合系数。其定义如下：在压电效应中，转换输出的能量（如电能）与输入的能量（如机械能）之比的平方根。它是衡量压电材料机械能与电能之间能量转换效率的一个重要参数。

（5）电阻。具有高绝缘电阻的压电材料将减少电荷泄漏，从而改善压电式传感器的低频特性。

（6）居里点。即压电材料开始丧失压电性的温度，它限制了压电式传感器的工作环境温度。

特别提示

当作为传感器的敏感元件时，压电材料要达到以下要求：具有大的压电常数；机械强度高，刚度大，以便获得高的固有频率；高电阻率和大介电常数；高的居里点；温度、湿度和时间稳定性好。

5.3 压电元件的常用结构形式

在实际应用中，如果仅用单片压电元件工作，要使其产生足够的表面电荷量，就要施加很大的作用力，而太大的作用力可能导致材料的塑性变形或破坏。因此，一般采用两片或两片以上压电元件组合在一起使用。压电元件的组合方式一般有并联和串联两种，如图 5.11 所示。

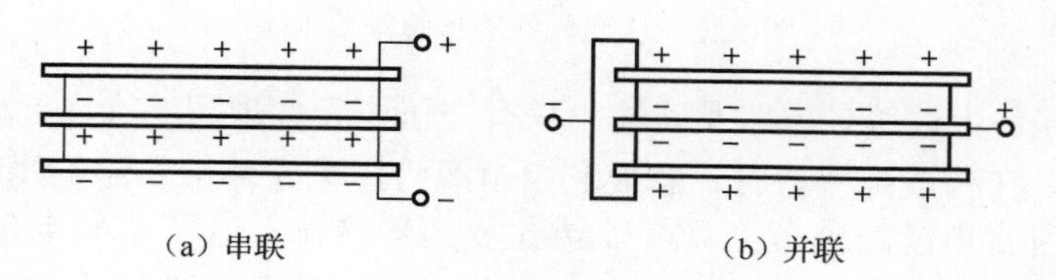

（a）串联　（b）并联

图 5.11　压电元件的组合方式

（1）串联。图 5.11（a）为两个压电元件的串联。在这种连接形式中，上极板为正极，下极板为负极，中间是个压电元件的负极与另个压电元件的正极相连接。

若单片压电元件所形成的电容为C、电荷量为 Q、电压为 U，则两个相同的压电元件串联后对应的参数为

$$Q_{串}=Q，U_{串}=2U，C_{串}=C/2$$

由此可以看出，两个压电元件串联后电容变小，而输出电压增大。这种特性适用于要求以电压为输出的场合，此时要求测量电路有高的输入阻抗。

（2）并联。图 5.11（b）为两个压电元件的并联。在这种连接形式中，两片压电元件的负极集中在中间极板上，正极在上下两边并连接在一起。两个相同的压电元件并联后对应的参数为

$$C_{并}=2C，U_{并}=U，Q_{并}=2Q$$

由此可以看出，两个压电元件并联后电容增大，输出电荷量变大，适用于测量缓慢变化的信号和以电荷为输出量的场合。

5.4 压电式传感器的等效电路与测量电路

5.4.1 压电式传感器的等效电路

压电元件可视为有源电容器，对于压电式传感器，不管是石英晶体压电元件还是陶瓷压电元件，其电回路都可以等效为同样形式的电路。压电元件的理想等效电路如图 5.13 所示。

当需要压电元件输出电压时，可把压电元件等效成一个由电容量为C_a的电容器和电压源（$U=Q/C_a$）串联电路，如图 5.12（a）所示。由图可知，只有在外电路负载无穷大，并且电压源内部也无漏电时，压电元件受力所产生的电压U才能长期保存下来。为此，在测量一个变化频率很低的外力（或可转化为力的其他参量）时，必须保证负载R_L具有很大的数值，才能确保大的时间常数$R_L C_a$，使漏电造成的电压降很小。通常，R_L的值达到数百兆欧以上。

当需要压电元件输出电荷时，可把它等效成一个由电容量为C_a的电容器和电荷源Q并联电路，如图 5.12（b）所示，$Q=C_aU$。

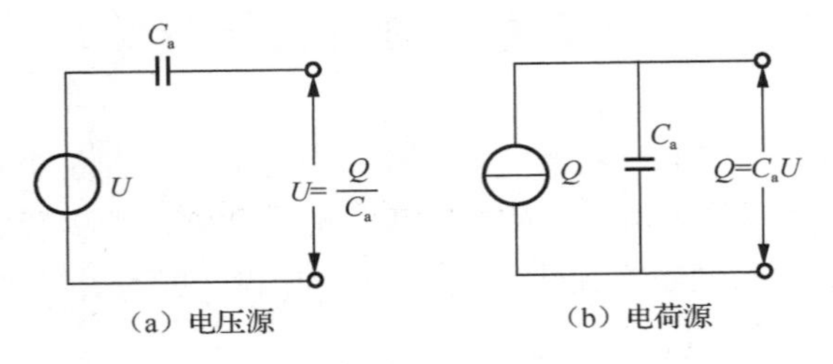

图 5.12　压电元件的理想等效电路

需要指出的是，上述等效电路及其输出只有在压电元件理想绝缘、无泄漏、输出端开路的条件下才成立。在构成传感器时，总要利用电缆将压电元件接入测量线路及仪器。这样，实际传感器系统包含电缆的分布电容C_c、测量放大器的输入电阻R_i和电容C_i等，而且压电元件并非理想元件，其内部存在泄漏电阻R_a。因此，由压电元件构成的压电式传感器的实际等效电路如图 5.13 所示。图 5.13（a）为压电式传感器以电压灵敏度表示时的等效电路，即电压源等效电路。电压灵敏度 $K_u=U/F$，它表示作用于压电元件上的单位力所产生的电压大小。图 5.13（b）是传感器以电荷灵敏度表示的等效电路，即电荷源等效电路。电荷灵敏度 $K_q=Q/F$，它表示作用于压电元件上的单位力所产生的电荷量大小。两者的意义是一样的，只是表示的方式不同，它们之间的关系为

$$K_u = K_q / C_a \tag{5-21}$$

图 5.13　压电式传感器的实际等效电路

【例 5-1】某压电式传感器由两片石英压电晶片并联而成，每片石英压电晶片的尺寸为（50×4×0.3）mm^3。以大小为 1 MPa 的压力沿电轴垂直作用在该石英压电晶片上，求此时传感器输出的电荷量和极间电压值。

解：两片石英压电晶片并联时输出的电荷量是单片的 2 倍，因此，根据式（5-8）求得该传感器输出的电荷量，即

$$Q = 2d_{11}F_x = 2d_{11}pS = 2\times 2.31\times 10^{-12}\times 1\times 10^{6}\times 50\times 4\times 10^{-6} = 924\times 10^{-12}\,(\mathrm{C}) = 924\,(\mathrm{pC})$$

根据两片石英压电晶片的并联电容是单片电容的 2 倍，则有

$$C = 2\frac{\varepsilon_0\varepsilon_r S}{d} = \frac{2\times 8.85\times 10^{-12}\times 4.5\times 50\times 4\times 10^{-6}}{0.3\times 10^{-3}} = 5.31\times 10^{-12}\,(\mathrm{F}) = 5.31\,(\mathrm{pF})$$

由计算结果可知，压电元件的电容量很小。

极间电压为

$$U = Q/C = 924/5.31 = 174\,(\mathrm{V})$$

5.4.2 压电式传感器的测量电路

压电元件作为有源电容器，存在着高内阻、小功率等缺陷，必须进行前置放大。前置放大器的作用如下：一是将传感器的微弱信号放大；二是将传感器高输出阻抗变换为低输出阻抗。压电传感器的前置放大器有电压前置放大器和电荷前置放大器两种。

电压前置放大器又称阻抗变换器。它的主要作用是将压电元件的高输出阻抗变换为传感器的低输出阻抗，并保持输出电压与输入电压成正比。电压前置放大器等效电路及其简化电路如图 5.14 所示。其中，图 5.14（a）为压电式传感器与电压前置放大器连接后的等效电路原理示意，图 5.14（b）为其相应的简化电路。在图 5.14（b）中，等效电阻 R 为 R_a 和 R_i 的并联电阻，即

$$R = R_a R_i/(R_a + R_i) \tag{5-22}$$

等效电容 C 为

$$C = C_c + C_i \tag{5-23}$$

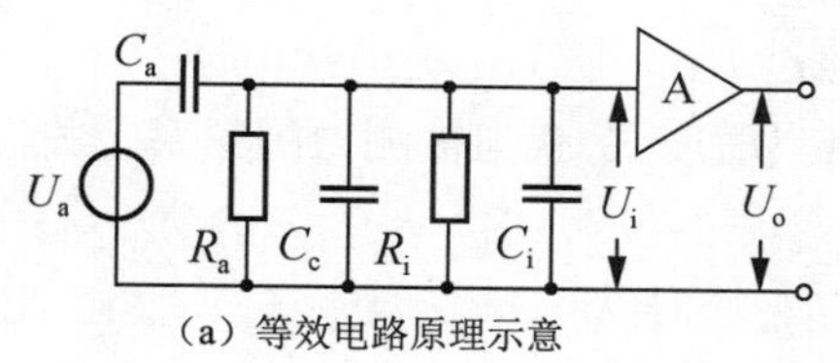

（a）等效电路原理示意

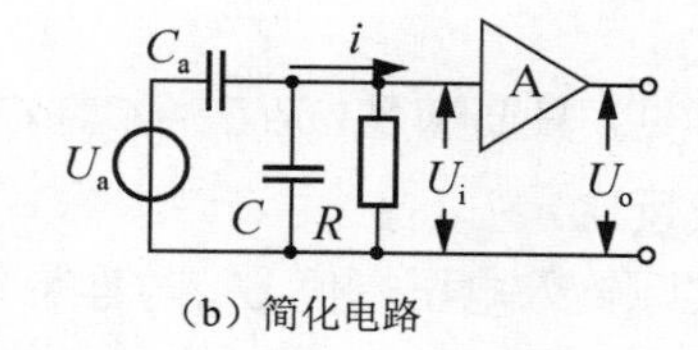

（b）简化电路

图 5.14 电压前置放大器等效电路及其简化电路

设压电元件受到交变正弦力 $\dot{F} = F_m \sin\omega t$ 的作用，其中，F_m 为作用力的幅值。若压电元件是压电陶瓷，其压电常数为 d_{33}，则压电元件产生的电压值为

$$U_a = \frac{Q}{C_a} = \frac{d_{33}F_m}{C_a}\sin\omega t = U_m \sin\omega t \tag{5-24}$$

式中，U_m 为压电元件输出电压的幅值，$U_m = d_{33}F_m/C_a$。

由图 5.14（b）可知，送入电压前置放大器输入端的电压 U_i 即 U_a 在 RC 两端的分压：

$$\dot{U}_i = \frac{Z_{RC}}{Z}U_m \tag{5-25}$$

式中，Z_{RC}为R、C并联的总阻抗；Z为Z_{RC}又与C_a串联的阻抗，其值分别为

$$Z_{RC}=\frac{\frac{1}{\mathrm{j}\omega C}R}{\frac{1}{\mathrm{j}\omega C}+R}=\frac{R}{1+\mathrm{j}\omega RC} \tag{5-26}$$

$$Z=\frac{1}{\mathrm{j}\omega C_{\mathrm{a}}}+Z_{RC} \tag{5-27}$$

将式（5-26）和式（5-27）代入式（5-25）并整理得

$$\dot{U}_{\mathrm{i}}=d_{33}F_{\mathrm{m}}\frac{\mathrm{j}\omega R}{1+\mathrm{j}\omega R(C_{\mathrm{a}}+C)}=d_{33}F_{m}\frac{\mathrm{j}\omega R}{1+\mathrm{j}\omega R(C_{\mathrm{a}}+C_{\mathrm{c}}+C_{\mathrm{i}})} \tag{5-28}$$

由上式求得$\dot{U}_{\mathrm{i}}$的幅值为

$$U_{\mathrm{im}}=\frac{d_{33}F_{\mathrm{m}}\omega R}{\sqrt{1+(\omega R)^2(C_{\mathrm{a}}+C_{\mathrm{c}}+C_{\mathrm{i}})^2}} \tag{5-29}$$

$\dot{U}_{\mathrm{i}}$与作用力$\dot{F}$之间的相位差φ为

$$\varphi=\frac{\pi}{2}-\arctan[\omega R(C_{\mathrm{a}}+C_{\mathrm{c}}+C_{\mathrm{i}})] \tag{5-30}$$

根据电压灵敏度的定义，得

$$K_u=\frac{U_{\mathrm{im}}}{F_{\mathrm{m}}}=\frac{d_{33}\omega R}{\sqrt{1+(\omega R)^2(C_{\mathrm{a}}+C_{\mathrm{c}}+C_{\mathrm{i}})^2}} \tag{5-31}$$

在理想条件下，传感器的绝缘电阻R_{a}和前置放大器的输入电阻R_{i}都为无限大，也就是说，电荷没有泄漏，或者工作频率$\omega\to\infty$。这两种情况均可满足$\omega R(C_{\mathrm{a}}+C_{\mathrm{c}}+C_{\mathrm{i}})\gg 1$，由式（5-29）可得电压前置放大器的输入电压（传感器的开路电压）幅值：

$$U_{\mathrm{am}}=\frac{d_{33}F_{\mathrm{m}}}{C_{\mathrm{a}}+C_{\mathrm{c}}+C} \tag{5-32}$$

在理想条件下的电压灵敏度为

$$K_u=\frac{U_{\mathrm{am}}}{F_{\mathrm{m}}}=\frac{d_{33}}{C_{\mathrm{a}}+C_{\mathrm{c}}+C_{\mathrm{i}}} \tag{5-33}$$

可见，只要满足$\omega R(C_{\mathrm{a}}+C_{\mathrm{c}}+C_{\mathrm{i}})\gg 1$，传感器灵敏度$K_u$就与被测力的频率无关，但与总电容成反比。

实际输入电压幅值U_{im}与理想条件下的幅值U_{am}之比为

$$K(\omega)=\frac{U_{\mathrm{im}}}{F_{\mathrm{am}}}=\frac{\omega R(C_{\mathrm{a}}+C_{\mathrm{c}}+C_{\mathrm{i}})}{\sqrt{1+(\omega R)^2(C_{\mathrm{a}}+C_{\mathrm{c}}+C_{\mathrm{i}})^2}} \tag{5-34}$$

测量电路的时间常数为

$$\tau=R(C_{\mathrm{a}}+C_{\mathrm{c}}+C_{\mathrm{i}}) \tag{5-35}$$

令$\omega_{\mathrm{n}}=1/\tau=1/[R(C_{\mathrm{a}}+C_{\mathrm{c}}+C_{\mathrm{i}})]$，则式（5-34）和式（5-30）可分别写成如下形式：

$$K(\omega)=\frac{U_{\mathrm{im}}}{U_{\mathrm{am}}}=\frac{\omega/\omega_{\mathrm{n}}}{\sqrt{1+(\omega/\omega_{\mathrm{n}})^2}} \tag{5-36}$$

$$\varphi=\frac{\pi}{2}-\arctan(\omega/\omega_{\mathrm{n}}) \tag{5-37}$$

由此得到电压幅值比和相角与频率比的关系曲线，如图5.15所示。

根据以上公式，对采用电压前置放大器的压电式传感器测量电路分析如下：

（1）$\omega=0$ 时，$U_i=0$，说明压电式传感器不能检测静态量。

（2）当 $\omega/\omega_n \gg 1$（一般满足 $\omega/\omega_n \geqslant 3$ 即可）时，$U_{im}=U_{am}$，即输入前置放大器的电压与作用力的频率无关。这说明压电式传感器的高频响应相当好，这是压电式传感器的一个突出优点。

（3）如果被测物理量是缓慢变化的动态量（ω 很小），并且测量电路的时间常数 τ 又不大，那么会造成传感器灵敏度下降，低频动态误差为

$$\delta = 1-\frac{\omega/\omega_n}{\sqrt{1+(\omega/\omega_n)^2}} \tag{5-38}$$

因此，为了扩大传感器的低频响应范围，就必须尽量提高测量电路的时间常数 τ。但不能依靠增加测量电路的电容量来提高时间常数，因为由式（5-33）可知，压电式传感器的电压灵敏度与电容成反比。为此，切实可行的办法是提高测量电路的电阻，又由于传感器自身的绝缘电阻一般都很大，所以测量电路的电阻主要取决于电压前置放大器的输入电阻。放大器的输入电阻越大，测量电路的时间常数就越大，传感器的低频响应也就越好。

由式（5-36）可知，压电式传感器的−3dB 截止频率下限值（取 $K(\omega)=1/\sqrt{2}$）为

$$f_L = \frac{1}{2\pi R(C_a+C_c+C_i)} \tag{5-39}$$

一般情况下可实现 f_L＜1Hz，低频响应也较好。

若下限频率 f_L 已选定，则可根据上式选择与配置各电阻、电容值。

（4）为了满足阻抗匹配的要求，压电式传感器一般都采用专门的电压前置放大器。电压前置放大器（阻抗变换器）因其电路不同而分为几种形式，但都具有很高的输入阻抗（$10^9\ \Omega$ 以上）和很低的输出阻抗（小于 $10^2\ \Omega$）。图 5.16 所示为一种阻抗变换器的电路，它采用 MOS 型场效应管构成源极输出器，输入阻抗很高。第二级对输入端的负反馈又进一步提高输入阻抗，以射极输出的形式获得很低的输出阻抗。但是，压电式传感器在与阻抗变换器（前置放大器）配合使用时，两者之间的连接电缆不能太长。电缆太长，电缆分布电容 C_c 就大，从而使传感器的电压灵敏度降低。

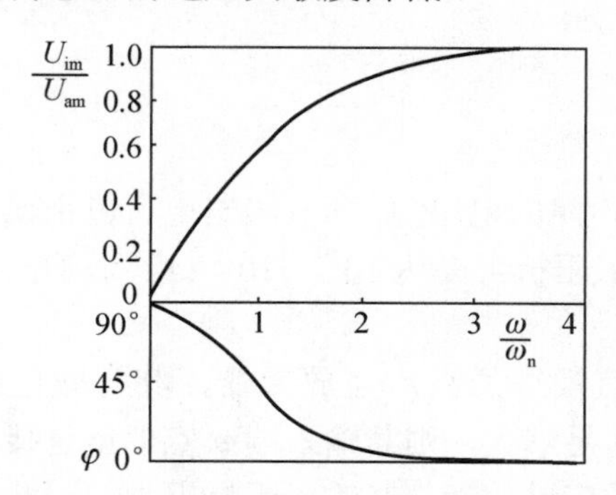

图 5.15 电压幅值比和相角与频率比的关系曲线

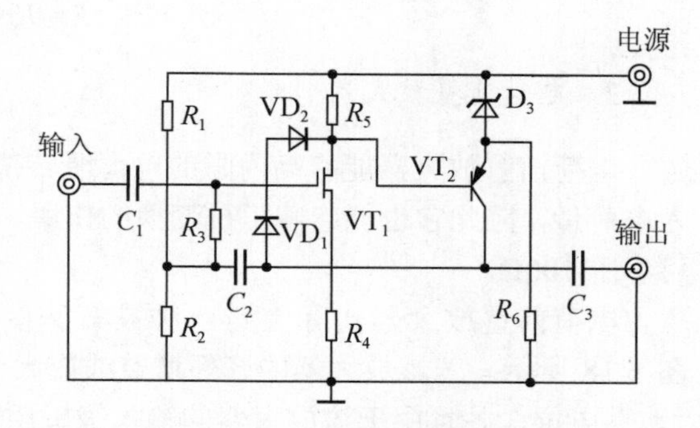

图 5.16 一种阻抗变换器的电路

（5）电压前置放大器的电缆长度对传感器测量精度的影响较大。因为，当电缆长度改变时，电缆分布电容 C_c 也将改变，因而电压前置放大器的输入电压 U_{im} 也随之变化，进而使电压前置放大器的输出电压改变。因此，压电式传感器与电压前置放大器之间的连接电缆不

能随意更换。如有变化时，必须重新校正其灵敏度；否则，将引入测量误差。

解决电缆分布电容问题的办法是将电压前置放大器装入传感器之中，组成一体化传感器，如图 5.17 所示的一体化压电式加速度传感器。这种一体化压电式传感器可以直接输出大小达几伏的低阻抗信号，它可以用普通的同轴电缆输出信号，一般不需要再附加放大器，只有在测量低电平振动时，才需要放大器，并可直接输出至示波器、记录仪、检流计和其他普通指示仪表。另外，由于采用石英压电晶片作压电元件，该压电式加速度传感器在很宽的温度范围内灵敏度十分稳定，而且经长期使用，性能几乎不变。

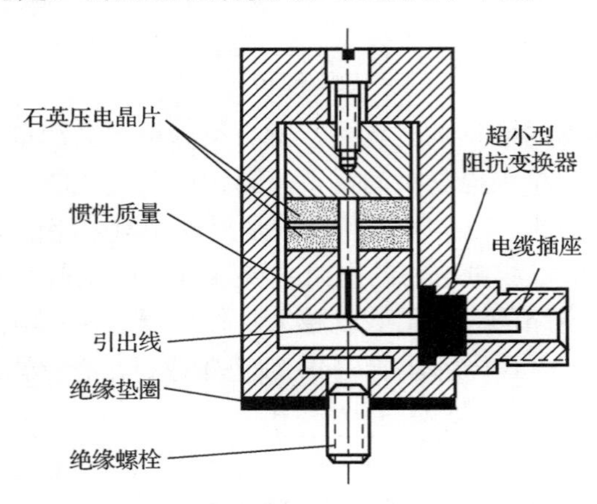

图 5.17　一体化压电式加速度传感器

【例 5-2】 某压电式传感器可测下限频率 f_L=1Hz，采用电压前置放大器，已知输入电路的总电容 C_i=500 pF，现要求在最低信号频率时该传感器的灵敏度下降不超过 5%，求该电压前置放大器输入总电阻 R_i 的值是多少？

解： 由题意可知

$$\delta = 1 - \frac{\omega/\omega_n}{\sqrt{1+(\omega/\omega_n)^2}} \leqslant 5\%$$

将 $\omega = 2\pi f_L$ 及 $\omega_n = 1/\tau = 1/(R_i C_i)$ 代入上式，可求得

$$R_i = 969\ \text{M}\Omega$$

2. 电荷前置放大器

电荷前置放大器能将高内阻的电荷源转换为低内阻的电压源，而且输出电压值正比于输入电荷量，因此它也能起着阻抗变换的作用，其输入阻抗可高达 10^{10}～10^{12} Ω，而输出阻抗可小于 100Ω。

电荷前置放大器实际上是一种具有深度电容负反馈的高增益放大器，其等效电路如图 5.18 所示。若该放大器的开环增益或放大倍数 A 足够大，则其输入端 a 点的电位接近于“地”电位，并且由于该放大器的输入级采用了场效应晶体管，其输入阻抗很高。因此，电荷前置放大器的输入端几乎没有分流，电流仅流入反馈回路，其输入电荷量 Q 只对反馈电容 C_f 充电，充电电压接近电荷前置放大器的输出电压：

$$U_o \approx u_{C_f} = -Q/C_f \tag{5-40}$$

式中，U_o 为电荷前置放大器的输出电压；u_{C_f} 为反馈电容两端电压。

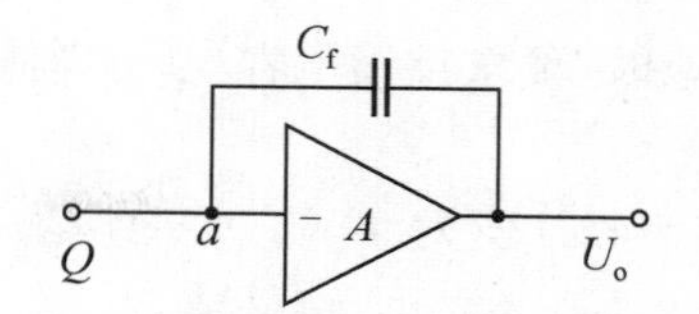

图 5.18 电荷前置放大器的等效电路

由式（5-40）可知，电荷前置放大器的输出电压只与输入电荷量和反馈电容有关，而与该放大器的开环增益 A 的变化以及电缆分布电容 C_c 均无关。因此，只要保持反馈电容的数值不变，就可以得到与输入电荷量 Q 呈线性关系的输出电压。此外，由于反馈电容与输出电压成反比，因此，要达到一定的输出灵敏度要求，必须选择适当容量的反馈电容。

使用电荷前置放大器的一个突出优点是，在一定条件下，传感器的灵敏度与电缆长度无关。图 5.19 所示为压电式传感器与电荷前置放大器连接的基本电路。图中增加了一个并联的反馈电阻。其原因是若电路中只有负反馈电容 C_f，则对直流工作点相当于开路，零漂较大，易导致误差。因此，一般在反馈电容 C_f 的两端并联阻值为 10^{10}～$10^{14}\Omega$ 的反馈电阻 R_f，形成直流负反馈，达到减小零漂、提高工作稳定性的目的。

由“虚地”原理可知，可将反馈电容 C_f 和反馈电阻 R_f 折合到电荷前置放大器输入端，则有

$$\begin{cases} C'_f = (1+A)C_f \\ \dfrac{1}{R'_f} = (1+A)\dfrac{1}{R_f} \end{cases} \tag{5-41}$$

那么图 5.19 所示基本电路的等效电路如图 5.20 所示。根据等效电路求得该放大器的输出电压，即

$$\dot{U}_o = \frac{-j\omega\dot{Q}A}{\left[\dfrac{1}{R_a} + (1+A)\dfrac{1}{R_f}\right] + j\omega\left[C_a + C_c + (1+A)C_f\right]} \tag{5-42}$$

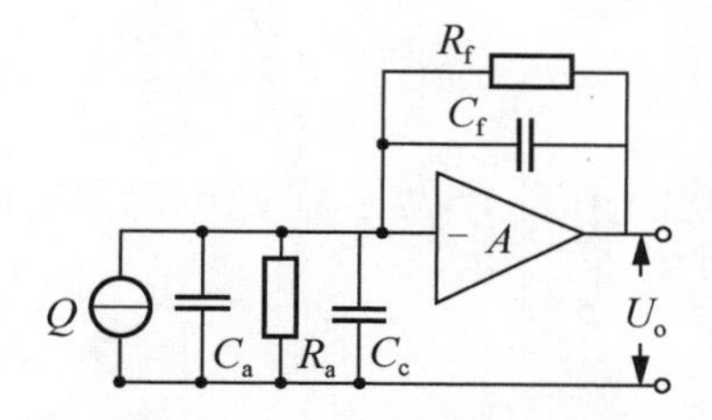

图 5.19 压电式传感器与电荷前置放大器连接的基本电路

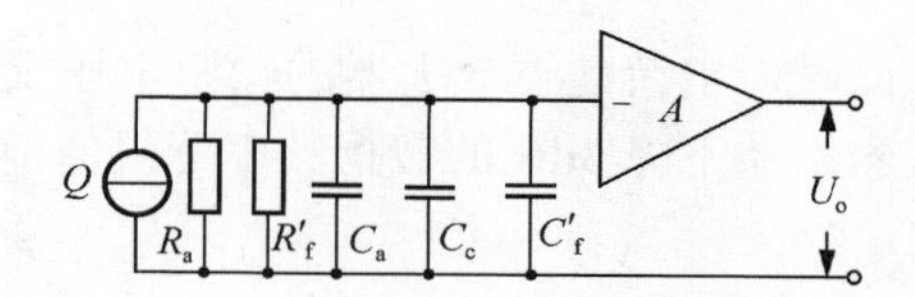

图 5.20 压电式传感器与电荷前置放大器的等效电路

电荷前置放大器电路的特性归纳如下。

（1）当 A 足够大且频率足够高时，满足 $(1+A)C_f \gg (C_a + C_c)$，$(1+A)R_f \gg 1/R_a$ 和 $\omega C_f \gg 1/R_f$，该放大器输出电压为

$$U_o \approx -Q/C_f \tag{5-43}$$

可见，输出电压只取决于输入电荷量 Q 和反馈电容 C_f，改变 C_f 的大小，即可得到所需的输出电压。在电荷前置放大器的实际电路中，考虑到被测物理量的不同量程，以及后级放

大器不因输入信号太大而引起饱和，要求反馈电容 C_f 的容量是可调的，其值一般为 100～10^4 pF。

（2）当频率足够高时，式（5-42）变为

$$U_o' \approx \frac{-AQ}{C_a + C_c + (1+A)C_f} \tag{5-44}$$

可见，运算放大器的开环增益或放大倍数 A 对精度有影响，由式（5-43）和式（5-44）可得相对误差：

$$\delta = \frac{U_o - U_o'}{U_o} \approx \frac{C_a + C_c}{(1+A)C_f} \tag{5-45}$$

【例 5-3】 已知压电式传感器及其电荷前置放大器的相关参数如下：C_a=1000 pF，C_f=100 pF，C_c=（100 pF/m）×100 m=10^4 pF，当要求输出误差 $\delta \leqslant 1\%$时，电荷前置放大器的放大倍数 A 是多少？

解： 由式（5-45）得

$$\delta = \frac{10^3 + 10^4}{(1+A)\times 100} \leqslant 0.01$$

由此可得 $A > 10^4$。对线性集成运算放大器来说，这一要求是容易达到的。

（3）当工作频率很低但放大倍数 A 仍足够大时，式（5-42）变为

$$\dot{U}_o \approx \frac{-\mathrm{j}\omega \dot{Q} A}{(1+A)\dfrac{1}{R_f} + \mathrm{j}\omega(1+A)C_f} \approx -\frac{\mathrm{j}\omega \dot{Q}}{\dfrac{1}{R_f} + \mathrm{j}\omega C_f} \tag{5-46}$$

上式表明，输出电压 $\dot{U}_o$ 不仅与输入电荷量 $\dot{Q}$ 有关，而且与反馈网络的元件参数 C_f、R_f 和传感器信号频率 ω 有关，其幅值为

$$U_o = \frac{-\omega Q}{\sqrt{(1/R_f)^2 + \omega^2 C_f^2}} \tag{5-47}$$

当 $1/R_f = \omega C_f$ 时，有

$$U_o = \frac{Q}{\sqrt{2} C_f} \tag{5-48}$$

此时，电荷前置放大器的输出电压仅为高频时输出电压的 $1/\sqrt{2}$。由此可得到电荷前置放大器增益下降 3dB 的截止频率下限值，即

$$f_L = \frac{1}{2\pi R_f C_f} \tag{5-49}$$

低频时，输出电压 $\dot{U}_o$ 与输入电荷量 $\dot{Q}$ 之间的相位差为

$$\varphi = \arctan\left(\frac{1/R_f}{\omega C_f}\right) = \arctan\left(\frac{1}{\omega R_f C_f}\right) \tag{5-50}$$

在截止频率 f_L 处，φ=45°。

可见，压电式传感器配用电荷前置放大器时，其低频幅值误差和截止频率只决定于反馈电路的参数 R_f 和 C_f。其中，C_f 的大小可以由所需要的输出电压幅值决定。因此，当给定工作频带下限为截止频率 f_L 时，反馈电阻 R_f 值可由式（5-49）确定。例如，当 C_f=1000 pF，f_L=0.16 Hz 时，则要求 $R_f > 10^9\Omega$。

阅读资料

电压前置放大器与电荷前置放大器相比，电路简单、元件少、价格便宜、工作可靠，但是，连接传感器和放大器的电缆长度对传感器测量精度的影响较大，在一定程度上限制了压电式传感器的应用场合。可以把放大器装入传感器之中，组成一体化传感器。一体化传感器引出线电缆非常短，引出线电缆分布电容几乎等于零，避免了长电缆对传感器灵敏度的影响，使放大器的输入端可得到较大的电压信号，弥补了石英晶体灵敏度低的缺陷。

B 部分　加速度测量

5.5　加速度测量基本知识

5.5.1　加速度测量的基本原理

加速度是表征物体在空间运动本质的一个基本物理量，因此，可以通过测量加速度来测量物体的运动参量。例如，惯性导航系统通过测量飞行器的加速度来测量系统的加速度、速度（地速）、位置、已飞过的距离以及相对于预定到达点的方向等。通常，还通过测量加速度来判断运动的机械系统所承受的加速度负荷的大小，以便正确设计其机械强度和按照设计指标正确地控制其运动加速度，避免机件损坏。

对于加速度，常用绝对法测量，即把惯性型测量装置安装在运动体上进行测量。当前，测量加速度的传感器基本上都是基于图 5.21 所示的测量原理。图中，质量块通过弹簧与基座相连接，基座安装在被测对象上，与被测对象作整体运动。

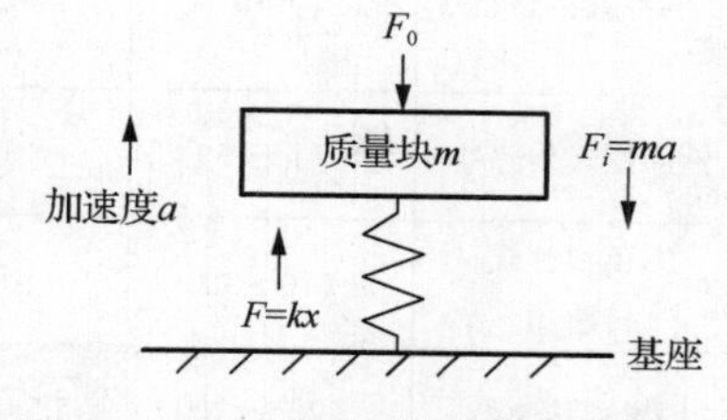

图 5.21　加速度传感器测量原理示意

当基座以加速度 a 运动时，由于质量块 m 不与基座相固连，因而在惯性作用下质量块 m 与基座之间产生相对位移，从而使弹簧产生与质量块 m 相对位移相等的伸缩变形，弹簧的伸缩变形又产生与变形量成比例的反作用力 F，$F = kx$。同时，质量块 m 感受加速度并产生与加速度成比例的惯性力 $F_i = ma$，当惯性力与弹簧的反作用力相平衡时，有

$$F - F_0 - F_i = kx - F_0 - ma = 0 \tag{5-51}$$

式中，F_0 为质量块 m 的预加载荷。

由式（5-51）可知，质量块 m 相对于基座的位移与加速度成正比例关系，故可通过该位移或惯性力来测量加速度。

特别提示

事实上，图 5.21 所示的系统为典型的二阶系统，其动态特性不能简单地由式（5-51）来描述，而必须建立相应的微分方程进行动态特性分析。相关的动态特性分析将在 5.6.2 节中介绍。

5.5.2 加速度传感器

目前测量加速度主要是通过加速度传感器并配以适当的测量电路进行的。加速度传感器的种类繁多，按加速度传感器检测质量所产生的惯性力的检测方式划分，加速度传感器可分为压电式传感器、压阻式传感器、应变式传感器、电容式传感器、振梁式传感器、磁电感应式传感器、隧道电流式传感器、热电式传感器等；按检测质量的支承方式划分，可分为悬臂梁式传感器、液浮摆式传感器、折叠梁式传感器、简支承梁式传感器等。表5-2为部分加速度传感器的主要性能和特点。

表5-2　部分加速度传感器的主要性能和特点

分类	测量范围/g	灵偏稳定性/g	分辨力/g	特点
压电式传感器	$5\sim10^5$	$10^{-4}\sim10^{-3}$	$10^{-5}\sim10^{-2}$	无静态响应，固有频率较高，灵敏度高，自发电式，坚固耐振动和冲击。适用于宽带振动测量、瞬态冲击测量、大地测量及惯性导航等
应变式传感器	±（0.5～200）	—	—	下限频率为零，有静态响应；固有频率低，低频响应较好，线性度好，灵敏度高。适用于低频振动测量
压阻式传感器	±（$20\sim10^5$）	—	—	有静态响应，灵敏度高；便于集成化；易受温度影响。特别适用于恒定加速度、冲击及小构件的精密测量
电容式传感器	$1\sim10^4$	—	—	采用空气阻尼，温度系数小，精度高、频响宽、量程大。输出非线性、输出阻抗高，寄生电容影响大
液浮摆式传感器	±（1～15）	$10^{-6}\sim10^{-4}$	$10^{-6}\sim10^{-4}$	带力反馈和温控，分辨力高，成本较高，适用于惯性导航
石英挠性式传感器	±（10～30）	$10^{-6}\sim10^{-5}$	$10^{-6}\sim10^{-5}$	高可靠、高稳定、高分辨力、成本较高。适用于惯性导航、运载武器制导及微重力测量
振梁式传感器	±（20～1200）	$5.5\times10^{-4}\sim10^{-3}$	—	体积小，质量小，成本低，可靠性好，适用于战术导弹等制导。
微机电式传感器	±（$1\sim10^5$）	$10^{-6}\sim10$	$10^{-6}\sim10^{-3}$	尺寸小，质量小，成本低。适用于汽车安全防护，武器制导和惯性导航

加速度传感器应用范围广泛，它主要用来实现下述感测功能。

（1）倾斜度检测。当加速度传感器水平放置时，在重力作用下经激励有一定幅度的输出信号；当与重力方向倾斜一定角度时,传感器输出信号幅度就会有所变化，由此可推算出该倾斜角的大小，应用双轴或三轴加速度传感器就可测出任意倾斜角的大小和方向。因此，加速度传感器可应用于倾斜仪、倾斜度侦测电子罗盘、手机等电子产品的图像旋转、文本滚动浏览/用户界面等方面。

（2）运动检测。将加速度进行二重积分可计算出位移，或者对加速度进行一次积分则可算出速度，因此，加速度传感器可用于体育运动训练、人体运动仿真、医学临床辅助诊断等方面。

（3）定位检测。加速度传感器可应用于汽车导航、防盗设备和地图跟踪等。利用加速度传感器完成车辆瞬时加速度的数据采集任务，然后推算出当前位置相对于已知参考位置之间的偏移，从而得到车辆的绝对位置。实际应用中，采用加速度传感器和GPS组成导航系统，以提高定位精度，增强系统性能。

（4）振动检测。加速度传感器的振动检测感应功能可应用于地震活动监视、黑匣子/故障记录仪、机械故障诊断、模态实验、智能电机维护、家电平衡和监测等方面。

（5）自由落体检测。利用自由落体检测感应功能，加速度传感器可应用于自由落体保护、下降记录和检测、运动控制和认知等。例如，手提电脑里内置的加速度传感器能够动态地监测出手提电脑在使用中的振动，系统根据这些振动数据决定是否关闭硬盘，从而避免或降低因颠簸或丢摔而造成的手提电脑硬盘损害，最大限度实现对硬盘数据的保护。

从测量维数上来看,单维的加速度传感器技术比较成熟,绝大多数加速度传感器为一维型（单轴），而微惯性系统以及其他一些应用场合常常需要采用双轴或三轴的加速度传感器检测加速度矢量。目前，市场上越来越多的电子产品应用了双轴及三轴加速度传感器。

阅读资料

自20世纪80年代初，采用微机械电子系统（MEMS）和集成电路（IC）加工工艺生产的MEMS加速度传感器发展迅速。MEMS加速度传感器由于采用了微机械电子系统技术，尺寸大大缩小，而且质量小、功耗低、线性度好，易于集成化，适合大批量生产，因此具有很高的性价比，被广泛应用于航空、航天、医学、汽车工业、消费类电子产品等领域。意大利的意法半导体公司、美国飞思卡尔半导体公司、美国AD公司、美国美新半导体公司、芬兰VTI公司等世界著名公司都推出了各类性能优良的MEMS加速度传感器。其中，低精度的MEMS加速度传感器主要用在手机、游戏机、音乐播放器、无线鼠标、数码相机、硬盘保护、智能玩具、计步器、防盗系统等电子产品中；中级精度的MEMS加速度传感器主要用于汽车电子稳定系统（ESP或ESC）、GPS辅助导航系统、汽车安全气囊、车辆姿态测量、工业自动化、机器人、仪器仪表、工程机械等方面；高精度MEMS加速度传感器主要用于军事、宇航领域，这类传感器具有高精度、高稳定性、全温区、强抗冲击能力等性能，主要用于导弹导引头、光学瞄准系统等稳定性系统，飞机/导弹飞行控制、姿态控制等控制系统，中程导弹制导、惯性GPS导航等制导系统，以及远程飞行器船舶仪器、战场机器人等方面。

5.6 压电式加速度传感器的设计

压电式加速度传感器是一种常用的加速度计，因其固有频率高，故有较好的高频响应特性（几千赫至几十千赫）。如果配以电荷前置放大器，压电式加速度传感器的低频响应特性也很好（可低至零点几赫）。此外，压电式加速度传感器的重复性和稳定性好，体积小，质量小。压电式加速度传感器在航空、航天、兵器、造船、纺织、农机、车辆、电气等各种系统中用于振动和冲击测试、信号分析、机械动态实验、环境模拟实验、振动校准、模态分析、故障诊断等，但需要经常校正其灵敏度。

5.6.1 压电式加速度传感器的结构

常见的压电元件的受力和变形有厚度变形、长度变形、体积变形和厚度剪切变形4种，最常见的变形是基于厚度变形的压缩型和基于厚度剪切变形的剪切型两种，也是目前压电式加速度传感器的主要结构形式。

1. 压缩型压电式加速传感器

图 5.22 所示为常用的压缩型压电式加速度传感器结构示意。压电元件一般由两片压电片组成。在压电片的两个表面镀上银层作为电极，并在镀银层上焊接引出线，输出端的另一根引出线直接与传感器基座相连。在压电片上放置一个密度较大的质量块，用硬弹簧或螺栓、螺帽对质量块进行预加载。整个组件安装并固定在金属壳体中。为避免金属壳体等隔离试件的任何形式的应变传递到压电元件形成虚假信号，一般要求金属壳体为加厚基座或选用刚度较大的材料来制造。

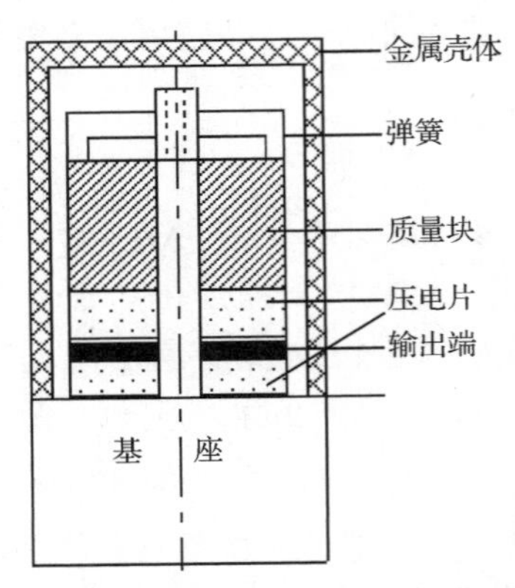

图 5.22 压缩型压电式加速度传感器的结构示意

测量时，将传感器基座与试件刚性固定在一起。当传感器受振动时，由于弹簧的刚度相当大，而质量块的质量相当小，可认为质量块的惯性很小。因此，质量块感受与传感器基座相同的振动，并受到与加速度方向相反的惯性力的作用。这样，质量块就有一个正比于加速度的交变力作用在压电片上。由于压电片具有压电效应，因此在它的两个表面上就产生交变电荷（电压），当振动频率远低于传感器的固有频率时，传感器的输出电荷（电压）与作用力成正比，即与试件的加速度成正比。输出电量由传感器输出端引出，再输入前置放大器进一步放大、处理，测出试件的加速度。

图 5.22 所示的结构属于正装中心压缩式的结构，其质量块和弹性元件通过中心螺栓固紧在基座上，形成独立的体系，与易受非振动环境干扰的壳体分开，具有灵敏度高、性能稳定、频响好、工作可靠等优点，但基座的机械和热应变仍有影响。为此，设计出改进型结构，如图 5.23 所示。

图 5.23（a）所示为改用中心螺杆施加预压力的隔离基座压缩型压电式加速度传感器，这类传感器能避免与外壳直接接触不受外壳振动的干扰。

图 5.23（b）所示为隔离预载筒压缩型压电式加速度传感器，它采用薄壁弹性套筒施加预压力，能对外部干扰起双层屏蔽作用。这种结构大大提高了传感器的综合刚度和横向抗干扰能力，但工艺较复杂。

图 5.23（c）所示为将质量块和压电元件倒挂于基座中心的压缩型压电式加速度传感器，能隔离来自安装面振动的干扰。

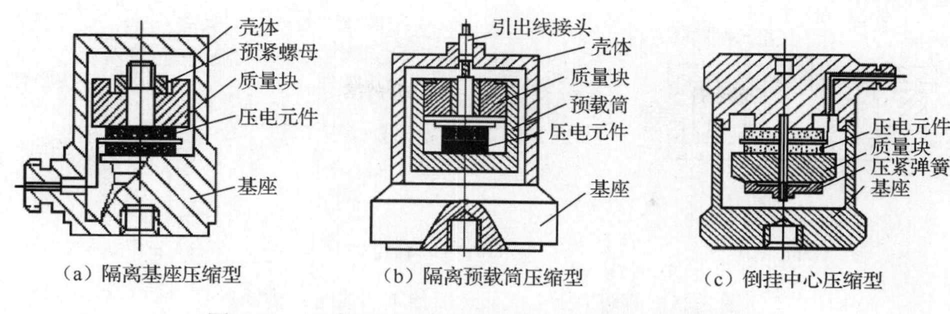

图 5.23　压缩型压电式加速度传感器改进型结构示意

2. 剪切型压电式加速度传感器

由压电元件的基本变形方式可知，理论上压电陶瓷不受横向应变等干扰和无热释电输出，因此剪切型压电式加速度传感器多采用极化压电陶瓷作为压电元件。剪切型压电式加速度传感器的结构示意如图 5.24 所示。其中，图 5.24（a）所示为中空圆柱形结构。压电陶瓷为柱状结构，可选择两种极化方案，如图 5.24（b）所示：一是选择轴向极化，d_{24} 为剪切压电效应常数，电荷从内、外表面引出；二是选择径向极化，d_{15} 为剪切压电效应常数，电荷从上、下端面引出。这种剪切型压电式加速度传感器结构简单、体积小，有助于实现传感器微型化，并且灵敏度高，具有很高的固有频率，频响范围很宽，特别适用于测量高频振动。但是压电元件与中心柱之间，以及惯性质量环与压电元件之间要用导电胶黏结，一次性装配困难，成品率较低，并且不耐高温和大载荷。为此，出现了多种改进型的结构，如图 5.25 所示。

图 5.25（a）所示为扁环形结构。这种结构也属于中空环形剪切型，其引出线能从侧面任意方向引出，结构简单、轻巧，灵敏度高，便于安装，而且整个装置能像垫圈一样用标准螺栓通过中心孔安装到被测物体上。这是一种应用较多的先进的设计。

图 5.25（b）所示为 H 形结构。左、右压电元件通过横螺栓固紧在中心立柱上，具有更好的静态特性、更高的信噪比和宽的高低频特性，装配方便。

图 5.25（c）所示为三角形结构。三片压电晶片和扇形质量块呈三角形分布，由预载筒固紧在三角中心柱上，无须使用胶黏剂，从而改善了传感器的线性特性和温度特性。

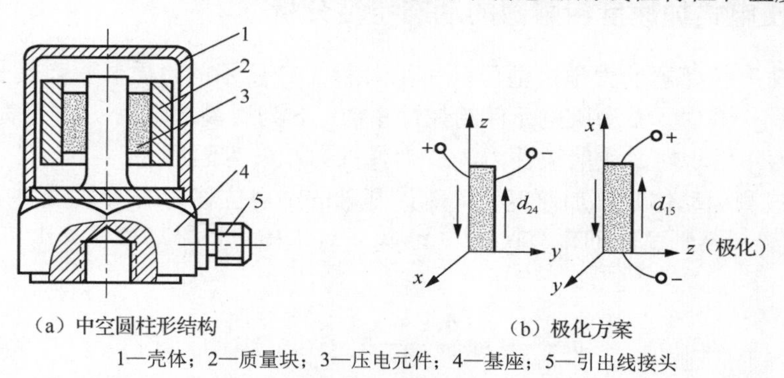

1—壳体；2—质量块；3—压电元件；4—基座；5—引出线接头

图 5.24　剪切型压电式加速度传感器的结构示意

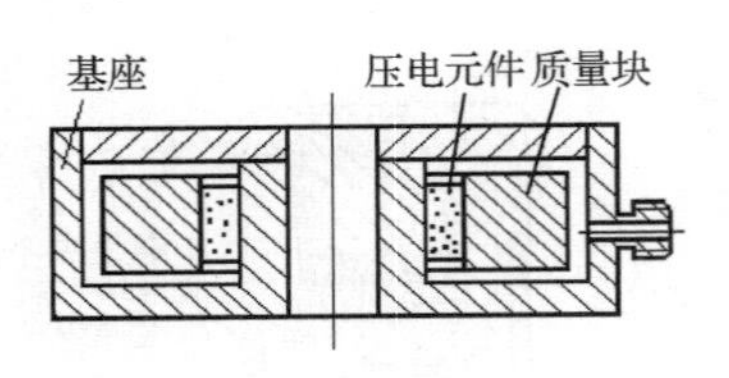

(a) 扁环形结构

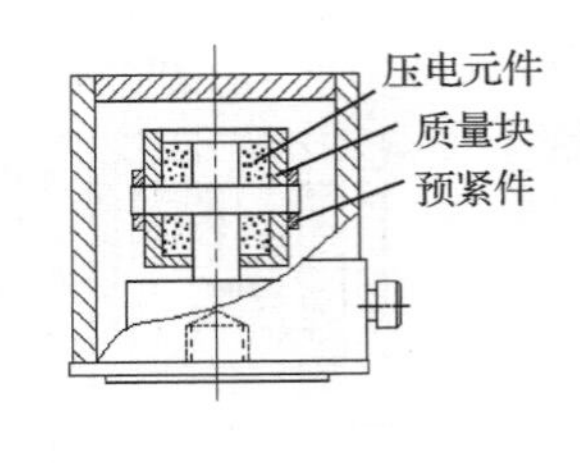

(b) H形结构

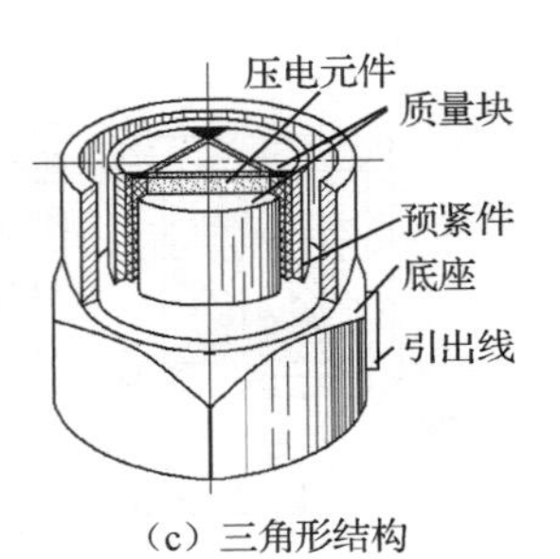

(c) 三角形结构

图 5.25 剪切型压电式加速度传感器改进结构示意

3. 复合型三向压电式加速度传感器

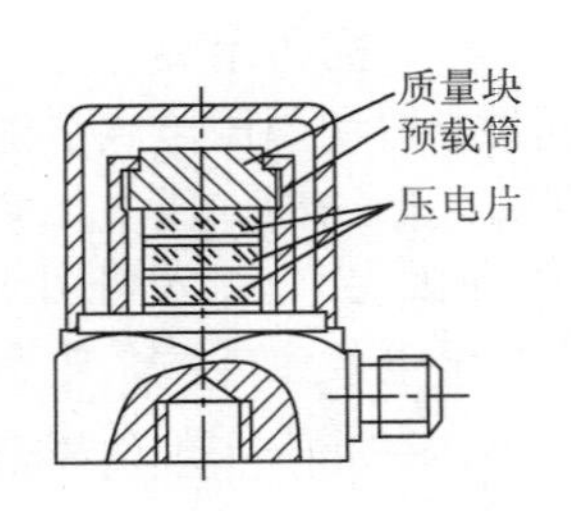

图 5.26 复合型三向压电式加速度传感器的结构示意

图 5.26 所示为由一个质量块和三组压电元件构成的复合型三向压电式加速度传感器的结构示意。它可同时测量三个方向的加速度，但不同于通常由三个质量块和三组压电元件组合成的结构，而仅由一个质量块和三组压电元件构成。X、Y、Z 三组压电元件分别采用纵压电效应和横压电效应的方向切割，分别用于敏感 x、y、z 三轴的加速度分量。X 组和 Y 组压电元件在测量时受到质量块和由基座生成的、沿各自方向的剪切力，并分别输出正比于各自方向加速度分量的电荷。Z 组压电元件则与质量块构成中心压缩型压电式加速度传感器，用于测量 z 轴的加速度分量。

阅读资料

横向灵敏度是衡量横向干扰效应的指标。一个理想的单轴压电式传感器应该仅敏感其轴向的作用力，而对横向作用力不敏感。例如，对于压缩型压电式传感器，就要求压电元件的敏感轴（电极方向）与传感器轴线（受力方向）完全一致。但实际应用中的压电式传感器由于压电晶片、极化方向的偏差，压电晶片各作用面的表面粗糙度或各作用面的不平行，以及装配、安装不精确等种种原因，都会造成压电式传感器电轴方向与机械轴方向不重合。

5.6.2 压电式加速度传感器的动态特性分析

压电式加速度传感器的力学模型可以简化为图 5.27 所示的“质量—弹簧—阻尼” 的二阶单自由度系统。其中，k 为压电元件的弹性系数；c 为质量块阻尼；m 为质量块；a 为被测加速度；F 为作用于质量块的惯性力，F_k 为弹性力；F_c 为阻尼力。

当基础（被测运动体）作加速度运动时，基础的绝对位移为 x_1，质量块 m 的绝对位移为 x_0，则质量块与基础之间的相对位移为 $x = x_1 - x_0$，由牛顿第二定律列出质量块的力学方程，即

$$m\frac{\mathrm{d}^2 x_0}{\mathrm{d}t^2} = c\frac{\mathrm{d}(x_1 - x_0)}{\mathrm{d}t} + k(x_1 - x_0) \tag{5-52}$$

整理得

$$m\frac{\mathrm{d}^2 x_1}{\mathrm{d}t^2} = m\frac{\mathrm{d}^2 x}{\mathrm{d}t^2} + c\frac{\mathrm{d}x}{\mathrm{d}t} + kx \tag{5-53}$$

即

$$ma = m\frac{d^2x}{dt^2} + c\frac{dx}{dt} + kx \tag{5-54}$$

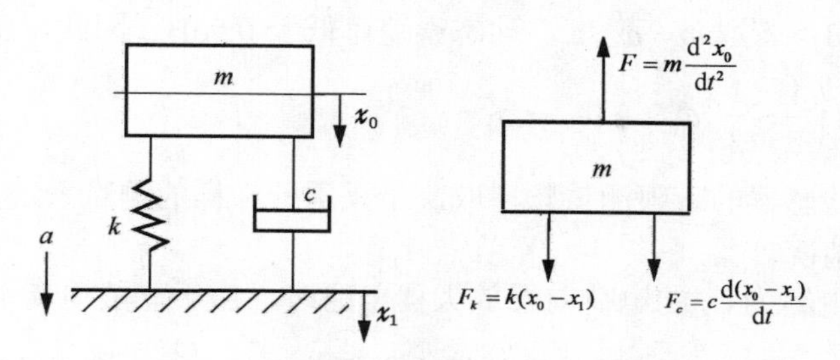

图 5.27 压电式加速度传感器的力学模型简化

式（5-54）为一个典型的二阶系统微分方程，其幅频特性函数为

$$A(\omega) = \left|\frac{x}{a}\right| = \frac{K}{\sqrt{\left[1-\left(\frac{\omega}{\omega_n}\right)^2\right]^2 + \left[2\xi\left(\frac{\omega}{\omega_n}\right)\right]^2}} \tag{5-55}$$

式中，系统固有频率 $\omega_n = \sqrt{k/m}$；系统的阻尼比 $\xi = c/2\sqrt{km}$；K 为传感器的静态灵敏度，K 值可根据质量块的静态条件（ω =0），以及 $\frac{d^2x}{dt^2} = \frac{dx}{dt} = 0$，通过式（5-54）和式（5-55）得到：

$$K = \left|\frac{x}{a}\right| = \frac{m}{k} = \frac{1}{{\omega_n}^2} \tag{5-56}$$

将 K 代入式（5-55），可得系统对加速度响应的幅频特性，即

$$A(\omega) = \left|\frac{x}{a}\right| = \frac{\frac{1}{{\omega_n}^2}}{\sqrt{\left[1-\left(\frac{\omega}{\omega_n}\right)^2\right]^2 + \left[2\xi\left(\frac{\omega}{\omega_n}\right)\right]^2}} = A_n(\omega)\frac{1}{{\omega_n}^2} \tag{5-57}$$

式中，$A_n(\omega) = 1\Bigg/\sqrt{\left[1-\left(\frac{\omega}{\omega_n}\right)^2\right]^2 + \left[2\xi\left(\frac{\omega}{\omega_n}\right)\right]^2}$，其表征二阶系统固有特性的幅频特性，相关特性分析参见 1.6.3 节。

质量块相对振动体的位移 x 是压电元件（设压电常数为 d_{33}）受惯性力 F 作用后产生的变形，在其线性弹性范围内 $F = kx$。由此产生的压电效应电荷量为

$$Q = d_{33}F = d_{33}kx \tag{5-58}$$

将 Q 代入式（5-57），得到压电式加速度传感器的电荷灵敏度幅频特性，即

$$A_q(\omega) = \left|\frac{Q}{a}\right| = A_n(\omega)\frac{d_{33}k}{{\omega_n}^2} \tag{5-59}$$

当 $\frac{\omega}{\omega_n} << 1$ 时，$A_n(\omega) \to 1$，压电式加速度传感器输出量呈线性，其灵敏度不随 ω 变化。此时，传感器的灵敏度近似为常数，式（5-59）变为

$$\frac{Q}{a}=\frac{d_{33}k}{\omega_n^2} \tag{5-60}$$

在实际应用中，由于压电式加速度传感器的阻尼很小（一般$\xi \ll 0.1$），当$\omega=\omega_n/3$时，动态误差可低于1dB；若取$\omega=\omega_n/5$，动态误差可低于0.5dB。因此，压电式加速度传感器的上限测量频率$\omega=\left(\frac{1}{5}\sim\frac{1}{3}\right)\omega_n$。

压电式加速度传感器的下限测量频率取决于采用什么样的测量系统，下面讨论传感器接入两种测量电路的情况。

（1）接入反馈电容为C_f的电荷前置放大器电路时，由于一般电荷前置放大器的开环放大倍数很大，并且R_f足够大，该放大器的输出电压为$U_o\approx\frac{Q}{C_f}$，由式（5-60）可知，接入电荷前置放大器后压电式传感器的灵敏度为

$$\frac{U_o}{a}\approx\frac{d_{33}k}{C_f\omega_n^2} \tag{5-61}$$

在与电荷前置放大器配合使用时，传感器的低频响应受电荷前置放大器的3dB下限截止频率$f_L=1/(2\pi R_f C_f)$的限制。而一般电荷前置放大器的f_L可低至10^{-2}Hz，因此测量系统具有很好的低频响应特性，可以测量接近静态变化非常缓慢的物理量。

（2）接入开环增益为A、电路等效电阻和电容分别为R（$R=R_a \| R_i$）和C（$C=C_a+C_c+C_i$）的电压前置放大器，此时，压电式加速度传感器的幅频特性为

$$A_U(\omega)=\left|\frac{U_o}{a}\right|=A_0(\omega)A_n(\omega)\frac{Ad_{33}k}{C\omega_n^2} \tag{5-62}$$

式中，$A_0(\omega)=\frac{1}{\sqrt{1+\left(\frac{\omega_0}{\omega}\right)^2}}$，表示由电压放大器电路固有角频率$\omega_0$（$\omega_0=\frac{1}{RC}$）决定的幅频特性，电压前置放大器电路的幅频特性参见5.4.2节中的图5.15。

由式（5-62）可得到电压前置放大器测量系统的相对频率特性曲线，即压电式加速度传感器的幅频特性，如图5.28所示。

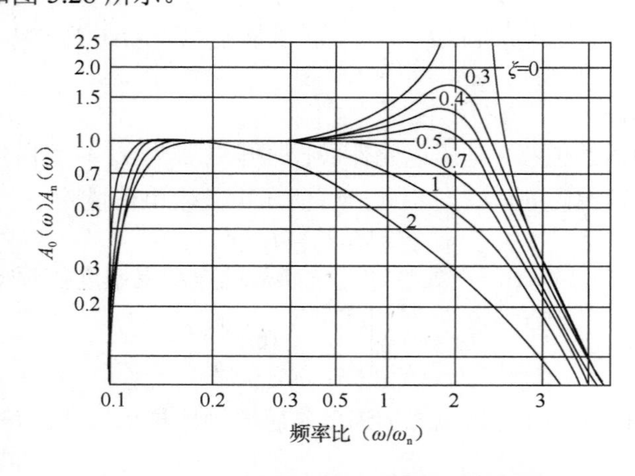

图5.28　压电式加速度传感器的幅频特性

配有电压前置放大器的压电式加速度传感器的幅频特性受低频特性 $A_0(\omega)$ 和高频特性 $A_n(\omega)$ 的综合作用。其中，$A_n(\omega)$ 由传感器机械系统的固有频率 ω_n 决定，$A_0(\omega)$ 由电压前置放大器电路的时间常数 $\frac{1}{\omega_0}=RC$ 所决定。只有当 $\frac{\omega}{\omega_n}<<1$ 和 $\frac{\omega_0}{\omega}<<1$ 时，传感器的灵敏度为常数，式（5-62）变为

$$\frac{U_o}{a}\approx\frac{d_{33}kA}{C\omega_n^{\ 2}} \tag{5-63}$$

因此，应合理设计电压前置放大器电路参数（参见 5.4.2 节中的电压前置放大器），否则，将产生动态幅值误差。

特别提示

放大器的通频带达到 100kHz 以上并不困难，因此，压电式传感器的高频响应主要受限于传感器的固有频率 ω_n。实际测量的振动频率上限一般取 $\omega=(1/5\sim1/3)\omega_n$，在此区域传感器的灵敏度基本不随频率变化。当测量频率接近传感器的固有频率时，因为共振效应会造成传感器的灵敏度随频率而急剧增加，其输出电量不再与输入量成正比，这将造成很大的测量误差。由于压电式传感器的固有频率相当高（一般可达 30kHz 甚至更高），因此，它的上限测量频率可达几千赫，甚至达十几千赫。

5.6.3 压电式加速度传感器的零漂分析

压电式加速度传感器在测试冲击加速度时，达到峰值加速度后会出现零点漂移（简称零漂），这种漂移严重影响了其应用。引起压电式加速度传感器产生零漂的原因主要如下。

（1）基座应变的影响。压电元件直接放置在基座上，往往具有较大的基应变灵敏度。除基座受力的直接应变之外，机械形变或者受热不均匀引起传感器的安装部位产生弯曲或者延伸应变，也将引起传感器的基座应变。这些应变直接传递到压电元件上，导致预载荷的改变，继而导致内部元件的移动，产生一定的零漂。

（2）敏感材料的形变影响。由于加速度传感器的动刚度不够，在受强冲击后，传感器的某些环节会发生蠕变。例如，在较大力的作用下，压电元件自身弹性系数偏低引起蠕变，这种蠕变表现为幅值线性度差和传感器零漂。另外，敏感元件冲击形变的恢复需要一定的时间，在没有恢复前，如果继续受到冲击，将造成传感器线性度变差，表现出来的结果就是零漂更加严重。

（3）瞬变温度的影响。由于压电材料的热释电效应和传感器内部应力状态随温度改变而改变，故产生瞬态温度效应。瞬态温度效应是压电式传感器产生零漂的主要原因之一。

（4）电缆噪声。传感器引出线电缆承受机械振动和弯曲变形时，电缆的屏蔽层与电缆的中间绝缘层因分离摩擦而产生电效应，在分离部分的内表面将产生电荷。这些电荷输出也将造成传感器的输出零漂。

消除压电式加速度传感器的温度漂移的主要方法如下：

（1）选用热释电效应输出系数小的压电晶体（如石英、锗酸铋等）作为转换元件。

（2）选用剪切型压电陶瓷作为转换元件，因为压电陶瓷的热释电效应产生的电荷极面不在剪切极面上；因温度引起的传感器内部应力状态改变也表现在“拉压”预紧力的改变，不

会产生剪切应变。

（3）瞬态温度效应引起传感器的输出零漂表现为5Hz以下的低频热漂移，在某些测量场合，可以采用高通滤波电路滤除这种漂移。

也可以通过传感器外部设计消除相应的零漂。例如，电荷前置放大器及后续处理电路是传感器零漂的最主要外部原因。因此，在放大器的设计上不仅要消除其自身的不利影响，而且要考虑通过有效的设计尽量抑制其他原因造成的零漂。设计时，可从以下3个方面考虑：

（1）考虑运算放大器的开环增益。电荷前置放大器的选用需采用具有高输入阻抗、低漂移、低噪声和宽频带的运算放大器。在实际应用中，在满足测试要求的前提下，选择高开环增益的运算放大器无疑会提高测量精度。虽然运算放大器的开环增益会随频率发生改变，但就压电晶体型的传感器而言，因为其谐振频率一般都低于100kHz，在这一范围运算放大器的开环增益基本上没有改变，所以影响不明显。

（2）反馈电容的选择。反馈电容的大小决定了电荷前置放大器的精度，同时也决定了测试系统的精度。理论上，精度随反馈电容的提高而降低，但提高反馈电容将有助于抑制零漂。

（3）输入电缆漏电导，即输入电缆的绝缘电阻。在实际应用中，所选用的输入电缆的绝缘电阻值必须尽可能大，其值至少应在$10^{13}\Omega$以上。

阅读资料

一般屏蔽线不宜作为压电式传感器的输出线，需采用特制的低噪声同轴射频电缆。这种电缆的内绝缘层和屏蔽层之间涂有减磨材料硅油和导电石墨层，可以有效防止电缆振动和弯曲而产生的摩擦生电效应，从而减少电缆噪声。特殊场合使用低噪声电缆。为减少静电耦合的干扰，应选用双屏蔽结构的电缆，并且在测量过程中，应将电缆紧固，以避免其相对运动。同时，要求电缆应该在振动最小处离开被测物体。

5.6.4 压电式加速度传感器的安装

压电式加速度传感器的安装方法对其动态特性影响很大，如果安装时结合力不够、结合面粗糙、安装螺钉孔与安装面不垂直等都会使其固有频率ω_n减小，从而降低了传感器测量的上限频率。图5.29所示为常用的固定压电式加速度传感器的方法。

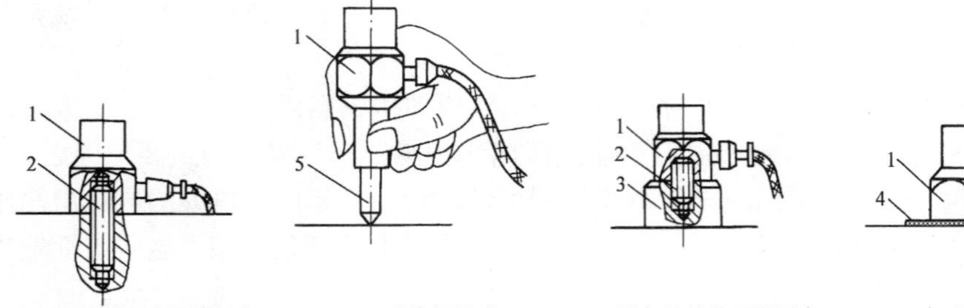

（a）用钢制双头螺栓固定　（b）手持探针式　（c）用永久磁铁吸附固定　（d）用胶粘剂固定

1—压电式加速度传感器；2—双头螺栓；3—磁钢；4—胶黏剂；5—顶针

图5.29　常用的固定压电式加速度传感器的方法

用钢制双头螺栓将压电式加速度传感器固定于表面粗糙度较好的平面上是最好的方法，如图 5.29（a）所示。在拧紧螺栓时，应防止基座变形而影响输出信号。

在测点较多而频率较低的情况下，可用手持探针来进行测量，如图 5.29（b）所示；或采用永久磁铁吸附固定，如图 5.29（c）所示；或采用胶黏剂固定，如图 5.29（d）所示。在测量轻小对象时应注意探针或磁铁的附加质量对测量结果的影响。

【应用示例】压电式加速度传感器在 XA6132 型铣床故障诊断中的应用

机床结构的动态特性是机床的重要质量指标之一，它直接影响到工件的加工精度、表面质量和机床的可靠性及使用寿命。例如，常年使用的机床由于机器磨损、地基下沉及部件变形，其动态特性会出现错综复杂的变化；机床主轴的不同心、部件磨损、转子变得不平衡并且间隙增加，都会使轴承产生附加动载荷。随着振动能量的增加，直接影响到机床的可靠性及使用寿命。又如，齿轮的故障在机床故障中占较大比例，它会使机床的振动加剧，甚至发生严重的损坏。通过对有故障的 XA6132 型铣床进行振动的测定，可提取出信号并进行分析处理，找出故障位置和产生的原因，给出解决方法。

1）铣床振动测试系统的构成

铣床振动信号的采集由压电式加速度传感器进行，经 DLF 系列多通道电荷放大器转换为电压信号，用 INV310 大容量数据自动采集系统和 DASP 信号分析仪进行信号处理。铣床振动测试系统框图如图 5.30 所示，铣床振动测试点布置如图 5.31 所示，测试点的频谱如图 5.32～图 5.34 所示。

图 5.30 铣床振动测试系统框图

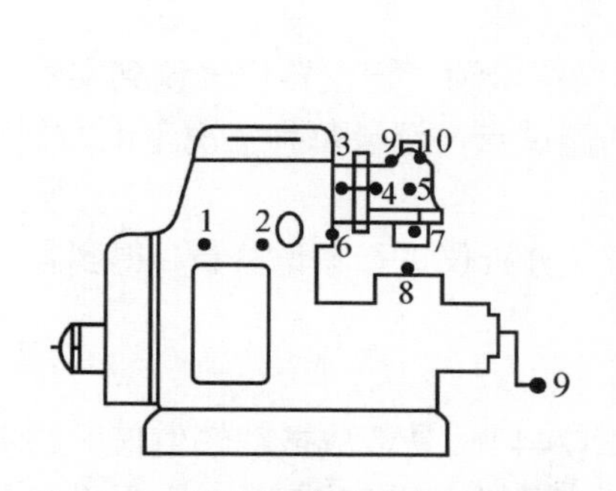

图 5.31 铣床振动测试点布置示意

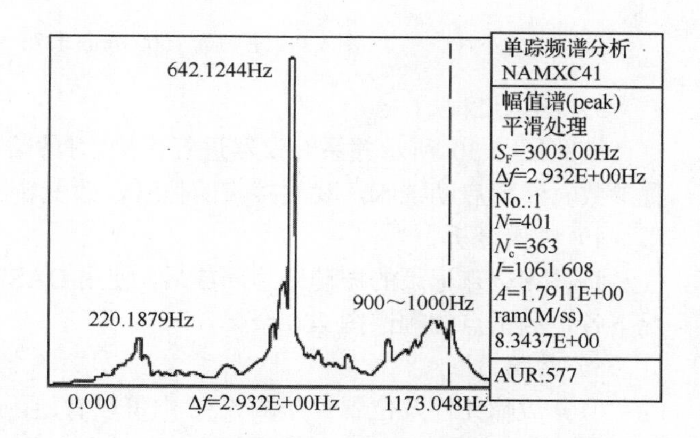

图 5.32 转速为 30 r/min 时第 4 号测试点的频谱图

2）实验方案

首先确定测试点和转速。在机床空载状态下，通过触摸找出振动较大的部位。其次，在各部位用测试仪器在铣床空载状态下，确定振动较大的位置。调整主轴转速，以便确定引起较大振动的转速。经反复测试后确定主轴转速 n=30，75，150，300，475，600，750，950，1180，1500 r/min 时，第 1～10 号测试点振动较大，并且其振动与加工精度有直接关系。因此，作为这次研究的主要测试点（对称点也要进行相应测试，图中没有标出）。

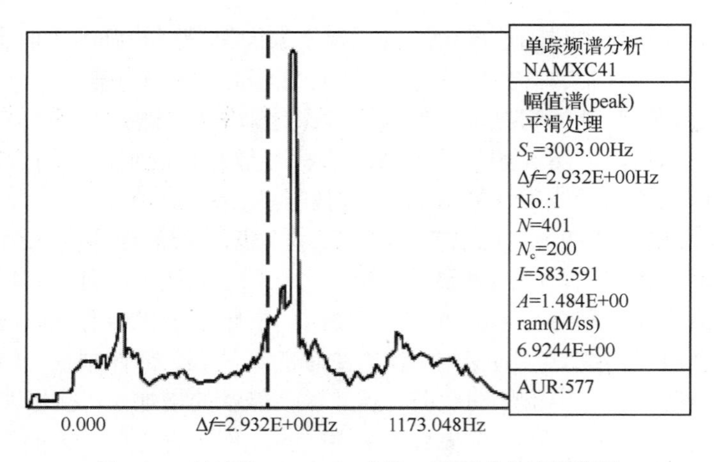

图 5.33　转速为 75 r/min 时第 5 号测试点的频谱图

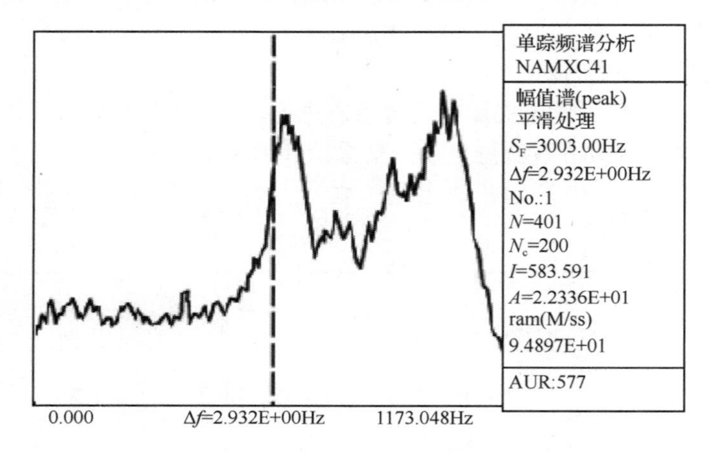

图 5.34　转速为 1500 r/min 时第 5 号测试点的频谱图

3）测试过程

按照图 5.30 所示关系对仪器进行连接，打开测试系统电源，把仪器仪表调到零位，设置参数。然后启动铣床，观察接收的信号。改变转速和测试点，记录每种工况下的数据。

4）频谱分析

将各测试点记录的振动信号回放后，使用 DASP 信号分析仪进行频谱分析，得到各个工况下各个测试点的频谱图 200 余幅。

5）故障诊断

（1）故障元件及位置。从图 5.32 中可以看出，642.1244 Hz 是造成振动幅值偏大的主要频率。在理论计算中，只有第一对齿轮啮合（26/54）的频率为 624.1244 Hz（由于没有测量实际转速，可能有些误差使其偏小），而且在 642.1244 Hz 两侧存在一系列的边频，边频的大小一般为 23～26 Hz，而一轴的转动频率正好是 24 Hz（此轴的转动频率可以先计算出来），充分说明这是由轴的转动频率经过第一对齿轮啮合频率调制得到的。经过检查，发现第一对齿轮啮合（26/54）中有一个齿轮基节误差过大，并且齿轮有一定的点蚀，齿轮每转一圈均在此处产生猛烈冲击一次，造成振动幅值偏大。

（2）在图 5.34 中可以看到，在 1002 Hz（23/23 啮合频率 498Hz 的一倍频）的两侧也存在边频 23～26 Hz（与此轴的转动频率 24 Hz 相近），说明 23/23 这对齿轮同样有问题。检查后发现，安装万能铣头时略有松动。

（3）在万能铣头上选择这些点是为了更好地分析影响加工精度的因素，在此次实验中，发现 220 Hz 附近的幅值相对较大，这主要是由二、三轴齿轮啮合（16/39、19/36、22/33）振动造成的，但总体所占比例相对较小。检查或修理后对铣床的使用有很大好处。

5.7 其他加速度传感器

5.7.1 电阻应变式加速度传感器

图 5.35 所示为电阻应变式加速度传感器结构示意。该传感器主要由端部固定并带有惯性质量块 m 的悬臂梁及贴在梁根部的应变片、基座及壳体等组成。该传感器壳体中充满有机硅油作为阻尼器，使系统具有合适的阻尼值，以获得良好的动态特性。

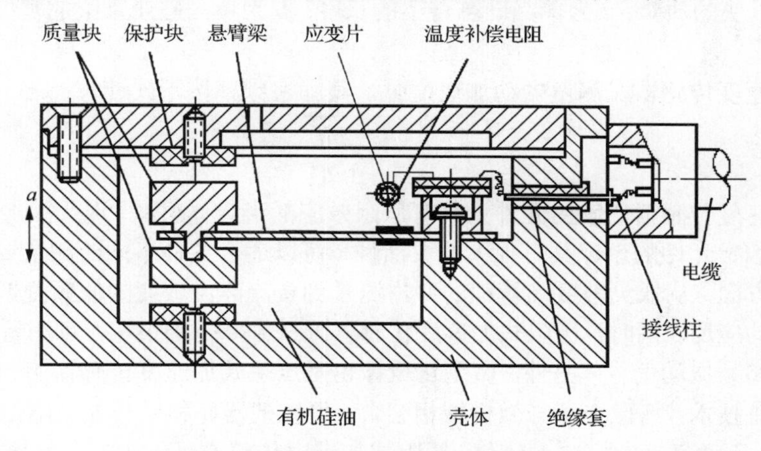

图 5.35　电阻应变式加速度传感器结构示意

测量时，根据所测振动体加速度的方向，把传感器固定在被测部位。当被测点的加速度沿图示方向时，悬臂梁自由端受惯性力 $F=ma$ 的作用，质量块向 a 相反的方向相对于基座运动，使悬臂梁发生弯曲变形，粘贴于悬臂梁上的应变片将此应变转换成其电阻变化，产生输出信号，输出信号大小与加速度成正比。电阻悬臂式加速度传感器在低频振动测量中得到广泛的应用。

5.7.2 压阻式加速度传感器

压阻式加速度传感器是基于半导体材料的压阻效应实现测量的。所谓压阻效应是指半导体材料受应力作用时，其电阻率发生变化的物理现象。压阻式加速度传感器的工作原理与 5.7.1 节所述电阻应变式加速度传感器相同，不同的是，其 4 个应变电阻是直接在等截面单晶硅悬臂梁近根部掺杂扩散形成的，如图 5.36 所示。

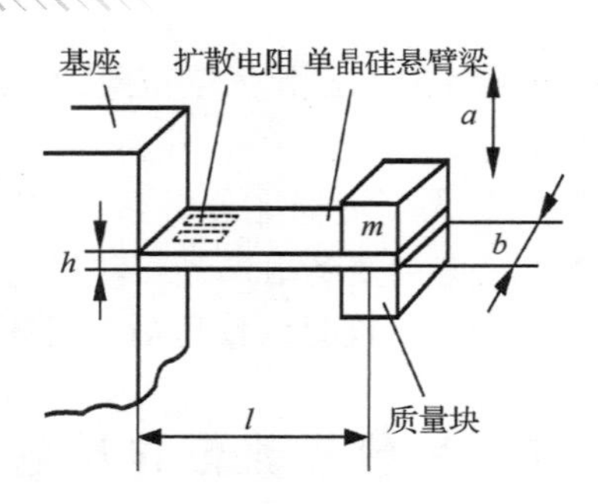

图 5.36　压阻式加速度传感器

为保证传感器输出信号有较好的线性度，单晶硅悬臂梁根部的应变不应超过400～500με，应变ε和加速度a的关系为

$$\varepsilon=\frac{6ml}{Ebh^2}a \tag{5-64}$$

式中，m为质量块的质量；l为单晶硅悬臂梁的长度；b为单晶硅悬臂梁的宽度；h为单晶硅悬臂梁的厚度。

压阻式加速度传感器在测量振动加速度时，其固有频率按下式计算：

$$f_0=\frac{1}{2\pi}\sqrt{\frac{Ebh^3}{4ml^3}} \tag{5-65}$$

压阻式加速度传感器的敏感元件为具有压阻效应的半导体材料，现代微加工制造技术的发展使压阻式敏感元件的设计具有很大的灵活性，可以适合各种不同的测量要求。目前，在灵敏度和量程方面，从低灵敏度高量程的冲击测量到直流高灵敏度的低频测量，都有压阻式加速度传感器的应用。同时，压阻式加速度传感器测量频率范围很宽，可测量直流信号甚至几十千赫兹的高频振动信号。另外，微型化设计也是压阻式加速度传感器的一个亮点，特别是采用硅微制备技术，将微电子与微机械相结合，可以把器件和信号处理电路集成在同一块硅片上，实现真正意义上的机电一体化。压阻式加速度传感器目前在安全气囊、防抱死系统、牵引控制系统等汽车安全性能系统方面得到广泛应用，这些应用也有力地推动了压阻式加速度传感器技术的快速发展。

压阻式加速度传感器也存在着一些缺陷，例如，对某个特定设计的压阻式加速度传感器而言，其使用范围一般小于压电式加速度传感器。压阻式加速度传感器的另一缺点是受温度的影响较大，实际应用中，传感器一般都需要进行温度补偿。另外，尽管批量使用的压阻式加速度传感器成本较低，具有较好的市场竞争力，但特殊使用的敏感元件的制造成本高于压电式加速度传感器的制造成本。

5.7.3　电容式加速度传感器

电容式加速度传感器也是基于牛顿第二定律实现加速度测量的。其基本工作原理是通过微机械结构将外部加速度值转化为电容的变化值，其测量电路就可以通过检测该电容的变化值间接检测出加速度。图 5.37 所示为一种电容式微加速度传感器结构示意。质量块、悬臂梁、活动电极均在一块硅基体上采用半导体加工技术制作，镀有金属电极的两块耐热玻璃通过键合技术与半导体硅片固定在一起，形成差动变极距型电容式传感器。当施加图示方向的加速度时，惯性力使质量块偏离中心平衡位置，上、下两个平板电容器的极距产生差动变化，从而使它们的电容产生差动变化，再通过电容检测电路对此电容的变化值进行检测，就可以得到被测加速度值。

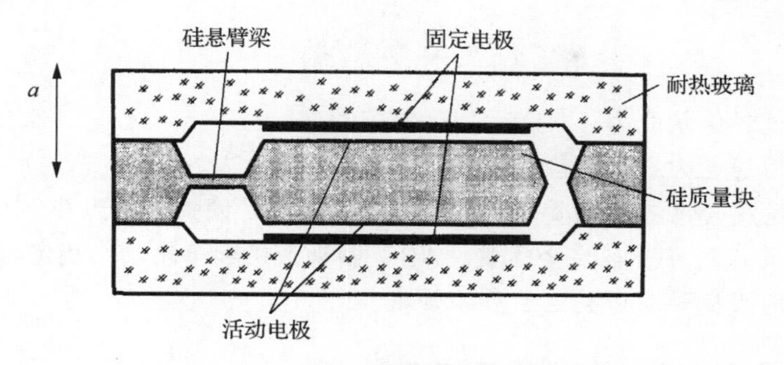

图 5.37 一种电容式微加速度传感器结构示意

设电容极板初始间距为 y_0，初始电容为 C_0。当传感器受到外部加速度作用时，质量块产生的位移为Δy，此时两个电容器的电容分别为

$$C_1 = C_0 \frac{y_0}{y_0 + \Delta y} \tag{5-66}$$

$$C_2 = C_0 \frac{y_0}{y_0 - \Delta y} \tag{5-67}$$

电容变化量为

$$\Delta C = C_1 - C_2 = C_0 \frac{-2y_0 \Delta y}{y_0^2 - \Delta y^2} \approx -C_0 \frac{2\Delta y}{y_0} \tag{5-68}$$

设系统的弹性系数为 k，当作用于质量块上的惯性力与弹性力相平衡时，$ma = k\Delta y$，将其代入式（5-68），得

$$\Delta C = -C_0 \frac{2}{y_0} \cdot \frac{m}{k} a \tag{5-69}$$

可见，被测加速度与电容变化量呈线性关系。

电容式加速度传感器与其他类型的加速度传感器相比，具有灵敏度高、零频响应、动态特性好、环境适应性好等特点，尤其是受温度的影响比较小。不足之处是，量程有限、输入信号与输出信号为非线性，易受电缆分布电容的影响，以及阻抗高。因此，电容式传感器的输出信号往往需通过后续调理电路给予改善。

阅读资料

现代科技要求加速度传感器廉价、性能优越、易于大批量生产。在诸如军工、空间系统、科学测量等领域，需要使用体积小、质量小、性能稳定的加速度传感器。以传统加工方法制造的加速度传感器难以全面满足这些要求。于是应用新兴的微机械加工技术制作的微加速度传感器应运而生。这种传感器体积小、质量小、功耗小、启动快、成本低、可靠性高、易于实现数字化和智能化。而且，由于微机械结构制作精确、重复性好、易于集成化、适于大批量生产，因此，它的性能价格比很高。

微加速度传感器有压阻式、电容式、压电式等形式。其中，电容式微加速度传感器因具有如下特点而受到重视。

（1）很高的灵敏度和测量精度。

（2）良好的稳定性。

（3）温度漂移小。

（4）功耗极低。

（5）良好的过载保护能力。

（6）便于利用静电力进行自检。

电容式微加速度传感器的测量范围一般为 0.1 ~ 50g，频响范围为 0 ~ 1kHz，测量精度为 0.1% ~ 1.0%，主要应用在汽车安全气囊、ABS 制动系统和车轮动态稳定控制系统、家用电器、智能手机、游戏机等消费类电子产品领域。

5.7.4 差动变压器式加速度传感器

差动变压器式加速度传感器的结构和工作原理示意如图 5.38 所示。差动变压器的衔铁固定在弹簧片弹性支承上。测量时弹簧片及差动变压器的线圈与被测物体刚性固定，衔铁作为加速度测量中的惯性元件，它的位移与被测加速度成正比，而方向相反，使加速度测量转变为位移的测量。当被测物体带动衔铁振动时，导致差动变压器的输出电压也按相同规律变化，输出电压经测量电路处理后得到被测物体的加速度值。

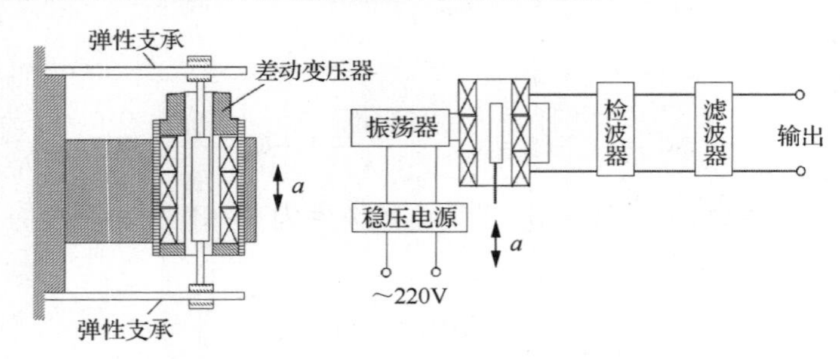

图 5.38 差动变压器式加速度传感器的结构和工作原理示意

根据 5.6.2 节中的动态特性分析结论，为了满足测量精度要求，加速度传感器的固有频率（$\omega_{\rm n}=\sqrt{\dfrac{k}{m}}$）应为被测频率上限值的 3～5 倍，由于衔铁的质量 m 不可能太小，而增加弹簧片刚度又将使传感器的灵敏度受到影响（灵敏度 $K=\dfrac{m}{k}$），系统的固有频率不可能很高。因此，差动变压器式加速度传感器可测量的频率上限就受到限制，一般为 0～150Hz，可测振幅范围为 0.1～5mm，灵敏度一般可达 0.5～5V/mm，行程越小，灵敏度越高。电路设计时还应注意差动变压器式加速度传感器的激励频率必须是被测振动频率的 10 倍以上，才能得到精确的测量结果。为了提高灵敏度，激励电压在 10V 左右为宜，电源频率以 1～10kHz 为好。

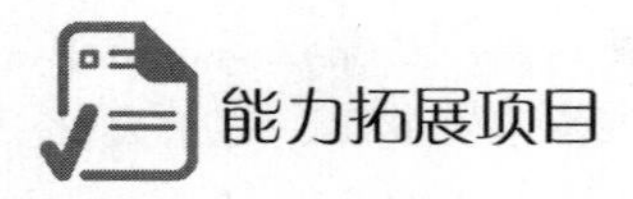

正/逆压电效应的工程应用研究

1880 年，居里兄弟首先发现电气石的压电效应，从此开始了压电学的历史。

在第一次世界大战期间，郎之万最先利用石英的压电效应制成了水下超声探测器，用于探测潜水艇，从而揭开了压电应用史篇章。

在第二次世界大战期间，美国人Roberts对$BaTiO_3$陶瓷施加高压进行极化处理，获得了压电陶瓷的电压性（1947年）。从此，压电材料及其应用取得了划时代的进展。

1955年，美国人B.Jaffe发现了比$BaTiO_3$陶瓷压电性更优越的PZT压电陶瓷，促使压电器件的应用研究又向前推进了一大步，$BaTiO_3$时代难于实用化的一些应用得以实现。

近几年来，出现了压电效应非常显著的高分子薄膜压电材料——聚二氟乙烯（PVF2），它具有压电常数大、柔软、耐冲击、不易破碎、稳定性好、频带宽、可以制作成各种不同形状的特点。

能力拓展任务1：通过查阅文献资料，了解正/逆压电效应在工业、军事、医疗、交通、生活电子产品等领域的应用，按正压电效应应用、逆压电效应应用或正/逆压电效应同时应用的分类进行归纳总结。

能力拓展任务2：研究基于高分子压电薄膜材料制作的各类传感器及其应用，设计一款基于高分子压电电缆的交通数据信息采集系统，以实现对过往车辆车速、载重、违章等情况的监测。

思考与练习

一、选择题

5-1 压电式加速度传感器是（　　）传感器。

A．结构型　　B．适于测量直流信号的

C．适于测量缓变信号的　　D．适于测量动态信号的

5-2 沿石英晶体的光轴z的方向施加作用力时，（　　）。

A．晶体不产生压电效应　　B．在晶体的电轴x方向产生电荷

C．在晶体的机械轴y方向产生电荷　　D．在晶体的光轴z方向产生电荷

5-3 在电介质极化方向施加电场，电介质产生变形的现象称为（　　）。

A．正压电效应　　B．逆压电效应

C．横向压电效应　　D．纵向压电效应

5-4 天然石英晶体与压电陶瓷比，石英晶体压电常数（　　），压电陶瓷的稳定性（　　）。

A．高，差　　B．高，好

C．低，差　　D．低，好

5-5 沿电轴y方向施加作用力产生电荷的压电效应称为（　　）。

A．横向压电效应　　B．纵向压电效应

C．正压电效应　　D．逆压电效应

5-6 为提高压电式传感器的输出灵敏度，将两片压电片并联在一起。此时，总电荷量等于（　　）倍单片电荷量，总电容量等于（　　）倍单片电容量。

A．1，2　　B．2，2

C．1，1/2　　D．2，1

二、简答题

5-7　什么是正（顺）压电效应？什么是逆压电效应？

5-8　叙述石英晶体的压电效应的产生过程。石英晶体的横向和纵向压电效应的产生与外力作用的关系是什么？

5-9　简述压电陶瓷的压电效应产生机理。

5-10　为什么压电式传感器不能用于静态测量？为什么其高频响应特性好？

5-11　设计压电式传感器检测电路的基本出发点是什么？

5-12　简述压电式加速度传感器的工作原理及其特点。

5-13　试分析影响压电式加速度传感器的频率响应的主要因素有哪些。

5-14　加速度传感器的主要应用领域有哪些？

三、计算题

5-15　某压电式传感器中的两片完全相同的石英晶片的不同极性端黏结在一起，每片石英晶片的尺寸为（3×2×0.3）cm^3。当 0.5 MPa 的压力沿 x 轴垂直作用时，求传感器输出的电荷量和总电容。

5-16　设某石英晶片的输出电压幅值为 200mV，若要产生一个大于 500mV 的信号，需采用什么样的连接方法和测量电路?

5-17　石英晶体压电式传感器的面积为 $100mm^2$，厚度为 1mm，把它固定在两个金属板之间，用来测量通过晶体两面力的变化。材料的弹性模量为 9×10^{10}Pa，电荷灵敏度为 2pC/N，相对介电常数是 5.1，材料相对两面间电阻是 $10^{14}\Omega$。一个 20pF 的电容和一个 100MΩ 的电阻与极板并联。若所加力 F=0.01sin（1000t）N，求：

（1）两极板间电压峰—峰值。

（2）晶体厚度的最大变化。

5-18　分析压电加速度传感器的频率响应特性。若测量电路为电压前置放大器，$C_{总}$ 为 1000pF，$R_{总}$ 为 500MΩ，传感器固有频率 f=30kHz，阻尼比 ζ=0.5，求幅值误差在 2%以内的使用频率范围。

5-19　用石英晶体加速度计及电荷放大器测量机器的振动，已知加速度计灵敏度为 5pC/g，电荷前置放大器灵敏度为 50mV/pC，当机器达到最大加速度值时相应的输出电压幅值为 2V，试求该机器的振动加速度。

5-20　已知压电式加速度传感器的阻尼比 ζ=0.1，其无阻尼固有频率 f= 32kHz，若要求传感器的输出幅值误差在 5%以内，试确定该传感器的最高响应频率。

第 6 章　光电式传感器·转速测量

教学要求

通过本章的学习，掌握光电式传感器的工作原理、常用光电器件的基本结构、工作特性、转换电路的相关知识，了解光电式传感器的实际工程应用。掌握转速测量基本知识、常用转速测量传感器及其特点，为实际工程应用打下基础。

引例

数码相机、视频摄像头、扫描仪等是在我们生活中随处可见、经常使用的设备，你知道它们是怎么实现图像采集的吗？

数码相机以例图 6-1 所示的电荷耦合器件（CCD）或互补金属氧化物半导体（CMOS）光电图像传感器件作为感光介质。数码相机的镜头将被拍摄的物体成像到光电图像传感器件的感光面上，通过光电图像传感器内排列成面阵的数以百万计的光敏元，将光信号转变为电信号；再经过信号处理电路，将模拟信号转换成数字信号；压缩和存储为特定图像格式，保存在可以反复使用的存储介质上，如例图 6-2 所示。

与数码相机类似，在例图 6-3 所示的扫描仪中，装有线阵 CCD 光电图像传感器件，利用线光源的移动和光学成像系统，以扫描成像的方式将平面图像或文字逐行成像到 CCD 光敏面上，通过它将图像、文字等光能变化信号转换成易于传输、存储和处理的电信号。

例图 6-1　光电图像传感器件

例图 6-2　数码相机镜头及其印制电路

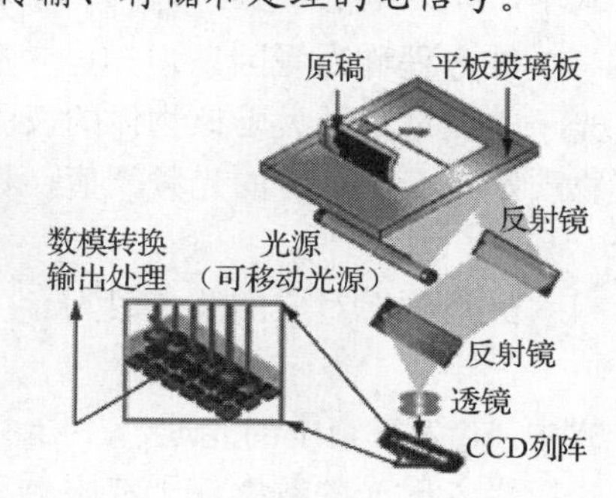

例图 6-3　扫描仪

光电式传感器的物理基础是光电效应，它实现了光能向电能的转换。如果其他物理量的变化能转换成光能的变化，就可以利用光电式传感器来实现这些物理量的测量。

光电式传感器是一种常用传感器，种类很多，应用领域广泛，可以用来测量转速、位移、距离、温度、浓度、浊度等参量，也可用于生产线上产品的计数和制作光电开关等；光电图像传感器件还广泛用于数码相机、摄像机、扫描仪、传真机、内窥镜等产品。

A 部分　光电式传感器

6.1　光 电 效 应

光电式传感器的工作原理是光电效应。光电效应是指光能被物体吸收后转换为该物体中某些电子的能量从而产生的电效应。光电效应分为外光电效应和内光电效应两大类。

6.1.1　外光电效应

在光照射下，物体内的电子逸出物体表面向外发射的现象，称为外光电效应。外光电效应多发生于金属和金属氧化物，向外发射的电子称为光电子。基于外光电效应的光电器件主要有光电管、光电倍增管等。

光子是具有能量的粒子，每个光子的能量为

$$E=h\nu \tag{6-1}$$

式中，h 为普朗克常数，$h=6.626\times10^{-34}\text{J·s}$；$\nu$ 为光的频率（Hz）。

根据爱因斯坦光电效应理论，一个电子只能接受一个光子的能量，因此，要使一个电子从物体表面逸出，必须使光子的能量大于该物体的表面电子逸出功 A_0，超过表面电子逸出功部分的能量称为逸出电子的动能。根据能量守恒定理，可列出如下方程：

$$h\nu=\frac{1}{2}mv_0^2+A_0 \tag{6-2}$$

式中，m 为电子质量；v_0 为电子逸出速度；A_0 为物体的表面电子逸出功。

该方程称为爱因斯坦光电效应方程。由式（6-2）可知，光电子能否产生，仅仅取决于光子的能量是否大于该物体的表面电子逸出功 A_0。不同的物质具有不同的逸出功，即每一种物质都有一个对应的光频阈值，称为红限频率。根据式（6-2）可以计算出红限频率，即

$$\nu_0=A_0/h \tag{6-3}$$

红限频率对应的波长限为

$$\lambda_0=hc/A_0 \tag{6-4}$$

式中，c 为真空中的光速，$c\approx3\times10^8\text{m/s}$。

当入射光的频率低于红限频率时，光子能量不足以使物体表面的电子逸出，即使光照强度再大也不会有光电子逸出；反之，入射光的频率高于红限频率时，即使光线微弱，也会有光电子逸出。当入射光的频谱成分不变时，光照产生的光电流与光照强度成正比，即光照强度越大，意味着入射的光子数目越多，物体表面逸出的电子数目也就越多。

6.1.2　内光电效应

光照射在物体上，使物体的电阻率 ρ（其倒数为电导率）发生变化，或产生光生电动势的现象，称为内光电效应，它多发生于半导体材料内。根据工作原理的不同，内光电效应又可以分为光电导效应和光生伏特效应两类。

1. 光电导效应

在光照射下，半导体材料中的电子吸收了光子能量，从键合状态过渡到自由状态，从而引起材料电导率的变化，这种现象被称为光电导效应。基于这种效应的光电器件主要有光敏电阻。

图 6.1 所示为半导体材料电子能带分布示意，当光照射到半导体材料上时，价带中的电子受到能量大于或等于禁带宽度的光子轰击，半导体使其由价带越过禁带跃入导带，半导体材料中导带内的电子和价带内的空穴浓度增加，从而使电导率变大。

为了实现能级的跃迁，入射光的光子的能量必须大于光电导体的禁带宽度 E_g，即

$$h\nu=\frac{hc}{\lambda}=\frac{1.24}{\lambda}\geqslant E_g \tag{6-5}$$

式中，ν、λ 分别为入射光的频率和波长。

半导体材料的光导性能决定于其禁带宽度 E_g，对于一种光电导体，同样存在一个照射光波长限 λ_0。只有波长小于 λ_0 的光照射在光电导体上，才能产生电子能级间的跃迁，从而使光电导体的电导率增加。

2. 光生伏特效应

在光照射下，物体内部产生一定方向电动势的现象称为光生伏特效应。

光生伏特效应又可以分为两种，即结光电效应（也称为势垒效应）和横向光电效应（也称为侧向光电效应）。基于光生伏特效应的光电器件主要有光电池、光敏二极管、光敏晶体管、位置敏感探测器（PSD）和象限式光电器件等。

1）结光电效应

众所周知，由半导体材料形成的 PN 结在 P 区的一侧，价带中有较多的空穴，而在 N 区的一侧，导带中有较多的电子。由于电子和空穴扩散的结果，使 P 区带负电、N 区带正电，它们积累在 PN 结区附近，形成 PN 结的自建场。自建场阻止电子和空穴的继续扩散，最终达到动态平衡，在 PN 结区形成阻止电子和空穴继续扩散的势垒。半导体 PN 结势垒和能带分布示意如图 6.2 所示。

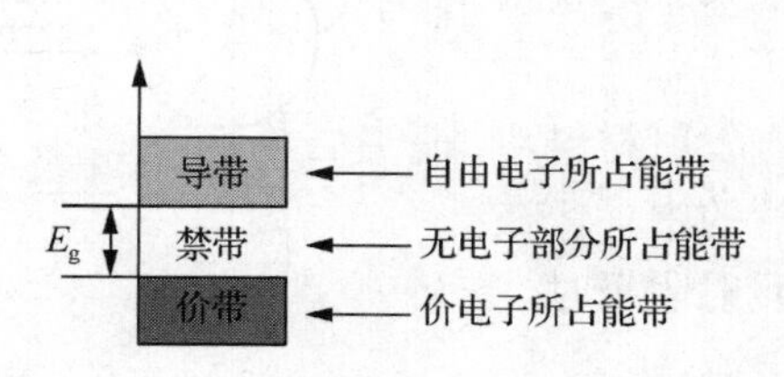

图 6.1 半导体材料电子能带分布示意

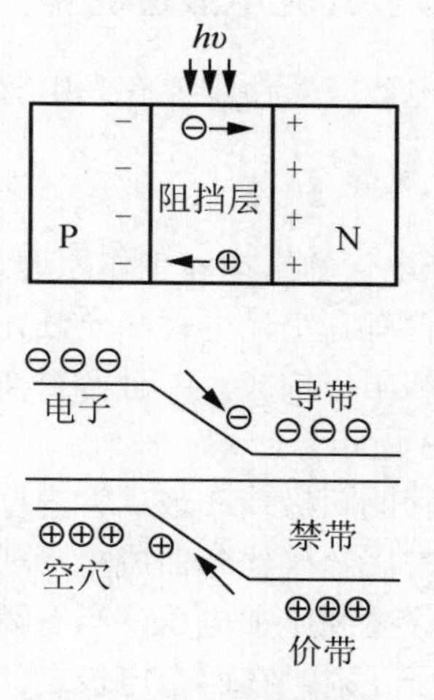

图 6.2 半导体 PN 结势垒和能带分布示意

在入射光照射下，当光子能量 $h\nu$ 大于光电导体的禁带宽度 E_g 时，就会在导体中激发出光生电子-空穴对，破坏PN结的平衡状态。在PN结区的光生电子和空穴以及新扩散进PN结区的电子和空穴，在结电场的作用下，电子向N区移动，空穴向P区移动，从而形成光生电流。这些可移动的电子和空穴称为材料中的少数载流子。在探测器处于开路的情况下，少数载流子积累在PN结附近，降低势垒高度，产生一个与平衡结内自建场相反的光生电场，也就是光生电动势。基于结光电效应的光电器件主要有光电池、光敏二极管和光敏晶体管。

2）横向光电效应

当半导体光电器件受光照不均匀时，光照部分吸收入射光子的能量而产生电子-空穴对，光照部分的载流子浓度比未受光照部分的载流子浓度大，就出现了载流子浓度梯度，因而载流子就要扩散。如果电子迁移率比空穴大，那么空穴的扩散不明显，电子向未被光照部分扩散，就造成光照射的部分带正电，未被光照射部分带负电。于是，光照部分与未被光照部分产生光生电动势，这种现象称为横向光电效应。基于横向光电效应的光电器件有半导体光电位置敏感器件（PSD）和象限式光电器件。

阅读资料

1887年，赫兹在做火花放电实验时，偶然发现了光电效应。赫兹的论文《紫外线对放电的影响》发表后，引起物理学界广泛的注意。1900年，普朗克对光电效应做出了最初的解释，并提出了能量量子化假说，但被实验结果否定。1899—1902年，勒纳德（P.Lenard）对光电效应现象进行了系统研究，并把这种现象正式命名为光电效应。为了解释这一效应，勒纳德在1902年提出触发假说，但不久又被他自己的实验结果否定。1905年，爱因斯坦在《关于光的产生和转化的一个启发性观点》一文中提出了光子假说，成功地解释了光电效应，因此获得了1921年的诺贝尔物理学奖。

6.2 常用光电转换器件

6.2.1 外光电效应器件

外光电效应器件主要有光电管和光电倍增管。

1. 光电管

1）光电管的结构和工作原理

光电管有真空光电管和充气光电管两类，两者基本结构相似，都由阴极和阳极构成，并且密封在一只玻璃管内。其基本结构示意如图6-3所示。

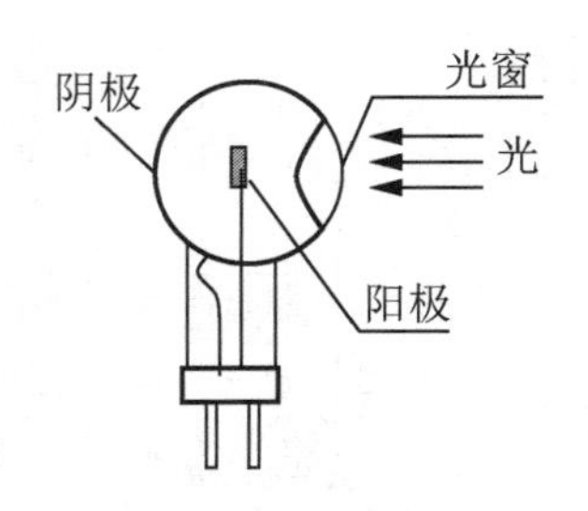

图6.3 光电管基本结构示意

光电管的阴极装在玻璃管内壁上，其上涂有光电发射材料，而阳极通常用金属丝弯曲成矩形或圆形，置于玻璃管的中央。在阳极与阴极之间施加电压，当有满足波长条件的光照射阴极时，就会有电子发射，在两个电极之间及外电路中形成电流。

为了获得高灵敏度的光电管，可在真空光电管中充入低压惰性气体，这便是充气光电管。充气光电管中的光电子向阳极加速运动过程中，撞击惰性气体，使之电离成正、负离子，正离子向阴极运动，负离子向阳极运动；运动过程中光电子再度加速，并撞击其他惰性气体分子使之电离。因而，在同样的光通量照射下，充气光电管的光电流比真空光电管的光电流大，灵敏度得到改善。

特别提示

充气光电管的灵敏度虽较真空光电管的灵敏度高，但稳定性差，线性不好，暗电流也大，噪声高，响应时间长。因此，充气光电管已逐渐被性能更优良的光电倍增管代替。

2）基本特性

光电管的主要性能包括伏安特性、光照特性、光谱特性、响应时间、峰值探测率和温度特性。下面只介绍前3个性能。

（1）光电管的伏安特性。在一定的光照射下，光电管的阴极和阳极之间所施加的电压与产生的光电流之间的关系称为光电管的伏安特性。光电管的伏安特性曲线如图6.4所示，由图可见，当入射光的光通量一定时，电流随外加偏压升高而增大；当电压增加到一定值后，电流基本维持恒定，此恒定值即饱和电流值，相应的偏压称为饱和工作电压。这说明只有当偏置电压增加到一定值时，阴极发射的光电子才能全部为阳极所收集。因此，光电管在使用时，应使其工作在饱和状态下。光电管的伏安特性曲线还表明，工作偏压一定时，饱和电流随入射到阴极的光通量增大而增大，但在施加了工作电压却没有光照射的情况下，也仍有光电流输出，这就是暗电流。

（2）光电管的光照特性。当光电管的阳极和阴极之间所加电压为一定值时，光通量与光电流之间的关系称为光电管的光照特性。光电管的光照特性曲线如图6.5所示，其中，氧铯阴极光电管的光电流 I 与光通量呈现很好的线性关系。

光电管的光照特性曲线的斜率（光电流与入射光的光通量之比）称为光电管的灵敏度。

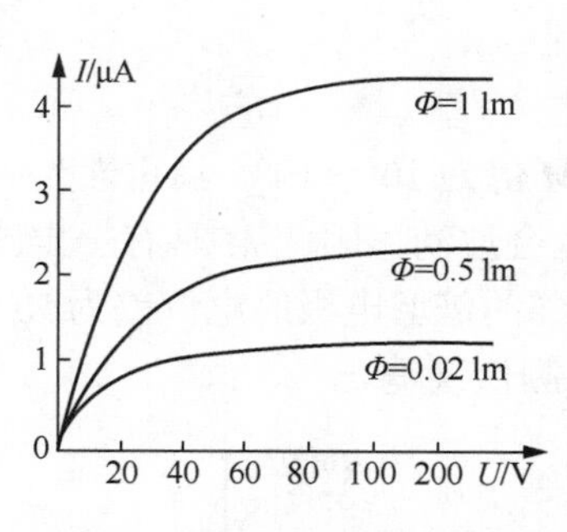

图6.4 光电管的伏安特性曲线

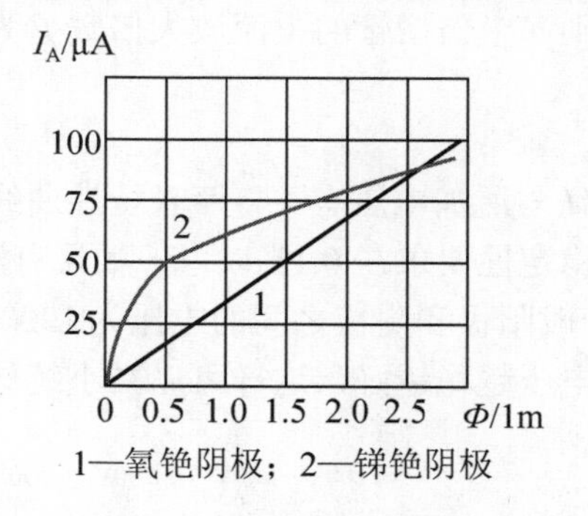

图6.5 光电管的光照特性曲线

（3）光电管的光谱特性。保持光通量和电压不变，此情况下阳极电流与光波长之间的关系称为光电管的光谱特性。使用不同阴极材料的光电管有不同的红限频率 ν_0，因此光电管工作于不同的光谱范围。除此之外，即使照射在光电管阴极上的入射光的频率高于红限频率 ν_0，强度相同、频率不同的入射光使阴极发射的光电子数量也会不同，即对于不同频率的光，光电管的灵敏度不同。

国产GD-4型的光电管阴极是锑铯材料，其红限频率对应的波长限 λ_0=700 nm，它对可见光范围的入射光的灵敏度比较高，转换效率达25%～30%，适用于白光光源，因而被广泛应用于各种光电自动检测仪表中。对红外线光源，常用银氧铯阴极，构成红外传感器；对紫外线光源，常用锑铯阴极和镁镉阴极。另外，锑钾钠铯阴极的光谱范围较宽，为300～850nm，灵敏度也较高，与人的视觉光谱特性很接近，是一种新型的光电阴极。但也有一些光电管的光谱特性和人的视觉光谱特性有很大差异，因而在测量和控制技术中，这些光电管可以担负人眼所不能胜任的工作，如坦克和装甲车的夜视镜等。

2. 光电倍增管

1）光电倍增管的结构和工作原理

光电倍增管主要由阴极、倍增极和阳极三部分组成，管内抽成10^{-4}Pa的真空。

图6.6所示为光电倍增管的工作原理示意图。当入射光子照射到半透明的阴极k上时，激发出光电子。光电子被第一倍增极D_1与阴极k之间的电场所汇聚并加速，与倍增极D_1碰撞。第一倍增极D_1在高动能电子的作用下，将发射出比入射电子数目更多的二次电子。这些二次电子又被D_1～D_2之间的电场加速，打到第二个倍增极D_2上，同样在第二个倍增极上发生电子倍增。以此类推，经n级倍增后，电子被放大n次。光电倍增管的倍增极可多达30级。产生的电子最后被阳极a收集。收集到的电子数是阴极所发射电子数的10^5～10^8倍。光电倍增管的灵敏度比普通光电管高几万倍到几百万倍。因此在很微弱的光照下，它也能产生很大的光电流。

2）光电倍增管的特性参数

（1）倍增系数M。倍增系数M等于n个倍增极的二次电子发射系数δ的乘积。如果n个倍增极的δ都相同，则$M=\delta^n$。因此，阳极电流I的计算式为

$$I = i \cdot \delta^n \tag{6-6}$$

式中，i为阴极的光电流。

则光电倍增管的电流放大倍数β为

$$\beta = \frac{I}{i} = \delta^n \tag{6-7}$$

M与所加电压有关，两者特性曲线如图6.7所示。M值为10^5～10^8，稳定性为1%左右。电压稳定性要求在0.1%以内，如果有波动，倍增系数也会波动，因此M具有一定的统计涨落。一般阳极和阴极之间的电压为1000～2500V，两个相邻的倍增电极的电位差为50～100V。所加电压越稳越好，这样可以减小统计涨落，从而减小测量误差。

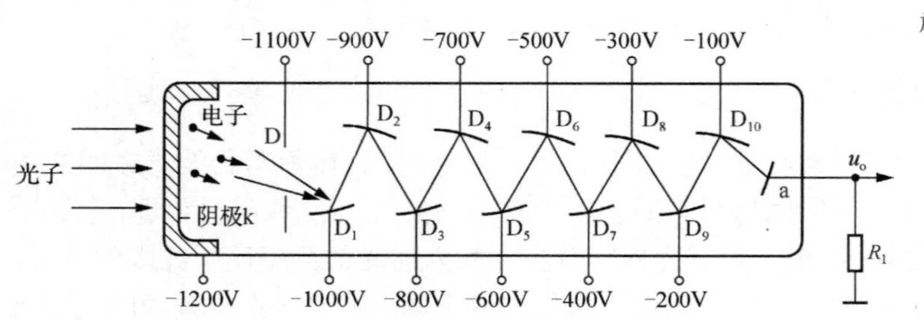

图6.6 光电倍增管的工作原理示意

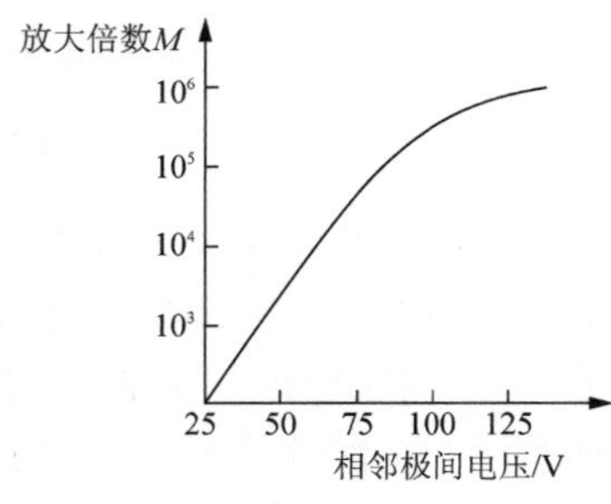

图6.7 光电倍增管的倍增系数与电压特性曲线

（2）灵敏度。灵敏度是衡量光电倍增管质量的重要参数，它反映光电阴极材料对入射光的敏感程度和倍增极的倍增特性。光电倍增管的灵敏度分为阴极灵敏度和阳极灵敏度。

阴极灵敏度指光电倍增管阴极电流与入射光的光通量之比，阳极灵敏度指阳极输出电流与入射光的光通量之比。光电倍增管的阳极灵敏度最大可达 10A/lm，极间电压越高，灵敏度越高。但极间电压也不能太高，太高反而会使阳极电流不稳定。

特别提示

由于光电倍增管的灵敏度很高，故其不能受强光照射；否则，将会损坏光电倍增管。

（3）伏安特性。光电倍增管的伏安特性分为两种：一种是表征阴极电流与阴极电压之间关系的阴极伏安特性；另一种是表征阳极电流与阳极和最末一级倍增极之间电压关系的阳极伏安特性。在设计电路时，一般使用阳极伏安特性曲线进行负载电阻、输出电流、输出电压的计算。图 6.8 所示为典型的光电倍增管阳极伏安特性曲线。

（4）光照特性。光照特性反映了光电倍增管的阳极输出电流与照射在阴极上的光通量之间的函数对应关系。对于较好的光电倍增管，在很宽的光通量范围之内（$<10^{-4}$lm），光照特性曲线都是线性的，如图 6.9 所示。

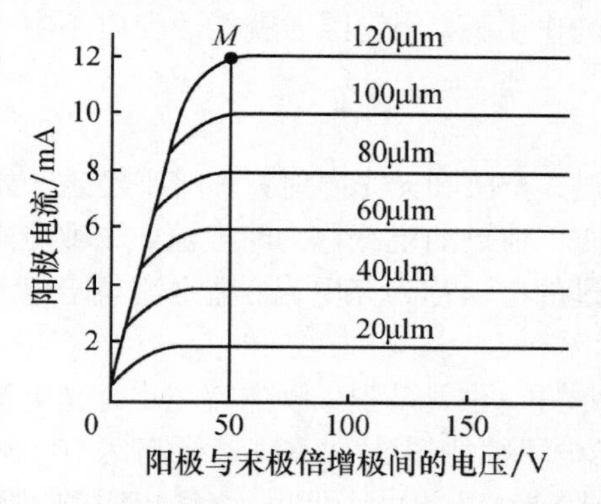

图 6.8 典型的光电倍增管的阳极伏安特性曲线

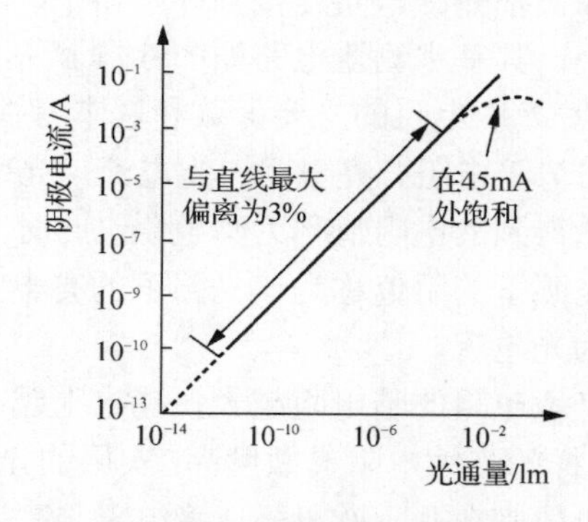

图 6.9 光电倍增管的光照特性曲线

（5）暗电流。一般在使用光电倍增管时，必须在暗室里避光，使其只对入射光起作用。但是，由于环境温度、热辐射和其他因素的影响，即使没有光信号输入，施加电压后阳极仍有电流，这种电流称为暗电流，暗电流通常可以用补偿电路消除。在正常情况下光电倍增管的暗电流值一般为 10^{-16}～10^{-10}A。

6.2.2 内光电效应器件

1. 光敏电阻

光敏电阻又称为光导管，它是纯电阻元件，其工作原理基于光电导效应，其阻值随光照增强而减小。光敏电阻具有很高的灵敏度和很好的光谱特性，光谱响应范围为紫外区到红外区，而且，其体积小、质量小、性能稳定、价格便宜，因此应用比较广泛。

1）光敏电阻的结构

光敏电阻的结构、电路符号和实物如图 6.10 所示。光敏电阻的管芯是一块安装在绝缘衬底上的带有两个欧姆接触电极的光电导体。

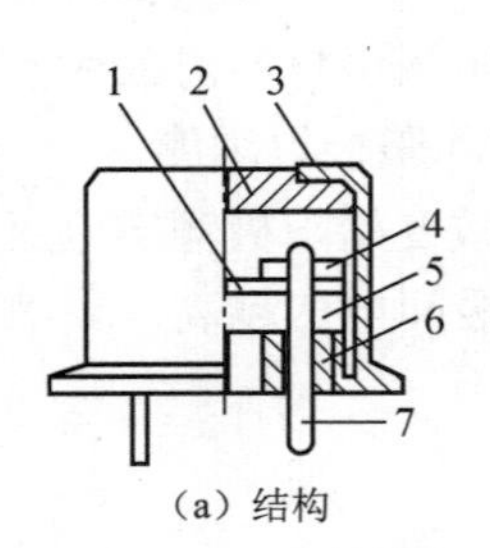

（a）结构

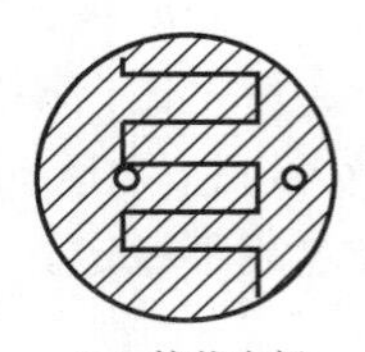
（b）梳状电极

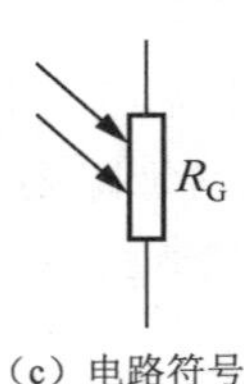

（c）电路符号

（d）光敏电阻实物

1—光导层；2—玻璃窗口；3—金属外壳；4—电极；5—陶瓷基座；6—黑色绝缘玻璃；7—电阻引出线

图 6.10　光敏电阻的结构、电路符号和实物

由于光电导体吸收光子而产生的光电效应只限于光照射的表面薄层，因此，光电导体一般都做成薄层。又由于光电导体的灵敏度随光敏电阻两个电极间距的减小而增大，因此，为了获得高的灵敏度，光敏电阻的电极一般采用梳状。它是在一定的掩膜下，向光电导薄膜上蒸镀金或铟等金属而形成的。这种梳状电极由于在间距很近的电极之间有可能采用较大的极板面积，所以提高了光敏电阻的灵敏度。同时，光敏电阻的灵敏度易受湿度的影响，因此，实际应用时要将光电导体严密封装在玻璃壳体中。

如果把光敏电阻连接到外电路中，在外加电压的作用下，用光照射就能改变电路中电流的大小，其基本测量电路如图 6.11 所示。

2）光敏电阻的主要参数和基本特性

（1）暗电阻、亮电阻、光电流。光敏电阻在室温、全暗（无光照射）环境下经过一定时间测量得到的电阻值称为暗电阻，此时，在给定电压下流过的电流称为暗电流。光敏电阻在某一光照下的阻值称为该光照下的亮电阻，此时流过的电流称为亮电流。亮电流与暗电流之差称为光电流。

光敏电阻的暗电阻越大，亮电阻越小，性能就越好。也就是说，暗电流越小，光电流越大，这样的光敏电阻灵敏度高。实用的光敏电阻的暗电阻往往超过 1 MΩ，甚至高达 100 MΩ，而亮电阻则在几千欧以下，暗电阻与亮电阻之比为 10^2～10^6 之间。可见，光敏电阻的灵敏度很高。

（2）光照特性。图 6.12 所示为硫化镉（CdS）光敏电阻的光照特性曲线，它表示在一定外加电压下，光敏电阻的光电流和光通量之间的关系。不同类型的光敏电阻光照特性不同，但光照特性曲线均呈非线性。因此，它不宜作为定量检测元件，一般在自动控制系统中用作光电开关。

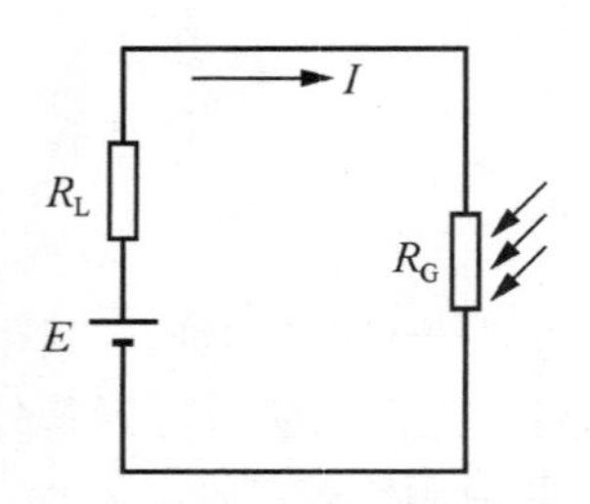

图 6.11　光敏电阻的基本测量电路

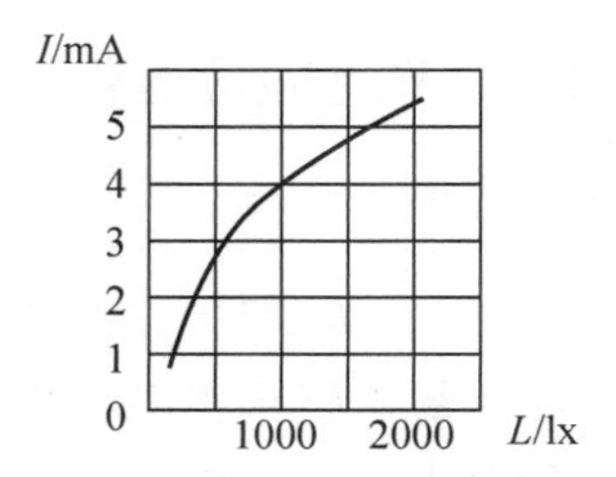

图 6.12　硫化隔光敏电阻的光照特性曲线

（3）光谱特性。光谱特性与光敏电阻的材料有关。硫化铅光敏电阻的光谱特性如图 6.13 所示，从图 6.13 中可知，硫化铅光敏电阻在较宽的光谱范围内均有较高的灵敏度，峰值出

现在红外区域；硫化镉光敏电阻、硒化镉光敏电阻的峰值出现在可见光区域。因此，在选用光敏电阻时，应把光敏电阻的材料和光源的种类结合起来考虑，才能获得满意的效果。

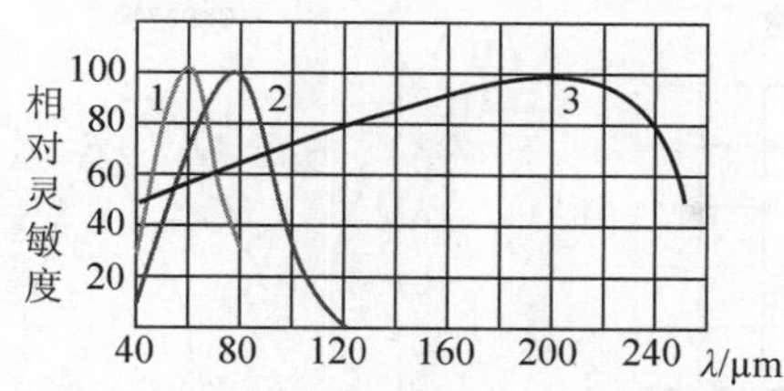

1—硫化镉光敏电阻；2—硒化镉光敏电阻；3—硫化铅光敏电阻

图 6.13 光敏电阻的光谱特性曲线

（4）伏安特性。在一定的光照强度（简称照度）下，施加在光敏电阻两端的电压与电流之间的关系称为光敏电阻的伏安特性。图 6.14 中的曲线 1 和曲线 2 分别表示光照强度为零及光照强度为某个定值时的伏安特性，由这两条曲线可知，在给定偏压下，光照强度越大，光电流也越大。在一定的光照强度下，施加的电压越大，光电流越大，而且无饱和现象。但是电压不能无限地增大，因为任何光敏电阻都受额定功率、最高工作电压和额定电流的限制。超过最高工作电压和额定电流，可能导致光敏电阻永久性损坏。

（5）频率特性。当光敏电阻受到脉冲光照射时，光电流要经过一段时间才能达到稳定值，在停止光照后，光电流值也不会立刻变为零，这种现象称为光敏电阻的惰性或时延特性。由于不同材料制作的光敏电阻的时延特性不同，因此，它们的频率特性也不同，硫化铅光敏电阻和硫化镉光敏电阻的频率特性曲线如图 6.15 所示。硫化铅光敏电阻的使用频率比硫化镉光敏电阻高得多，但多数光敏电阻的时延都比较大，因此，它不能用在要求快速响应的场合。

（6）稳定性。图 6.16 中的曲线 1 和曲线 2 分别表示两种型号的硫化镉光敏电阻的稳定性。

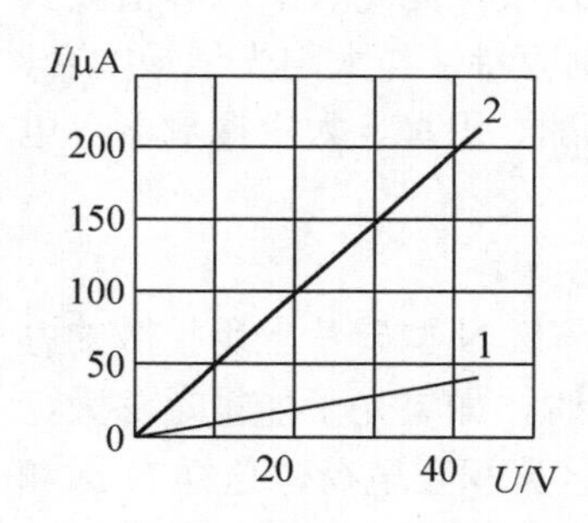

图 6.14 光敏电阻的伏安特性曲线

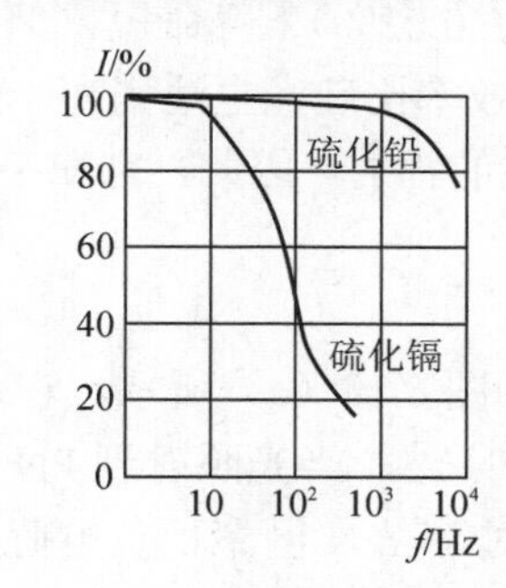

图 6.15 硫化铅光敏电阻和硫化镉光敏电阻的频率特性曲线

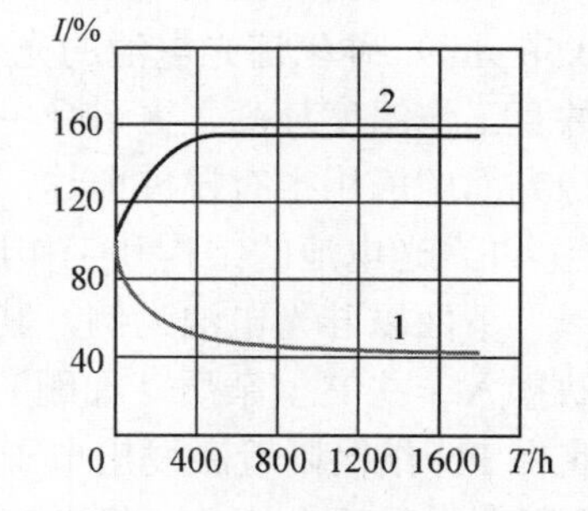

图 6.16 光敏电阻的稳定性曲线

新制的光敏电阻由于内部机构工作不稳定，以及电阻体与其介质的作用还没有达到平衡，因此性能不够稳定。但在人为地加温、光照及施加负载的情况下，经过 1～2 周的老化，性能可达到稳定。光敏电阻在老化过程中，有些样品阻值上升，有些样品阻值下降，但最后达到一个稳定值后就不再变了，这就是光敏电阻的主要优点。光敏电阻的使用寿命在密封良好、使用合理的情况下，几乎是无限长的。

（7）温度特性。光敏电阻性能（灵敏度、暗电阻）受温度的影响较大。随着温度的升高，暗电阻和灵敏度下降，如图 6.17（a）所示；光谱特性曲线的峰值向波长短的方向移动，如

图 6.17（b）所示。有时为了提高灵敏度，或者为了能够接收远红外线等较长波段的辐射，将元件降温使用。例如，可利用制冷器使光敏电阻的温度降低。

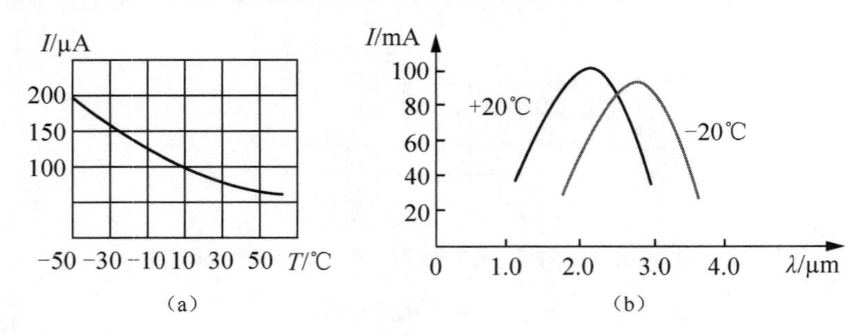

图 6.17 光敏电阻的温度特性曲线

2. 光电池

光电池是利用光生伏特效应把太阳能直接转换成电能的器件，它是自发电式有源器件。由于它把太阳能直接转换为电能，因此又称为太阳能电池。它具有较大面积的 PN 结，当光照射在 PN 结上时，在 PN 结的两端生成电动势。

光电池的命名方式是把制作光电池的半导体材料的名称冠于光电池之前，如硒光电池、砷化镓光电池、硅光电池等。目前，应用最广、最有发展前途的是硅光电池。

硅光电池有两种类型：一种是以 P 型硅为衬底的 N 掺杂 PN 结，称为 2DR 系列；另一种是以 N 型硅为衬底的 P 掺杂 PN 结，称为 2CR 系列。一般硅光电池的开路电压约为 0.55V，短路电流为 35～40mA·cm^{-2}，光电转换效率一般为 10%左右，光谱响应峰值为 0.7～0.9 μm，响应范围为 0.4～1.1 μm，响应时间为 10^{-3}～10^{-9}s。

硒光电池的光电转换效率低（约 0.02%）、寿命短，但适合接收可见光（响应峰值波长 0.56 μm）。砷化镓光电池的光电转换效率比硅光电池稍高，光谱响应特性与太阳光谱最吻合，并且工作温度最高，更耐受宇宙射线的辐射。因此，它在宇宙飞船、卫星、太空探测器等电源方面的应用很有发展前途。

1）光电池的结构和工作原理

下面以硅光电池为例，其结构如图 6.18（a）所示。它是在一块 N 型硅片上用扩散的办法掺入一些 P 型杂质（如硼）形成 PN 结。当光照射到 PN 结区时，如果光子能量足够大，将在 PN 结区附近激发出电子-空穴对，在 N 区聚积负电荷，P 区聚积正电荷，这样 N 区和 P 区之间出现电位差。若将 PN 结两端用导线连起来，如图 6.18（b）所示，电路中即有电流流过，电流由 P 区流经外电路至 N 区。若将外电路断开，就可测出光生电动势。光电池的符号、基本电路及等效电路如图 6.19 所示。

2）基本特性

（1）光照特性。光电池的光照特性曲线如图 6.20 所示，开路电压曲线表示光生电动势与光照强度之间的关系曲线，当光照强度为 2000 lx 时趋向饱和。短路电流曲线表示光电流与光照强度之间的关系。短路电流指在外接负载电阻相比于光电池内阻很小的条件下的输出电流。

光电池在不同光照强度下，其内阻也不同，因而应选取适当的外接负载，使之近似地满足“短路”条件。图 6.21 所示为硒光电池连接不同负载电阻时的光照特性曲线。该曲线表明，负载电阻 R_L 越小，光电流与光照强度的线性关系越好，线性范围越宽。

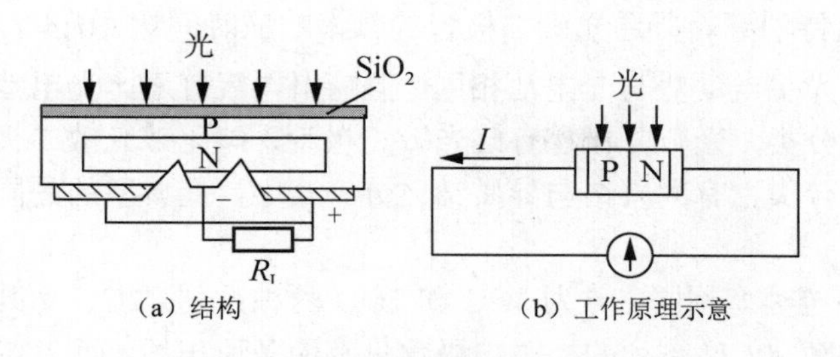

（a）结构

（b）工作原理示意

图 6.18　硅光电池的结构和工作原理示意

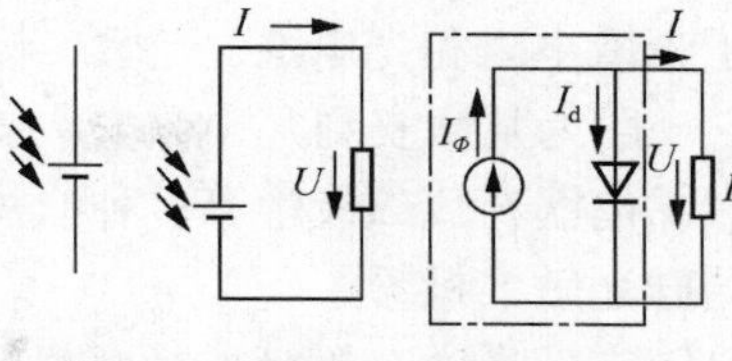

（a）符号（b）基本电路（c）等效电路

图 6.19　光电池的符号、基本电路及等效电路

（2）光谱特性。光电池的光谱特性决定于材料。从图 6.22 所示的光电池的光谱特性曲线可以看出，硒光电池在可见光谱范围内有较高的灵敏度，峰值波长在 0.54 μm 附近，适宜测量可见光。硅光电池应用的光谱范围为 0.4～1.1 μm，峰值波长在 0.85 μm 附近。因此，硅光电池可以在很宽的光谱范围内应用。

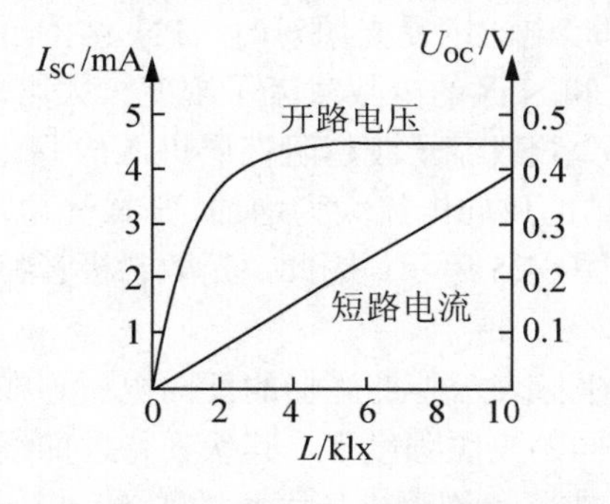

图 6.20　光电池的光照特性曲线

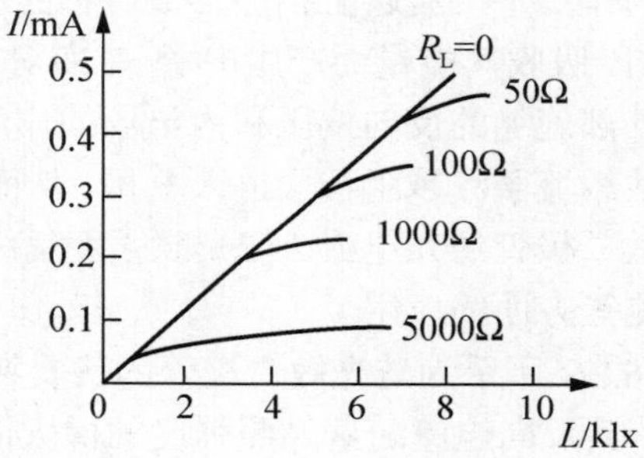

图 6.21　硒光电池连接不同负载电阻时的光照特性曲线

（3）频率特性。光电池作为测量、计数、接收元件时常用调制光输入。光电池的频率响应是指输出电流随调制光频率变化的关系。由于光电池的 PN 结面积较大，极间电容大，故频率特性较差。图 6.23 所示为光电池的频率特性曲线。由图 6.23 可知，硅光电池具有较好的频率特性，硒光电池的频率特性则较差。

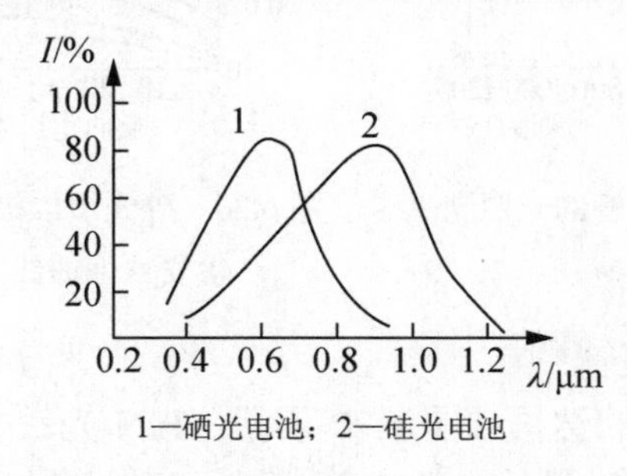

1—硒光电池；2—硅光电池

图 6.22　光电池的光谱特性曲线

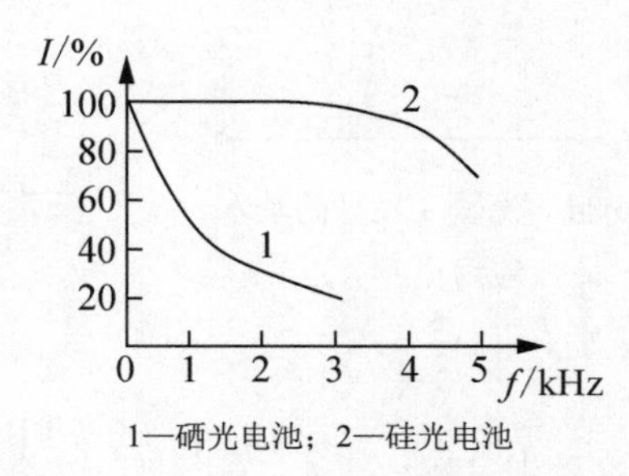

1—硒光电池；2—硅光电池

图 6.23　光电池的频率特性曲线

3. 光敏晶体管

下面介绍光敏二极管、PIN 光敏二极管、雪崩光敏二极管和光敏三极管。

1）光敏二极管

光敏二极管和光电池一样，其基本结构也是一个 PN 结。它和光电池相比，重要的不同点是 PN 结面积小，因此它的频率特性特别好。普通光敏二极管的频率响应时间达 10 μs，高于光敏电阻和光电池。光敏二极管的光生电动势与光电池相同，但输出电流普遍比光电池小，一般为几微安到几十微安。按材料分类，光敏二极管有硅光敏二极管、砷化镓光敏二极管、锑化铟光敏二极管等多种；按结构分类，有同质结与异质结之分。其中，最典型的是同质结硅光敏二极管。

国产硅光敏二极管按衬底材料的导电类型不同，分为2CU和2DU两种系列。2CU系列以N-Si为衬底，2DU系列以P-Si为衬底。2CU系列的光敏二极管只有两条引出线，而2DU系列光敏二极管有三条引出线。

光敏二极管的结构与一般二极管相似，封装在透明玻璃外壳中，其 PN 结安装在管顶，可直接受到光照射。光敏二极管在电路中一般是处于反向工作状态，其基本应用电路如图 6.24 所示。

当没有光照射时，光敏二极管处于截止状态，反向电阻很大。这时只有少数载流子在反向偏压的作用下，渡越阻挡层形成微小的反向电流，即暗电流；受光照射时，PN 结附近受光子轰击，吸收其能量而产生电子-空穴对，从而使P区和N区的少数载流子浓度大大增加，因此在外部施加的反向偏压和内电场的作用下，P区的少数载流子渡越阻挡层进入N区，N区的少数载流子渡越阻挡层进入P区，从而使通过PN结的反向电流大为增加，形成光电流。

光敏二极管的光电流 I 与光照强度呈线性关系，如图 6.25 所示，因此，光敏二极管特别适合检测等方面的应用。

图 6.26 所示为硅光敏二极管的伏安特性曲线，横坐标表示外部施加的反向电压。在光照射下，其反向电流随着光照强度的增大而增大。在不同的光照强度下，其伏安特性曲线几乎平行，因此，只要光电流没达到饱和值，它的输出量实际上不受电压大小的影响。

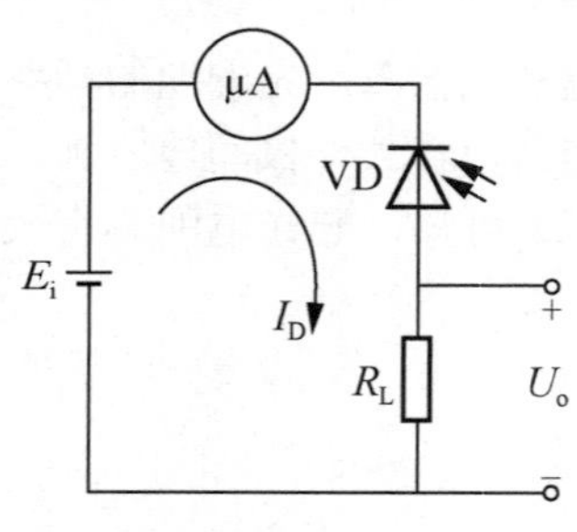

图 6.24　光敏二极管的基本应用电路

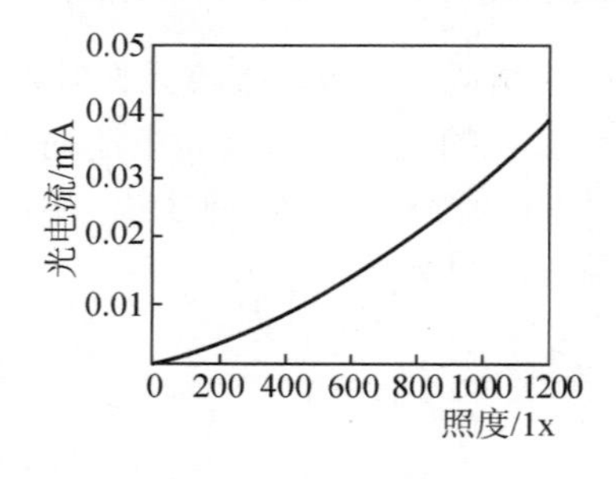

图 6.25　光敏二极管的光照特性曲线

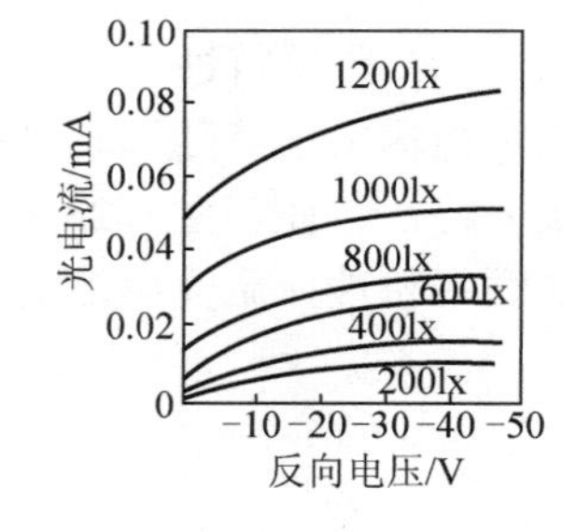

图 6.26　硅光敏二极管的伏安特性曲线

2）PIN 光敏二极管

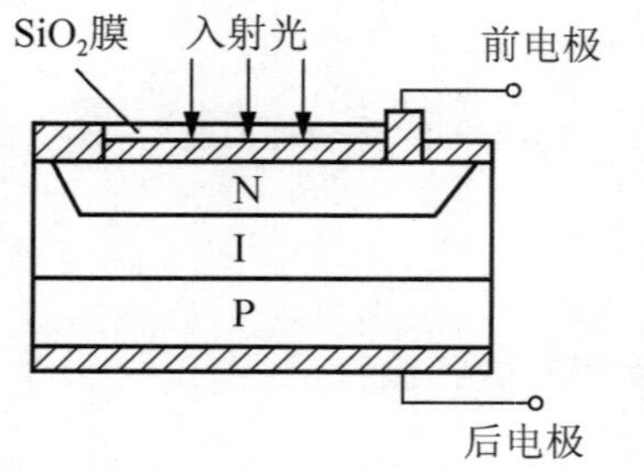

图 6.27　PIN 光敏二极管的结构

PIN 光敏二极管的结构如图 6.27 所示，PIN 光敏二极管在P型半导体和N型半导体之间夹着一层相对很厚的本征半导体 I 层。由于本征层的引入加大了耗尽层厚度，因此本征层相对于 P 区、N 区有更高的电阻，反向偏压在这里形成高电场区，展宽了光电转换的有效工作区域，降低了暗电流，从而使灵敏度得以提高。

PIN 光敏二极管最大特点是频带宽，可达 1 GHz。此外，因为 I 层很厚，在反向偏压下运用可承受较高的反向电压，线性输出范围宽。

PIN 光敏二极管的不足之处是，由于 I 层电阻很大，故二极管的输出电流小，一般为零点几微安至数微安。目前，市场上有将 PIN 光敏二极管与前置运算放大器集成在同一硅片上并封装于一个管壳内的商品出售。

3）雪崩光敏二极管（APD）

雪崩光敏二极管是利用 PN 结在高反向电压下产生的雪崩效应来工作的一种光敏二极管。这种二极管工作电压很高，可达 100～200V，接近反向击穿电压。PN 结区内电场极强，光电子在这种强电场中可得到极大的加速，同时与晶格碰撞而产生电离雪崩反应。因此，该二极管有很高的内增益，可达到几百。当电压等于反向击穿电压时，电流增益可达 10^6，即产生所谓的雪崩效应。目前，噪声大是雪崩光敏二极管的一个主要缺点。由于雪崩反应是随机的，因此它的噪声较大，特别是工作电压接近或等于反向击穿电压时，噪声可增大到放大器的噪声水平，以致无法使用。但由于这类二极管的响应时间极短，灵敏度很高，因此在光通信中的应用前景广阔。

雪崩光敏二极管的响应速度特别快，响应时间通常为 0.5～1ns，带宽可达 100GHz，是目前响应速度最快的一种光敏二极管。

4）光敏三极管

光敏三极管有 PNP 型和 NPN 型两种，其结构与一般三极管很相似。用 N 型硅材料为衬底制作的光敏三极管为 NPN 型结构，称为 3DU 型；用 P 型硅材料为衬底制作的光敏三极管为 PNP 型结构，称为 3CU 型。图 6.28 所示为 NPN 型光敏三极管的内部组成、管心结构及基本电路。

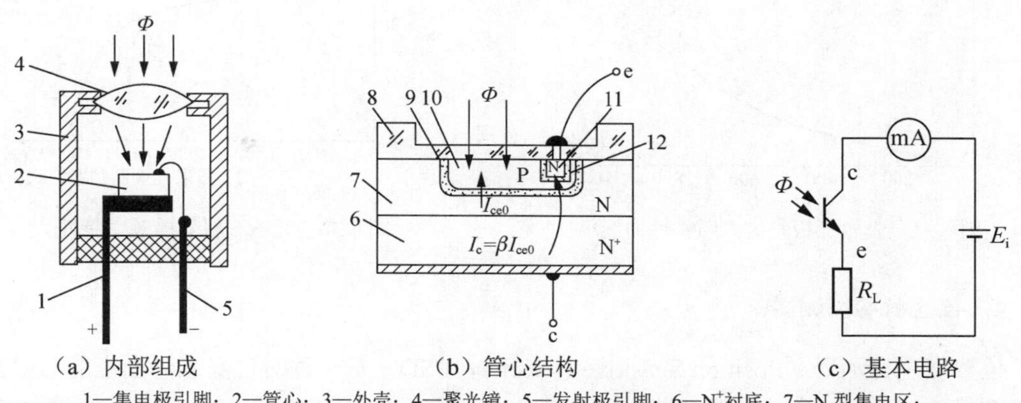

（a）内部组成 （b）管心结构 （c）基本电路

1—集电极引脚；2—管心；3—外壳；4—聚光镜；5—发射极引脚；6—N^+衬底；7—N 型集电区；8—SiO_2 保护圈；9—集电结；10—P 型基区；11—N 型发射区；12—发射结

图 6.28 NPN 型光敏三极管的内部组成、管心结构图及基本电路

光敏三极管也具有电流增益，只是它的发射极需要做得很大，以扩大光的照射面积，并且其基极不连接引线。当集电极施加上正电压且基极开路时，集电极处于反向偏置状态。当光线照射在集电结的基区时，会产生电子-空穴对。在内电场的作用下，光电子被拉到集电极，基区留下空穴，使基极与发射极之间的电压升高。这样，便有大量的电子流向集电极，形成输出电流，并且集电极电流为光电流的 β 倍。

图 6.29 所示为光敏三极管的光谱特性曲线。硅光敏三极管的峰值波长为 9000Å

（1Å=10^{-10}m），锗光敏三极管的峰值波长为 15000Å。由于锗光敏三极管的暗电流比硅光敏三极管大，因此锗光敏三极管的性能较差。在可见光或探测赤热状态物体时，一般选用硅光敏三极管，但对红外线进行探测时，则采用锗光敏三极管较合适。

图 6.30 所示为光敏三极管的伏安特性曲线。当施加的电压足够大时，光敏三极管的电流随着光照强度的增大而增大，它们之间呈近似线性关系，光敏三极管的光照特性曲线如图 6.31 所示。当光照强度足够大（几千勒克斯）时，会出现饱和现象，这使光敏三极管既可作为线性转换元件，也可作开关元件。

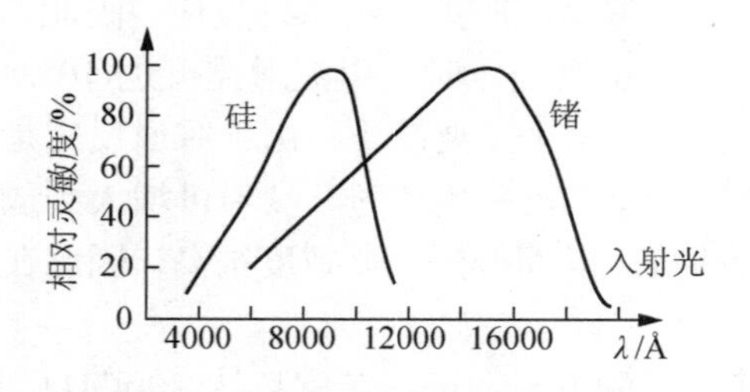

图 6.29　光敏三极管的光谱特性曲线

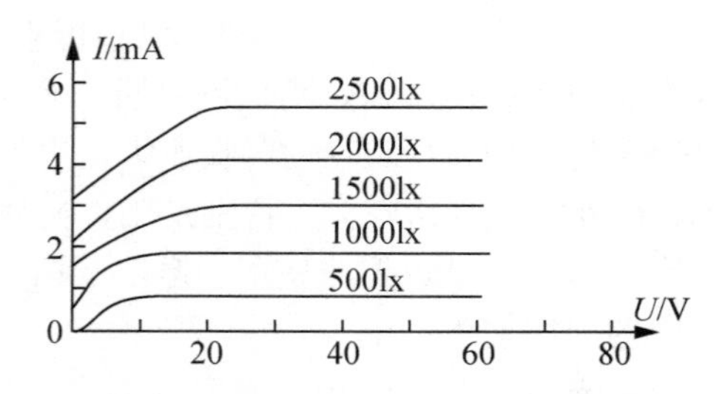

图 6.30　光敏三极管的伏安特性曲线

图 6.32 所示为光敏三极管的频率特性曲线图。由图 6.32 可知，光敏三极管的频率特性受负载电阻的影响，减小负载电阻可以提高其频率响应。

一般来说，光敏三极管的频率响应比光敏二极管差。对于锗光敏三极管，入射光的调制频率要求在 5kHz 以下。硅光敏三极管的频率响应要比锗光敏三极管好。

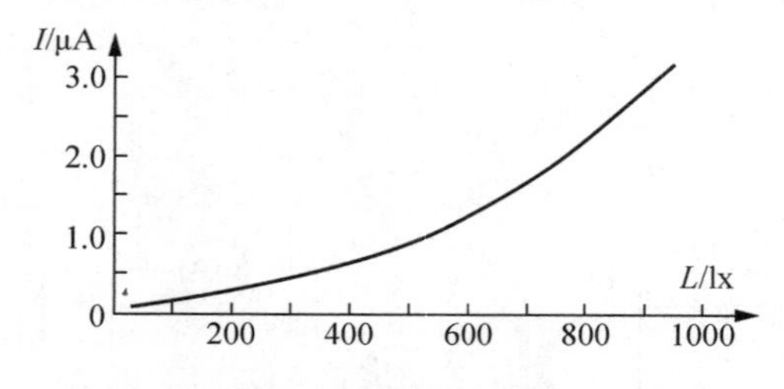

图 6.31　光敏三极管的光照特性曲线

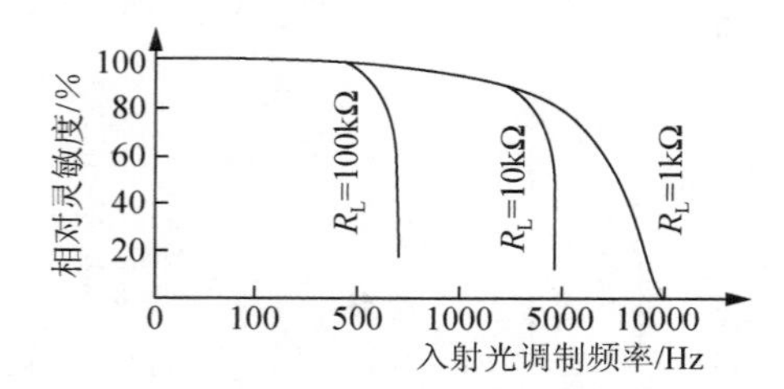

图 6.32　光敏三极管的频率特性

4. 位置敏感探测器

位置敏感探测器（Position Sensitive Detector，PSD）是一种对自身感光面上的入射光点位置敏感的器件，也称为坐标光电池。PSD 分为两种：一维 PSD 和二维 PSD。一维 PSD 用于测定光点的一维坐标位置，二维 PSD 用于测定光点的二维坐标位置，其工作原理与一维 PSD 相似。

PSD 在光点位置测量方面有许多优点。例如，它对光斑的形状无严格要求，即它的输出信号与光斑是否聚焦无关；另外，它可以连续测量光斑在 PSD 上的位置，并且分辨力高，一维 PSD 的位置分辨力高达 0.2 μm 。

PSD 的基本结构如图 6.33 所示。PSD 一般为 PIN 结构，在硅板的底层表面上以胶合的方式制成 2 片均匀的 P 区和 N 区，在 P 区和 N 区之间注入离子而产生 I 层，即本征层。在 P 区表面电阻层的两端各设置一个输出电极。

当一束具有一定强度的光点从垂直于 P 区的方向照射到 PSD 的 I 层时，光点附近就会产生电子-空穴对，在PN结电场的作用下，空穴进入P区，电子进入N区。由于P区掺杂浓度相对较高，空穴迅速沿着P区表面向两侧扩散，最终导致P区空穴横向（x方向）浓度呈现梯度变化。这时，同一层面上的不同位置呈现一定的电位差。这种现象称为横向光电效应，也称侧向光电效应。

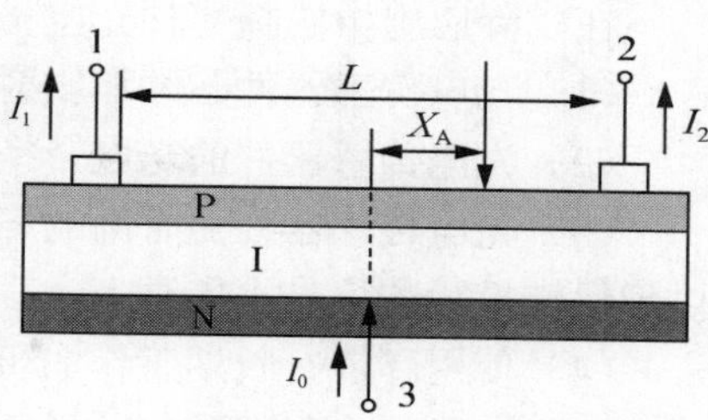

1，2—输出电极；3—公共电极

图6.33 PSD的基本结构示意

PSD通常工作在反向偏压状态，即PSD的公共电极3连接正电压，输出电极1、2分别接地。这时，流经公共电极3的电流I_0与入射光的光照强度成正比，流经输出电极1、2的电流I_1和I_2与入射光点的位置有关，由于P区为均匀电阻层，因此，I_1、I_2与入射光点到相应电极的距离成反比，并且$I_0=I_1+I_2$。

如果将坐标原点设置在PSD的中心点，那么I_1、I_2与I_0之间存在如下关系：

$$I_1=\frac{1}{2}\left(1-\frac{2}{L}X_A\right)I_0 \tag{6-8}$$

$$I_2=\frac{1}{2}\left(1+\frac{2}{L}X_A\right)I_0 \tag{6-9}$$

式中，L为PSD的长度；X_A为入射光点的位置。

由I_1、I_2与I_0之间的关系式可以得出

$$X_A=\frac{1}{2}\times\frac{I_2-I_1}{I_2+I_1}L \tag{6-10}$$

可见，PSD的测量结果X_A与I_1、I_2的比值大小有关，而入射光的光照强度的变化并不影响测量结果，这给测量带来了极大的方便。

6.2.3 光电传感器件的选择与应用

1. 常用光电传感器件的选择

现将本节介绍的几种常用半导体光电传感器件的特性参数列于表6-1。

表6-1 半导体光电传感器件的特性参数

光电传感器件	光谱响应/nm		灵敏度/(A/W)	输出电流/mA	光电响应线性	频率响应/MHz	暗电流及噪声	应用
	范围	峰值						
CdS光敏电阻	400～900	640	1 A/lm	$10\sim10^2$	非线性	0.001	较低	集成或分离式光电开关
CdSe光敏电阻	300～1220	750	1 A/lm	$10\sim10^2$	非线性	0.001	较低	
PN结光敏二极管	400～1100	750	0.3～0.6	≤1.0	好	≤10	最低	光电检测
硅光电池	400～1100	750	0.3～0.8	1～30	好	0.03～1	较低	—
PIN光敏二极管	400～1100	750	0.3～0.6	≤2.0	好	≤100	最低	高速光电检测
GaAs光敏二极管	300～950	850	0.3～0.6	≤1.0	好	≤100	最低	高速光电检测
HgCdTe光敏二极管	1000～12000	与Cd的组分有关	—	—	好	≤10	较低	红外线探测
光敏三极管3DU	400～1100	880	0.1～2	1～8	线性差	≤0.2	低	光电探测与光电开关

在实际应用中选择哪种光电传感器件，主要考虑如下因素：

（1）光电传感器件必须和辐射信号源及光学系统在光谱上匹配。

（2）光电传感器件的光电转换特性或动态范围必须与光信号的入射辐射能量相匹配。

（3）光电传感器件的时间响应特性必须与光信号的调制形式、信号频率及波形相匹配，以确保转换后的信号不失真。

（4）使用环境、长期工作的可靠性、与后续处理电路的阻抗匹配等。

一般情况下，在需要定量测量光源的光度时，应选用线性度好的光敏二极管，但在要求对弱辐射进行探测时，就必须考虑探测器的灵敏度，因此光敏电阻是首选器件。当测量高速运动对象时，动态特性就成为一个重要考虑的因素，可选用 PIN 等动态特性好的器件。此外，成本、体积、电源、环境等因素也是合理选择和应用光电传感器件要考虑的因素。

2. 光电式传感器的应用基本形式

光电式传感器在应用中可归纳为 4 种基本形式：辐射型（直射型）光电式传感器、吸收型光电式传感器、反射型光电式传感器和遮光型光电式传感器，如图 6.34 所示。

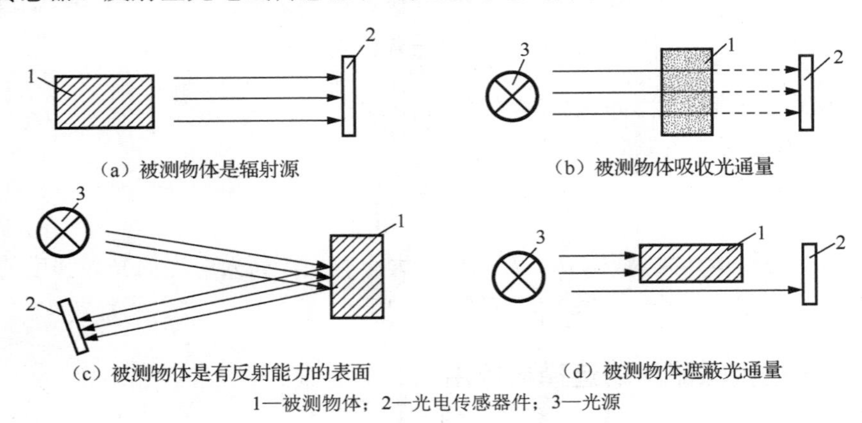

（a）被测物体是辐射源　（b）被测物体吸收光通量

（c）被测物体是有反射能力的表面　（d）被测物体遮蔽光通量

1—被测物体；2—光电传感器件；3—光源

图 6.34　光电式传感器的应用基本形式

1）辐射型（直射型）光电式传感器

在图 6.34（a）中，被测物体是辐射源，辐射的强弱与其被测参量如温度高低有关。因此，通过光电式传感器接收的辐射能的强弱变化，可实现对被测物体温度的测量。照度计、红外温度计就属于此类。

2）吸收型光电式传感器

在图 6.34（b）中，光源发出某一恒定光通量的光，当光穿过被测物体时，部分光被吸收，透过的光被光电传感器件接收。根据被测物体吸收光通量的多少，就可以确定被测物体的特性。这类光电式传感器一般用于测量液体、气体、固体的透明度和浑浊度等参数。

【应用示例 1】吸收型光电式传感器的应用——光电式浊度计

水样本的浊度是水文资料的重要内容之一。图 6.35 所示是光电式浊度计的原理示意。

光源发出的光线经半反半透镜 3 分成光照强度相同的两束光线。一路光线通过标准水样 8 后照射到光电池 9 上，经电流/电压转换器 10 转换后输出电压 U_{o2}，产生作为被测水样浊度的参考信号。另一路光线通过被测水样 5 后到达光电池 6。由于水样中的介质对光有吸收作用，因此水样越浑浊，光线衰减越多，到达光电池的光通量越小。光电池 6 的输出信号经电流/电压转换器 7 转换后输出电压 U_{o1}，运算电路根据所计算出的 U_{o1}/U_{o2} 值得出水样的浊度。

由于光电式浊度计采用了双通道结构，有效地抑制了由于光源强度变化、环境温度变化等共模干扰的影响，提高了测量精度。

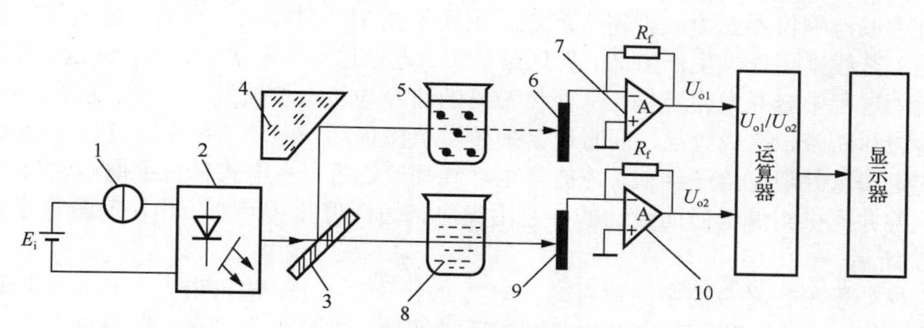

1—恒流源；2—半导体激光器；3—半反半透镜；4—反射镜；5—被测水样；
6,9—光电池；7,10—电流/电压转换器；8—标准水样

图 6.35　光电式浊度计原理示意

3）反射型光电式传感器

在图 6.34（c）中，光源发出的光投射到被测物体上，反射光（或漫反射光）被光电传感器件接收，光通量的变化反映出被测物体的特征。如果利用光通量的变化频率，就可以实现转速测量（见本章 B 部分转速测量）。

【应用示例 2】反射型光电式传感器的应用——反射型光电式烟雾报警器

图 6.36 所示为反射型光电式烟雾报警器的工作原理示意。在没有烟雾时，由于红外线 LED 光源与红外线光敏三极管相互垂直，烟雾室内又涂有黑色吸光材料，因此，光源发出的红外线无法到达红外线光敏三极管。当烟雾进入烟雾室后，烟雾的固体粒子对红外线产生漫反射，使部分红外线到达红外线光敏三极管，则红外线光敏三极管有光电流输出，产生报警信号。

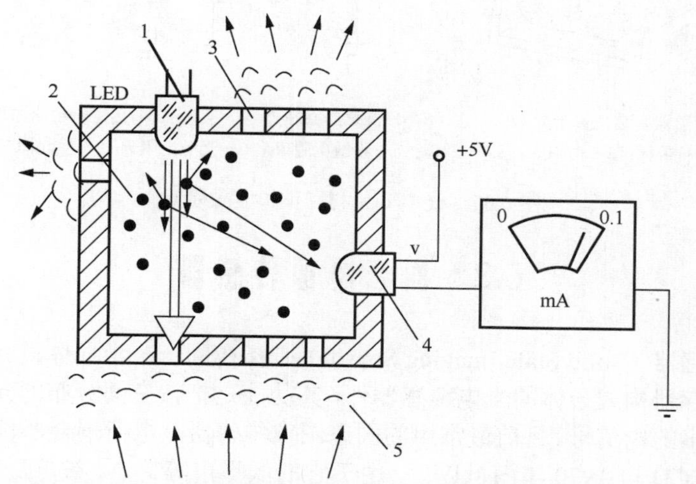

1—红外线 LED 光源；2—烟雾微粒；3—烟雾室；4—红外线光敏三极管；5—烟雾

图 6.36　反射型光电式烟雾报警器的工作原理示意

4）遮光型光电式传感器

如图 6.34（d）所示，光源发出的光被被测物体部分或全部遮蔽，使光电传感器件接收的光通量发生变化，从而反映出被测物体的特征。

【应用示例 3】遮光型光电式传感器的应用——光电式带材跑偏检测仪

带材跑偏检测仪是在冷轧带钢生产过程中用于控制带材运动途径的一种装置。冷轧带钢厂的某些工艺线采用连续生产方式，如连续酸洗、连续退火、连续镀锡等，在这些生产线中，带材在运动过程中容易发生走偏，从而使带材的边缘与传送机械发生碰撞。这样，就会使带材产生卷边和断带，造成废品，同时也会使传送机械损坏。因此，在生产过程中必须自动检测带材的走偏量并随时给予纠偏，才能使生产线高速运行。光电式带材跑偏检测仪就是为检测带材跑偏并提供纠偏信号而设计的，它由光电式边缘位置传感器、电桥等测量电路组成，如图 6.37 所示。

当带材处于平行光束的中间位置时，电桥处于平衡状态，输出量为“0”，如果带材向左偏移，遮光面积减少，照射到光敏电阻的光通量增加，电桥失去平衡，输出量为正；当带材向右偏移时，光通量减少，输出量为负。输出信号经功率放大器放大后驱动位置调节装置，实现带材走偏量的自动纠正。

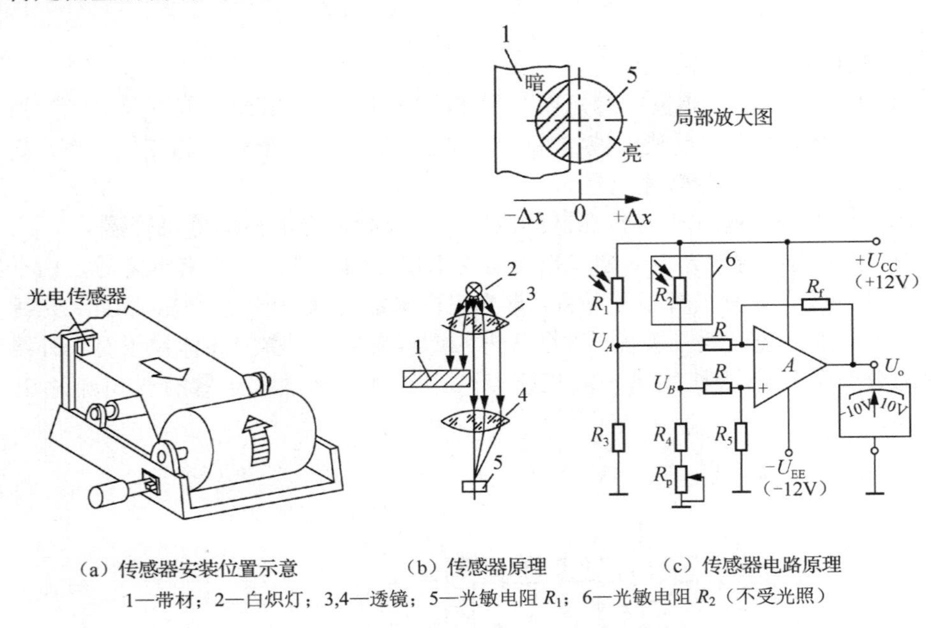

（a）传感器安装位置示意　（b）传感器原理　（c）传感器电路原理

1—带材；2—白炽灯；3,4—透镜；5—光敏电阻 R_1；6—光敏电阻 R_2（不受光照）

图 6.37　光电式带材跑偏检测仪示意

6.3　固态图像传感器

固态图像传感器（Solid State Imaging Sensor）是指在同一个半导体衬底上生成若干光敏单元并与移位寄存器构成一体的光电传感器件，其功能是把按空间分布的光照强度信息转换成按时序串行输出的电信号。目前最常用的固态图像传感器是电荷耦合器件（Charge Coupled Device，CCD）。CCD 自 1970 年问世以后，由于它的低噪声等特点，被广泛应用于广播电视、可视电话和传真、数码相机、摄像机等方面，在自动检测和控制领域也显示出广阔的应用前景。图 6.38 所示为线阵 CCD 和面阵 CCD 实物。

图 6.38 线阵 CCD 和面阵 CCD 实物

6.3.1 CCD 的结构和基本原理

1. MOS 光敏单元

一个完整的 CCD 由光敏单元阵列、转移栅、读出移位寄存器及一些辅助输入/输出电路组成。光敏单元的结构如图 6.39 所示，它是在 P 型（或 N 型）硅衬底上生长一层厚度约为 120nm 的 SiO_2，再在 SiO_2 层上沉积一层金属电极，这样就构成了金属-氧化物-半导体结构单元（MOS）。

当向电极施加正向偏压时，在电场的作用下，电极下的 P 型硅区域里的空穴被赶尽，从而形成一个耗尽区。也就是说，对带负电的电子而言是一个势能很低的区域，这部分称为“势阱”。如果此时有光线入射到半导体硅片上，在光子的作用下，半导体硅片上就产生了光电子和空穴，光电子就被附近的势阱所吸收（或称为“俘获”），同时产生的空穴则被电场排斥出耗尽区。此时，势阱内所吸收的光电子数量与入射到势阱附近的光度成正比。一个 MOS 光敏单元称为一个像素，把一个势阱所收集的若干光生电荷称为一个电荷包。

通常在半导体硅片上制有几百或几千个相互独立的 MOS 光敏单元，呈线阵或面阵排列。在金属电极上施加一个正向电压时，在半导体硅片上就形成几百或几千个相互独立的势阱。如果照射在这些光敏单元上的是一幅明暗起伏的图像，那么通过这些光敏单元，就会将其转换成一幅与光照强度相对应的光生电荷图像。

2. 读出移位寄存器

读出移位寄存器是电荷图像的输出电路，图 6.40 所示为其结构示意。它也是 MOS 结构，但在半导体的底部覆盖了一层遮光层，防止外来光线的干扰。

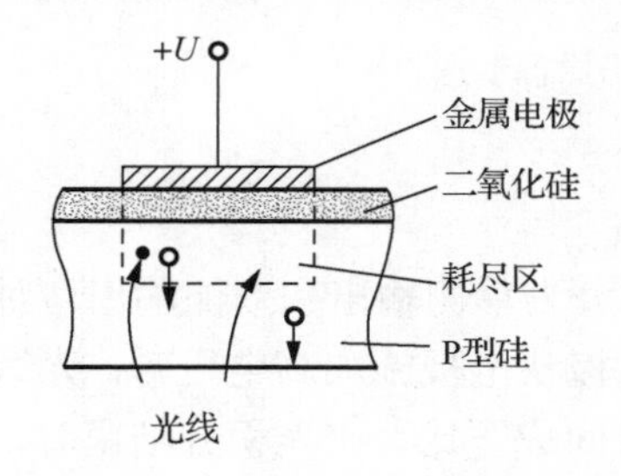

图 6.39 MOS 光敏元的结构

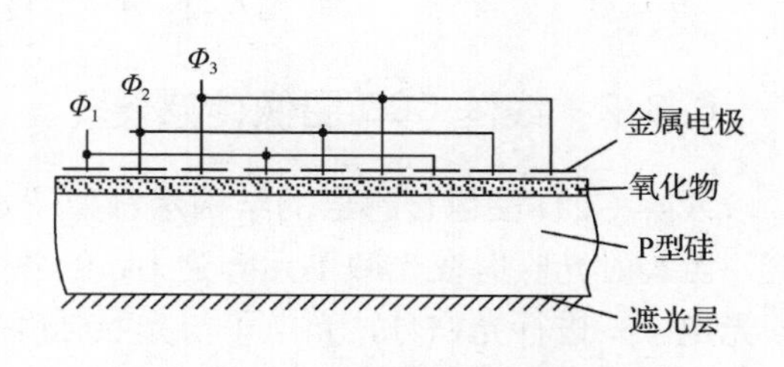

图 6.40 读出移位寄存器的结构示意

实现电荷定向转移的控制方法非常类似步进电动机的步进控制方式，也有二相、三相等控制方式之分。下面以三相控制方式为例说明读出移位寄存器控制电荷定向转移的过程。

如图 6.41（a）所示，把 MOS 敏感单元的 3 个电极分为一组，依次在其上施加 3 个相位不同的控制时钟脉冲 Φ_1、Φ_2、Φ_3，如图 6.41（b）所示。在 $t=t_0$ 时，第一相时钟脉冲 Φ_1 为高电平，Φ_2、Φ_4 为低电平，在电极 P_1 下方形成深势阱，信号电荷存储其中；在 $t=t_1$ 时，Φ_1、Φ_2 处于高电平，Φ_4 为低电平，电极 P_1、电极 P_2 下方都形成势阱。由于两个电极下方势阱间的耦合，原来在电极 P_1 下方的电荷将在 P_1、P_2 两个电极下方分布；当电极 P_1 回到低电位时，电荷全部流入电极 P_2 下方的势阱中（$t=t_2$）。在 $t=t_3$ 时刻，电极 P_3 为高电平，电极 P_2 电平降低，电荷包从电极 P_2 下方转到电极 P_3 下方的势阱。最终电极 P_1 下方的电荷转移到电极 P_3 下方。在三相脉冲的控制下，信号电荷不断向右转移，直到最后位依次向外输出。

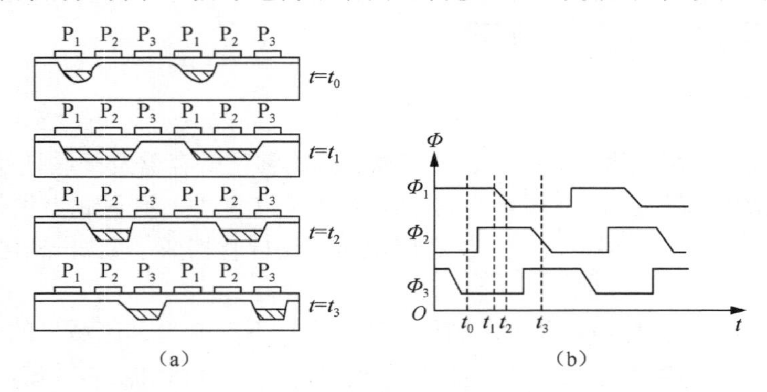

图 6.41　三相控制方式下的电荷转移过程示意

3. 电荷的输出

图 6.42 所示为利用二极管的电荷输出原理示意。在阵列末端衬底上扩散形成输出二极管，当输出二极管加上反向偏压时，在 PN 结区内产生耗尽区。当信号电荷在时钟脉冲作用下移向输出二极管，并通过输出栅极 OG 转移到输出二极管耗尽区内时，信号电荷将作为输出二极管的少数载流子而形成反向输出电流 I_o。该输出电流的大小与信号电荷大小成正比，并通过负载电阻 R_L 转变为信号输出电压 U_o。

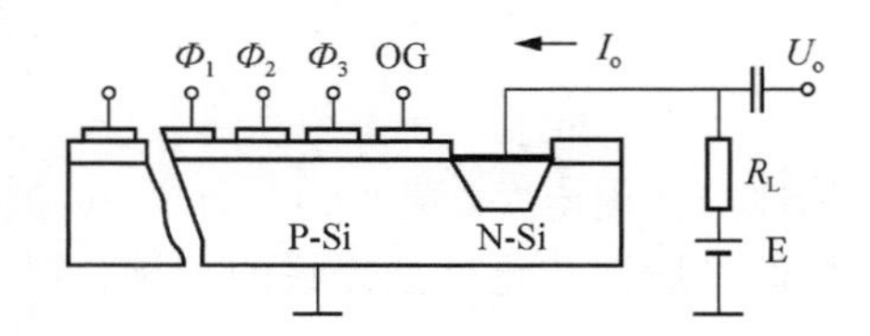

图 6.42　利用二极管的电荷输出原理示意

6.3.2　线阵 CCD 图像传感器

线阵 CCD 图像传感器的结构示意如图 6.43 所示，分为单侧输出和双侧输出两种结构形式。当入射光照射在光敏单元阵列上，给各个光敏单元梳状电极施加高电压时，光敏单元聚集光电子，进行光积分，光电子与光照强度和光积分时间成正比。在光积分结束时，转移栅上的电压提高（平时为低电压），将转移栅打开，各个光敏单元中所积累的光电子并行地转移到移位寄存器中。当转移完毕，转移栅上的电压降低，同时在移位寄存器上施加时钟脉冲，在移位寄存器的输出端依次输出各位的信息，这就是一次串行输出的过程。

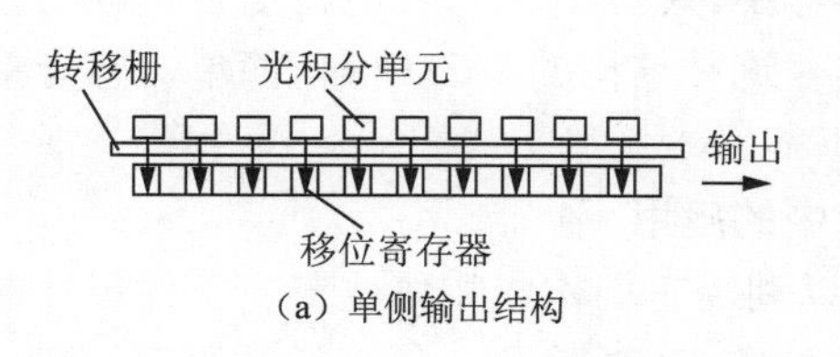

（a）单侧输出结构

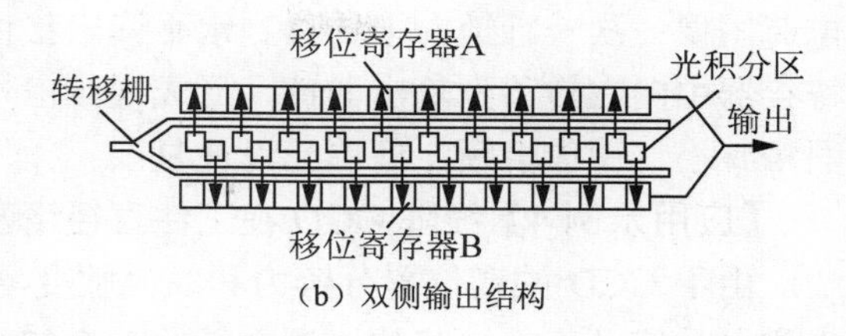

（b）双侧输出结构

图 6.43　线阵 CCD 图像传感器的结构示意

目前，实用的线阵 CCD 图像传感器多采用双侧输出结构。单、双数光敏单元中的信号电荷分别转移到其上、下方的移位寄存器中，然后，在控制脉冲的作用下，自左向右移动，在输出端交替合并输出，这样就形成了原来光敏信号电荷的顺序。双侧输出结构虽然复杂些，但是电荷包的转移效率高，而且损耗更小。

6.3.3　面阵 CCD 图像传感器

面阵 CCD 图像传感器是把光敏单元排列成矩阵的光电传感器件，目前它有 3 种典型结构，如图 6.44 所示。

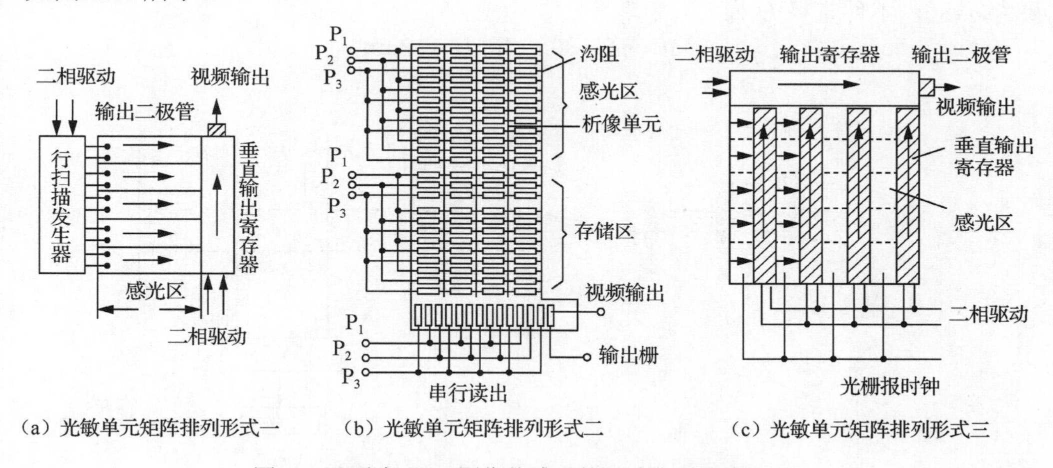

（a）光敏单元矩阵排列形式一　（b）光敏单元矩阵排列形式二　（c）光敏单元矩阵排列形式三

图 6.44　面阵 CCD 图像传感器的 3 种典型结构示意

图 6.44（a）所示结构由行扫描发生器、垂直输出寄存器、感光区和输出二极管组成。行扫描发生器将光敏单元内的信号转移到水平（行）方向上，由垂直输出寄存器将信号转移到输出二极管，输出信号由信号处理电路转换为视频图像信号。这种结构易引起图像模糊。

图 6.44（b）所示结构增加了具有公共水平方向电极的不透光的存储区。在正常垂直回扫周期内，具有公共水平方向电极的感光区所积累的电荷同样迅速下移到存储区。在垂直回扫结束后，感光区恢复到积光状态。在水平消隐周期内，存储区的整个电荷图像向下移动，每次总是将存储区底部最后一行的电荷信号转移到水平读出器，该行电荷在读出移位寄存器中向右移动以视频信号输出。当整帧视频信号自存储区移出后，就开始下一帧信号的形成。该 CCD 结构具有单元密度高、电极简单等优点，但增加了存储器。

图 6.44（c）所示结构是用得最多的一种结构形式，它将图 6.44（b）中感光单元与存储单元相隔排列，即一列感光单元、一列不透光的存储单元交替排列。在感光区光敏单元积分结束时，转移栅打开，电荷信号进入存储区。随后，在每个水平回扫周期内，存储区中整个

电荷图像一次一行地向上转移到水平读出移位寄存器中。然后，这一行电荷信号在读出移位寄存器中向右转移到输出器件，形成视频信号输出。这种结构的 CCD 操作简单，感光单元面积减小，图像清晰，但单元设计复杂。

【应用示例 4】线阵 CCD 在工件直径精密测量中的应用

由于 CCD 的高位置分辨力和高灵敏度，故可以利用它们构成物体位置、工件尺寸的精确测量系统及工件缺陷的检测系统。图 6.45 所示为线阵 CCD 检测工件直径的原理示意。其中，图 6.45（a）所示为成像原理示意，光源发出的光经透镜准直后变成平行光，投射到工件上，并由成像透镜成像在线阵 CCD 上。线阵 CCD 输出的串行脉冲信号如图 6.45（b）所示（假设器件是 2048 位线阵 CCD），此信号经过整形、反相后如图 6.45（c）所示，与图 6.45（d）所示的时钟脉冲 CP 相“与”，而图 6.45（e）所示为与门 Y 的输出脉冲，它由计数器计数，根据脉冲数系统就可以自动计算工件直径 D。

如果线阵 CCD 为 N=2048 位，线长 L_{max}=28.672 mm，则测量分辨力 δ 为

$$\delta=\frac{L_{max}}{N}=28.672\text{ mm}/2048=14\ \mu\text{m}$$

若时钟脉冲 CP 的频率与线阵 CCD 的串行输出信号脉冲重复频率相同，则计数器计数结果为 n=80，工件直径 D 为

$$D=n\delta=80\times14\mu\text{m}=112\mu\text{m}$$

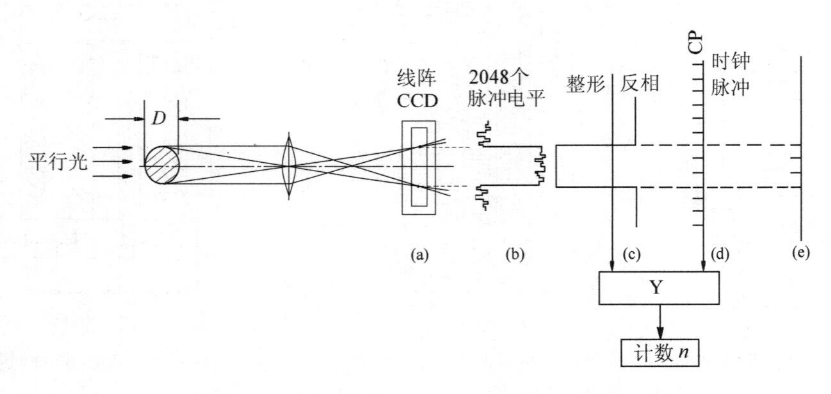

图 6.45　线阵 CCD 检测工件直径的原理示意

6.4　光栅式传感器

在一块长条形（圆形）光学玻璃（或金属）上进行均匀刻划，可得到一系列密集栅线，这种具有周期性栅线分布的光学元件称为光栅。光栅栅线放大后的图示意如图 6.46 所示。

在图 6.46 中，a 为光栅栅线宽度，b 为光栅缝隙宽度，$a+b=W$ 称为光栅的栅距（也称光栅常数），通常取 $a=b=W/2$。

光栅式传感器有如下特点。

（1）大量程兼高分辨力和高精度。在大量程长度与直线位移测量方面，长光栅式传感器的测量精度仅低于激光干涉传感器；在圆分度和角位移测量方面，圆光栅式传感器的测量精度最高。一般长光栅式传感器的测量精度达（0.5～3）μm /3000 mm，分辨力达 0.1 μm，圆光栅式传感器的测量精度达 0.15″，分辨力达 0.1″。

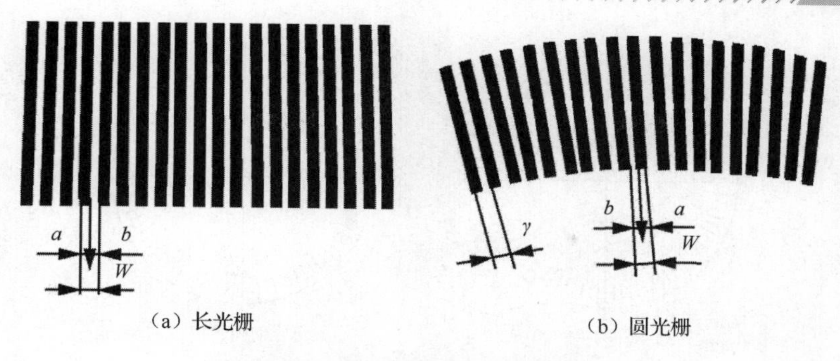

（a）长光栅　　（b）圆光栅

图 6.46　光栅栅线放大后的示意图

（2）可实现动态测量，易于实现测量及数据处理的自动化。

（3）具有较强的抗干扰能力，适合一般实验室条件和环境较好的车间现场。

光栅式传感器在几何量测量领域有着广泛的应用，所有与长度（位移）和角度（角位移）测量有关的精密仪器中都经常使用光栅式传感器。此外，在测量振动、速度、应力、应变等机械测量中也常有应用。

6.4.1　光栅的种类

利用莫尔条纹现象进行精密测量的光栅称为计量光栅。根据基材的不同，又分为金属光栅与玻璃光栅；根据刻划形式的不同，分为振幅光栅与相位光栅；根据光线的走向，分为透射光栅与反射光栅；根据用途的不同，分为长光栅与圆光栅。下面主要介绍长光栅和圆光栅。

1. 长光栅

刻划在玻璃尺上的光栅称为长光栅，也称为光栅尺，用于测量长度或直线位移。其刻线相互平行，一般以每毫米长度内的栅线数（栅线密度）表示长光栅的特性。

根据栅线形式的不同，长光栅分为黑白光栅和闪耀光栅。黑白光栅是只对入射光波的振幅或光照强度进行调制的光栅，因此又称振幅光栅。闪耀光栅是对入射光波的相位进行调制的光栅，也称为相位光栅。振幅光栅的栅线密度一般为 20～125 线/毫米，相位光栅的栅线密度通常在 600 线/毫米以上。

与相位光栅相比，振幅光栅突出的特点是容易复制，成本低廉，这也是大部分光栅式传感器都采用振幅光栅的一个主要原因。

2. 圆光栅

刻划在玻璃盘上的光栅称为圆光栅，也称光栅盘，其用来测量角度或角位移。圆光栅的参数多数是以整圆上刻线数或栅距角（也称为节距角）γ 表示，它是指圆光栅上相邻两条栅线之间的夹角，如图 6.46 所示。

根据栅线刻划的方向，圆光栅分为如图 6.47 所示的两种：一种是径向光栅，其栅线的延长线全部通过光栅盘的圆心；另一种是切向光栅，其全部栅线与一个和光栅盘同心的、直径只有零点几或几个毫米的小圆相切。切向光栅适用于精度要求较高的场合。

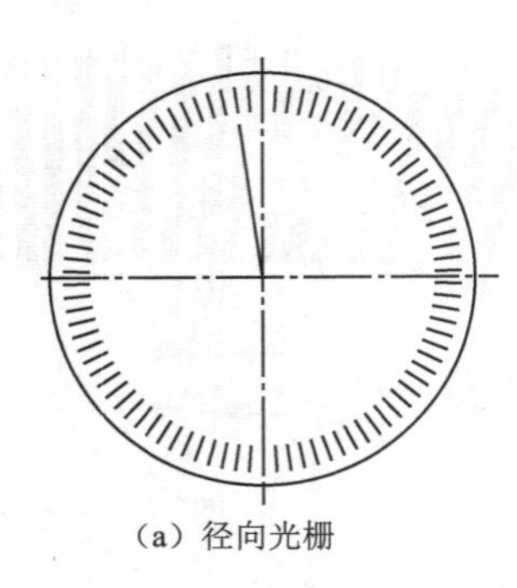

（a）径向光栅

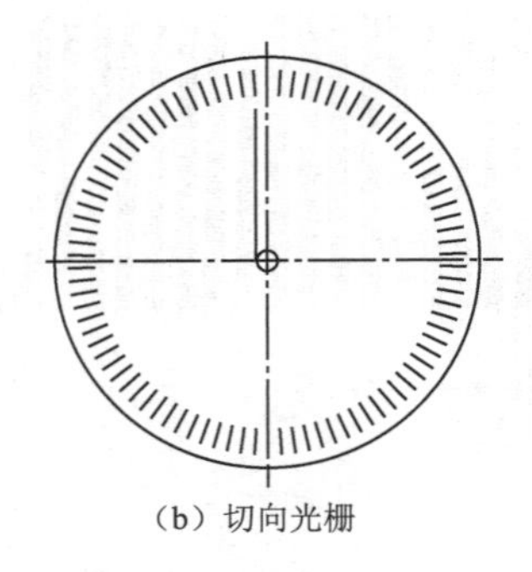

（b）切向光栅

图 6.47　圆光栅的栅线方向

6.4.2　光栅式传感器的工作基础——莫尔条纹

莫尔条纹是光栅式传感器的工作基础。

1. *形成莫尔条纹的光学原理*

对于栅距较大的振幅光栅，可以忽略光的衍射效应。莫尔条纹的形成原理如图 6.48 所示，图中两块光栅重叠，它们之间留很小的间隙，并且使它们的刻线相交成一个微小的夹角。当光照射光栅尺时，由于挡光效应，两块光栅栅线透光部分与透光部分叠加，光线可以透过形成亮带，如图 6.48 中的 a—a 线，而两块光栅栅线透光部分与不透光部分叠加形成暗带，如图 6.48 中的 b—b 线，在与光栅栅线纹大致垂直的方向上，将产生亮暗相间的条纹，这些条纹称为“莫尔条纹”。

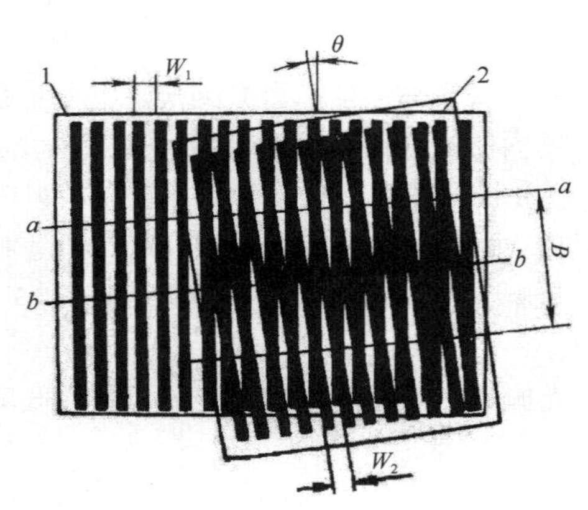

图 6.48　莫尔条纹的形成原理

长光栅中的莫尔条纹的宽度为

$$B=\frac{W_1W_2}{\sqrt{W_1^2+W_2^2-2W_1W_2\cos\theta}} \tag{6-11}$$

式中，W_1 为标尺光栅 1（也称为主光栅）的光栅常数；W_2 为指示光栅 2 的光栅常数；θ 为两块光栅栅线的夹角。

2. 莫尔条纹的特性

莫尔条纹有如下的重要特性。

1）运动对应关系

莫尔条纹的移动量和移动方向与两块光栅的相对位移量和位移方向有着严格的对应关系。在图6.48中，当标尺光栅向右运动一个栅距 W_1 时，莫尔条纹向下移动一个条纹间距 B；如果标尺光栅向左运动，则莫尔条纹向上移动。因此，光栅式传感器在测量时，可以根据莫尔条纹的移动量和移动方向，判定标尺光栅（或指示光栅）的位移量和位移方向。

2）位移放大作用

若两块光栅的栅距 W 相同，两块光栅栅线的夹角 θ 又很小，则根据式（6-11）可得如下近似关系：

$$B=\frac{W}{\sin\theta}\approx\frac{W}{\theta} \tag{6-12}$$

可以明显地看出，莫尔条纹有位移放大作用，放大倍数为 $1/\theta$，两块光栅夹角 θ 越小，莫尔条纹宽度 B 的值就越大。以栅距 $W=0.02$ mm 的光栅为例，若两块光栅栅线的夹角 $\theta=0.1°$，可计算出莫尔条纹宽度 $B=11.46$mm，放大倍数 $1/\theta$ 值约为570。因此，在测量中，尽管光栅的栅距很小，一般难以观察，但是莫尔条纹却清晰可见。

3）误差平均效应

莫尔条纹由光栅的大量刻线形成，对线纹的刻划误差有平均作用，几条栅线的栅距误差或栅线断裂对莫尔条纹的位置和形状影响甚微，从而提高了光栅式传感器的测量精度。

6.4.3 光栅式传感器的光学系统

光栅式传感器有多种不同的光学系统，其中，比较常见的有透射型光栅式传感器和反射型光栅式传感器。

1. 透射型光栅式传感器

图6.49和图6.50所示分别为透射型长光栅式传感器和透射型圆光栅式传感器工作原理示意。在光源的照射下，标尺光栅和指示光栅形成莫尔条纹。指示光栅不动，标尺光栅随工作台移动。工作台每移动一个栅距，莫尔条纹移过一个莫尔条纹间距，光电传感器件接收莫尔条纹移动时光照强度的变化，将光信号转换为电信号，输出的幅值可用光栅位移量 x 的正弦函数表示。例如，输出电压可表示为

$$U=U_0+U_{\mathrm{m}}\sin\left(\frac{\pi}{2}+\frac{2\pi x}{W}\right) \tag{6-13}$$

式中，U_0 为输出电压信号中的平均直流分量，对应莫尔条纹的平均光照强度；U_{m} 为输出电压信号的幅值，对应莫尔条纹明暗的最大变化值。

输出电压信号经过放大、整形变为方波，再经过微分电路转换成脉冲信号，最后经过辨向电路和可逆计数器计数，就以数字形式实时地显示位移量 x 的大小。

图6.49和图6.50所示的指示光栅是一种裂相光栅。这种光栅一般由4组栅线构成，每

组栅线的间距与标尺光栅完全相同，但各组栅线之间在空间上依次错开$\left(n+\frac{1}{4}\right)W$的距离（$n$为整数）。根据式（6-13），若用光电传感器件分别接收裂相光栅4个部分的透射光，可以得到相位依次相差$\frac{\pi}{2}$的4路信号，即

$$\begin{cases} U_1=U_0+U_m\sin\left(\frac{2\pi x}{W}\right) \\ U_2=U_0+U_m\sin\left(\frac{\pi}{2}+\frac{2\pi x}{W}\right)=U_0+U_m\cos\left(\frac{2\pi x}{W}\right) \\ U_3=U_0+U_m\sin\left(\pi+\frac{2\pi x}{W}\right)=U_0-U_m\sin\left(\frac{2\pi x}{W}\right) \\ U_4=U_0+U_m\sin\left(\frac{3\pi}{2}+\frac{2\pi x}{W}\right)=U_0-U_m\cos\left(\frac{2\pi x}{W}\right) \end{cases} \tag{6-14}$$

将4路信号中的U_1与U_3、U_2与U_4分别相减，消除信号中的直流分量，可得到两路相位差为90°的信号。然后，将它们分别送入细分和辨向电路，即可实现对位移的测量。

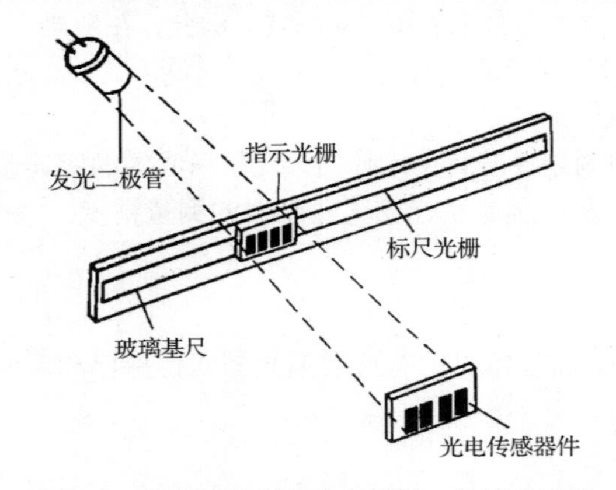

图6.49　透射型长光栅式传感器工作原理示意

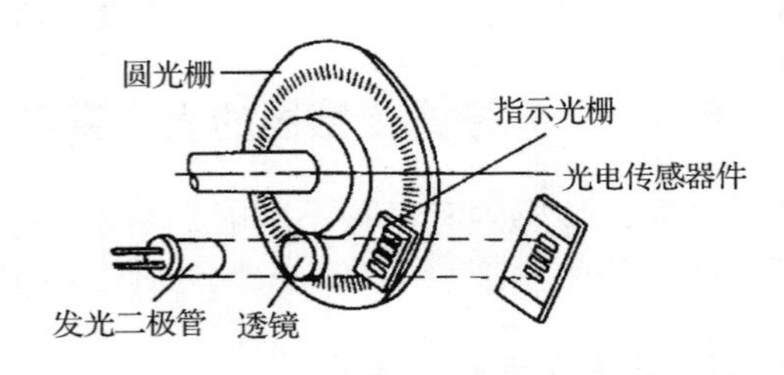

图6.50　透射型圆光栅式传感器工作原理示意

特别提示

相位差为90°的两路信号是辨向电路所必需的，单独一路信号无法实现位移方向辨别。

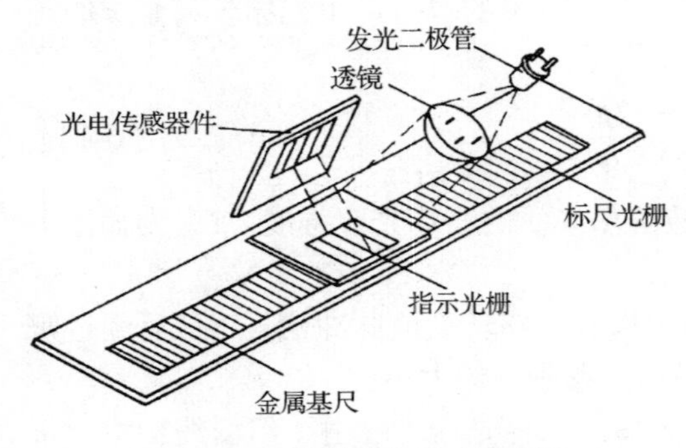

图6.51　反射型长光栅式传感器

2. 反射型光栅式传感器

典型的反射型光栅式传感器如图6.51所示。平行光以一定的角度射向裂相指示光栅，莫尔条纹是由标尺光栅的反射光与指示光栅作用形成的，光电传感器件接收莫尔条纹的光照强度。

反射型光栅式传感器一般用在数控机床上，标尺光栅为金属光栅，它坚固耐用，而且线膨胀系数与机床基体的接近，能减小温度误差。

3. 光栅辨向原理

在利用光栅式传感器测量位移时，由于位移是矢量，故除了确定其大小，还应确定其方向。但是，动光栅向前或向后运动时，莫尔条纹都作明暗交替的变化，单独一路光电信号无法实现位移辨向。为了辨向，需要两个有一定相位差的光电信号，除了采用前述的裂相指示光栅获取两路辨向信号方法，还可用采图 6.52 所示的另一种常用辨向信号获取的工作原理。

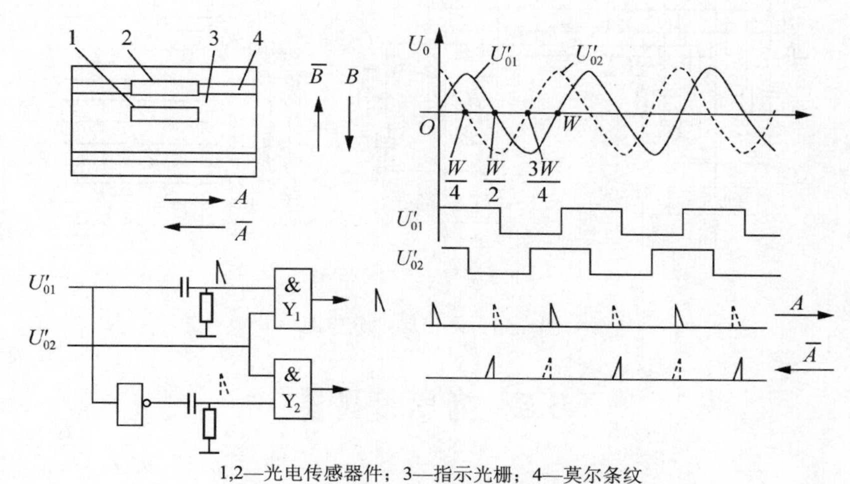

1,2—光电传感器件；3—指示光栅；4—莫尔条纹

图 6.52 光栅式传感器辨向工作原理示意

在相隔 1/4 莫尔条纹间距的位置上放置两个光电传感器件，得到两个相位相差π/2 的电压信号 U_{01} 和 U_{02}，经过整形后得两个方波信号 U'_{01} 和 U'_{02}。当光栅沿 A 方向移动时，莫尔条纹向 B 方向移动。U_{02} 超前 U_{01} 相位 90°，U'_{01} 经过微分电路后产生的脉冲正好发生在 U'_{02} 为高电平时，经过与门 Y_1 输出一个计数脉冲；而 U'_{01} 经过反相并微分后产生的脉冲与 U'_{02} 的低电平相与，与门 Y_2 被阻塞，无脉冲输出。

当光栅沿 $\overline{A}$ 方向移动时，莫尔条纹向 $\overline{B}$ 方向移动。U_{01} 超前 U_{02} 相位 90°。U'_{01} 的微分脉冲发生在 U'_{02} 为低电平时，与门 Y_1 无脉冲输出；而 U'_{01} 的反相微分脉冲则发生在 U'_{02} 为高电平时，与门 Y_2 输出计数脉冲。如果用 Y_1、Y_2 输出的脉冲分别作为计数器的加、减计数脉冲，则计数器的工作状态就可以正确地反映光栅尺的移动状态。

4. 细分技术

为了进一步提高光栅式传感器的分辨力以测量比栅距更小的位移量，在测量系统中往往采用细分技术。细分技术的基本思想如下：在一个栅距即一个莫尔条纹信号变化周期内，发出 n 个脉冲，每个脉冲代表原来栅距的 $1/n$，由于细分后计数脉冲频率提高了 n 倍，因此也称为 n 倍频。细分方法很多，在此以电子四倍频细分为例说明细分技术原理。

在前述辨向原理中，在 $B/4$ 的位置上安放了两个光电传感器件，得到两个相位相差π/2 的电压信号 U_{01} 和 U_{02}（分别设为 S 和 C），将这两个信号整形、反相得到 4 个相位依次相差π/2 的电压信号 0°（S），90°（C），180°（$\overline{S}$），270°（$\overline{C}$），将 4 个信号送入图 6.53 所示的四倍频细分电路中，进行与、或逻辑运算。很明显，在正向移动一个光栅栅距时，可得到 4 个加计数脉冲；在反向移动一个光栅栅距时，得到 4 个减计数脉冲，从而实现了四倍频细分。

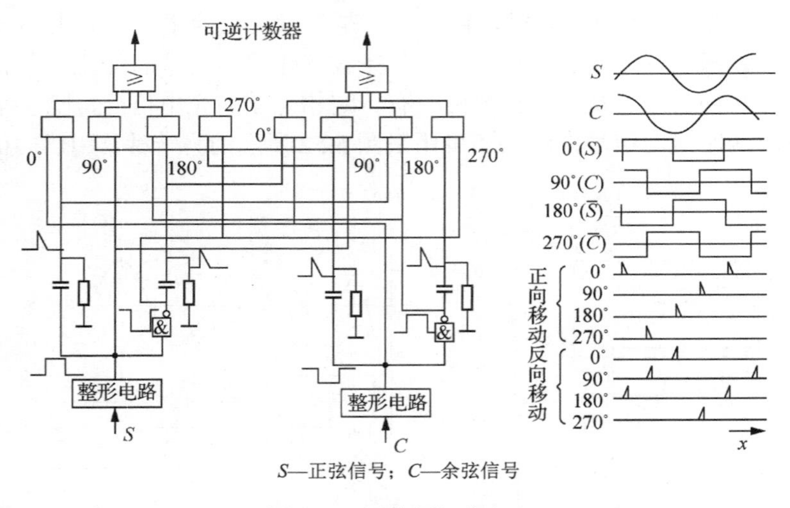

S—正弦信号；C—余弦信号

图 6.53　四倍频细分电路

6.5　光学编码器

光学编码器是一种集光、机、电为一体的数字化检测装置，它具有分辨力高、精度高、结构简单、体积小、使用可靠、易于维护、性价比高等优点，近十多年来，已发展为一种成熟的多规格、高性能的系列工业化产品，在数控机床、机器人、雷达、光电经纬仪、地面指挥仪、高精度闭环调速系统、伺服系统等诸多领域得到了广泛的应用。

按照工作原理，编码器可分为增量式编码器和绝对式编码器两类。增量式编码器（简称增量编码器）可以把位移量转换成周期性的电信号，再把这个电信号转变成计数脉冲，用脉冲的个数表示位移量的大小。绝对式编码器（简称绝对编码器）的每一个位置对应一个确定的数字码，因此，它的示值只与测量的起始和终止位置有关，而与测量的中间过程无关。图 6.54 所示为光电式绝对编码器和增量编码器的码盘。

图 6.54　光电式绝对编码器和增量编码器的码盘

6.5.1 绝对编码器

1. 绝对编码器的码盘

绝对编码器的码盘采用照相腐蚀工艺，在一块圆形光学玻璃上刻有透光与不透光的码形。绝对编码器的码盘上有很多道刻线，每道刻线依次以 2 线、4 线、8 线、16 线……编排，在编码器的每一个位置，通过读取每道刻线的透光和不透光信息，可获得一组从 2 的零次方到 2 的 n-1 次方的唯一的编码，这类编码器称为 n 位绝对编码器。这样的编码器是由码盘的机械位置决定的，它不受停电、干扰的影响，没有累积误差。图 6.55 所示为 6 位（道）二进制码盘和 6 位循环码盘。

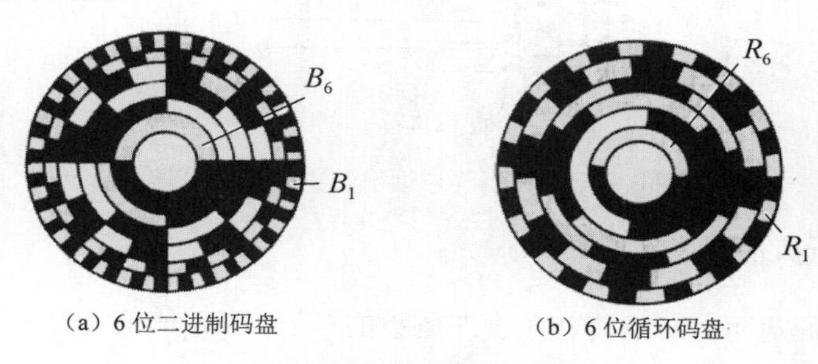

（a）6 位二进制码盘　　（b）6 位循环码盘

图 6.55　绝对编码器的码盘

二进制码的优点是直观，易于后续电路和计算机处理，但码盘转到相邻区域时会出现多位码同时产生“0”或“1”的变化，可能产生同步误差。而循环码的特点是，码盘转到相邻区域时，编码中只有一位发生变化，即每次只有一位产生“0”或“1”的变化。只要适当限制各码道的制作误差和安装误差，就不会产生粗大误差。

2. 绝对编码器的工作原理

光电式绝对编码器的基本结构如图 6.56 所示，它由光源、绝对编码器的码盘、光电传感器件及后续光电读出装置组成。

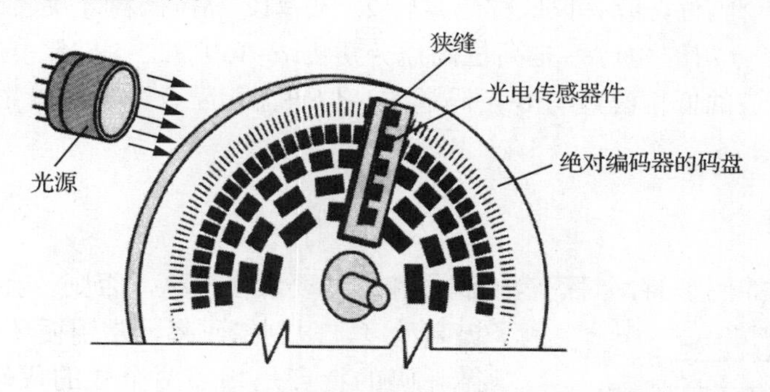

图 6.56　光电式绝对编码器的基本结构

以 4 位绝对编码器的码盘的光电读出装置为例，其电路原理如图 6.57 所示，由外向内依次为 2^0，2^1，2^2，2^3 位，图中 4 个光敏晶体管的读出值表明装置正处在码盘第 8 号角度位置，只有最里面码道的光敏晶体管对着不透光区，不受光照，光敏晶体管截止，输出电平为 B_4=[1]。其他 3 个码道的光敏晶体管均对着透光区，受光照而导通，输出电平均为[0]。因此，码盘第 8 号角度位置对应的输出数码为[1000]。码盘转动某一角度，光电读出装置就输出一个数码。码盘转动一周，光电读出装置就输出 16 种不同的 4 位二进制数码。

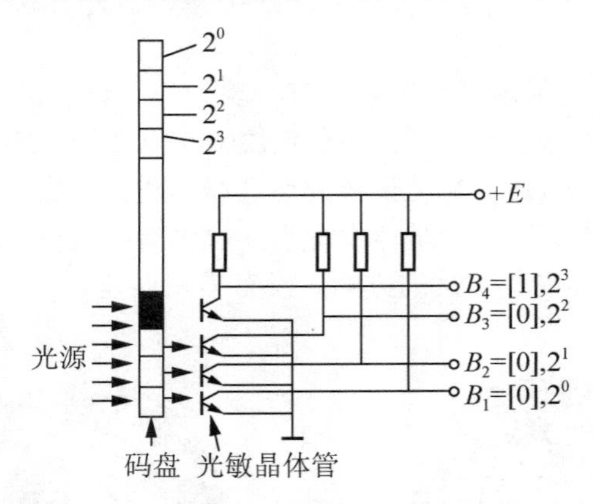

图 6.57　编码器光电读出装置的电路原理

3. 提高分辨力的措施

绝对编码器的码盘可分辨的旋转角度即码盘的分辨力 α，其值为

$$\alpha=360°/2^n \tag{6-15}$$

式中，n 为绝对编码器的码盘的码道数。

由式（6-15）可见，绝对编码器码盘的码道数越多，能分辨的角度越小，就越精确。为了提高其对角位移的分辨力，常规方法就是增加码盘的码道数。当然,这要受到制作工艺的限制。为此，可以采用多级码盘，以达到提高分辨力的目的。

以两级码盘为例，设低位码盘有 5 条码道，其输出为 5 位数码[$B_5\,B_4\,B_3\,B_2\,B_1$]，高位码盘有 6 条码道，输出 6 位数码[$B_{11}\,B_{10}\,B_9\,B_8\,B_7\,B_6$]，两个码盘的关系同钟表的分针与秒针的关系相似。同 1 个表盘，秒针移动 60 格（1 圈）分针才移 1 格，分针移动 1 格代表 1 分，秒针移动 1 格代表 1 秒，分辨力提高 60 倍。同理，若低位码盘转了一圈后（输出 2^5=32 个数码）高位码盘才移动一个码位，或者说低位码盘转 2^5=32 圈，高位码盘才旋转一圈，那么分辨力将提高 32 倍，即可分辨的角位移是高位码盘分辨力 $\alpha=360°/2^6=5.625°$ 的 1/32，即 0.176°。就是说，由 5 条码道的低位码盘与 6 条码道的高位码盘相配合，可输出 11 位数码，角分辨力可达 $360°/2^{11}=0.176°$

4. 减小误码率

为采用二进制的码盘时，对码盘的制作和安装要求很严格，否则，会产生严重的错码。为了提高精度，限制错码率，常用循环码盘。

循环码的特点是相邻两个数的代码只有一位码是不同的，故用循环码（格雷码）来代替直接二进制码，就可消除多位错码现象。此时，光电读出装置输出的循环码必须经“循环码—二进制码”转换电路变回二进制码，转换电路如图 6.58 所示。

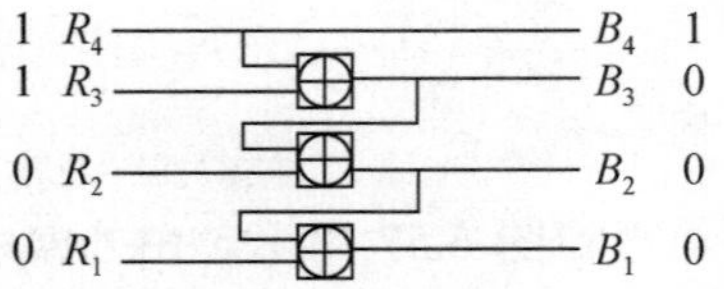

图 6.58　循环码向二进制码转换电路

将二进制码 B_i 和循环码 R_i 进行相互转换的规律如下：最高位不变，即 $R_n=B_n$，第 i 位 $R_i=B_i \oplus B_{i+1}$ 或 $B_i=R_i \oplus B_{i+1}$。

例如，若 4 位循环码$[R_4\,R_3\,R_2\,R_1]$为[1100]，则对应的二进制码$[B_4\,B_3\,B_2\,B_1]$的各位情况如下。

最高位不变：$B_4=R_4=1$

其他位：$B_3=R_3 \oplus B_4=0$

$B_2=R_2 \oplus B_3=0$

$B_1=R_1 \oplus B_2=0$

因此，相应的二进制码为[1000]。

6.5.2 增量编码器

1. 增量编码器的结构与工作原理

增量编码器又称为脉冲盘式编码器，在增量编码器的圆盘上等角距地在两条码道上开有透光的缝隙，内外码道（A、B 码道）的相邻两个缝隙距离错开半条缝宽，如图 6.59（a）所示。

增量编码器的第三条码道是在最外圈只开有一个透光狭缝，表示码盘零位。在圆盘两侧面分别安装光源和光电传感器件。当码盘转动时，光源经过透光区和不透光区，每个码道将有一系列光脉冲由光电传感器件输出，码道上有多少缝隙就有多少个脉冲输出。经过放大和整形后，A、B 两相脉冲信号如图 6.59（b）所示。

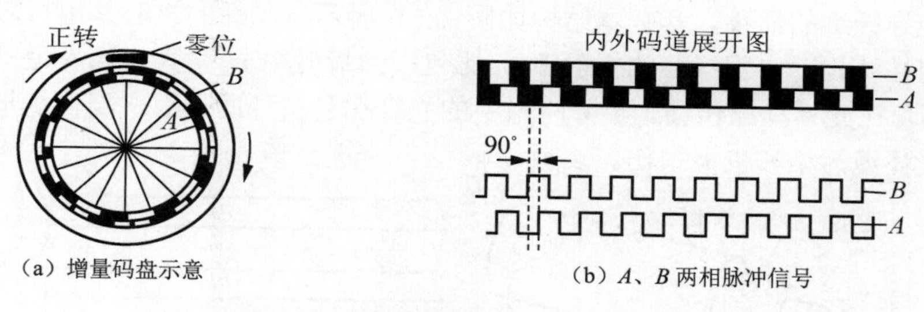

（a）增量码盘示意　（b）A、B 两相脉冲信号

图 6.59　增量编码器的结构与工作原理

2. 码盘旋转方向的判别

为了辨别码盘旋转方向，可采用图 6.60 所示电路。经过放大和整形后的 A、B 两相脉冲分别输入 D 触发器的 D 端和 CP 端。由于 A、B 两相脉冲相位相差 90°，D 触发器在 A 脉冲（CP）的上升沿触发，当正转时，B 脉冲超前 A 脉冲 90°，故 Q=“1”，表示正转；当反转时，A 脉冲超前 B 脉冲 90°，D 触发器在 A 脉冲（CP）上升沿触发时，D 输入端的 B 脉冲为低电平“0”，故 Q=“0”，而 $\overline{\mathrm{Q}}$=“1”，表示反转。分别用 Q 和 $\overline{\mathrm{Q}}$ 控制可逆计数器是正向还是反向计数，即可将光脉冲变成编码输出。C 相脉冲连接计数器的复位端，实现每转动一圈复位一次计数器。无论正转还是反转，计数码每次反映的都是相对上次角度的增量，故通常称为增量编码器。

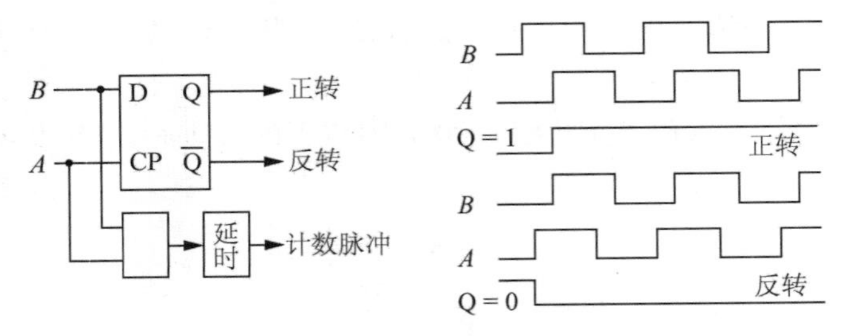

图 6.60　增量编码器的辨向电路

6.6　光纤传感器

光纤传感技术是随着光纤及光纤通信技术的发展而逐步发展起来的一门技术。在光纤通信系统中人们发现，光纤受到外界环境因素的影响，如温度、压力、电场、磁场等环境条件变化时，将引起其传输的光波特征参量，如光照强度、相位、频率、偏振态等发生变化。如果能测出光波特征参量的变化，就可以知道导致这些光波特征参量变化的温度、压力、电场、磁场等物理量的大小，于是出现了光纤传感器。

6.6.1　光纤传感器基础知识

1. 光纤的基本结构

光纤是光导纤维的简称，其基本结构如图 6.61 所示。光纤的核心是由纤芯和包层构成的双层同心圆柱结构。由于纤芯的折射率 n_1 比包层的折射率 n_2 稍大，当满足一定条件时，光就被“束缚”在光纤里面传播。实际应用中的光纤在包层外面还有一层保护层，其用途是保护光纤免受环境污染和机械损伤。

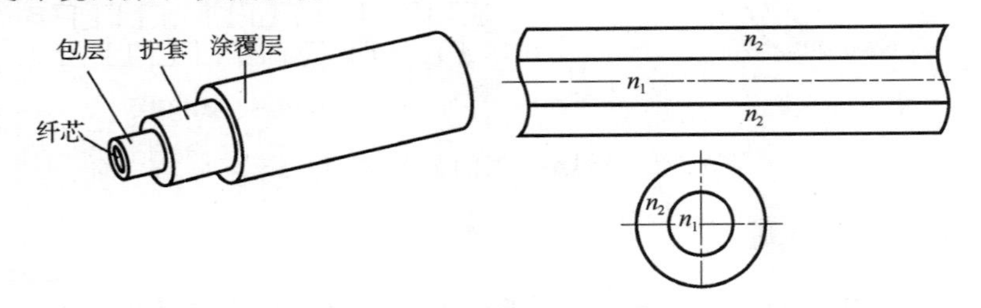

图 6.61　光纤的基本结构

2. 光纤中的光传播原理

光纤的工作基础是光的全反射现象。光纤中的光传播原理如图 6.62 所示，只要使射入光纤端面的光与光轴的夹角（入射角）θ_0 小于一定值，则入射到纤芯和包层界面的光线角度 θ_1 就能满足大于全反射临界角 θ_c 的条件。此时，光线就会被全部反射回纤芯，光线在纤芯和包层的界面上不断地产生全反射而向前传播，光就能从光纤的一端以光速传播到另一端。

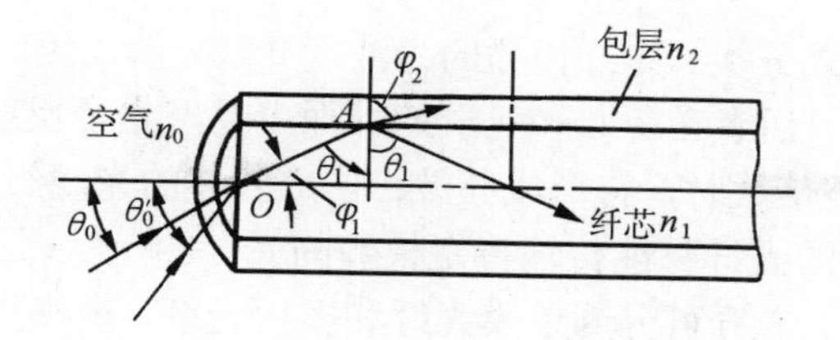

图 6.62　光纤中的光传播原理

根据以上分析可知，入射到光纤端面并折射入纤芯的光线必须满足入射角θ_0小于一定值，才能在光纤中发生全反射。可以证明，该入射角满足

$$\sin\theta_0=\frac{1}{n_0}\sqrt{n_1^2-n_2^2} \tag{6-16}$$

式中，n_0为空气的折射率。

θ_0的大小表示光纤可以接收光束的范围。θ_0越大，光纤入射端的端面上接收光的范围越大，进入纤芯的光线越多。因此，它是描述光纤集光性能的重要参数，称为光纤的“数值孔径”（NA），其满足式（6-17）

$$\mathrm{NA}=\sin\theta_0=\frac{1}{n_0}\sqrt{{n_1}^2-{n_2}^2} \tag{6-17}$$

式（6-17）表明，光纤的数值孔径的大小取决于纤芯和包层的折射率，它们折射率差值越大，数值孔径就越大，光纤集光能力越强。因此，无论光源发射功率多大，只有$2\theta_0$范围内的光线才能被光纤接收并以全反射形式在纤芯内传播。

3. 光纤的分类

光纤的主要分类方法如下。

（1）按纤芯材料分类。按纤芯材料分为高纯度石英（SiO_2）玻璃光纤、多组分玻璃光纤、塑料光纤。

（2）按纤芯的折射率分类。按折射率分为阶跃型光纤和渐变型光纤，如图 6.63 所示。在纤芯和包层的界面上，纤芯的折射率不随其半径而变，但在纤芯与包层界面处折射率会突变，此类光纤称为阶跃型光纤；若纤芯的折射率沿径向从中心向外呈抛物线状由大渐小，至界面处与包层折射率一致，此类光纤称为渐变型光纤。

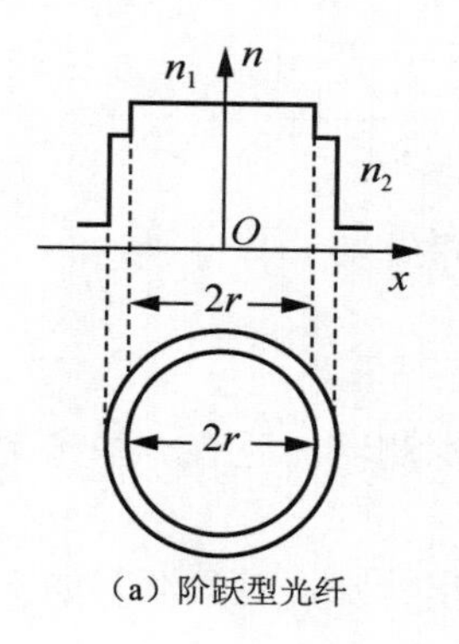

（a）阶跃型光纤

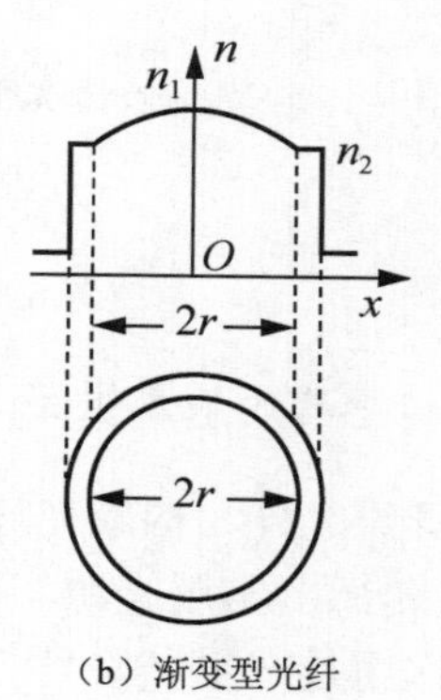

（b）渐变型光纤

图 6.63　按纤芯的折射率分类

（3）按光纤的传播模式分类。光纤传播的光波，可以分解为沿纵轴方向传播和沿横切方向传播的两种平面波成分。后者在纤芯和包层的界面上会产生全反射。当它在横切方向往返一次的相位变化为2π的整倍数时，将形成驻波。形成驻波的光线组称为“模”，它是离散存在的，即一定纤芯和材料的光纤只能传输特定模数的光。

根据传输模数的不同，光纤可分为单模光纤和多模光纤，多模光纤又可分为阶跃折射率多模光纤和渐变折射率多模光纤。

单模光纤纤芯直径仅有几微米，该值接近光波长，其折射率分布均为阶跃型。单模光纤原则上只能传送一种模数的光，常用于光纤传感器。这类光纤传输性能好，频带很宽，具有较好的线性度。但因纤芯小，故制造和耦合比较困难。

多模光纤允许多个模数的光在光纤中同时传播，通常纤芯直径较大，达几十微米以上。由于每一个“模”光进入光纤的角度不同，它们在光纤中传播的路径不同，因此它们到达另一端点的时间也不同，这种特征称为模分散。特别是阶跃折射率多模光纤，模分散现象最严重，这限制了多模光纤的带宽和传输距离。

渐变折射率多模光纤纤芯内的折射率不是常量，而是从中心轴开始沿径向大致按抛物线形成递减，中心轴折射率最大。因此，光纤在纤芯中传播会自动地从折射率小的界面向中心会聚，光纤传播的轨迹类似正弦波形。光纤模数及其对光信号传输的影响如图 6.64 所示，由于具有光自聚焦效果，故渐变折射率多模光纤又称为自聚焦光纤。因此，渐变折射率多模光纤的模分散现象比阶跃型少得多。

单模光纤只能允许一束光传播，所以它没有模分散现象，故其传输频带宽、容量大，传输距离长。

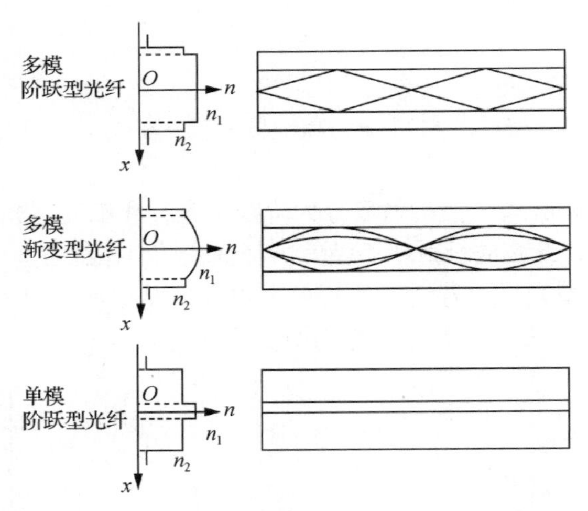

图 6.64　光纤模数及其对光信号传输的影响

4. 光纤传感器的基本组成

除光导纤维之外，构成光纤传感器还必须有光源和光探测器，还有一些光无源器件。

1）光纤传感器常用光源

光源的作用是产生光信号。由于光纤传感器的工作环境特殊，对光源有如下基本要求。

（1）光源的体积小，便于和光纤耦合。

（2）光源发出的光波长应合适，以减少在光纤中传播时的能量损耗。

（3）光源要有足够的亮度，并且长期工作稳定性好，噪声小，驱动电路简单。

（4）在相当多的光纤传感器中，对光源的相干性也有一定要求。

目前，光纤传感器中常用的光源有半导体激光器 LD、半导体发光二极管 LED、放大自发辐射 ASE 光源和半导体分布反馈激光器 DFB 等。

2）光纤传感器的光探测器

光探测器的作用是对光纤传播的光信号进行检测并将其转换成电信号，以便送往后续的电子仪器进行信号处理。常用的光探测器主要有光敏二极管、光敏晶体管、光敏电阻、光电倍增管和光电池等。

在光纤传感器中，光探测器性能的好坏既影响被测物理量的变化准确度，又关系到光探测接收系统的质量。它的线性度、灵敏度、带宽等参数直接关系到光纤传感器的总体性能。对光探测器的要求如下。

（1）线性度好，按比例地将光信号转换为电信号。

（2）灵敏度高，能敏感微小的输入光信号，并输出较大的电信号。

（3）响应频带宽、响应速度快，动态特性好。

（4）性能稳定，噪声小。

目前，光纤传感器中常用的探测器有 PIN 光敏二极管，雪崩式光敏二极管（APD），光电晶体管、光电池（光敏电阻）、电荷耦合器件阵列探测器（CCD）、光电倍增管（PMT）和单片集成接收器组件等。

3）光无源器件

光无源器件是一种不必借助外部任何光或电的能量，由自身就能够完成某种光学功能的光学元器件。光无源器件按其功能可分为光连接器件、光衰减器件、光功率分配器件、光波长分配器件、光隔离器件、光开关器件、光调制器件等。

6.6.2 光纤传感器的分类及其工作原理

光纤传感器与电类传感器有很多相似之处，两者在检测过程中的作用对比和性能对比分别如图 6.65 所示和表 6-2 所列。通过对比可以看到，光纤传感器的作用是将被测参量转换为光信号参数的变化。而且，光纤既可做成传感器又可作为传输介质使用。

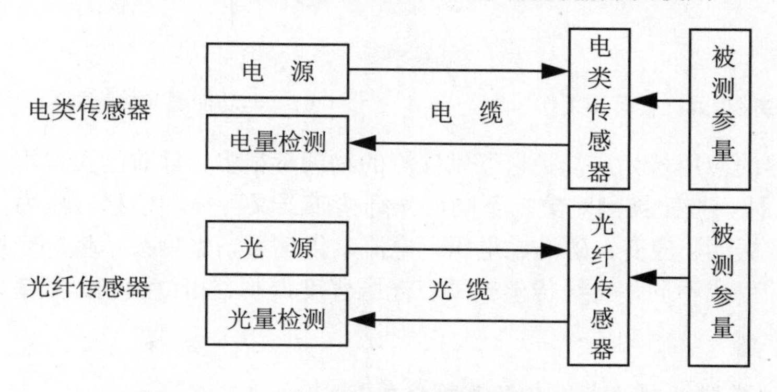

图 6.65 光纤传感器与电类传感器的作用对比

表 6-2　光纤传感器与电类传感器的性能对比

分类内容	光纤传感器	电类传感器
调制参量	光的振幅、相位、频率、偏振态	电阻、电容、电感等
敏感材料	温-光敏、力-光敏、磁-光敏	温-电敏、力-电敏、磁-电敏
传输信号	光	电
传输介质	光纤、光缆	电线、电缆

1. 按光纤在传感器中功能的不同分类

按光纤在传感器中功能的不同，分为功能型光纤传感器和非功能型（传播光型）光纤传感器两大类。

1）功能型光纤传感器

功能型光纤传感器工作原理如图 6.66 所示，这类传感器是指利用对外界信息具有敏感能力和检测能力的光纤（或特殊光纤）作传感元件，将“传”和“感”合为一体的传感器。功能型光纤传感器中的光纤不仅起传播光的作用，而且光纤在外界因素的作用下，其光学特性（光照强度、相位、频率、偏振态等）的变化来实现“传”和“感”的功能。因此，这类传感器中光纤是连续的。由于光纤连续，只要增加其长度，就可提高灵敏度。这类传感器主要使用单模光纤。

2）非功能型（传播光型）光纤传感器

非功能型光纤传感器工作原理如图 6.67 所示，这类光纤传感器中的光纤仅起导光作用，只“传”不“感”，对外界信息的“感觉”功能依靠其他物理性质的功能元件完成，光纤在系统中是不连续的。此类光纤传感器无需特殊光纤及其他特殊技术，比较容易实现且成本低，但灵敏度也较低，用于对灵敏度要求不太高的场合。非功能型光纤传感器使用的光纤主要是数值孔径和芯径大的阶跃反射率多模光纤。

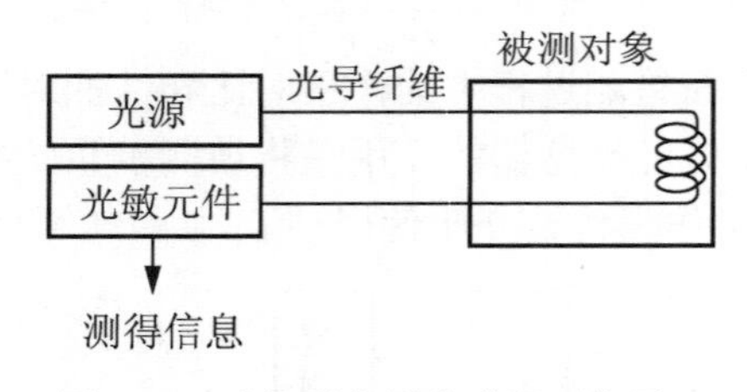

图 6.66　功能型光纤传感器工作原理

被测对象
光导纤维
光源
敏感元件
光敏元件
测得信息

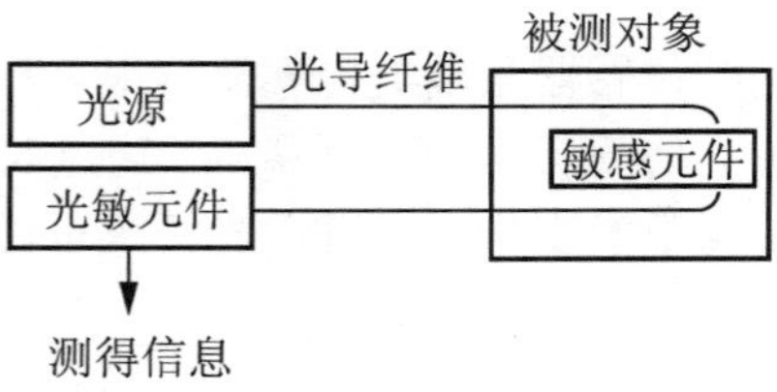

图 6.67　非功能型（传光型）光纤传感器工作原理

光纤传感器的应用极为广泛，它可以探测的物理量很多，目前已实现用光纤传感器测量的物理量近 70 种。按照被测对象的不同，光纤传感器又可分为位移、压力、温度、流量、速度、加速度、振动、应变、磁场、电压、电流、化学量、生物医学量等光纤传感器。根据对光进行调制的手段不同，光纤传感器又有光照强度调制、相位调制、频率调制、偏振调制等不同工作原理。

2. 按光纤传感器调制的光波参数不同分类

按照对光波参数的调制方式，光纤传感器可以分为光照强度调制型光纤传感器、相位调制型光纤传感器、频率调制型光纤传感器等。

1）光照强度调制型光纤传感器

光照强度调制型光纤传感器是一种利用被测对象的变化引起敏感元件的折射率、吸收或反射等参数的变化，而导致光照强度发生变化以实现敏感测量的传感器。光照强度的变化可直接用光电探测器进行检测。

利用光纤的微弯损耗、物质对光的吸收特性、振动膜或液晶的反射光照强度变化，或者利用物质因各种粒子射线或化学、机械的激励而发光的现象，以及物质的荧光辐射或光路的遮断等构成可测量压力、振动、温度、位移、气体等的物理量各种光照强度调制型光纤传感器，其优点是成本低廉、结构简单、用途广泛、缺点是稳定性差。

【应用示例5】光照强度调制型光纤传感器在位移测量中的应用

图6.68（a）所示为光照强度调制型光纤位移传感器的工作原理示意。图中，发送光纤输出的光照射到A处的反射器上，反射器与被测对象连接在一起。当被测对象产生位移时，使反射光的光照强度发生变化，接收光纤将被位移调制的光信号送至光探测器，光探测器再将该光信号转变为对应的电信号。

这种传感器可使用两根光纤，分别用于传输发射光及接收光；也可以用一根光纤同时承担发射和接收两种功能。为了增加光通量，可采用光纤束，此方法测量范围在9 mm以内。

图6.68（b）所示为光通量与位移关系曲线。在位移输出曲线的前坡区，输出信号的强度增加得非常快，这一区域可以用来微米级的位移测量。在后坡区，信号的减弱近似与光纤测头和被测对象表面之间的距离平方成反比，可用于距离较远而灵敏度、线性度和精度要求不高的场合。在光峰区，信号达到最大值，其大小取决于被测对象的表面状态，这个区域可用于对物体的表面状态进行光学测量。

在本例中对光照强度的调制在光纤外部完成，因而光纤本身只起传播光的作用，属于非功能型光纤传感器。

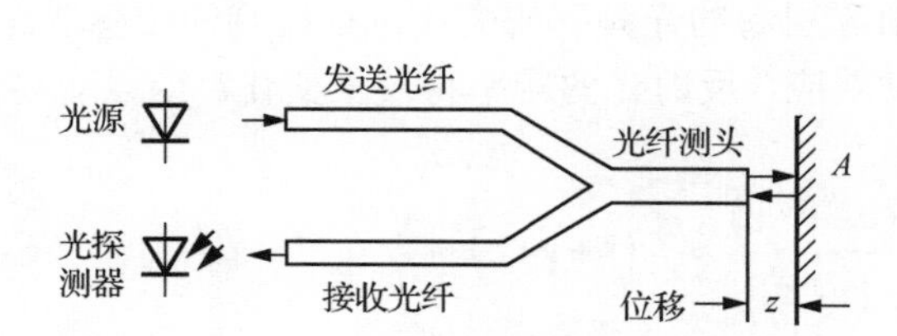

（a）光照强度调制型光纤位移传感器工作原理示意

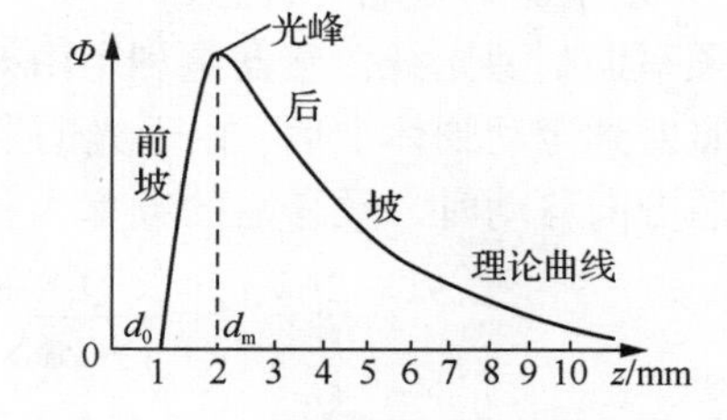

（b）光通量与位移关系曲线

图6.68　光照强度调制型光纤位移传感器的工作原理及光通量与位移关系曲线

2）相位调制型光纤传感器

将一束光分为两束分别在光纤中传播，其中一束光的相位受被测量的调制而产生变化，另一束光作为参考光，其相位保持不变。使两束光叠加形成干涉条纹，根据光波干涉的基本知识，干涉条纹光照强度为

$$I = I_1 + I_2 + 2\sqrt{I_1 I_2}\cos(\Delta\varphi) \tag{6-18}$$

式中，I_1、I_2分别为相叠加的两束光的光照强度；$\Delta\varphi$为两束光之间的相位差。

式（6-18）表明，检测到干涉条纹光照强度的变化，就可以确定两个光束之间光相位的变化，从而测出使相位产生变化的被测量的变化情况。

相位调制型光纤传感器的灵敏度很高，但必须用特殊光纤及高精度检测系统，因此成本也高。

【应用示例 6】相位调制型光纤传感器在温度测量中的应用

图 6.69 所示是一种基于马赫-曾德干涉仪的相位调制型光纤温度传感器的工作原理示意。马赫-曾德干涉仪包括激光器、扩束器、分束器、两个显微物镜、两根单模光纤（其中一根为测量光纤，另一根为参考光纤）、光探测器。该干涉仪工作时，激光器发出的激光束经分束器分别送入长度基本相同的测量光纤和参考光纤，将两根光纤的输出端汇合在一起，两束光即产生干涉，从而出现了干涉条纹。当测量光纤受到被测温度场的作用时，其折射率及几何尺寸将产生变化，从而使在其中传播的光的光程及相位发生改变，引起干涉条纹的移动。显然，干涉条纹移动的数量将反映出被测温度场的变化。光探测器接收干涉条纹的变化信息，并把它输入适当的数据处理系统，最后得到测量结果。

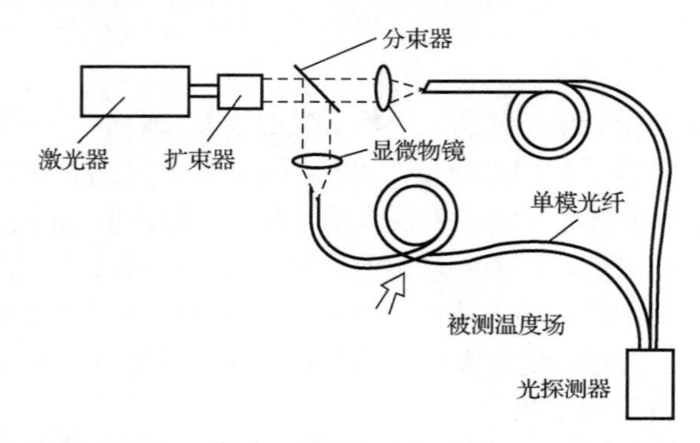

图 6.69　基于马赫-曾德干涉仪的相位调制型光纤温度传感器的工作原理示意

3）频率调制型光纤传感器

频率调制型光纤传感器是利用由被测对象引起的光频率的变化进行检测的传感器。当单色光照射到运动物体上后，由于光的多普勒效应，反射光的频率将发生变化。当运动物体向着光源方向移动时，频移后的频率为

$$f=\frac{f_{\mathrm{i}}}{1-v/c}=\frac{f_{\mathrm{i}}\left(1+v/c\right)}{1-\left(v/c\right)^2}\approx f_{\mathrm{i}}\left(1+v/c\right) \tag{6-19}$$

式中，f 为反射光的频率；f_{i} 为入射光的频率；v 为运动物体的速度；c 为真空中的光速，且 $v/c \ll 1$。

当运动物体背离光源方向移动时，频移后的频率为

$$f=\frac{f_{\mathrm{i}}}{1+v/c}=\frac{f_{\mathrm{i}}\left(1-v/c\right)}{1-\left(v/c\right)^2}\approx f_{\mathrm{i}}\left(1-v/c\right) \tag{6-20}$$

为检测频率的变化，需要将产生频移的光与参考光叠加而产生“拍频”信号，并把它作用于光探测器上，转换成电信号后经频谱分析处理，求出频率变化，即可推算被测物体的运动速度。

【应用示例 7】频率调制型光纤传感器在医用血液流速测量中的应用

图 6.70 所示为频率调制型光纤传感器在医用血液流速测量中的应用原理示意。细小的光纤测头直接插入血管。激光耦合入光纤后，通过光导纤维，照射到流体上，经流体粒子散

射的光再经光导纤维输出，与参考光叠加，产生的信号由光电接收器转换成电信号，该信号经处理后可测出血液流速的大小。

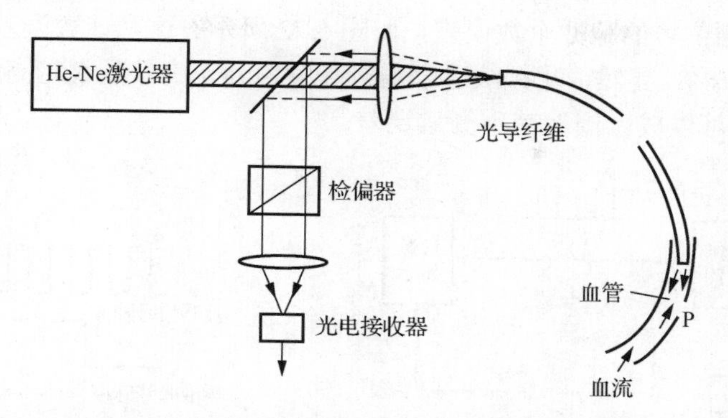

图 6.70 频率调制型光纤传感器在医用血液流速测量中的应用原理示意

B 部分 转速测量

6.7 转速测量基本知识及转速传感器

6.7.1 转速测量基本知识

在工程实践中，常常需要对物体的旋转速度进行测量，如发动机、机械传动轴的旋转速度测量。所谓转速测量，实际上是测量旋转物体在单位时间内的转数，通常以每分钟若干转来表示，即 r/min。测量转速的仪表统称为转速表。转速表的等级有 0.01、0.02、0.05、0.1、0.2、0.25、1、1.5、2、2.5。各种转速表的测量原理如下。

（1）将转速转换成角位移（如离心式、磁性式转速表）。

（2）利用人眼视觉暂留的生理现象（如频闪测速仪）。

（3）将转速转换成电压（如测速电机）。

（4）将转速转换为电脉冲频率（脉冲式转速表）。

随着电子技术和传感器技术的不断进步，基于传感器的电子数字式转速表有了突飞猛进的发展，其特点是量程宽、精确度高、便于携带、可输出数字信息，方便与计算机、打印机相结合，实现转速的自动记录、数字处理和反馈控制。本节主要介绍电子数字式转速表。

电子数字式转速表主要包括转速传感器和电子计数电路两部分。常用的转速传感器有磁电感应式传感器、光电式传感器、霍尔片式传感器、涡流式传感器。传感器将转轴的旋转速度转换为电脉冲信号，经电路放大、整形后输送到电子计数器，由其显示相应的被测转速值。一般对中、高转速信号采用测频法，对低转速信号采用测周法测量。

1. 测频法

图 6.71 为测频法原理框图。由脉宽为 T 的标准时基脉冲信号通过门控电路控制计数闸门的开启与关闭。当标准时基脉冲信号上升沿到来或为高电平时，闸门开启，允许被测信号脉冲通过，计数器开始计数。当标准时基脉冲信号下降沿到来或为低电平时，闸门关闭，被

测信号脉冲不能通过，计数器停止计数。被测信号的频率 $f_x=N/T$。

由于计数器开始和停止计数的时刻在被测信号的一个周期内是随机的，所以计数值可能存在最大±1 个被测信号的脉冲个数误差，如图 6.72 所示。这个计数误差将导致测量的相对误差为（1/N）×100%。显然，测频法适合测量高频信号，信号频率越高，则相对误差越小。增加标准时基 T 也可以成比例地减小测量误差。

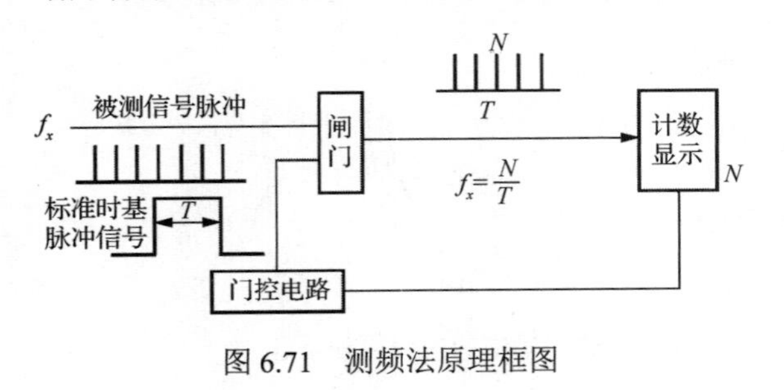

图 6.71　测频法原理框图

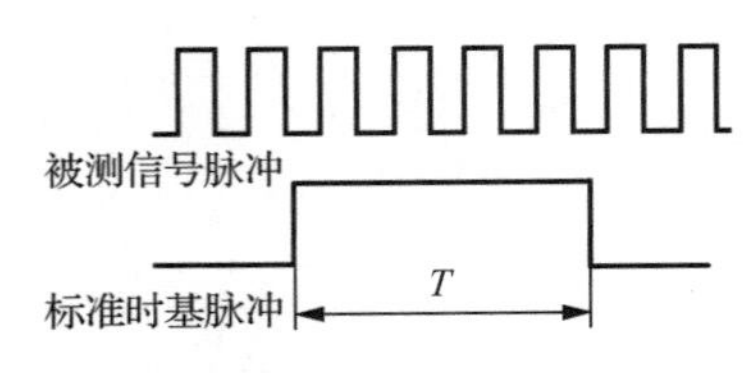

图 6.72　测频法计数误差示意

2. 测周法

测周法原理框图如图 6.73 所示，测量时用计数器记录被测信号一个周期 T_x 内标准频率脉冲的脉冲个数，则被测信号的频率为

$$f_x=\frac{f_N}{N} \tag{6-21}$$

测周法虽然也存在±1 个脉冲的个数误差，但这个误差是标准脉冲信号的，由于测量中采用的标准信号频率远远大于被测信号，因此测量误差会大大减小。被测信号频率越低，测得的标准信号的脉冲个数 N 越大，则测量的相对误差越小。因此，测周法适合测量频率较低的信号。

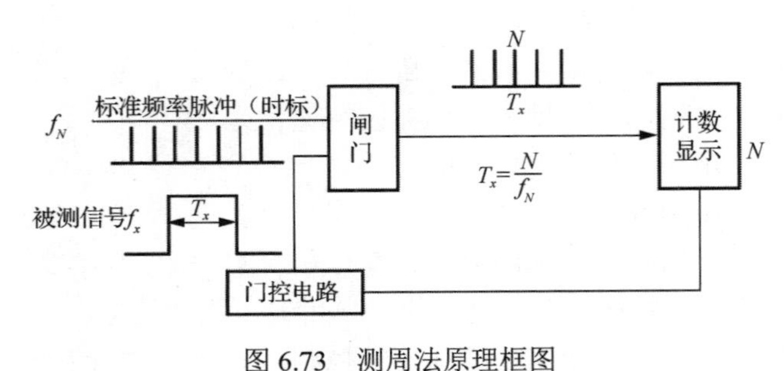

图 6.73　测周法原理框图

6.7.2　常用转速传感器

1. 光电式转速传感器

光电式转速传感器的工作原理是把发射的光线与被测物体的转动相关联，再以光敏元件对光线进行感应来完成转速的测量。

按工作方式划分，光电式转速传感器分为透射型和反射型两类。光电式转速传感器的工作原理如图 6.74 所示。其中，图 6.74（a）所示为透射型光电式转速传感器的工作原理示意。开孔圆盘（调制盘）的输入轴与被测轴相连接，光源发出的光通过开孔圆盘和缝隙板照射到光敏元件上，光敏元件将光信号转换为电信号输出。开孔圆盘旋转一周，光敏元件输出的电脉冲个数等于开孔圆盘的孔数。如果开孔圆盘转动一周产生 Z 个脉冲，测量电路计数时间为 T（s），被测轴的转速为 N（r/min），那么计数值为

$$C = \frac{ZTN}{60} \tag{6-22}$$

为了能从计数值 C 直接读出转速 N 值，一般取 $ZT=60\times10^n$（$n=1,2,\cdots$）。

反射型光电式转速传感器的工作原理如图 6.74（b）所示。在被测轴上设有反射记号，由光源发出的光线通过透镜和半透膜入射到被测轴上。当被测轴转动时，反射记号对投射光点的反射率发生变化。反射率变大时，反射光线经透镜投射到光敏元件上发出一个脉冲信号；反射率变小时，光敏元件无信号。在一定时间内对信号计数便可测出轴的转速值。

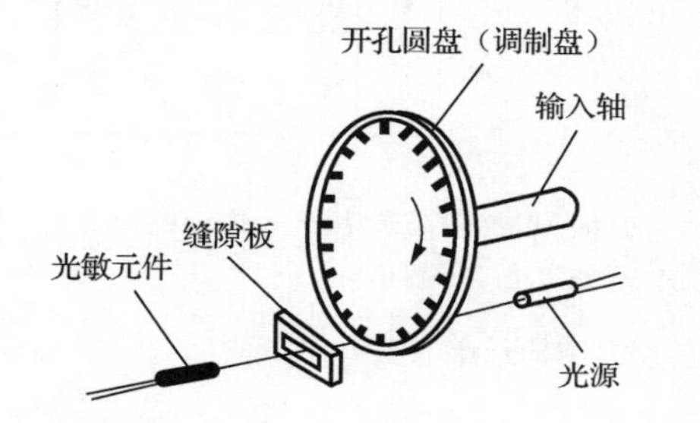

（a）透射型光电式转速传感器的工作原理示意

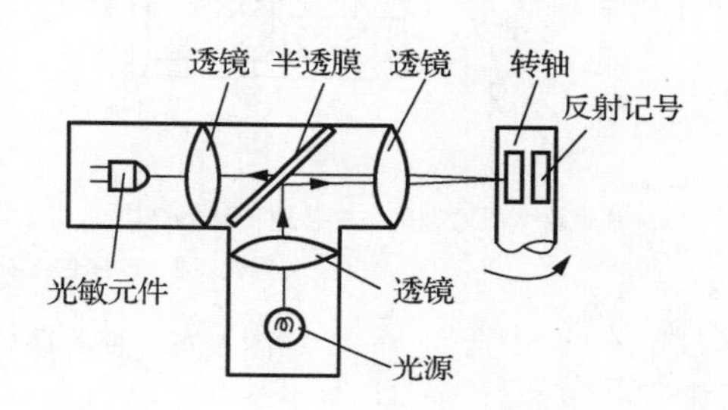

（b）反射型光电式转速传感器的工作原理示意

图 6.74　光电式转速传感器的工作原理示意

光电式转速传感器有如下优点：

（1）光电式转速传感器在测量时无须与被测物体接触，不会对被测轴形成额外的负载，因此，其测量误差更小，精度更高。它的测量距离一般可达 200mm 左右。

（2）光电式转速传感器的结构紧凑、体积小，一般情况下质量不会超过 200g，非常便于携带、安装和使用。

（3）光电式转速传感器的抗干扰性好、可靠性高。光电式转速传感器多采用 LED 作为光源，能耗低，使用寿命长，光源调制方便，因此有极强的抗外界光线干扰的能力。

（4）光电式转速传感器可采用光纤封装，特别适用于高精密、微小旋转体的测量。

2. 磁电式转速传感器

磁电式转速传感器是基于电磁感应原理实现转速测量的。用于转速测量的磁电式传感器多采用变磁通的结构形式，如图 6.75 所示。图 6.75（a）所示为开磁路变磁通型磁电式转速传感器。测量齿轮 4 安装在被测轴上与其一起旋转。当测量齿轮旋转时，齿的凹凸引起磁路磁阻变化，使通过线圈的磁通发生变化，因而在线圈 3 中感应出交变的电动势，其频率等于齿轮的齿数 Z 和转速 n 的乘积，即

$$f = Zn/60 \tag{6-23}$$

式中，Z 为齿轮齿数；n 为被测轴的转速（r/min）；f 为感应电动势频率（Hz）。已知 Z，再测得 f，就可计算出 n 了。为方便计算，一般取 Z=60，则 f=n。

开磁路变磁通型磁电式转速传感器结构比较简单，但输出信号小。另外，当被测轴振动

幅度比较大时，传感器输出信号波形失真较大。在振动强的场合往往采用如图 6.75（b）所示的闭磁路变磁通型磁电式转速传感器。被测轴带动椭圆形测量轮 5 在磁场气隙中等速转动，使气隙平均长度周期性地变化，磁路磁阻和磁通也同样周期性地变化，在线圈 3 中产生感应电动动势，其频率 f 与测量轮 5 的转速 n（r/min）成正比，即 $f = n/30$。在这种结构中，也可以用齿轮代替椭圆形测量轮 5，由软铁（极掌）制成内齿轮形式，这时输出信号的频率 f 计算式同式（6-23）。

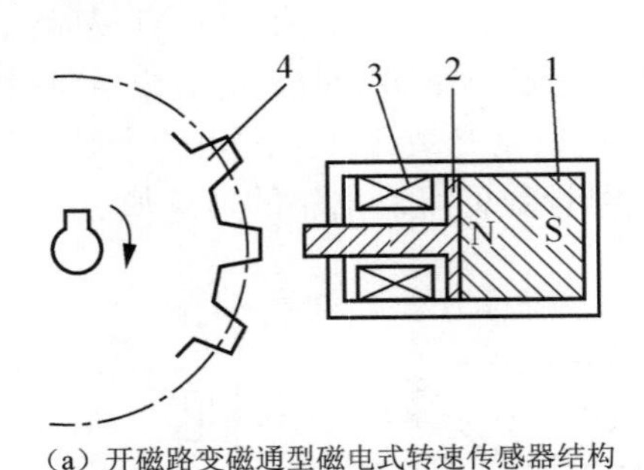

（a）开磁路变磁通型磁电式转速传感器结构

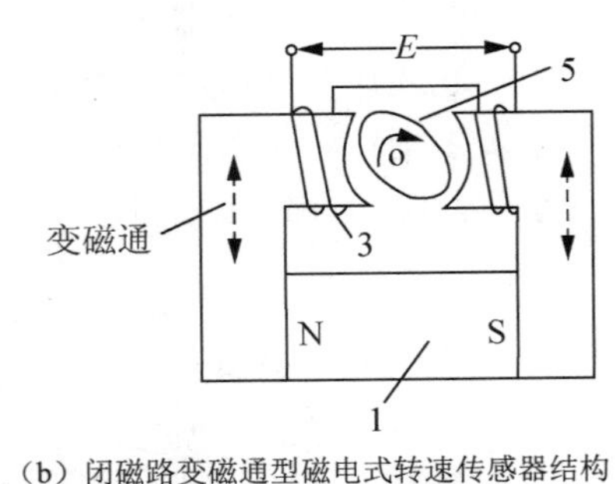

（b）闭磁路变磁通型磁电式转速传感器结构

1—永久磁铁；2—软磁铁；3—线圈；4—测量齿轮；5—测量轮

图 6.75　变磁通式磁电传感器结构示意

磁电式转速传感器的工作方式决定了它有很强的抗干扰性，能够在烟雾、油气、水汽等环境中工作。它的输出信号强，测量范围广，齿轮、曲轴、轮辐等部件及表面有缝隙的转动体都可用它测量。

磁电式转速传感器的工作维护成本较低，运行过程无须供电，完全靠磁电感应来实现测量。同时，磁电式转速传感器的运转也不需要机械动作，无须润滑。其结构紧凑、体积小巧、安装使用方便，可以和各种二次仪表搭配使用。磁电式转速传感器的缺点是工作频率下限较高，约为 50 Hz，工作频率上限可达 100 kHz。

3. 霍尔片式转速传感器

霍尔片式转速传感器结构及传感器探头示意如图 6.76 所示，霍尔片式转速传感器主要由测量齿轮和传感器探头组成，传感器探头内封装了永久磁铁和霍尔元件（开关型霍尔集成电路芯片）。图 6.77 是开关型霍尔集成电路芯片的外形及其内部电路框图。当传感器探头与测量齿轮的齿顶相对时，霍尔元件感受的外加磁场强度最强，只要外加磁场强度超过规定的工作点时，霍尔集成电路输出低电平；当传感头与测量齿轮齿根相对时，霍尔元件感受的外加磁场强度最弱，当外加磁场强度低于规定值时，霍尔集成电路输出高电平。因此，开关型霍尔集成电路芯片将随测量齿轮转速的高低输出对应频率的脉冲信号。

在测量齿轮齿数 Z 确定的情况下，传感器线圈输出的电压频率 f 正比于齿轮的转速 n（r/min），其关系由式（6-23）描述。

霍尔片式转速传感器主要有 3 个应用优势：一是输出信号电压幅值不会受到转速的影响；二是频率响应高，可达 20kHz；三是抗电磁波的干扰能力强。因此，霍尔片式转速传感器在工业生产中应用很广泛，如电力、汽车、航空、纺织、石化等领域，都采用霍尔片式转速传感器来测量和监控机械设备的转速状态，从而实施自动化管理与控制。

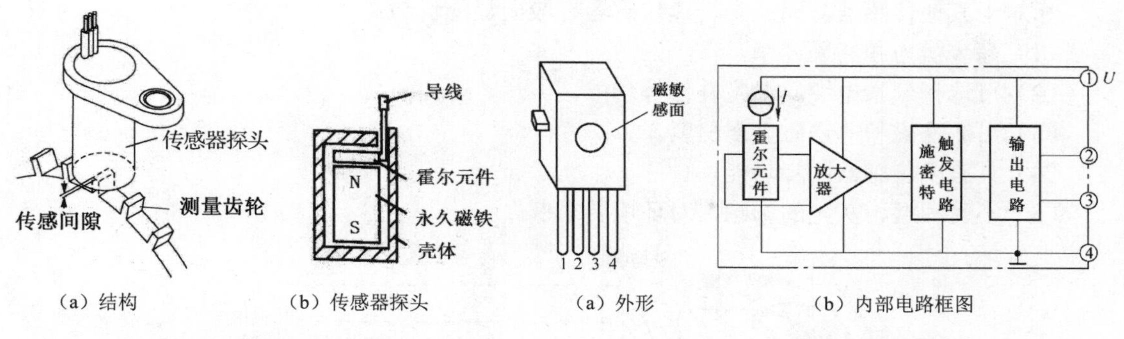

（a）结构 （b）传感器探头

图 6.76 霍尔片式转速传感器结构及传感器探头示意

（a）外形 （b）内部电路框图

图 6.77 开关型霍尔集成芯片的外形及其内部电路框图

特别提示

霍尔片式转速传感器的测量必须配合磁场的变化，因此，在测量非铁磁材质的设备时，需要事先在旋转物体上安装铁磁材料制作的测量轮或沿其圆周等间隔固定永久磁铁的测量盘，用于改变传感器周围的磁场。这样，霍尔片式转速传感器才能准确地捕捉到物体的运动状态。

4. 涡流式转速传感器

金属导体在变化的电磁场中发生振动、位移或在磁场中作切割电磁力线运动时，导体内将产生涡旋状的感应电流的现象为涡流效应。利用涡流效应可制成高精度测速传感器。

涡流式转速传感器对非接触的转动、位移信号，能连续准确地采集到振动、转动等轨迹运动的多种参数。它能以非接触方式测量转轴的状态，例如，对转子的不平衡、不对中、轴承磨损、轴裂纹及发生摩擦等机械问题的早期判定，可提供关键的信息。涡流式转速传感器以其长期工作可靠性好、测量范围宽、灵敏度高、分辨力高、响应速度快、抗干扰力强等优点，在工业基础研究、精密设备的生产制造、设备检测试验中应用广泛。具体而言，目前，涡流式转速传感器主要用于研究测定高速旋转的机械、往复式运动机械的运动轨迹数据及振动等的研究。

涡流式转速传感器测量原理框图如图 6.78 所示，涡流式转速传感器系统中的前置放大器中高频振荡电流通过延伸电缆流入探头线圈，在探头线圈中产生交变的磁场。当被测导体靠近这一磁场时，其表面产生感应电流，与此同时该涡流场也产生一个方向与原交变磁场相反的交变磁场，由于其反作用，使探头线圈中的高频电流幅度和相位得到改变，即探头线圈的有效阻抗 Z 的幅度和相位产生改变。这一变化与金属导体的磁导率/电导率、探头线圈的几何形状/几何尺寸/电流频率以及探头线圈到金属导体表面的距离等参数有关。如果能控制其他参数不变，则探头线圈的有效阻抗 Z 就成为距离 d 的单值函数。虽然 Z 与 d 在它整个函数区间是非线性的，其函数特征为“S”形曲线，但可以选取它近似为线性的一段。由此，通过前置放大器电路的处理，将探头线圈阻抗 Z 随探头线圈与金属导体距离 d 的变化转化成电压或电流的变化，输出信号的大小即反映了探头到被测导体表面距离的变化大小。图 6.79 所示为涡流式转速传感器实物。

相对于其他传感器，涡流式转速传感器有较明显的优势：

（1）高分辨力和高采样率。

（2）可选择延长电缆、温度补偿等功能。

（3）可测铁磁和非铁磁金属材料。

（4）具有多传感器同步功能。

（5）不受潮湿、灰尘的影响，对环境要求低。

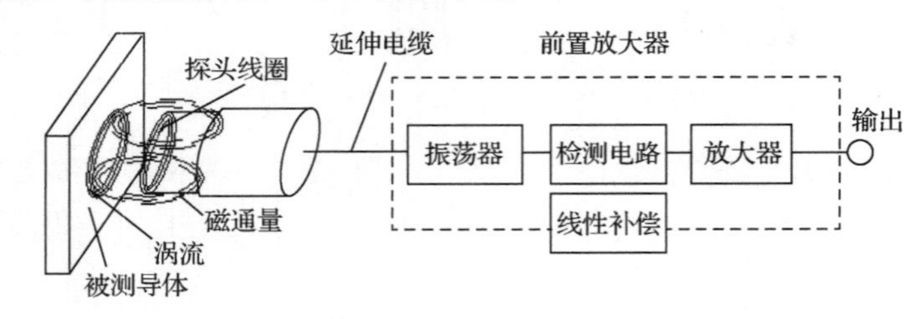

图 6.78　涡流式转速传感器测量原理框图

图 6.79　涡流式转速传感器实物

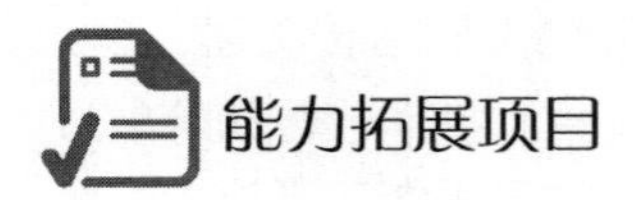

能力拓展项目

家居智能安防报警系统设计

随着经济的发展和科学技术的进步，人们的生活水平得到了极大的提高，家居安全也日益成为人们非常关注的事情。试选用合适的传感器，设计一款家居安防报警系统，要求该系统具有防盗报警、火灾报警、易燃有毒气体泄漏报警等基本功能。

思考与练习

一、填空题

6-1　常用的外光电效应器件有__________和__________等。

6-2　常用的内光电效应器件有__________、__________和__________等。

6-3　光敏电阻的光电流是指__________与__________之差。

6-4　光敏电阻的光谱特性反映的是光敏电阻的灵敏度与__________的关系。

6-5　为了获得高的灵敏度，光敏电阻的电极一般做成__________结构。

二、简答题

6-6 什么是光电效应？光电效应有哪几种？与之对应的光电元器件各有哪些？

6-7 叙述光电管的基本工作原理。

6-8 叙述光电倍增管的工作原理。

6-9 常用的半导体光电器件有哪些？它们的电路符号是什么？

6-10 什么是光电传感器件的光谱特性？

6-11 为什么说光敏电阻不适用于精密测量？

6-12 莫尔条纹是如何形成的？它有哪些特性？

6-13 如何提高光栅传感器的分辨力？

6-14 光栅传感器是如何辨别位移方向的？

6-15 什么是光电式编码器？光电式绝对编码器和光电式增量编码器各有何优缺点？

6-16 要想提高增量编码器的分辨力，应该如何实现？

6-17 举例说明 CCD 图像传感器的应用。

6-18 光纤的工作原理是什么？光纤的数值孔径有何意义？

6-19 请分别举一列说明功能性光纤传感器和非功能性光纤传感器的应用。

6-20 为什么测频法适合用于高转速信号而测周法适于低转速信号测量？

6-21 测量转速主要有哪些常用方法？各自的测量原理是什么？

三、计算题

6-22 若两个 100 线/毫米的光栅相互叠合，它们的夹角为 0.1°，试计算所形成的莫尔条纹的宽度。

6-23 要求用 4 个光敏二极管接收长光栅的莫尔条纹信号，如果光敏二极管的响应时间为 1×10^{-6} s，光栅的线密度为 50 线/mm，试计算长光栅所允许的运动速度。

6-24 设已知某光电式增量编码器的计数器计了 100 个脉冲，对应的角位移量为 $\Delta\alpha=17.58°$，则该编码器的分辨力为多少？

第 7 章　温度传感器

教学要求

通过本章的学习，掌握接触式温度测量中常用热电偶、热电阻、热敏电阻传感器的工作原理、结构种类、特性参数、测量误差及其补偿/转换电路的相关知识；了解新型集成温度传感器；掌握非接触式测温的基本理论，了解非接触式温度计的工作原理、基本构成；能根据测温范围和使用条件正确选择测温方法及温度计。

引例

温度是国际单位制规定的 7 个基本单位量之一。物体的许多性质和现象都和温度有关，因此在工农业生产及科学研究中，温度常常是需要准确测量和有效控制的重要参量。温度也是和我们日常生活关系最密切的物理量。如果说环境温度的高低仅影响了我们每天的穿衣指数的话，个人体温则是鉴别人体健康状况的重要生理参数。例如，发烧了，要测量体温，例图 7.1 所示是目前医疗领域应用的几种体温计。其中，电子体温计采用热敏电阻将温度转换为电信号，测温时间为 60s，与传统的水银体温计相比，它更快捷、准确，但它仍是一种接触式温度计。而红外额温枪或耳温枪是辐射温度计，可以在 1s 内快速准确、非接触地实现体温测量，是大规模流行性疫疾防控的得力帮手。医用红外热像仪则可在 5～10s 内将人体的温度热图扫描出来，由计算机处理形成一幅人体红外线热图，它能分辨出人体某部位由于病灶产生的 0.05℃温度变化，从而帮助医生准确判断疾病的发生部位及发展期，在癌症、心脑血管等疾病的诊疗中发挥着重要作用。

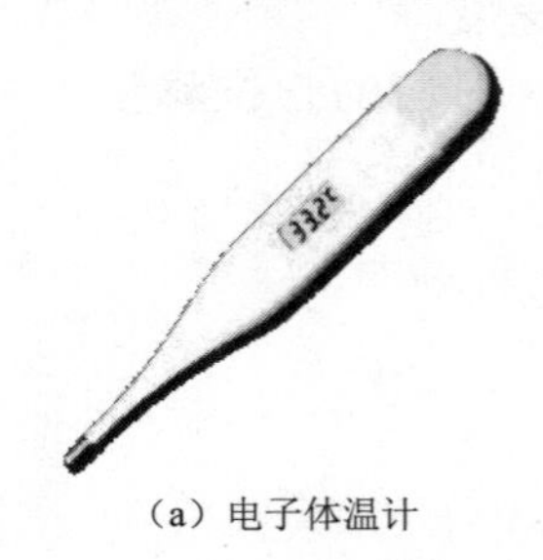
(a) 电子体温计

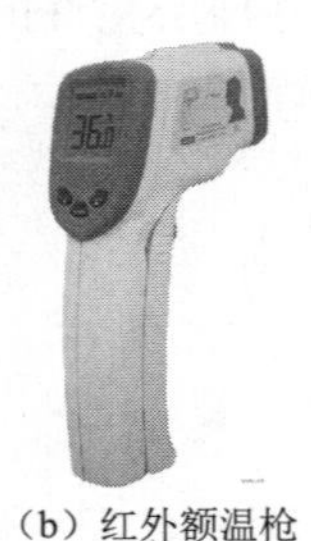
(b) 红外额温枪

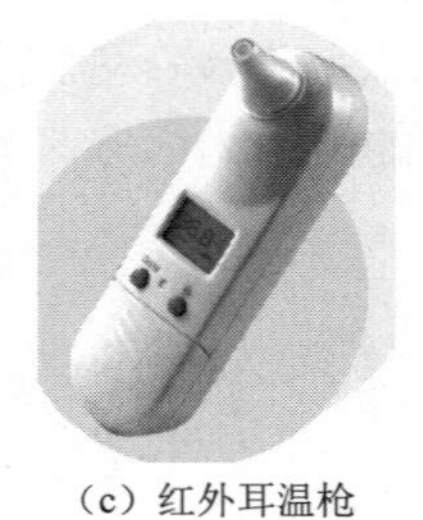
(c) 红外耳温枪

(d) 医用红外热像仪

例图 7.1　体温计

A 部分　接触式温度传感器

7.1　温度的基本概念和测量方法

温度是表征物体冷热程度的物理量，是国际单位制规定的 7 个基本单位量之一。物体的许多性质和现象都和温度有关。在工业生产及科学研究中，温度常常是表征对象和过程状态的重要参数。因此，对温度进行准确测量和有效控制已成为人们在科学研究和生产实践中所面临的重要课题之一。

温度概念的建立是以热平衡为基础的。两个冷热程度不同的物体相互接触必然会发生热交换现象，热量将由热程度高的物体向热程度低的物体传递，直至两个物体的冷热程度一致达到热平衡为止，此时两个物体的温度相同。

目前温度的测量都是间接测量的，即利用材料或元件的性能随温度而变化的特性，通过测量该性能参数，得到被测温度的大小。温度测量时所利用的特性包括体积热膨胀、电阻、热电动势、磁导率、介电常数、PN 结电动势、热辐射、光辐射等。

温度测量方式分为接触式测温和非接触式测温两大类。所谓接触式就是传感器直接与被测物体接触，通过热交换达到热平衡，传感器对应物理参数的大小反映了温度的高低。由于接触式测温时被测物体的热量传递给传感器，降低了被测物体温度，因此采用接触式测温方式获得被测物体真实温度的前提条件是，被测物体的热容量必须远大于温度传感器。非接触式测温利用不同温度的物体产生的热辐射差异实现温度测量，这种测温方法可以远距离测量物体的温度，具有较高的测温上限，并且响应快，便于测量运动物体的温度和快速变化的温度。表 7-1 所列为常用温度传感器的分类、原理及测温范围。

表 7-1 常用温度传感器分类、原理及测温范围

测温方式	类 别	原 理	典型仪表	测温范围/℃
接触式测温	膨胀类	利用液体、气体的热膨胀及物质的蒸汽压变化	水银温度计	-30～600
			液体压力温度计	-50～500
		利用两种金属的热膨胀差	双金属片温度计	-80～500
	热电类	利用热电效应	热电偶	-200～1600
	电阻类	利用固体材料的电阻随温度的变化	铂热电阻	-200～850
			热敏电阻	-50～300
	其他电学类	利用半导体器件的温度效应	集成温度传感器	-50～150
		利用晶体固有频率随温度的变化	石英晶体温度计	-50～120
非接触式测温	辐射类	利用物体的热辐射原理	光电高温计	200～3000
			比色温度计	180～3500
			红外辐射温度计	-50～1500
			全辐射温度计	400～2000
	光纤类	利用光纤的温度特性或利用光纤作为光传播的介质	光纤温度传感器	-50～400
			光纤辐射温度计	200～4000

阅读资料

为了保证温度量值的一致性和准确性，需要建立一个用来衡量温度的标准尺度，简称为温标。国际上用得较多的温标有摄氏温标、华氏温标、热力学温标和国际实用温标。

国际实用温标是一个国际协议性温标，它不仅定义了一系列温度的固定点，而且规定了不同温度段的标准测量仪器，以保证国际温度量值传递的一致性和准确性。第一个国际温标是 1927 年第七届国际计量大会决定采用的温标，称为“1927 年国际温标”，记为 ITS-1927。此后大约每隔20年进行一次重大修改，目前最新的国际温标 ITS—1990 是国际计量委员会 1990 年开始贯彻实施的，我国自 1994 年 1 月 1 日起全面执行。ITS—1990 主要内容见本书 9.3 节。

7.2 热　电　偶

热电偶是目前工业上应用最普遍、用量最大的温度传感器，它具有结构简单、精度较高、响应速度快等优点，测温范围为-200～+1300℃。在特殊情况下，热电偶可测2800℃的高温或4K的低温。热电偶是一种能量转换型传感器，它利用热电效应将温度直接转换成电动势，配以测量电动势的仪表，便可实现温度的测量。

7.2.1 热电偶的工作原理

1. 热电效应

热电偶的工作原理是基于物体的热电效应。热电偶结构如图7.1所示，将两根不同材料的金属丝或合金丝导体A与B的两个端头焊接在一起，就构成了热电偶。当两个接点温度不等（$T > T_0$）时，回路中就会产生电动势，从而形成电流，这一现象称为热电效应，该电动势称为热电动势。

热电偶回路中的A、B两个导体称为热电极。它们的两个接点有不同名称，一个称为工作端或热端（T），测温时将它置于被测温度场中；另一个称为参考端或冷端（T_0）。热电偶测温时，参考端用来连接测量仪表，其测温原理如图7.2所示，其温度T_0通常是环境温度或某个恒定的温度。

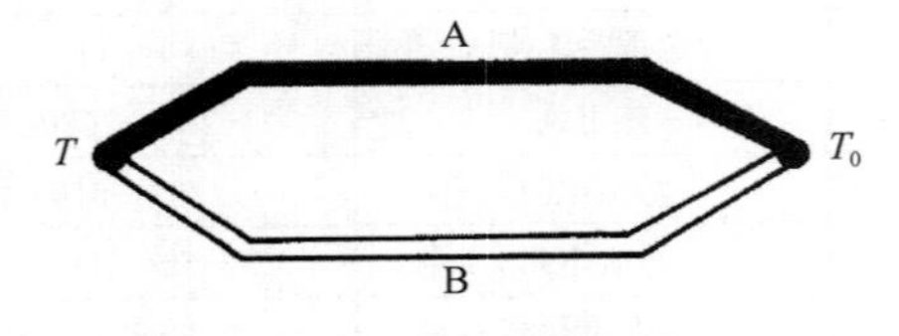

图7.1　热电偶结构

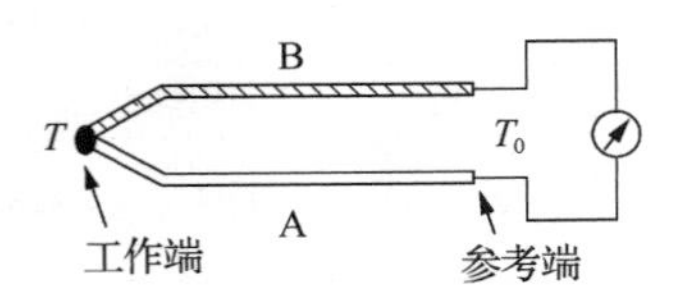

图7.2　热电偶测温原理示意

实际上，热电偶的热电动势来源于两个方面：一部分是两种导体的接触电动势（也称帕尔贴电动势），另一部分是单一导体的温差电动势（也称汤姆逊电动势）。

1）接触电动势

接触电动势的建立原理如图7.3所示。导体中都存在自由电子，导体材料不同，则其自由电子浓度也不同。假设导体A、B的自由电子浓度分别为n_A和n_B，并且$n_A > n_B$，当两个导体接触后，自由电子便从浓度高的一端向浓度低的一端扩散，结果界面附近导体A失去电子而带正电，导体B得到电子而带负电，从而形成电位差。当电子扩散达到动态平衡时，界面的接触电动势为

$$E_{AB}(T) = \frac{kT}{e}\ln\frac{n_A}{n_B} \tag{7-1}$$

式中，k为玻尔兹曼常数，$k = 1.38\times10^{-23}\,\text{J/K}$；$T$为接点的绝对温度（K）；e为电子电荷，$e = 1.6\times10^{-19}\,\text{C}$。

式（7-2）表明，接触电动势随接点温度的升高和导体电子浓度差的增大而增大。

2）温差电动势

温差电动势的建立原理如图 7.4 所示。对于一根均质导体，当其两端的温度不相同时，高温端的电子能量比低温端的电子能量大，因而导体内由高温端向低温端扩散的电子数量比由低温端向高温端扩散的电子数量多。高温端因失去电子而带正电，低温端由于得到多余的电子而带负电，因此在导体两端便形成电位差。

温差电动势的大小与导体材料和导体两端的温度差有关。若 A、B 导体两端温度分别为 T、T_0，并且 $T>T_0$ 时，单一导体两端的温差电动势分别为

$$\begin{cases} E_{\rm A}(T)=\int_{T_0}^{T}\sigma_{\rm A}{\rm d}T \\ E_{\rm B}(T)=\int_{T_0}^{T}\sigma_{\rm B}{\rm d}T \end{cases} \tag{7-2}$$

式中，$\sigma_{\rm A}$、$\sigma_{\rm B}$ 为汤姆逊系数，它表示温差为 1℃时导体所产生的温差电动势。

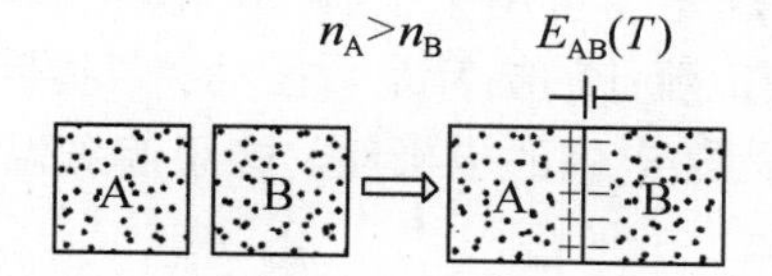

图 7.3 接触电动势的建立原理

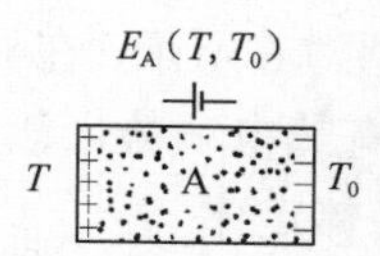

图 7.4 温差电动势的建立原理

3）热电偶回路的热电动势

由上述内容可知，图 7.1 所示热电偶回路有 4 个电动势：两个接触电动势 $E_{\rm AB}(T)$、$E_{\rm AB}(T_0)$，两个温差电动势 $E_{\rm A}(T,T_0)$、$E_{\rm B}(T,T_0)$，热电动势等效电路如图 7.5 所示。

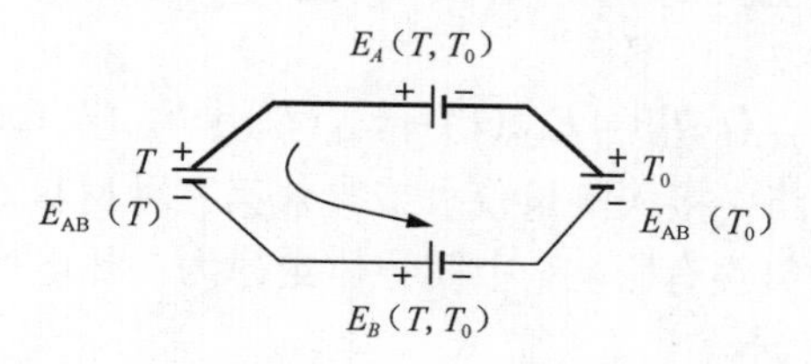

图 7.5 热电动势等效电路

在 4 个热电动势中，由于 $T>T_0$，故 $E_{\rm AB}(T)$ 的量值最大。若以 $E_{\rm AB}(T)$ 的方向为正，则热电偶回路的热电动势为

$$\begin{aligned} E_{\rm AB}(T,T_0) &= E_{\rm AB}(T)+E_{\rm B}(T,T_0)-E_{\rm AB}(T_0)-E_{\rm A}(T,T_0) \\ &= \frac{k(T-T_0)}{\rm e}\ln\frac{n_{\rm A}}{n_{\rm B}}-\int_{T_0}^{T}(\sigma_{\rm A}-\sigma_{\rm B}){\rm d}T \end{aligned} \tag{7-3}$$

将式（7-4）改写为

$$\begin{aligned} E_{\rm AB}(T,T_0) &= \left[E_{\rm AB}(T)-\int_0^T(\sigma_{\rm A}-\sigma_{\rm B}){\rm d}T\right]-\left[E_{\rm AB}(T_0)-\int_0^{T_0}(\sigma_{\rm A}-\sigma_{\rm B}){\rm d}T\right] \\ &= E_{\rm AB}(T)-E_{\rm AB}(T_0) \end{aligned} \tag{7-4}$$

由此可见，热电动势的大小与电极材料的性质以及两个接点的温差有关，可以得出如下结论：

（1）如果热电偶两个电极的材料相同，可知 $\sigma_{\rm A}=\sigma_{\rm B}$，$n_{\rm A}=n_{\rm B}$，那么无论两个接点的温差多大，热电偶回路中的热电动势都为零。

（2）如果热电偶两个电极材料不同，而两个接点的温度相同，即$T = T_0$，则热电偶回路中热电动势为零。

（3）当电极材料一定时，根据式（7-4），热电动势$E_{AB}(T,T_0)$成为温度T和T_0的函数之差，如果保持参考端温度T_0恒定，那么$E_{AB}(T_0) = C =$常数，式（7-4）可写成

$$E_{AB}(T,T_0) = E_{AB}(T) - C \tag{7-5}$$

式（7-6）表明，热电偶回路的热电动势$E_{AB}(T,T_0)$与工作端温度T成单值函数关系，该式是热电偶测温的基本公式。

2. 热电偶的工作定律

1）均质导体定律

由一种均质导体构成的闭合回路无论导体的截面积和长度如何，也不论各处的温度分布如何，都不会产生热电动势，这就是均质导体定律。此定律可用于检验热电偶电极丝材质的均匀性。如图 7.6 所示，在导体任意位置加热，观测检流计的指针是否摆动。若指针摆动，则说明回路中有热电动势，该电极丝材质不均匀，作为热电偶的电极丝，会引起测温误差。

2）中间导体定律

用热电偶测量温度时，回路中总要接入仪表和导线，即接入第三种材料 C，如图 7.7 所示。假设$T = T_0$，即 3 个接点的温度均为T_0，则回路的总热电动势为

$$E_{ABC}(T_0) = E_{AB}(T_0) + E_{BC}(T_0) + E_{CA}(T_0) = 0 \tag{7-6}$$

若导体 A、B 接点的温度为T，其余接点温度为T_0，且$T > T_0$，则回路的总热电动势为

$$E_{ABC}(T,T_0) = E_{AB}(T) + E_{BC}(T_0) + E_{CA}(T_0) \tag{7-7}$$

利用式（7-6）和式（7-7）可得

$$E_{ABC}(T,T_0) = E_{AB}(T) - E_{AB}(T_0) = E_{AB}(T,T_0) \tag{7-8}$$

由此证明，在热电偶回路中接入测量仪表或接入第三种材料 C 时，只要接入材料两端的温度相同，就对回路热电动势没有影响。中间导体定律为在热电偶回路中接入测量仪表及使用廉价延引热电极提供了依据。

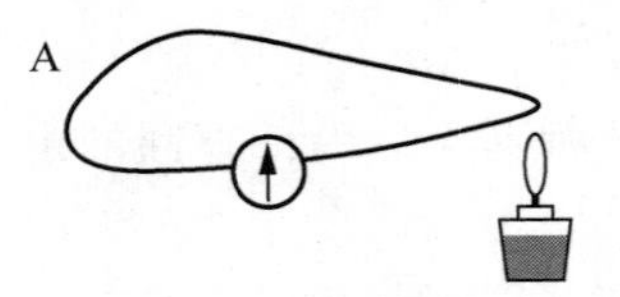

图 7.6　均质导体定律

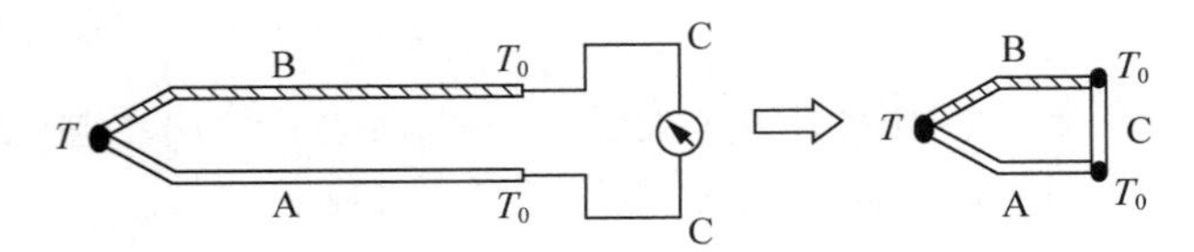

图 7.7　中间导体定律

3）中间温度定律

两个接点温度分别为T、T_0的热电偶的热电动势等于该热电偶在两个接点温度分别为T、T_n和T_n、T_0时的热电动势的代数和，如图 7.8 所示，其计算式为

$$E_{AB}(T,T_0) = E_{AB}(T,T_n) + E_{AB}(T_n,T_0) \tag{7-9}$$

式中，T_n为中间温度。

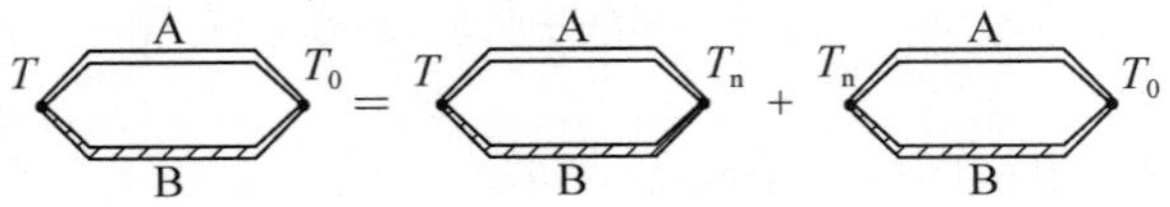

A　A　A
T　T0 = T　Tn + Tn　T0
B　B　B

图 7.8　中间温度定律

中间温度定律是制定热电偶分度表的理论基础。热电偶分度表都是在参考端温度为0℃时做出的。而在实际应用中，参考端温度往往不是摄氏零度，这时就需要利用中间温度定律修正测量结果。

7.2.2 热电偶的常用类型和结构

自1821年塞贝克发现热电效应以来，已有300多种热电极材料可构成不同的热电偶，其中广泛使用的有40～50种热电偶。热电偶通常分为标准化热电偶和非标准化热电偶两类。

1. 标准化热电偶

1）标准化热电偶型号

标准化热电偶是指制造工艺比较成熟、应用广泛、能成批生产、性能优良而稳定并已列入工业标准化元件中的那些热电偶。标准化热电偶具有统一的分度表，同一型号的标准化热电偶具有互换性。到目前为止，国际电工委员会（IEC）共推荐了8种标准化热电偶，其技术参数如表7-2所列。

表7-2 标准化热电偶技术参数

名称	分度号	热电极识别		测温范围/℃		对分度表允许偏差/℃		
	新	极性	识别	长期	短期	等级	使用温度	允许误差
铂铑$_{10}$-铂	S	正	亮白，较硬	0～1300	1600	I	0～1000	±1℃
		负	亮白，柔软				1000～1600	±[1+0.003（t-1000）]℃
铂铑$_{13}$-铂	R	正	较硬			II	0～600	±1.5℃
		负	较软				600～1600	±0.25%t
铂铑$_{30}$-铂铑$_{6}$	B	正	较硬	0～1600	1800	II	660～1700	±0.25%t
		负	稍软			III	600～800	±4.0℃
							800～1700	±0.5%t
镍铬-镍硅	K	正	不亲磁	0～1200	1300	I	-40～1100	±1.5℃或±0.4%t
						II	-40～1300	±2.5℃或±0.75%t
		负	稍亲磁			III	-200～40	±2.5℃或±1.5%t
铜-康铜	T	正	红色	-200～350	400	I	-40～350	±0.5℃或±0.4%t
						II	-40～350	±1.0℃或±0.75%t
		负	银白色			III	-200～40	±1.0℃或±1.5%t
镍铬-康铜	E	正	暗绿	-200～760	850	I	-40～800	±1.5℃或±0.4%t
						II	-40～900	±2.5℃或±0.75%t
		负	亮黄			III	-200～40	±2.5℃或±1.5%t
铁-康铜	J	正	亲磁	-40～600	750	I	-40～750	±1.5℃或±0.4%t
		负	不亲磁			II	-40～750	±2.5℃或±0.75%t
镍铬硅-镍硅镁	N	正	不亲磁	-200～1200	1300	I	-40～1100	±1.5℃或±0.4%t
		负	稍亲磁			II	-40～1300	±2.5℃或±0.75%t
						III	-200～40	±2.5℃或±1.5%t

注：表中t为被测温度的绝对值。

（1）铂铑$_{10}$-铂热电偶（S 型热电偶）。S 型热电偶的优点是物理、化学稳定性好，能在氧化性气氛中长期使用。在所有热电偶中，它的准确度等级最高，通常用作标准或测量高温的热电偶。它的缺点是价格昂贵，与其他热电偶相比，它的热电动势比较小，平均为 9μV/℃，因此需配用其灵敏度高的显示仪表；不能在还原性气氛及含有金属及非金属蒸气气氛中使用，除非在其外面增加保护套管。

（2）铂铑$_{13}$-铂热电偶（R 型热电偶）。R 型热电偶与 S 型热电偶的特点相同，由于在正极铂铑合金中增加了铑的含量，它比 S 型热电偶的性能更加稳定，热电动势也较大。

（3）铂铑$_{30}$-铂铑$_{6}$热电偶（B 型热电偶）。B 型热电偶是贵金属热电偶，使用温度比 S 型热电偶更高，达 1800℃。B 型热电偶适宜在氧化性或中性气氛中使用，热电特性更加稳定，但产生的热电动势更小，需配用灵敏度高的显示仪表。

B 型热电偶在室温下的热电动势极小（25℃时为-2μV，50℃时为 3μV），因此，在测量时一般不用补偿导线。

（4）镍铬-镍硅（镍铝）热电偶（K 型热电偶）。K 型热电偶是目前用量最大的一种廉金属热电偶。它的特点是使用温度范围宽，高温下性能较稳定，适于在氧化性及惰性气氛中连续使用，价格便宜。K 型热电偶的热电动势与温度的关系近似线性，其热电动势率比 S 型热电偶大 4～5 倍。

（5）铜-康铜热电偶（T 型热电偶）。T 型热电偶的主要特点如下：在廉金属热电偶中，它的准确度最高，热电动势大，灵敏度高，线性度好。由于铜热电极极易氧化，故一般在氧化性气氛中使用时温度不宜超过 300℃。在低于-200℃以下使用时，线性度差，灵敏度迅速下降。因此，一般都用在-200℃以上的场合。

（6）镍铬-康铜热电偶（E 型热电偶）。在常用热电偶中，E 型热电偶的热电动势率最大，即灵敏度最高。在相同温度下，其热电动势比 K 型热电偶几乎高一倍。E 型热电偶适宜在-250～+870℃范围内的氧化性或惰性气氛中使用。

（7）铁-康铜热电偶（J 型热电偶）。J 型热电偶可用于氧化性和还原性气氛中，在高温下铁电极极易被氧化，在具有氧化性气氛中使用温度上限为 750℃，但在还原性气氛中使用温度可达 950℃。在低温下，铁电极极易变脆，性能不如 T 型热电偶。

（8）镍铬硅-镍硅镁热电偶（N 型热电偶）。N 型热电偶是一种廉金属热电偶，它的主要特点如下：在 1300℃以下，高温抗氧化能力强，热电动势的长期稳定性及短期热循环的复现性好，在-200～1300℃范围内，有全面取代其余 4 种廉金属热电偶与部分代替 S 型热电偶的趋势。

与 K 型热电偶相比，N 型热电偶在 400～1300℃范围内的非线性误差仅占 1300℃温度下热电动势的 0.4%，而 K 型热电偶的占比为 1.75%。但在低温（-200～400℃）范围内，N 型热电偶的非线性误差较大。

使用寿命对比实验结果表明，在相同条件下，尤其在 1100～1300℃的高温条件下，N 型热电偶的高温稳定性及使用寿命较 K 型热电偶有成倍提高，与 S 型热电偶的使用寿命接近，但其价格仅为 S 型热电偶的 1/10。因此，美国国家标准研究所认为，应废除 K、E、J 及 T 型热电偶，这样将给热电偶材料及测温仪表的生产、管理及使用带来方便和明显的经济效益。

2）标准化热电偶的主要技术参数

标准化热电偶的主要技术参数有分度号、允许误差、热电动势率（塞贝克系数 S 或灵敏度）、测量范围等。

（1）分度号。热电偶的分度号是其分度表的代号。热电偶的分度表是在热电偶参考端温度为 0℃的条件下，以列表的形式表示热电动势与工作端温度关系的参照表。分度号相同的热电偶可以共用一个分度表。热电偶与显示仪表配套使用时，也必须注意两者的分度号是否一致，否则，不能配套使用。

分度表是通过对各种热电偶的热电动势与温度关系式计算列成的表。热电偶参考端温度为 0℃时，其热电动势 E 与工作端温度 t 的关系由多项式给出。以 K 型热电偶为例，其分度表计算多项式为

当热电偶参考端温度为−270～0℃时，

$$E=\sum_{i=1}^{n}c_i t^i(\mu\text{V}) \tag{7-10}$$

0～1300℃时，

$$E=\sum_{i=0}^{n}c_i t^i+a_0\text{e}^{[a_1(t-126.9686)^2]}(\mu\text{V}) \tag{7-11}$$

式（7-10）和式（7-11）中的各个参考函数系数见表 7-3。

根据式（7-10）和式（7-11），用计算机计算出不同温度下 K 型热电偶的热电动势大小，列成表格，即分度表。表 7-4 为 K 型热电偶的整 10 度分度表。

表 7-3 镍铬-镍硅（镍铝）热电偶（K 型热电偶）参考函数系数（摘自 GB/T 16839.1—2018）

c_i	−270～0℃	0～1300℃	
c_0	0.0	0.0	$a_0=1.185976\times10^{2}$
c_1	3.9450128025×10^{1}	$-1.7600413686\times10^{1}$	$a_1=-1.183432\times10^{-4}$
c_2	$2.3622373598\times10^{-2}$	3.8921204975×10^{1}	—
c_3	$-3.2858906784\times10^{-4}$	$1.8558770032\times10^{-2}$	—
c_4	$-4.9904828777\times10^{-6}$	$9.9457592874\times10^{-5}$	—
c_5	$-6.7509059173\times10^{-8}$	$3.1840945719\times10^{-7}$	—
c_6	$-5.7410327428\times10^{-10}$	$5.6072844889\times10^{-10}$	—
c_7	$-3.1088872894\times10^{-12}$	$5.6075059059\times10^{-13}$	—
c_8	$-1.0451609365\times10^{-14}$	$3.2020720003\times10^{-16}$	—
c_9	$-1.9889266878\times10^{-17}$	$9.7151147152\times10^{-20}$	—
c_{10}	$-1.6322697486\times10^{-20}$	$1.2104721275\times10^{-23}$	—

表 7-4 镍铬-镍硅（镍铝）热电偶（K 型热电偶）分度表（分度号：K；参考端温度：0℃；单位：μV）

温度/℃	0	-10	-20	-30	-40	-50	-60	-70	-80	-90
-200	-5891	-6035	-6158	-6262	-6344	-6404	-6441	-6458	—	—
-100	-3554	-3852	-4138	-4411	-4669	-4913	-5141	-5354	-5550	-5730
0	0	-392	-778	-1156	1527	-1889	-2243	-2587	-2920	-3243
温度/℃	0	10	20	30	40	50	60	70	80	90
0	0	397	798	1203	1612	2023	2436	2851	3267	3682

续表

温度/℃	0	10	20	30	40	50	60	70	80	90
100	4096	4509	4920	5328	5735	6138	6540	6941	7340	7739
200	8138	8539	8940	9343	9747	10153	10561	10971	11382	11795
300	12209	12624	13040	13457	13874	14293	14713	15133	15554	15975
400	16397	16820	17243	17667	18091	18516	18941	19366	19792	20218
500	20644	21071	21497	21924	22350	22776	23203	23629	24055	24480
600	24905	25330	25755	26179	26602	27025	27447	27869	28289	29129
700	29129	29548	29965	30382	30798	31213	31628	32041	32453	32865
800	33275	33685	34093	34501	34908	35313	35718	36121	36524	36925
900	37326	37725	38124	38522	38918	39314	39708	40101	40494	40885
1000	41276	41665	42053	42440	42826	43211	43595	43978	44359	44740
1100	45119	45497	45873	46249	46623	46995	47367	47737	48105	48473
1200	48838	49202	49565	49926	50286	50644	51000	51355	51708	52060
1300	52410	52759	53106	53451	53795	54138	54479	54819	—	—

（2）允许误差。热电偶按符合分度表允许偏差的大小分Ⅰ、Ⅱ、Ⅲ级，8种标准化热电偶的允许误差见表7-2。

（3）热电动势率。对热电偶输出-输入关系多项式$E(t)$求导（$\mathrm{d}E/\mathrm{d}t$）并代入温度t值即可得到各温度值对应的热电动势率。以K型热电偶为例，将式（7-10）和式（7-11）对t求导并代入温度值，即可计算出它在不同温度下的热电动势率。表7-5是部分温度值对应的热电动势率值。观察表7-5的数据可知，K型热电偶在其测温范围内灵敏度变化较大，其热电动势与温度为非线性关系。

表7-5 镍铬-镍硅（镍铝）热电偶（K型热电偶）热电动势率（塞贝克系数S）值（摘自GB/T 16839.1—2018）

温度/℃	S/（μV/℃）	温度/℃	S/（μV/℃）	温度/℃	S/（μV/℃）	温度/℃	S/（μV/℃）
−220	15.3	200	40	600	42.5	1000	39
−110	30.5	300	41.4	700	41.9	1100	37.8
0	39.5	400	42.2	800	41.0	1200	36.5
100	41.4	500	42.6	900	40.0	1300	34.9

（4）测温范围。8种标准化热电偶的测温范围如表7-2所列。需要注意的是，热电偶的测温极限范围还与电极丝的线径（粗细）有关。以K型热电偶为例，不同线径推荐使用的最高温度如表7-6。可见线径越粗，使用温度越高。

表7-6 镍铬-镍硅（镍铝）热电偶（K型热电偶）推荐使用的最高温度（摘自GB/T 16839.1—2018）

电极丝线径/mm	0.65	0.81	1.00	1.29	1.60	2.30	3.20
长期使用最高温度/℃	750	800	850	900	950	1000	1100
短期使用最高温度/℃	850	900	950	1000	1050	1100	1200

2. 非标准化热电偶

非标准化热电偶是指没有统一分度表的热电偶，虽然其在使用范围和数量上均不及标准化热电偶，但在很多特殊工况下，如高温、低温、超低温、高真空和有核辐射以及某些在线测试等，这些热电偶具有某些特别良好的性能。

1）钨铼系热电偶

该类电偶是目前最耐高温的金属热电偶，最高工作温度可以达到 3000℃，是还原、真空、高温环境中的主用热电偶，具有热电动势率高（为 S 型热电偶的 2 倍）、温度-电动势线性度好、热稳定性好、原材料丰富、价格便宜（为 S 型热电偶的 1/10）等特点。特别是高温耐氧化套管的开发应用，使得这种廉金属热电偶几乎可以覆盖所有的应用领域，在大多数场合都能取代贵金属热电偶，而且价格相对很低，具有很好的市场前景。

现已标准化的钨铼系热电偶有 W5/26、W3/25 和 W5/20 三种分度号，均已成熟地应用于工业生产的各个领域。其中，W5/26 的用量相对较大。

值得注意的是，钨铼裸丝只能在真空、氢气、惰性气氛中使用，在 300℃以上的氧化性气氛中它会迅速被氧化，必须采取保护措施才能使用。工业用钨铼裸丝直径通常为 0.5mm，精度等级有 1.0%*t* 和 0.5%*t* 两种。

2）铱铑系热电偶

该类热电偶适用于真空、惰性气体及微氧化性气氛中，特别是在氧化性气氛中可测 2000℃的高温。该类热电偶质地较脆。

3）镍铬-金铁热电偶

该类热电偶是一种理想的低温热电偶，在温度为 4K 时也能保持大于 10μV/℃的热电动势。

4）非金属热电偶

该类热电偶有热解石墨热电偶等多种，其测温精度可达±（1～1.5）%*t*，在氧化性气氛中工作温度可达到 1700℃左右。

3. 热电偶的结构

1）普通热电偶

普通热电偶由热电极丝、绝缘套管、保护套管以及接线盒等部分组成，其结构示意如图 7.9 所示。在实验室使用时，可不用装保护套管，以减小热惯性。普通热电偶在测量时，其测量端插入被测对象的内部，主要用于测量容器或管道内的气体、液体等介质的温度。

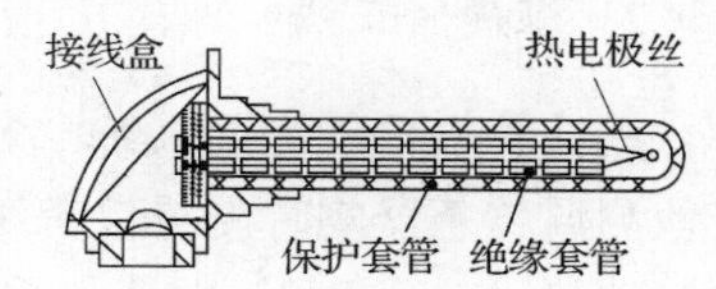

图 7.9 普通热电偶结构示意

2）铠装式热电偶

把热电极材料与高温绝缘材料预置在金属保护管中，运用同比例压缩延伸工艺将这三者合为一体，制成各种直径规格的铠装偶体，再截取适当长度，将工作端焊接密封，配置接线盒，即成为柔软、细长的铠装式热电偶。因此，此类热电偶又称为套管式热电偶。

铠装式热电偶的特点：内部的热电极丝与外界空气隔绝，有着良好的抗高温氧化、抗低温水蒸气冷凝、抗机械冲击的特性。铠装式热电偶可以制作得很细（外直径可小到 0.5mm，偶丝直径可小于 0.1mm），能解决微小、狭窄场合的测温问题；测量端热容量小，动态响应快（时间常数小于 0.1 秒），并且具有抗振、可弯曲、超长等优点。图 7.10 所示为铠装式热电偶工作端结构的几种形式，其中露头型铠装式热电偶热响应时间最短。

3）片状薄膜热电偶

用真空蒸镀等方法将两种热电极材料蒸镀到绝缘板上而形成片状薄膜热电偶，其结构示意如图 7.11 所示。由于热接点极薄（0.01～0.1μm），因此特别适用于壁面温度的快速测量。安装时，用胶黏剂将它黏结在被测物体壁面上即可。目前，我国试制的有铁-镍、铁-康铜和铜-康铜 3 种片状薄膜热电偶，尺寸为（60×6×0.2）mm；其绝缘基板用云母、陶瓷片、玻璃及酚醛塑料纸等制成；测温范围在 300℃以下，反应时间仅为几毫秒。

（a）碰底型

（b）不碰底型

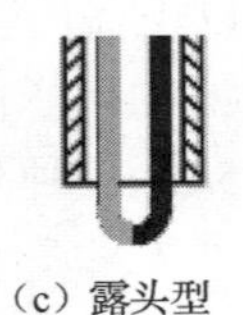
（c）露头型

（d）帽型

图 7.10 铠装式热电偶工作端结构示意

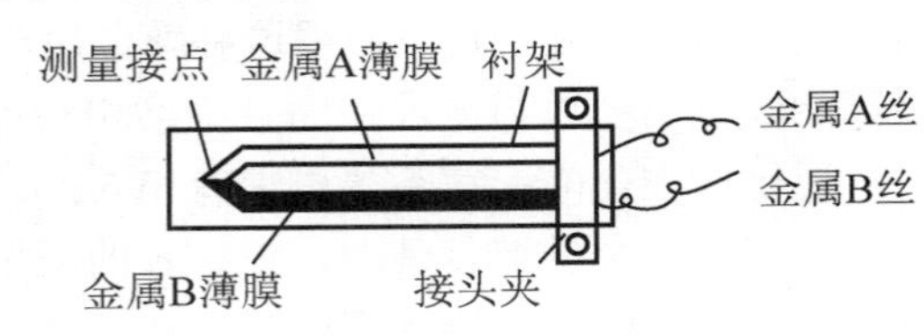

图 7.11 片状薄膜热电偶结构示意

7.2.3 热电偶的参考端温度补偿

热电偶输出的热电动势是两个接点温度差的函数。为了使输出的热电动势是工作端温度的单一函数，通常要求参考端 T_0 保持恒定。而热电偶分度表是以参考端温度等于 0℃为条件的，因此，只有满足 $T_0=0$ 时，才能直接应用分度表。因此，使用该种热电偶测温时，其参考端温度若不是 0℃，则测温结果必然会有误差。一般情况下，只有在实验室才可能保证 0℃的条件。而通常的工程测温中，参考端的温度大多处在室温或一个波动的温度区，这时要测出被测物体实际的温度，就必须采取以下温度修正或补偿措施。

1. 0℃恒温法

将热电偶的参考端放置于 0℃恒温器内，使其工作状态与分度表状态一致，测出其热电动势后通过查分度表直接得到工作端温度值。制作 0℃恒温器的方法通常有两种：一种是冰水混合物法，另一种是半导体致冷器法。冰水混合物法主要用于实验室和热电偶的标定，不宜用于生产过程和现场测温。

2. 温度修正法

在计算机自动测温系统中多采用温度修正法。具体步骤如下：在热电偶实际使用中采用其他测温传感器实时测得参考端温度 T_0，然后，计算机自动查内存中的热电偶分度表，得到热电动势 E_{AB}（T_0,0）的值。根据中间温度定律，把查到的热电动势与采集到的热电偶回路热电动势 E_{AB}（T,T_0）相加，即

$$E_{AB}(T,0)=E_{AB}(T,T_0)+E_{AB}(T_0,0) \tag{7-12}$$

用计算所得热电动势 E_{AB}（T,0）值查分度表，即可求出实际被测物体的温度 T 的正确值。

【例 7-1】 用镍铬-镍硅热电偶（K 型热电偶）测油温。测得参考端温度为 40℃，热电偶输出电动势为 2.146 mV，试求被测物体的温度 T。

解：本问题是在参考端温度不为0℃的情况下，求工作端温度。根据上述的参考端温度修正法，则有

$$E_{AB}(T,0)=E_{AB}(T,40)+E_{AB}(40,0)$$

查K型热电偶分度表，得$E_{AB}(40,0)$=1.612 mV，则

$$E_{AB}(T,0)=E_{AB}(T,40)+E_{AB}(40,0)=(2.146+1.612)\text{mV}=3.758\text{ mV}$$

再查分度表，得实际被测物体温度为91.8℃。

3. 补偿系数修正法

工程上常用补偿系数修正法来实现参考端温度补偿。具体步骤如下：把参考端温度T_0乘以系数k，再与由热电动势E_{AB}（T,T_0）查分度表后所得的温度T_1相加，得到被测实际温度T:

$$T=T_1+kT_0 \tag{7-13}$$

式中，k为修正系数，k的取值如表7-7所列。

补偿系数修正法比温度修正法简单一些，误差可能大一些，但其值一般不大于0.14%。

【例7-2】 对例7-1用补偿系数修正法求被测物体的实际温度T。

解：已知K型热电偶参考端温度为T_0=40℃，输出电动势为2.146 mV。查K型热电偶的分度表可知，与大小为2.146 mV的热电动势相对应的温度为T_1=53℃。查表7-7可知，k=1，则

$$T=（53+1\times40）℃=93℃$$

表7-7　几种常用热电偶的修正系数k值

工作端温度T/℃	热电偶种类				
	铜-康铜	镍铬-康铜	铁-康铜	镍铬-镍硅	铂铑-铂
0	1.00	1.00	1.00	1.00	1.00
20	1.00	1.00	1.00	1.00	1.00
100	0.86	0.90	1.00	1.00	0.82
200	0.77	0.83	0.99	1.00	0.72
300	0.70	0.81	0.99	0.98	0.69
400	0.68	0.83	0.98	0.98	0.66
500	0.65	0.79	1.02	1.00	0.63
600	0.65	0.78	1.00	0.96	0.62
700	—	0.80	0.91	1.00	0.60
800	—	0.80	0.82	1.00	0.59
900	—	—	0.84	1.00	0.56
1000	—	—	—	1.07	0.55
1100	—	—	—	1.11	0.53
1200	—	—	—	—	0.52
1300	—	—	—	—	0.52
1400	—	—	—	—	0.52
1500	—	—	—	—	0.52
1600	—	—	—	—	0.52

4. 补偿电桥法

补偿电桥法是利用不平衡电桥产生的电动势来补偿热电偶因参考端温度变化而引起的热电动势变化，其原理如图 7.12 所示。

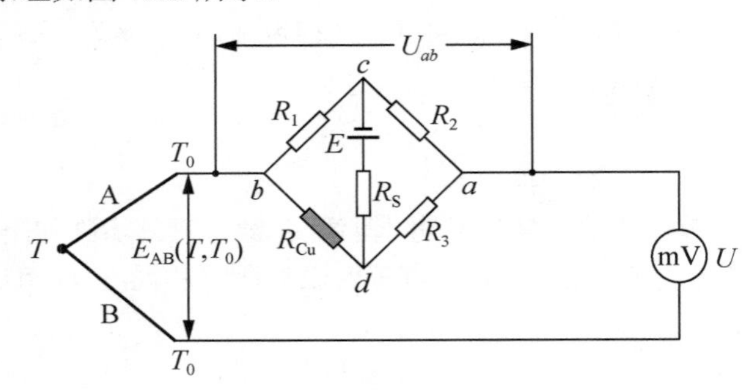

图 7.12 补偿电桥法原理

补偿电桥桥臂电阻 R_1、R_2、R_3 和 R_{Cu} 与热电偶参考端处于相同的环境温度下。其中 $R_1=R_2=R_3$，都是锰铜线绕电阻，电阻温度系数很小。R_{Cu} 是由铜导线绕制的补偿电阻。E 为桥路电源，R_S 是限流电阻，其阻值取决于热电偶材料。

设计时，在 0℃下使补偿电桥达到平衡状态（$R_1=R_2=R_3=R_{Cu}$），此时 $U_{ab}=0$，电桥对仪表读数无影响。使用时，当参考端温度升高，R_{Cu} 随着增大，电桥失去平衡，U_{ab} 也随着增大，而热电偶的热电动势 E_{AB} 随着参考端温度升高而减小。如果 U_{ab} 的增加量等于 E_{AB} 的减小量，那么毫伏表指示的电压 U（$U=E_{AB}+U_{ab}$）的大小就不随参考端温度而变化。

补偿电桥可以在 0～40℃或-20～+20℃的范围内起补偿作用。

特别提示

桥臂 R_{Cu} 必须和热电偶的参考端靠近，使之处于同一温度之下。不同材质的热电偶所配置的参考端补偿电路中的限流电阻 R_S 不一样，互换时必须重新调整。

5. 补偿导线法

实际应用时，为保持热电偶参考端温度 T_0 的稳定，减小参考端温度变化产生的误差，可以用第三种廉价导体将热电偶的参考端延伸到数十米远处，再连接测量仪表。根据中间导体定律，只要插入导体的两端温度相同，则插入导体后对回路热电动势没有影响。

这种补偿导线应选用直径大、导热系数大的廉价材料制作，以减小热电偶回路的电阻，节省电极材料。同时，补偿导线的热电性能还应与电极丝相匹配。表 7-8 所列为补偿导线的分类型号和分度号。

表 7-8 补偿导线的分类型号和分度号

补偿导线型号	配用热电偶的分度号	补偿导线合金丝		补偿导线颜色	
		正极	负极	正极	负极
SC	S 型（铂铑$_{10}$-铂）	SPC（铜）	SNC（铜镍）	红	绿
KC	K 型（镍铬-镍硅）	KPC（铜）	KNC（铜镍）	红	蓝

续表

补偿导线型号	配用热电偶的分度号	补偿导线合金丝		补偿导线颜色	
		正极	负极	正极	负极
KX	K 型（镍铬-镍硅）	KPX（镍铬）	KNX（镍硅）	红	黑
EX	E 型（镍铬-康铜）	EPX（镍铬）	ENX（铜镍）	红	棕
JX	J 型（铁-康铜）	JPX（铁）	JNX（铜镍）	红	紫
TX	T 型（铜-康铜）	TPX（铜）	TNX（铜镍）	红	白

特别提示

热电偶补偿导线通过延伸热电极，把热电偶的参考端移动到远离热源的仪表端子上，以保持热电偶参考端温度 T_0 的稳定。热电偶补偿导线本身并不能消除参考端温度 $T_0 \neq 0$℃时对测温准确性的影响，不起参考端补偿作用。因此，这种方法还要与其他参考端温度补偿法联合使用。

补偿导线从原理上可分为延长型补偿导线和补偿型补偿导线。延长型补偿导线所用合金丝的名义化学成分与配用的热电偶相同，因而热电动势也相同，在型号中以“X”表示；补偿型的补偿导线所用合金丝的名义化学成分与配用的热电偶不同，但在其工作温度范围内，热电动势与所配热电偶的热电动势标称值相近，在型号中以“C”表示。

按补偿精度分类，补偿导线可分为普通级和精密级。精密级补偿后的误差大体上只有普通级的一半，通常用在测量精度要求较高的地方。例如对于 S、R 分度号的补偿导线，精密级的允许误差为±2.5℃，普通级的允许误差为±5.0℃；对于 K、N 分度号的补偿导线，精密级的允许误差为±1.5℃，普通级的允许误差为±2.5℃。在型号中，普通级的不标示，精密级的加“S”表示。

按工作温度分类，补偿导线可分为一般用补偿导线和耐热用补偿导线两种。一般用补偿导线的工作温度为 0～100℃（少数为 0～70℃），耐热用补偿导线的工作温度为 0～200℃。

各种分度号的补偿导线只能与相同分度号的热电偶配用，否则，可能欠补偿或过补偿。在常用的热电偶中，分度号为 B 的铂铑$_{30}$-铂铑$_6$热电偶是一个例外，它没有专用的补偿导线，即在实际应用中，它一般没有必要使用补偿导线。在不常用的热电偶中，镍钴-镍铝热电偶在 200℃以下的热电动势几乎为零，可不用补偿导线。镍铁-镍铜热电偶在 50℃以下的热电动势微乎其微，在这个温度范围内也不用补偿导线。

7.2.4 热电偶的选用

在实际测温时，被测物体是很复杂的。应在熟悉被测物体、掌握各种热电偶特性的基础上，根据使用气氛、温度的高低等因素正确选择热电偶。选择时可从以下 4 个方面考虑。

1. 使用温度

图 7.13 所示为几种常用热电偶的热电动势与温度关系。参考图 7.13，对测量温度低于 1000℃的应用场合，多选用廉金属热电偶，如 K 型热电偶。它的使用温度范围宽，并且高温下性能较稳定。若测温范围在-200～300℃时，最好选用 T 型热电偶，它是廉金属热电偶中准确度最高的热电偶；也可选择 E 型热电偶，它是廉金属热电偶中热电动势率最大、灵敏

度最高的热电偶。当测量温度在 1000～1400℃范围，多选用 R 型、S 型热电偶；温度在 1400～1800℃范围，多选用 B 型热电偶；当温度高于 1800℃时，常选用钨铼系热电偶。

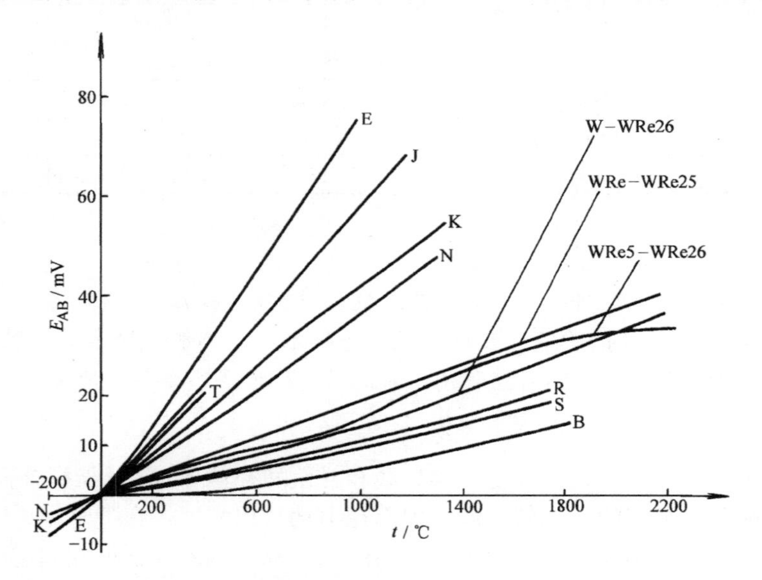

图 7.13　几种常用热电偶的热电动势与温度关系

2. 使用气氛

对氧化性气氛，当温度低于 1300℃时，多选用 N 型或 K 型热电偶，它是廉金属热电偶中抗氧化性最强的热电偶。当温度高于 1300℃时，选用铂铑系热电偶。

对真空、还原性气氛，当温度低于 950℃时，可选用 J 型热电偶，它既可以在氧化性气氛下工作，又可以在还原性气氛中使用；温度高于 1600℃时，选用钨铼系热电偶。

3. 减小或消除参考端温度的影响

当测量温度低于 1000℃时，可选用镍钴-镍铝热电偶，其参考端温度为 0～300℃时，可忽略其温度变化的影响；当温度高于 1000℃时，常选用 B 型热电偶，其参考端温度变化的影响一般可以忽略不计。

4. 热电极的直径与长度

热电极直径与长度的选择是由热电极材料的价格、比电阻、测温范围及机械强度决定的。选择粗直径的热电极，可以提高热电偶的使用温度和寿命，但响应时间更长。因此，对于需要快速反应的应用，必须选用细直径的热电极。测量端越小、越灵敏，但电阻也越大。如果热电极直径选择过细，会使测量电路的电阻值增大，在采用动圈式仪表时更应注意，因为阻值匹配不当，将直接影响测量结果的准确度。

热电极长度的选择是由安装条件决定的，主要是由插入深度决定的。热电极的直径与长度，虽不影响热电动势的大小，但是直接与热电偶使用寿命、动态响应特性及电路电阻有关。因此，它的正确选择也是很重要的。

7.2.5 热电偶的测量电路及应用

1. 测量物体某一点的温度

在实际工程应用中，常需要测量物体表面某一点的温度，这时可采用图 7.14 所示的 4 种热电偶的测量电路。

图 7.14（a）所示为由热电偶、补偿导线和显示仪表（如毫伏表）组成的普通测温电路。测量时，将热电偶的工作端接点固定在被测点上，通过毫伏表可以直接读出热电动势的值。

图 7.14（b）所示为由热电偶、补偿导线、补偿器和显示仪表组成的测温电路。补偿器的作用是补偿热电偶参考端因环境温度变化而造成热电动势的输出误差。

图 7.14（c）所示为由热电偶、补偿导线、温度变送器和显示仪表组成的测温电路。热电偶温度变送器一般由基准源、参考端补偿、放大单元、线性化处理、V/I 转换、断偶处理、反接保护、限流保护等电路单元组成，它的功能是将热电偶产生的热电动势经参考端补偿放大后，再由线性电路消除热电动势与温度的非线性误差，最后放大转换为 4～20 mA 电流输出信号。为防止热电偶测量电路中由于热电偶断丝而使控温失效造成事故，温度变送器中还设有断电保护电路。当热电偶断丝或接触不良时，温度变送器会输出最大值（28 mA）以使仪表切断电源。

图 7.14（d）所示为由一体化温度变送器、铜导线和显示仪表组成的测温电路。一体化温度变送器一般由测温探头（热电偶或热电阻传感器）和两线制固体电子单元组成。采用固体模块形式将测温探头直接安装在接线盒内，从而形成一体化的温度变送器。一体化温度变送器具有结构简单、节省引出线、输出信号大、抗干扰能力强、线性度好、显示仪表简单、固体模块抗振防潮、有反接保护和限流保护、工作可靠等优点。一体化温度变送器的输出信号为标准 4～20 mA 信号，可与微机系统或其他常规仪表匹配使用，也可按用户要求做成防爆型或防火型测量仪表。

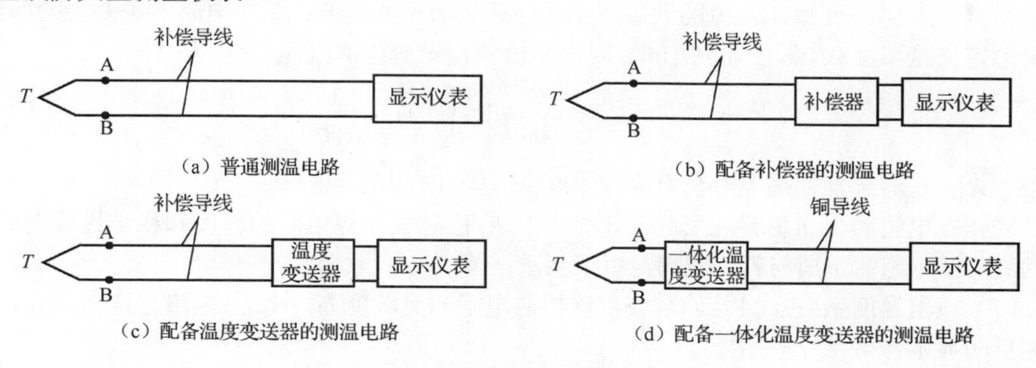

图 7.14 4 种热电偶的测量电路

2. 热电偶的串联或并联使用

在特殊情况下，热电偶可以串联或并联使用，但仅限同一分度号的热电偶，并且参考端应在同一温度下。若热电偶正向串联（见图 7.15），则可获得较大的热电动势以提高灵敏度，但缺点是，只要有一支热电偶断路，整个测温系统就停止工作。若要测量两点温差，可采用热电偶反向串联的电路（见图 7.16）。利用热电偶并联（见图 7.17）可以测量多点的平均温度，但电路中若有热电偶烧断时，难以觉察出来，整个测温系统的工作不会中断。

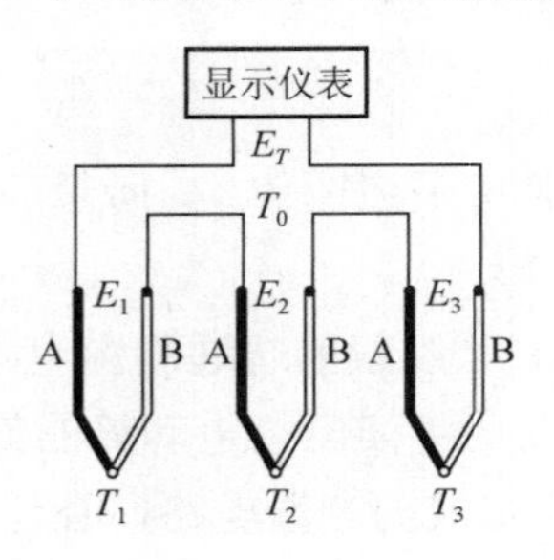

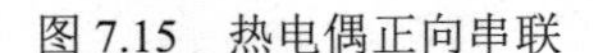

图 7.15　热电偶正向串联

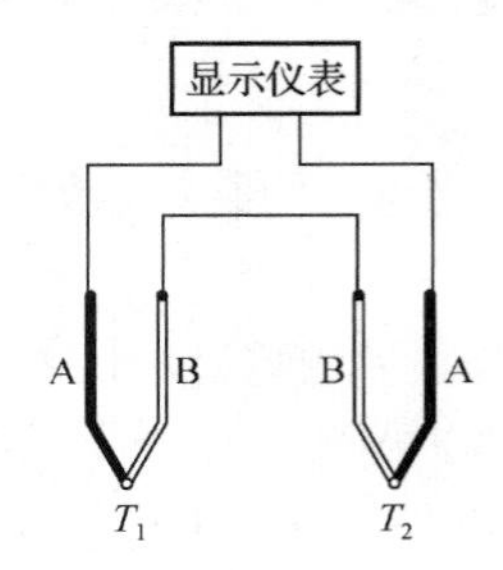

图 7.16　热电偶反向串联

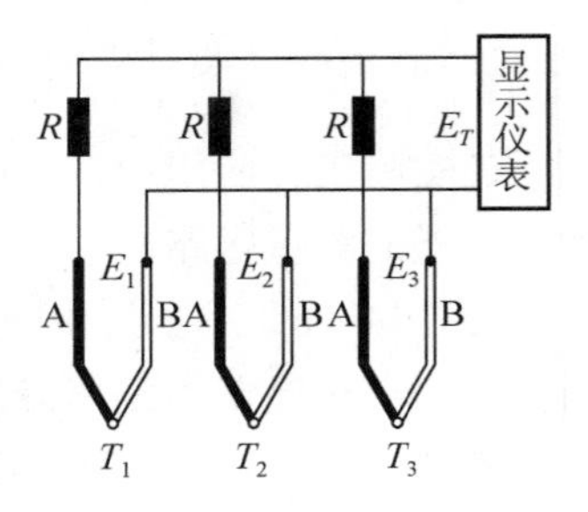

图 7.17　热电偶并联

7.3　热　电　阻

7.3.1　热电阻测温原理

利用金属材料的电阻率随温度变化的温度电阻效应制成的传感器称为热电阻传感器，在工业上它被广泛应用于-200～+500℃范围的温度检测。

大多数金属导体的电阻都具有随温度变化的特性，因为当温度升高时，金属导体内部原子晶格的振动加剧，从而使金属内部的自由电子通过金属导体时的阻碍增大，宏观上表现为电阻率变大，电阻值增加，即电阻值与温度的变化趋势相同，具有正温度系数效应。金属及其合金的电阻值随温度的变化关系可表示为

$$R_t = R_0\ [1+\alpha(t-t_0)] \tag{7-14}$$

式中，R_t、R_0 分别为热电阻金属丝在 t℃和 t_0℃时的电阻值；α 为金属材料的电阻温度系数（1/℃）。

从式（7-14）可知，α 值的大小表示热电阻灵敏度的高低，是热电阻的重要特征参数。α 值的定义是温度从 0℃变化到 100℃时电阻值的相对变化率，即

$$\alpha = \frac{R_{100} - R_0}{R_0} \times \frac{1}{100} = \left(\frac{R_{100}}{R_0} - 1\right) \times \frac{1}{100} \tag{7-15}$$

式中，R_{100}、R_0 分别为热电阻在温度为 100℃和 0℃时的电阻值。

制作热电阻的金属材料纯度越高，则 R_{100}/R_0 值越大，热电阻的精度和稳定性就越好。作为制作热电阻的金属材料，应满足以下要求：

（1）电阻温度系数 α 大且为常数，这样热电阻的灵敏度高，电阻-温度呈线性关系，方便测量和显示。

（2）材料的物理、化学性质稳定，长期使用稳定性好。

（3）电阻率 β 要大（$\beta = \mathrm{d}R/\mathrm{d}V$）。这样，对于一定阻值来说，热电阻的体积就小，其热容量小，动态特性就好。

（4）加工简单，价格便宜。

目前使用的热电阻材料有铂、铜、镍和铁等，实际应用最多的是铜热电阻和铂热电阻，并已实现标准化。

7.3.2 常用热电阻（RTD）

1. 铂热电阻

铂热电阻的优点是物理、化学性质稳定，具有很好的耐高温、耐氧化性能；与其他材料相比，铂有较高的电阻率，因此感温元件体积小，热响应快；铂容易提纯，有良好的工艺性，可制成很细的铂丝（直径为0.02 mm或更细）或极薄的铂箔；铂热电阻精度高。铂热电阻的缺点是电阻温度系数比较小，价格贵。

铂热电阻的电阻-温度关系式如下：

0～+850℃：
$$R_t = R_0(1 + At + Bt^2) \tag{7-16}$$

−200～0℃：
$$R_t = R_0[1 + At + Bt^2 + C(t-100)t^3] \tag{7-17}$$

式中，A=3.9083×10^{-3}/℃；B=−5.802×10^{-7}/℃^{2}；C=−4.274×10^{-12}/℃^{4}。

目前，我国工业用铂热电阻有R_0=10Ω和R_0=100Ω两种，它们的分度号分别为Pt_{10}和Pt_{100}，后者为常用热电阻。表7-9为铂（Pt_{100}）热电阻分度表。

表7-9 铂（Pt_{100}）热电阻分度表

分度号：Pt_{100} R_0=100Ω

温度/℃	0	10	20	30	40	50	60	70	80	90
	电阻/Ω									
−200	18.49	—	—	—	—	—	—	—	—	—
−100	60.25	56.19	52.11	48.00	43.87	39.71	35.53	31.32	27.08	22.80
−0	100.00	96.09	92.16	88.22	84.27	80.31	76.33	72.33	68.33	64.30
+0	100.00	103.90	107.79	111.67	115.54	119.40	123.24	127.07	130.89	134.70
100	138.50	142.29	146.06	149.82	153.58	157.31	161.04	164.76	168.46	172.16
200	175.84	179.51	183.17	186.82	190.45	194.07	197.69	201.29	204.88	208.45
300	212.02	215.57	219.12	222.65	226.17	229.67	233.17	236.65	240.13	243.59
400	247.04	250.48	253.90	257.32	260.72	264.11	267.49	270.86	274.22	277.56
500	280.90	284.22	287.53	290.83	294.11	297.39	300.65	303.91	307.15	310.38
600	313.59	316.80	319.99	323.18	326.35	329.51	332.66	335.79	338.92	342.03
700	345.13	348.22	351.30	354.37	357.37	360.47	363.50	366.52	369.53	372.52
800	375.51	378.48	381.45	384.40	387.34	390.26	—	—	—	—

2. 铜热电阻

在测量精度要求不高且温度较低的场合，铜热电阻得到广泛应用。铜价格低廉，容易提纯，在−50～+150℃温度范围内，其物理、化学性能稳定，输出-输入特性接近线性关系。铜热电阻的缺点是材料电阻率低，因此感温元件体积较大，热响应较慢。铜热电阻的电阻-温度关系可表示为

$$R_t = R_0[1 + At + Bt^2 + Ct^3] \tag{7-18}$$

式中，A=4.28899×10^{-3}/℃；B=−2.133×10^{-7}/℃^{2}；C=1.233×10^{-9}/℃^{3}。

3. 其他热电阻

铂热电阻和铜热电阻不适用于低温和超低温测量。目前，一些新的材料陆续被开发出来，这些新材料制作的热电阻和常用热电阻的性能参数见表 7-10。

表 7-10　一些新材料制作的热电阻和常用热电阻的性能参数

热电阻名称		分度号	温度范围	温度为 0℃时电阻值 R_0/Ω	主要特点
标准热电阻	铂热电阻	Pt_{10}	−200～850℃	10±0.01	测量精度高，稳定性好，可作为基准仪器
		Pt_{50}		50±0.05	
		Pt_{100}		100±0.1	
	铜热电阻	Cu_{50}	−50～+150℃	50±0.05	稳定性好、便宜，但体积大、机械强度较低
		Cu_{100}		100±0.1	
	镍热电阻	Ni_{100}	−60～180℃	100±0.1	灵敏度高，体积小；但稳定性和复制性较差
		Ni_{300}		300±0.3	
		Ni_{500}		500±0.5	
低温热电阻	铟热电阻	—	3.4～90K	100	复现性较好，在 4.5～15K 内，灵敏度比铂热电阻高 10 倍；但复制性较差，材质软，易变形
	锗铁热电阻	—	2～300K	20、50 或 100，$R_{4.2K}/R_{273K}$ 约为 0.07	有较高的灵敏度，复现性好，在 0.5～20K 内可作精确测量；但长期稳定性和复制性较差
	铂钴热电阻	—	2～100K	100，$R_{4.2K}/R_{273K}$ 约为 0.07	热响应好，力学性能好，温度低于 300K 时，灵敏度大大高于铂热电阻，但不能作为标准温度计

4. 热电阻传感器的结构

工业上使用的标准热电阻传感器结构有两种：普通型装配式热电阻传感器和柔性安装型铠装式热电阻传感器，分别如图 7.18 和图 7.19 所示。图 7.18（a）是普通型装配式热电阻传感器结构示意，它是将铂热电阻感温元件（电阻体）焊接上引出线组装在一端封闭的金属或陶瓷绝缘套管内，再装上接线盒而制成的，图 7.18（b）是目前应用最广的陶瓷封装型铂热电阻感温元件结构示意，其中铂丝裸线直径约几十微米，为防止感温元件出现电感，通常采用双线并绕法将电阻丝绕在用石英、云母、陶瓷、塑料制成的骨架上。铠装式铂热电阻是将铂热电阻感温元件、引出线、绝缘粉（氧化镁）组装在不锈钢管内，再经模具拉伸的坚实整体，铠装式热电阻具有坚实、抗振、可绕、线径小、安装方便等特点。

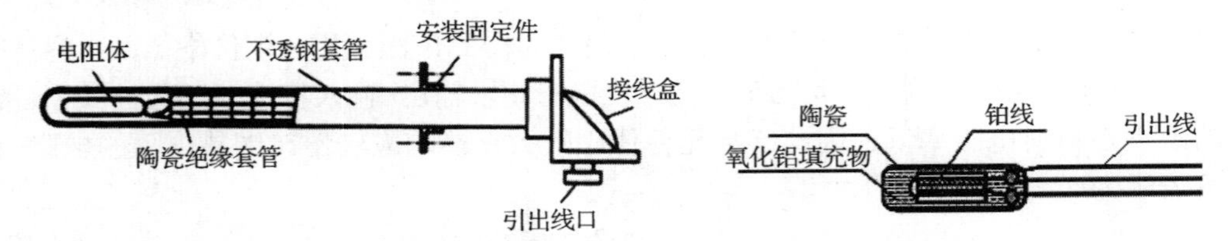

（a）普通型装配式热电阻传感器结构示意　　（b）陶瓷封装型铂热电阻感温元件（电阻体）结构示意

图 7.18　普通型装配式热电阻传感器及感温元件结构

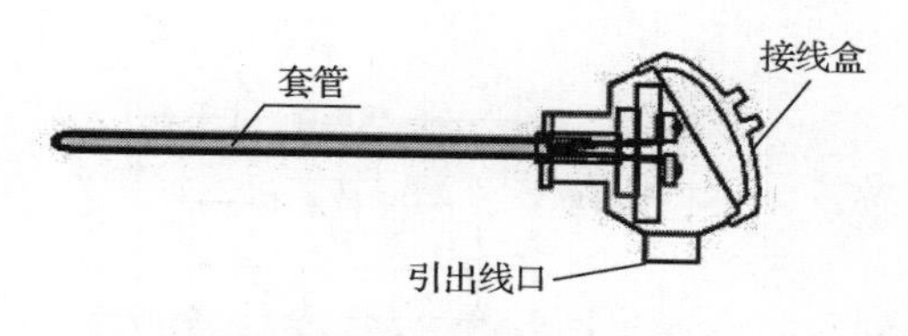

(a) 带接线盒的铠装式热电阻传感器

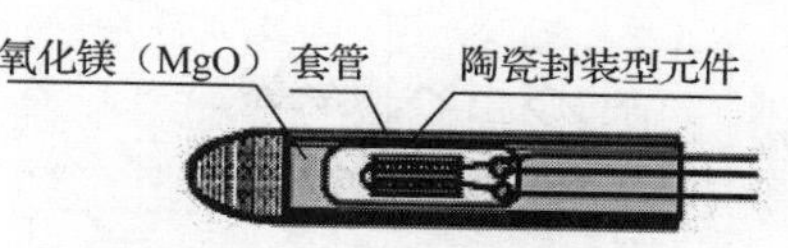

(b) 铠装式热电阻前端结构放大图

图 7.19 柔性安装型铠装式热电阻传感器结构及局部放大图

7.3.3 热电阻传感器的测量电路

热电阻传感器将温度的变化转变成电阻的变化，然后通过测量电路，把电阻的变化转换成电流或电压的变化，方便后续测量，通常采用电桥电路实现电阻到电压的转换。由于热电阻安装在现场，需要很长的导线与安装在控制室的温度指示仪表连接，如果仅用两根导线连接，就相当于把导线电阻也串联到测温电阻中去了。导线电阻随环境温度产生的电阻变化会造成测量误差，为此，工业测量中常采用三线连接法。

图 7.20 所示为热电阻测温电桥的三线连接法原理示意。G 为检流计，R_1、R_2、R_3 为固定电阻，R_a 为零位调节电阻。热电阻 R_t 通过电阻值为 r_1、r_2、r_g 的三根导线和电桥连接，r_1 和 r_2 分别连接在相邻的两个电桥臂内。当电桥平衡时，根据其平衡条件可得

$$R_3\left(R_2+r_2\right)=R_1\left(R_a+r_1+R_t\right) \tag{7-19}$$

整理式（7-19）得

$$R_t=\frac{R_3R_2}{R_1}+\frac{R_3}{R_1}r_2-R_a-r_1 \tag{7-20}$$

设计电桥时，若满足 R_1=R_3，则导线的长度和电阻温度系数相等。因此，温度变化时，$r_1=r_2$，则式（7-20）变为

$$R_t=\frac{R_3R_2}{R_1}-R_a \tag{7-21}$$

可见，电桥平衡不受导线电阻影响，不会因导线电阻造成测量误差。

需要注意，上述结论在电桥平衡状态下才成立，当采用不平衡电桥与热电阻配合测量温度时，三线连接法并不能完全消除导线电阻的影响。

三线连接法是工业测量中广泛采用的方法。在高精度测量中，可设计成采用四线连接法的测量电路，如图 7.21 所示。

四线连接法就是从热电阻两端各引出两根导线，共 4 根导线。其中，两根导线与恒流源连接，另外两根导线与电位差计连接。已知电流 I 流过热电阻 R_t，产生压降 U，用电位差计测出该电压值，则有

$$R_t=\frac{U}{I} \tag{7-22}$$

在图 7.21 中，导线电阻 r_1、r_4 引起的电压降不在测量回路中，与热电阻连接的导线电阻 r_2、r_3 由于测量回路中无电流（电位差计内阻无穷大），因此也不会对测量结果造成影响。

四线连接热电阻和电位差计的测量方法不受任何条件约束，总能消除导线电阻的影响，但恒流源需要保持稳定。

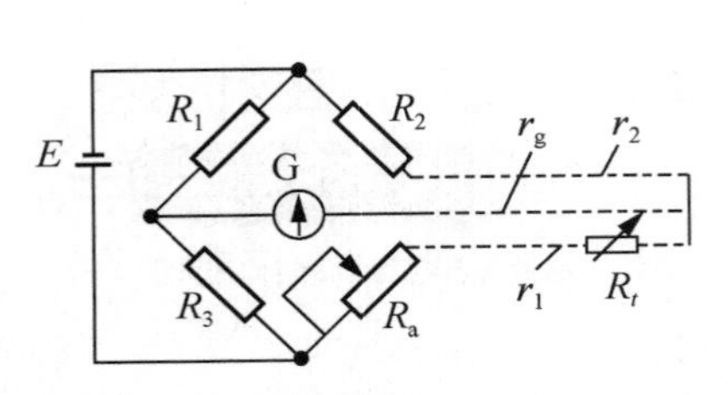

图 7.20　热电阻测温电桥的三线连接法原理示意

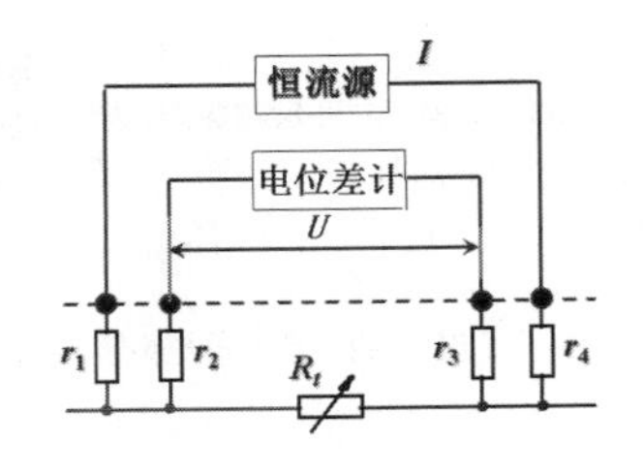

图 7.21　热电阻测温的四线连接法

特别提示

无论三线连接法还是四线连接法，导线都必须从热电阻感温体的根部引出，不能从接线端子引出，否则，仍会有误差。另外，热电阻在实际使用时都有电流流过，电流通过时会使热电阻发热，使电阻增大。为避免这一因素引起的误差，应使流过热电阻的电流尽量小，电流值一般小于 10mA。

7.4　热 敏 电 阻

热敏电阻是利用半导体的电阻值随温度的变化而显著发生变化的特性制成的一种热敏元件。与热电阻相比，热敏电阻有如下特点：

（1）电阻温度系数大，灵敏度高，约为热电阻的 10 倍；可以测出 0.001～0.005℃的微小温度变化。

（2）结构简单，体积小，直径可小到 0.5 mm，可以测量点温度。

（3）电阻率高，热惯性小，响应快，响应时间可短到毫秒级，适宜动态测量。

（4）易于维护和进行远距离测控，因为元件本身的电阻值大，其值可达 3～700 kΩ，当进行远距离测量时，导线电阻的影响可不考虑。

热敏电阻的缺点是互换性差，其电阻与温度关系为非线性。由于热敏电阻结构简单、热响应快、灵敏度高、价格便宜，因此在汽车、家电等领域得到大量应用。

7.4.1　热敏电阻的结构

热敏电阻是用半导体-金属氧化物（如 NiO、MnO_2、CuO、TiO_2 等）材料按不同配方复合、掺入一定的胶黏剂使之成形、再经过 1000～1500℃高温热处理而成的。它主要由敏感元件、引出线和壳体组成。根据使用要求，可以把热敏电阻制成珠形、片形、杆形、垫圈形等。热敏电阻实物（部分）、结构和符号如图 7.22 所示。

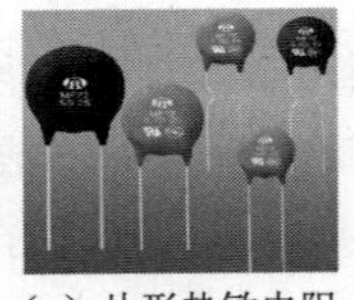

（a）片形热敏电阻

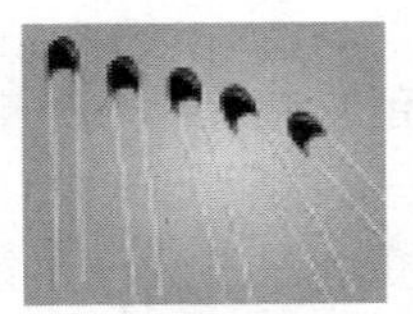

（b）珠形热敏电阻

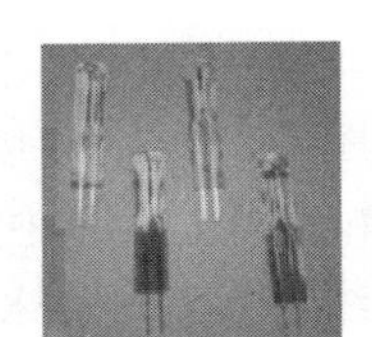

（c）杆形热敏电阻

图 7.22　热敏电阻实物、结构和符号

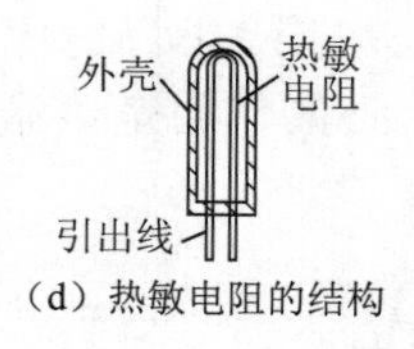

（d）热敏电阻的结构

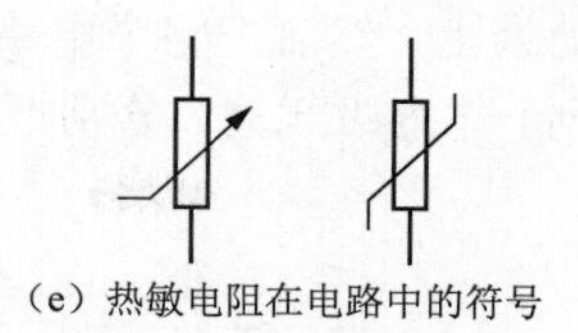
（e）热敏电阻在电路中的符号

图 7.22　热敏电阻实物、结构和符号（续）

7.4.2　热敏电阻的类型和特性

热敏电阻按温度特性分为 3 种类型：负温度系数（Negative Temperature Coefficient，NTC）热敏电阻（简称 NTC 热敏电阻）、正温度系数（Positive Temperature Coefficient，PTC）热敏电阻（简称 PTC 热敏电阻）、临界温度系数（Critical Temperature Resistors，CTR）热敏电阻（简称 CTR 热敏电阻）。上述 3 种热敏电阻的温度特性曲线如图 7.23 所示。

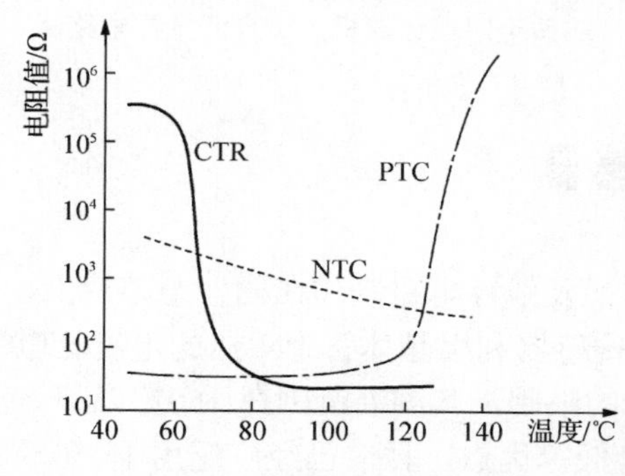

图 7.23　3 种热敏电阻的温度特性曲线

NTC 热敏电阻具有很高的负温度系数，特别适用于-100～300℃情况下的测温。其在点温、表面温度、温差、温场等测量中得到日益广泛的应用，同时也广泛地应用于自动控制及热补偿电路中。

NTC 热敏电阻的电阻-温度关系为

$$R_T = R_{T_0} e^{B\left(\frac{1}{T}-\frac{1}{T_0}\right)} \tag{7-23}$$

式中，R_T、R_{T_0} 分别是温度为 T、T_0 时的电阻值；B 为取决于半导体材料和结构的常数。

PTC 热敏电阻的阻值随温度升高而增大，并且存在斜率最大的区域。当温度超过某一数值时，其电阻值随温度的升高快速增大，主要用于彩电消磁、电器设备的过热保护等。

CTR 热敏电阻也具有负温度系数，当温度超过某一温度值后其电阻急剧减少，因此主要用作温度开关。

特别提示

热敏电阻使用时应使流过它的电流值限制在毫安量级，以避免由于自身发热而造成电阻值变化，引起测温误差。此外，由于 NTC 热敏电阻的输入-输出为非线性关系，为扩大测量范围和提高精度，需要采取线性化补偿措施。

7.4.3　热敏电阻的测量电路及应用

实际应用中热敏电阻一般采用电桥电路，图 7.24 所示为热敏电阻体温表电路原理，图中 R_T 是热敏电阻。图 7.25 为热敏电阻在计算机主机自动温控电路。虽然计算机内安装有 CPU 风扇和显卡风扇，但计算机在运行大型软件时产生的热量不能及时排到机外，使机内温度升高。图 7.25 所示的自动温控电路可以自由设置温度控制点，当温度超出设定值时排气扇、吸气扇同时工作，达到及时降温的目的。图 7.25 中 R_T 为正温度系数热敏电阻，R_T、R_1 与四电压比较器 LM339 构成温度检测电路。先把 R_T 置于 40～45℃环境中，仔细调节 R_P，让风扇正好转动为止，然后把整个电路板安装于机箱合适的地方，风扇 M_1、M_2 中的一个作为排气扇，另一个作为吸气扇，分别把它们安装于机箱内空位置。R_4 的作用是让输出信号产生一定的回差。

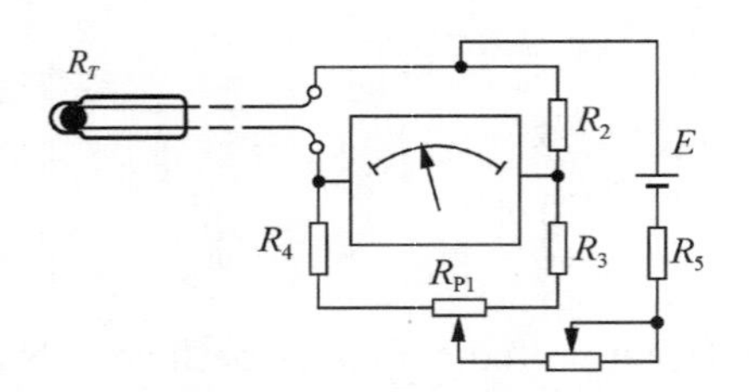

图 7.24　热敏电阻体温表电路原理

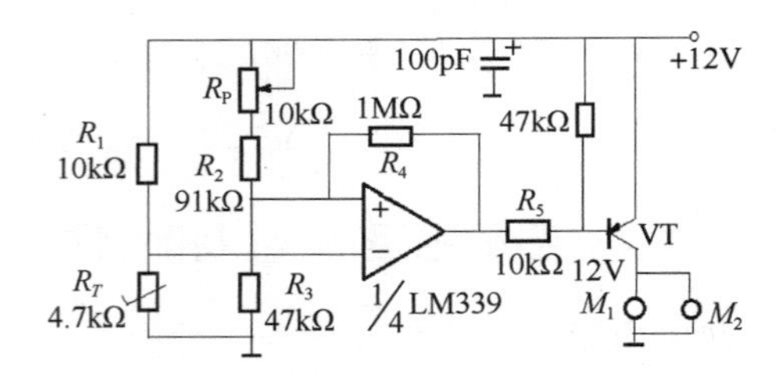

图 7.25　热敏电阻在计算机主机自动温控电路

7.5　集成温度传感器

集成温度传感器是把热敏晶体管和放大器、偏置电源及线性电路制作在同一个芯片上，以实现温度测量及模拟信号输出的专用 IC 器件。该类传感器利用晶体管 PN 结的电流、电压特性与温度的关系实现温度测量，受 PN 结耐热性能的限制，其测温范围在 150℃以下。集成温度传感器具有体积小、反应快、线性度好、价格低等优点，目前已经广泛用于−50～+150℃温度范围内的温度监测、控制和补偿等许多场合。

7.5.1　测温原理

图 7.26 所示为集成温度传感器基本电路原理。该图中一对结构和性能完全相同的晶体管连接成差分电路，该对晶体管置于同一温度下，集电极电流分别是 I_{c1} 和 I_{c2}，则电阻 R_1 上的电压应为晶体管 VT_1 和 VT_2 的基极-发射极电压差，即

$$\Delta U_{be} = U_{be1} - U_{be2} = \frac{kT}{q}\ln\frac{I_{c1}}{I_{c2}} \tag{7-24}$$

式中，q 为电子电荷量；T 为绝对温度；k 为玻尔兹曼常数。

可见，只要保证电流比值 I_{c1}/I_{c2} 不变，则 R_1 上的电压 ΔU_{be} 将正比于绝对温度 T。

因为集电极电流比值可以等于集电极电流密度比值，所以只要保持两个晶体管的集电极电流密度比值不变即可。实际制作时，通过严格控制晶体管 VT_1 和 VT_2 的发射结面积，使 VT_2 发射结面积是 VT_1 发射结面积的 n 倍，由于电流密度比值与面积比值成反比，故电阻 R_1 上的电压为

$$\Delta U_{be} = \frac{kT}{q}\ln(n) \tag{7-25}$$

集成温度传感器按输出信号分类，分为电路电压输出型和电流输出型两类，电压输出型集成温度传感器的温度系数约 10mV/℃，电流型集成温度传感器的温度系数约 1μA/℃。

图 7.27 所示为电压输出型集成温度传感器基本电路原理。在忽略基极电流（假设增益足够大）情况下，集电极电流等于发射极电流，则流过电阻 R_1 的电流和流过 R_2 的电流近似相等，其电流大小为

$$I_{R_1}=\frac{\Delta U_{\mathrm{be}}}{R_1}=\frac{kT}{qR_1}\ln(n) \tag{7-26}$$

于是电路输出电压U_{o}为

$$U_{\mathrm{o}}=\frac{R_2}{R_1}\cdot\frac{kT}{q}\ln(n) \tag{7-27}$$

可见，输出电压U_{o}与绝对温度T成正比关系，其值大小与R_2/R_1有关。

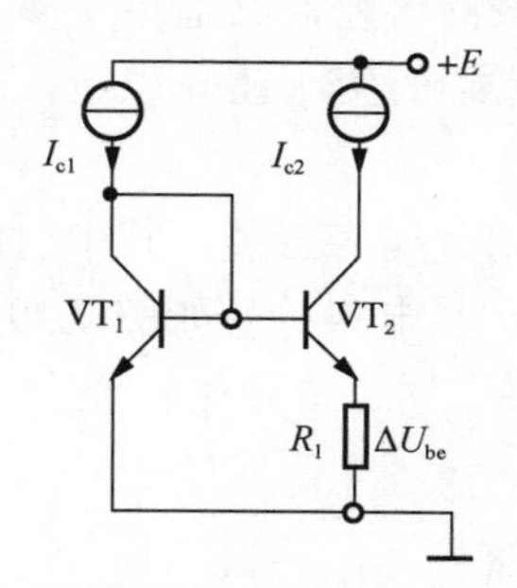

图 7.26 集成温度传感器基本电路原理

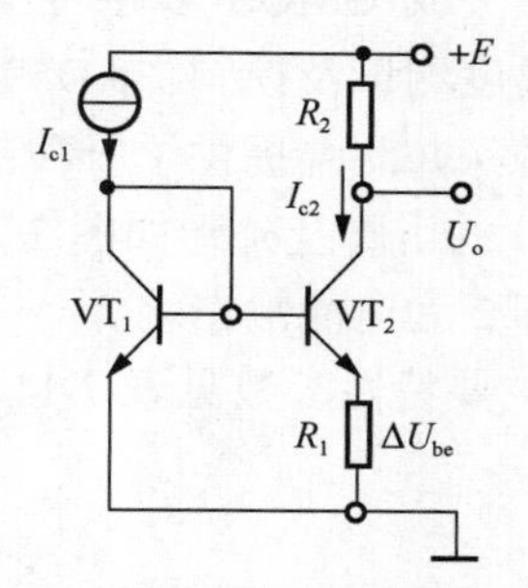

图 7.27 电压输出型传感器基本电路原理

图 7.28 是电流输出型集成温度传感器基本电路原理。该电路是在图 7.26 所示电路的基础上，用两只 PNP 晶体管分别与晶体管 VT_1 和 VT_2 串联组成的电流镜，两个 PNP 晶体管具有完全相同的结构和性能，并且其发射极偏压相同，故流过晶体管 VT_1 和 VT_2 的集电极电流在任何温度下始终相等。

设晶体管 VT_1 和 VT_2 发射极面积之比 $n=8$，则此两个晶体管的电流密度比值为其面积的反比。若在该电路的两端施加高于 $2U_{\mathrm{be}}$ 的电压，则 R_1 上得到的电压为

$$\Delta U_{\mathrm{be}}=\frac{kT}{q}\ln(n)=\frac{kT}{q}\ln 8 \tag{7-28}$$

流过电路的总电流为

$$I_{\mathrm{o}}=2I_1=2I_2=2\frac{\Delta U_{\mathrm{be}}}{R_1}=2\frac{kT}{qR_1}\ln 8 \tag{7-29}$$

若电阻 R_1 的温度系数为零，则电路的总电流正比于绝对温度。若 R_1=358Ω，将其值代入上式后求得的电路输出灵敏度为 1μA/K。

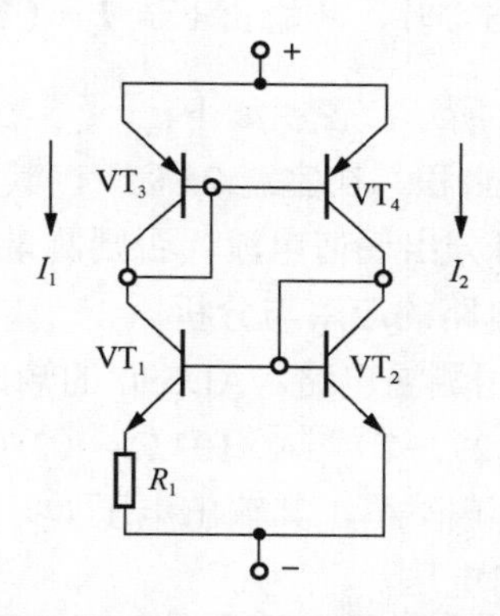

图 7.28 电流输出型集成温度传感器基本电路原理

7.5.2 典型集成温度传感器及其应用

1. 电流输出型集成温度传感器 AD590

美国 AD 公司生产的 AD590（见图 7.29）是典型的电流输出型集成温度传感器，其输出电流正比于热力学温度，即 1 μA / K，具有高输出阻抗（达 20MΩ）。因此，在应用时不必考虑选择开关或 CMOS 多路转换器所引入的附加电阻造成的误差，其适用于多点温度测量和远距离温度测量及控制。AD590 输出的电流信号传输距离可达到 1km 以上，这为远距离传输信号和深井测温提供了一种新型器件。

AD590 的引脚及外形如图 7.29（a）所示。AD590 采用金属壳封装，其中引脚 1 为电源正端，引脚 2 为电流输出端 I_o；引脚 3 为管壳，一般不用。其电路符号如图 7.29（b）所示。AD590 的主要特性参数见表 7-11。

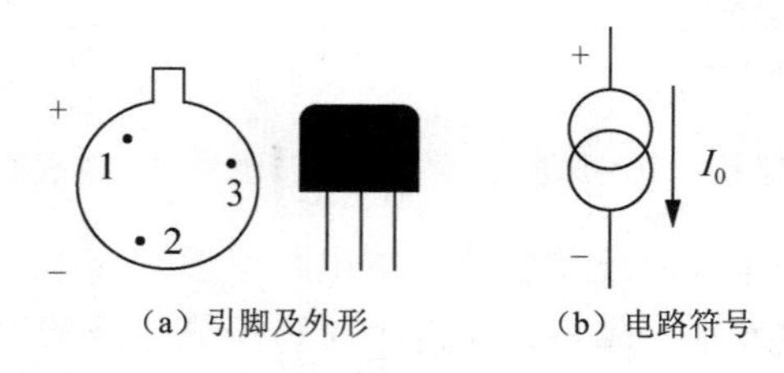

（a）引脚及外形　　（b）电路符号

图 7.29　AD590

表 7-11　AD590 的主要特性参数

参　数	数　据	参　数	数　据
工作电压	4～30 V	正向电压	+44 V
工作温度	−55～+150℃	反向电压	−20 V
保存温度	−65～+175℃	灵敏度	1 μA / K
输出电流	223 μA （−50℃）～423 μA （+150℃）	—	—

特别提示

AD590 的输出电流是以绝对温度零度（－273℃）为基准的，每增加 1℃，它的输出电流会增加 1 μA 。因此，在室温 25℃时，其输出电流 I_o=（273+25）×1μA =298 μA 。

AD590 的基本电路如图 7.30 所示，说明如下：

（1）U_o 的值为 I_o 与 10 kΩ 的乘积，在室温 25℃下，其输出值为 10 kΩ ×298 μA =2.98V。

（2）测量 U_o 时，应注意不可分出任何电流，否则测量值有误差。

【应用示例 1】AD590 测温电路的应用与分析

图 7.31 所示为 AD590 的实用测温电路。AD590 的输出电流 I_o=（273+T） μA （T 为摄氏温度），将其转换成电压，即（273+T） μA ×10 kΩ =（2.73+T/100）V。为了避免对 AD590 输出电流 I_o 的分流，使用电压跟随器 A_1，其输出电压 U_2=（2.73+T/100）V。

由 A_2 构成的差动放大器输出电压

$$U_o=(100k\Omega/10k\Omega)\times(U_2-U_1)=10(U_2-U_1)$$

式中，电压 U_1 通过调整分压电阻使其等于 2.73V，则电路最终输出电压 U_o= T/10。

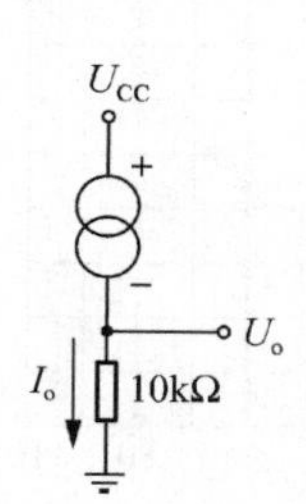

图 7.30　AD590 的基本电路

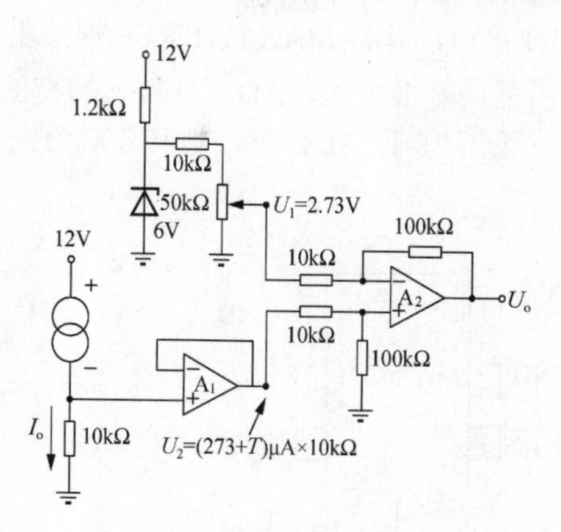

图 7.31　AD590 测温电路

例如，现场温度为 28℃，则输出电压为 2.8V。若该输出电压接到 A/D 转换器，则 A/D 转换器输出的数字量就和摄氏温度呈线性关系。

由于一般电源在供应较多器件之后，电源带有杂波，为此使用齐纳二极管作为稳压元件，再利用可变电阻分压，可保证电压 U_1 的准确度。

2. 电压输出型集成温度传感器 MAX6610/6611

MAX6610/6611 是美信公司 2002 年推出的一款电压型集成温度传感器，适用于系统温度监控、温度补偿、通风系统、家用电器等领域。其主要性能参数见表 7-12。

表 7-12　MAX6610/6611 主要性能参数

型　　号	灵敏度	参考电压	温度系数	工作电压	测温范围	测温精度	非线性误差
MAX6610	16m V/℃	2.560 V	10ppm/℃	3.0～5.5V	−40～+125℃	25℃时：±1.2℃； −10～+55℃时： ±2.4℃； −20～+85℃时： ±3.7℃	1℃
MAX6611	16m V/℃	4.096 V	10ppm/℃	4.5～5.5V	−40～+125℃		1℃

注：ppm 表示百万分之一，或称百万分率。

MAX6611 为六脚 SOT-23 封装，其引脚如图 7.32 所示，各引脚功能如下：引脚 1（V_{CC}）为电源正端，连接 0.1 μF 旁路电容；引脚 2、引脚 6（GND）为电源负端，接地；引脚 3（$\overline{\text{SHND}}$）为关闭控制端，低电平（≤0.5V）时有效，高电平（≥0.5V）时正常工作，不用时，连接 V_{CC}；引脚 4（TEMP）输出与温度成正比的模拟电压；引脚 5（REF）为 4.096V 基准电压输出端，其驱动电流可达 1mA，连接 1nF～1 μF 的旁路电容。

MAX6611 的输出电压 U_{TEMP} 与测量温度 T 的关系为

$$U_{TEMP}=U_o+S\times T \tag{7-30}$$

式中，U_o 为 0℃时的输出电压；S 为传感器的灵敏度；T 为测量温度。MA×6611 的输出电压 U_{TEMP} 与温度 T 的关系如图 7.33 所示。

MAX6611 的典型应用电路如图 7.34 所示，它由 MAX6611 及微控制器 μC 组成。μC 芯片内带有 ADC，将 MAX6611 输出的模拟电压转换为相应的数字电压，TEMP 端直接连接 μC

的 ADC IN 接口，并将 MAX6611 REF 端输出的 4.096V 基准电压输入μC 的 REF IN 端，提供 ADC 所需的基准电压。ADC 分辨力的高低与其位数有关，若采用 8 位 ADC，其分辨力可达 1℃；采用 10 位 ADC 时，则其分辨力则为 0.25℃。

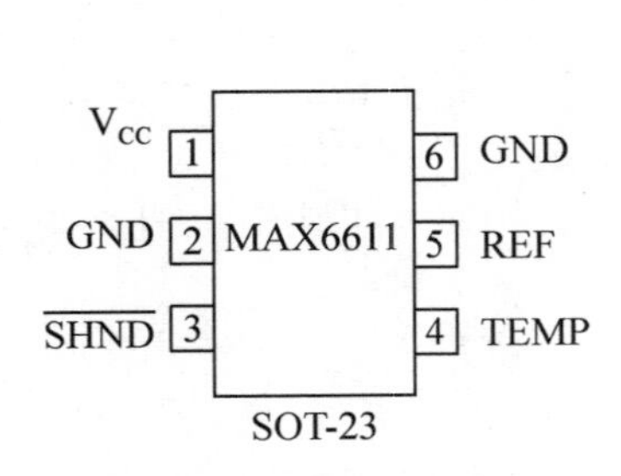

图 7.32　MAX6611 的引脚

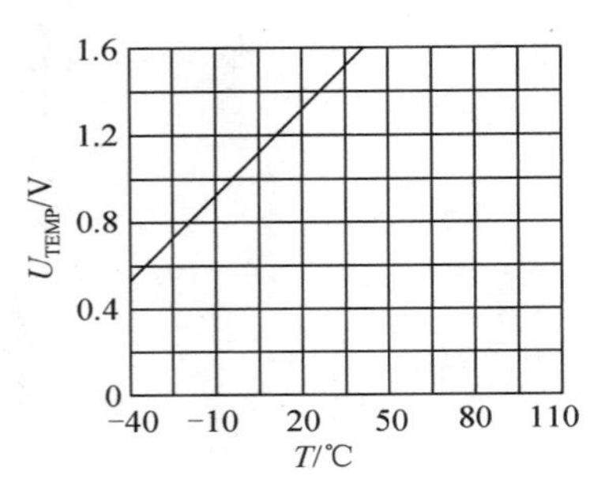

图 7.33　MAX6611 的输出电压 U_{TEMP} 与温度 T 的关系

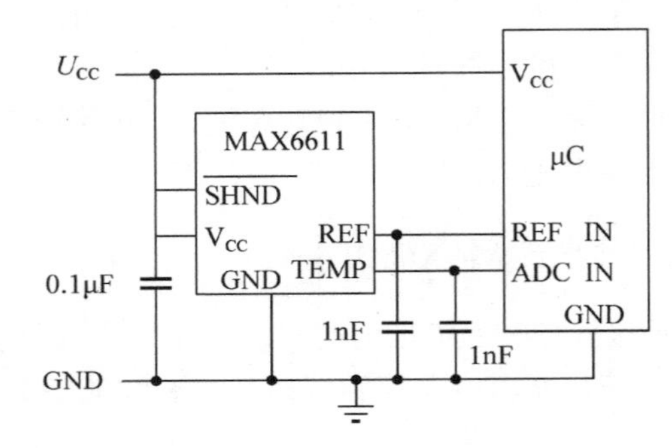

图 7.34　MAX6611 的典型应用电路

【应用示例 2】集成温度传感器 MAX6611 用于镍铬电池快速充电器

图 7.35 所示为由集成温度传感器 MAX6611（IC1）、电压比较器（IC2）和 LM317 型三端可调集成稳压器构成的镍镉电池快速充电器电路。该电路对 3～4.5V 的镍镉电池组可进行快速、安全地充电。通常，在被充电电池的温度升高 5℃时，电池电量就能达到额定容量的 80%，此时充电器就改用 40mA 的小电流继续给电池充电。这种自动切换方式不仅能节省充电时间，还不会造成过充电现象。

MAX6611 的引脚4（TEMP）输出与温度成正比的电压信号，与电压比较器的反相端相连接，MAX6611 的引脚5（REF）输出的基准电压经 100 kΩ 电位器分压后与电压比较器的同相端相连，此时 U_{TEMP}=1.2V+$S\times T$。

根据 LM317 的电路特性，由 V_{IN} 端给它提供工作电压，便可以保持其+V_{OUT} 端（引脚2）比 ADJ 端（引脚 1）的电压高 1.25V。因此，只需用极小的电流调整 ADJ 端的电压，便可在+V_{OUT} 端得到比较大的电流输出，并且电压比 ADJ 端高出恒定的 1.25V。

电压比较器（IC2）的输出电压 U_o 为

$$U_o = \frac{(R_1 + R_F)U_2 - R_F U_{TEMP}}{R_1} \tag{7-31}$$

当电压比较器（IC2）的输出电压 U_o 为高电平时，VD 截止，因为 LM317 的 V_{OUT}-ADJ 端的内部基准电压 E_0=1.25V，所以该恒流源的输出电流为

$$\frac{1.25\text{ V}}{1.2\ \Omega}=1.04\text{A}$$

同时，+5V 电源还通过 R_4 给镍镉电池充电，充电电流为

$$I_2=\frac{(5-0)\text{V}}{R_4}=\frac{(5-3)\text{V}}{50\Omega}=40\text{ mA}$$

因为 $I_2 \ll I_1$，所以快速充电时的总充电电流近似等于 1A，即 I_1=1A。

当温度升高时（约 5℃），MA×6611 输出电压 U_{TEMP} 变大，使得电压比较器输出低电平。此时 VD 导通，LM317 的调整端电位 $U_{ADJ}\approx 0.7\text{ V}$，进而使+$V_{OUT}$=$E_0$+$U_{ADJ}$=（1.25+0.7）V≈2V，由于 R_3 的下端连接电池的正极，因此 LM317 处于反向偏置状态而不工作。此时依靠流经电阻 R_4 上的电流 I_2 给电池充电。

例如：R_1=100 kΩ，R_F=10 MΩ 时，在室温 T=25℃时，U_{TEMP}=1.6V，调节 100 kΩ 电位计使 U_2=1.65V，则 U_o=6.65V 为高电平，VD 截止；在充电过程中温度升高（T=30℃）时，U_{TEMP}=1.68V，则 U_o=−1.35V 为低电平，VD 导通，于是电路用弱电流给电池充电。

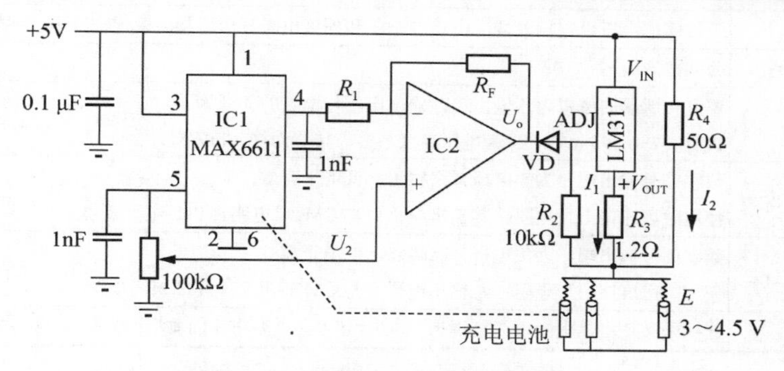

图 7.35 镍镉电池快速充电器电路

3. 逻辑输出型集成温度传感器 LM56

在许多实际应用中，往往并不需要严格地测量温度值，而只关心温度是否超出了一个设定范围。一旦温度超出所设定的范围，就发出报警信号，启动或关闭风扇、空调、加热器或其他控制设备。这种情况下，可选用逻辑输出型集成温度传感器。

LM56 是美国国家半导体公司（NSC）推出的低功耗、可编程集成温度控制器，其内部含有温度传感器和基准电压源。两个集电极开路的数字信号输出端用来进行温度控制，利用外接电阻分压器，可以方便地对上下限温度进行设定。当温度超过上限温度或低于下限温度时，其数字信号输出端输出相应的逻辑电平，经驱动电路实现对温度的控制，控温范围为−40～125℃，控温误差小于±2℃。其内部还含有迟滞电压比较器，利用迟滞电压比较器的滞后特性，可有效地避免执行机构在控温点附近频繁动作，滞后温度 T_{HYST} 为 5℃。另有一个模拟信号输出端，该输出端输出与摄氏温度呈线性关系的电压信号。该电压信号经模/数转换后，可用来驱动显示装置，以实现对自身温度的精确测量。LM56 广泛应用于家用电器和办公设备的过热保护、数据采集系统及电池供电系统的温度监测、工业过程控制、降温风扇控制、电器设备的过热保护。

1）引脚功能及内部结构

LM56 采用 SO-8 表面封装或超小型化的 MSOP-8 封装。引脚排列情况如图 7.36 所示，

各引脚功能见表 7-13。LM56 的内部结构框图如图 7.37 所示，主要包括温度传感器、1.25V 带隙基准电压源、迟滞电压比较器以及集电极开路输出等。

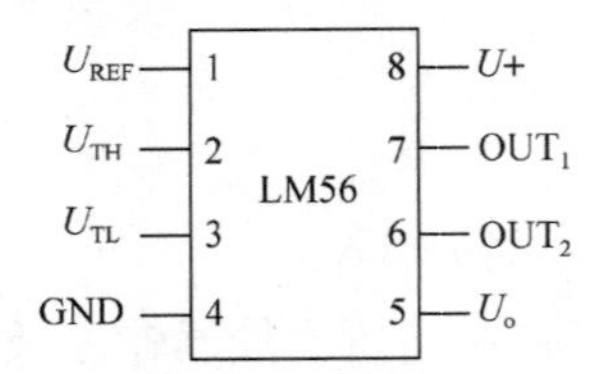

图 7.36 LM56 引脚排列情况

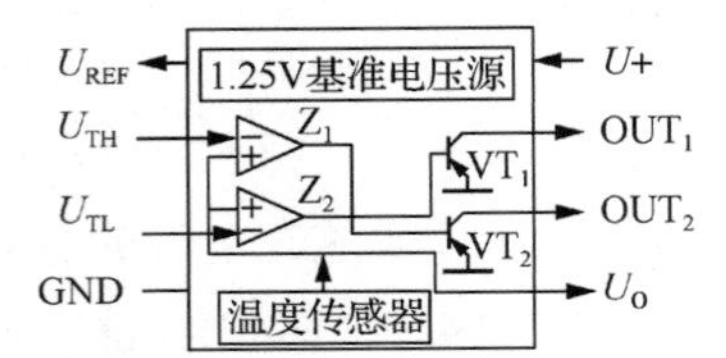

图 7.37 LM56 的内部结构框图

表 7-13 LM56 的引脚功能

引脚序号	引脚符号	引脚功能
1	U_{REF}	1.25 V 基准电压引出端，外接电阻分压器可分别设定上、下限温度
2	U_{TH}	上限阈值电压设定输入端，由基准电压和外接电阻分压器共同确定上限电压阈值
3	U_{TL}	下限阈值电压设定输入端，由基准电压和外接电阻分压器共同确定下限电压阈值
4	GND	公共接地端
5	U_o	温度传感器的模拟电压输出端，输出电压与温度的关系为 $U_o=K_VT$+0.395 mV（K_V为电压温度系数，其值为+6.2 mV/℃）
6	OUT$_2$	数字信号输出端，为集电极开路输出，低电平有效； 使用时可连接上拉电阻，其输出电平可与 CMOS 电路、TTL 电平兼容
7	OUT$_1$	数字信号输出端，为集电极开路输出，低电平有效； 使用时可连接上拉电阻，其输出电平可与 CMOS 电路、TTL 电平兼容
8	U+	连接电源正极，电源电压范围为+2.7～+10 V；电源电压的典型值为+3 V 或+5 V

2）工作原理

LM56 首先将内部温度传感器感知的温度信号转换成电压信号，一路信号输送到模拟电压输出端，另一路信号输送到迟滞电压比较器的同相输入端。1.25V 基准电压 U_{REF} 经过电阻分压器分压后得到的上限阈值电压 U_{TH} 和下限阈值电压 U_{TL}，将分别被输送到迟滞电压比较器的反相输入端，然后与同相输入端所施加的温度传感器输出的电压 U_o 进行比较。当温度大于上限温度时（$T>T_H$），$U_o>U_{TH}$，迟滞电压比较器 Z_1 输出高电平，VT_2 导通，从而使得输出端 OUT_2 为低电平；当温度小于上限温度与滞后温度之差时（$T<T_H-T_{HYST}$），$U_o<U_{TH}$，迟滞电压比较器 Z_1 输出低电平，VT_2 截止，从而使输出端 OUT_2 为高电平。当温度大于下限温度时（$T>T_L$），$U_o>U_{TL}$，迟滞电压比较器 Z_2 输出高电平，VT_1 导通，输出端 OUT_1 为低电平；当温度小于下限温度与滞后温度之差时（$T<T_L-T_{HYST}$），$U_o<U_{TL}$，迟滞电压比较器 Z_2 输出低电平，VT_1 截止，输出端 OUT_1 为高电平。

3）上下限阈值电压的设定

分压电阻 R_1、R_2、R_3 与 LM56 的连接如图 7.38 的左侧部分所示，总阻值 $R=R_1+R_2+R_3=$ 27 kΩ。设计时，对 R_1、R_2、R_3 分压电阻，应选用高精度的金属膜电阻。LM56 的上下限阈值电压由下式确定：

$$U_{TH}=\frac{R_1}{R\times U_{REF}} \tag{7-32}$$

$$U_{\mathrm{TL}}=\frac{R_1+R_2}{R\times U_{\mathrm{REF}}} \tag{7-33}$$

而上下限阈值电压所对应的温度 T_{H}、T_{L} 由下面的式子确定：

$$\begin{cases}T_{\mathrm{H}}=(U_{\mathrm{TH}}-395\mathrm{mV})/K_{\mathrm{V}}\\T_{\mathrm{L}}=(U_{\mathrm{TL}}-395\mathrm{mV})/K_{\mathrm{V}}\end{cases} \tag{7-34}$$

式中，K_{V}=+6.20 mV/℃。

4）应用电路

由 LM56 构成的温度控制电路如图 7.38 所示。将 LM56 以合适的方式放在被控装置的适当部位上，如大功率音频放大器的散热片上，这样，当大功率音频放大器的表面温度超过设定值 T_{L} 时，LM56 的数字信号输出端 OUT_1 将输出低电平，使 P 沟道功率场效应晶体管 NDS356P 导通，开启降温风扇，以便给大功率音频放大器降温。当温度降低到 $T<T_{\mathrm{L}}-T_{\mathrm{HYST}}$ 时，LM56 的数字信号输出端 OUT_1 将输出高电平，从而使 P 沟道功率场效应晶体管 NDS356P 截止，风扇关闭。当异常情况使得系统温度过高时，即大功率音频放大器的表面温度超过设定值 T_{H} 时，LM56 的数字信号输出端 OUT_2 将输出低电平，并通过执行电路迅速关断电源，从而使放大电路得到保护。图 7.38 中 R_4、R_5 为 10 kΩ 上拉电阻。设计时，为了减小外界噪声的干扰，通常在 U+与 GND 之间并联一个 0.1 μF 的电容器。

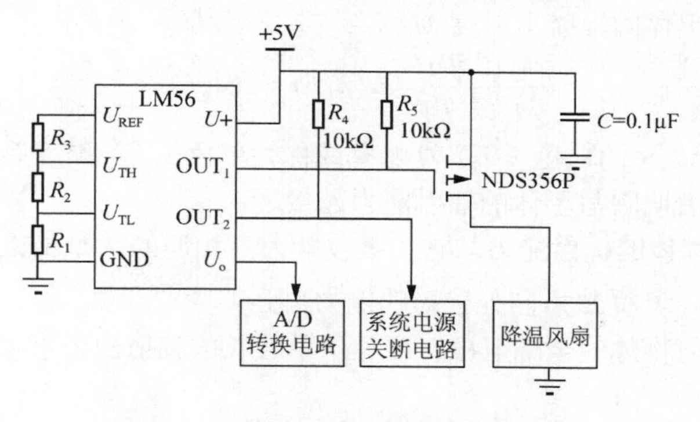

图 7.38　由 LM56 构成的温度控制电路

B 部分　辐射测温方法及辐射温度计

自 20 世纪 70 年代以来，随着电子技术和半导体材料的发展，非接触测温技术及仪器快速发展。由于在测温时不直接接触被测物体，不破坏原有温度场，并且可测量运动中的物体，测温范围大，故辐射测温技术被广泛用于工业、科研、军事、医学等领域。

7.6　辐射测温的基本定律

对于任何物体，只要它的温度高于热力学零度（−273.15 ℃），其内部带电粒子的运动都会以一定波长的电磁波形式向外辐射能量。物体温度越高，它向周围空间辐射的能量越多。物体产生的辐射波长范围极广，但在温度测量中主要利用可见光和红外光。

利用物体的辐射特性可以制成全辐射温度计、部分辐射（红外）温度计、光电亮度温度计、比色温度计等。辐射温度计一般包括两个部分：

（1）光学系统。通过光学系统把被测物体的辐射能量聚焦到敏感元件上。

（2）辐射接收器。利用各种光敏、热敏元件将汇聚的辐射能量转换为电量。

辐射温度计的工作基于下述4个热辐射基本定律。

1. 基尔霍夫定律

基尔霍夫定律是物体热辐射的基本定律，它建立了理想黑体和实际物体辐射之间的关系。所谓黑体是指能全部吸收入射辐射能量的物体，即既无反射也无透射，吸收率等于1。基尔霍夫定律表明：各物体的辐射出射度和吸收率的比值都相同，它和物体的性质无关，仅是物体的温度T和发射波长λ的函数，即

$$\frac{M_0(\lambda,T)}{\alpha_0(\lambda,T)}=\frac{M_1(\lambda,T)}{\alpha_1(\lambda,T)}=\frac{M_2(\lambda,T)}{\alpha_2(\lambda,T)}=\cdots=f(\lambda,T) \tag{7-35}$$

式中，M_0（λ,T），M_1（λ,T），M_2（λ,T），…分别为物体A_0，A_1，A_2，…的单色（λ）辐射出射度（将其定义为辐射源单位发射面积发出的单色辐射能通量大小）；α_0（λ,T），α_1（λ,T），α_2（λ,T），…分别为物体A_0，A_1，A_2，…的单色（λ）吸收率。

若物体A_0是黑体，则其单色吸收率α_0（λ,T）=1。根据式（7-35），任意物体A的辐射出射度M（λ,T）与黑体的辐射出射度M_0（λ,T）之比为

$$\frac{M(\lambda,T)}{M_0(\lambda,T)}=\alpha(\lambda,T)=\varepsilon(\lambda,T) \tag{7-36}$$

式中，$\varepsilon(\lambda,T)$称为物体A的单色（λ）发射率或称为单色（λ）黑度系数。一般$\varepsilon(\lambda,T)<1$。$\varepsilon(\lambda,T)$值越接近1，表明它与黑体的辐射能力越接近。

式（7-36）说明物体的辐射能力与它的吸收能力是相同的，即$\alpha(\lambda,T)=\varepsilon(\lambda,T)$。所以吸收辐射能力强的物体，其受热后向外辐射的能力也强。

在全波长内，任何物体的全辐射出射度等于单波长的辐射出射度在全波长内的积分，对式（7-36）求积分得

$$\frac{M(T)}{M_0(T)}=\frac{\int_0^{\infty}M(\lambda,T)\,\mathrm{d}\lambda}{\int_0^{\infty}M_0(\lambda,T)\,\mathrm{d}\lambda}=\int_0^{\infty}\varepsilon(\lambda,T)\mathrm{d}\lambda=\varepsilon_T \tag{7-37}$$

式（7-37）为基尔霍夫定律的积分形式。式中，$M(T)$为物体A在温度T下的全辐射出射度；M_0（T）为黑体在温度T下的全辐射出射度；ε_T为物体A的全发射率或全辐射黑度系数。它表明在一定的温度T下，物体A的辐射出射度与相同温度下黑体的辐射出射度之比。一般物体的$\varepsilon_T<1$，ε_T值越接近1，表明它与黑体的辐射能力越接近。

2. 普朗克定律（单色辐射强度定律）

在式（7-35）中，f（λ,T）的函数形式是怎样的？普朗克用量子学说建立了其数学关系式，并得到了实验验证。普朗克建立的黑体光谱辐射出射度$M_0(\lambda,T)$计算公式（普朗克公式）为

$$M_0(\lambda,T)=C_1\lambda^{-5}(\mathrm{e}^{\frac{C_2}{\lambda T}}-1)^{-1} \tag{7-38}$$

式中，C_1为第一辐射常数，$C_1=(3.74\times10^4)\ \text{W}\cdot\mu\text{m}^4/\text{cm}^2$；$C_2$为第二辐射常数，$C_2=(1.44\times10^4)\ \mu\text{m}\cdot\text{K}$；$T$为黑体绝对温度（K）。

由式（7-38）可算出不同波长和温度时黑体的光谱辐射出射度$M_0(\lambda,T)$，如图 7.39 所示。

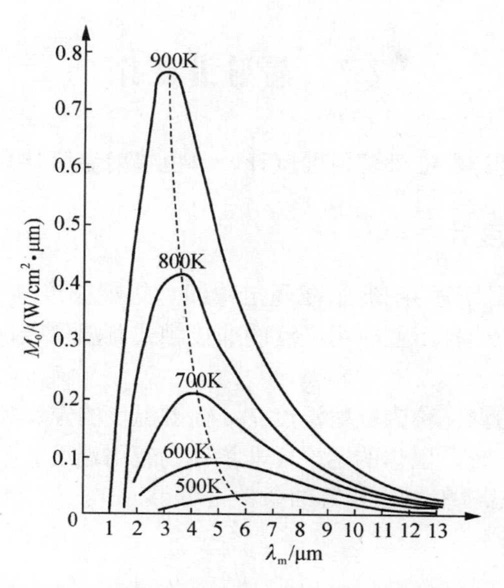

图 7.39 黑体辐射出射度与波长、温度的关系曲线

从图 7.39 中的曲线可以得出黑体辐射的 3 个特性。

（1）总的辐射出射度是随温度的升高而迅速增加的，温度越高，则光谱辐射出射度越大。

（2）当温度一定时，光谱辐射出射度随波长的不同按一定的规律变化，两者关系曲线有一个极大值，其波长定义为λ_m。当波长小于λ_m时，辐射出射度随波长增加而增加；当波长大于λ_m时，变化规律相反。

（3）当温度增加时，光谱辐射出射度的峰值波长会向短波方向移动。物体的辐射亮度增加，发光颜色也改变。

普朗克公式虽然结构较复杂，但它从低温到高温段都是适用的。

3. 维恩定律

在式（7-38）中，当$\lambda T \ll C_2$时，则有$\text{e}^{\frac{C_2}{\lambda T}} \gg 1$，可得到维恩公式

$$M_0(\lambda,T)=C_1\lambda^{-5}\text{e}^{-\frac{C_2}{\lambda T}} \tag{7-39}$$

维恩公式比普朗克公式简单，但仅适用于不超过 3000K 的温度范围，辐射波长为 0.4～0.75 μm 。当温度超过 3000K 时，与实验结果就有较大偏差。

4. 斯蒂芬-波尔兹曼定律

对式（7-38）在全波长范围（0,∞）积分，可得

$$M_0(T)=\int_0^\infty M_0(\lambda,T)\text{d}\lambda=\int_0^\infty C_1\lambda^{-5}(\text{e}^{\frac{C_2}{\lambda T}}-1)^{-1}\text{d}\lambda=\frac{2\pi^5k^4}{15c^2h^3}T^4=\sigma T^4 \tag{7-40}$$

式中，σ为黑体辐射常数或称斯蒂芬-玻尔兹曼常数，σ=5.66961×10^{-3} W/（m^2·K^4）。

斯蒂芬-玻尔兹曼定律如下：对于温度为T的绝对黑体，其单位面积元在半球方向所发射的全部波长的辐射出射度与温度T的四次方成正比。式（7-40）就是全辐射式测温的理论依据。

7.7 辐射温度计

下面介绍全辐射温度计、红外辐射温度计、单色辐射温度计和比色温度计。

7.7.1 全辐射温度计

全辐射温度计是依据斯蒂芬-玻尔兹曼定律即总辐射强度与物体温度的四次方成正比的关系进行测量的，它是一种工业应用广泛的非接触式测温仪表，可用来测量400～2000℃的高温。

全辐射温度计测出的温度称为辐射温度T_F。辐射温度的定义如下：当黑体的总辐射能量等于非黑体的总辐射能量时，黑体的温度即非黑体的辐射温度。

根据式（7-40），在总辐射能量相等的条件下可得

$$T=\frac{T_F}{\sqrt[4]{\varepsilon_T}} \tag{7-41}$$

式中，T为非黑体的真实温度；T_F为非黑体的辐射温度；ε_T为非黑体的发射率。

因此，用全辐射温度计测量非黑体温度时，必须知道非黑体的发射率ε_T后才能换算成其真实温度 T。由于非黑体的发射率ε_T＜1，故由式（7-41）可知，用全辐射温度计测出的温度要比被测物体的真实温度低，发射率越小，误差越大。

全辐射温度计由辐射感温器和显示仪表两部分组成。图7.40所示为WFT-202型辐射感温器结构示意，它主要包括光学系统、辐射接收器。辐射接收器是由8支热电偶组成的热电堆（其结构示意见图7.41）。测量时，物镜将被测物体的辐射能量聚焦到受热靶面上，使其温度升高，由8支串联的热电偶组成的热电堆将温度转换为相应的热电动势输出。辐射感温器必须与毫伏计或电子电位差计配套使用，才能测量出热电堆输出的热电动势信号。

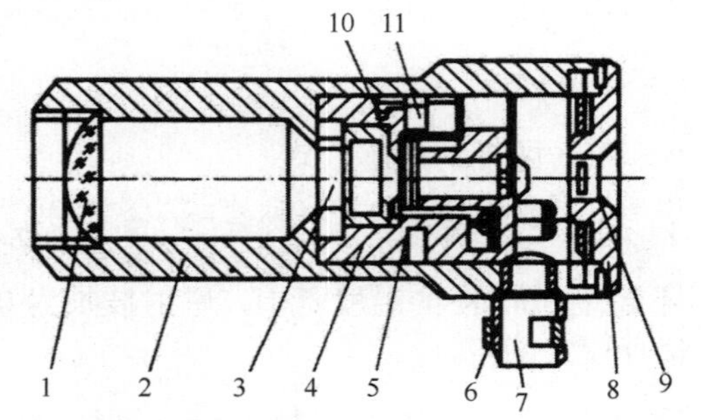

1—物镜；2—外壳；3—补偿光阑；4—座架；5—热电堆；6—接线柱；7—穿线套；8—盖子；9—目镜；10—校正片；11—小齿轴

图7.40 WFT-202型辐射感温器结构示意

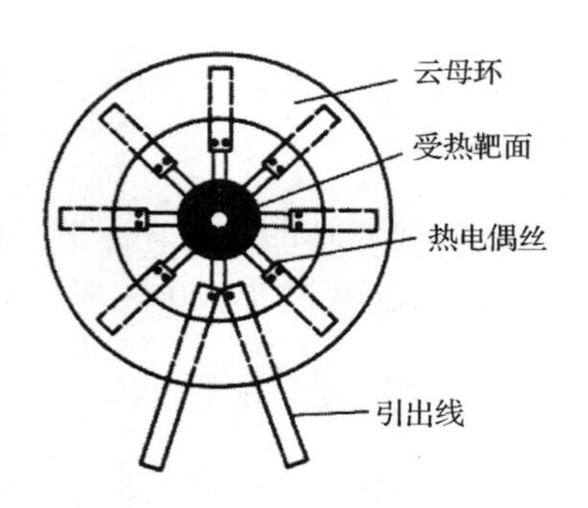

图7.41 热电堆结构示意

7.7.2 红外辐射温度计

红外辐射温度计（也称为部分辐射温度计）与全辐射温度计的区别在于采用了光电池、光敏电阻等只对部分光谱敏感的红外探测元件，因此它是一种部分辐射温度计。

图 7.42 所示为红外辐射温度计的工作原理。辐射体的辐射能量经过主镜、次镜后在锗单晶滤光片（仅透过红外线）上分为两路：透过的红外线汇聚在热敏电阻上，而反射的可见光通过目镜系统供人眼观察。调节次镜位置，使通过目镜观察到的目标在分划板上呈现清晰的图像，此时辐射体的图像刚好落在与分划板共轭的热敏电阻表面，保证测温的准确度。

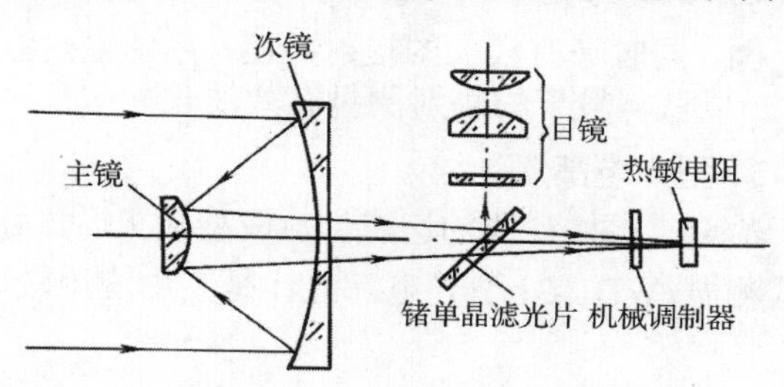

图 7.42 红外辐射温度计的工作原理

特别提示

实际上，即使用全辐射温度计测量也不可能接收到辐射体产生的所有波段的辐射能量，因为光学透镜能透射的光波长范围是有限的。测量 700℃以上高温时，辐射体的辐射波段主要为 0.76～3μm 的近红外线，透镜材料一般用光学玻璃或石英玻璃；测量中温时，辐射波段主要为 3～5μm 的中红外线，多用氟化镁、氧化镁等热压光学透镜；测量低温时，辐射波段主要为 5～14μm 的中远红外线，多用锗、硅、热压硫化锌等材料制成的透镜。

7.7.3 单色辐射温度计

根据维恩公式，即式（7-40），黑体的辐射强度是波长和温度的函数，当波长一定时，其辐身强度仅与温度有关。例如，当辐射体的温度从 1200K 上升到 1500K 时，总辐射能量增加 2.5 倍，而波长为 0.65μm 的红色光单色亮度增加 10 倍以上。单色辐射温度计（也称为亮度温度计）就是利用单色亮度与温度的关系进行工作的。

测量时，实际接收到的是被测物体在某方向上的辐射出射度，即光谱辐射亮度 $L_0(\lambda,T)$。一般情况下，将被测物体看作余弦辐射体，则有

$$L_0(\lambda,T)=M_0(\lambda,T)/\pi \tag{7-42}$$

单色辐射温度计是以黑体的光谱辐射亮度来刻度的，如果被测物体为非黑体时就会出现偏差。因为在同一温度下非黑体的光谱辐射亮度比黑体低，所以单色辐射温度计测量的非黑体的温度比真实温度偏低。为了校正这个偏差，引入亮度温度 T_L 的概念。

亮度温度定义如下：当被测物体为非黑体且在同一波长下的光谱辐射亮度与黑体的光谱辐射亮度相等时，黑体的温度称为被测物体在波长为 λ 时的亮度温度。

根据亮度温度的定义，则有

$$\varepsilon_{\lambda T}L_0(\lambda,T)=L_0(\lambda,T_L) \tag{7-43}$$

上式等号左边为非黑体光谱辐射亮度，右边为黑体的光谱辐射亮度，T_L为亮度温度，T为真实温度，$\varepsilon_{\lambda T}$为被测物体在温度为T、波长为λ时的发射率。

根据式（7-39）、式（7-42）和式（7-43），可得

$$\varepsilon_{\lambda T} e^{-\frac{C_2}{\lambda T}} = e^{-\frac{C_2}{\lambda T_L}} \tag{7-44}$$

对上式两边取对数并整理得

$$\frac{1}{T} - \frac{1}{T_L} = \frac{\lambda}{C_2} \ln \varepsilon_{\lambda T} \tag{7-45}$$

若已知被测物体的单色发射率$\varepsilon_{\lambda T}$，就可以从亮度温度T_L求出物体的真实温度T。

为适合人眼的视觉范围，同时又有较大的辐射照度，单色辐射温度计一般使用中心波长为0.65 μm的红色滤光片，以获得较窄的辐射测量有效波长。

【应用示例3】WDL-31型光电高温计

光电高温计主要用于冶金、机械行业的熔炼、热成型加工、热处理，以及纺织工业织物热定型等方面的非接触式测温。WDL-31型光电高温计是其中应用较广的一种温度计，表7-14是其主要性能参数。

表7-14　WDL-31型光电高温计主要性能参数

测量范围/℃	150～300；200～400；300～600；400～800；600～1000；700～1100；800～1200；900～1400；1100～1600；1200～2000；1500～2500
精度/℃	±1%（量程上限）
响应时间/s	＜1（95%）
距离系数	L/D=100
检测器输出信号/mA	0～10
工作光谱范围	硫化铅元件：1.8～2.7 μm，用于400～800 ℃测温范围； 硅光电池元件：0.85～1.1 μm，用于600～1000 ℃测温范围
仪表质源	220 V/50 Hz
检测器负载电阻/Ω	＜500
仪表质量	检测器：4.5 kg；水冷套及支架：6 kg；XWZK型快速自动平衡记录仪表：12 kg

注：L为被测目标到物镜之间的工作距离（L＞0.5 m）；D为被测物体的有效直径。

WDL-31型光电高温计的工作原理如图7.43所示。被测物体表面的辐射能量由物镜汇聚，经调制器反射，被探测元件接收。参比灯（参考辐射源）的辐射能量通过另一路聚光镜汇聚，经反射镜反射并透过调制器的叶片空间，也被探测元件接收。微型电动机驱动调制器旋转，使被测辐射能量与参比辐射能量交替被探测元件接收，分别产生了相位相差180°的两个信号。探测元件输出的测量信号是这两个信号的差值。该差值信号经两级放大、相敏检波后成为直流信号，再通过放大电路以调节参比灯的工作电流。参比灯的亮度是灯丝电流的单值函数，它作为与被测物体进行亮度比较的标准辐射源，测量时要使参比灯的辐射能量始终精确跟踪被测辐射能量，两者保持平衡状态。这样，参比灯电参数变化即反映了被测辐射体温度变化。为了适应辐射能量的变化特点，电路设有自动增益控制环节，在测量范围内，保证仪器电路有合适的灵敏度。

探测元件采用光敏电阻或光电池。由于采用平衡测量方式，光敏电阻只起指零作用，它的特性如有变化，对测量结果影响较小。作为参考辐射源的钨丝灯泡，能保持较高的稳定性，

保证仪器具有较高的精度。此外，系统设计了手动发射率ε值校正环节，可显示物体的真实温度。

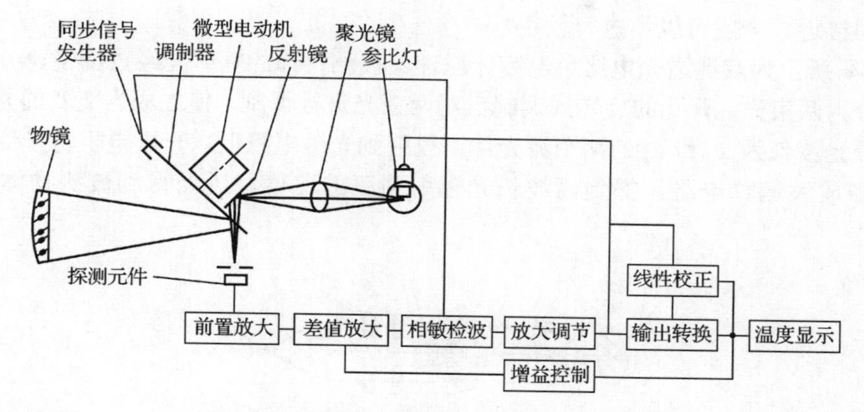

图 7.43 WDL-31 型光电高温计的工作原理

7.7.4 比色温度计

比色温度计是通过测量辐射体在两个或两个以上波长的光谱辐射亮度之比来测量温度的。比色温度计的结构分为单通道和双通道两种。所谓通道是指在比色温度计中使用探测器的个数。单通道是用一个探测器接收两种波长光束的能量，双通道是用两个探测器分别接收两种波长光束的能量。

对于温度为T的黑体，在波长为λ_1和λ_2时的光谱辐射亮度之比为R，根据维恩公式，则有

$$R=\frac{L_0(\lambda_1,T)}{L_0(\lambda_2,T)}=\left(\frac{\lambda_2}{\lambda_1}\right)^5\cdot \mathrm{e}^{\frac{C_2}{T}\left(\frac{1}{\lambda_2}-\frac{1}{\lambda_1}\right)} \tag{7-46}$$

对上式取对数并整理得

$$T=\frac{C_2\left(\frac{1}{\lambda_2}-\frac{1}{\lambda_1}\right)}{\ln R-5\ln\left(\frac{\lambda_2}{\lambda_1}\right)} \tag{7-47}$$

由于比色温度计是以黑体在λ_1和λ_2两个波长的光谱辐射亮度来刻度的，测量非黑体时会出现偏差，因此定义比色温度T_S。比色温度定义如下：当黑体辐射的两个波长λ_1和λ_2的光谱辐射亮度之比等于非黑体的相应光谱辐射亮度之比时，黑体的温度即这个非黑体的比色温度T_S。根据比色温度的定义，可进一步求出被测物体的真实温度与比色温度的关系，即

$$\frac{1}{T}-\frac{1}{T_S}=\frac{\ln\frac{\varepsilon_{\lambda_1 T}}{\varepsilon_{\lambda_2 T}}}{C_2\left(\frac{1}{\lambda_2}-\frac{1}{\lambda_1}\right)} \tag{7-48}$$

式中，$\varepsilon_{\lambda_1 T}$、$\varepsilon_{\lambda_2 T}$分别为被测物体在波长为$\lambda_1$和$\lambda_2$时的单色发射率；$T$为被测物体的真实温度；$T_S$是被测物体的比色温度。

由于同一物体的不同波长的单色发射率变化很小，如果所选 λ_1 和 λ_2 很接近，根据式（7-48），发射率的影响就非常小，因此用比色温度计测得的比色温度 T_S 与被测物体的真实温度 T 很接近，一般可以不进行校正。

图 7.44 所示为双通道光电比色温度计原理。被测物体的辐射光经过物镜、分光棱镜、反射镜后分为两束光。开孔的旋转式调制盘对两束光进行调制，使之成为交变的光信号，并分别通过透光波长为 λ_1 和 λ_2 的两个滤光片，投射到光敏电阻上。光敏电阻将光信号转换成电信号后经放大运算电路，得到两波长光辐射强度的比值，进而得到被测物体的比色温度 T_S。

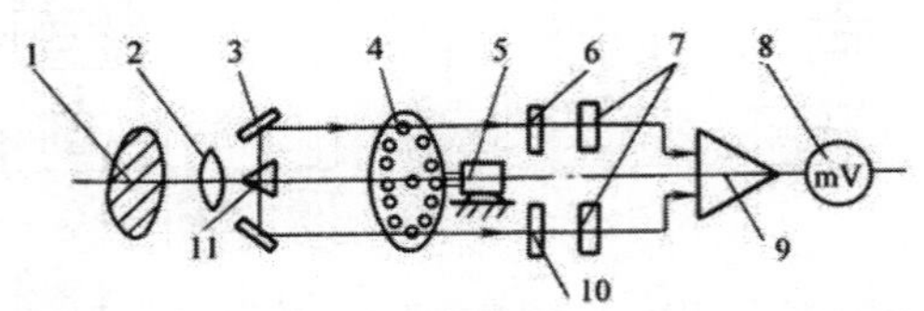

1—被测对象；2—物镜；3—反射镜；4—旋转式调制盘；5—同步电动机；6、10—滤光片；7—光敏电阻；8—显示仪表；9—放大运算电路；11—分光棱镜

图 7.44　双通道光电比色温度计原理

7.7.5　辐射温度计的选用

辐射温度计的选用可从以下 6 个方面考虑。

1. 温度测量范围

温度测量范围是测温仪最重要的一个性能指标，实际应用时，所选型号仪器的温度范围应与具体应用的温度范围相匹配。一般情况下，高温测量可选用短波温度计，低温测量可考虑选用长波、宽波段或全辐射温度计。

2. 相对灵敏度

相对灵敏度是指热辐射体温度的相对变化与理论上照射到检测元件上的相对辐射能量的变化之比。

对于单色辐射温度计，根据式（7-39）可得到其相对灵敏度为，即

$$S_L = \frac{C_2}{\lambda} \cdot \frac{1}{T} \tag{7-49}$$

上式说明单色辐射温度计的灵敏度随波长的增加、温度的升高而降低。例如，用红色玻璃作为滤光片，λ=0.65μm，C_2=1.44×10^4 μm·K，则

$$S_L = \frac{2.22 \times 10^4}{T} \tag{7-50}$$

同理，根据式（7-40）可得全辐射温度计的相对灵敏度 $S_L = 4$，即全辐射温度计的灵敏度为常数。

通过比较以上两种温度计的灵敏度可知，在 5500K 温度以下，单色辐射温度计的灵敏度高于全辐射温度计，温度越低，单色辐射温度计的灵敏度越高。

对于比色温度计，根据式（7-46）可得其相对灵敏度，即

$$S_S = \frac{C_2}{T}\left(\frac{1}{\lambda_2} - \frac{1}{\lambda_1}\right) \tag{7-51}$$

一般比色温度计常用红色和蓝色滤光片，即 $\lambda_1 = 0.65\mu m$，$\lambda_2 = 0.45\mu m$。与单色辐射温度计的灵敏度相比，在同样温度 T 下：

$$S_L / S_S = \lambda_2 / (\lambda_1 - \lambda_2) = 2.25$$

可见，单色辐射温度计的灵敏度最高，因此国际温标以基准光学（光电）高温计作为标准温度计。

3. 表观温度与测量误差

表观温度是指辐射温度计测量热辐射体（非黑体）时仪表的温度示值，也称为视在温度，如亮度温度、辐射温度、比色（颜色）温度等。当测量非黑体时，以上 3 种温度计的表观温度与真实温度之差是不同的。根据式（7-41）、式（7-45）和式（7-48）可知，用表观温度表示时以上 3 种温度计的相对误差分别为

$$\frac{\Delta T_F}{T} = 1 - \sqrt[4]{\varepsilon_T} \tag{7-52}$$

$$\frac{\Delta T_L}{T} = \frac{\lambda T_L}{C_2} \ln \frac{1}{\varepsilon_{\lambda T}} \tag{7-53}$$

$$\frac{\Delta T_S}{T} = \frac{T_S}{C_2\left(\frac{1}{\lambda_1} - \frac{1}{\lambda_2}\right)} \ln \frac{\varepsilon_{\lambda_1}}{\varepsilon_{\lambda_2}} \tag{7-54}$$

比较以上三式可得出结论：

（1）当温度升高时，T_S、T_L 的相对误差也逐渐增大，而 T_F 的相对误差则维持不变。

（2）对于发射率低的物体，其 T_F 与真实温度相差较大，而与比色温度 T_S 的差别最小。

4. 环境条件

如果被测物体周围的空气中含有 CO、CO_2、水蒸气及灰尘等，这些环境条件对辐射温度计的测量结果影响最大，对单色辐射温度计的影响次之。因为这些介质吸收了部分辐射能量而造成温度计示值偏低，引起误差。为了减小此项误差，辐射温度计与被测物体之间的距离不应超过 1m，单色辐射温度计的测量距离应为 1～2m，最好不超过 3m。

水蒸气、CO_2 对波长为 2.7μm、4.3μm 的红外线吸收十分明显，因此要选择测量波段远离吸收波段的红外温度计。

中间介质对比色温度计结果影响最小。因为尽管中间介质对波长 λ_1、λ_2 的辐射均有影响，但只要选择适当的波长，使其对光谱辐射亮度的比值影响很小，就不影响测量结果。因此，比色温度计可在较恶劣的环境下使用。

5. 目标尺寸

辐射温度计是通过测定辐射能量求得被测物体的温度的。如果被测物体太小或离温度计太远，那么被测物体的像不能完全遮盖热敏元件的探测面，使测得的温度低于被测物体的真实温度。为了准确测出被测物体的温度，必须保证被测物体的像盖满整个热敏元件，并使目

标大小及距离（L/D 值）符合距离系数的要求。

对于单色辐射温度计，测温时，被测物体应大于辐射温度计的视场，否则会有测量误差。建议被测物体尺寸超过辐射温度计视场的 50%为好。对于双色辐射温度计，其温度是由两个独立的波长带内辐射能量的比值来确定的。因此当被测物体很小，没有充满视场，以及测量通路上存在烟雾、尘埃、阻挡物对辐射能量起衰减作用时，均不会对测量结果产生影响。

6. 光学分辨率

光学分辨率（L/D）指测温仪探头到目标距离与目标直径之比。如果测温仪远离目标，而目标又小，应选择高分辨率的测温仪。

表 7-15 列出了辐射温度计常用工作波长、典型探测元件、测温范围及特点，供设计和选用辐射温度计时参考。

表 7-15　辐射温度计表常用工作波长、典型探测元件、测温范围及特点

工作波长	典型探测元件	测温范围/℃	特　点
0.65μm 附近窄波段或较宽波段	硅（Si）光电池、人眼	＞700	可用钨带灯分度，使用方便，发射率数据丰富、易查
0.9μm 附近窄波段或较宽波段	硅（Si）光电池	＞500	适用于大多数中、高温区的测温。硅光电池转换效率较低（10%），光谱响应波段为 0.4～1.1μm，峰值为 0.7～0.9μm，响应快（10^{-3}～10^{-9} s）
1.6μm 附近较宽波段	锗光电池	＞250	可以透过玻璃，用于中、高温度下的测温。锗光电池转换效率高（35%），响应快
2.2μm 附近较宽波段	硫化铅（PbS）光敏电阻	150～2500	适用于中、高温区的测温。硫化铅光敏电阻响应波段为 1～4μm，峰值为 2.6μm，响应率高，响应快（10^{-3}s）
3.43μm 窄波段	热电堆、热释电	60～2000	可以透过石英测温度，可用于塑料薄膜测温。热电堆响应波段宽，无峰值，响应率高，响应慢（0.03s）
3.9μm 窄波段	热电堆、热释电	300～2000	可透过火焰、烟气测温度。热释电元件（$LiTaO_3$）响应波段宽（0.2～500μm），无峰值，响应率高，响应较慢（0.01s）
4.5μm 窄波段	热电堆、热释电	350～2200	可测量火焰和烟灰、CO_2 的温度及熔融玻璃池的温度
4.8～5.2μm	热电堆、热释电	50～2000	可用于玻璃表面温度测量
7.9μm 附近较窄波段	热电堆、热释电	0～2000	可用于塑料薄膜和薄玻璃温度测量
8～14μm 以及其他宽波段	热电堆、热释电	-50～1000	适用于大多数中、低温区的测温

阅读资料

辐射温度计的探测元件（传感器）按其探测机理的不同，分为热探测器和光子探测器两大类。热探测器的工作是利用辐射热效应：探测器件接收辐射能后温度升高，再由接触型测温元件测量温度的改变量，从而输出电信号。典型的热探测器包括采用热电偶制作的热电堆、热敏电阻、热释电传感器。光子探测器的工作原理是基于光电效应，其典型探测器件包括光敏电阻、光电池等。上述两类探测器各有优缺点。光子探测器的特点是灵敏度高，响应速度快，响应频率高。但红外波段的光子探测器一般需在低温下才能工作，故需要配备液氦、液氮制冷设备。此外，不同材料的光子探测器有不同的响应波长范围、峰值响应波长，一般探测波段较窄。与光子探测器相比，热探测器的峰值探测率比光子探测器的峰值探测率低，响

应速度也慢得多。但热探测器光谱响应宽而且平坦，响应波长范围可扩展到整个红外区域，并且能在常温下工作，使用方便，应用仍相当广泛。

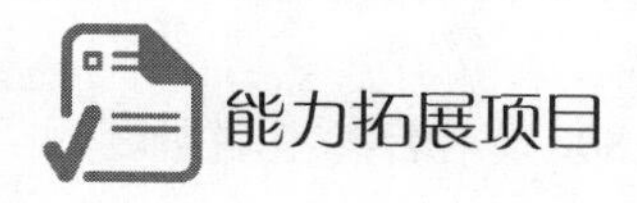

能力拓展项目

大型粮仓多点温湿度监控系统设计

粮食储备是国家为防备战争、灾荒或其他突发性事变而采取的有效措施，因此，粮食的安全储存意义重大。影响粮食安全储存的主要参数为粮仓的温度和湿度，粮仓的温度和湿度需要多点、实时检测和控制。请应用所学的传感器和相关专业知识，设计一个大型粮仓多点温度和湿度监控系统，给出系统构成框图、详细的温度和湿度信息采集前端电路原理图，说明系统的功能和工作原理。

思考与练习

一、填空题

7-1 热电偶测温必须具备的条件是__________________，__________________。

7-2 热电偶的热电动势是由____________和__________两部分组成。

7-3 在热电偶回路中接入测量仪表而不会影响热电偶的电动势依据的是_______定律。

7-4 热电阻是将__________________转变为__________________的传感器。

7-5 为减小导线电阻对测量的影响，热电阻测温电路常采用________和________。

7-6 辐射温度计包括__________、__________和____________。

7-7 辐射温度计的敏感器件包括热探测器件和__________。

二、简答题

7-8 常用的热电阻有哪几种？每种的适用范围如何？

7-9 热敏电阻有哪些主要优缺点？它分为哪几种？

7-10 什么是中间导体定律和中间温度定律？它们在利用热电偶测温时有什么意义？

7-11 为什么要对热电偶的参考端进行温度补偿？简述各种补偿方法的原理。

7-12 与热电偶、热电阻等传统温度传感器相比，集成温度传感器有哪些特点？

7-13 在使用热电阻时是如何克服引线电阻对测量结果的影响的？为何热敏电阻使用时不用考虑此类误差影响？

7-14 辐射测温中常用到哪些基本定律？

7-15 什么是“辐射温度”“亮度温度”“比色温度”？这些温度和真实温度有什么区别？它们与真实温度的差值由什么决定？

7-16 图7.44所示的双通道光电比色温度计中的旋转式调制盘的作用是什么？

7-17 某一实验室备有铂铑-铂热电偶、铂热电阻和半导体热敏电阻，今欲测量某设备外壳的温度。已知其温度约300～500℃，要求测量精度达到±2℃，问应选用哪一种？为什么？

三、计算题

7-18　将一个灵敏度为0.08mV/℃的热电偶与电压表相连接，电压表接线端温度为30℃。若电压表读数为60mV，则热电偶测温端温度是多少？

7-19　用镍铬-镍硅热电偶（K 型热电偶）测得的高炉温度为 800℃，若参考端温度为25℃，问高炉的实际温度为多少？

7-20　已知铂热电阻温度计在0℃时的电阻为100Ω，100℃时的电阻为139Ω，当它与被测物体接触时，电阻值为281Ω，试确定被测物体的温度。

第 8 章　新型传感器

教学要求

通过本章的学习，理解新型传感器（如智能传感器、微传感器、网络传感器、模糊传感器）的概念、特点和结构；了解新型传感器涉及的主要技术、典型新型传感器的特性与应用。

引例

随着我国经济的高速发展，生产和生活污水也在成倍增长。为了最大限度地降低对环境的污染，这些污水一定要先经过污水处理厂处理后才能排放到江河中。目前，污水处理厂的控制系统（见例图 8.1）都是以分布式控制系统（Distributed Control System，DCS）或是现场总线控制系统（Field Control System，FCS）为核心的，智能压力传感器就是 DCS 和 FCS 运用的基础实物照片如例图 8.2 所示。包括智能压力传感器在内的智能传感器不仅能完成传统传感器所承担的测量任务，还集成了数据处理、自动补偿、故障诊断、数字通信等多种功能，使系统结构得到极大的简化，系统可靠性得到极大的提高。随着各类集成化智能传感器的开发应用，智能传感器正作为现代控制系统中最为基础也最为重要的部分，广泛用于工农业生产的大型自动控制系统中。

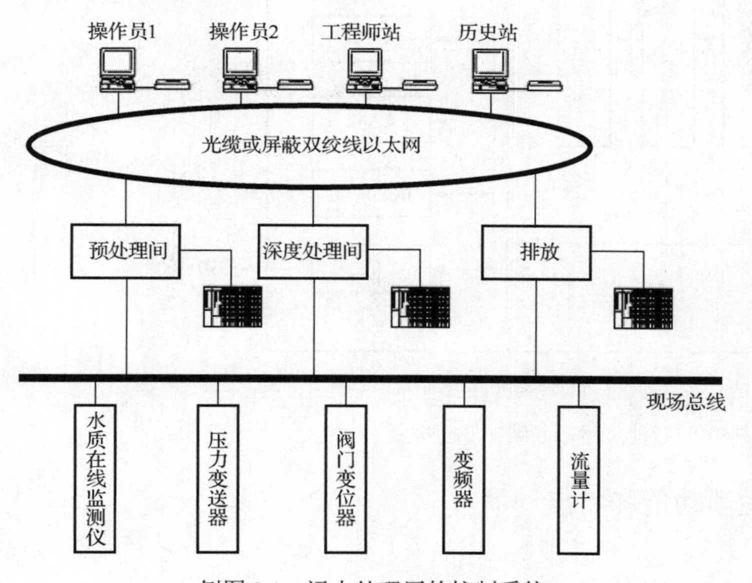

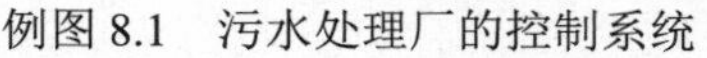
例图 8.1　污水处理厂的控制系统

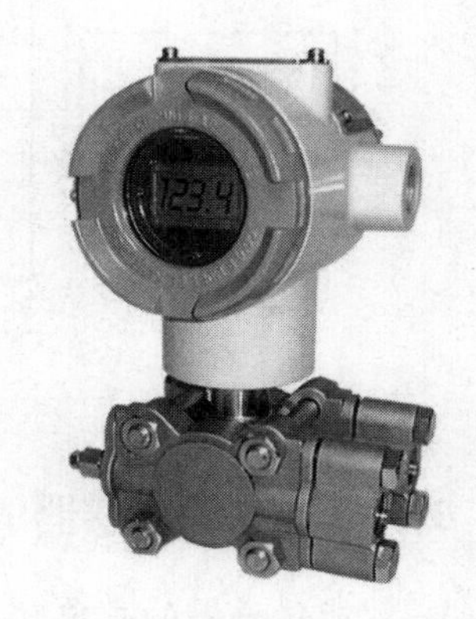
例图 8.2　智能压力传感器实物照片

新型传感器是相对于传统传感器而言的，它具有智能化、集成化、多功能化、网络化等特征。本章主要介绍智能传感器、微传感器、网络传感器、模糊传感器 4 种新型传感器。

8.1 智能传感器

8.1.1 智能传感器简介

随着测控系统自动化程度和复杂性的增加，其对传感器的精度、稳定性、可靠性、动态响应等要求越来越高，传感器技术与微处理器技术的结合必然成为现代传感器技术的发展趋势，即传感器的智能化。智能传感器（Smart Sensor）是指以微处理器为核心单元，具有检测、判断和信息处理等功能的传感器，其采用的结合形式分为两种：一种是传感器与微处理器为两个独立的功能单元，传感器的输出信号经放大调理，转换为数字信号后输入微处理器，再由微处理器通过数据总线接口挂接在现场总线上；另一种是借助现代半导体集成电路工艺技术，将传感器、信号放大调理电路、输入/输出接口和微处理器等制作在同一块芯片上，形成具有大规模集成电路的智能传感器。这类智能传感器具有集成度高、体积小、精度高、全数字化、大批量生产、使用方便等优点。

图8.1所示为智能传感器的结构原理框图。从结构上看，智能传感器是一个典型的以微处理器为核心的计算机检测系统。传感器的输出信号经过一定的硬件电路处理后，以数字信号的形式传送给微处理器。而微处理器则根据内存中的软件程序，自动实现对测量过程的数据处理、逻辑判断和各种控制，以及信息传输等功能，从而实现传感器的智能化。

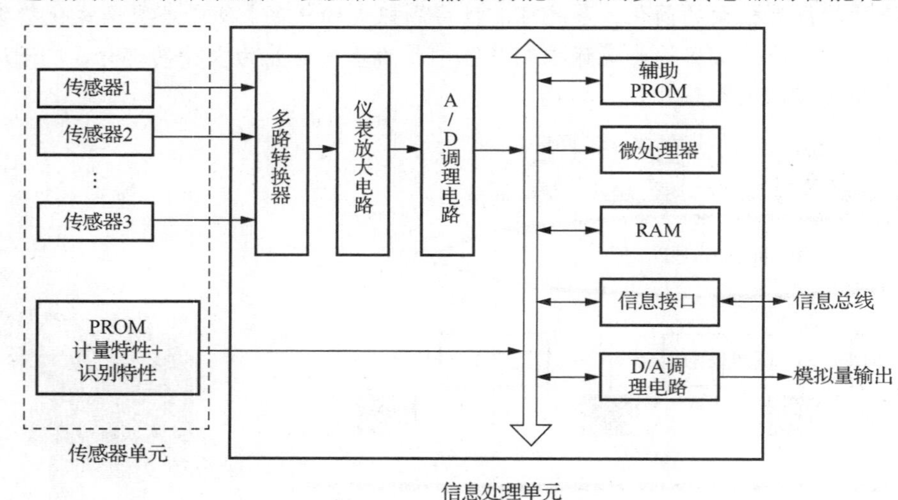

图8.1 智能传感器的结构原理框图

8.1.2 智能传感器的主要功能和特点

1. 智能传感器的主要功能

如图8.1所示，智能传感器的功能模块可分为两部分：传感器单元和信息处理单元。传感器单元的功能主要是用传感器测量被测参数，并将传感器的识别特性和计量特性存在可编程的只读存储器（PROM）中，以便校准计算。信息处理单元的功能主要是利用微处理器计算和处理被测量，并滤除传感器感知的非被测量。概括而言，智能传感器的主要功能如下：

（1）自补偿和计算。智能传感器的自补偿和计算功能为传感器的温度漂移和非线性补偿开辟了新的道路。即使传感器的加工不太精密，只要能保证其重复性好，通过传感器的计算功能也能获得较精确的测量结果。例如，美国 Case Western Reserve 大学的科研人员已研制出的含有 10 个敏感元件及带有信号处理功能的 pH 值智能传感器芯片，该芯片具有统计处理功能，可测量平均值、方差和系统的标准差。如果某一敏感元件输出的误差大于±3 倍标准差（±3σ），输出数据就可以将它舍弃，但输出这些数据的敏感元件仍然是有效的，只是因为某些原因使其标定的值发生了漂移。智能传感器的计算能够重新标定单个敏感元件，使之重新有效。

（2）自检、自诊断和自校正。传统传感器需要定期检验和标定，以保证其精确度。进行检验和标定时，一般要求将传感器从使用现场拆卸下来拿到实验室，这一过程很不方便。而智能传感器的检验校正可以在线进行，一般所要调整的参数主要是零位和增益。将校正功能软件存储在智能传感器的存储器中，操作者只要输入零位和一些已知参数，智能传感器的微处理器就能自动将随时间变化了的零位和增益校正过来。

（3）复合敏感功能。智能传感器能够同时测量多种物理量和化学量，具有复合敏感功能，能够给出全面反映物质和变化规律的信息。例如，光照强度、波长、相位和偏振度等参数可反映光的运动特性；压力、真空度、温度梯度、热量和熵、浓度、pH 值等分别反映物质的力、热、化学特性。

（4）接口功能。由于智能传感器中使用微处理器，其接口容易实现数字化与标准化，可方便地与一个网络系统或上一级计算机进行接口。这样，就可以由远程中心计算机控制整个系统工作。

（5）显示报警功能。智能传感器通过接口与数码管或其他显示器结合起来，可选点显示或定时循环显示各种测量值及相关参数，测量结果也可以由打印机输出。此外，通过与预设的上下限值的比较，还可实现超限值的声光报警功能。

（6）数字通信功能。智能传感器可利用接口或智能现场通信器（SFC）来交换信息。SFC 可挂接在智能传感器两条信号输出线的任何位置，通过键盘的简单操作进行远程设定或变更传感器的参数，如测量范围、线性输出或平方根输出等。无须把智能传感器从危险区取下来，极大地节省了维护时间和费用。

2. 智能传感器的特点

与传统传感器相比，智能传感器具有以下特点：

（1）精度高。智能传感器有多项功能来保证它的高精度，如自动校零以去除零点误差；与标准参考基准实时对比以自动进行整体系统校定；自动进行整体系统的非线性等系统误差的校正；通过对采集的大量数据的统计处理以消除偶然误差的影响。这些措施保证了智能传感器有很高的测量精度。

（2）可靠性与稳定性高。智能传感器可以自动补偿因工作条件与环境参数发生变化后引起的系统特性的漂移，如温度补偿；自动转换量程以适应被测参数的变化；自我检验、分析、判断所采集数据的合理性，并给出异常情况的应急处理（报警或故障提示）等。因此，智能传感器具有高可靠性与高稳定性。

（3）信噪比与分辨力高。由于智能传感器具有数据存储、记忆与信息处理功能，通过软件进行数字滤波、相关分析等处理，可以去除信号中的噪声，提取出有用信号；通过数据融合、神经网络等技术，可以消除多参数状态下交叉灵敏度的影响，从而保证在多参数状态下对特定参数测量的分辨力。因此，智能传感器具有高信噪比和高分辨力。

（4）自适应性强。由于智能传感器具有判断、分析与处理功能，它能根据系统工作情况决策各部分供电情况、与上一级计算机的数据传输速率，使系统工作在最低功耗状态并优化传送效率。

（5）性价比高。智能传感器所具有的上述高性能，不是通过传统传感器技术对传感器的各个环节进行精心设计与调试或进行“手工艺品”式的精雕细琢来获得的，而是通过与微处理器/微计算机相结合，采用廉价的集成电路工艺、芯片以及强大的软件来实现的。因此，其性价比高。

8.1.3 智能传感器的实现

目前，智能传感器主要有如下三条实现途径。

1. 非集成化实现

非集成化智能传感器是将传统的经典传感器（采用非集成化工艺制作的传感器，仅具有获取信息的功能）、信号调理电路、带数据总线接口的微处理器组合为整体而构成的一个智能传感器系统，其结构框图如图 8.2 所示。

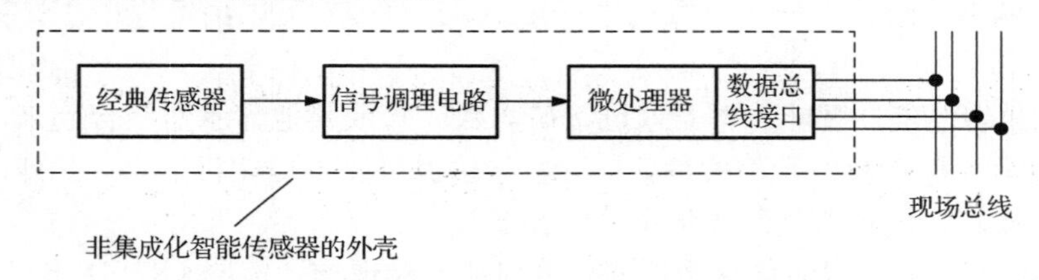

图 8.2 非集成化智能传感器结构框图

图 8.2 中的信号调理电路是用来调理传感器输出信号的，即将传感器输出的信号进行放大并转换为数字信号后输入微处理器，再由微处理器通过数据总线接口挂接在现场总线上，这是一种实现智能传感器的最快途径与方式。例如，美国罗斯蒙特公司、SMAR 公司生产的电容式智能压力（差）变送器系列产品，就是在原有传统非集成化电容式压力变送器的基础上附加一块带数据总线接口的微处理器插板后组装而成的。通过开发配备可进行通信、控制、自校正、自补偿、自诊断等智能化软件，从而实现智能化。

这种非集成化智能传感器是在现场总线控制系统发展形势的推动下迅速发展起来的，因为这种控制系统要求挂接的传感器/变送器必须是智能型的。自动化仪表生产厂家实现非集成化智能传感器时，可保持原有的一整套生产工艺设备基本不变。因此，对这些厂家而言，非集成化实现是一种建立智能传感器系统最经济、最快捷的途径和方式。

2. 集成化实现

集成化智能传感器系统是用微机械加工技术和大规模集成电路工艺技术，以硅作为基本材料来制作敏感元件、信号调理电路、微处理单元，并把它们集成在一块芯片上而构成的，故又称为集成化智能传感器（Integrated Smart/Intelligent Sensor），其外形如图 8.3 所示。

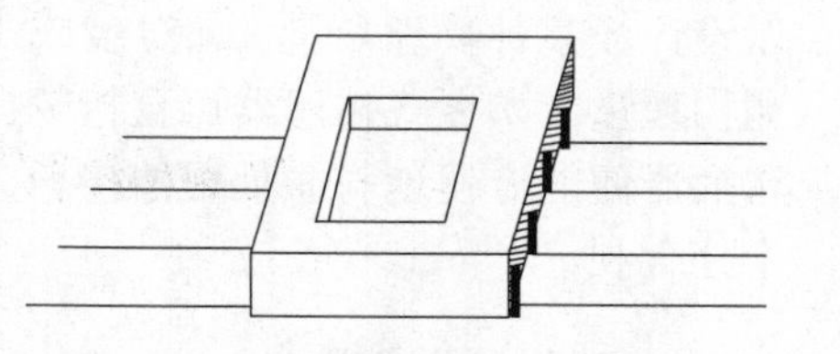

图 8.3 集成化智能传感器外形

随着微电子技术的飞速发展、微米/纳米技术的问世，以及大规模集成电路工艺技术的日臻完善，集成电路器件的密集度越来越高。各种数字电路芯片、模拟电路芯片、微处理器芯片、存储器电路芯片的价格大幅度下降，对智能传感器的发展起到极大的推动作用。同时，集成化智能传感器又促进微机械加工技术的发展，形成了与传统的经典传感器制作工艺完全不同的现代传感器技术。

现代传感器技术以硅材料为基础，采用微米（1μm～1mm）级的微机械加工技术和大规模集成电路工艺实现各种集成化智能传感器系统的尺寸达到微米级。因此，集成化智能传感器具有如下特点：

（1）微型化。例如，微型压力传感器已经小到可以放到注射针头内送进血管，以测量血液流动情况，或者安装在飞机发动机叶片表面用于测量气体的流速和压力。目前，最新研究成功的微型加速度计可以使火箭或飞船的制导系统质量从几千克下降至几克。

（2）结构一体化。压阻式压力（差）传感器是最早实现结构一体化的。传统的应变式压力（差）传感器的做法是先分别由宏观机械加工金属圆膜片与圆柱状环，然后将两者粘贴形成周边固支结构的“金属环”，再在圆膜片上粘贴电阻应变片而构成压力（差）传感器，这就不可避免地存在蠕变、迟滞、非线性等误差。采用微机械加工和集成化工艺，不仅让弹性敏感元件“硅杯”一次整体成型，而且电阻应变片（转换元件）和“硅杯”是完全一体化的。进而可在“硅杯”非受力区制作信号调理电路、微处理器单元甚至微执行器，从而实现不同程度乃至整个系统的一体化。

（3）高精度。传感器结构一体化后，迟滞、重复性指标将大大改善，时间漂移大大减小，精度得到提高。后续信号调理电路与敏感元件一体化后还可大大减小由导线长度带来的寄生参量的影响，这对电容式传感器更有特别重要的意义。

（4）多功能。敏感元件结构的微型化（微米级）有利于在同一块硅片上制作不同功能的多个传感器，以实现多功能测量。例如，20 世纪 80 年代初期霍尼韦尔（Honeywell）公司生产的 ST－3000 型智能压力（差）和温度变送器，就是在一块硅片上制作了能感受压力、压差及温度 3 个参量且具有测压力、压差、温差功能的敏感元件的传感器。这样，不仅增加了传感器的功能，而且可以通过数据融合技术消除交叉灵敏度影响，提高传感器的稳定性和精度。

（5）阵列化。利用微加工技术（微米级），已可以在 1cm^2 大小的硅片上制作含有几千个压力传感器组成的阵列。例如，集成化应变计式面阵列触觉传感器就是在 8mm×8mm 的硅片上制作出来的，它包含 1024 个（32×32）敏感触点（桥），硅片四周还制作了信号处理电路，其元件总数约 16000 个。敏感元件阵列化后，配合相应图像处理软件，可以实现图像成像，还可以构成多维图像传感器。

敏感元件组成阵列后，通过计算机/微处理器解耦运算、模式识别、神经网络技术的应用，消除传感器的时变误差和交叉灵敏度的不利影响，可提高传感器的可靠性、稳定性与分辨力。目前，气敏传感器阵列化的研究有利于实现气体种类和混合气体成分分析与浓度测量。

（6）全数字化。利用微机械加工技术，可以制作各种形式的微结构，其固有谐振频率可以设计成某种物理参量（如温度或压力等）的单值函数。因此，可以通过检测其谐振频率检测物理量。谐振式传感器可直接输出数字量（频率），其性能极为稳定，精度高，无须 A/D 转换器便能方便地与微处理器接口。省去 A/D 转换器对节省芯片面积、简化集成化工艺均十分有利。

3. 混合集成实现

根据需要和可能，将系统各个集成化环节，如敏感元件、信号调理电路、微处理单元、数据总线接口等，以不同的组合方式集成在两块或三块芯片上，并封装在一个外壳里。图 8.4 所示为 4 种混合集成实现的智能传感器结构框图。在图 8.4 中，集成化敏感单元包括（对结构型传感器）弹性敏感元件及转换器；信号调理电路单元包括多路开关、仪用放大器、基准、A/D 转换器等；微处理器单元包括数字存储（EPROM、ROM、RAM）、I/O 接口、微处理器、D/A 转换器等。

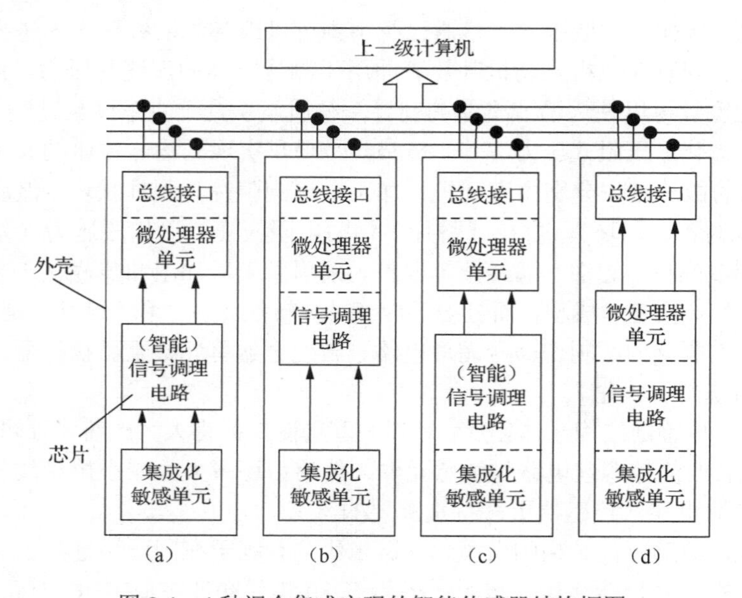

图 8.4　4 种混合集成实现的智能传感器结构框图

在图 8.4（a）中，三块集成化芯片封装在一个外壳里；在图 8.4（b）、8.4（c）、8.4（d）中，两块集成化芯片封装在一个外壳里。图 8.4（a）、8.4（c）中的信号调理电路由于带有零点校正电路和温度补偿电路，因此具有自校零、自动进行温度补偿等部分智能化功能。

综上所述，智能传感器系统是涉及多学科的一门综合技术，是正在发展的高新技术。随着材料技术、微电子集成技术、微机械加工技术和微处理器技术的发展，智能传感器必定会得到广泛的应用。特别是纳米科学（纳米电子学、纳米材料、纳米生物学等）技术将成为传感器（包括智能传感器）的一种革命性技术，为智能传感器的研制提供划时代的科学技术实验和理论基础，必将使传感器技术出现一次新的飞跃。

8.1.4　智能传感器应用实例

ST 3000 系列智能压力传感器是世界上最早实现商品化的智能传感器，图 8.5 所示为该系列传感器的外形。ST 3000系列智能压力传感器的主体结构上集成了传感与处理显示部分。该系列传感器采用离子注入硅技术，在差压传感器上集成了静压和温度传感器，可随时修正过程温度和静压引起的误差，因此具有高可靠性、高稳定性（±0.015%/年）、高精度（±0.075%）、宽量程比（550：1）、宽测量范围（0～3.5MPa）等优点。ST 3000系列智能压力传感器能与现场通信器（SFC）进行双向通信，通过SFC调节传感器参数，如重新设置量程、自动调零、自诊断等操作，特别适用于现场总线测控系统。ST 3000系列智能压力传感器普遍用于电力、冶金、石化、建筑、制药、造纸、食品和烟草等行业。

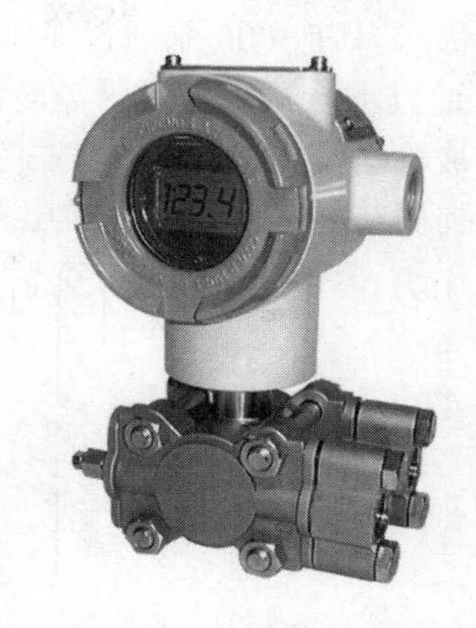

图 8.5 ST 3000系列智能压力传感器的外形

图8.6所示为ST 3000系列智能压力传感器的工作原理框图。传感器与信号调理电路（变送器）集成在一个0.147cm^{2}的硅片上，可以同时测量差压（Δp）、静压（p）和温度（T）3个参数，并具有压力校准和温度补偿功能。

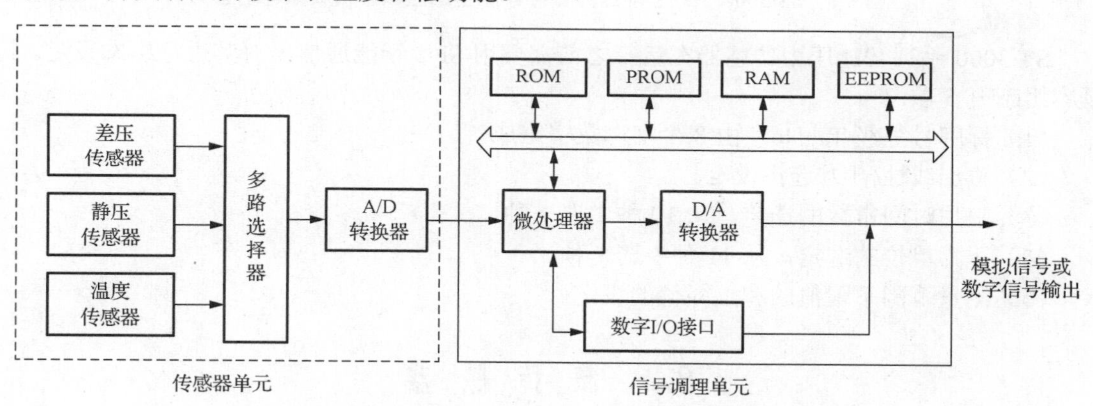

图 8.6 ST 3000系列智能压力传感器的工作原理框图

被测压力通过膜片作用于硅压敏电阻上，引起阻值变化。压敏电阻连接在惠斯通电桥中，电桥的输出量代表被测压力的大小。芯片上两个辅助传感器分别用于检测静压力和温度。在同一个芯片上检测出的差压、静压和温度信号，经多路选择器分时地送到A/D转换器，转化为数字量后输送到信号调理单元。信号调理单元以微处理器为核心，负责处理这些数字信号。储存在ROM中的主程序控制传感器工作的全过程。PROM中分别存储着3个传感器的温度与静压特性参数、温度与压力补偿曲线，负责进行温度补偿和静压校准。测量过程中的数据暂存在RAM中并可随时转存到EEPROM中，避免突然断电时数据丢失。微处理器利用预先存入PROM中的特性参数对Δp、p和信号进行运算T，得到不受环境因素影响的高精度压力测量数据，再经D/A转换器转换为4～20mA的标准信号输出，也可经过数字I/O接口直接输出数字信号。

【应用示例1】ST 3000系列智能压力传感器在流量测量中的应用

某冶炼厂的高炉生产蒸汽，其流量测量装置中的差压变送器和压力变送器均选用ST 3000系列智能压力传感器，目的是保证蒸汽压力和流量满足生产的需要并使整个系统处于安全状态。ST 3000 系列智能压力传感器流量测量系统构成原理示意如图 8.7 所示。图中，“FT1”通过测量蒸汽流过管道时的差压来测量流量，“PT2”直接测量压力；压力和流量两路信号被输送至调节仪表“FY3”，调节仪表对检测信号与给定信号做出比较，输出差值信号以控制调节阀，使调节阀做出相应的动作，保证系统稳定工作。

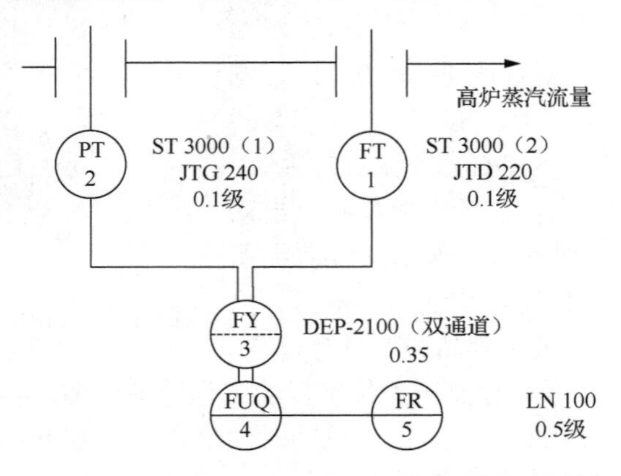

图 8.7　ST 3000 系列智能压力传感器流量测量系统构成原理示意

ST 3000 系列智能压力传感器在运行之前需要用 SFC 智能通信器对其进行组态设定。其基本组态有 5 项：

（1）标牌号等级 TagNo，由 8 个字母数字组成。

（2）输出线性/开方选择设定。

（3）阻尼时间常数的选定，从 10 种中选 1 种。

（4）压力单位的选定，从 11 种中选 1 种。

（5）测量范围下限值的和上限值的设定。

8.2　微 传 感 器

8.2.1　微传感器的定义

微传感器是指尺寸为毫米、微米甚至纳米级别的微型传感器，其尺寸多集中在微米级别。图8.8是微传感器与其他物品的尺寸对比。随着与微电子、微光学、微机电系统（Micro-Electro-Mechanical Systems）等相关的微制造技术的高速发展，微传感器的敏感元件、转换元件及信号转换电路都得以实现体积上的微型化且能够高度集成在一起，具有大规模批量生产的优势，在获得更优良性能的前提下成本也能得到控制，大大提高了微传感器的性价比，这也是微传感器越来越受市场青睐的原因。近年新兴的概念“芯片上的实验室”（Lab on a Chip）也促使微传感器向芯片化发展，使其得到进一步的集成化。

与传统传感器一样，微传感器可以按照不同的方法进行分类。例如，按照工作原理，分为阻抗式微传感器（包括电阻式、电感式、电容式）微传感器、压电式微传感器、磁电式微传感器、光电式微传感器等；也可以按照被测量，分为温度微传感器、压力微传感器、位移微传感器、气体微传感器等。

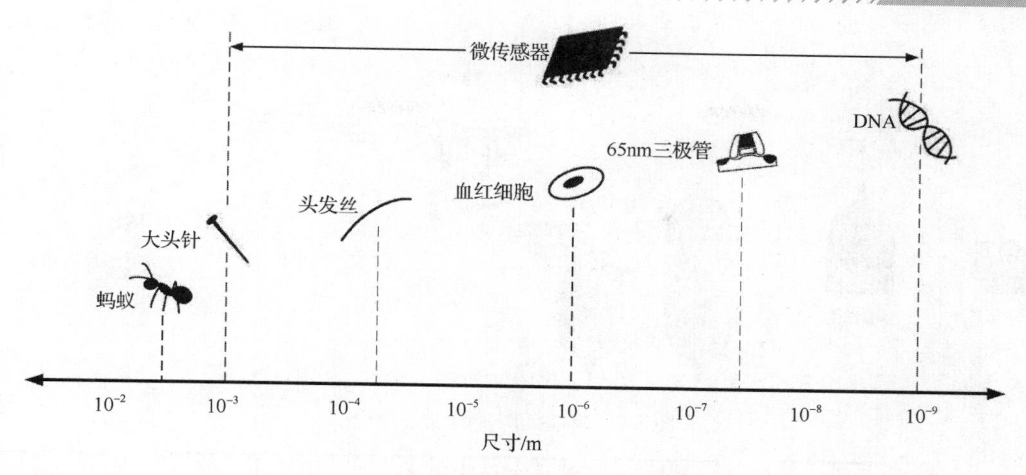

图 8.8 微传感器与其他物品的尺寸对比

8.2.2 微传感器的加工技术

微传感器的加工依赖于微制造技术的实现。微电子、微机电系统、微光学、微电磁、微流体等技术都在不同程度上交叉促进了微制造技术的发展，进一步推动了微传感器的小型化、集成化和批量化。

微制造技术是用来制造微型系统的精密加工技术。成熟的微制造技术包括一系列标准的加工工艺，可生产出可复制的微型器件，其特征尺寸集中在微米级别。一般来说，微制造加工生产的器件如微传感器大多以单晶硅圆片为衬底。图 8.9 所示为单晶硅圆片的制备过程。首先，需要将高纯度的熔融硅通过机械拉伸的方法拉出一定直径的结晶；其次，让其按一定晶向生长以形成单晶硅锭；最后，通过切割和抛光将得到的单晶硅锭加工成圆片。在得到单晶硅圆片后，微制造过程需要涉及氧化、光刻、刻蚀、沉积、掺杂等一系列常规硅微加工技术。此外，为满足微传感器系统制造需求，不断有新的方法出现，如键合技术、光刻电铸注塑技术（LIGA 技术）、准分子激光加工技术等。图 8.10 所示为微制造基本流程，流程中的各种工艺步骤不断地在单晶硅圆片上一层一层地增加、减少、掺杂或印制特殊图案，反复迭代，最终堆叠出一个多层的结构。这个多层结构再被切割成多个独立的芯片，经过封装和检测后投入市场。微制造的加工环境要求高，需要对温度、湿度、振动、空气的洁净程度等进行严格的控制，因此微制造的加工工艺必须在洁净室里完成，以避免各种细微的污染影响器件的精度。以下对微传感器的常规微制造加工工艺进行介绍。

1. 热氧化

在微制造中，热氧化是常见的氧化层制备工艺，广泛用于二氧化硅等膜层的制备。二氧化硅作为一种较好的绝缘材料，一般用于制作掩膜、隔离和绝缘介质，也可用于制作牺牲层。晶体管中的绝缘栅氧化层也是二氧化硅。热氧化反应通常需要在高温条件下进行，可以分为干氧化和湿氧化两种类型，其反应过程如图 8.11 所示。

（1）干氧化。干氧化是在高温条件下让硅与氧气发生反应生成二氧化硅的氧化方法。该方法生成的二氧化硅质地较为致密，表面也不容易有缺陷，因此掩蔽性更好。基于这些优点，干氧化更适合用来制备掩膜。

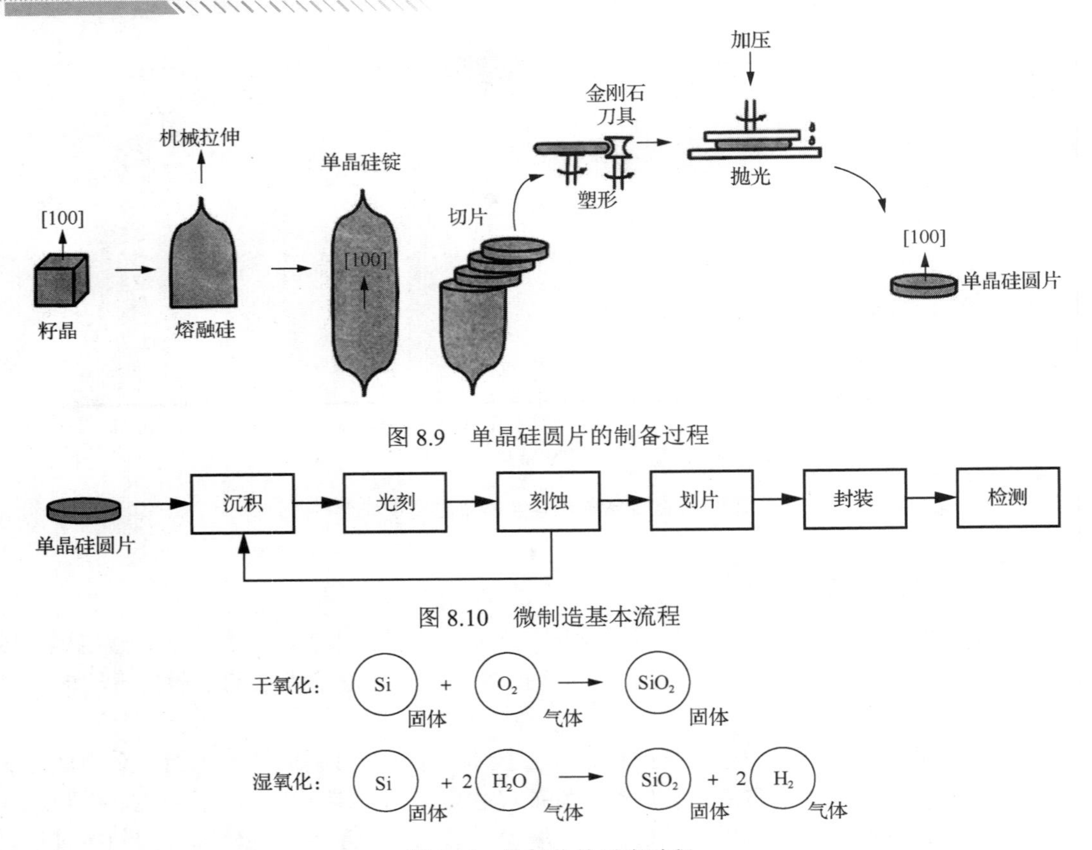

图 8.9　单晶硅圆片的制备过程

图 8.10　微制造基本流程

图 8.11　热氧化的反应过程

（2）湿氧化。湿氧化是在高温条件下让硅和水气发生氧化反应的方法。湿氧化的反应速率与干氧化相比更快一些，这是由于水气在二氧化硅中的溶解度更高。

表 8-1 所列为干氧化和湿氧化方法的特点对比。热氧化设备一般是呈长条状的炉管，可容纳一定数量的单晶硅圆片，长条状也便于气体的流动和加热。炉管通常需要通入氮气作为辅助气体，流动的氮气可以清除炉内杂质并确保炉内有一定的压力。

表 8-1　干氧化和湿氧化方法的特点对比

氧化类型	反应速率	氧化层质地	表面
干氧化	较慢	致密	较平整、干燥
湿氧化	较快	疏松	易有缺陷

2. 沉积

沉积工艺在微制造中主要用来制备各种材料的薄膜。这类薄膜可以用作导电层、绝缘层、牺牲层、扩散屏障、保护层、黏附层等，薄膜厚度通常介于纳米和微米之间。按照薄膜的物质来源分类，常见的沉积工艺可分为以下两类：

（1）物理气相沉积（Physical Vapour Deposition，PVD）。PVD 是利用物理反应如蒸发、溅射或离子束，在真空环境中将不同材料的粒子沉积在晶片表面形成薄膜，该工艺多用于制作导电层、黏附层和扩散屏障。早期的 PVD 多用蒸发这种简单易行的物理手段，但这种方法不但需要高温而且沉积效果不好，黏附性不强。现在更多运用到的物理方法是溅射，将外源材料的原子轰击溅射到晶片表面，这种方法不需要高温条件且更容易得到致密而均匀的薄膜，但是有可能损伤晶片表面。第三种方法是离子束法，在前两种方法的基础上用离子束轰击外源材料生成薄膜，这种较为复杂的方法也容易对晶片表面产生损伤。

（2）化学气相沉积（Chemical Vapour Deposition，CVD）。CVD 利用热能、激光、紫外线等辅助能量促进气体和晶片发生化学反应并在晶片表面沉积生成薄膜，该工艺多用于制作半导体和绝缘层。需要强调的是 CVD 工艺中的化学反应物必须在晶片表面以气相形式参与化学反应。CVD 又可以细分成低压化学气相沉积（Low Pressure Chemical Vapour Deposition，LPCVD）、等离子体增强化学气相沉积（Plasma Enhanced Chemical Vapour Deposition，PECVD）、金属有机化合物气相沉积（Metal-Organic Chemical Vapour Deposition，MOCVD）。LPVD 需要在低压的条件下，通过高温加热发生化学反应生成纯度较高的薄膜，温度过高，容易使晶体发生形变，降低薄膜的黏着力。MOCVD 也需要在低压条件下用金属化合物做外源材料热分解出多种材料的薄膜，工艺设备复杂且不易维护。与前面两种 CVD 相比，PECVD 用直流或射频电压带来的等离子体活化外源气体，使其在晶片表面快速形成高纯度且致密的薄膜，不需要高温条件，也便于操作。

下面以 PECVD 为例简单介绍薄膜的生长过程，如图 8.12 所示。射频信号使稀薄气体电离出次生分子，这些次生分子扩散并吸附在衬底材料表面，同时伴随着化学反应，生成的产物沉积成膜。图 8.12 中只示意了 PECVD 的反应腔，完整的设备应该包括真空压力系统、气体流动系统、传送片系统和沉积系统等。

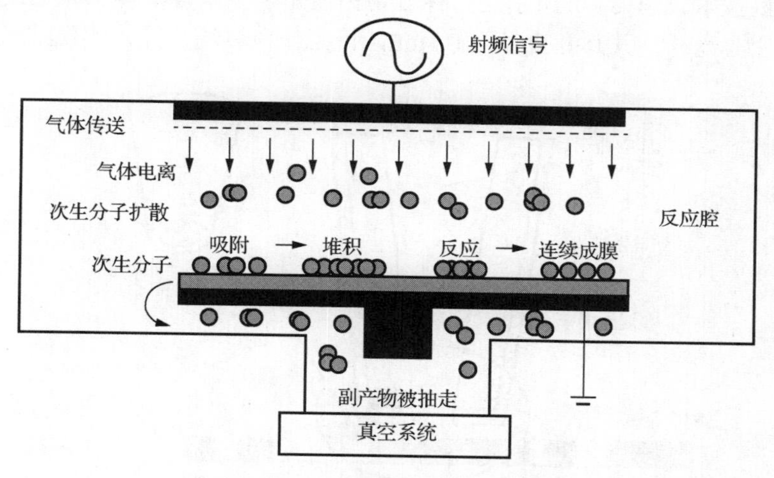

图 8.12 薄膜的生长过程

3. 光刻

光刻工艺能够将掩膜上的图案通过光化学反应与蚀刻相结合转印到晶片或薄膜上。光刻技术大致分成以下两类：

（1）投影式光刻。投影式光刻包含 3 个要素，即曝光光源（如 X 射线、紫外线）、掩膜、光刻胶。光刻胶又称为光罩，根据性质的不同，可分为正性光刻胶和负性光刻胶。正负性光刻胶的显影区别示意如图 8.13 所示。正性光刻胶只有在受到光照后才可溶于显影液，而负性光刻胶曝光后不能溶于显影液。显影后光刻胶体覆盖的那部分晶片不会被蚀刻，图案就转印到了晶片上。投影式光刻的缺点是光的衍射限制了曝光的分辨率，但可以通过一些辅助技术来解决这个问题。极紫外线（UV）光刻是一种代表性的投影式光刻技术，它使用波长为13.5nm 的紫外线作为曝光光源。为避免极紫外线被吸收，采用全反射光学系统代替传统的棱镜透射光学系统。

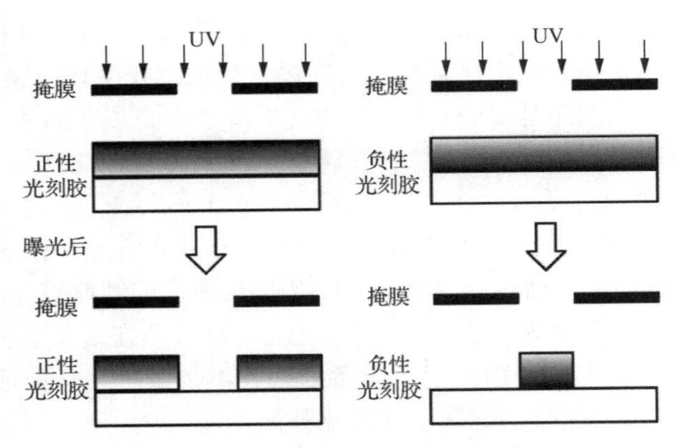

图 8.13　正负性光刻胶的显影区别示意

（2）无掩膜光刻。无掩膜光刻是一种无接触式加工工艺，激光光束不经过掩膜直接在晶片表面蚀刻出图案，如近场扫描光刻、干涉光刻、非线性光刻和微透镜阵列光刻等。无掩膜光刻不受掩膜的摩擦和污染，分辨率较高。近场扫描光刻就是一种利用倏逝波获得超高分辨率的无掩膜光刻技术。图 8.14 所示是一种近场扫描光学显微镜，其探针是镀上一层铝膜的锥形二氧化硅空心光纤，其开孔直径为 0.1μm，可工作在近场范围，实现纳米级制图。

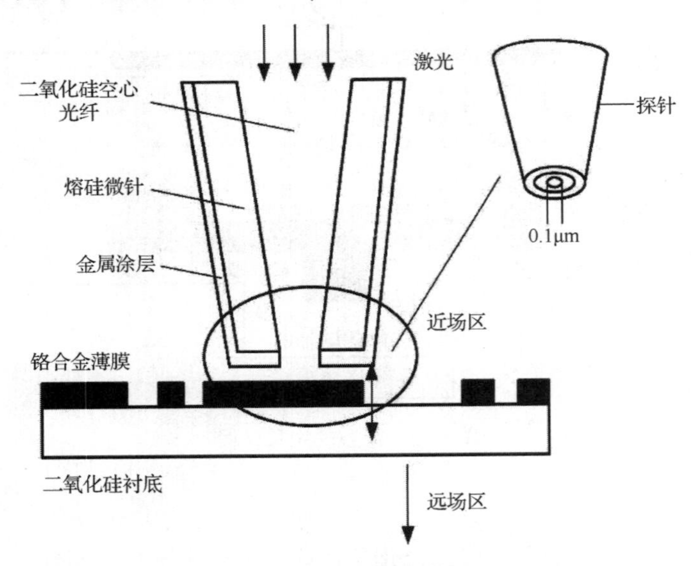

图 8.14　近场扫描光学显微镜

4. 刻蚀

刻蚀是一种运用物理和化学方法在晶片或薄膜上印制出相应图案或去除薄膜的工艺技术。前面介绍的光刻工艺就包含了刻蚀这一步骤。一般来说，刻蚀可以分成以下两种类型：

（1）湿法刻蚀。湿法刻蚀是一种最简单的刻蚀工艺，主要通过浸入腐蚀性的化学液体来达到刻蚀目的。常见的单晶硅湿刻蚀溶剂有氢氧化钾、乙二胺-邻苯二酚-水（Ethylene Diamine-Pyrocatechol-Water, EDP）和四甲基氢氧化铵（Tetramethyl Ammonium Hydroxide，TMAH）。

（2）干法刻蚀。干法刻蚀通过对腐蚀性气体放电生成的腐蚀性离子来达到刻蚀目的。干法刻蚀与湿法刻蚀相比，刻蚀的均匀性更好，但是器件更容易有损伤。等离子体刻蚀是一种常见的干法刻蚀，其刻蚀过程如图 8.15 所示。当刻蚀气体进入反应腔后，在电场的作用下，气体被电解成独立原子。此时，电子和原子结合在一起形成等离子体。有一部分等离子体产生的正离子在电场的作用下轰击衬底表面，造成各向异性的物理刻蚀；还有一部分等离子体产生的自由基和原子与衬底表面发生化学反应，造成各向同性的化学刻蚀。化学刻蚀产生的挥发性副产物被真空泵抽走。

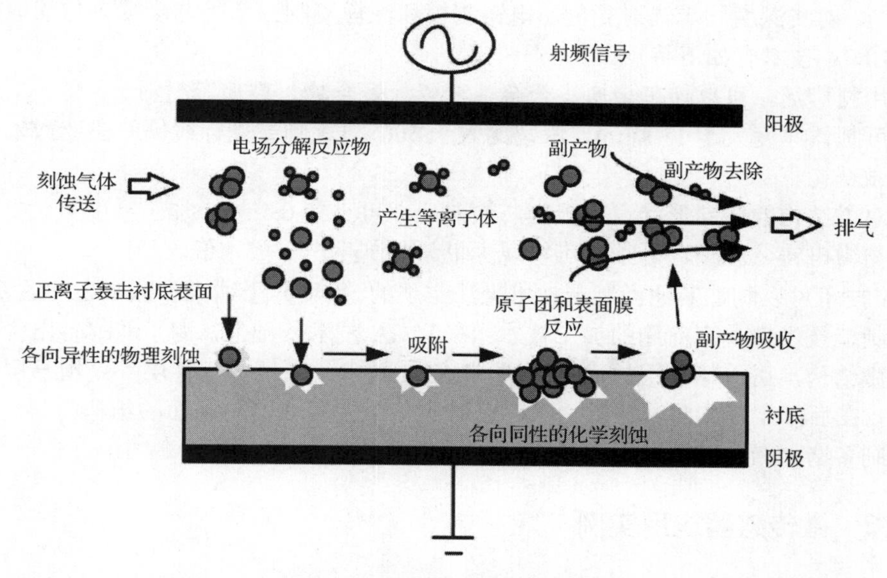

图 8.15 等离子体刻蚀过程

5. 离子注入

离子注入是最重要的掺杂工艺，它可以改变材料的电学性能。实施离子注入工艺需要用到离子注入机。离子注入机把从材料源中抽出的目标杂质离子形成离子束并扫描到衬底材料中实现掺杂目的。图 8.16 是硅片的离子注入过程，通过控制注入机的剂量、能量大小和扫描速度，可以控制掺杂物的浓度和深度。低掺杂浓度和浅结深需要低能、低剂量的快速扫描来实现，高掺杂浓度和深结深需要高能、大剂量的慢速扫描来实现。

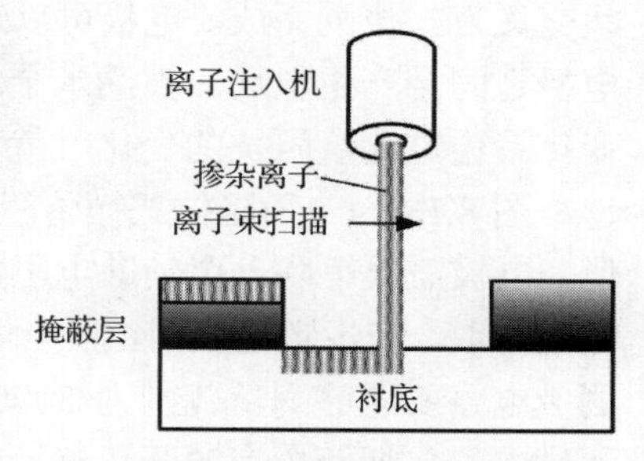

图 8.16 硅片的离子注入过程

6. 键合技术

键合技术是指不用胶黏剂而通过加电、加热、加压的方法，将固体材料层连接在一起，形成很强的键的一种加工方法，主要包括阳极键合（静电键合）和直接键合两种。阳极键合技术主要用于硅-玻璃键合，在静电场作用下使硅与玻璃两者之间的距离达到分子级，两者中间不需要任何胶黏剂。阳极键合的界面具有良好的气密性和长期稳定性。

直接键合主要用于硅-硅键合。将两块硅片通过高温处理（硅片加热至1000℃以上）使其处于熔融状态，分子力导致两块硅片键合在一起。直接键合可以获得硅-硅键合界面，实现材料的热膨胀系数、弹性系数等的最佳匹配，得到硅一体化结构，并且可以达到硅自身的强度量值，气密性、长期稳定性好。

7. 光刻电铸注塑技术

光刻电铸注塑技术是一种基于X射线光刻技术的三维微结构加工技术。LIGA是德文光刻（Lithographie）、电铸（Galvanoformung）和注塑（Abformung）三词的缩写。LIGA技术主要包括X射线深度同步辐射光刻、电铸制模和注模复制三个工艺步骤。与其他微制造技术相比，LIGA技术有如下特点。

（1）用材广泛，可以加工金属、合金、陶瓷、聚合物、玻璃等材料。

（2）可制作厚度大于1500μm、深宽比大于500∶1、侧壁平行线偏差在亚微米范围内的三维立体微结构。

（3）对微结构的横向形状没有限制，横向尺寸可小到0.5μm，加工精度可达0.1μm。

（4）与微电铸、注塑巧妙结合可实现大批量复制生产，成本低。

LIGA技术可以制造其他微制造技术无法实现的、尺度介于纳米和微米之间的复杂结构，是微纳米制造技术中最有前途的加工技术。在LIGA技术基础上，为了能制备出含有可活动件的三维微结构，引入牺牲层技术，形成SLIGA技术。所谓“牺牲层”是指一层作为中间层的薄膜，在后续工序中将其去除，就可以得到一个空腔或使其上面的结构材料“悬浮”起来，用于制备诸如微加速度传感器的悬臂梁等各种运动机构。

8.2.3 微传感器应用实例

1. 阻抗式微传感器

阻抗式微传感器通过测量对电流起阻碍作用的电阻、电容和电感的变化感知规定的被测量。经过特殊设计的阻抗式微传感器可以探测各种生物分子，以实现即时保健（Point of Care），如血糖测试仪。

图8.17是一种阻抗式微传感器的敏感元件及其工作原理，它由无数个金材料电极以梳状交叉方式排列而成。电极可以通过光刻、溅射和湿刻蚀工艺制成。当电极通电后，相邻的电极之间会产生电场。被纳米金粒子标记的目标生物分子如DNA会打断电场从而引起阻抗变化。通过测量阻抗的变化，就可以确定目标生物分子的有无和多少。

图8.18为一种阻抗式微传感器的测量系统的等效RC电路模型。为了测量电极的阻抗幅值，电极需要串联一个辅助电阻以组成一个RC电路。辅助电阻的阻值要根据目标阻抗取值范围选取。初步实验表明，整个信号处理电路需要一个能提供1～100kHz的交流电源，阻抗测量电路要能够测量范围为500Ω～2kΩ的电阻，这个范围足够应对多种生物分子。该阻抗测量电路包括两个有源开环整流器、两个双通道ADC、两个高速CMOS比较器、一个输出带低通滤波器的异或门、一个微处理器和多个缓冲器。

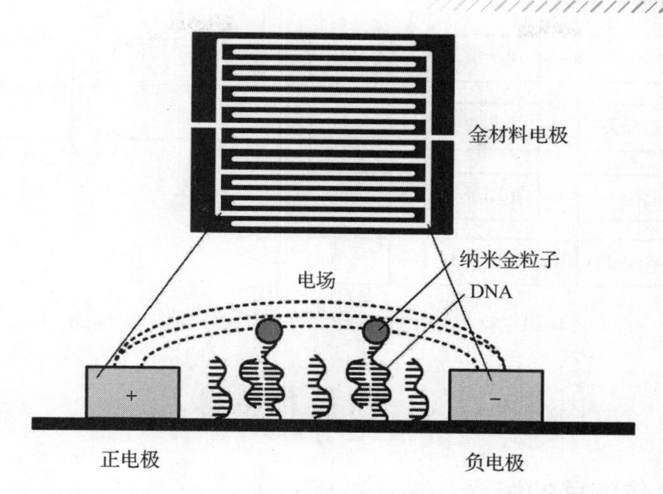

图 8.17 一种阻抗式微传感器的敏感元件及其工作原理

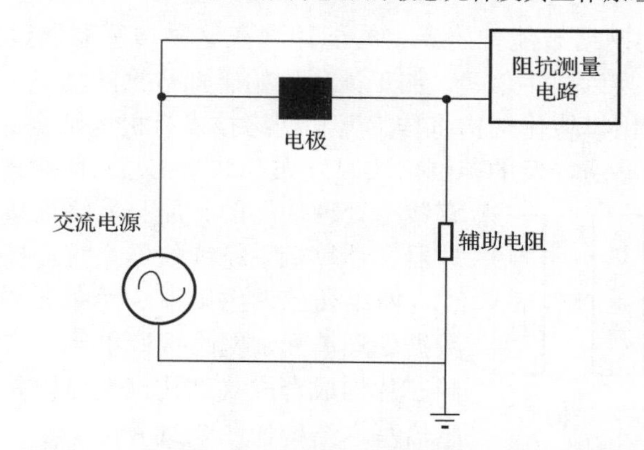

图 8.18 一种阻抗式微传感器的测量系统的等效 RC 电路模型

2. 压电式微传感器

压电式微传感器是一种运用压电效应来感知某种被测物体的微型传感器。在机器人的设计中，压电式微传感器能帮助机械手实现触觉的感知。触觉微传感器的压电材料通常选用聚偏二氟乙烯（Polyvinylidenne Fluoride，PVDF），这种高分子材料不仅压电转换灵敏度高而且柔韧耐用，适合模拟人的触觉。PVDF 薄膜可以用静电纺丝法制备。在高压电场的作用下，电纺针头处因电场力和表面张力共同作用而形成一个圆锥形 PVDF 液滴。当电压继续增大，PVDF 液滴因克服表面张力而拉长变细，最后射出纤维状薄膜。

图 8.19 中的压电式微传感器的传感头就运用了这种柔性压电材料。传感探头的四棱台背衬和基座下面表都是正方形，基座的斜面与上表面呈 45° 角。基座内侧底部的镂空部分可以完整传递指尖的压力。指尖触觉传感器的信号调理电路原理框图如图 8.20 所示。电荷放大电路可以将 PVDF 薄膜产生的微弱电信号放大为-5V～5V 的信号。放大后的信号经过滤波后通过数据采集卡输入上一级计算机进行后续处理。

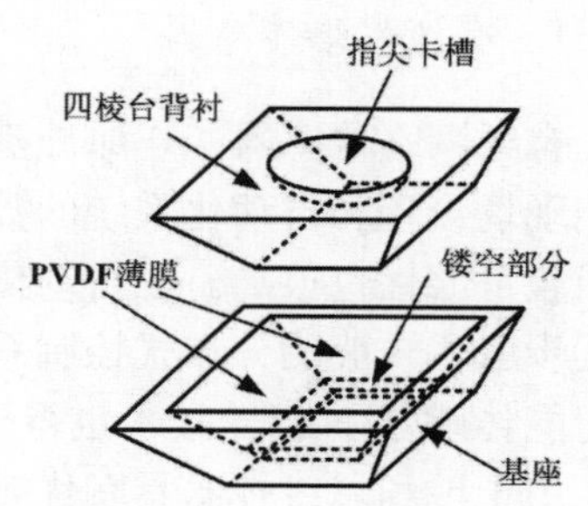

图 8.19 一种压电式微传感器的传感探头

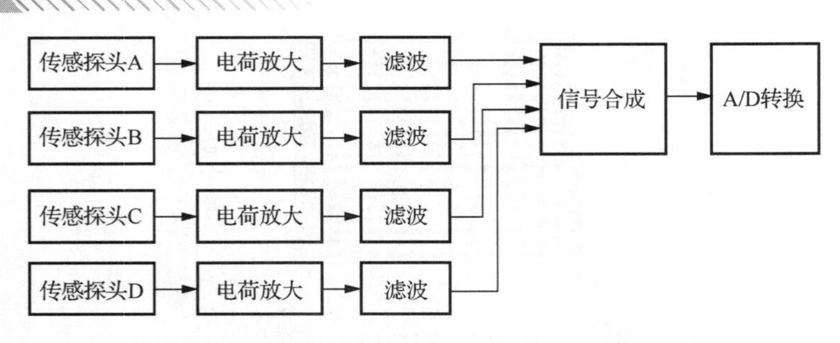

图 8.20　指尖触觉传感器的信号调理电路原理框图

8.3　网络传感器

8.3.1　网络传感器的概念

网络传感器又称为网络智能传感器。智能体现在这种传感器通过内部嵌入式微处理芯片，具有将模拟信号转换为数字信号、加工处理原始感知数据的功能；网络化体现在其通过现场实现网络协议，采用模块化结构将传感器和网络技术有机地结合起来，使得现场测控数据就近登临网络，在网络所能及的范围内实时发布和共享信息。简单地说，网络传感器是具有数据处理功能的、能与网络连接（或通过网络与微处理器、计算机系统或仪器系统连接）的传感器。一般来说，网络传感器由以下 3 个单元构成：数据采集单元、数据处理单元、网络接口单元。这 3 个单元可以采用不同芯片构成合成式结构，也可以是单片式结构。网络传感器基本结构如图 8.21 所示。

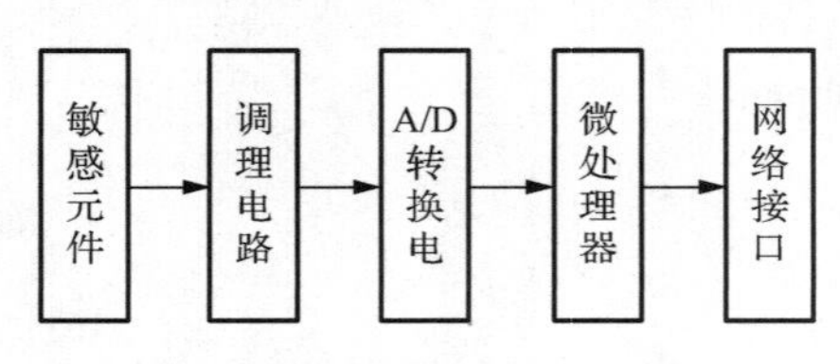

图 8.21　网络传感器基本结构

特别提示

由于现场的网络传感器的软、硬件资源有限，要使传感器像计算机那样成为全功能的一个网络节点，这是不太可能也不必要。在实际应用中，应根据传感器的使用要求确定其特定功能。

8.3.2　网络传感器的类型

按照网络接口标准，网络传感器可以分为以下两类：有线网络传感器和无线网络传感器。

1. 有线网络传感器

有线网络传感器工作原理基于现场总线的有线智能网络传感器技术。现场总线作为连接智能现场设备和自动化系统的数字式、双向传输、多分支结构的通信网，不仅支持全数字通信而且可靠性也很高。在自动化领域，现场总线控制系统（Field Control System，FCS）正在逐步取代一般的分布式控制系统（Distributed Control System，DCS），各种基于现场总线的智能传感器/执行器技术也得到迅速发展。

由于现场总线技术具有优越性，因此，许多公司都开发出自己的现场总线产品，导致多种现场总线标准共存。例如，目前市场上较为流行的现场总线有 CAN（控制局域网络），

Lonworks（局部操作网络）、Profibus（过程现场总线）、HART（可寻址远程传感器数据通信）、FF（基金现场总线）等。现存的数十种现场总线标准各异，而不同厂家的智能网络传感器采用不同的总线标准，将导致它们互不兼容，严重影响了有线网络传感器的应用。

2. 无线网络传感器

无线网络传感器工作原理基于以太网（Ethernet）的无线智能网络传感器技术。对于大型数据采集系统（特别是自动化工厂用的数据采集系统），由于其中的传感器/执行器数以万计，工厂特别希望能减少其中的总线数量，最好能统一为一种总线或网络，这样不仅有利于总线布线、节省空间、降低成本，而且方便系统维护，因此将以太网直接引入测控现场成为一种新的趋势。

以太网技术由于其开放性好、通信速度高和价格低廉等优势而得到广泛应用。人们开始研究基于以太网络即基于TCP/IP协议的网络化智能传感器，基于TCP/IP协议的智能传感器通过网络介质可以直接接入Internet或Intranet，还可以做到“即插即用”，在传感器中嵌入TCP/IP协议，使传感器具有Internet或Intranet功能，相当于Internet上的一个节点。任何一个智能传感器可以就近接入网络，而信息可以在整个网络覆盖的范围内传输。由于采用统一的网络协议，因此不同厂家的产品可以互换，互相兼容。

8.3.3 基于IEEE1451标准的网络传感器

从1993年9月开始，美国国家标准技术研究所和IEEE仪器与测量协会的传感技术委员会联合组织了智能传感器通用接口问题和相关标准的制订，即IEEE 1451智能传感器通用接口标准。迄今为止，针对传感器工业各个领域的需求，多个工作组先后被建立以开发接口标准的不同部分，并取得了显著的进展。随着IEEE 1451.3、IEEE 1451.4、IEEE 1451.5、IEEE 1451.7标准分别在2003年、2004年、2007年、2010年获得批准、颁布与执行，IEEE标准体系更加健全，在工业领域得到了较为广泛的应用。

1. IEEE1451标准简介

IEEE1451 标准的目的是开发一种软、硬件的连接方案，将智能传感器连接到控制网络或用于支持现有的各种网络技术，包括各种现场总线及Internet/Intranet。该标准在网络链路层上提供了应用和网络的互用性，通过定义一套通用的通信接口，使传感器在现场采用有线或无线的方式实现网络连接，大大简化了由传感器构成的各种网络控制系统，解决不同网络之间的兼容性问题，并能够最终实现各个厂家产品的互换性与互操作性。其主要特点如下：基于传感器软件应用层的可移植性、基于传感器应用的网络独立性、传感器的互用性，使用即插即用方案将传感器连接到网络。IEEE 1451标准族由多个子系列组成，目前已经颁布和拟定的有IEEE 1451.0—IEEE 1451.7。这些标准的共同点如下：定义了相应的电子数据表单（Transducer Electronic Data Sheet，TEDS），为传感器提供统一的标准描述方式，增强互操作性。其中，IEEE 1451.0和IEEE 1451.1为软件接口标准，而IEEE 1451.2—IEEE 1451.7为硬件接口标准。IEEE 1451标准族的组成如图8.22所示，图中清晰地标明了通过各种硬件接口的连接方式。

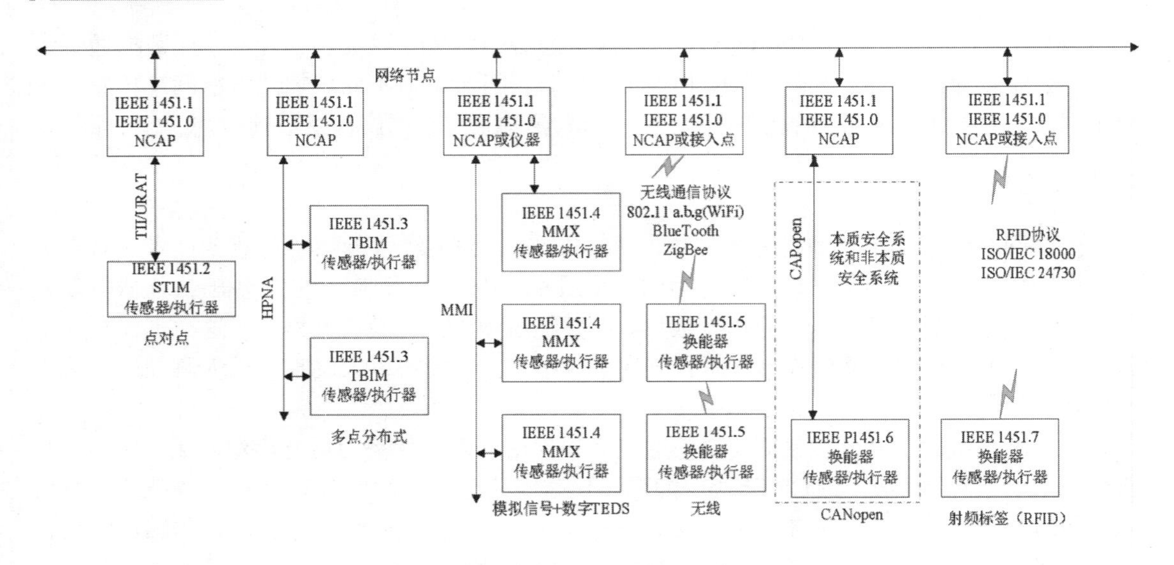

图 8.22　IEEE 1451 标准族的组成

2．IEEE1451 标准的意义

IEEE 1451 标准的意义如下：

（1）IEEE 1451 标准的定义极大地提高了传感器的智能化、网络化水平，使智能传感器具有“即插即用”和网络无关性特征，具有自我描述和自识别能力。

（2）现场总线多样化是传感器领域的一个国际性问题，IEEE 1451 标准是该问题的一个解决方案，并且是一种可行有效的方法。

（3）系统集成变得复杂，对系统集成工程师提高了要求。采用统一传感器接口标准，使得传感器设备的设计与现场总线无关，系统集成工程师不必去了解多种现场总线标准，从而降低了难度。

（4）减少了传感器厂商的投资。传感器厂商不必去研发基于多种现场总线标准的智能传感器，这样就减少了成本。

（5）系统维护简单。

8.3.4　网络传感器应用实例

1．基于 TCP/IP 的嵌入式网络传感器特点及体系结构

基于 TCP/IP 的嵌入式网络传感器的核心功能是使传感器自身实现 TCP/IP 网络通信协议，将传感器作为网络节点直接与计算机网络通信。从某种意义上说，嵌入式网络传感器已不再是简单意义上的“传感器”，它已经涵盖了仪器和微型计算机所具备的功能。

嵌入式网络传感器主要由三部分组成：敏感单元、智能处理单元和 TCP/IP 通信协议接口，其体系结构示意如图 8.23 所示。

敏感单元由敏感元件和调理电路组成，其中，敏感元件将被测信号转化成电信号，调理电路则完成模拟滤波、放大等信号预处理功能。

智能处理单元是智能传感器的核心单元，主要完成信号数据的采集、处理（如数字滤波、

非线性补偿、自诊断）和数据输出调度（包括数据通信和控制量本地输出）。从智能传感器高可靠性、低功耗、低成本和微体积等特点出发，嵌入式微处理器系统是最佳选择。

TCP/IP 通信协议接口单元是将传感器的信号转换为符合在以太网传输的协议格式的数据流，从而实现传感信息与网络无缝接入，该单元也是实现网络传感器的核心单元。

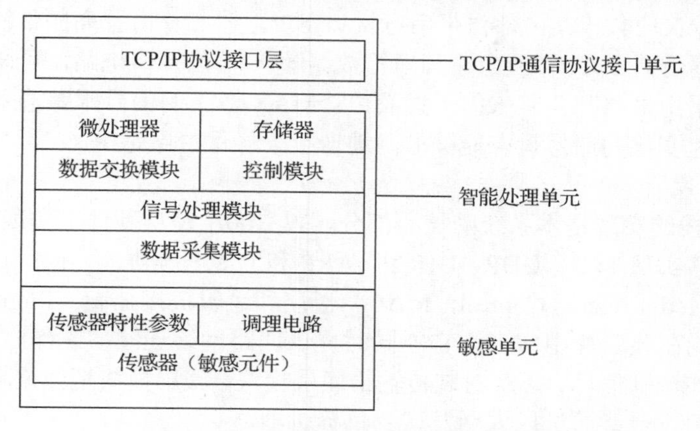

图 8.23 嵌入式网络传感器体系结构示意

嵌入式网络传感器具有如下特点。

（1）具有高可靠性、低成本等特点。

（2）根据输入信号进行判断和制定决策，具有自检测、自校准和自保护功能。

（3）不同的应用系统无须采用不同的传感器，可在单一传感器的基础上通过软件设计来改变传感器的功能，以满足客户的不同需求。

（4）采用当今最为流行的 TCP/IP 网络通信协议为载体，利用 Internet 传输传感器数据，与外部进行信息交换。

（5）嵌入式网络传感器组成的控制网络与计算机网络直接通信，技术人员利用浏览器通过网络管理嵌入式网络传感器的工作状态，实施远程测控。

（6）实现了传统的数据采集与发送向网络化的信息管理与集成的转移。

2. 系统硬件设计

整个网络传输系统从硬件上来说主要由微控制器、A/D 转换器、协议栈芯片、网络接口芯片、网络变压器及传感器组成。系统硬件原理框图如图 8.24 所示。

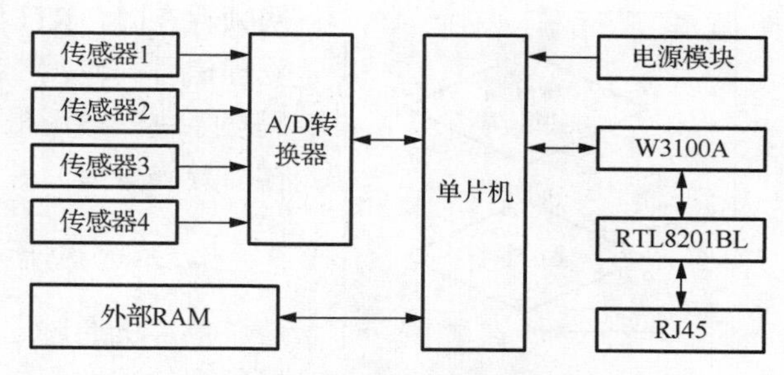

图 8.24 系统硬件原理框图

下面介绍微控制器、A/D 转换器、协议栈芯片和网络接口芯片。

1）微控制器

为了充分利用单片机的资源和提高其使用效率，选用了 SST89V564RD 型单片机，该型号单片机具有较丰富的内部资源和较大的内部存储空间，提供了 SPI 串行接口，带有 IAP（在应用可编程）和 ISP（在系统可编程）功能，通过串行接口即可在系统进行仿真和编程，无须专用仿真开发设备。其工作电压范围为 2.7～5.5V，与 51 系列单片机完全兼容，可以利用其 SPI 串行接口与 A/D 转换器进行数据交换。

2）A/D 转换器

为了能测量具有较宽频带的多路传感器信号，同时为避免因采用多路开关而带来的干扰噪声，因此系统选用的 A/D 转换器是美国 MAXIM 公司推出的低功耗、4 通道、12 位串行 A/D 转换芯片 MAX1247，其内部自带串行接口 SPI。该芯片内置高频带的信号跟踪与采样电路、高速逐次逼近式 A/D 转换电路和串行数据输入/输出接口电路，可采用软件来切换通道，从而避免了采用多路开关带来的干扰噪声。MAX1247 的信号跟踪输入电路有 2.25MHz 的带宽，因此高速变化的信号瞬态能被准确地送至采样保持电路中。

3）协议栈芯片

TCP/IP 协议栈的实现是本系统的核心部分，W3100A 是从硬件上实现 TCP/IP 协议的数字逻辑芯片，能够实现 TCP、UDP、DHCP、ARP 和 ICMP 等协议，同时，网络接口层包括介质访问控制（Media Access Control，MAC）子层和逻辑链接控制（Logical Link Control，LLC）子层，也能在该芯片中实现。它能同时提供四路网络连接，工作时数据通过 TCP/IP 协议模块逐层添加控制信息、逐层封装传输给底层模块，底层模块把数据转换成适合在以太网中传输的数据帧，最终通过以太网发送到目标机器。

4）网络接口芯片

由于 W3100A 芯片的网络接口层包括 MAC 子层，因此选用符合 IEEE802.3 协议的 10Base-T 通用接口芯片 RTL8201BL 作为网络接口芯片。该网络接口芯片通过 MII 标准接口与 W3100A 进行数据交换。该芯片具有 MII（媒体独立接口）/SNI（串行网络接口）单端口接收器，支持 10/100M、全/半双工以太网工作方式，能完成编解码、CRC 的形成和校验、数据的收发等功能。它可以通过交换机在双绞线上同时发送和接收数据，是用来作为具有 MAC 子层的嵌入式系统进行以太网通信的理想芯片。其具体的工作流程如下：

网络接口芯片 RTL8201BL 从 W3100A 芯片接收以太帧，然后进行曼彻斯特编码，发送以太网帧时，先在帧前端加上帧起始标志。当 RTL8201BL 监听到物理链路空闲时，立即通过 RJ45 接口把数据帧发送到以太网上。当监听到网络中有以太网帧存在时，RTL8201BL 接收模块首先用锁相环电路实现与物理信号同步，然后对物理信号采样接收并发送给曼彻斯特解码功能块，最后得到 W3100A 芯片能识别的归“0”码（已把帧前导码分离）并通过 MII 接口输送到网络接口层模块。

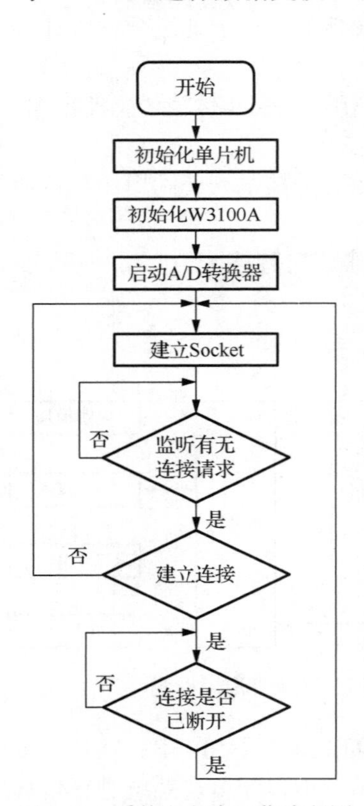

图 8.25 系统主程序工作流程图

3. 系统软件设计

单片机通过 A/D 转换器采集外部多路传感器信号，并将采集到的数据存储在外部 RAM 的不同存储区域，单片机处于监听状态并等待远程连接。当远程计算机访问该系统时，单片机将 RAM 相应区域内的数据传输给远程计算机进行数据处理和监视，同时单片机根据控制指令对外部设备执行相应的操作命令。系统主程序工作流程图如图 8.25 所示。

1）数据采集程序设计

由于系统采用的 A/D 转换芯片支持 SPI 串行接口，因此可以利用具有 SPI 接口的单片机直接与 A/D 转换芯片通过 SPI 接口进行数据采集。MAX1247 内部控制寄存器、程序自定义的状态参数设定以及启动 A/D 转换芯片都在主程序的流程内完成。每次 A/D 转换结束后触发单片机产生硬件中断，在中断程序里，首先完成对该次转换数据的读取，同时对数据进行移位处理操作以得到正确的 A/D 转换数据；然后对转换的结果进行滑动平均滤波处理，以降低干扰信号对真实数据的影响；最后将处理后的数据存储到系统外接的 RAM 区内，同时完成对传感器通道的切换。A/D 数据采集程序流程图如图 8.26 所示。

2）网络协议程序设计

在网络协议程序流程内，为了适应分组数据到达的随机性，系统必须能够具有从网络接口随机读取分组数据的能力，本系统采用中断的机制来实现数据的读取。当一个分组数据到达时，产生一个硬件中断，随机进入中断子程序中。首先，设备驱动程序接收分组数据并进行类型判断，再根据类型进行相应的处理；接收、发送和控制操作完成后，必须对中断寄存器和中断状态寄存器进行复位工作，以保证下次进入中断时能进行正确的判断；在中断返回之前，设备驱动程序会通知硬件调度低优先级的中断，在此次硬件中断结束后，低优先级的中断会继续执行。网络协议程序流程图如图 8.27 所示。

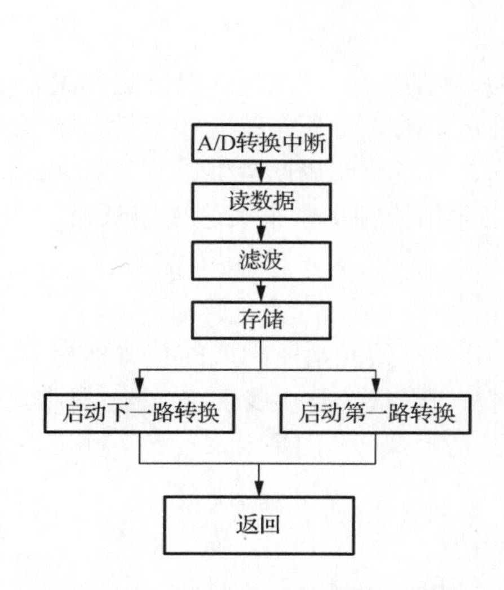

图 8.26　A/D 数据采集程序流程图

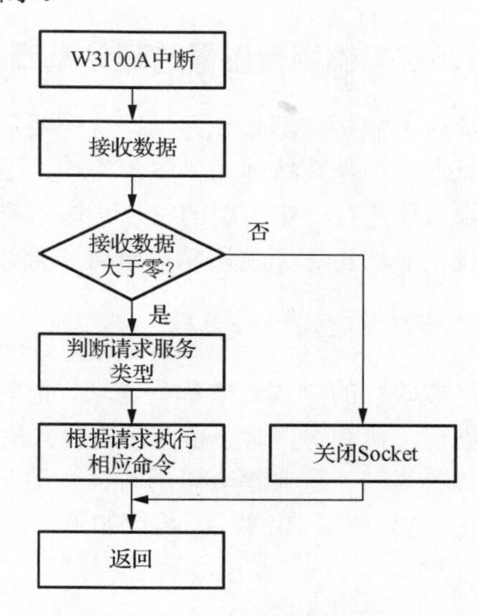

图 8.27　网络协议程序流程图

4. 总结

嵌入式网络传感器与传统的传感器相比，更加可靠、便宜，扩展性更好。与传统的传感器输出模拟信号不同，这种传感器可以在内部实现对原始数据的加工处理，并通过 Internet 和外界进行数据交换，从而实现传感器的微型化、信息化、网络化、智能化。基于 TCP/IP 的嵌入式网络传感器可以根据实际的需要通过 Internet，实现检测、制造及维修人员的“虚拟到场”，给系统的扩展带来很大的发展余地，使得测控系统在数据采集、信息发布及系统集成等方面都以企业内部网为依托，让测控网和信息网统一起来，用户能够远程检测、控制过程和实验数据，同时可利用普通设备采集数据，然后通过另一台性能强大的远程计算机分析数据。

8.4 模糊传感器

8.4.1 模糊传感器简介

模糊传感器是在20世纪80年代末出现的术语。随着模糊理论技术的发展，模糊传感器也得到了国内外学者的广泛关注。模糊传感器是在经典传感器数值测量的基础上，经过模糊推理与知识集成，以自然语言符号描述形式输出测量结果的智能传感器。一般认为，模糊传感器是以数值测量为基础，能产生和处理与其相关的符号信息，实现被测对象信息以自然语言符号表示的智能传感器。模糊传感器的研究基础仍然是数值测量，其输入量是由传统的传感元件决定的，而其输出量则是经过转换后的模糊参量。传统传感器描述的是数值-数值的转换过程，即定量信息的转换，它具有精度高、无冗余的优点，但同时也存在测量结果不易理解、数据存储量大、涉及人类自然行为以及某些高层逻辑信息难以描述的问题。而模糊传感器描述的是定性信息的转换，是在经典的数值测量基础上，经过模糊推理与知识集成，以自然语言符号描述的形式输出结果，这种输出结果更适合人类的思维方式，是一种更加智能化的传感器。

8.4.2 模糊传感器的理论基础

学习模糊传感器知识之前，首先要了解模糊集合，判断一个对象是否符合它的集合所描述的概念，不是简单地用“属于”或“不属于”来表示，因为对象有符合的属性，却又不完全符合，只是有一定程度的符合。这里符合与不符合之间没有明确的界线，不具有非此即彼的界线。显然，这无法用精确集合来描述。因此，必须用模糊集合来表达模糊概念。

1. 古典集合与特征函数

将被研究的全体对象称为论域，记为E。那么，由E中的元素所组成的整体称为E中的一个集合，记为A。对于古典集合A，论域E上的任一元素x，要么属于A，要么不属于A，二者必居其一。古典集合可用特征函数来描述，设E是论域，E的集合$A\subseteq E$，$x\in E$，定义函数$\varphi_A(x)$为集合A的特征函数如下。

$$\varphi_A(x)=\begin{cases}1, & 当x\in A时\\0, & 当x\notin A时\end{cases} \tag{8-1}$$

古典集合之间的基本运算有包含、并、交、非等，这些运算也可等价地用特征函数来描述。设A和B是论域E上的两个集合，那么，A与B之间的关系可用符号表示如下。

若对于论域E内的任一元素x，都有$\varphi_A(x)=0$，则A为空集合，记为$A=\phi$，用式（8-2）表述。

$$\forall x\in E，有\varphi_A(x)\equiv 0 \qquad 则A=\phi(\text{"空集"}) \tag{8-2}$$

同理

$$\forall x\in E，有\varphi_A(x)\equiv 1 \qquad 则A=E(\text{"全集"}) \tag{8-3}$$

$$\forall x\in E，有\varphi_A(x)\leqslant\varphi_B(x) \qquad 则A\subset B \tag{8-4}$$

$$\forall x\in E，有\varphi_A(x)=\varphi_B(x) \qquad 则A=B \tag{8-5}$$

$$\varphi_{A\cup B}(x)=\max\left[\varphi_A(x)，\varphi_B(x)\right] \tag{8-6}$$

$$\varphi_{A\cap B}(x)=\min\left[\varphi_A(x),\ \varphi_B(x)\right] \tag{8-7}$$

$$\varphi_{\bar{A}}(x)=1-\varphi_A(x) \tag{8-8}$$

2. 模糊集合与隶属函数

在古典集合中，元素 x 和集合 A 的关系只有“属于”或“不属于”，不存在其他情况。模糊集合对古典集合进行了扩展。

一个元素 x 和集合 A 的关系不一定是绝对的“属于”或“不属于”的关系，而需要考虑它属于的程度是多少。科学家扎德把古典集合的特征函数只能取{0，1}两个数，推广为可取[0，1]闭区间上的所有数，并称这样的特征函数为隶属函数，记为 $\mu_{A(x)}$。

$$\mu_{A(x)}\in\left[0,1\right] \tag{8-9}$$

由 $\mu_{A(x)}$ 所确定的集合 A 称为论域 E 上的模糊集合。

设在论域 E 上给定了映射 $\mu_{A(x)}$，即

$$\mu_{A(x)}:x\in E\left[0,1\right] \tag{8-10}$$

则称映射 $\mu_{A(x)}$ 确定了论域 E 上的一个模糊集合，记为 A。映射 $\mu_{A(x)}$ 也称为 A 的隶属函数。

对任一 $x_0\in E$，函数值 $\mu_{A(x_0)}$ 称为 x_0 对 A 的隶属度。

例如，用模糊集合的隶属度函数表示“年龄在50岁左右”，根据需要，可以设计一个三角形隶属度函数，如图 8.28（a）所示。也可以设计一个高斯函数（“钟形”）作为隶属度函数，如图 8.28（b）所示。

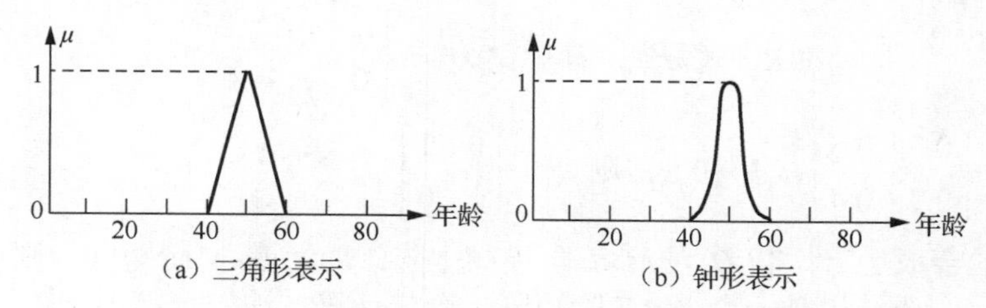

图 8.28 “年龄在50岁左右”的隶属度函数

从前面的描述可以看出，特征函数是论域 $E\rightarrow\{0,1\}$ 的二值映射，隶属函数是论域 $E\rightarrow[0,1]$ 的连续映射

模糊集合之间的基本运算有加、减、乘、取大值、取小值等，设 $\mu_{A(x)}$ 和 $\mu_{B(x)}$ 分别为两个模糊集合 A、B 的隶属度函数，$\mu_{A(x)}$、$\mu_{B(x)}\in\left[0,1\right]$，其计算方法如下。

$$\mu_{A(x)}+\mu_{B(x)}=\min(1,\mu_{A(x)}+\mu_{B(x)}) \tag{8-11}$$

对式（8-11）求和，若大于1，则取1。

$$\mu_{A(x)}-\mu_{B(x)}=\max(0,\mu_{A(x)}-\mu_{B(x)}) \tag{8-12}$$

对式（8-12）求差，若小于0，则取0。

$$\mu_{A(x)}\vee\mu_{B(x)}=\max(\mu_{A(x)},\mu_{B(x)}) \tag{8-13}$$

对式（8-13）取大值。

$$\mu_{A(x)}\wedge\mu_{B(x)}=\min(\mu_{A(x)},\mu_{B(x)}) \tag{8-14}$$

对式（8-14）取小值。

$$\mu_{A(x)} \cdot \mu_{B(x)} = \mu_{A(x)}\mu_{B(x)} \tag{8-15}$$

对式（8-14）为隶属度函数乘积。

3. 模糊矩阵及其运算

一个矩阵的所有元素均在[0，1]闭区间内取值，并且它的各元素为模糊集合内样本的隶属度值，这类矩阵称为模糊矩阵。

两个模糊矩阵对应元素取大（取小、取补）作为新元素的矩阵，称为它们的并（交、补）运算。

设两个模糊矩阵 $\boldsymbol{R}$ 和 $\boldsymbol{B}$ 分别为

$$\boldsymbol{R}=\begin{bmatrix}0.3 & 0.5\\0.7 & 0.4\end{bmatrix} \qquad \boldsymbol{B}=\begin{bmatrix}0.4 & 0.6\\0.2 & 0.5\end{bmatrix} \tag{8-16}$$

则这两个模糊矩阵的并、交、补运算分别为

$$\boldsymbol{R}\cup\boldsymbol{B}=\begin{bmatrix}0.3\vee 0.4 & 0.5\vee 0.6\\0.7\vee 0.2 & 0.4\vee 0.5\end{bmatrix}=\begin{bmatrix}0.4 & 0.6\\0.7 & 0.5\end{bmatrix} \tag{8-17}$$

$$\boldsymbol{R}\cap\boldsymbol{B}=\begin{bmatrix}0.3\wedge 0.4 & 0.5\wedge 0.6\\0.7\wedge 0.2 & 0.4\wedge 0.5\end{bmatrix}=\begin{bmatrix}0.3 & 0.5\\0.2 & 0.4\end{bmatrix} \tag{8-18}$$

$$\boldsymbol{R}^C=1-\begin{bmatrix}0.3 & 0.5\\0.7 & 0.4\end{bmatrix}=\begin{bmatrix}0.7 & 0.5\\0.8 & 0.6\end{bmatrix} \tag{8-19}$$

模糊矩阵的截矩阵：对于任意 $\lambda\in[0,1]$，矩阵 $\boldsymbol{R}$ 对于 λ 的截矩阵为

$$\boldsymbol{R}_\lambda=(\lambda r_{ij})\text{，其中，}\lambda r_{ij}=\begin{cases}1 & r_{ij}\geqslant\lambda\\0 & r_{ij}<\lambda\end{cases} \tag{8-20}$$

例如，$\boldsymbol{R}=\begin{bmatrix}0.3 & 0.5\\0.7 & 0.4\end{bmatrix}$，$\lambda=0.5$，则 $\boldsymbol{R}_\lambda=\begin{bmatrix}0 & 1\\1 & 0\end{bmatrix}$

模糊矩阵的合成运算：若 $\boldsymbol{Q}$ 为 $M\times L$ 阶模糊矩阵，$\boldsymbol{R}$ 为 $L\times N$ 阶矩阵，则 $\boldsymbol{Q}$ 与 $\boldsymbol{R}$ 的合成记为 $\boldsymbol{S}=\boldsymbol{Q}\circ\boldsymbol{R}$，合成结果是一个 $M\times N$ 阶矩阵，合成计算方法如下：

$$\boldsymbol{S}=\boldsymbol{Q}\circ\boldsymbol{R}\Leftrightarrow s_{ij}=\vee_{k=1}^{l}\left(q_{ik}\wedge r_{kj}\right) \tag{8-21}$$

例如 $\boldsymbol{Q}=\begin{bmatrix}0.3 & 0.5\\0.7 & 0.4\end{bmatrix}$，$\boldsymbol{R}=\begin{bmatrix}0.4 & 0.6\\0.2 & 0.5\end{bmatrix}$，则

$$\boldsymbol{Q}\circ\boldsymbol{R}=\begin{bmatrix}(0.3\wedge 0.4)\vee(0.5\wedge 0.2) & (0.3\wedge 0.6)\vee(0.5\wedge 0.5)\\(0.7\wedge 0.4)\vee(0.4\wedge 0.2) & (0.7\wedge 0.6)\vee(0.4\wedge 0.5)\end{bmatrix}=\begin{bmatrix}0.3 & 0.5\\0.4 & 0.6\end{bmatrix} \tag{8-22}$$

4. 模糊集合常用的隶属度函数

4 种常用的隶属度函数曲线如图 8.29 所示。

（1）矩形隶属度函数曲线如图 8.29（a）所示，隶属度函数表达式如下：

$$\mu_{(x)}=\begin{cases}1, & \text{当}a\leqslant x\leqslant b\\0, & \text{其他}\end{cases} \tag{8-23}$$

（2）钟形隶属度函数曲线如图 8.29（b）所示，隶属度函数表达式如下：

$$\mu_{(x)}=\mathrm{e}^{-\frac{1}{2}\left(\frac{x-\sigma}{\sigma}\right)^2} \tag{8-24}$$

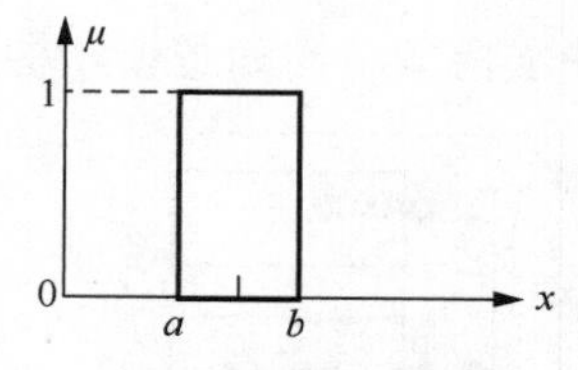

（a）矩形隶属度函数曲线

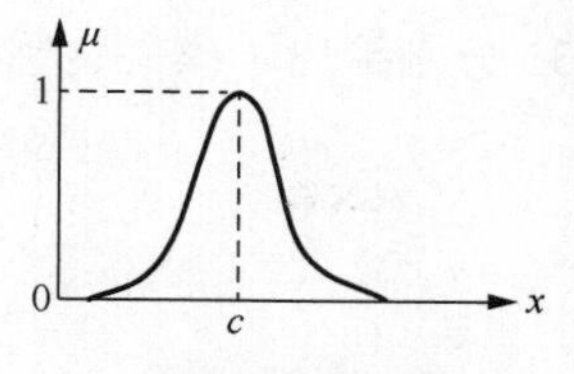

（b）钟形隶属度函数曲线

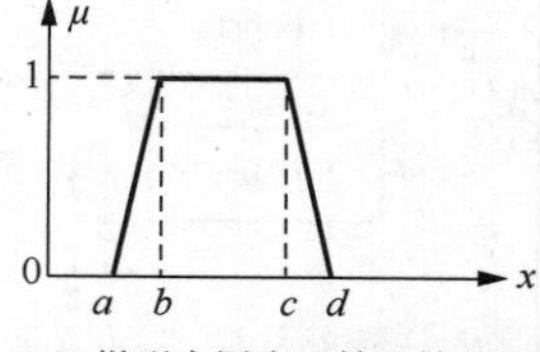

（c）梯形隶属度函数函数曲线

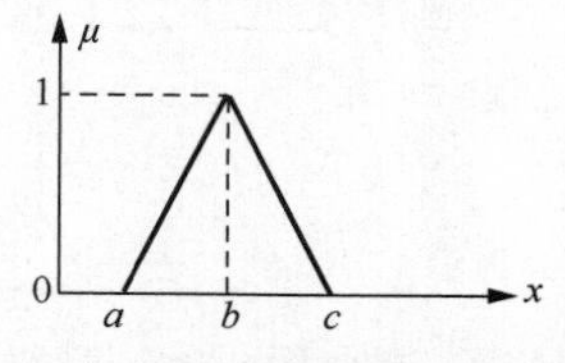

（d）三角形隶属度函数函数曲线

图 8.29　4 种常用的隶属度函数曲线

图中，c 是钟形隶属度函数曲线的中心，σ 决定了图形宽度。

（3）梯形隶属度函数曲线如图 8.29（c）所示，隶属度函数表达式如下：

$$\mu_{(x)}=\begin{cases}0, & x<a \\ \dfrac{x-a}{b-a}, & a\leqslant x\leqslant b \\ 1, & b\leqslant x\leqslant c \\ \dfrac{d-x}{d-c}, & c\leqslant x\leqslant d \\ 0, & x>c\end{cases} \tag{8-25}$$

（4）三角形隶属度函数曲线如图 8.29（d）所示，隶属度函数表达式如下：

$$\mu_{(x)}=\begin{cases}0, & x<a \\ \dfrac{x-a}{b-a}, & a\leqslant x\leqslant b \\ \dfrac{c-x}{c-b}, & b\leqslant x\leqslant c \\ 0, & x>b\end{cases} \tag{8-26}$$

隶属度函数的选取方法很多，上面介绍的只是常用的 4 种。设计隶属度函数时，要根据实际需要，使设计出的隶属度函数能反映实际情况。若模糊集合反映的是大量的个别意识的平均结果，如青少年，则可以用摸糊统计法来求隶属函数；若模糊集合反映的是专家的经验和判断，则可采用德尔菲（Delphi）法（也称专家调查法）；若模糊集合反映的模糊概念已有相应成熟的指标，则可直接采用这种指标，并将这种指标转化为隶属函数。

8.4.3　模糊传感器的结构和功能

1. 模糊传感器的结构

模糊传感器以计算机为核心，其结构是在一般传感器的传感/变送的基础上增加一个单片机系统。单片机系统不仅要完成从数值到符号的转换、符号信息的推理和合成，还要能够接收命令，并根据系统要求输出信息，输出的信息可以是数值、符号、语音或图像。

图 8.30 和图 8.31 分别给出了模糊传感器的基本物理结构和逻辑结构。

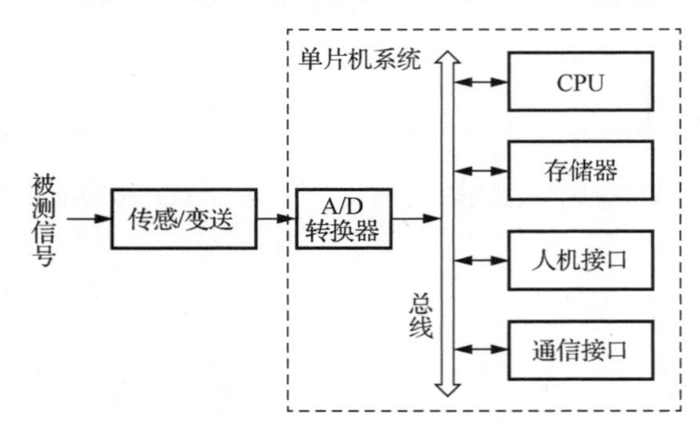

图 8.30　模糊传感器的基本物理结构

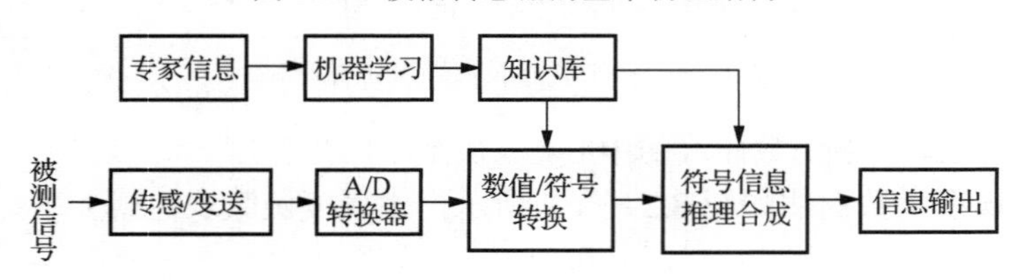

图 8.31　模糊传感器的逻辑结构

（1）传感/变送：由传统的传感器和变送器组成，传感器将被测信号转换为电信号，变送器将传感器信号按量程调理成规范的电流或电压信号，如 4～20mA 电流信号或 0～5V 电压信号。

（2）单片机系统：由 CPU、A/D 转换器、存储器、人机接口和通信接口组成。

（3）CPU：完成模糊传感器的计算、控制和管理任务。

（4）A/D 转换器：将模拟信号转换成数字信号。为了实现传感器的小型化，一般选用集成了 A/D 转换单元的单片机。

（5）存储器：包括主存储器和辅助存储器，主存储器是单片机运行用的内存，辅助存储器是存放程序、知识库、数据表和用户数据的非易失性存储器。其中，知识库包括模糊集合及其对应的隶属度函数、可以生成概念的模糊推理规则、检测对象的特性背景知识以及有关测量系统的知识等，知识库中经验隶属度函数的产生可以由专家经验直接给出，也可以通过模糊统计法、因素加权综合法以及选择法等产生。模糊传感器通过学习程序、知识库和数据表实现语言符号的生成、处理和模糊集理论推理。

（6）人机接口：通过人机接口输入专家信号，实现专家指导下的学习。

（7）通信接口：接收命令并按要求输出信息。

2. 模糊传感器的功能

模糊传感器作为一种新型的智能传感器，不仅具有智能传感器的一般特点和功能，还有自身的一些特殊功能。

（1）感知功能。模糊传感器前端的传感/变送与传统传感器一样可以感知敏感元件所确定的被测量，后端可以根据人类所理解和掌握的自然语言符号量，给出符号语言信息。

（2）推理功能。模糊传感器在接收到外界信息后，可以通过知识库中的模糊推理规则实现被测量的测量值并进行拟人类自然语言的表达、模糊推理等。

（3）学习和决策功能。模糊传感器不仅可以在专家指导下进行学习，接收专家指导的知识，还可以通过自组织学习，根据样本数据进行分类学习，能够针对不同的测量任务要求，选择合适的测量方案。

（4）通信和网络功能。模糊传感器以单片机为核心，不仅可以通过通信接口接收和发送信息，还可以通过通信接口组网。

（5）其他智能功能。由于模糊传感器自带计算机和通信功能，可以根据需要设计可用于实现自检测、自校正和自诊断等其他智能传感器所具备的功能。

8.4.4 模糊传感器应用实例

目前，模糊传感器已被广泛应用于日常生活中，例如，模糊控制洗衣机中的布量检测、水位检测、水的浑浊度检测，电饭煲中的水量、饭量检测，模糊手机充电器等。此外，还有模糊距离传感器、模糊温度传感器、模糊色彩传感器等。随着科技的发展、科学分支的相互融合，模糊传感器也应用到了神经网络、模式识别等体系中。下面通过模糊水分传感器进一步阐明模糊传感器的基本结构与基本功能。

模糊水分传感器以粮食作为主要被测对象，将传统的电导法传感器技术与模糊理论相结合，集标准烘干法的准确性与模糊智能仪器的快速性于一体，为在线连续测量和通用性研究开辟了新的途径。模糊水分传感器系统框图如图 8.32 所示。

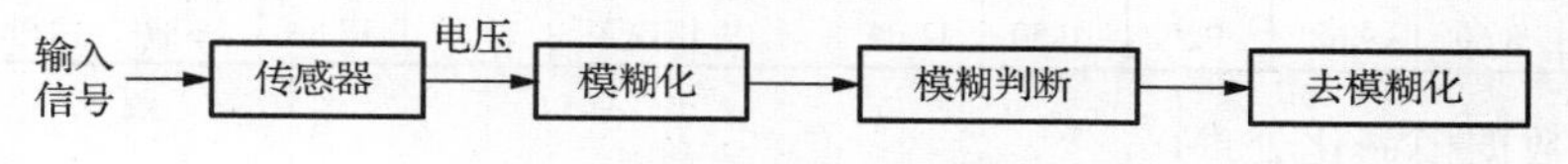

图 8.32　模糊水分传感器系统框图

传感器将水分信号转换为电压输出，在确定输入电压基本论域的基础上，模糊化单元将其量化为模糊信号。然后，根据输入量的隶属度函数确定模糊信号的隶属度并做出模糊判决，得到模糊输出信号。最后，经去模糊化转换为数值信号输出。

1. 传感器探头电路

传感器探头为圆筒式，采用聚酯绝缘材料制成，两端装配铝质电极板，电极板上连接输出导线，两个电极板之间装入被测材料。当被测材料含水率小时，其电阻较大，因此采用如图 8.33 所示的电路作为传感器探头电路。

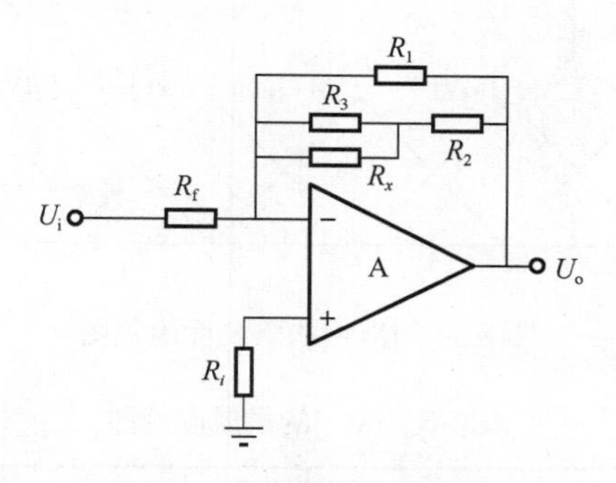

图 8.33　传感器探头电路

假设图8.33中的A为理想运算放大器，则有$U_i / R_i = -U_o R_f$，其中$R_f = \left[\left(R_3 // R_x\right) + R_2\right] // R_1$，通过计算可得

$$R_x = \frac{aR_i\left(R_1R_3 + R_2R_3\right) - R_1R_2R_3}{R_1R_2 + R_1R_3 - aR_i\left(R_1 + R_2 + R_3\right)} \quad (8\text{-}27)$$

式中，$a = -U_o / U_i$。

由式（8-27）可知，R_x是U_o的函数，在模糊水分传感器中选取$U_i = +10\text{V}$，通过烘干称重法测定被测材料的含水率$[\text{MC}]$，从而可得到U_o与$[\text{MC}]$的关系。在取得足够多的U_o与$[\text{MC}]$的相关实验数据后，便可建立U_o与$[\text{MC}]$的映射关系，从而为模糊水分传感器的设计提供可靠的模糊推理依据。

2. 模糊模型的建立

根据不同粮食品种的吸水特性，以玉米作为样品并将其浸湿20 h，待水分自然充分平衡后，将玉米样品装入传感器探头内，接通电源，在恒温恒压下，测得一组$U_o - [\text{MC}](\%)$实验数据，见表8-2。

表8-2 $U_o - [\text{MC}](\%)$实验数据（室温18.5℃）

含水率[MC]（%）	27.4	25.2	19.5	17.3	16.3	15.6	14.4	12.3	11.1	9.6	7.7	4.1	3.7
输出电压U_o（V）	8.60	9.62	9.9	10.50	11.04	11.19	12.28	12.33	12.84	12.89	12.98	13.00	13.01

1）实验数据模糊化处理

应用模糊理论分析表8-2中的数据，可以确定样品测试时的基本论域和量化域。

输入量：传感器探头的输出电压用$[\text{MV}]$表示，单位：V；

基本论域：[8.60，13.01]；

量化论域：$X = \{0,1,2,3,4,5,6,7,8\}$；

量化因子：$K_{[\text{MV}]_1} = 8 / (13.0 - 18.60) = 1.814$；

模糊词集：$[\text{MV}]_1$，$[\text{MV}]_2$，$[\text{MV}]_3$，$[\text{MV}]_4$，$[\text{MV}]_5$；

$[\text{MV}]$的隶属度函数图如图8.34所示（为简单起见，取三角形分布），$[\text{MV}]$的隶属度函数见表8-3。

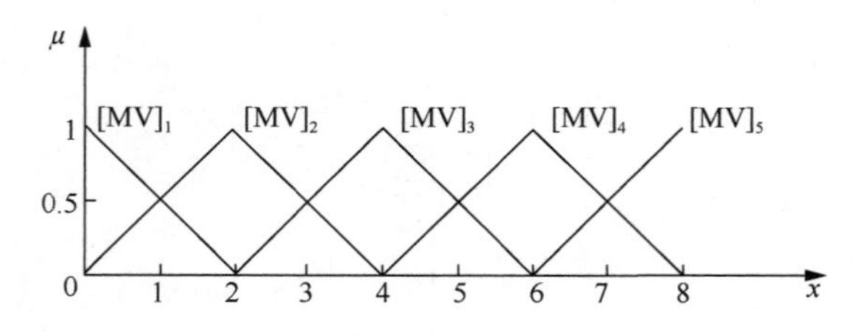

图8.34 [MV]的隶属度函数图

表8-3 [MV]的隶属度函数

输入量	0	1	2	3	4	5	6	7	8
$[\text{MV}]_1$	1	0.5							
$[\text{MV}]_2$		0.5	1	0.5					

续表

输入量	0	1	2	3	4	5	6	7	8
$[MV]_3$				0.5	1	0.5			
$[MV]_4$						0.5	1	0.5	
$[MV]_5$								0.5	1

输出量：含水率用$[MC]$表示，$[MC]=\frac{W-D}{D}\%$，其中W表示含水质量，D表示绝干质量；

基本论域：[3.7，27.4]；

量化论域：$Y=\{0,1,2,3,4,5,6,7,8\}$；

模糊词集：$[MC]_1$，$[MC]_2$，$[MC]_3$，$[MC]_4$，$[MC]_5$；

$[MV]$的隶属函数图如图 8.35 所示，$[MV]$的隶属度函数即表 8-4。

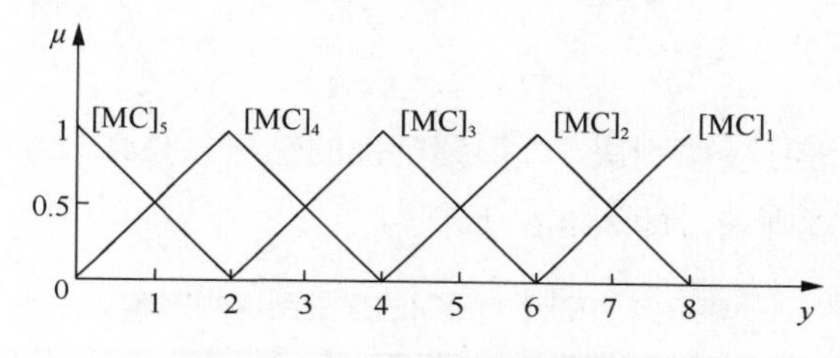

图 8.35　[MC]的隶属度函数图

表 8-4　[MC]的隶属度函数

输入量	0	1	2	3	4	5	6	7	8
$[MC]_5$	1	0.5							
$[MC]_4$		0.5	1	0.5					
$[MC]_3$				0.5	1	0.5			
$[MC]_2$						0.5	1	0.5	
$[MC]_1$								0.5	1

2）模糊判决规则表

[MV]→[MC]的模糊判决规则表即表 8-5。

表 8-5　[MV]→[MC]的模糊判决规则表

if	$[MV]_1$	$[MV]_2$	$[MV]_3$	$[MV]_4$	$[MV]_5$
then	$[MC]_5$	$[MC]_4$	$[MC]_3$	$[MC]_2$	$[MC]_1$

3）模糊判决规则表的编制

根据表 8-5 所确立的 5 条模糊判决规则，可以得到 5 个模糊关系 $\boldsymbol{R}_1$、$\boldsymbol{R}_2$、$\boldsymbol{R}_3$、$\boldsymbol{R}_4$、$\boldsymbol{R}_5$。由规则“if $[MV]_1$ then $[MC]_5$”可以得到模糊关系 $\boldsymbol{R}_1$ 为

$$\boldsymbol{R}_1=[MV]_1\times[MC]_5=\begin{bmatrix}1 & 0.5 & 0 & \cdots & 0\\0.5 & 0.5 & 0 & \cdots & 0\\0 & 0 & 0 & \cdots & 0\\\vdots & \vdots & \vdots & \vdots & \vdots\\0 & 0 & 0 & \cdots & 0\end{bmatrix} \tag{8-28}$$

同理，可以得到其他模糊关系，则总模糊关系为

$$\boldsymbol{R}=\boldsymbol{R}_1\cup\boldsymbol{R}_2\cup\boldsymbol{R}_3\cup\boldsymbol{R}_4\cup\boldsymbol{R}_5=\begin{bmatrix}1&0.5&0&0&0&0&0&0&0\\0.5&0.5&0.5&0.5&0&0&0&0&0\\0&0.5&1&0.5&0&0&0&0&0\\0&0.5&0.5&0.5&0.5&0.5&0&0&0\\0&0&0&0.5&1&0.5&0&0&0\\0&0&0&0.5&0.5&0.5&0.5&0.5&0\\0&0&0&0&0&0.5&1&0.5&0\\0&0&0&0&0&0.5&0.5&0.5&0.5\\0&0&0&0&0&0&0&0.5&1\end{bmatrix} \tag{8-29}$$

对于任何检测量$[\mathrm{MV}]_i=x$，将其模糊化为$\boldsymbol{X}$，根据 Zadeh 推理法进行模糊合成推理，可得出模糊输出为

$$[\mathrm{MC}]=\boldsymbol{X}\circ\boldsymbol{R} \tag{8-30}$$

采用最大隶属度法进行模糊判决，可得到精确的输出量$[\mathrm{MC}]\in Y$。对所有检测量均做如上处理，可得模糊判决规则表，即表 8-6 所示。

表 8-6　[MV]→[MC]的模糊判决规则表

[MV]	8.60	9.15	9.70	10.25	10.81	11.36	11.91	12.46	13.01
$\underline{[\mathrm{MV}]}$	0	1	2	3	4	5	6	7	8
$\underline{[\mathrm{MC}]}$	0	1	2	3	4	5	6	7	8
[MC]	模型 1			模型 2			模型 3		模型 4

表 8-6 引入了分段模型的概念，它根据实验数据的分布情况，建立小区间内的数学模型。该模型可以减小模糊化所引起的离散误差，同时也可以减少所占用的计算机存储单元，从而提高运算速度。

4）分段数学模型的建立

对一个多变量的函数建立一个精确的数学模型是非常困难的，但是根据模糊理论则可以分段建立不同的数学模型。测量时对所测值在不同小区间内进行模糊化处理，并根据该小区间的隶属度函数找到最佳值。

根据实验数据的分布，可以建立 4 个分段数学模型，其小区间划分见表 8-7。

表 8-7　玉米含水率分段数学模型小区间划分（表中双线为区间划分）

含水率[MC]（%）	27.4	25.2	19.5	17.3	16.3	15.6	14.4	12.3	11.1	9.6	7.7	4.1	3.7
输出电压 U_o/V	8.60	9.62	9.9	10.50	11.04	11.19	12.28	12.33	12.84	12.89	12.98	13.00	13.01

分段数学模型 1 是根据表 8-7 中前 3 项数据建立的，根据多项式建模准则，分段数学模型 1 有如下的函数形式：

$$[\mathrm{MC}]=a[\mathrm{MV}]^2+b[\mathrm{MV}]+c \tag{8-31}$$

将实验数据代入上式可得方程组：

$$\begin{cases}27.10 = a\times 8.60^2 + b\times 8.60 + c \\ 25.20 = a\times 9.62^2 + b\times 9.62 + c \\ 19.50 = a\times 9.90^2 + b\times 9.90 + c\end{cases} \tag{8-32}$$

解方程组可得：$a=-14.00$，$b=252.91$，$c=-1112.26$。代入上式可得分段数学模型 1 为$[\mathrm{MC}]=-14.00[\mathrm{MV}]^2+252.91[\mathrm{MV}]-1112.26$。

同理，分段数学模型 2 为$[\mathrm{MC}]=-4.0787[\mathrm{MV}]^2+86.0016[\mathrm{MV}]-436.0389$

分段数学模型 3 为$[\mathrm{MC}]=7.0798[\mathrm{MV}]^2-216.2339[\mathrm{MV}]+1602.1295$

分段数学模型 4 为$[\mathrm{MC}]=-1444.4444[\mathrm{MV}]^2+37346.6667[\mathrm{MV}]-241391.4563$

5）实验结果

利用上述分段数学模型进行实验可得测量结果，见表 8-8。从表中数据可以看出，该模糊水分传感器最大测量误差<0.3%，说明其具有较高的精确度。从两次测量值的比较结果来看，模糊水分传感器也具有较好的重复性。

表 8-8 模糊水分传感器测量结果

标准值	22.60	19.11	14.20	12.30	10.11	9.02
第 1 次测量值	22.54	19.14	14.17	12.31	10.13	9.00
第 2 次测量值	22.63	19.08	14.21	12.30	10.10	9.01
最大测量误差	0.06	0.03	0.03	0.01	0.02	0.02

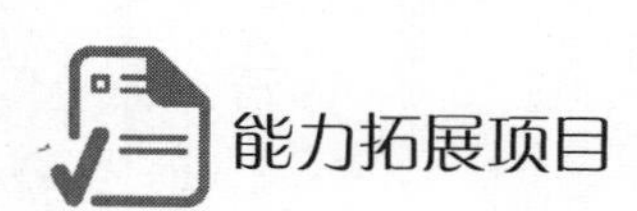

能力拓展项目

新型传感器发展与应用调查

针对本章介绍的智能传感器、微传感器、网络传感器、模糊传感器中的任何一种，通过查阅相关资料，撰写一篇小论文，谈谈它们的应用情况与发展前景。

思考与练习

8-1 什么是智能传感器？智能传感器有什么特点？

8-2 智能传感器有哪些主要功能？

8-3 智能传感器实现的方式有哪几种？

8-4 什么是微传感器？微传感器有哪些特点？

8-5 微传感器的主要制造技术有哪些？

8-6 古典集合与模糊集合有什么异同？

8-7 简述模糊传感器的结构和特点。

8-8 模糊传感器有哪些功能？

8-9 试设计一个年轻人和一个老年人的隶属度函数，并画出图形。

8-10　针对模糊水分传感器，讨论基本论域与量化论域之间关系，量化论域的的作用是什么？

8-11　简述网络传感器与传统传感器的区别。

8-12　设 E 是论域，A 和 B 分别为论域 E 内的两个集合，x 为论域 E 内的元素，$\varphi_A(x)$、$\varphi_B(x)$ 分别为集合 A 和集合 B 的特征函数。试回答下列问题。

（1）当 $x \in A$，且 $x \notin B$ 时，$\varphi_A(x)$=？ $\varphi_B(x)$=？

（2）对于论域 E 内的任一元素 x，都有 $\varphi_A(x)=1$，请说明 A、B 与论域 E 之间的关系。

（3）设论域内的一个元素为 x_0，已知 $x_0 \in A$，但 $x_0 \notin B$，则 $\varphi_{A\cap B}(x_0)$=？ $\varphi_{A\cap B}(x)$=？能否因此推断出 $B \cap A$？请说明理由。

8-13　已知模糊集合 $\boldsymbol{A}=\begin{bmatrix}0.1 & 0.8\\0.7 & 0.5\end{bmatrix}$，$\boldsymbol{B}=\begin{bmatrix}0.3 & 0.6\\0.2 & 0.4\end{bmatrix}$，求 $\boldsymbol{A}\cap\boldsymbol{B}$，$\boldsymbol{A}\cap\boldsymbol{B}$，$\boldsymbol{A}_{0.6}$。

8-14　已知模糊集合 $\boldsymbol{R}=\begin{bmatrix}0.3 & 0.7\\0.9 & 0.5\end{bmatrix}$，$\boldsymbol{Q}=\begin{bmatrix}0.1 & 0.8\\0.3 & 0.4\end{bmatrix}$，求两模糊集合的合成运算 $\boldsymbol{A}\circ\boldsymbol{B}$。

8-15　已知某模糊集的隶属度函数如图 8.36 所示，传感器在不同时间测得了 3 个示值分别为 12，40 和 56，求这 3 个示值分别对应的隶属度。

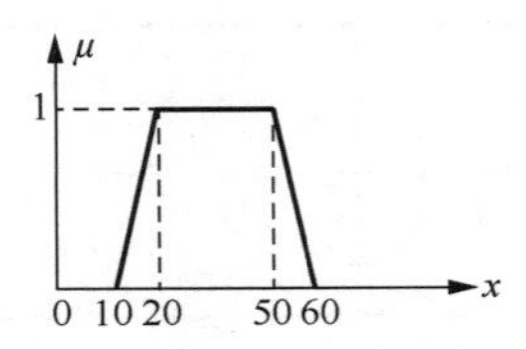

图 8.36　习题 8-15 隶属度函数

第 9 章 传感器的标定

教学要求

通过本章的学习，了解传感器标定的作用，掌握传感器静态和动态特性标定的方法及原理；了解常用传感器标定设备，为今后从事相关工作打下基础。

引例

在装配完任何一种传感器后，为确定其实际静态和动态特性，都必须按原设计指标进行全面严格的性能鉴定；传感器使用一段时间（一般为一年）后或经过修理后，也必须对其主要技术指标进行校准试验，以确保传感器的各项性能达到使用要求，这就是传感器的标定和校准。

以压力传感器的静态特性标定为例。例图 9.1 所示的活塞压力计是一种广泛用于压力传感器静态标定的装置，它通过将专用砝码加载在已知有效面积的活塞上所产生的压力表达精确压力量值。标定时，首先，按所要求的压力间隔，逐点增加砝码，使活塞压力计产生所需压力。然后，记录下被标压力传感器（或压力表）的输出值，从而获得被标压力传感器（或压力表）的输入/输出数据。最后，通过对测量数据的处理，即可确定压力传感器的各项静态特性指标。

例图 9.1 活塞压力计

在现场标定时，为了操作方便，可以不用砝码加载，而直接用标准压力表读取所加压力。

9.1 传感器的静态特性标定

传感器的标定就是利用精度高一级的标准器具对传感器进行定度的过程。通过实验建立传感器输出量和输入量之间的对应关系，同时也确定不同使用条件下的误差关系。

传感器的标定分为静态特性标定和动态特性标定两种。静态特性标定的目的是确定传感器静态特性指标，如线性度、灵敏度、滞后和重复性等；动态特性标定的目的是确定传感器的动态特性参数，如频率响应、时间常数、固有频率和阻尼比等。有时，根据需要，也对传感器的温度响应、环境影响等进行标定。

在工程测试中传感器的标定应在与其使用条件相似的环境下进行。为获得高的标定精度，尤其对电容式传感器、压电式传感器等，应将此类传感器及其配用的电缆、放大器等测试系统一起标定。

1. 静态标准条件

传感器的静态特性是在静态标准条件下进行标定的。所谓静态标准条件是指没有加速度、振动、冲击(除非这些参数本身就是被测物理量)，以及环境温度一般为室温(20℃±5℃)、相对湿度不大于85%、大气压力为（101±7）kPa的情况。

2. 静态特性标定系统

对传感器静态特性进行标定时，首先要建立标定系统。传感器的静态特性标定系统一般由以下3部分组成：

（1）被测物理量标准发生器，如测力机、活塞式压力计、恒温源等。

（2）被测物理量标准测试系统，如标准力传感器、压力传感器、标准长度——量规等。

（3）被标定传感器所配接的信号调节器和显示/记录器等配接仪器的精度应是已知的，它们也作为标准测试设备。

标定方法分为绝对法和比较法两种，相应地，标定系统也分为绝对法标定系统和比较法标定系统，图9.1所示为标定系统框图，图9.1（a）所示为绝对法标定系统。此类标定装置能产生量值确定的高精度标准输入量，将之传递给被标定的传感器，同时标定装置能测量并显示出被标定传感器的输出量。一般情况下，绝对法标定系统的标定精度高，但较复杂。

比较法标定系统如图9.1（b）所示。此类标定装置产生的被测输入量通过标准传感器测量，被标定传感器的输出量由高精度测量装置测量，通过对两者测量结果的运算和处理，得到被标定传感器的静态特性参数。如果被标定传感器包括后续测量电路和显示部分，那么高精度测量装置就可去掉。

由于传感器的标定实质上是根据试验数据确定传感器的各项性能指标，因此在标定传感器时，所用测量仪器的精度至少要比被标定传感器的精度高一个等级。这样，通过标定的传感器静态特性指标才是可靠的，所确定的精度才是可信的。

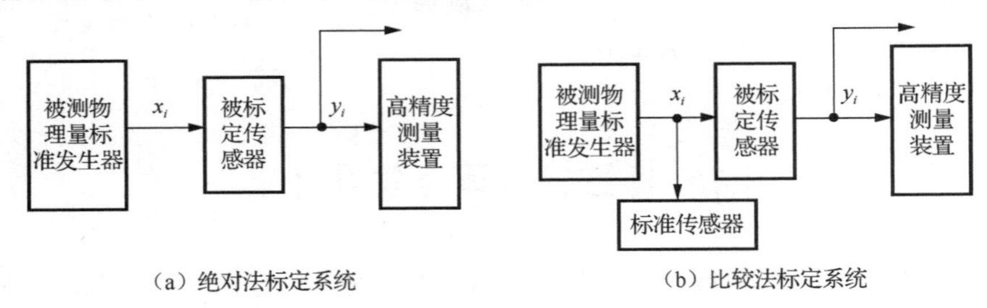

（a）绝对法标定系统　　（b）比较法标定系统

图9.1　标定系统框图

3. 静态特性标定的步骤

静态特性标定的步骤如下：

（1）将传感器全量程（测量范围）分成若干等间距点。

（2）根据传感器量程分点情况，由小到大逐点输入标准量值，并记录下与各输入值相对应的输出值。

（3）将输入值由大到小逐点减少，同时记录下与各输入值相对应的输出值。

（4）按步骤（2）、（3），对传感器进行正、反行程往复循环多次测试，将得到的输出-

输入测试数据用表格列出或画成曲线。

（5）对测试数据进行必要的处理，根据处理结果，就可以确定传感器的线性度、灵敏度、滞后和重复性等静态特性指标。

9.2 传感器的动态特性标定

一些传感器除了静态特性必须满足要求，其动态特性也需满足要求。因此，在进行静态特性校准和标定后还需进行动态特性标定。

传感器的动态特性标定主要是研究传感器的动态响应，与动态响应有关的参数根据传感器类型确定，一阶传感器系统的动态响应参数有时间常数τ（一个参数），二阶传感器系统的动态响应参数则有固有频率ω_n和阻尼比ξ（两个参数）。

对传感器的动态特性进行标定时，首先要建立动态特性标定系统，提供标准动态输入信号，测出被标定传感器的动态响应曲线，从而确定其动态性能指标。具体的标定方法有下面两种。

1. 阶跃响应法

由于获取阶跃响应信号比较方便，故使用阶跃响应法测量传感器的动态特性是一种较好的方法。对于一阶传感器系统，简单的方法就是测得阶跃响应之后，传感器输出值达到最终稳定值的63.2%所经历的时间，即时间常数τ。但是，这样确定的时间常数由于没有涉及响应的全过程，故测量结果的可靠性不高。为此，应记录下整个响应期间传感器的输出值，然后利用下述方法确定时间常数。

根据第1章对一阶传感器系统的阶跃响应结果分析，其响应函数为

$$y(t)=1-\mathrm{e}^{-\frac{t}{\tau}} \tag{9-1}$$

整理得

$$1-y(t)=\mathrm{e}^{-\frac{t}{\tau}} \tag{9-2}$$

令

$$z=\ln[1-y(t)] \tag{9-3}$$

则

$$z=-\frac{t}{\tau} \tag{9-4}$$

式（9-4）表明z和时间t呈线性关系，并且$\tau=-\Delta t/\Delta z$。求一阶传感器系统时间常数的方法如图9.2所示，可以根据测得的$y(t)$值，作出z-t曲线，再根据$\Delta t/\Delta z$值算出时间常数τ。

对于二阶传感器系统，为使其有良好的动态特性，把它设计成欠阻尼系统，即阻尼比ξ<1。在单位阶跃输入下，其响应曲线如图9.3所示。它是以$\omega_\mathrm{d}=\omega_\mathrm{n}\sqrt{1-\xi^2}$的角频率作衰减振荡的，$\omega_\mathrm{d}$为传感器的阻尼振荡频率。按照求极值的通用方法，可以求得各振荡峰值所对应的时间，即π/ω_d、$2\pi/\omega_\mathrm{d}$等。

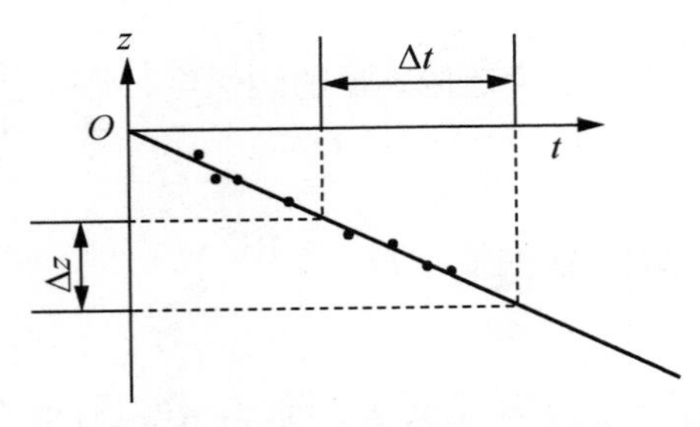

图 9.2　求一阶传感器系统时间常数的方法

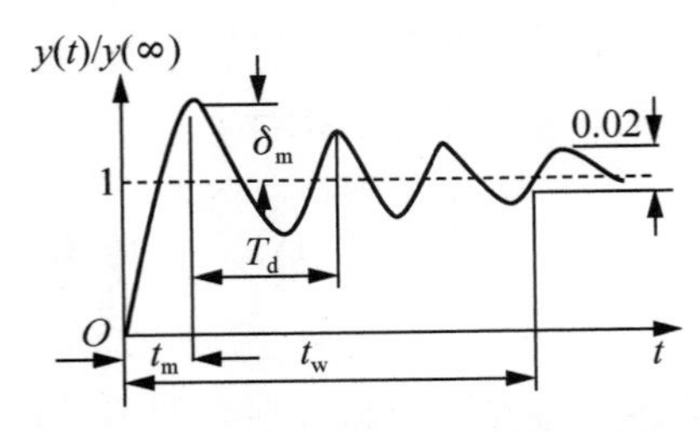

图 9.3　欠阻尼（$\xi<1$）二阶传感器系统的阶跃响应曲线

根据第 1 章分析得出的欠阻尼二阶传感器系统阶跃响应表达式：

$$y(t)=1-\left[\frac{e^{-\xi\omega_n t}}{\sqrt{1-\xi^2}}\sin\left(\sqrt{1-\xi^2}\,\omega_n t+\varphi\right)\right]=1-\left[\frac{e^{-\xi\omega_n t}}{\sqrt{1-\xi^2}}\sin\left(\omega_d t+\varphi\right)\right]$$

按求极值的通用方法，求得第一个峰值输出量：

$$y\left(t=\frac{\pi}{\omega_d}\right)=1+e^{-\frac{\pi\xi}{\sqrt{1-\xi^2}}} \tag{9-5}$$

则对应的最大超调量 δ_m 为

$$\delta_m=\frac{y\left(t=\frac{\pi}{\omega_d}\right)-y_\infty}{y_\infty}=e^{-\frac{\pi\xi}{\sqrt{1-\xi^2}}} \tag{9-6}$$

测出最大超调量 δ_m 后，则可算出阻尼比 ξ，即

$$\xi=\sqrt{\frac{1}{\left(\frac{\pi}{\ln\delta_m}\right)^2+1}} \tag{9-7}$$

测出振荡周期 T_d 值，根据 $T_d=2\pi/\omega_d$ 以及 ω_d 与 ω_n 的关系，代入下式计算固有频率：

$$\omega_n=\frac{2\pi}{T_d\sqrt{1-\xi^2}} \tag{9-8}$$

也可以利用任意两个超调量 δ_i 和 δ_{i+n} 求得阻尼比 ξ，其中 n 是上述两个峰值相隔的周期数（整数）。设第 δ_i、δ_{i+n} 个峰值对应的时间分别为 t_i 和 t_{i+n}，则

$$t_{i+n}=t_i+\frac{2n\pi}{\omega_n\sqrt{1-\xi^2}} \tag{9-9}$$

代入式（9-6）得

$$\ln\frac{\delta_i}{\delta_{i+n}}=\frac{2n\pi\xi}{\sqrt{1-\xi^2}} \tag{9-10}$$

整理后得

$$\xi=\sqrt{\frac{C_n^2}{C_n^2+(2\pi n)^2}} \tag{9-11}$$

式中，$C_n=\ln\frac{\delta_i}{\delta_{i+n}}$。

2. 频率响应法

频率响应法利用正弦周期输入信号，通过测定不同正弦激励频率下输出量与输入量的幅值比和相位差，确定传感器的幅频特性和相频特性。根据一阶传感器系统幅频特性曲线（见图 9.4），以及其对数幅频曲线下降 3dB 处所测取的角频率 $\omega = 1/\tau$ ，可求得一阶传感器系统的时间常数 τ 。

对欠阻尼二阶传感器系统系统，可从其幅频特性曲线（见图 9.5）上测得 3 个特征量：零频增益 $A_r(0)$、共振频率增益 $A_r(\omega_r)$和共振角频率 ω_r 。

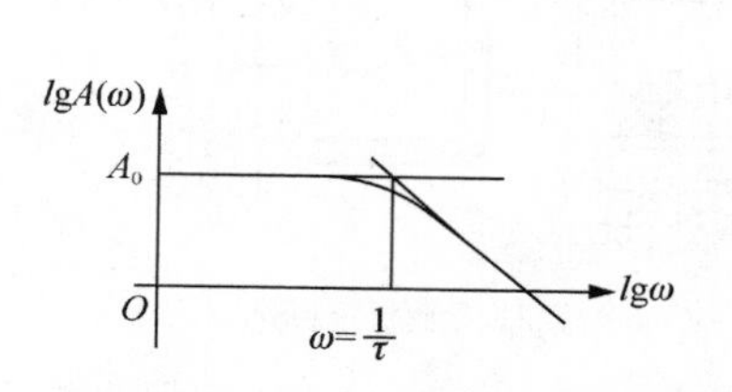

图 9.4 根据一阶传感器系统的幅频特性曲线求时间常数

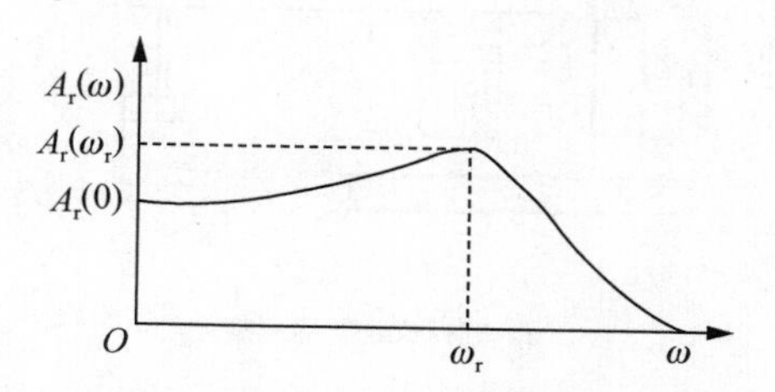

图 9.5 根据欠阻尼二阶传感器系统幅频特性曲线求特征量

根据第 1 章分析得出的欠阻尼二阶传感器系统幅频特性表达式：

$$A_r(\omega) = \frac{A_r(0)}{\sqrt{\left[1-\left(\frac{\omega}{\omega_n}\right)^2\right]^2 + \left[2\xi\left(\frac{\omega}{\omega_n}\right)\right]^2}}$$

对上式求极值，即 $\frac{\mathrm{d}A_r(\omega)}{\mathrm{d}\omega} = 0$ ，可得到 A_r（ω）取最大值对应的共振角频率 ω_r 与固有频率 ω_n 的关系式以及增益 A_r（ω_r）/ A_r（0）与阻尼比 ξ 的关系式：

$$\omega_n = \frac{\omega_r}{\sqrt{1-2\xi^2}} \tag{9-12}$$

$$\frac{A_r(\omega_r)}{A_r(0)} = \frac{1}{2\xi\sqrt{1-\xi^2}} \tag{9-13}$$

根据式（9-13）可计算出阻尼比 ξ ，然后由式（9-12）计算出固有频率 ω_n 。注意：欠阻尼二阶传感器系统的共振角频率 ω_r 小于其固有频率 ω_n ，只有零阻尼（ ξ =0）系统的共振角频率才等于固有频率 ω_n 。

9.3 常用的标定设备

不同的传感器需要不同的标定设备，这里仅讨论部分有代表性的标定设备，即常用的标定设备。

9.3.1 静态特性标定设备

1. 力标定设备

压力传感器的标定主要是静态特性标定，采用比较法。最简单的力标定设备是各种测力砝码。我国的基准测力装置是固定式基准测力机，它实际上是由一组在重力场中体现基准力值的直接加荷砝码（静重砝码）组成。砝码标定装置示意如图 9-6 所示。其中，图 9.6（a）所示为一种杠杆式砝码标定装置，这是一种直接加测力砝码标定装置。图 9.6（b）所示为一种液压式砝码标定装置，以砝码经油路产生的力作为标准力，作用在被标定传感器上，量程可高达 5MN。

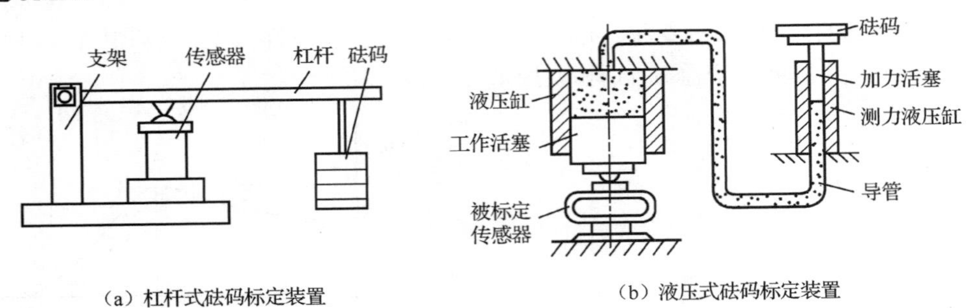

（a）杠杆式砝码标定装置　　（b）液压式砝码标定装置

图 9.6　砝码标定装置示意

2. 压力标定设备

活塞压力计是目前最常用的压力传感器静态特性标定装置。图 9.7 所示为活塞压力计原理示意。

在标定压力表（压力传感器）时，通过手轮对加压泵内的油液加压，根据流体静力学中的液体压力传递平衡原理，该外加压力被均匀传递到活塞缸内并顶起活塞。由于活塞上部是托盘和砝码，当油液中的压力 p 产生的活塞上顶力与托盘和砝码的重力相等时，活塞被稳定在某一平衡位置上，这时力平衡关系为

$$pA = G \tag{9-14}$$

式中，A 为活塞的截面积；G 为托盘和砝码（包括活塞）的总重力；p 为被测压力。

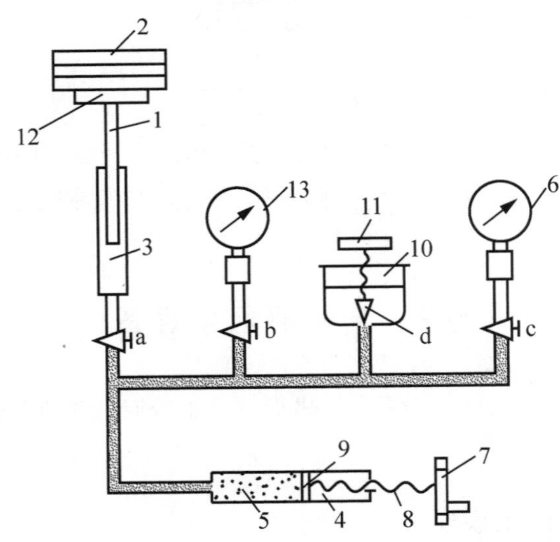

1—活塞；2—砝码；3—活塞柱；4—手摇泵；5—工作液；6—被标定压力表；7—手轮；8—丝杆；
9—手摇泵活塞；10—油杯；11—进油阀手轮；12—托盘；13—标准压力表；a、b、c—切断阀；d—进油阀

图 9.7　活塞压力计原理示意

一般取 A=1 cm^2 或 0.1cm^2，因而可以方便地由平衡时所加砝码和托盘本身的重力得出被测压力 p 的数值。把被标定压力表上的压力指示值与这一标准压力值 p 相比较，就可得出被标定压力表误差大小。

在现场标定时，为了操作方便，可以不用砝码加载，而直接用标准压力表读取所加压力。作为压力标准的活塞压力计精度为 0.002%，作为国家基准器的活塞压力计最高精度为 0.005%，一等标准精度为 0.01%，二等标准精度为 0.05%，三等标准精度为 0.2%。对一般工业用压力表可用三等标准精度活塞压力计校准。

3. 位移（长度）标定设备

位移（长度）测量系统的标定主要采用比较法。所用标定设备主要是各种长度计量器具，如直尺、千分尺、块规、塞规、专门制造的标准样柱等，均可作为位移传感器的静态特性标定设备。

当测量精度为2.5～10 μm 时，可直接用度盘指示器和千分尺作为标准器；当测量精度高于 2.5 μm 时，应用块规标定传感器。

块规精度高，使用方便，标定范围广，是工业中常用的长度标准器。块规由轴承钢制成，具有两个经抛光的基准平面，它们的平面度和平行度都限制在规定的公差范围内。作为标准用的块规的准确度为±0.03 μm /cm。块规的膨胀系数约 0.136 μm /cm· ℃，因此，标定时必需考虑温度的影响。

用块规进行标定时，可以采用直接比较法和光干涉法。图 9.8 所示为直接比较法，该方法采用待测尺寸与块规作直接比较。图 9.9 所示为光干涉法。根据光干涉的基本原理，从光学平晶的工作面和被测工件的工作面反射的光产生干涉，形成亮暗相间的干涉条纹。干涉条纹表示被测工件与光学平晶之间的距离为半波长整倍数的位置。因此，只要将干涉条纹数量乘以所用光线的半波长，就可以得到块规至光学平晶的高度 d，利用相似三角形关系，就可以求出被测工件的直径。

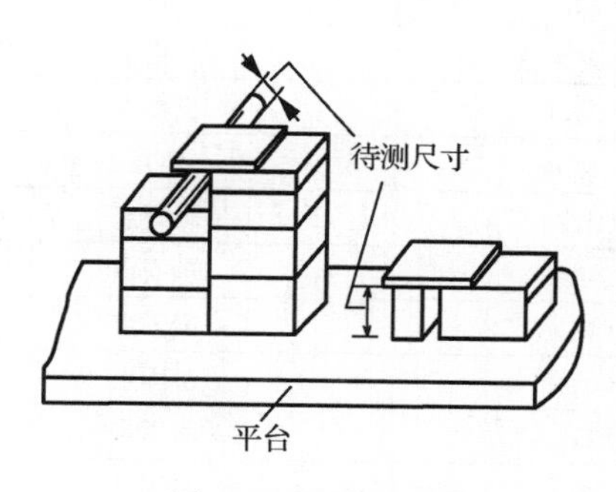

图 9.8 直接比较法

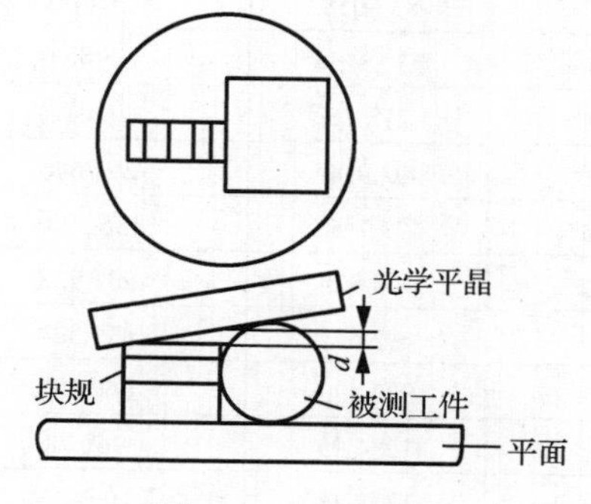

图 9.9 光干涉法

块规只能进行静态和小尺寸标定。对大量程长度测量装置的标定，可用双频激光干涉仪，其分辨力达到纳米级。当用双频激光干涉仪和被标定的测量装置同时对运动物体进行测量时，就可以得到测量装置的动态误差。

4. 温度标定设备

标定温度测量系统的方法可以分为以下两类。

（1）同一次标准比较，即与国际计量委员会在 1990 年通过的国际温标（ITS—1990）相比较，见表 9-1。

（2）与某个已经标定过的标准装置相比较，这是常用的标定方法。

复现表 9-1 所列这些基准点的方法是用一个内装参考材料的密封容器，将被标定温度传感器的敏感元件放在已伸入容器中心位置的套管中。然后加热，使温度超过参考物质的熔点，待物质全部熔化。随后冷却，达到三相点（或凝固点）后，只要同时存在固、液、气三态或（固、液态）约几分钟，温度就稳定下来了，并能保持规定值不变。

定义固定点之间的温度时，ITS—1990 国际温标把温度分为 4 个温区，各个温区的范围、使用的标准测温仪器分别如下：

（1） 0.65～5.0 K，使用 ^{3}He 或 ^{4}He 蒸气压温度计。

（2） 3.0～24.5561 K，使用 ^{3}He 或 ^{4}He 定容气体温度计。

（3） 13.8033 K～961.78℃，使用铂热电阻温度计。

（4） 大于 961.78℃以上，使用光学或光电高温计。

对以上有关标准测温仪器的分度方法以及固定点之间的内插公式，ITS—1990 国际温标都有明确的规定，可参考 ITS—1990 标准文本。

表 9-1　ITS—1990 定义的固定温度点

序　号	温　度		物　质	状　态
	T_{90}/K	t_{90}/℃		
1	3～5	−270.15～−268.15	^{3}He（氦）	蒸汽压点
2	13.8033	−259.3467	e-H_2（氢）	三相点
3	≈17	≈−256.15	e-H_2（氢）（或 He（氦））	蒸气压点（或气体温度计点）
4	≈20.3	≈−252.85	e-H_2（氢）（或 He（氦））	蒸气压点（或气体温度计点）
5	24.5561	−248.5939	Ne（氖）	三相点
6	54.3584	−218.7961	O_2（氧）	三相点
7	83.8058	−189.3442	Ar（氩）	三相点
8	234.3156	−38.8344	Hg（汞）	三相点
9	273.16	0.01	H_2O（水）	三相点
10	302.9146	29.7646	Ga（镓）	熔点
11	429.7485	156.5985	In（铟）	凝固点
12	505.078	231.928	Sn（锡）	凝固点
13	692.677	419.527	Zn（锌）	凝固点
14	933.473	660.323	Al（铝）	凝固点
15	1234.93	961.78	Ag（银）	凝固点
16	1337.33	1064.18	Au（金）	凝固点
17	1357.77	1084.62	Cu（铜）	凝固点

注：（1）在物质一栏中，除了 ^{3}He，其他物质均为自然同位素成分。e-H_2 为正、负分子态处于平衡浓度时的氢。

（2）在状态一栏中，对不同状态的定义以及有关复现这些不同状态的建议可参阅“ITS—1990 补充资料”。

（3）三相点是指固、液和蒸汽相平衡时的温度。

（4）熔点和凝固点是指在 101325 Pa 压力下，固、液相的平衡点温度。

以热电偶的标定（校准）为例。热电偶使用一段时间后，其工作端受氧化腐蚀，并在高温下发生再结晶。此外，受拉伸、弯曲等机械应力的影响都可能使热电偶特性发生变化，产生误差，因而要定期标定。

标定的目的是核对标准热电偶的热电动势-温度关系是否符合标准，或确定非标准热电偶的热电动势-温度标定曲线，也可以通过标定消除测量系统的系统误差，所用标定方法有定点法和比较法。

定点法是以纯元素的沸点或凝固点作为温度标准。例如，基准铂铑$_{10}$-铂热电偶在630.755～1064.43℃的温度间隔内，分别以金的凝固点1064.43℃、银的凝固点961.93℃、锑的凝固点630.775℃作为标准温度进行标定。

比较法是将标准热电偶与被标定热电偶直接进行比较，比较法又可分为双极法、同名极法（单极法）和微差法。

图 9.10 所示为双极比较法检定系统原理示意。检定时，将标准热电偶与被标定热电偶的工作端捆扎在一起，插入炉膛内的均匀温度场中，热电偶参考端插在0℃的恒温器中。用调压变压器调节炉温，当炉温到达所需的标定温度点±10℃内且炉温变化每分钟不超过0.2℃时，读取数据。每一个标定点温度的读数不得少于4次。

在标定非标准热电偶时，为了避免被标定热电偶对标准热电偶产生有害影响，要用石英管将两者隔离开，而且为保证标准热电偶与被标定热电偶的工作端处于同一温度，常把其工作端放在金属镍块中，并把镍块置于电炉的中心位置，炉口用石棉堵严。

随着计算机的普遍应用，热电偶的检定也实现了自动化。微机自动检定系统能实现自动控温、自动检测和自动处理检定数据，检定效率大大提高。

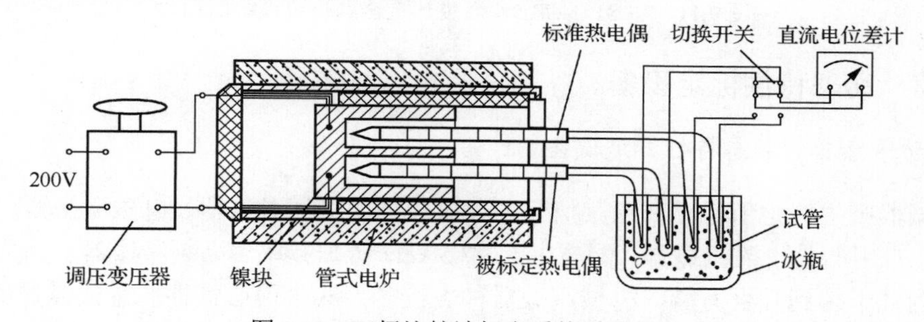

图 9.10 双极比较法标定系统原理示意

阅读资料

为了保证各种被测量的量值的一致性和准确性，很多国家都建立了一系列计量器具（包括传感器）标定的组织、规程、管理办法。在我国由国家市场监督管理总局计量司、中国计量科学研究院、部/省/市计量部门，以及一些大企业的计量站负责制定和实施计量器具规程。依据1985年9月公布的《中华人民共和国计量法》，计量器具检定必须按照国家计量器具检定系统表进行。计量器具检定系统表是建立计量标准、制定检定规程、开展检定工作、组织量值传递的重要依据。

下面以温度计量器具检定为例说明计量器具检定系统的使用，图 9.11 所示为 13.81～273.15 K 温度计量器具检定系统框图，具体内容可查阅国家技术监督局发布的 JJG 2062—1990《13.81～273.15 K 温度计量器具检定系统标准》。该标准规定了 13.81～273.15 K 的温度量值从国家基准向工作计量器具的传递程序，并指明了测量范围和不确定度（或允许误差）及基本检定方法，是 13.81～273.15 K 内各种温度计量器具量值传递的依据。

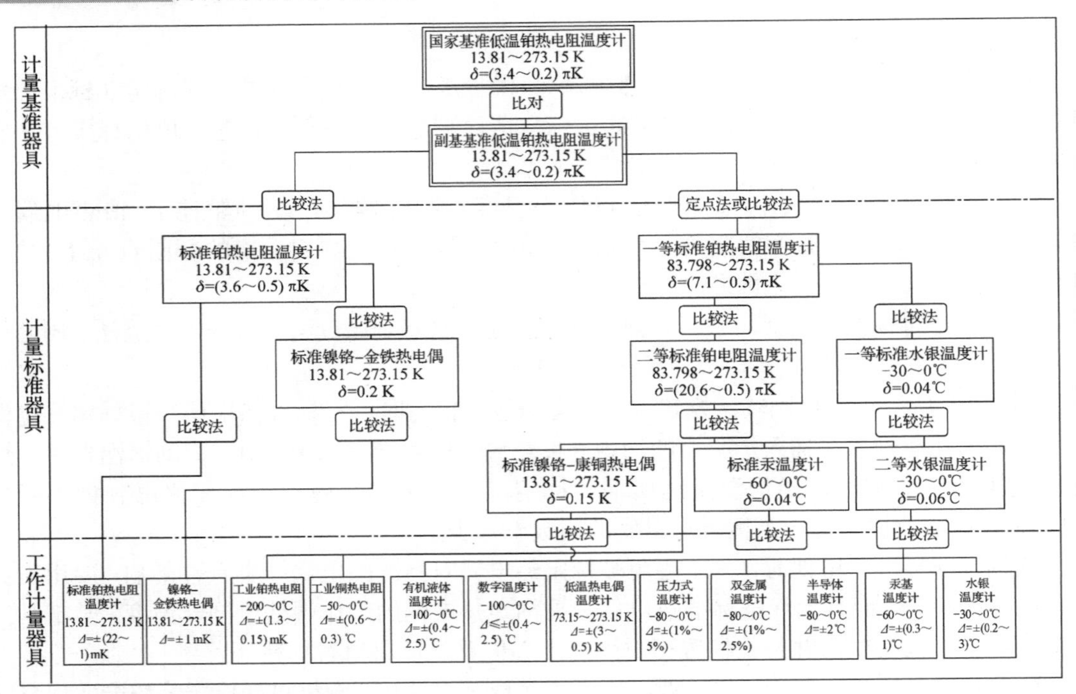

注：图中符号δ为总的不确定度；$\varDelta$为允许误差。

图 9.11　13.81～273.5K 温度计量器具检定系统框图

9.3.2　动态特性标定设备

1. 振动传感器的动态特性标定设备

用激振器产生标定所需正弦激励信号。激振器分为机械激振器、电磁激振器、液压激振器等多种，常用的是电磁激振器，能产生 5～7.5 kHz 激振频率。高频激振器多为压电式，其频率范围为几千赫到几百万赫。机械激振器种类较多，其中偏心惯性质量式激振器最常用。液压激振器是用高压液体通过电液伺服阀驱动做功进而推动台面产生振动的激振设备，它的低频响应好，推力大，常用作大吨位激振设备。

振动传感器的标定方法有绝对法、比较法和互易法。绝对法标定是由标准仪器直接准确决定激振器的振幅和频率，它具有精度高、可靠性大的优点。但该方法对设备精度要求高，标定时间长，一般用在计量部门。而比较法的原理简单、操作方便，对设备精度要求较低，因此应用很广。

图 9.12 所示为比较法标定振动传感器框图，将相同的运动施加在两个传感器（被标定传感器和标准传感器）上，比较它们的输出值。在比较法中，标准传感器是关键部件，因此它必须满足如下要求：灵敏度精度高于 0.5%，并具有长期稳定性，线性度好；横向灵敏度比小于 2.5%；对环境的响应小，自振频率尽量高。

振动传感器标定的性能指标主要有灵敏度、频率响应、固有振动频率、横向灵敏度等。在被标定传感器规定的频率响应范围内，对灵敏度进行单频标定，即在频率保持恒定的条件下，改变激振器的振幅，读出被标定传感器的输出电压值（或其他量值），就可以得到它的振幅-电压曲线。与标准传感器相比较，就可以从下式求得被标定传感器的灵敏度：

$$S_1 = \frac{U_1}{U_2} S_2 \tag{9-15}$$

式中，U_1、U_2分别为被标定传感器和标准传感器的输出电压；S_1、S_2分别为被标定传感器和标准传感器的灵敏度。

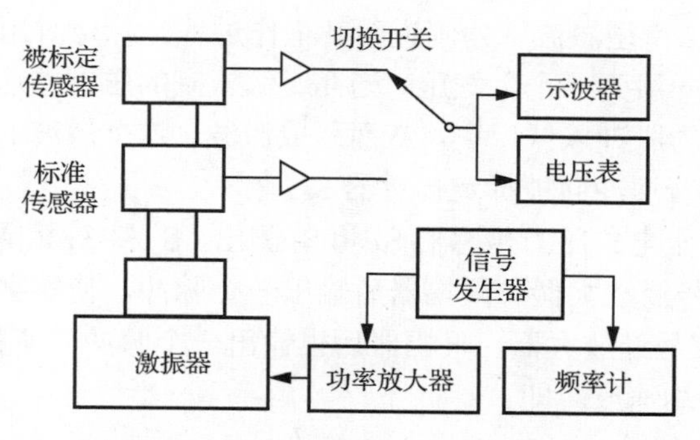

图 9.12 比较法标定振动传感器框图

频率响应的标定在振幅恒定条件下进行，通过改变激振器的振动频率得到的输出电压与频率的对应关系，即传感器的幅频响应；比较被标定传感器与标准传感器输出信号之间的相位差，就可以得到被标定传感器的相频特性。相位差可以用相位计读出，也可以用示波器观察它们的李沙育图形求得。

频率响应的标定至少要选取 7 个以上标定点进行测试，并应注意有无局部谐振现象的存在，可以用频率扫描方法检查该现象。

固有振动频率的测定用高频激振器作为激励源，激振器的运动质量应大于被标定传感器质量的 10 倍以上。

横向灵敏度是在单一频率下进行的，标定时要求激振器的轴向运动速度比横向运动速度大 100 倍以上。小于 1%的横向灵敏度则要求更加严格。

2. 压力传感器的动态特性标定设备

进行压力传感器动态特性标定时，常用激波管产生阶跃压力信号。激波管结构简单，使用方便、可靠，标定精度可达 4%～5%。

激波管标定装置示意如图 9.13 所示，其中，激波管是产生平面激波的核心部件。

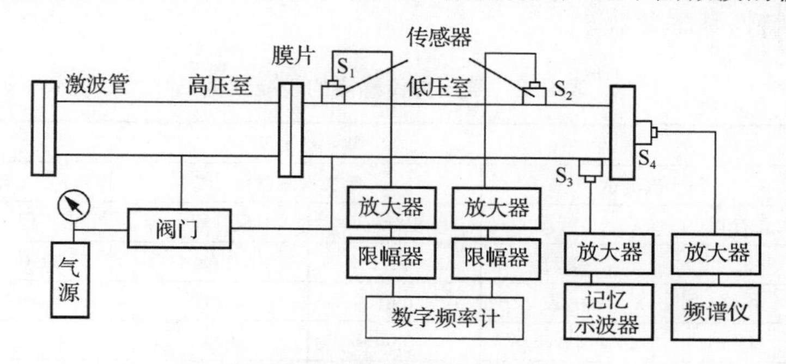

图 9.13 激波管标定装置示意

所谓激波，是指气体某处压力突然发生变化，压力波高速传播，波速与压力变化强弱成正比。在传播过程中，波阵面到达某处，那里气体的压力、密度和温度都发生突变，而波阵面未到处，气体不受波的扰动；波阵面过后，其后面的流体温度、压力都比波阵面前面的高。

激波管的结构一般为圆形或方形断面直管，中间用膜片分隔为高压室和低压室，称为二室型激波管。有的激波管分为高、中、低 3 个压力室，以便得到更高的激波压力，称为三室型激波管。

以图 9.13 所示的二室型激波管为例说明其工作过程。标定时用压缩空气给高压室充高压气，而低压室的气压一般为一个大气压。当高、低压室的压力差达到设定程度时，膜片突然破裂，高压气体迅速膨胀冲入低压室，从而形成激波。这个激波的波阵面压力恒定，接近理想的阶跃波，并以超音速冲向被标定传感器 S_4。

入射激波的速度由压电式压力传感器 S_1 和 S_2 测出，S_1 和 S_2 相隔一定距离安装。当激波掠过 S_1 时，其输出信号经放大器、限幅器后输出一个脉冲，使数字频率计开始计数，当激波掠过 S_2 时，其输出信号经放大器、限幅器后也输出一个脉冲，使数字频率计的计数结束。按下式可求得激波的平均速度，即

$$v=\frac{l}{t}=\frac{l}{nT} \tag{9-16}$$

式中，l 为 S_1 和 S_2 之间的距离；t 为激波通过 S_1 和 S_2 之间距离时所需时间；n 为数字频率计显示的脉冲计数值；T 为数字频率计的时标。

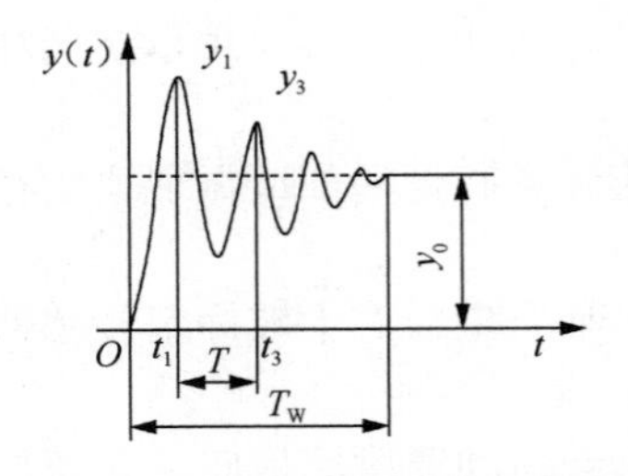

图 9.14　被标定传感器输出波形

标定系统由触发传感器 S_3 和被标定传感器 S_4、放大器、记忆示波器、频谱仪组成。触发传感器 S_3 感受激波信号后，其输出电压启动记忆示波器进扫描。紧随其后的被标定传感器 S_4 被激励，其输出信号放大后被记忆示波器记录，被标定传感器输出波形如图 9.14 所示；频谱仪测出被标定传感器的固有频率。由波速可求得标准阶跃压力值，再将被标定传感器的输出信号输送到计算机进行计算、处理，就可求得被标定传感器的幅频、相频特性。

9.4　传感器标定举例

【例 9-1】某压力传感器的校准数据见表 9-2，试用最小二乘法建立该传感器的线性静态模型并求其静态特性基本参数。

表 9-2　某压力传感器的校准数据

压力/MPa	输出值/mV					
	第一次测试		第二次测试		第三次测试	
	正行程	反行程	正行程	反行程	正行程	反行程
0	−2.74	−2.72	−2.71	−2.68	−2.68	−2.67
0.02	0.56	0.66	0.61	0.68	0.64	0.69
0.04	3.95	4.05	3.99	4.09	4.02	4.11
0.06	7.39	7.49	7.42	7.52	7.45	7.52
0.08	10.88	10.94	10.92	10.88	10.94	10.99
0.10	14.42	14.42	14.47	14.47	14.46	14.46

解：

1）计算平均值

分别计算正、反行程输出平均值$\overline{y}_{zi}$、$\overline{y}_{Fi}$，以及总平均值$\overline{y}_i=\frac{1}{2}\left(\overline{y}_{zi}+\overline{y}_{Fi}\right)$，列入表 9-3 中。

2）建立该压力传感器的线性静态模型

用最小二乘法建立的传感器线性静态模型为

$$k=\frac{N\sum x_i y_i-\sum x_i\sum y_i}{N\sum x_i^2-\left(\sum x_i\right)^2}；\quad b=\frac{\sum x_i^2\sum y_i-\sum x_i\sum x_i y_i}{N\sum x_i^2-\left(\sum x_i\right)^2}$$

上式中各值计算如下：

$$\sum_{i=1}^{36}x_i=6\times\left(0+0.02+0.04+0.06+0.08+0.1\right)=1.8$$

$$\sum_{i=1}^{36}y_i=208.89$$

$$\sum_{i=1}^{36}x_i^2=6\times\left(0+0.02^2+0.04^2+0.06^2+0.08^2+0.1^2\right)=0.132$$

$$\sum_{i=1}^{36}x_i y_i=17.6466$$

解得

$$b=\frac{0.132\times208.89-1.8\times17.6466}{36\times0.132-1.8\times1.8}\,\text{mV}=-2.771\,\text{mV}$$

$$k=\frac{36\times17.6466-1.8\times208.89}{36\times0.132-1.8\times1.8}\,\text{mV/MPa}=171.479\,\text{mV/MPa}$$

因此，拟合直线方程为

$$y=-2.771+171.479x$$

3）计算该压力传感器的静态特性基本参数

（1）理论满量程输出量$y_{\text{F.S}}$。

$$y_{\text{F.S}}=\left[\left(-2.771+171.479\times0.1\right)-\left(-2.762\right)\right]\text{mV}=17.139\,\text{mV}$$

（2）灵敏度S。

由拟合直线方程解得灵敏度$S=171.479\,\text{mV/MPa}$。

（3）线性度e_{L}。

根据线性度定义，计算各输入点x_i由拟合直线给出的输出值y_i'，然后计算与测量平均值的偏差$\varDelta_i=y_i'-\overline{y}_i$，列入表 9–3 中，取其中最大值为$\left|\varDelta_{\max}\right|=0.073\text{mV}$，则线性度$e_{\text{L}}$为

$$e_{\text{L}}=\frac{\left|\varDelta_{\max}\right|}{y_{\text{F·S}}}=\frac{0.073}{17.139}=0.43\%$$

（4）迟滞e_{H}。

根据迟滞定义，先计算各标定点的迟滞误差$\left|\Delta H_i\right|=\left|\overline{y}_{zi}-\overline{y}_{Fi}\right|$，并把它们列入表 9–3 中，取其中最大值$\left|\Delta H_{\max}\right|=0.096\,\text{mV}$，则迟滞误差$e_{\text{H}}$为

$$e_{\text{H}}=\frac{\left|\Delta H_{\max}\right|}{y_{\text{F·S}}}=\frac{0.096}{17.139}=0.56\%$$

（5）重复性e_R。

先按贝塞尔公式计算每个标定点上正、反行程输出量的实验标准差σ_{zi}、σ_{Fi}：

$$\sigma_{zi}=\sqrt{\frac{1}{n-1}\sum_{j=1}^{n}\left(y_{zij}-\bar{y}_{zi}\right)^2}$$

$$\sigma_{Fi}=\sqrt{\frac{1}{n-1}\sum_{j=1}^{n}\left(y_{Fij}-\bar{y}_{Fi}\right)^2}$$

将上述两个标准差列入表 9-3 中，再按下式计算总体标准差σ：

$$\sigma=\sqrt{\frac{1}{2m}\left(\sum_{i=1}^{m}\sigma_{zi}{}^2+\sum_{i=1}^{m}\sigma_{Fi}{}^2\right)}=0.032\text{mV}$$

则算术平均值$\bar{y}_i$的标准差$\sigma_{\bar{y}_i}$为

$$\sigma_{\bar{y}_i}=\frac{\sigma}{\sqrt{n}}=\frac{0.032}{\sqrt{3}}=0.018$$

对置信因子选取 3，则置信度为 99.73%时的重复性为

$$e_R=\frac{3\sigma_{\bar{y}_i}}{y_{F\cdot S}}=\frac{3\times0.018}{17.139}=0.32\%$$

表 9-3　数据处理部分中间值列表

压力/MPa		0	0.02	0.04	0.06	0.08	0.10
平均值/mV	正行程（$\bar{y}_{zi}$）	−2.710	0.603	3.987	7.420	10.913	14.45
	反行程（$\bar{y}_{Fi}$）	−2.690	0.677	4.083	7.510	10.937	14.45
	$\bar{y}_i=\frac{1}{2}(\bar{y}_{zi}+\bar{y}_{Fi})$	−2.70	0.640	4.035	7.465	10.925	14.45
迟滞/ mV	$\lvert\Delta H_i\rvert=\lvert\bar{y}_{zi}-\bar{y}_{Fi}\rvert$	0.020	0.074	0.096	0.090	0.024	0
拟合输出/mV	$y_i'=-2.771+171.479x$	−2.771	0.659	4.088	7.518	10.947	14.377
拟合偏差/mV	$\Delta_i=y_i'-\bar{y}_i$	−0.071	0.019	0.053	0.053	0.022	−0.073
实验标准差/mV	正行程（σ_{zi}）	0.030	0.040	0.035	0.030	0.031	0.026
	反行程（σ_{Fi}）	0.026	0.015	0.031	0.017	0.055	0.026

【例 9-2】压力传感器温度影响系数的测定。

测量方法：在无负荷情况下对该压力传感器缓慢加温或降温到一定的温度，可测得该压力传感器的零点温漂；若在无负荷情况下对该压力传感器或整个标定设备加恒温罩，则可测得零点漂移；若加额定负载而温度缓慢变化时，则可测得灵敏度的温度系数。

表 9-4 所列为被标定压力传感器在其他工作条件不变的情况下，输入压力为零时在不同温度下输出的实验数据（该压力传感器的最高工作温度小于 65℃），即测量零点温漂的实验数据。

表 9-5 所列为被标定压力传感器在其他工作条件不变时，在 25℃和 64℃两个温度条件下输入/输出的实验数据，即测量灵敏度的温度系数实验数据。

表 9-4　测量零点温漂的实验数据（压力 p=0MPa）

T/℃	25	31	35	39	43	49	53	55	58	64
U_0/mV	5.16	4.47	3.13	5.49	3.76	4.40	3.98	4.53	6.31	5.51
ΔU_0	0	−0.69	−2.03	0.33	−1.4	−0.76	−1.18	−0.63	1.15	0.35

表 9-5 测量灵敏度的温度系数实验数据

压力/MPa U_0/V	0.0	0.05	0.10	0.15	0.20	0.25
U_0（25℃）	0.0030	0.2023	0.4015	0.6008	0.8000	0.9993
U_0（64℃）	0.0034	0.2058	0.4047	0.6037	0.8033	1.0020
$\Delta U_0=U_0$（25℃）$-U_0$（64℃）	-0.0004	-0.0035	-0.0032	-0.0029	-0.0033	-0.0027

1）求零点温度系数 α_0

零点温度系数定义为在无负荷情况下，温度每改变 1℃时输出量的最大变化量 $\Delta y_{0\mathrm{m}}$ 与量程 $y_{\mathrm{F.S}}$ 之比的百分数，即

$$\alpha_0=\frac{\Delta y_{0\mathrm{m}}}{\Delta T\cdot y_{\mathrm{F.S}}}\times 100\%$$

由表 9-4 所列数据可知，$\Delta y_{0\mathrm{m}}=-2.03\mathrm{mV}$，$\Delta T=$（64−25）℃，量程 $y_{\mathrm{F.S}}$（25℃）$=0.9993\ \mathrm{V}$（见表 9-5），则零点温度系数为

$$\alpha_0=\frac{\Delta y_{0\mathrm{m}}}{\Delta T\cdot y_{\mathrm{F.S}}}=\frac{-2.03\times 10^{-3}\ \mathrm{V}}{39^\circ\mathrm{C}\times 0.9993\mathrm{V}}=-5.2\times 10^{-5}\ /\ ^\circ\mathrm{C}$$

2）求灵敏度温度系数 α_{s}

根据灵敏度温度系数定义公式 $\alpha_{\mathrm{s}}=\dfrac{\Delta y_{\mathrm{m}}}{\Delta T\cdot y_{\mathrm{F.S}}}\times 100\%$，由表 9-5 所列数据可知，$\Delta y_{\mathrm{m}}=-0.0035\ \mathrm{V}$，则灵敏度温度系数为

$$\alpha_{\mathrm{s}}=\frac{\Delta y_{\mathrm{m}}}{\Delta T\cdot y_{\mathrm{F.S}}}=\frac{-0.0035V}{39^\circ C\times 0.9993V}=-8.9\times 10^{-5}\ /\ ^\circ C$$

能力拓展项目

热电偶的自动检定

任务 1：上网查阅 JJG351—1996《工作用廉金属热电偶检定规程》，结合第 7 章所学热电偶相关知识，以及本章所学传感器标定的基本知识，学习该检定规程的项目内容、各项检定规程的含义、检定数据的分析计算等内容。

任务 2：试设计一款热电偶微机自动检定系统，画出系统构成原理框图，以及检定系统测控软件主流程图。

思考与练习

9-1 传感器标定、静态特性标定及动态特性标定的意义是什么？

9-2 传感器静态特性标定的主要步骤是什么？标定条件是什么？

9-3 如何利用阶跃响应法确定一阶传感器的时间常数？

9-4 试组建应变式力传感器的静态特性标定系统。

9-5 试组建热电偶温度传感器的标定系统。

9-6　对二阶传感器进行动态特性标定时，需要确定的参数有哪些？如何利用阶跃响应法确定这些参数？

9-7　请用极差法计算例 9-1 的重复性误差。

9-8　S 形测力传感器的标定数据如表 9-6 所示，试求该传感器的线性度、迟滞和重复性。

表 9-6　标定数据

次数	电压/mV \ 压力/kg	0	2	4	6	8	10
1	正行程	0	719	1440	2155	2885	3600
	反行程	3	725	1436	2162	2880	
2	正行程	3	724	1441	2160	2886	3603
	反行程	5	725	1445	2165	2890	
3	正行程	5	725	1442	2160	2886	3605
	反行程	5	725	1445	2163	2883	

参 考 文 献

[1] 赵燕．传感器原理及应用．北京：北京大学出版社，2010.

[2] 贾伯年，俞朴，宋爱国．传感器技术．3版．南京：东南大学出版社，2008.

[3] 刘迎春，叶湘滨．传感器原理设计与应用．4版．长沙：国防科技大学出版社，2006.

[4] 常健生．检测与转换技术．3版．北京：机械工业出版社，2010.

[5] 严钟豪．谭祖根．非电量电测技术．2版．北京：机械工业出版社，2001.

[6] 田裕鹏，姚恩涛，李开宇．传感器原理．北京：科学出版社，2007.

[7] 陶宝棋，王妮．电阻应变式传感器．北京：国防工业出版社，1993.

[8] 尹福炎．电阻应变片发展历史的回顾．衡器，2009，38(3):51-53.

[9] 张辉．电子汽车衡的发展、选型及维护．衡器，2011，40（11）:15-19.

[10] 陈永会，李志谭，李海虹．应用振动测试分析诊断XA6132铣床故障．现代制造工程，2006，3：85-87.

[11] 单成祥．传感器的理论与设计基础及其应用．北京：国防工业出版社，1999.

[12] 强锡富．传感器．3版．北京：机械工业出版社，2001.

[13] 何道清，张禾．传感器与传感器技术．北京：科学出版社，2008.

[14] 尹福炎．电阻应变片与测力/称重传感器—— 纪念电阻应变片诞生70周年(1938—2008)．衡器，2010，39（11）:42-48.

[15] 孙维盛．超精密振动-位移测量仪及其应用．机械与电子，1992，1：9-12

[16] 王化祥，张淑英．传感器原理及应用．天津：天津大学出版社，2007.

[17] 梁福平．传感器与检测技术．武汉：华中科技大学出版社，2010.

[18] 孙宝元，钱敏，张军．压电式传感器与测力仪研发回顾与展望．大连理工大学学报，2001,41(2):127－135.

[20] 施文康，余晓芬．检测技术．3版．北京：机械工业出版社，2010.

[21] 感应同步器的工作原理．http://www.elecfans.com/dianzichangshi/20091029100720.html．2009/10/29.

[22] 单成祥．传感器设计基础·课程设计与毕业设计指南．北京：国防工业出版社，2007.

[23] 张洪润．传感器技术大全（下册）．北京：航空航天大学出版社，2007.

[24] GeorgeEllis．旋转变压器和感应同步器．http://sns.iianews.com/space-487211-do-thread-id-2486.html．2010/01/11.

[25] 杜水友．压力测量技术及仪表．北京：机械工业出版社，2005.

[26] 王习文，齐欣，宋玉泉．容栅传感器及其发展前景．吉林典型学报（工学版）．2003，33(2)：89-94.

[27] 王玉花，王孝，杨红娟．容栅技术的几种扩展应用．工具技术，2011，45（6）：110-112.

[28] 刘国强，刘旭，安钢．一种精密集成温度传感器及其应用．仪表技术，2005，1：79-80.

[29] 宿元斌．集成温度控制器及其应用．中国仪器仪表，2006，9：68-70.

[30] 周睛，李文旭．接近开关的原理及应用．电子元器件应用．2007，9（6）：18-20.

[31] 孙圣和．现代传感器发展方向．电子测量与仪器学报，2009，23（1）：1-10.

[32] 孙圣和．现代传感器发展方向（续）．电子测量与仪器学报，2009，23（2）：1-9.

[33] 郁有文，常健，程继红．传感器原理及工程应用．2版．西安：西安电子科技大学出版社，2006.

[34] 刘爱华，满宝元．传感器原理与应用技术．北京：人民邮电出版社，2008.

[35] 石镇山，宋彦彦．温度测量常用数据手册．北京：机械工业出版社，2008.

[36] 刘君华，郝惠敏，林继鹏．传感器技术及应用实例．北京：电子工业出版社，2008.

[37] 王庆有．光电技术．2版．北京：电子工业出版社，2008.

[38] 吕泉．现代传感器原理及应用．北京：清华大学出版社，2006.

[39] 孟立凡，郑宾．传感器原理及技术．北京：国防工业出版社，2005.

[40] 樊尚春．传感器技术及应用．北京：北京航空航天大学出版社，2004.

[41] 缪家鼎，徐文娟，牟同升．光电技术．杭州：浙江大学出版社，1995.

[42] 任吉林，林俊明，高春法．电磁检测．北京：机械工业出版社，2000.

[43] 王雪文，张志勇．传感器原理及应用．北京：北京航空航天大学出版社，2004.
[44] 赵玉刚 邱东．传感器基础．北京：北京大学出版社，2007.
[45] 党安明．传感器与检测技术．北京：北京大学出版社，2011.
[46] 唐彦文．传感器．4版．北京：机械工业出版社，2011.
[47] 汪贵华．光电子器件．北京：国防工业出版社，2009.
[48] 刘俊杰．检测技术与仪表．武汉：武汉理工大学出版社，2002.
[49] 黄断昌，徐巧鱼，张海贵．传感器工作原理及应用实例．北京：人民邮电出版社，1999.
[50] 葛文奇．红外探测技术的进展、应用及发展趋势．红外技术与应用，2007，8：33-37.
[51] 曾光宇，杨湖，李博．现代传感器技术与应用基础．北京：北京理工大学出版社，2006.
[52] 纪宗南．现代传感器应用技术与实用线路．北京：中国电力出版社，2009.
[53] 刘君华．智能传感器系统．2版．西安：西安电子科技大学出版社，2010.
[54] 沙占友．集成化智能传感器原理与应用．北京：电子工业出版社，2004.
[55] 徐科军．传感器与检测技术．北京：电子工业出版社，2005.
[56] 陈颖．电子材料与元器件．北京：电子工业出版社，2002.
[57] 吴建平．传感器原理及应用．北京：机械工业出版社，2009.
[58] 张培仁．传感器原理、检测及应用．北京：清华大学出版社，2012.
[59] 压电式加速度传感器．http://wenku.baidu.com/view/b1fd216048d7c1c708a145a5.html
[60] 肖鹏．基于 MEMS 技术的差分电容式加速度微传感器的研究和设计[D]．西安：西安电子科技大学
[61] 刘宇，鞠文斌，刘羽熙．MEMS 加速度传感器计量检测技术的研究进展．计测技术，2010,30(4):4-7.
[62] SchodelH. Utilization of Fuzzy Techniques in Intelligent Sensors. Fuzzy Sets andSystems, 1994, 63(6): 271-272.
[63] Benoit E9Mauris G, Foulloy L. A Fuzzy Colour Sensor, Proc*of the 13th IIvIEKOWorld Congress, 1994, 12(9): 1015-1020.
[64] 孟凡振，周少敏，洪文学，等，模糊传感器一般结构的探讨，北京：非电量电测技术与传感技术学术研讨会．1996, 46-50.
[65] Foulloy L9 GalichetS. Fuzzy Sensors for Fuzzy Control. Fuzziness and Knowledge-bsaedSystern. s. 1994, 2(1): 13-24.
[66] 韩峻峰，模糊传感器基本理论及其应用的研究[D]．哈尔滨：哈尔滨工业大学，1996.
[67] 董立忠，张荣祥．模糊信息处理及其应用．仪器仪表学报，1995，16(1): 88-91.
[68] Russo F. Fuzzy Systems in Instrumentation, IEEE Trans, 1996, 45(2): 683-689.
[69] Han Junfeng. Neural Network-Based Fuzzy Sensor for Gas Identification, Journal ofElectronic Measurement and ins Trument, 1995, 9(9): 417-419.
[70] Gilles Mauris, Eric Benoit, Laurent Foullo. Fuzzy Sysybolic-From concept toapplications, Measurement, 19949 12(3): 357-384.
[71] 洪文学，韩峻峰，周少敏，模糊传感器研究现状与展望．传感器技术，1996．(5): 1-4.
[72] 刘献心，黄布毅，软传感器技术与模糊控制．传感器技术，1994，1(4)：6-9.
[73] 洪文学，韩峻峰，周少敏．国外模糊色彩传感器的研究现状．传感器技术，1997，16(1): 52-55.
[74] 于津．解释学习中模糊概念的学习．软件学报，1995，(8): 449-454.
[75] 李昕，洪文学，宋佳霖．传感技术引人注目的新兴分支——模糊传感器，仪器仪表学报，2007，28（4），722-725.
[76] 李凤保，刘金，古天祥．网络化传感器技术研究．传感器技术，2002(07): 62-64.
[77] 胡向东．传感器与检测技术．北京：机械工业出版社，2013.
[78] 刘国汉，韩根亮，张建华．网络化智能传感器．甘肃科技，2003(09):46-47.
[79] 王石记，周庆飞，安佰岳．IEEE 1451 网络化智能传感器接口技术．计算机测量与控制．2012, 20(10): 2600-2602.
[80] 申志永，胡昌华，何华锋，等．MIL-STD-1553B 总线接收器 IP 核设计．电子测量技术，2011,34(05): 68-69+76.
[81] 丁明亮，魏志刚．1553B 总线远程终端仿真软件设计．计量与测试技术，2008(01): 43-44+47.
[82] 林传涛，景占荣，马静．基于 Nios II 软核的 1553B 总线接口板的设计．计算机测量与控制，2010,18(10):2348-2350+2359.
[83] 洪文学，韩峻峰．模糊传感器研究的现状与展望．传感器与微系统，1996, (5): 1-4.
[84] Benoit E, Foulloy L. Symbolic sensors , Ritsumeikan University, 2007.
[85] Baglio S, Graziani S,Pirtone N. An intelligent sensor for distance estimation based on fuzzy data fusion. Transactions of the Institute of Measurement & Control, 1996, 18(4): 217-220.
[86] Schdel H. Utilization of fuzzy techniques in intelligent sensors. Fuzzy Sets & Systems, 1994, 63(3): 271-292.

[87] 章吉良，周勇，戴旭涵．微传感器原理技术及应用．上海：上海交通大学出版社，2005．

[88] 刘昶．微机电系统基础．北京：机械工业出版社，2007．

[89] 夸克，瑟达．半导体制造技术：北京：电子工业出版社，2015．

[90] 蔡颖岚，刘峰，杜学寨，等．半导体淀积工艺及其设备技术研究．设备管理与维修，2019, (10):117-118．

[91] 邓常猛，耿永友，吴谊群．激光光刻技术的研究与发展．红外与激光工程，2012, (5):1223-1231．

[92] X. Yu et al., An impedance detection circuit for applications in a portable biosensor system, 2016 IEEE International Symposium on Circuits and Systems (ISCAS), Montreal, QC, 2016, pp. 1518-1521.

[93] P. Hermansen, S. MacKay, D. Wishart and J. Chen, Simulations and design of microfabricated interdigitated electrodes for use in a gold nanoparticle enhanced biosensor, 2016 38th Annual International Conference of the IEEE Engineering in Medicine and Biology Society (EMBC), Orlando, FL, 2016, pp. 299-302.

[94] 刘玉荣，向银雪．基于 PVDF 的压电触觉传感器的研究进展．华南理工大学学报（自然科学版），2019，第 47 卷(10): 1-12．

[95] 魏健雄，万舟，单阳，等．基于 PVDF 的三维指尖力传感器设计．传感器与微系统，2019，第 38 卷(6):96-98+101．